建设工程专项施工方案与应急预案编制实例手册

青义学 主 编

中国建筑工业出版社

图书在版编目(CIP)数据

建设工程专项施工方案与应急预案编制实例手册/
青义学主编. —北京:中国建筑工业出版社,2014.6
ISBN 978-7-112-16931-3

Ⅰ.①建… Ⅱ.①青… Ⅲ.①建筑工程-工程施工-方
案制定-技术手册②建筑工程-安全管理-应急系统-方案
制定-技术手册 Ⅳ.①TV71-62

中国版本图书馆 CIP 数据核字(2014)第 117060 号

本书编撰的相关专项施工方案与应急预案是施工组织设计的核心与重点。针
对建筑企业与工程实际,本着安全可靠、经济适用、施工方便的原则来编写相关
专项施工方案和应急预案。本书可作为建造师(项目经理)、专职安全员和监理工
程师等工作手册,也可供高等院校土木工程类专业师生学习参考。

责任编辑:郦锁林 朱晓瑜
责任设计:张 虹
责任校对:张 颖 陈晶晶

建设工程专项施工方案与应急
预案编制实例手册
青义学 主 编

*

中国建筑工业出版社出版、发行(北京西郊百万庄)
各地新华书店、建筑书店经销
北京科地亚盟排版公司制版
北京圣夫亚美印刷有限公司印刷

*

开本:787×1092毫米 1/16 印张:31¼ 字数:754千字
2014 年 12 月第一版 2014 年 12 月第一次印刷
定价:**70.00**元
ISBN 978-7-112-16931-3
(25720)

前　　言

为加强建设工程项目安全管理，提高建筑企业施工总承包及施工管理有关工程专业技术人员的素质，国家制定了《安全法》、《建筑法》、《建设工程安全生产管理条例》、《危险性较大的分部分项工程安全管理办法》（建质〔2009〕第 87 号）等规范其施工安全管理行为，保障国家、施工人员生命财产的安全和工程质量与安全生产及文明施工管理水平。

为了使建设工程类的新技术、新工艺、新设备、新材料得到推广应用，在编撰、收集、整理过程中，始终遵循国家相关法律条例的精神，该书力求重点体现"五特性"、"六结合"的原则，做到"综合性、实践性、可行性、通用性、新颖性"与安全管理岗位相结合，与高校专业学科设置相结合，与施工现场实际相结合，与现行工程安全技术标准、规范相结合，与现行安全法律、法规、条例相结合，与国际认证标准相结合，注重科学性、适用性与新颖性。

全书共分为 9 章，包括安全生产、文明施工专项方案、房屋建筑工程，市政、桥梁工程专项方案，桥梁挂篮悬浇施工方案，单元式玻璃幕墙安装，路桥临时用电专项施工方案，突发性事件的应急预案与危险源，职业病危害防治及附录。

本书编撰的相关专项施工方案与应急预案是施工组织设计的核心与重点。针对建筑企业与工程实际，本着安全可靠、经济适用、施工方便来编写相关专项施工方案和应急预案。本书可作为建造师（项目经理）、专职安全员和监理工程师等工作手册，也可供高等院校土木工程类专业师生学习参考。

本书由青义学主编，青光绪、青慧娟、王建博、朱馥林编审，带※号的由青义学编写。该书收集、整理的有关土木工程各专业工程的重点、难点专项施工方案与应急预案，有的曾经获得省（市）、地（市）级"安全文明标化工地"、"安全文明示范工地"和"科技创新示范工地"，有的还获得过"鲁班奖"等国家金质奖，有些专项方案施工工艺还被有关专家编写成论文在有关报刊杂志上发表，有的还被编写为国家一、二级和省级施工工法等。

在此，对浙江省瑞安建筑工程有限公司、浙江江南监理公司、浙江省临海市古建筑工程公司、浙江精工世纪建设集团、江苏青甫建设集团、杭州宏伟市政工程有限公司、湖南顺天建设集团、厦门源昌城建集团等单位多年来给予的关照和工作上的大力支持，表示衷心感谢。

由于编者水平有限，敬请广大读者批评指正。

目　　录

第 1 章
安全生产、文明施工
专项方案

1.1 编制依据和原则

1.1.1 施工组织设计的编制依据

（1）根据我国现行的《安全生产法》、《环境保护法》、《消防法》、《建设工程安全生产管理条例》、《建筑施工安全检查标准》JGJ 59—2011、《施工现场临时用电安全技术规范》JGJ 46—2005、《安全防范工程技术规程》GB 50348—2004、《建筑施工安全技术统一规范》GB 50780—2013 和《××省市政公用工程安全文明施工标准化工地管理办法》等安全生产法律、法规及有关安全生产管理条例；

（2）公司与甲方签订的有关合同；

（3）甲方提供的施工图纸；

（4）公司现行的质量、安全管理手册和程序文件；

（5）现行的《城镇道路工程施工与质量验收》CJJ 1—2008、《城市桥梁工程施工与质量检验收规范》CJJ 2—2008、《给水排水管道工程施工及验收规范》GB 50268—2008 等国家有关市政工程施工及验收规范。

1.1.2 施工组织设计的编制原则

为施工阶段提供较为完整的安全生产纲领性文件，编制可操作的安全施工的作业指导书，是施工组织设计的核心与重点，是用来指导全过程工程施工的"四控制与管理"，积极提高施工现场安全生产和文明施工的技术管理水平，预防和杜绝安全事故发生，实现安全生产的标准化、规范化与制度化，确保优质、高效、安全、文明地完成本工程建设任务。

1.2 工程概况

1.2.1 工程概述

主要工程内容：本工程为××轻纺城××开发建设有限公司市政道路西延伸××标段工程，本工程起点桩号为 K0＋300，终点桩号为 K1＋100，全长 800m，在 K0＋976 处设置××湖江中桥为简支梁桥，K0＋635 处设××湖大桥为景观大桥。

1. 道路的横延米标准横断面布置

4.0m（人行道）＋4.5m（非机动车道）＋1.5m（机非隔离带）＋16.0m（机动车道）＋1.5m（机非隔离带）＋4.5m（非机动车道）＋4.0m（人行道）＝36.0m。道路横坡为双向坡，坡度为 1.5％；路面采用直线型；人行道采用单面横坡，坡度为 1.0％。

2. 路面结构

（1）机动车道总厚 56cm：3cm（AC-13I）细粒式沥青混凝土＋5cm（AC-20I）中粒式沥青混凝土＋7cm（AC-30I）粗粒式沥青混凝土＋25cm5％水泥稳定砂碎石＋16cm3％水泥稳定砂碎石＋不小于 80cm 塘渣；

（2）非机动车道总厚 33cm：3cm（AC-13I）细粒式沥青混凝土＋5cm（AC-20I）中粒

式沥青混凝土＋25cm5％水泥稳定砂碎石＋不小于60cm塘渣；

（3）人行道总厚22cm：4cm花岗石人行道板铺装＋3cm1：2水泥砂浆卧底＋10cmC15混凝土＋5cm碎石。

3. 软基处理

本工程软基处理采用两种处理方法：预应力管桩（PTC）与水泥搅拌桩处理。管桩处理段桩号为K0＋453～K0＋478，K0＋792～K0＋870，K0＋900～K0＋38.5，K1＋013.5～K1＋030；水泥搅拌桩处理段桩号K0＋820～K0＋900段。

1.2.2 桥涵工程

1. ××湖大桥

××湖大桥为不等跨连续拱桥，位于城市主干道路跨越××湖处，桥梁起始桩号K0＋503.0，终止桩号为K0＋767.0，全长264m，建筑面积9505m²。

（1）上部结构：采用11跨跨径渐变的钢筋混凝土腹式拱桥，跨径为22m＋20m＋22m＋24m＋28m＋32m＋28m＋24m＋22m＋20m＋22m。桥横断面布置：全宽36m＝3.5m（人行道）＋4.0m（非机动车道）＋2.5m（机非隔离带）＋16.0m（机动车道）＋2.5m（机非隔离带）＋4.0m（非机动车道）＋3.5m（人行道）。主拱圈拱轴采用圆弧曲线，第一、二、十、十一跨主拱圈厚度为50cm，第三、四、八、九跨主拱圈厚度为60cm，第五、六、七跨主拱圈厚度为70cm。

（2）下部结构：采用钻孔灌注桩基础，桩基进入持力层3D（D为桩径）。桥台后设置止推板，止推板基础采用预应力管桩（PC）加固。

2. ××湖江中桥

××湖江中桥为简支梁桥，中心桩号K0＋976.0，跨径为20m＋25m＋20m。桥横断面布置：4.0m（人行道）＋4.5m（非机动车道）＋1.5m（机非隔离带）＋16.0m（机动车道）＋1.5m（机非隔离带）＋4.5m（非机动车道）＋4.0m（人行道）＝36.0m（道路宽度）。

（1）上部结构：采用后张法预应力钢筋混凝土空心简支板。

（2）下部结构：采用桩基础，柱式墩，重力桥台。桩基采用ϕ120cm钻孔灌注桩，按摩擦桩设计。

3. 通道

为沟通城市主干道路南北行人出入，在K0＋474和K0＋795处设置通道两道，尺寸均为6m×2.2m。

1.2.3 排水工程

（1）本工程污水管采用：螺旋焊接钢管D219；HRB335级钢筋混凝土管D300、D400；沉泥井ϕ1000，采用橡胶圈接口。雨水管采用：HPB235级钢筋混凝土管D200、D300、D400、D500、D600、D800，采用橡胶圈接口。双篦雨水口管径为D300。雨水检查井1200mm×1200mm、800mm×800mm、1000mm×1000mm、ϕ1000；污水检查井ϕ1000；倒虹进出水污水检查井2600mm×2200mm各一座。

（2）管顶覆土厚度不小于70cm，用360°C15混凝土全包管，混凝土厚15cm。管道基础为15cmC15混凝土，30cm片石，10cm碎石找平。

1.2.4 水文地理

本区位于××县××镇，地理位置在××江南岸，属于××南岸滨海相沉积地貌。区

3

域内地域广阔，地势平坦，水系发达。河流径流量小，河水位受季节、气候影响，地表水位变化幅度达到 1m 左右。本区内第四纪覆盖层较厚，无影响工程稳定性的不良地质。

该工程建设单位为××县轻纺城××建设有限公司，由××土建工程咨询有限公司设计，××市诚信投资建设管理有限公司监理，××建设集团有限公司承建。工程造价约6000 万元。

1.3 安全生产、文明施工管理目标

根据内、外部合同要求，确定本工程安全生产管理目标：争创省级安全生产、文明施工标准化工地和国家级"AAA 级安全文明标准化诚信工地"示范工地。

本工程严格按公司有关安全生产规章制度的规定，确保安全生产重大事故为零，无严重的职业病发生，轻伤负伤率控制在 1‰ 以内，无严重环境污染投诉。

施工现场安全防护达标率 100%，综合合格率达到 100%。不造成损坏电力、邮电通信、市政设施等的重大事故。

本工程按职业健康安全标准中主控项目确定为触电伤害。目标网络如图 1-1 所示。

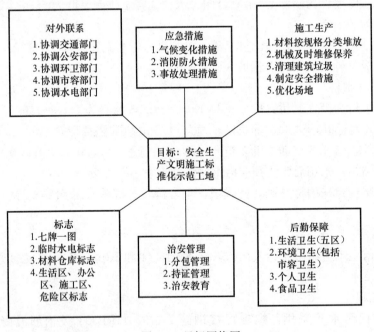

图 1-1 目标网络图

1.4 项目管理组织机构及安全生产责任制

1.4.1 组织机构

（1）建立健全创安全生产、文明施工标准化工地工作领导小组，由项目经理任组长，技术负责人、安全员为副组长，文明施工员、材料员、质量员、班组长等其他为组员，明确岗位责任，奖罚兑现。

（2）根据施工组织设计和公司要求，结合工地实际情况，制定工地安全生产、文明施工标准化工地奖罚办法。

（3）项目部和施工管理办公室必须按统一的规格标准，制作安全生产、文明施工管理工作责任制度，并悬挂于办公室内。明确安全生产管理目标，分解和细化各自的安全责任。责任的考核目标，做到责任明确，奖惩（罚）鲜明，切实搞好检查与各项制度的落实情况。

（4）凡安全防护措施不齐备，存在严重隐患，或管理人员违章指挥。安全无保证时，安全员有权令其停工，坚持一票否决制。

项目组织机构如图 1-2 所示。

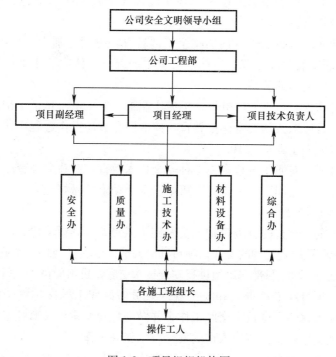

图 1-2　项目组织机构图

1.4.2　安全生产管理制度

1. 职工守则

（1）热爱祖国，拥护共产党，热爱社会主义。

（2）热爱公司，勤俭节约，爱护公物，积极参加管理。

（3）热爱本职工作，学习先进技术。安全生产文明施工，精心施工，提高质量，向用户提供合格产品。

（4）遵纪守法，廉洁奉公，严格执行各项规章制度。

（5）关心同志，尊师爱徒。

（6）努力学习，提高政治、文化、业务水平。

（7）讲文明礼貌、讲究卫生、讲社会道德。

（8）扶植正气，抵制歪风邪气。

2. 门卫制度

(1) 对进出工地所有人员，门卫有权过问。

(2) 非现场施工人员，未经许可不得进入工地。

(3) 坚持工作岗位职责，不随便脱离岗位。

(4) 对所有进出场材料，认真做好验证手续。

(5) 认真做好工地防火、防盗工作。

(6) 必须做好门前环境卫生工作。

(7) 外来人员未经项目经理部许可不得留宿工地。

3. 安全生产教育制度

(1) 工程开工前，对进场职工按照《建筑施工安全技术统一规范》GB 50780—2013进行安全生产三级教育。

(2) 每月定期两次对职工进行现场安全培训教育，时间分别为 1 日和 15 日（可按实际情况调整）。对职工经常进行有针对性的安全生产教育，使职工正确认识"生产必须安全，安全促进生产"的辩证关系。

(3) 现场的特殊工种（电工、电焊、机械作业工、架子工）持证上岗，对特殊工种及各种技术工种，经常组织劳动安全保护教育，使他们在劳动操作过程中正确使用劳动安全保护用品，提高自我安全保护意识。

(4) 变换工种时，对职工进行变换工种安全技术教育，并建立教育、考核档案。

(5) 班组做好"三上岗"、"一讲评"班组安全活动，并做好记录。

4. 安全技术交底制度

工程项目开工前，项目的各级管理人员及施工人员必须接受安全生产责任制的交底工作。项目经理接受公司质安经理的交底，项目其他人员接受项目经理的交底，工程项目部实行二级安全技术交底，即项目部向班组进行安全技术交底，班组向员工进行安全技术交底。

职工上岗前，项目施工负责人和安全管理人员做好职工的岗位安全操作规程交底工作，做好分部分项工程的安全技术交底工作，并做好危险源辨识及监控工作。

项目专职安全员做好工作变换人员的安全技术交底工作。

各项安全技术交底内容记录在统一印制的表格上，写清交底的工程部位和工种及交底时间，签上交底人和被交底人名字。

5. 施工现场安全管理制度

施工现场的各级施工人员遵守安全生产"六大纪律"和各项安全生产规范、规程、制度，并熟记各自的安全生产责任制和安全技术操作规程。

项目部做好安全生产的宣传教育工作，抓好各项安全生产措施的落实，并结合本施工现场的实际情况做好各项安全技术交底工作。

施工现场的各种设备、设施、材料、构件等均要按照现场施工阶段的平面布置图堆放布置，保证场内道路畅通、整洁。

在邻近高压线施工时，要按照有关规定不随意堆放物料、不随意搭设临时设施、不随意停放机械设备。

参加施工的所有人员都要经过入场教育和岗位安全操作技术教育，各类机械设备的操作工、电工、架子工、焊工等特种作业人员做到持证上岗。

6. 施工现场消防制度

（1）开工前按施工组织设计中的防火措施，配置相应种类数量的消防器材。

（2）施工现场的动火作业，严格执行用明火三级审批安全规定及"十不烧"规定。

（3）氧气瓶、乙炔瓶的使用、存放，符合规定的安全距离。

（4）油漆、危险品、材料仓库，符合消防要求，配备适量的消防器材，并设置禁止明火的警示牌。

（5）施工现场的用电，严格按照《施工现场临时用电安全技术规范》JGJ 46—2005，加强电源管理，以防发生电气火灾。

（6）严禁在宿舍私接电炉，严禁用电炉取暖，不乱拉乱接电线，消除一切隐患。

（7）发现火警的时候，迅速、准确地报警，并积极参加扑救，按"三不放过"原则查处火灾隐患，协助上级部门调查火灾原因。

（8）定期或不定期向职工进行消防安全教育和普及消防知识，组织演练，提高职工的消防知识和防火警惕性。

7. 文明施工管理制度

（1）贯彻文明施工要求，推行现代科学管理方法，科学管理施工，做好现场的各项管理工作。

（2）按照总平面布置图设置各项临时设施。未经有关部门批准，在施工范围外不堆放任何材料、机械。

（3）施工现场的用电线路、用电设施的安装和使用，符合安装规范和安全操作规程，并按照施工组织设计进行架设，严禁任意拉线接电。

（4）施工机械按照施工总平面布置图规定的位置和线路设置，不任意侵占场内道路。机械进场经过安全检查合格后方可使用，施工机械操作人员建立机组责任制，并依照有关规定持证上岗，严禁无证人员操作。

（5）保证施工现场道路畅通，排水系统处于良好的使用状态，保持场容整洁，随时清理建筑垃圾。

（6）做好施工现场安全保卫工作，采取必要的防盗措施，在现场周边设立围护设施，非施工人员不得擅自进入施工现场。

（7）遵守国家有关环境保护的法律规定，采取有效措施，控制施工现场的各种粉尘、废气、废水、固体废弃物以及噪声、振动对环境的污染和危害，工地四周不乱倒垃圾、淤泥，不乱扔废弃物。

8. 项目部安全检查制度

实行安全生产常规检查制度：公司每月组织一次检查，项目经理部每半月进行一次检查，班（组）坚持每周安全活动日，现场安全员每日对施工现场进行巡查，发现隐患及时整改。

（1）班组长每天上下班前检查一下生产环境，对不安全因素要及时向施工负责人汇报，并及时采取措施。

（2）每个施工人员加强自我保护意识，上下班前检查一下自己工作的地方，对不安全因素，除了向班组长汇报外，及时采取有效措施。

（3）实行班前班后检查和自检互检相结合。按施工季节、施工前、节假日前后组织安全检查，自然气候变化（恶劣气候）随时检查。

（4）为了安全生产，严禁带小孩和穿"三鞋"或赤脚进入施工现场，严禁酒后作业，对不听劝阻者，根据情节给予批评教育，直至经济处罚。

（5）坚持每天检查"三宝"的使用情况，进入施工现场一律要戴安全帽，按规定系安全带、挂安全网。

（6）严格检查是否按施工程序和安全技术操作规程进行施工，对违章、冒险作业立即纠正。

（7）项目部、班组建立整改台账，便于各级检查督促整改措施的落实，也有利于分清各自的责任。

9. 安全生产文明施工奖罚制度

凡在施工中及时消除重大事故隐患，防止和避免了重大伤亡事故的发生的；敢于坚持原则，制止违章作业，对维护安全纪律、避免重大伤亡事故有贡献的，项目部给予奖励。

（1）进入施工现场，必须佩戴好安全帽，若不按规定佩戴，管理人员和班组长每人罚款50元，工人每人罚款20元。

（2）违章操作施工机械造成事故，将根据事故情节的轻重进行处罚。

（3）施工现场因用电设施安装问题造成事故，将追究现场电工的责任。

10. 施工现场卫生保洁制度

工地主要入口和明显处，立有标牌。标牌鲜明周正，规格一致。现场马路边，禁止堆放有碍市容观瞻的杂物和料具，如堆放料具，必须摆放整齐，在马路上看，要一条线、一头齐。

现场道路和场地平整，道路畅通，有排水措施，路面不得有坑坑洼洼、行车颠簸等现象。气候干燥时，现场经常洒水，不得因行车而尘土飞扬，污染空气。

现场有合理的平面布置，按平面布置图搭设临地设施，安装机具，堆放材料；钢、木材、水、电、管材等按型号分开堆放、堆放整齐，堆放一头齐，垛位一条线。

工人操作地点和周围环境必须清洁整齐，做到工完料清，干活脚下清。

木工的扣件模板钢管、钢筋工的成品钢筋等，随清、随收，做到建筑场内外清洁。每个职工必须爱护公共财产，保护建筑成品，不浪费建筑材料。

厕所做到专人清扫，每天不少于2次，同时经常喷药，消灭蚊蝇；生活垃圾、剩菜剩饭按指定地点倾倒，违者每次处以50元罚款。

办公室、职工宿舍、食堂及时清扫，棉被、物品折叠整齐，做到窗明地净。

11. 施工现场不扰民管理措施

现场路面硬化处理，在大门口处设置清洗轮胎水管和下水道，出场运料汽车清洗干净方可出场，专人负责现场路面洒水压尘、降尘。施工现场内的细颗粒和易飞材料全部入库，最大限度降低扬尘。现场搅拌机严格执行全封闭和安装除尘设备。

强噪声机械设备进行全封闭，人为活动噪声要控制到最低点作业，材料要轻拿轻放，避免产生噪音扰民。有强噪音的电机电具作业时间控制在上午7：00~11：30，下午14：00~19：00。

施工现场内整洁卫生，料具和配件码放整齐，零散碎料和施工垃圾清理及时，现场大门外跟踪清扫实行三包，浇筑完混凝土及时清洗路面，每天根据天气情况间隔一定时间用水喷洒路面降尘。

12. 食堂卫生管理制度

食堂工作人员须经体检合格，并经上岗培训考核合格，取得健康证后方可上岗；上岗前应洗手消毒，穿戴工作服、帽，保持个人清洁卫生。

原料进货应有验收制度，专人负责，以达到原料新鲜，无腐蚀变质，清洗要彻底，保证食品的卫生质量。

冰箱内，生熟食品必须严格分开存放，不得存放私物、药物等；做好现场茶水供应工作；各类餐具、抹布及容器具要经常清洗，并进行消毒处理，保持清洁。

积极除"四害"，消灭病毒传染体。不食不洁食物，防止食物中毒。

如发生食物中毒事件，必须及时报告当地医疗机构或有关部门，作好引起中毒的嫌疑食物留样保管工作，不得不报或隐瞒事实。

13. 宿舍管理制度

工地搭设或安排集体宿舍，必须有专人负责管理，住宿人员必须服从管理，自觉遵守工地各项规章制度。

工地集体宿舍是施工人员休息、生活、学习的场所，保持宿舍卫生整洁、安静和良好的秩序，每个住宿人员遵守文明宿舍公约。

住宿职工维护公共卫生，保持室内干净、整洁，生活用品摆设、叠放整齐，地面不乱扔杂物、烟头。

每个宿舍房间要编号并选室长，室长负责安排卫生值日和清扫工作，每日卫生值日人员要自觉负责门前和室内卫生的打扫，督促同室人员不乱扔垃圾，不乱倒脏水，不随地便溺。

工地管理人员每周一次组织人员检查，如宿舍内发现脏、乱、臭现象责令整改。宿舍内不得留宿无关人员和家属子女。

工地和生活区、宿舍内不准聚众酗酒，不得聚众赌博，严禁斗殴。

冬季宿舍内要防止火灾和煤气中毒。不准在床上吸烟，不准乱拉乱接电线，不准使用电炉、煤油炉，不准用100W以上灯泡或"小太阳"烘衣、取暖，不准在宿舍内存放易燃、易爆物品。

14. 电气安全生产管理制度

电工必须持证上岗，非电工不准玩弄和安装电器设备。

电工上岗操作必须正确使用防护用品，戴好安全帽，用好绝缘设备，严守"安全第一，预防为主"方针。

对工作认真负责，认真做好各种验收记录，发现问题及时整改，杜绝事故发生，排除各种不安全的隐患。

各种电器设备安装必须符合国家《特种设备安全监察条例》和《建筑施工安全检查标准》JGJ 59—2011有关规定，严禁违章操作。

定期检查和检验施工用的器具、绳索、绝缘物品及劳保用品，不合格的集中回收，及时处理。

凡采用新技术、新工艺、新设备、新材料时，必须对职工进行安全用电技术教育，使其熟悉新的安全用电技术知识，并熟练掌握操作技术要点。

认真做好各种配电设备的安全用电标志，减少事故的发生。

1.4.3　安全生产责任制

1. 项目经理的安全生产责任制

（1）认真贯彻执行《建筑法》、《安全法》、《建设工程安全生产管理条例》、《建筑施工安全技术统一规范》GB 50870—2013 和有关的建筑工程安全生产法令、法规，坚持"安全第一、预防为主"的方针，组织落实集团公司的各项安全生产规章制度。

（2）根据项目工程的实际情况，负责建立安保体系，组织编制相应的安保计划、施工组织设计，并负责贯彻落实。

（3）组织制订项目工程的安全管理目标，严格执行上级公司的安全生产奖惩条例。

（4）督促检查各职能部门做好对施工人员的安全教育和技术培训工作，提高作业人员的安全意识和自我保护能力，防止各类事故的发生。

（5）支持项目安全员及施工管理人员行使安全监督、检查和督促工作。

（6）监督材料部门采购安全物资的质量，防止和杜绝假冒伪劣产品流入施工现场。

（7）负责本工程重点危险部位施工管理。

（8）组织有关人员进行每周一次以上的定期安全检查，以便及时发现施工现场存在的各类隐患，并督促限时整改，确保安全施工顺利进行。

（9）正确对待生产和安全的关系，不违章指挥，督促各生产班组开展安全活动。

（10）发生工伤事故，按"应急预案"组织抢救，参加事故调查处理。

（11）适时组织对工程项目部的安全体系评估和协调。

2. 项目工程师（技术负责人）的安全生产责任制

（1）对本项目施工过程中安全生产的技术工作负责。认真贯彻《建筑施工安全技术统一规范》GB 50870—2013 与上级制定的安全技术措施和施工组织设计安全技术措施，在执行过程中，发现与实际情况不相适应或存在隐患有责任提出整改补充措施。

（2）编制组织设计，负责对安全难度系数大的施工操作方案进行优化。

（3）参与编制的安全生产保证计划，并组织内部安全评估和内审，对上级审核提出的问题及时组织相关人员进行整改。

（4）确定危险部位和过程及不利环境因素，对风险较大和专业性较强的工程项目应组织安全技术论证。

（5）做出因本工程项目的特殊性而需补充的安全操作规定。

（6）选择或制定施工各阶段针对性的安全技术交底文本。

（7）对工程技术部门负责的安全体系要素进行监控，落实改进措施。

（8）负责对施工员、安全员、技术员进行各阶段的安全技术方案交底，以及工程重点危险部位的安全技术方案交底。

（9）制定安全技术预防措施，分析调查安全事故隐患，制定针对性的纠正和预防措施，并进行检查监督有关人员执行。

3. 专职安全员的安全生产责任制

（1）认真贯彻执行《建筑法》、《安全法》、《建筑施工安全技术统一规范》GB 50870—2013 和有关的建筑工程安全生产法令、法规，坚持"安全第一、预防为主"的方针，具体落实上级公司的各项安全生产规章制度。

（2）参与安保计划及各项施工组织设计和"各种应急预案"的编制，有权行使安全一票否决制。

（3）配合有关部门做好对施工人员的三级安全教育、节假日的安全教育、各工种换岗教育和特殊工种培训取证工作，并记录在案，健全安全管理台账。

（4）参加每周一次以上的定期安全检查，及时处理施工现场安全隐患，签发限时整改通知单。

（5）监督、检查操作人员的遵章守纪。制止违章作业，严格安全纪律，当安全与生产发生冲突时，有权制止冒险作业。

（6）组织、参与安全技术交底，对施工全过程的安全实施控制，并做好记录。

（7）掌握安全动态，发现事故苗子并及时采取预防措施，组织班组开展安全活动，提供安全技术咨询。

（8）检查劳动保护用品的质量，反馈使用信息，对进入现场使用的各种安全用品及机械设备，配合材料部门进行验收检查工作。

（9）贯彻安全保证体系中的各项安全技术措施，组织参与安全设施、施工用电、施工机械的验收。

（10）协助上级部门的安全检查，如实汇报工程项目的安全状况。

（11）负责一般事故的调查、分析，提出处理意见，协助处理重大工伤事故、机械事故，并参与制订纠正和预防措施，防止事故再发生。

（12）参与对施工班组和分包单位的安全技术交底、教育工作，负责对分包单位在施工过程中的安全连续监控，并作好监控记录。

（13）参与协助对项目存在隐患的安全设施、过程和行为进行控制，参与制定纠正预防措施，并验证预防措施。

4. 施工员的安全生产责任制

（1）遵守国家《建筑法》、《安全法》、《建筑施工安全技术统一规范》GB 50870—2013和有关的建筑工程安全生产法律、法规，坚持"安全第一、预防为主"的方针，认真执行公司的各项安全生产规章制度。

（2）按照安全生产保证计划要求，对施工现场全过程进行控制。

（3）严格监督实施本工种的安全操作技术规范。

（4）有权拒绝不符合安全操作的施工任务，除及时制止外，有责任向项目主管安全经理汇报。

（5）认真执行对施工人员的分部、分项工程及操作规程有针对性的安全技术交底。

（6）发生工伤事故，应立即采取措施，并保护现场，迅速报告。

（7）对已发生的事故隐患落实整改，并向主管安全经理反馈整改情况。

（8）控制施工过程中的危险部位（如搭拆脚手架、模板及安全防护设施，施工用电机械的移动等）。按规定程序向主管人员申报。

5. 材料员的安全生产责任制

（1）按照项目安全生产保证计划要求，组织各种安全物资的供应工作。

（2）对供应商进行分析，建立合格供应商名单，定期向公司反馈供应商相关信息。

（3）负责对合格供应商供应的安全防护用品的验收、取证、记录的工作，并做好验收状态标识，贮藏保管好安全防护用品。

（4）负责对进场材料按场容标化要求堆放，消除事故隐患。

（5）对现场使用的井架、脚手架、高凳、吊钩、安全网等安全设施和配件应保证质量，并定期检查和试验，对不合格和破损的，要及时进行更新替换。

（6）易燃易爆物品进行重点保管。

（7）对供应商提供的不合格品应予拒收，开具不合格报告，并进行标识或隔离，及时组织退货，在分供方业绩评定中做好记录，并立即向项目经理汇报。

（8）经常与施工人员取得联系，听取施工人员对所购劳保防护用品和安全防护用品的反馈意见。

6. 资料员的安全生产责任制

（1）负责安全保证计划运行文件的收集、登记、发放，对安全资料进行整理收集。

（2）安全资料应保管到工程竣工后，经整理无误后，到公司存档。

（3）对各安全资料按有关规定进行标识、编目和立卷。

（4）未经许可任何人不得随意翻阅、更改安全资料。

（5）未经许可任何人不得随意复印安保计划及相关文件。

7. 预算员的安全生产责任制

（1）按规定把劳动保护、安全技术经费列入预算费用中去。

（2）对审定的劳动保护安全技术措施所需的经费，列入年度计划，按需要支付。

（3）对安全宣传教育所需费用，由安全生产保障金开支。

（4）合理控制和使用安全生产保障金的开支。

（5）努力做到按国家规定要求，保证安全技术措施费专款专用（参照建设部建办〔2005〕89 号文件）。

（6）经常对所属职工进行安全生产和遵守安全规章制度的宣传教育。

8. 技术员的安全生产责任制

（1）严格按照国家安全技术规定、规程、标准，编制设计、施工工艺等技术文件，提出相应的技术措施，编制安全技术规程。

（2）新工艺、新技术、新设备、新材料和新施工方法要制定相应的安全措施和安全操作规程。

（3）对安全设施进行技术鉴定，负责安全技术科研项目及合理化建议项目的研究审核和技术核定。

（4）参加安全检查，对查出的隐患因素提出技术改进措施，并检查执行情况。

（5）参与编写安保计划并负责编制施工（安全）组织设计，负责对安全难度系数大的施工操作方案进行优化。

（6）做好本项目危险源和不利环境因素的识别、评价和控制，对风险较大、专业性较强的工程项目应组织安全技术论证，并编写专项施工组织设计方案。

（7）在指导、检查施工技术作业中发现有严重安全隐患存在，有责任发出书面或口头指令整改。贯彻"管施工技术，同时也要管施工安全"的原则。

9. 机修工的安全生产责任制

（1）负责施工现场机械设备使用前的验收和日常保养及维修的管理工作。

（2）负责施工现场的塔吊、施工电梯、井架等大中型机械设备搭拆过程的监督、验收和日常保养维修的管理工作。

（3）负责施工现场的起重作业的监督、检查管理工作。

（4）负责对施工现场的用电设备的验收和平时安全用电管理工作。

（5）负责对施工现场机械设备作业人员的安全教育管理工作。

（6）负责对施工现场使用的机械进行可追溯性的记录。

10. 班组长的安全生产责任制

（1）组织本班组职工学习《建筑施工安全技术规范》GB 50870—2013 和各种安全规程和制度，检查执行情况，在任何情况下，均不得违章蛮干，不得擅自动用机械、电气、脚手架等设备。

（2）有权拒绝违章指令。

（3）服从专职安全员的指导，接受改进措施，教育全班同志坚守岗位，严格执行安全生产规程和制度，做好上下班的交接工作和自检工作。

（4）发动全组职工，为促进安全生产和改善劳动条件提出合理化建议，并做好记录和汇报工作。

（5）支持班组安全员工作，及时采纳安全员的正确意见，发动全组职工共同搞好安全生产。

（6）组织班组安全活动，开好班前安全生产会，并根据作业环境和职工的思想、体质技术状况合理分配生产任务。

（7）上班前对所有的机具、设备、防护用具及作业环境进行安全检查，发现问题立即采取整改措施，及时消除隐患。

（8）发生工伤事故，立即抢救，及时报告并保护好现场。

11. 操作工人的安全生产责任制

（1）认真学习，严格执行安全操作规程、制度和决定，正确使用劳动防护用品。

（2）积极参加各项安全活动，不违章作业，做好工完料尽落手清。

（3）在班组内共同遵守安全操作规程，互相督促，认真纠正不安全操作方法，维护一切安全装置、设施、防护用具等，并不得任意拆改。

（4）对不安全作业有责任积极提出意见和拒绝接受，发生工伤事故或苗子立即向班组长或有关领导报告。

1.5 安全生产施工部署

1.5.1 施工临时用电

1. 施工现场用电概况

工程现场用电从甲供配电引线到现场工程配电房总配电箱→各分配箱→各机具机械开关箱。

2. 施工用电及防护措施

施工现场临时供电采用（TN-S系统）三相五线制，其中三根为相线、一根为工作零线，另一根是黄/绿双色线。三级配电二级保护、总配箱漏电保护器，开关箱漏电保护器，配电箱系列应选用主管部门颁发准用证的产品。每个箱均设有隔离电源开关，总配箱与开关箱漏电应灵敏可靠，其额定漏电动作电流不大于30mA，漏电动作时间应小于0.1s，同时作为二级漏电保护器应具有分段分级保护功能。PE线为黄绿双色多股铜芯线作为保护零线，在线路中不得经过各电箱中的隔离开关及漏电保护器作工作零线用。实行一机一闸一漏一开关箱一锁原则。龙门架用电专路设配电箱。所有线路用线均要采用绝缘电缆。

3. 施工现场临时用电线路架设措施

施工用电从甲供配电房用B×5×35铜芯绝缘电缆，到现场总配房配电箱，施工现场临地用电线路必须按施工用电平面图进行安装，采用绝缘电缆埋设，埋设电缆应加套管避开主运输道、电缆埋深应少于0.6m，并在电缆上下均匀铺设不小于50mm厚的细砂，上面覆盖砖等硬质保护层。

4. 电气定位措施

现场的配房应设有角铁打三点式的重复接地体，并要进行电阻测试，电阻值不得超过10Ω。各配电箱均要有防雨措施。开关箱与机具的距离不大于3m。固定式配电箱、开关箱的下底与地面垂直距离应1.4～1.6m，动、照分开。安装线路符合规范要求。用电使用过程中，送、停电操作程序为：

送电程序：总配电箱→分配电箱→开关箱→用电机具。

停电程序：用电设备→开关箱→分配箱→总配电箱。

施工现场机具按施工组织设施平面布置，安置固定地点后，施工用电由现场持证上岗专业电工按规范设置到位。

5. 安全用电技术措施及电气防火措施

(1) 电器选择与接地要求。

(2) 所用电器必须是国家鉴定质量可靠的定型规格产品，不论新旧电器必须完整，无损动作可靠，绝缘良好，严禁使用破损电器。

(3) 配电箱内电器应与配电线路一一对应配合工作分路设置以确保专路专控。用电设备实行TN-S接零保护系统一机一闸和一箱保护，并做到电器额定值与设备额定容量相适应。

(4) 总配电柜与开关箱设置的漏电保护器具其额定漏电动作电流和额定漏电动作时间应作合理配合使之具有级、分段保护功能。

(5) 进入配电箱和开关箱电缆线作固定连接，整齐。

(6) 专用保护零线（PE）必须通过接线端子反紧密连接与工作接零分开。TN-C-S接地保护形式，如图1-3所示。

(7) 施工现场除甲方配电房接地外，还应在现场保护零线始、中、末各作一组重复接地线，重复接地不应少于三处，并满足接地电阻小于10Ω的要求。

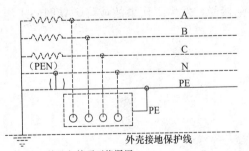

注：接地与接零不能混用

图1-3　TN-C-S接地保护形式

6. 防止漏电注意事项

(1) 要严格遵守安全用电规范和操作规程，由专业电工负责维护完善，不得带电作业。

（2）各种运行的电气设备的金属外壳及所有配电系统电器的金属外壳，必须与专用保护零线（PE）成紧密连接且不准过容断丝（各种）。

（3）对各种电气设备，经常进行检查，漏电开关应进行定期检查。

（4）现场照明灯具必须用三芯电缆线接线，保护接零必须紧密连接。在潮湿工作环境中施工，应采用36V以下电压的照明。

（5）电动机械电气照明设备拆除后，不应留有可能带电的线头。如必须保留，应将电源切断，并将裸露的电线端部包上绝缘布带。

7. 电气防火措施

（1）施工现场应有足够的消防灭火器、砂和水池，并安置在相应的位置。

（2）各种配电箱应设置在道路畅通便于操作的地方，周围禁止堆放任何杂物，易燃、易爆物质。

（3）导线接头要紧密牢固，作好绝缘保护，避免相间相地短路而产生的电弧。

（4）照明灯具室外不得低于3m，室内不得低于2.4m。

（5）暂设生活间不得使用电炉、电水壶、电饭锅、电热器、热得快等高功率家用电器。

8. 具体措施

（1）现场施工用电必须遵照《施工现场临时用电安全技术规范》JGJ 46—2005有关条例执行。临时用电应按规定编好施工组织设计，并建立对现场线路设施定期检查制度。

（2）挑选精干的机务、机电人员，组建由公司动力部门直接管理的机械班（组）。可进行上部的安装，在上部安装时要按规定拉临时缆风绳。

（3）施工用电应用设计布置图，有审核批准手续，确定供电设备及电线规格，各种电箱、开关箱、漏电保护器等。

（4）电工必须经过地市级专门培训考核合格发证上岗，并按照《施工现场临时用电安全技术规范》JGJ 46—2005进行安装操作，严禁违章操作。

（5）电工懂得自我保护和他人保护的基本知识，安装作业要认真负责，实行谁安装谁负责。

（6）施工用电线路投入使用之前，应进行验收，合格后方能供电使用。

（7）现场值班电工，要经常检查用电线路、漏电开关、用电设备及接地接零情况，发现问题及时处理，造成事故要追究当事者责任。

（8）外线架设应牢固，接头裸露部分要包扎好，电杆拐角时应设钢丝绳拉紧，严禁乱拉乱扯。

（9）电缆必须跨越或搭在钢管脚手架时，应采用绝缘子隔离，不能直接搭在钢管或钢筋上。

（10）电缆在穿过道路时，应立杆空架（高度应符合要求）或挖沟埋设（应有防护管，两端设隔离保护和防水措施）。

（11）现场必须实行"一机一闸漏电保护"，严禁一闸多用，投入使用的水泵、电动工具应具有良好状态，漏电装置可靠。

（12）夜间作业要有足够的照明。值夜班电工不能擅自离开岗位，发现灯具熄灭应立即更换。凡阴暗处、洞口处以及信号道口均应安装照明设备，保证施工人员作业行走安全。其余按《施工现场临时用电安全技术规范》JGJ 46—2005 的规定进行临时用电安全管理和施工。

（13）配电线路必须按有关规定架设整齐，架空线应采用绝缘导电体。

（14）室内、外线路均应与施工机具、车辆及行人保持最小安全距离，否则应采取相应可靠的防护措施。

（15）配电系统必须采取分级配电，配电箱、开关箱的安装和内部设置必须符合有关规定，开关箱要牢固，防雨箱体要涂安全色，统一编号，停止使用配电箱应切断电源，箱门上锁。

（16）手持电动工具的电源线、插头和插座要保持完好，电源线不得任意接长和调换，工具的外绝缘应完好无损，维修、保管由专人负责。

（17）电焊机应单独设开关，焊把线应双线到位，不得借用金属件、脚手架及结构钢筋作回路地线，电焊机设置点应防潮、防砸。

（18）电器工作人员必须穿戴防护用品，持证上岗。

（19）机具进场后，应细致检查各部位和防护装置是否齐全灵敏、可靠，然后进行启动运转，运转正常经机械员验收合格后方可使用。

（20）混凝土搅拌机、砂浆搅拌机进场，安置地应平整夯实牢固，安装完毕后交由"三机工"进行操作。

（21）电焊机、小圆锯等设备零件必须齐全良好，有防护装置。

（22）施工机械应有防雨设施。开机操作应穿绝缘鞋、戴绝缘手套。

（23）机动翻斗车坚持定人、定机、持证操作，在施工现场行驶，应注意周围的道路情况，不准盲目行驶，严禁超载行驶开野蛮车。

施工临时用电详见专项方案。

1.5.2 围堰施工

1. 围堰施工方案

大桥围堰考虑两边 3m 宽，8m 长梢径 φ16@500 双排松木桩，中间段 8m 长槽钢 20A 钢板加固（南侧 100m，北侧 60m）；河床底清淤泥 60cm；南侧围堰内设顶宽 6m（1:1.2 放坡）塘渣便道，北侧围堰内设顶宽 4m（1:1.2 放坡）塘渣便道，放坡底与承台外侧范围内用 200mm 厚混凝土硬化（具体见专项施工方案）。

2. 围堰安全措施

（1）围堰顶宜高出施工期间最高水位 70～100cm。

（2）围堰内要适应基础施工的尺寸要求，堰身尺寸断面要保证足够的强度和稳定性。保证堰内水抽干后，围堰不发生破裂、滑动或倾覆。

（3）采取措施防止或减少渗漏，减少排水工作。

（4）对围堰迎水面要做好河道冲刷的防护工作，内侧采用抛石或塘渣填筑加固，防止水压倾倒堰身。

（5）要派专人进行昼夜值班，防止水位上涨及渗漏对围堰造成危害，并做好应急物资的准备工作。

1.5.3　大桥模板支撑

钢筋混凝土结构的施工,最可靠的安全保证是模板及其支撑要具有足够的承载力、刚度、立杆稳定性和整体稳定性。现浇梁板支模高度最高为12m以上。因此,其施工的难度增大,为确保安全,进行高支撑模板系统的设计。

1. 模板支撑系统的设计

立杆布置形式(横×纵×竖向):600mm×600mm×800mm。

基础采用50cm厚混凝土内配ϕ8@200双层双向钢筋,板底下设ϕ600钻孔灌注桩长20m,间距4m×4m,共396根。采用满堂扣件式钢管脚手架结合贝雷架。钢管选用外径ϕ48mm,壁厚3.5mm,钢管扣件满足要求。支架立杆底部垫枕木。

先搭设横向(按40m宽),再搭设纵向;相邻立杆、横杆的接头位置错开;纵横向设剪刀撑。上部采用12cm×12cm方木作横梁,横梁上设置10cm×10cm方木作为分配梁,分配梁上密铺5cm板材,预压完成后,再铺15mm厚双面覆膜酚醛木胶合板(具体见专项施工方案)。

2. 模板工程安全措施

(1)模板支撑不得使用腐朽、扭裂、劈裂的材料。顶撑要垂直、底部平整坚实,并加垫木。木楔要钉牢,并用横顺拉杆和剪刀撑拉结牢固。

(2)安装模板应按工序进行,当模板没有固定前,不得进行下一道工序作业。禁止利用拉杆、支撑进行攀登上下。

(3)在现场安装模板时,所用工具应装入工具袋内,防止高处作业时,工具掉下伤人。

(4)二人抬运模板时,要互相配合,协同工作。传送模板、工具应用运输工具或绳子绑扎牢固后升降,不得乱扔。

(5)在通道地段,安装模板的斜撑及横撑木必须押出通道时,应先考虑通道通过行人或车辆时所需要的高度。

(6)拆除时应严格遵守各类模板拆除作业的安全要求。

(7)拆模板应经施工技术人员按试块强度检查,确认混凝土已达到拆模强度时,方可拆除。

(8)高处模板的拆除,应有专人指挥和切实可靠的安全措施,并在下面标出作业区,严禁非操作人员进入作业区。操作人员应配挂好安全带,禁止站在模板的横拉杆上操作,拆下的模板应集中吊运,并多点捆牢,不准向下乱扔。

(9)工作前,应检查所使用的工具是否牢固,扳手等工具必须用绳链系在身上。工作时思想要集中,防止钉子扎脚和从空中滑落。

(10)拆除模板一般采用长撬杠,严禁操作人员站在正拆除的模板下。在拆除桥面模板时,要注意防止整块模板掉下,尤其是用定型模板做平台模板时,更要注意,防止模板突然全部掉下伤人。

(11)拆模间歇时,应将已活动的模板、拉杆、支撑等固定牢固,严防突然掉落、倒塌伤人。

(12)已拆除的模板、拉杆、支撑等应及时运走或妥善堆放,严防操作人员因扶空、踏空坠落。

1.6 季节性安全施工措施

1.6.1 冬期施工措施

施工期间冬季气温较低，冬期施工以安全生产为主题，以"抗寒防冻"为重点，只有抓好安全生产，才可确保工程质量。

1. 保护措施

（1）采用合理的劳动休息制度，根据具体情况，在气温较低的条件下，适当调整作息时间，早上上班迟些、晚上下班早点的工作作息时间。

（2）改善宿舍职工生活条件，确保防寒防冻物品及设备落到实处。

（3）对作业人员进行就业前和入寒前的健康检查，凡检查不合格者，均不得在低温条件下作业。

（4）积极与当地气象部门联系，尽量避免在低温天气进行大工作量施工。

（5）对低温作业者，供给足够的防寒劳保用品。

2. 技术措施

（1）确保现场水、电供应正常，加强对各种机械设备的围护与检修，保证其能正常操作。

（2）在低温天气施工的，如：混凝土工程、抹灰工程，适当注意养护，以确保工程质量。

（3）加强施工管理，各分部分项工程坚决按国家标准规范、规程施工，不能因低温天气而影响工程质量。

1.6.2 暑期施工措施

本地区夏季气温较高，暑期施工以安全生产为主题，以"防暑降温"为重点。

（1）采用合理的劳动休息制度，根据具体情况，在气温较高的条件下，适当调整作息时间，早晚工作，中午休息。

（2）确保现场水、电供应正常，加强对各种机械设备的围护与检修，保证其能正常操作。

（3）在高温天气施工的，如：混凝土工程，适当增加其养护频率，以确保工程质量。

（4）加强施工管理，各分部分项工程坚决按国家标准规范、规程施工，不能因高温天气而影响工程质量。

1.6.3 雨期施工措施

（1）雨期施工主要以预防为主，采用防雨措施及加强排水手段确保雨期正常地进行生产，不受季节性气候的影响。

（2）露天使用电气设备，要有可靠防漏措施。

（3）施工现场存放材料的仓库要注意防雨、防潮，保持通风。

（4）施工现场必须保护好设备，并做好排水工作，防坍塌、防雷击、防触电、防暴风和防台风等措施。

（5）在台风期间，组织人员昼夜值班，准备好抢险器材，对各重要部位都要进行认真检查，发现问题及时处理。

1.6.4 暴风、台风季节施工措施

为防台抗暴项目工程部成立以项目经理为首的防汛抗台与应急救援领导小组,负责项目部相关应急救援领导工作,组织框架如图1-4、图1-5所示。

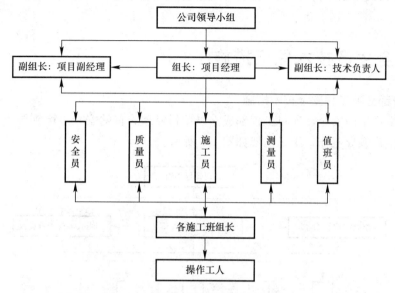

图1-4 防汛抗台领导小组组织框架图

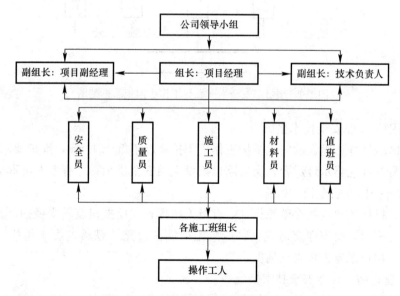

图1-5 应急救援领导小组组织框架图

(1) 加强暴风、台风季节施工时的信息反馈工作,收听天气预报,并及时做好防范措施。暴风、台风到来前进行全面检查。

(2) 对各堆放材料进行全面清理,在堆放整齐的同时必须进行可靠的压重和固定,防止暴风、台风来到时将材料吹散。

（3）对外架进行细致的检查，加固。竹笆、挡笆和围网增加绑扎固定点，外架与结构的拉结要增加固定点，同时外架上的全部零星材料和零星垃圾要及时清理干净。

（4）暴风、台风来到时各种机械停止操作，人员停止施工。

（5）暴风、台风过后各种机械和安全设施进行全面检查，没有安全隐患时才可恢复施工作业。

1.7 安全生产技术保证措施

1.7.1 各分部分项工程安全技术措施

为确保生产中的安全，项目工程部成立以项目经理为首的安全生产领导小组，负责项目部的安全生产领导工作，组织框架如图 1-6 所示。

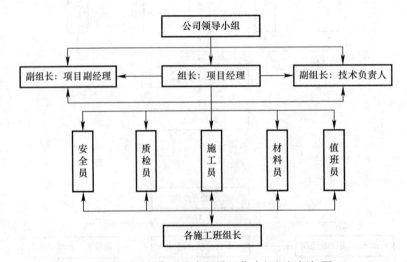

图 1-6 项目部安全生产领导工作小组组织框架图

1. 道路围护作业安全技术措施

在施工区域做好彩钢板的安全围护工作，围护高度不低于 1.8m，围护要求结实牢固，在危险区域悬挂红色指示灯示警，交通路口摆设交通安全指示牌，有专人负责交通秩序。

2. 沟槽开挖作业安全技术措施

挖土时，操作工要具备有效操作证，有专人指挥，在挖掘机旋转半径内严禁站人，汽车装运时，应密封，要遵守交通规则，严禁抛撒滴漏，路上跌落的泥土组织人员及时清扫，在道路进出口派专人负责交通安全。

3. 排水管道施工作业安全技术措施

排水沟基础采用机械大开挖，挖起的泥土放在沟边 2m 以外，在离沟槽口边 1m 处摆放安全护栏，管子排放从下游向上游排放，吊机安放管子时，吊机下严禁站人，吊机有专人指挥。

4. 水泥稳定碎石基层作业安全技术措施

把好原材料采购质量关，控制好 3%、5% 水泥含量和粗细骨料的合理搭配。在材料运输时注意交通安全，压路机碾压时有专人指挥，注意基层面的平整度。

5. 钢筋作业安全技术措施

为了规范钢筋施工作业的安全管理，有效地控制职业危害，保证作业人员的人身安全。项目部做好钢筋的采购、检验、储存及供应工作。施工前要进行全面的安全技术交底，同时负责为施工人员提供必要的劳动保护用品及安全防护设施。项目负责人在日常工作中加强对钢筋加工机具的检查与维护工作，并根据施工现场的环境特点及项目性质，编制钢筋绑扎施工作业指导书，并进行全员交底。对所需施焊部位制定防火措施，同时加强对现场所用电焊机等机具进行日常的检查、维护与保养。

6. 模板作业安全技术措施

根据工程特点编制模板施工作业指导书，并进行全员安全技术交底，履行签字手续。为施工人员提供必要的劳动保护用品、安全防护用具，并监督其使用情况。对所使用的木工机具进行定期的检查、维护，制订安全使用制度，保证运行正常。模板支设完毕后，需由相关人员验收模板及其支撑的强度、刚度、稳定性符合要求后，方可进行下一步施工。模板拆除前，施工技术负责人应验证混凝土强度是否达到拆模要求，在达到拆模要求后方可组织施工人员进行拆除作业。拆模施工完毕后，施工单位对模板进行清点、维修及退库处理。

7. 混凝土作业安全技术措施

项目部应加强搅拌站维护与保养，编好混凝土浇筑施工作业指导书，并进行全员安全技术交底，同时对浇筑施工进行全过程安全管理，并强化混凝土成型后的养护工作。混凝土施工单位加强对振捣器等施工机具的日常检查、保养与维修工作。在混凝土施工中，要留设混凝土现场同条件养护试块。混凝土养护一定龄期后，负责将现场试块送有资质的试验部门进行试验，确定混凝土强度达到要求后，方可组织进行下一步施工。

拱圈混凝土采用连续浇筑，使拱架受力均匀变形小。纵向分三段，并在分段之间 2m 左右设置合拢段，合拢段掺入微量膨胀剂。合拢温度在 15~20℃ 之间，选择在当天气温较低，并正在上升时进行。拱圈混凝土采用水化热较小的水泥，加强养护，表面覆盖麻袋片洒水保持湿润 7d 以上。

8. 灌注桩作业安全技术措施

（1）全体施工管理人员事先充分了解施工现场的工程水文地质资料，并查明施工现场内是否有地下电缆或煤气管道等地下障碍物。

（2）成孔机电设备有专人负责管理，上岗者均应持有操作合格证。进入施工现场戴好安全帽，登高作业超过 2m 时，系好安全带；工具收入工具袋内，严防坠落伤人或落入孔中。

（3）电器设备设置漏电开关，并保证接地有效可靠。

（4）使用钻杆作业时，要经常检查限位结构，严防脱落伤人或落入孔洞中；检查时避免用手指伸入探摸，严防扎伤。

（5）钻杆与钻头的连接要勤检查，防止松动脱落伤人。

（6）采用泥浆护壁时，对泥浆循环系统要认真管理，及时清扫场地上的浆液，做好现场防滑工作。

（7）钻孔后，混凝土浇灌顶标高比地面低时，在孔口加盖板封挡，以免人或工具掉落孔中。

（8）吊置安装钢筋笼时，合理选择捆绑吊点，并拉好尾绳，保证平稳起吊，准确入孔，禁止用脚踩钢筋笼严防伤人。

1.7.2 生产用电安全技术措施

1. 安全用电技术措施

（1）所有配电箱均标明名称、用途，并作出分路标记，每两天进行检查和维修一次，由专业电工负责，检查维修时按规定穿戴绝缘鞋、手套，使用电工绝缘工具，并将前一级相应的电源开关分闸断电，并悬挂停电标牌，严禁带电作业。

（2）所有配电箱、开关箱在使用过程中均按下列顺序操作：

送电操作顺序：总配电箱—分配电箱—开关箱；

停电操作顺序：开关箱—分配电箱—总配电箱。

（3）施工设备停止作业 1h 以上的，应将开关箱断电上锁。

（4）配电箱内不放置任何杂物，经常保持整洁，配电箱、开关箱内不挂接其他临时用电设备。

（5）安装、维修或拆除临时用电工程，必须由电工完成，电工等级应同工程的难易程度和技术复杂性相适应。

（6）熔断丝更换时，严禁用不符合原规格的熔丝代替。

2. 电工安全措施

（1）电工必须经过专业及安全技术培训，经（地）市劳动部门考试合格发给操作证，方准独立操作。

（2）电工应掌握用电安全基本知识和所有设备性能。

（3）上岗前按规定穿戴好个人防护用品。

（4）停用设备应拉闸断电，锁好开关箱。

（5）负责保护用电设备的负荷线，保护零线（重复接地）和开关箱。

（6）移动用电设备必须切断电源，在一般情况下不许带电作业，带电作业要设监护人。

（7）按规定定期（工地每月、公司每季）对用电线路进行检查，发现问题及时处理，并做好检查和维修记录。

（8）应懂得触电急救常识和电器灭火常识。必要时应实施演练。

1.7.3 机械设备安全技术措施

（1）制订施工机械设备安全管理制度，制度包括：各类机械设备的使用维护技术规定；机械设备安全责任制；机械设备的安全检查制度；冬季机械设备的维护和保养制度；中小型机械设备的报废、申购制度。

（2）组织机械设备操作人员进行机械设备运行安全技术交底，监督检查运行操作人员在作业前、作业中、作业后的使用维护工作，监督检查机械设备操作人员的日常保养工作，对于影响安全使用的机械设备，按相关规定及时进行报修或报废处理。

（3）机械和动力机的基座稳固，转动的危险部位要设防护装置。

（4）工作前必须检查机械、仪表、工具等，确认完好方可使用。

（5）电气设备和线路必须绝缘完好，电线不得与金属绑扎在一起，各种机具必须按规定接地、接零线，并设单一开关，遇到临时停电或停工休息时，必须拉闸加锁。

（6）施工机械和电气设备不得带病运转和超负荷作业，发现不正常情况停机检查，不得在转动中修理。

（7）设备试运转应严格按照单项安全技术措施进行，转动时不准擦洗和修理，严禁将头、手伸入机械行程范围内。

（8）在架空输电线路作业，通过架空输电线路时应将超重臂落下，在架空输电线路一侧时，不论在任何情况下，起重臂、钢丝绳或重物等与架空输电线路的最近距离不应小于：10kV以下，1.5m；10～20kV，2m；35～110kV，4m；150kV，5m。

（9）卷扬机安全操作规程：

1）操作机械要束紧袖口，有发辫的要挽入帽内，卷扬机应安装在平整坚实、视野良好的地点，卷扬机筒与导向滑轮中心线应垂直对正，卷扬机距离滑轮一般不少于15m。

2）卷扬机各齿轮及皮带部位，都必须有良好的防护网罩，严禁在机械运转时进行维护保养，防止发生事故。

3）钢丝绳在卷筒缠绕时，必须排列整齐，缠绕时不得用手做引导，当重物在最底位置时，钢丝绳卷绕在筒上的圈数不少于3圈，钢丝绳作业，绳上不得有任何接头。

4）作业前应检查钢丝绳、制动器、传动滑轮井架等，确认安全可靠，方准操作。

5）卷扬机在井架起吊需要停车时，笼下应用保险杠托住吊笼，否则不准有人在上面装卸货物。

6）重物提升后，操作人员不得擅离岗位，休息或断电时，应将重物放下，断开总电源。

7）使用中发现异常声响，制动不灵、卷筒、制动带及轴承等处温度急剧上升，必须及时停机检查，排除故障后方可继续工作。

8）卷扬机吊笼严禁载人，吊笼上下不准有人通行和逗留，发现有人时，应立即停机，作业中突然停电，应立即拉开闸刀，将运送物放下。

9）作业时，不准有人跨越卷扬机的钢丝绳，钢丝绳应设过道防护并不准拖地。

10）工作中要听从指挥人员的信号，信号不明或可能引起事故时，应暂停操作，待弄清情况后方可继续工作。

11）卷扬机分班操作时应坚持交接班制度。

（10）钢筋切断机安全操作规程：

1）操作人员必须熟知机械的性能和安全技术操作规程。

2）使用前，必须检查切刀有无裂纹，刀架螺栓紧固，防护罩牢靠，然后用手转动皮带轮，检查啮合间隙调整切刀间隙，同时应加足润滑油。

3）启动后，先试运转，检查各传动部分及轴承运转正常后方可作业。

4）机械未达到正常转速时，不得切料，切料时必须使用切刀的中下部位，紧握钢筋对准刀口迅速送入。

5）不得剪切直径及强度超过机械标示牌规定的钢筋和烧红的钢筋，一次切断多根钢筋时总面积应在规定范围内。

6）剪切低合金时，应换高强度切刀，直径应符合标示牌规定。

7）切断短料时，手和切刀之间的距离应15cm以上，如手握端小于40cm时，应用套管或钢筋短头压住或夹牢。

8）运转时，严禁用手直接清除切刀附近断头和杂物，发现机械运转不正常、有异响或歪斜等情况，应立即停机检修。

9）作业后，应切断电源，锁好电闸箱，并清除切刀间的杂物进行整机清洁保养。

（11）钢筋对焊机安全操作规程：

1）操作人员必须熟知本机械的性能和安全技术操作规程。

2）焊接前，应根据所焊钢筋截面，调整二次电源，不得焊接超过对焊机规定直径的钢筋。

3）断路器的接触点，电极应定期磨光二次，电路全部连接，螺栓应定期紧固，冷却水温度不得超过40℃，排水量应根据温度调节。

4）焊接较长钢筋时，应调整协托架，配合搬运钢筋的操作人员，在焊接时要注意防止火星溅伤。

5）闪光区应设挡板，焊接时无关人员不得入内。

6）冬期施工时，温度不得低于8℃，作业后，应放尽机内冷却水。

7）作业后，应切断电源，锁好电闸箱。

（12）钢筋弯曲机安全操作规程：

1）操作人员必须熟知本机械的性能和安全技术操作规程。

2）使用前，按加工钢筋的直径和弯曲半径的要求装好芯轴，成型轴，挡铁轴或可变档架，芯轴直径应为钢筋直径的2.5倍。

3）检查芯轴挡块，转盘应无损坏和裂纹，防护罩紧固可靠，经空运转确认正常后，方可作业。

4）作业时将钢筋需弯的一头插在转盘固定锁的间隙内，另一端紧靠机身固定销，并用手压紧检查机身固定销子确实安在挡住钢筋的一侧，方可开动。

5）作业时，严禁更换芯轴，销子和变更角度以及调速等作业，亦不得在作业中加油或清扫。

6）弯曲钢筋时，严禁超过本机规定的钢筋直径根数及机械转速。

7）弯曲高强度或低合金钢筋时，应按机械标示牌规定换算最大限制值并调换相符的芯轴。

8）严禁在弯曲钢筋的作业半径内和机身不设固定销的一侧站人，弯曲好的半成品应堆放整齐，弯头不得朝上。

9）转盘换向时，必须在停稳后进行。

10）作业后，应关掉电源，锁好电闸箱。

（13）混凝土搅拌机安全操作规程：

1）混凝土搅拌机设置地必须坚实，支撑规范，不准用轮胎代替支撑。

2）空车试运前，应检查离合器，制动器，钢丝绳，液压及水计量系统等是否良好，传动部位、拌筒内不得有异物，防护装置是否齐全。

3）空车运转时，应检查拌筒转向是否正确，各操作装置和安全装置是否灵活有效，确认正常后，方可作业。

4）进料时，严禁将头或手伸入拌筒，运转中，不得用手或工具等伸入筒内扒料、出料。

5）料斗升起时，严禁在其下方工作或穿行，料坑底部应设置枕垫，清理料坑或检修时，必须将料斗用保险钩扣牢。

6）进料应在运转中进行，添加新料须将旧料卸完不得超载搅拌。

7）如遇机械故障，应立即切断电源，清除筒内存料，为清除或检修需要，人员进入拌筒时，须取下熔断器，锁上电箱，并设专人监护。

8）机手在操作时不准擅自离开岗位，不得随意让他人代操作。

9）作业完毕后，应清洗搅拌机，将料斗放落地面，如需升起料斗，则应用保险钩扣牢，切断电源，锁好电箱。

10）机手应了解本机的工作原理，熟悉机械性能，认真履行保养制度。

（14）砂浆搅拌机安全操作规程：

1）操作人员要熟悉本机械的安全性能与技术操作规程。

2）作业前，检查搅拌机的传动部分，工作装置，防护装置等均应牢固可靠，操作灵活。

3）启动后，先经空运转，检查搅拌叶旋转主向正确，方可边加料边加水搅拌作业。

4）作业中不得用手或木棒等伸进搅拌筒内或在筒口清理灰浆。

5）作业中如发生故障不能运转时，应切断电源，将筒内灰浆倒出，进行检修排除故障。

6）作业后，应做好搅拌机内外的清洗保养及场地的清洁工作，切断电源，锁好箱门。

（15）混凝土输送泵安全操作规程：

1）泵送设备放置应离基坑边缘保持一定距离，基座必须稳定。

2）泵送设备部位操作杆件均应在正确位置，液压系统无泄漏，螺栓紧固，管接紧密，防护齐全。

3）操作时随时监视各种仪表和指示灯，发现异常时，及时调整。

4）发生输送堵塞时，应进行逆向运转使混凝土返回料斗，必要时应拆管排除堵塞。

5）连续作业必须暂停时，应每隔5～10min（冬季3～5min）泵送一次，若停止较长时间后泵送时，应逆向运转一至二个行程，然后顺向泵送，不得空吸。

6）泵送系统受压力时，不得开启任何输送管道和液压管道，液压系统的安全阀不得任意调整。

7）作业后，将料斗内和管道内的混凝土全部输出，尔后压缩空气冲洗管道，管道出口端前方10m不得站人。

8）将两侧活塞运转到清洗室，并涂上润滑油。

9）各部位操作开关，调整手柄、手化、控制杆旋塞等均应复位，液压系统卸荷。

（16）圆盘锯安全操作规程：

1）锯片上方必须安装保险挡板（罩），在锯片后面，离齿10～15mm处，必须安装弧形楔刀，锯片安装在轴上应保持对正轴心。

2）锯片必须平整，锯齿尖锐，不得连续缺齿两个，裂纹长度不得超过20mm，裂缝末端须冲止裂孔。

3）被锯木料厚度，以锯片能露出木料10～20mm为限，锯齿必须在同一圆周上，夹持锯片的法兰盘的直径应为锯片直径的1/4。

4）启动后，须待转速正常后方可进行锯料。锯料时不得将木料左右晃动或高抬，遇木节要缓慢匀速送料。锯料长度应不小于500mm。接近端头时，应用推棍送料。

5）如锯线走偏，应逐渐纠正，不得猛扳，以免损坏锯片。

6）操作人员不得站在和面对与锯片旋转的离心力方向操作，手臂不得跨越锯片工作。

7）锯片温度过高时，应用水冷却，直径600mm以上的锯片在操作中应喷水冷却。

8）工作完毕，切断电源锁好电箱门。

（17）桩基安全操作规程：

1）压桩机安装地点应按施工要求进行先期处理，应平整场地，地面应达到35kPa的平均地基承载力。

2）安装时，应控制好两个纵向行走机构的安装间距，使底盘平台能正确对位。

3）电源在导通时，应检查电源电压并使其保持在额定电压范围内。

4）各液压管路连接时，不得将管路强行弯曲。安装过程中，应防止液压油过多流损。

5）安装配重前，应对各紧固件进行检查，在紧固件未拧紧前不得进行配重安装。

6）安装完毕后，应对整机进行试运转，对吊桩用的起重机，应进行满载试吊。

7）作业前应检查并确认各传动机构、齿轮箱、防护罩等良好，各部件连接牢固。

8）作业前应检查并确认起重机起升、变幅机构正常，吊具、钢丝绳、制动器等良好。

9）检查并确认电缆表面无损伤，保护接地电阻符合规定，电源电压正常，旋转方向正确。

10）检查并确认润滑油、液压油的油位符合规定，液压系统无泄漏，液压缸动作灵活。

11）冬季应清除机上积雪，工作平台应有防滑措施。

12）压桩作业时，应有统一指挥，压桩人员与吊桩人员应密切联系，相互配合。

13）当压桩机的电动机尚未正常运行前，不得进行压桩。

14）起重机吊桩进入夹持机构进行接桩或插桩作业中，应确认在压桩开始前吊钩已安全脱离桩体。

15）接桩时，上一节应提升350～400mm，此时，不得松开夹持板。

16）压桩时，应按桩机的机械技术性能表作业，不得超载运行。操作时动作不应过猛，避免冲击。

17）顶升压桩机时，4个顶升缸应2个一组交替动作，每次行程不得超过100mm。当单个顶升缸动作时，行程不得超过50mm。

18）压桩时，非工作人员应离机10m以外。起重机的起重臂下，严禁站人。

19）压桩过程中，应保持桩的垂直度，如遇地下障碍物使桩产生倾斜时，不得采用压桩机行走的方法强行纠正，应先将桩拔起，待地下障碍物清除后，重新插桩。

20）当桩在压入过程中，夹持机构与桩侧出现打滑时，不得任意提高液压缸压力，强行操作，而应找出打滑原因，排除故障后，方可继续进行。

21）当桩的贯入阻力太大，使桩不能压至标高时，不得任意增加配重。应保护液压元件和构件不受损坏。

22）当桩顶不能最后压到设计标高时，应将桩顶部分凿去，不得用桩机行走的方式，将桩强行推断。

23）当压桩引起周围土体隆起，影响桩机行走时，应将桩机前进方向隆起的土铲平，不得强行通过。

24）压桩机行走时，长、短船与水平坡度不得超过5°。纵向行走时，不得单向操作一个手柄，应两个手柄一起动作。

25）压桩机在顶升过程中，船形轨道不应压在已入土的单一桩顶上。

26）压桩机上装设的起重机及卷扬机的使用，应执行起重机及卷扬机的有关规定。

27）作业完毕，应将短船运行至中间位置，停放在平整地面上，其余液压缸应全部回程缩进，起重机吊钩应升至最上部，并应使各部制动生效，最后应将外露活塞杆擦干净。

28）作业后，应将控制器放在"零位"，并依次切断各部电源，锁闭门窗，冬季应放尽各部积水。

29）转移工地时，应按规定程序拆卸后，用汽车装运。所有油管接头处应加闷头螺栓，不得让尘土进入。液压软管不得强行弯曲。

1.8 文明施工技术保证措施

1.8.1 文明标化工地组织管理

1. 施工现场成立文明施工领导小组

下设专（兼）职文明施工管理人员，各施工班组设立一名兼职文明施工管理人员，文明施工领导小组组织框架如图1-7所示。

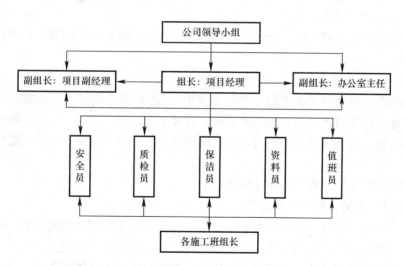

图 1-7 文明施工领导小组组织框架图

2. 制定现场文明施工管理制度

项目部与各施工班组、各级管理人员签订文明施工责任书，各班组与每个职工签订文明施工责任书。项目部文明施工领导小组每半个月进行一次检查、考核，奖励先进、处罚落后，真正做到领导有力，责任到人。

3. 施工现场标志牌设置

工地大门外侧竖立形象美观的工程概况牌，大门内侧醒目位置设置以下图牌和施工现场平面图、现场安全标志布置总平面图、施工用电配电箱及施工机具平面图、消防器材平面布置图、十项安全技术措施牌、安全生产六大纪律、工地卫生制度牌、防火责任牌、管理人员名单监督电话牌等。

4. 施工现场场容场貌管理

（1）施工场地硬化，保证场内道路畅通。

（2）由兼职文明施工管理人员落实班组落手清制度，清扫出来的建筑垃圾集中堆放，每日清运一次。生活区、办公区内及场外 100m 内的垃圾由专职保洁员负责，每日清运 2 次，做到场内外无垃圾。

（3）对进场的材料、机具、安全禁令标志、配电箱、消防器材等严格按平面布置图位置堆放、设置，堆放、设置做到整齐有序，材料挂设标识牌，注明名称、品种、规格、检验状态，每日由专职文明施工管理员负责检查。

5. 施工现场临时设施管理

（1）职工食堂严格执行国家《食品卫生法》，位置远离厕所，制定食堂卫生管理制度。

（2）工地有充足的茶水供应，茶水桶上加盖，冬季做好保温设施。

（3）厕所、浴室保持洁净，墙面铺贴瓷砖，地面铺贴防滑地砖，保证通风采光良好。

（4）现场办公用房采用彩钢板活动房。

（5）现场职工宿舍采用活动房，设寝室长一名，制定寝室管理制度，每日轮流打扫，垃圾入桶。

（6）现场配备保健医药箱、急救器械及经过培训的急救人员 2 名。

6. 施工现场"三证"管理

工地招聘职工办理务工证、暂住证，禁招童工及年老体弱多病的职工，并检验职工计划生育证明。

7. 文明施工综合管理

（1）与所有班组签订《文明施工责任承包书》。各班组必须落实一名兼职文明施工管理人员，并加入以项目经理为核心的文明施工管理小组。

（2）项目部文明施工管理小组每半个月组织各施工班组进行检查考核，奖励先进，处罚落后。

（3）加强职工素质教育，倡导文明礼貌。

1.8.2 创办民工学校，开展义务教学

近几年来，随着企业规模的不断扩大，用工制度和施工管理体制改革的不断深化，农村大批富余劳动力逐渐涌向城市从事建筑业一线工作，而他们中的绝大多数人员文化水平偏低，质量和安全意识淡薄，技能技术素质差，组织纪律观念不强，等等，造成建筑业安全事故频发、安全生产形势异常严峻、现场施工秩序紊乱、民工之间关系不融洽等不利局面因素。运用民工学校这一载体来提高民工素质，加强安全保护意识，规范操作。

1. 教学制度

（1）项目部直属的施工人员，都必须遵守《建筑施工安全技术规范》规定，按时参加民工学校学习，保证参加学习的时间；

（2）对于由项目部直接分包及纳入总包管理的分包单位，施工人员也必须参加民工学校学习；

（3）参加学习人员不得无故缺席，确实有特殊原因不能参加学习的人员需提前请假，并征得管理人员同意；

（4）参加学习人员要遵守上课纪律，不得中途随便离席，不得大声喧哗，影响别人听课等；

（5）学习人员每次上课均需签到，他人不得代签。同时，在与分包单位签订的总分包协议及在与班组签订的经济合同中，增加应按教学计划要求及时组织民工参加民工学校学习的条款，与民工签订劳动合同时，将参加民工学校的学习作为民工的义务写进合同条款里。

2. 教学内容

（1）采用直面授课、看录像等各种教学方式。在授课时间上，安排授课人员利用夜间等业余时间，规定每周 1～2 课时，每课时不少于 1h；

（2）结合施工的实际情况进行施工操作规范、技术交底、安全交底、治安管理等方面的教育；

（3）每周一刊的黑板报，内容有来自项目部的方方面面信息，如项目部自编的施工安全守则、施工操作规范、各地发生的安全事故案例分析，施工现场技术难题集锦，穿插一些社会政治新闻。

1.9 环境、职业健康保障措施

1.9.1 各种控制措施

1. 噪声污染控制措施

（1）对施工期间有噪声污染的设备、工作棚应尽量设在居民区远端。

（2）对木工操作棚、钢筋操作棚采用模板搭设的临时隔声棚，进行三面封闭，对搅拌机等采用模板搭设的临时隔声棚，尽量减少噪声污染。

（3）对土石方工程使用的挖掘机、装载机尽量安排在白天工作。

（4）混凝土振动器操作时，不得碰到钢筋和模板，尽可能创造条件，在振捣区周围设置隔声棚。

（5）钻孔桩机夜间施工要向周围群众耐心做好解释工作。

2. 污水污染控制措施

（1）在桥边设置多只泥浆池，钻孔桩泥浆全部用船装运，严禁污染河道。

（2）对食堂废水经隔油池后进入沉淀池。

（3）厕所的污水经化粪池过滤后排入市政管道。

3. 大气污染控制措施

（1）散装水泥桶尽量设置在离居民区最远处，并用彩条布进行全封闭。

（2）对砂、石堆场应设置挡风墙。

（3）禁止焚烧有毒有害垃圾，如沥青等。

（4）及时清理建筑垃圾，清扫路面等，并采用湿式作业。

4. 职业病预防措施

（1）对操作人员加强技术交底、安全培训，技术培训内容应为从事工作的有害性，如何预防、如何自抢自救。

（2）严格规章制度，强化监督管理。

（3）职业病预防的具体控制措施。

（4）对急性气体中毒的预防：

1）在容器搬运过程中要密闭化，严防跑、冒、滴、漏。

2）进入有毒场所应有切实可行的防护装备，如戴防毒面具关风面罩等，加强通风，使毒气尽快排出。

（5）对中暑的预防：

1）暑期施工应调整作息时间，避开高温施工，增加工间休息次数，缩短劳动持续时间。

2）对施工场所供应茶水（或盐开水）。

1.9.2　其他保障措施

（1）施工现场环境卫生落实分工包干。制定卫生管理制度，设专职现场清洁员 2 名，建筑垃圾做到集中堆放，生活垃圾设专门垃圾箱，并加盖，每日清运。确保生活区、作业区保持整洁环境。

（2）在现场大门内两侧、办公、生活、作业区空余地方，合理布置绿化设施，做到美化环境。

（3）夜间施工向环保部门办理夜间施工许可证，并向周边居民告示。

（4）作业时尽量控制噪声影响，对噪声过大的设备尽可能不用或少用。在施工中采取防护等措施，白天不超过 85dB，晚上不超过 65dB，把噪声降到最低限度。

（5）场内设置排水沟，做到污水不外流，场内无积水。场地废水经沉淀池沉淀后排入城市排水管网。工地厕所、食堂污水经化粪、隔油等处理后排入附近排水管道。

（6）砂石料等散装物品车辆全封闭运输，车辆不超载运输。在施工现场设置冲洗水枪，车辆做到净车出场，避免在场内外道路上"抛、洒、滴、漏"。

（7）保护好施工周围的树木、绿化，防止损坏。

（8）如在挖土等施工中发现文物等，立即停止施工，保护好现场，并及时报告文物部门等有关单位。

（9）多余土方在规定时间、规定路线、规定地点弃土，严禁乱倒乱堆。

1.10　消防安全技术措施

1.10.1　管理措施

1. 组织管理

（1）坚决贯彻"预防为主，防消结合"的方针，立足于自防自救，坚持安全第一，实行"谁主管，谁负责"的原则。施工现场设立义务消防分队组织，并设专（兼）职消防人员进行检查监护。

（2）施工现场实行分级防火责任制，落实各级防火责任制，各负其责。项目经理为施工现场防火第一责任人，全面负责施工现场的防火工作，班组长是各班组防火责任人，对本班组的防火负责。工地防火检查员（消防员）每天班后进行巡查，发现不安全因素及时消除或汇报，施工现场成立防火领导小组。

（3）对职工进行经常性的防火宣传教育，增强消防观念。

（4）施工现场设置防火警示标志、消防平面布置图，施工现场张挂防火责任人、防火领导小组成员名单、防火制度等标牌。

（5）动用明火按用火管理制度的规定进行审批，落实措施后方可实施，并设专人监护。

2. 火源管理

为加强火源管理，项目工程部成立以项目经理为首的消防防火领导小组，负责项目部相关应急救援领导工作，消防防火领导小组组织框架如图1-8所示。

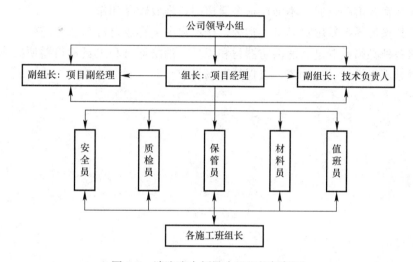

图 1-8　消防防火领导小组组织框架图

（1）焊割作业、熬制沥青等临时动火，必须报项目部安全科审批后，方能动火作业，并由监护人实行全过程监护。

（2）焊割作业必须持证上岗，无证不得私自操作。

（3）动火作业必须严格执行"十不"、"四要"、"一清理"要求。

3. 电气防火管理

（1）施工现场的一切线路、设备必须由持上岗操作证的电工安装、维修，并严格执行《建设工程施工现场供用电安全规范》GB 50194—2014 和《施工现场临时用电安全技术规范》JGJ 46—2005 规定。非电工严禁私自拉线接电。

（2）电线绝缘层老化、破损要及时更换。

（3）严禁使用铜丝或其他不符合规范的金属丝作电路保险丝。

（4）严禁在外脚手架上架设电线和使用碘钨灯。

（5）电气设备和电线不准超过安全负荷，接头处要牢固、绝缘性良好。室内外电线架设有瓷瓶与其他物体隔离，室内电线不得直接敷设在可燃物、金属物上。

（6）照明灯具下方不宜堆放物品，其垂直下方与堆放物品水平距离不得少于 80cm。

（7）临时建筑设施内的照明，不准使用 60W 以上的照明灯具。

（8）每栋临时建筑以及临时建筑内每个单元的用电必须设有电源总开关和漏电保护开

关，做到人离电断。

4. 临时设施及宿舍防火管理

（1）施工现场所有搭建的临时设施都必须按防火要求搭建，使用不燃材料搭建，易燃易爆物品仓库单独设置，并远离其他临时建筑。临时建筑不得修建在高压架空线下面，与高压线的距离不得小于规定距离。

（2）每间宿舍设立一名防火责任人，负责宿舍日常的防火工作。

（3）严禁躺在床上吸烟，乱丢烟头。不得在宿舍内燃火取暖或用小太阳取暖烘烤衣服。

（4）严禁乱拉乱接电线，严禁使用电炉，不准使用电热器具，电线上不得挂衣物。

（5）保持宿舍道路畅通，不准在宿舍通道门口堆放物品和作业。

（6）严禁携带易燃易爆物品进入宿舍，严禁宿舍内存放自行车、摩托车。

（7）宿舍外必须设置足够的消防器材和工具，消防器材和工具不得随便挪作他用，消防器材设置处不得堆放其他物资，以保持通畅易取。

第 2 章
房屋建筑工程

2.1　水下桩基基础施工方案

2.1.1　工程概况

本工程为××市××路的一座仿古卷曲拱景观桥梁，工程内容包括跨××大河的十一孔曲拱仿古卷景观连续拱大桥，其长度范围为：K0+120~K0+575，全长约455m。

2.1.2　编制依据

(1)《××市××路市政工程一号桥梁工程》施工图；

(2)《公路桥涵地基与基础设计规范》JTG D 63—2007；

(3)《公路桥涵设计通用规范》JTG D60—2004等国家施工规范标准；

(4)《施工合同》等。

2.1.3　技术准备

施工前做好各班组的施工技术交底工作，各工种负责人熟悉图纸，了解施工现场的实际情况，做好职工安全、质量意识教育工作。

组织钻孔桩机、电焊机等机械进场，并进行桩机的安装和检修使用，确保无故障后，方可投入施工。

采购符合设计要求的钢筋、水泥、模板等材料，进场前做好原材料的试验及混凝土配合比试验等工作。

2.1.4　桩基工艺原理

1. 水下钻孔灌注桩的工艺原理

搭设水上钻（孔）机操作平台，埋设钢护筒，钻机就位钻孔后进行清孔、安装钢筋笼骨架、浇灌水下混凝土等的施工工艺，详见水中打桩施工工艺流程，如图 2-1。

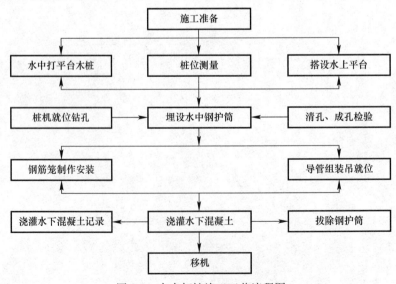

图 2-1　水中打桩施工工艺流程图

2. 水中打桩施工工艺流程

水中打桩施工工艺流程如图 2-1 所示。

2.1.5 施工技术操作要点

1. 测量放样

依据施工图纸及业主提供的轴线坐标 DBM 控制点、水准点，先对交接的坐标进行自复，实测数据成果与业主提供的测量成果数据相比，误差在允许的闭合差内，可进行使用，同时做好 DBM 控制点的保护工作，引出支导线点加以保护，然后进行桥梁、桩基、承台放样。

（1）放样用仪器为托普康全站仪 1 台，DS3 水准仪 1 台，50m 钢卷尺 1 把。用全站仪定位出桥台中心线，在水平台上钉出钻孔桩位，并做好桩位控制点和高程引测工作，设置好临时水准点。

（2）平面放样及高程引测好，经自复无误后，将测量成果记录交监理复测复核，待监理复测无误后才可正式施工。

注意事项：桥梁工程放样要求精度较高，桥桩均位于河道内，轴线控制点均在围堰内钻机平台上，故每根桩在护筒埋设定位时，轴线应严格加以控制，在原有轴线的控制点上，再用全站仪加以复核控制，确保每根桩的桩位偏差在允许范围以内。

2. 钻机平台的搭设

本工程桥梁跨大湖，桥墩均在湖泊内，施工前需要进行钻机水上平台的搭设，钻机平台采用松木桩，每个墩台两侧各打一排木桩，墩台木桩打设宽度位 42m（每侧放宽 3m），木桩长 8m，梢径 18cm 以上，水平间距按 50cm 打设，顶面要高出水面 50cm 以上，桩顶上口应齐平，顶面纵横梁用 30cm×30cm 枕木搁置，用 φ12 钢筋铁盘加以固定，再用木桩剪刀撑加以固定，使钻机平台有足够刚度，保持稳定，能稳固承受上部所有施工荷载，各墩间再打木桩，搭设便桥与岸上相同，以便施工。图 2-2 为水中打桩平台的搭设示意图。

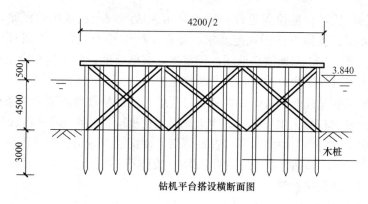

钻机平台搭设横断面图

图 2-2　水中打桩施工图

桩机在正式施工前，应进行试钻，试钻过程中，应不断观察不同土层的变化，调整泥浆密度，并作详细记录，为桩基正式施工提供详细的技术参数和施工工艺。

桩基施工时，现场计划配备 120kW 发电机 2 台，以防供电网停电备用。桩基施工机械投入计划见表 2-1。

桩基施工机械投入计划 表 2-1

序号	机械和设备名称	规格型号	数量	国别产地	制造年份	额定功率（kW）	备注
1	船挖		2	上海	2003	125	
2	钻孔桩机	GPS—10	6	上海	2003	108	
3	插入式震动机	h26x—50	4	浙江	2004	2.2	
4	平板式震动机	Zb15	2	浙江	2004	1.5	
5	泥浆泵	3pn	5	上海	2005	22	
6	清水泵	1—5寸	6	浙江	2005	1.0	
7	钢筋切断机	GW—10A	1	浙江	2003	3.0	
8	钢筋调直机	WB153	1	浙江	2003	7.5	
9	电焊机	ax300	1	上海	2004	30	
10	混凝土搅拌机	350L	1	浙江	2005	25	备用
11	泥浆船	20T	4	浙江	2004	20T	

3. 护筒埋设

护筒埋设为 3.5～4.0m，埋入土中深度不小于 0.5m，并高出水面 0.3m，护筒上口设溢浆孔，护筒内径比钻孔桩的设计桩径大 10cm，位于水中的桩位，采取套用大护筒埋设，中间水位较深，护筒需要拼接安装，接头处嵌填橡胶垫片，确保接头不漏水。护筒埋至湖泊底部较硬的土层中，大护筒埋好后，再埋设内护筒，并校准内护筒轴线位置，中心偏差不得大于 5mm，并用水平尺校对护筒的垂直度，使护筒达到水平牢固程度。护筒埋好后，应请监理复核，以确保桩位准确。

4. 钻机就位

护筒埋设好后，就把钻机移至钻机平台的桩位上，将钻机磨盘中心对准桩基中心，并对桩基进行就位校准，钻机的转盘中心和护筒中心应在同一垂直线上，其偏差不得大于 2cm。钻机就位后，底座和顶端应平稳，不得产生移位和沉陷，以保证钻孔桩的垂直度。

钻机就位结束后连接泥浆泵，并在护筒内放入泥浆，检查无误后方可开钻。

5. 泥浆

根据钻桩的位置，在桩位附近设泥浆池，用优质膨润土制成护壁泥浆，使泥浆的密度、黏度、含砂率、胶体率达到规范要求。钻孔中随时检查孔位、泥浆稠度、孔径及深度，做好原始记录，并绘制地质剖面图。泥浆池设有循环池、沉淀池和废浆池，并用循环槽连接，采用重力沉淀法净化泥浆，并及时将沉渣外运。

合理配置好泥浆是成败的关键。在施工过程中，应严格按照不同土层条件配置选用不同性能的泥浆护壁。在黏土中成孔时，排渣泥浆的密度应控制在 1.1～1.2g/cm³ 左右，胶体率不低于 95%，含砂率不大于 4%。在砂砾层，淤泥层及易坍孔层中泥浆性能指标相对密度应控制在 1.2～1.25 左右，漏斗黏度 28s，胶体率不低于 95%，含砂率不大于 4%，并应选用含砂量小的泥浆护壁。

6. 钻孔施工及要点

由于本工程设计为钻孔灌注桩，地质主要为粉质黏土及圆砾层土质。地质是钻孔灌注桩施工的一个最重要环节，其钻孔的直径、垂直度及成孔的质量直接关系到成桩的质量。因此，钻孔时必须对各层地质情况进行严格摸索及了解，对钻孔的直径及垂直度必须严格控制，确保全部钻孔质量。钻进施工要点：

（1）钻进过程中注意土层变化，记入表格，并与设计图纸的地质剖面图作对照。

（2）钻孔作业必须连续进行，因故必须停钻时，在孔口加保护盖。

（3）钻孔中注意排除钻碴，保持泥浆的密度和黏度。

（4）钻孔达到设计标高后，用 $12m^3$ 空压机配直径200mm钢管吸泥清孔，直至沉渣达到规范要求为止。施工工艺见图2-3。

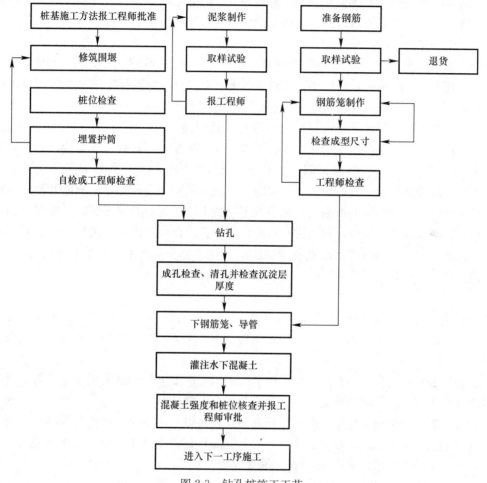

图2-3 钻孔桩施工工艺

7. 孔深控制

根据设计提供的钻孔深度结合地质报告的地质情况和实际施工的土质情况，并对各层的土质进行分析，特别对砂砾层的地质进行分析。根据以往的施工经验，主要以钻具及测绳丈量为准，确保钻孔的深度，保证成孔的质量。孔深按设计要求达到3D圆砾层，并要达到设计桩长。

8. 沉渣及孔径控制

（1）待钻孔完成后，应对沉渣进行清孔，该工程清孔采用 $6m^3$ 空压机进行清孔，清孔时，尽量采用泥浆循环系统，确保孔内的泥浆密度，保证孔内不塌方。待钻孔完成时，清孔应一次性将孔内的残渣排尽，确保沉渣小于5cm内，清孔工作完成后，应把泥浆的密度适当降低后才能灌注混凝土。

（2）孔径控制：待钻孔及清孔结束后，应检查孔径是否达到设计要求。采用测孔器进行测孔，保证其孔的直径及垂直度。

成孔工艺完成后，会同工地质监人员对孔的质量进行验收，确认符合设计要求和施工规范后，填写"钻孔桩成孔质量检查记录表"方能进入下一道工艺施工。

9. 钢筋笼制作与安装

钢筋笼制作是钻孔灌注桩中的一个重要环节，钢筋笼制作好坏，对成桩的质量有着较大的牵连，所以，钢筋笼制作必须按规定操作，确保工程质量。

（1）钢筋笼制作

钢筋笼制作前，首先检查钢筋的种类、规格，必须符合设计要求、符合国家检验标准，并且要有出厂合格证及质保书，如对该批钢材有怀疑，应到指定的试验室做各种规格力学性能抽样试验，确认符合规范和要求后，方可用入该工程。

钢筋制作严格按设计要求及操作规范进行，其钢筋主筋的根数、尺寸、箍筋的间距，必须符合设计要求，并控制在允许偏差范围内，钢筋制作时，其焊接应按规范进行，单面焊为 $10d$，双面焊为 $5d$。各种钢筋焊接必须经试验室抽样检查，焊缝必须饱满，焊接牢固，不得出现焊缝夹渣、气孔、漏焊、裂缝、空洞及明显烧伤等现象。钢筋笼制作最重要的是笼的加强圈，钢筋笼的加强圈必须通过定点加工厂加工，必须做圆，不得出现鸭蛋形等形状。钢筋笼制作完毕后，首先进行自检，确认符合设计要求和规范后，再请专职质检员进行检查验收，并填写"钢筋笼质量验收单"经业主及监理工程师验收合格并签字后，方可进入吊放工序。

（2）钢筋笼安装

钢筋笼安装前，由于整个钢筋笼比较重，直接参与钢丝绳吊装时，会导致钢筋笼变形，为此，设计一个吊架，该吊架采用钢结构制作，保证钢筋笼吊装时不变形，达到最佳效果。

钢筋笼安放时，应对准孔位轻放、慢放，遇阻时应上下轻轻活动或停止下放，查明原因处理后再进行放入，严禁超高猛落、碰撞和强行下放。

按设计要求，钢筋笼每隔一个加强钢筋圈安放一组 4 个垫块。该垫块为细石混凝土垫块，确保钢筋保护层 7cm。在终孔之前，即要提前将钢筋笼制作成型，为使钢筋笼下到孔内时不靠孔壁而有足够的保护层，在钢筋笼主筋上每隔 2m 左右对称设置 4 个"钢筋耳朵"。钢筋骨架在制作场分段制作，运到现场分段焊接，利用钻机本身的卷扬机系统垂直吊入孔内，保护层以钢筋耳环控制，在桩的骨架顶用 $\phi16\sim20$ 的钢筋固定控制标高。钢筋笼到达标高后，要牢固地将对称焊在钢筋笼顶部主筋上的 4 根吊筋与孔口护筒相焊接，以防掉笼或浮笼。钢筋笼全部入孔后，按设计要求检查安放的位置标高并做好记录，符合要求后，将笼顶固定在孔口上，使笼子定位，防止笼子因自重下落或灌注混凝土时往上窜动造成错位。钢筋笼顶必须按设计要求高出桩顶 80cm。

10. 桩的水下混凝土灌注

桩的水下混凝土采用 C30 商品混凝土。在钢筋笼安放完毕后，应立即进行第二次清孔，清孔结束后随即灌注混凝土。

（1）灌注前，检查导管不直和密封程度，准备好隔水塞。

（2）灌注时，导管下口与孔底距离控制在 $30\sim50cm$ 左右，初灌第一斗时埋管深度不应大于 20m，连续灌注时，导管埋深要控制好，严防导管下口脱离混凝土面，导致埋深，应控制在 2~3cm 以上，并及时检查。在每斗灌注时，应做好桩身水下混凝土灌注原始记录。

（3）灌注后的水下桩标高应比设计标高增加 60cm 以上，以保证桩头混凝土重量。

（4）桩身水下灌注时，应及时测定混凝土的和易性和坍落度，及时做好见证取样工作，做好混凝土试块，以验证桩的质量。

（5）灌注水下混凝土：水下混凝土采用导管法。导管接头为卡口式，直径 300mm，壁厚 10mm，分节长度 1~2m，最下一节长 5m。导管在使用前须进行水密、承压和接头抗拉试验。灌注前应将灌注机具准备好。导管在吊入孔内时，其位置应居中，轴线顺直，稳步沉放，防止卡挂钢筋骨架和碰撞孔壁。水下混凝土的水灰比为 0.5，坍落度 20±2cm。灌注混凝土之前，要对孔内进行二次清孔，使孔底沉淀厚度符合规定。

灌注首批混凝土时，导管下口至孔底的距离控制在 25~40cm，且使管埋入混凝土的深度不小于 1m。灌注开始后应连续地进行，并尽可能缩短拆除导管的间隔时间。灌注过程中应经常用测深锤探测孔内混凝土面位置，及时调整导管埋深。导管的埋深控制在 2~4m 为宜，特殊情况下不得小于 1m 或大于 6m。当混凝土面接近钢筋骨架底部时，为防止钢筋骨架上浮，应采取以下措施：

1）使导管保持稍大的埋深，放慢灌注速度，以减小混凝土的冲击力；

2）当孔内混凝土面进入钢筋骨架 1~2m 后，适当提升导管，减小导管埋置深度，增大钢筋骨架下部的埋置深度。

为确保桩顶质量，桩顶加灌 0.5~0.8m 高度。同时指定专人负责填写水下混凝土灌注记录。全部混凝土灌注完成后，拔除钢护筒，清理场地。

（6）灌注结束后，结束整理冲洗现场，拆除导管、机具设备上的混凝土沉积物，为转入下一轮工艺流程作准备。钻孔灌注桩全过程质量监控责任见表 2-2。

钻孔灌注桩全过程质量监控责任　　　　　　　　　　　　　　表 2-2

项目	成孔						钢筋笼			
质量项目	综合要求	设备安装	孔位偏差(cm)	孔径偏差(cm)	孔深偏差(cm)	倾斜度(%)	沉渣厚度(cm)	综合要求	尺寸偏差(mm)	焊接质量	钢筋笼吊放要求
控制项目	按规范、设计要求	稳固平整、泥浆要规范	±5	不小于设计	按设计图规定	<±1	≤5cm	按规范图纸制作	主筋间距±10 箍筋间距±20 笼直径±10 笼长度±10	主筋搭接长度：单面焊 10d、双面焊 5d；单面焊宽>0.7 双面焊，宽>0.3d，d 为钢筋直径	笼不变形，保证对中，控制标高误差±5cm
责任人	质检员										
监控人	项目经理及技术负责人										

2.1.6 钻孔灌注桩的质量目标与质量控制

1. 质量目标

本工程的目标：优良"争创杯工程"，以此为目标，建立全面管理体制和各种施工技术规程，确保质量目标的实现。

2. 质量控制目标

（1）严格把好材料关，加强对原材料的质量检测和试验工作，不合格的材料不准使用，上道工序不合格不得进行下道工序。

（2）设置专职质检人员和试验人员，对工程质量实施全面监督，并对原材料、混凝土级配等进行检测和试验。

（3）组织工程技术、工程管理人员、主要班组熟悉设计图纸，并进行技术交底，要求有关人员学习和熟悉设计意图、技术标准。

（4）钢筋制作时，其钢筋搭接锚固长度必须符合设计要求及规范要求，并且在现场进行钢筋焊接试验。钢筋的焊接部位必须牢固，确保安装时不变形及焊缝不断裂。

（5）商品混凝土必须控制好配合比、坍落度及外加剂用量，每批商品混凝土要提供配比单、质保单。

（6）实行见证取样制度，要求监理人员在场时制作混凝土试块，并按要求进行监理抽样检查。

（7）钻孔桩的桩位必须经业主或监理复测认可后进行钻孔，以保证桩位的平面位置误差小于 5cm。

（8）钻孔时必须保证桩的垂直误差小于 1‰，采用挂线锤或用经纬仪检测，钻机枕木必须平整保持钻机水平，钻孔前加强控桩，防止较大的地下障碍物造成孔倾斜。

（9）控制钻孔的质量，按设计要求进行钻孔，用钢圈尺及测绳测量，确保桩的长度，并做好钻孔原始记录。

（10）对桩位控制。采用 ϕ100mm、ϕ120mm，长 1.5m 的测笼进行测试桩径。

（11）对沉渣控制。根据钻孔的长度进行测量，确保孔底沉渣≤5cm。

（12）混凝土灌注前检查导管连接的密实性，不得有丝毫的漏水现象产生。

（13）混凝土初灌时必须保证导管理深 2.0m 以上。混凝土连续灌注，不得中断，拔管时注意导管理深位置，确保导管理深≥2.5m。

（14）混凝土灌注后应高出桩顶 60cm 以上，以保证桩顶混凝土的强度严格把关，由质量监理员现场督促，以进一步提高钻孔的质量，从而保证基础分部工程质量合格达到优良。

2.1.7 施工围堰、排水

1. 围堰：

在桥梁钻机平台搭设和钻孔灌注桩施工的同时，在桥梁两侧进行施工围堰施工，为堰坝设置在桥南北两侧，距桥中心线为 48m，围堰及便道施工结构如下：

（1）围堰坝采用打木桩围堰，木桩应用水上打桩机打入，围堰坝净高 3m，两边采用 8m 长木桩、梢径 ϕ16cm 以上，纵向按@35cm 间距将木桩打入土层 3.5m。河面至河底水深为 3.7m，高出水面 0.8m。为了防止堰坝在填土时或受内侧施工便道塘渣的挤压，同时在堰坝外侧（靠水面侧）每隔 3m 打一根斜木桩做支撑，每隔 20m 内外对称各设一个 2.5m×2.5m 的木垛（根据围堰长度计算，南北围堰共设 60 个木垛），以保证施工期间围堰坝稳定。中间采用单排 6m 木桩，梢径 ϕ16cm 以上，纵向按@45cm 间距打设，木桩打入土层 2.5m。木桩打好以后，在两边木桩外侧用 8m 长、梢径 ϕ16cm 的松木进行横向连接，然后在两排木桩用 ϕ8 及 ϕ12 圆钢@100cm 间距进行加固。

（2）堰顶比常水位高出 0.5m，木桩内侧各设一排竹排、竹垫、彩条布用铁丝加以固定，绑扎在木桩上。

2. 排水

现不具备现场取土条件，筑坝填土的土源要从外地采购运输到某大湖大桥东侧桥台附近，因此采用挖土机配合人工运土，从东至西填筑整条土坝，上部用人工夯实。围堰坝筑好后，安排约7d时间进行养坝，再安排几台大口径水泵抽水，水抽至低于湖水位0.5m左右，开始铺设便道塘渣，考虑到施工便道和浇筑商品混凝土需要，南北便道上口必须保证6m宽度，边坡按1:1.2放坡，在填筑塘渣时，由于没有清淤且在水中填筑，必须选择块径大于50cm塘渣填筑。因为便道作为围堰的重要组成部分，如果产生不均匀沉降就会引起土坝向内侧倾斜，从而导致围堰失败。因此便道面层采用200厚碎石垫层＋200厚C25混凝土，从而保证这个面层受力均匀。考虑到对坝基的安全性，桥边至便道坡角间的地方用20cm厚C25混凝土硬化。便道铺设完毕后，再进行抽水，水抽干后开始坝堰内清淤，并沿路堤边坡沿线筑一道小坝，挖设排水沟及截水坑，进行截水。围堰施工完成后，可安排桩机设备进场。

围堰施工工期较长，施工期间应派专人对围堰坝及路堤进行巡查、维修，确保围堰坝稳固及施工安全。

2.1.8 钻孔灌注桩施工进度计划及施工部署

（1）××大桥钻孔灌注桩共计246根，其中4～9号桥台桥墩桩径为ϕ100cm，1号和12号桥台有33根，4号和9号桥墩为16根，6号和7号桥墩为20根，其余桥墩均为18根。计划安排6台GPS-10桩机进行施工，东西两岸同时进行施工，按2d/根计算，246×2＝492d，按6台桩机考虑，约76d，考虑到施工期间桩机需要修理，桩机施工在12月左右完成。

（2）××大湖××江中桥钻孔灌注桩共计36根，其中0～3号桥台桥墩桩径为ϕ120cm，共24根，1号和2号桥台有12根，桩径为ϕ130cm。计划安排2台GPS-10桩机施工，每天完成1根，约需要36d，考虑其他因素，计划工期需要40d，桩基进度计划及机械投入表2-3。

××路西延伸工程Ⅱ标桩基施工进度 表2-3

日 期 工程名称	2007年8月			2007年9月			2007年10月			2007年11月			2007年12月		
	10	20	31	10	20	30	10	20	31	10	20	30	10	20	31
施工准备															
钻机平台搭设															
围堰施工															
××大湖1～7号桥墩															
××大湖8～12号桥墩															
××江大桥0～3号桥墩															

2.1.9 安全技术交底

1. 机械安全操作规程

(1) 操作人员必须严格遵守机械操作规程、公路施工安全规程，确保工程质量和安全生产。

(2) 操作人员凭证上岗，方可独立操作设备，不准操作与操作证不相符的机械设备。

(3) 机械作业时，应按技术性能要求正确使用，缺少安全装置或安全装置已失效的设备不得使用。

(4) 设备的安全防护装置必须可靠。在危险环境下施工，一定有可靠的安全措施，要注意防火、防冻、防滑、防风、防雷击等。作业时，操作人员不得擅自离开工作岗位，不准将设备交给非本机人员操作，工作时思想要集中，严禁酒后操作。

(5) 对于违反操作规程，进行危险作业的强行调度，操作人员有权拒绝执行。

(6) 配合人员应在机械设备运转半径之外工作，如需进入运转半径之内时，必须停止设备运转，并可靠制动。

(7) 机械运行轨道范围与架空电线的安全距离应符合有关规定。夜间作业时，应有充分的照明设施。

(8) 机械设备按本机使用保养说明书规定，按时进行保养，严禁设备带病工作或超负荷作业。

(9) 操作人员必须严格执行工作前的检查制度，工作中的观察制度和工作后的检查保养制度。

(10) 操作人员应认真填写运转记录，交接班时要交代清楚机械运转情况，润滑保养情况及施工要求和安全情况。

2. 一般安全要求

(1) 全体施工管理人员应事先充分了解现场的工程水文地质资料，并查明施工现场内是否有地下电缆或煤气管道等地下障碍物。

(2) 成孔机电设备应有专人负责管理，凡上岗者均应持有操作合格证。

(3) 进入施工现场应头戴安全帽，登高作业超过 2m 时，应系好安全带；工具应收入工具袋内，严防坠落伤人或落入孔中。

(4) 现场场地应平整、坚实，松软地段应铺垫碾压。

3. 钻孔灌注桩施工安全

(1) 电器设备要设置漏电开关，并保证接地有效可靠。

(2) 登高检修与保养的操作人员，必须穿软底鞋，并将鞋底淤泥清除干净。

(3) 冲击成孔作业的落锤区要严加安全管理，任何人不准进入，主钢丝绳要经常检查，三股中发现断丝数大于 5 丝时，应立即更换。

(4) 使用伸缩钻杆作业时，要经常检查限位结构，严防脱落伤人或落入孔洞中；检查时避免用手指伸入探摸，严防扎伤。

(5) 钻杆与钻头的连接要勤检查，防止松动脱落伤人。

(6) 采用泥浆护壁时，对泥浆循环系统要认真管理，及时清扫场地的泥浆，做好现场防滑工作。

(7) 成孔后，混凝土浇灌桩顶标高比地面低时，应在孔口加盖板封挡，以免人或工具掉落孔中。

（8）吊置钢筋笼时，要合理选择捆绑吊点，并应拉好尾绳，保证平稳起吊，准确入孔，严防伤人。

4. 文明施工、环境保护及职业健康

（1）所有材料必须按各自的类型分别进行标识，（标识内容：名称、型号、生产厂家、出厂日期、检验合格牌等）并堆放整齐，此事由各工区具体实施，由物资部进行统一布置。

（2）现场应严格按防汛要求，设置连续通畅的排水设施和其他应急设施，防止泥浆、污水、废水到处溢流或堵塞排水河道。

（3）运输物资材料、垃圾和工程渣土的车辆，应采取有效措施，防止建筑材料、垃圾和工程渣土飞扬、撒落或流溢，保证行驶途中不污染交通和环境。

（4）因工程施工造成沿线居民出入口障碍和道路交通堵塞，工程项目部应采取有效措施，确保出入口道路的畅通。

（5）各种机械设备按照相应的安全操作规程，必须排列整齐，便于施工。

（6）要求桥涵施工人员必须佩戴齐全各种劳动保护用品（安全帽、工作服、防滑鞋），高空作业必须系好安全绳。

（7）进入施工现场，不得赤膊、赤脚、不得穿拖鞋、高跟鞋和其他带钉、易滑的鞋，女工不得穿裙子，不得在施工现场打闹、推拉或躺卧，不得将家属、亲朋好友、小孩及无关人员带入施工现场。

（8）施工现场应设有标志牌，标志牌的内容：工程项目名称，工程结构，开竣工日期等；建设单位，设计单位和施工单位及工程项目负责人姓名等九牌一图。

（9）施工现场其他临时设施也要符合文明施工规定，区域分布要清楚，施工区域与非施工区域严格分隔，场容场貌整齐整洁、有序，文明施工，区域或危险区域应设置警示牌，并采取安全保护措施。

（10）施工现场已制作安装完成的各种标示牌及其他设施由所属区域进行维护，若有损坏应由该工区进行修复。

（11）夜间施工时、尽量避免12点到次日早6点的夜间时段施工，以防止噪声污染。

（12）钻孔中，尽量维护局部地貌，减小植被破坏和耕地资源损失，严禁破坏水土保护设施，严防水土流失。

（13）山地钻孔时，注意防火，严禁吸烟、使用明火，注意保护森林资源。

（14）炊事员须持健康证上岗，饮水器具必须卫生，防止病从口入。

（15）做好职工防寒工作，预防各种疾病的发生，严防一氧化碳和煤气中毒。

※2.2　××市静压方桩基础工程专项施工方案

2.2.1　工程概况及地质概况

1. 工程概况

××市政法大院位于该市××新区，占地面积 27500m²。本专项方案中的公安大楼，主楼12层，地下室1层，设计采用C30预制钢筋混凝土开口空心桩，用3000kN 静力压桩机压桩，桩型采用 ZHK2-450×450－ϕ300mm，桩长 49.5m（分三节预制，钢板焊接接桩），共 172 根。单桩承载力标准值为 1080kN。

设计桩顶标高－5.90m，原地坪标高 3.48m（黄海高程），±0.000＝6.40（黄海高程）m（即桩尖入土深度为 55.4m）。

2. 地质报告概况（E—E′剖、F—F′剖）

根据该大楼地质勘察报告，场地区域地基所涉及范围的地质自上而下分别为：

① 黏土：层厚 1.2m；

② －1 淤泥：层厚 12.8m，顶板埋深－1.2m；

② －2 淤泥：层厚 13.0m，顶板埋深－14m；

③ 淤泥质黏土：层厚 11m，顶板埋深－27m；

④ 软土黏土：层厚 6.0m，顶板埋深－38m；

⑤ 粉质黏土：层厚 7.0m，顶板埋深－44m；

⑥ 粉质黏土：层厚 60.0m，顶板埋深－51m。

第⑥层为桩尖持力层，报告描述：灰褐-浅灰黄色，饱和，可塑状，刀切面粗糙不平，含粉质及粉砂，中压缩性。土体较上层硬，局部含半碳化物。

（根据地质资料报告 E-E′剖）附桩在土中的位置图详见图 2-4。

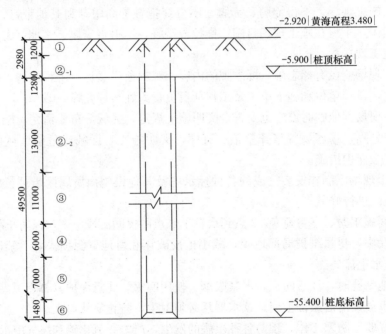

图 2-4 静压桩在土中的位置图

2.2.2 施工管理网络框架

为了确保预制、压桩工程质量和施工进度，树立良好的企业信誉，决定组成以下管理（机构）网络控制图，以适应全方位的管理。公司组织对预制、压桩质量管理和检查工作，并负责检查施工方案的实施。组织专业人员跟踪观测外围设置的观测点，实行压桩过程中因土体变形所影响的同步监控，及时反馈以便采取措施。施工管理网络框架图如图 2-5。

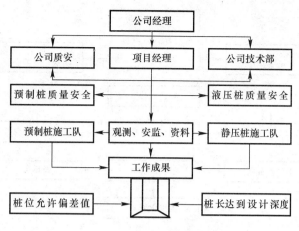

图 2-5　施工管理网络框架图

2.2.3　工程进度计划（共 70d，网络横道图略）

（1）制桩（进场时先浇灌试锚桩增加的 3.6m 长方桩 15 节）：

进场预制 13d，每天 40 节，共 516 节。养护 28d，共 41d。

（2）压桩（是否先压试锚桩，待专家方案论证会审后确定）：

进场试压桩每天 6 支桩，共 172 支桩，共 29d 完成。式中制桩机具、压桩机械进、退场均在养护期内完成，不影响总工期。

2.2.4　制桩施工方案

1. 制桩现场总平面布置图

同总包单位协商后另定。

2. 制桩岗位主要负责人

项目经理_____；技术负责人_____；公司质安科_____；

制桩负责人_____；施工员_____；专职安全员_____；钢筋组组长_____；混凝土工组组长_____；资料员_____；电　工_____；对（碰焊）焊工_____；电焊工_____；

3. 制桩工艺流程

设计为方形预制桩，采用木模制作，混凝土台座地模平面间隔制桩，垂直高度重叠 5 层。预制桩施工工艺流程如图 2-6。

4. 预制桩施工

（1）模板：采用地模，平整地基后，用碎（片）石充填，20t 压路机压实，用水准仪测平，然后做"塌饼"，浇 C15 混凝土后表面抹光，养护后使用。

（2）侧模：要求几何尺寸准确，模内面刨光，每次使用前刷隔离剂，拆模后清除附着砂浆块等，保持模板清洁，支撑牢固，胶囊用定位钢筋固定，防止移位充气适量（约 0.45～0.5MPa），并保持清洁，发现破损及时修补。

（3）钢筋：主筋须调直，用对焊机接长，焊接质量需经抗拉试验合格后，方可批量制作。并按规定经常检查，箍筋应垂直于骨架，位置正确，弯勾应在四角错开排列，并按《混凝土结构工程施工质量验收规范》GB 50204 要求施工。

（4）混凝土浇捣：浇筑前做好混凝土配合比试验，按配比单专人负责严格计量，分层

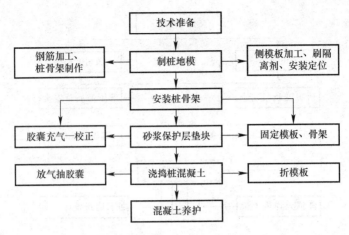

图 2-6　工艺流程框架图

搭设水平运输道，垂直采用井式升降机，浇筑时细心顺序渐进，分阶梯状态，防止漏振过振，确保浇筑质量，不出麻面孔洞。保护层采用同强度等级砂浆垫块，桩间嵌浇和桩上叠浇以间隔24h以上为宜，上、中、下段按照顺序、规格配套浇制。桩段在浇后的12～20h内进行养护，可采用桩两端堵淤泥灌水。

5. 主要材料与机具

（1）钢材：规格、数量（详见预算书、质保单）；

（2）水泥：规格、数量（详见预算书、质保单）；

（3）主要机具：400L混凝土搅拌机1台；30kVA电焊机2台；75kVA钢筋对焊机1台；钢筋切断机1台；0.6m³空压机1台；插入式、平板式振动器各3台；升降机1台；ϕ300胶囊50只。

6. 施工质量与安全保证技术措施

（1）质量保证体系与安全保证措施

1）建立公司、工地自检，小组自查制度，及时配合质监站和甲方评定验收，落实人员机构，形成质保体系；

2）熟悉图纸、规范、验收评定标准，加强职工的质量与安全意识和职业道德，使人人保证质量，个个想着"安全第一、预防为主"的安全方针，从我做起；

3）尊重总包单位、设计单位、质监站、工程指挥部等提出针对质量的意见和指导；

4）制定各工序、工程的技术措施，贯彻到人；

5）建立分部、分项工程自查、自检评定制度；

6）建立内部质量安全奖罚制度，对质量达优、安全合格者分等给奖，不合格者除要扣罚外，令其返工至合格。

（2）制桩工程技术保证措施

1）对钢筋、水泥除有质保书外，并进行材料物理、性能检验，合格后再使用，采用粒径10～20mm质量好的卵石和模数1.8mm的砂作为混凝土粗、细集料，对投入的新模板及时清理刷隔离剂，把好原材料质量关；

2）模板：立模后进行评定自检，轴心线、纵向扭曲、断面、预埋孔、长度尺寸、位置及支撑等，符合要求后交甲方及工程指挥部、质监站等进行验收合格后方能进行浇捣；

3）钢筋：对焊接头先"见证取样抽检"合格，并目测检定。对焊接头轴线偏位、扭曲、不平直、不符合要求的坚决不扎入构件中，箍筋要按防震要求设置，对钢筋成型的位置、间距、规格、保护层等进行严格检查至符合要求；

4）混凝土：坚持砂石集料车车过磅，控制用水量，严格按配合比配制混凝土。浇捣过程中上、下两层前后衔接浇灌振动，定人定机，以防混凝土漏振，并将表面整平、抹光，安排固定人员养护。

5）胶囊按规定充气后，经常检查气压，稳定与否，如发生异常，及时补充气压或修理胶囊。安装时用弧形钢箍固定以保持其平直、中心，防止扭曲起浮现象产生。

2.2.5 压桩施工方案

1. 压桩主要设备选定

根据设计要求，450mm×450mm 单桩承载力为 1080kN，公司已有的 300t（DYY-260型）液压静力压桩机是完全可以满足要求的。

考虑桩的脱模就位，起吊进入压机夹梁及其他起重作业，配合静压机施压工作，已配备有 32t、20t 履带吊机各一台，其起重量和起重高度，完全满足该工程的要求。

2. 压桩岗位主要负责人

经公司研究决定，该压桩工程岗位主要负责人组成如下；

压桩负责人项目经理_____：施工员_____：安全员_____：质监员_____：吊车司机_____：压桩司机_____：地面指挥_____：机上指挥_____：机修工_____：接桩电焊工_____；公司质监员_____。

3. 桩的施压

由于提供资料不齐，是否设防挤沟、释放孔，视现场情况另定。

根据规划红线坐标进行放样，轴线、标高用仪器测定，并设置长期（永久）基准点，定出轴线控制桩位，复核、闭合后并标出醒目标志，做好记录，经建设单位签证。脱模（分桩）后，必须弹桩的中心线，压桩前在桩位上对表土进行引桩钎探，排除孔中影响桩位的坚硬障碍物，完毕后必须重新进行桩位检测复核，确认无误后才能将桩吊入桩机夹梁套内进行夹紧压桩。在压桩、接桩、送桩全过程中必须双向监控桩的垂直度。严禁各桩在施压过程中继续采用移动压机来调整桩位而使整根桩变形或造成桩段结合处折线扭曲或断桩。做好每段桩的油压值读数的准确观察与记录，测量工作一直跟踪至桩顶压至设计标高为止。

4. 接桩

接桩前清除预埋（件）上的污泥、杂物，准备好电焊机及焊条，焊条采用 E43×× 系列，焊缝均为满焊，做到上下桩接触面吻合。当下段桩压至预定标高后，吊入上段桩落桩，观察后如接触面有间隙，必须用铁片垫实饱满，使接触面受力均匀，中心吻合平直。经检查符合要求后，即焊接接桩。

接桩时间控制在 30min 以内，安排 2 名焊工同时焊接。接桩完成后经甲方（监理）验收签字后方可续压施工。

5. 压桩防护（设防、监控）措施

（1）在压桩过程中由于对土壤及地下水产生的挤压将会使地面隆起，周围建（筑）物位移、变形、破坏。同时也会使已压的桩产生位移。为减少或避免这些不利现象的产生，拟将采取以下措施：

　　1）是否设防挤沟或释放孔另定；

　　2）必须科学地安排好压桩顺序，并在压桩过程中及时进行必要的调整；

　　3）限速施压（每天6根），尽量使在压桩过程中所产生的挤压力（有害因素）消失在防设的措施之中。压桩顺序安排；先中间、后外围。

　　（2）控制压桩进度，给土壤充分恢复稳定的时间；

　　（3）及时发现与排除处于桩位下的障碍物；

　　（4）在场地四周方向20m范围内设置垂直沉降与水平位移固定观测点，压桩期间每天观测记录，以便随时采取相应措施。

　　6. 压桩劳动力、主要材料和机具计划

　　（1）劳动力安排见表2-4。

劳动力安排表　　　　　　　　　　　　表2-4

岗　位	人　数	岗　位	人　数	备　考
公司领导	1	公司工程部质安科	1	
工地负责人	2	工地技术负责人	1	
施工队队长	1	施工员	2	
地面指挥员	1	机上指挥员	1	
安全员	1	安全值班员	1	
机械维修工	1	测量员	2	
资料员	1	电焊工	3	
硫磺胶副手	1	硫磺胶泥熬制接头	1	
吊车司机	3	压桩机司机	2	
合计	12	合计	14	26

　　（2）主要材料投入量详见预算书。

　　（3）主要机械投入见表2-5。

主要机械投入　　　　　　　　　　　　表2-5

机械名称	型号	数量（台）	机械名称	型号	数量（台）	备考
静力液压桩机	600t	1	电焊机		2	
静力液压桩机	300t	1	工具车		1	
门式电动钻机		1	经纬仪		1	
发电机组	60KVA	1	水准仪		1	
合计		4	合计		5	9

2.2.6　工程质量与安全技术保证措施

　　1. 质量技术措施

　　做好压桩前先按顺序进行编号，弹出双向中心线及送桩标高控制线，清洁桩头，用经纬仪（或2根垂线）跟踪压桩，保证压进过程中不移动压桩机，仔细观察全过程的油压表读数值，特别是遇到地下水、障碍物以及每节桩的终点读数值要做好记录。压机要保持水平，油压表要准确有效，各部位油泵不得漏油（特别是夹梁油泵）。如在压进过程中油压值突然升高，应及时会同设计、建设单位、现场监理工程师（必要时请勘察单位参加）及时研究处理。

为了确保压桩质量，对每根桩（按编号）施工过程中进行详细记录，便于资料积累和分析研究。在工程外围所设置的观测点要定期认真观测、记录上报，及时发现情况及时处理。

压桩完毕挖土后，对全部工程桩进行全面复核，编制验收报告和各种技术资料，符合要求后通知建设单位、质监站进行交接验收和办理交接手续，送交城建档案馆备案。

2. 执行规范、规程

《混凝土结构工程施工质量验收规范》GB 50204；

《建筑地基基础工程施工质量验收规范》GB 50202；

《预制钢筋混凝土方桩》浙 G19 等规范标准的规定。

3. 安全技术措施

根据《建筑施工安全技术统一规范》规定，特制定如下：

(1) 施工现场采取围栏措施，禁止非施工作业人员进入场内。

(2) 压机、吊车等设备在组装完成后要进行调试，试运转、试升降、试行走、试压，待正常后方可进行作业。

(3) 进入现场人员戴好安全帽，高空作业者要系好安全带。

(4) 预制桩移位、起吊、入机和压桩等施工全过程要上下指挥统一协调，强调令行禁止。

(5) 吊机、压机行走要铺好垫层、枕木、钢板铺设，防止陷车、倾覆。吊车下严禁站人，防止超高与超载吊装或悬挂重物行走。吊勾、索具及零配件在使用前均应检查是否完好。

(6) 送桩孔要事先盖好或及时回填，防止机具和人员陷坑。

(7) 电焊机等用电设备要做好接地，检查线路是否完好，并做好常规的防护工作，编写《临时用电专项施工方案》并严格执行。

(8) 压机、吊车司机、电焊工、指挥员、开桩工、起重工等各岗位操作人员必须严格按本岗位安全规程与自我保护工作，严禁违章与酒后上岗。

除上述外，仍应全面遵守建筑安装工程的"安全禁令"所有的有关条文。

2.2.7 文明施工与环境保护

1. 文明施工要求

(1) 施工现场应设九牌一图及安全标语禁令标志；

(2) 按施工现场平面布置图要求分类堆放建筑材料、成品、半成品、机械设备定位等规定；

(3) 做到工完料清，建筑垃圾及时清理；

(4) 场地（消防）道路要确保畅通无阻，硬化无积水；

(5) 施工现场周围应设围栏，临街及居民密集区设置围墙围护；

(6) 施工现场应制定防火责任制度、设置防火设施，消防器材配备齐全有效，防火工作由专人管理；

(7) 临时工棚严禁使用电炉和乱接乱拉临时用电线路；

(8) 施工现场应根据人员设置食堂，并搞好食堂卫生定期消毒；

（9）现场应有足够的茶水供应，并设有医药保健箱；

（10）现场应有符合要求的卫生间，并不得随地大小便；生活垃圾应及时清理，并运往指定地点。

2. 环境保护措施

（1）工地运送车辆严禁抛、洒、滴、漏；出场车辆轮胎应用水冲洗后方可出场，严禁带泥出场，严格控制粉尘污染周围环境；

（2）振动器施工，白天不超过85dB，晚上不超过55dB，22：00～6：00点严禁施工作业，不得扰民。

2.3 基坑加固方案

2.3.1 工程概况

工程名称：××城市花园二标段工程，包括5～9号、会所及地下汽车库工程。位于××新区××路与××路交叉东南角部位，总建筑面积为103800m²。结构类型为框剪结构，其中8号、9号住宅为地上结构框剪27层；5号、7号住宅地上结构框剪23层；6号住宅地上结构框剪18层。地下室部分为自行车库，车库层高为27m标准高度为2.9m；8号、9号建筑总高度为81m左右；5号、7号建筑总高度为73m左右；6号建筑总高度57m左右。

该建筑场地类别为Ⅱ类，地基土的液化等级为轻微～中等，由于底板标高、厚度不同，开挖深度有几种，标高主要包括5号、7号－6.550m；6号－4.650m；8号、9号－4.850m；地下车库－5.650m；会所－4.500m、－6.450m。由于桩基图中，桩标高是承台顶标高，承台底标高应为承台顶标高减去承台高度。本工程计划2008年5月1日土方施工，共分4个区段及单独承台施工，每一区段施工完毕，立即进行垫层、底板施工。由于工期紧，承包方积极组织人力、物力、财力，打好开端这漂亮的一仗。

工程建设单位：××市发展有限公司；

设计单位：××市建筑设计有限公司；

监理单位：××市工程监理有限公司；

施工单位：××市建设有限公司。

2.3.2 专项方案编制依据

××市国际城市花园工程施工图；

××市国际城市花园工程场地岩土工程勘察报告；

《建筑施工安全检查标准》JGJ 59—2011；

《建筑地基基础工程施工质量验收规范》GB 50202；

《建筑地基基础设计规范》GB 50007—2011；

××市国际城市花园工程基坑支护施工方案；

××市国际城市花园工程管桩施工方案及施工记录；

××市国际城市花园工程现场平面布置情况图；

××市联创建筑设计有限公司有关变更及洽商。

2.3.3 工程地质条件及周边环境

该工程拟建场地隶属太湖冲积相堆积平原区，其中所有场地土层分布为：①$_1$为杂填土；①$_2$淤泥；①$_3$素填土；②黏土；③粉质黏土；④粉土；⑤粉质黏土；⑥黏土；⑦$_1$粉质黏土夹粉土；⑦$_2$粉质黏土；⑧粉质黏土夹粉土；⑨粉质黏土；⑩粉质黏土；⑪粉砂；⑫黏土；⑬粉质黏土；⑭$_1$粉土；⑭$_2$粉质黏土夹粉土；⑮粉质黏土；⑯$_1$粉土；⑯$_2$粉质黏土夹粉土；⑰粉土。地下水主要为浅部潜水及微承压水，勘探期间测得稳定潜水位标高1.71～1.84m，微承压水位标高1.17～1.24m。该工程建设基础场地类别为Ⅲ类，属于可进行建设的一般场地。在建区域未发现滑坡、崩塌、泥石流、地下洞等不良地质。

2.3.4 需加固位置特征及难点

第一处为5号楼基坑西北角，邻边为北物流路，中重型车辆经常通过，且基坑坡度小。当车辆通过时地基容易坍塌，导致已经硬化道路断裂。所以为防止安全事故的发生，提前加固好此处基坑侧壁，把安全隐患控制在事发前。

第二处为7号楼东基坑，邻边是××市水位观测点，甲方要求对此点进行保护。此点离基坑间距为2m左右，而此处的坑深为4m左右，基坑边坡只能有1：0.3。

通过对现场情况以及地质的分析，施工方决定用土钉墙施工工艺对基坑边坡进行加固。

2.3.5 准备工作

土钉墙施工的准备工作，一般包括下述内容：

(1) 了解工程质量要求和施工监测内容与要求，如基坑支护尺寸的允许误差，支护坡顶的允许最大变形，对邻近建筑物、道路、管线等环境安全影响的允许程度等。

(2) 土钉支护宜在排除地下水的条件下进行施工，应当采取恰当的降水措施排除地表水、地下水，以避免土体处于饱和状态，有效减小或消除作用于面层上的静止水压力。

(3) 确定基坑开挖线、轴线定位点、水准基点、变形观测点等，并加以妥善保护。

(4) 制定基坑支护施工组织设计，周密安排支护施工与基坑土方开挖、出土等工序的关系，使支护与开挖密切配合，力争达到连续快速施工。

(5) 所选用材料应满足下列要求：

1) 土钉钢筋使用前应调直、除锈、除油；

2) 优先选用强度等级为42.5的普通硅酸盐水泥；

3) 采用干净的中粗砂，含水量应小于5%；

4) 使用速凝剂，应做与水泥的相溶性试验及水泥浆凝固效果试验。

(6) 施工机具选用应符合下列规定：

1) 成孔机具和工艺视场地土质特点及环境条件选用，要保证进钻和抽出过程中不引起坍孔，可选用冲击钻机、回转钻机等，在容易坍孔的土体中钻孔时宜采用套管成孔或挤压成孔工艺；

2) 注浆泵规格、压力和输浆量应满足设计要求；

3) 混凝土宜采用强制式搅拌机，喷射机应密封良好，输料连续均匀，输送水平距离不宜大于100m，垂直距离不小于30m；

4) 空压机应满足喷射机工作风压和风量要求，一般选用风量9m³/min以上、风压大于 0.5MPa 的空压机；

5）输料管应能承受 0.8MPa 以上的压力，并应有良好的耐磨性；

6）供水设施应有足够的水量和水压（不小于 0.2MPa）。

2.3.6 施工机具

钻孔机具一般宜选用体积小、重量较轻、装拆移动方便的机具。常用有如下几类：

1）锚杆钻机

锚杆钻机能自动退钻杆、接钻杆，尤其适用于土中造孔。可选型有 MGJ-50 型锚杆工程钻机、YTM-87 型土锚钻机、QC-100 型气动冲击式锚杆机等，这几种机械主要性能参数见表 2-6、表 2-7。

锚杆钻机性能参数   表 2-6

项 目	钻机型号		
	MGJ-50	YTM-87	QC-100
钻孔直径（mm）	110～180	150（可调）	卵石层：65 其他土层：65～100
钻孔深度（m）	30～60	60	中密卵石层：6～8 其他土层：11～21
转速（r/min）	低速：32～187 高速：59～143		冲击速度：14.5Hz
发动机功率（kW）	Y160M-4 电动机：11 1100 柴油机：11	电动机：37	气动耗气量： 9～10m³/min
进给力（kN）	22	45	工作风压：0.4～0.7MPa
机重（kN）	8.5	37.5	18.6
外形尺寸长×宽×高（mm）	3525×1000×1225	4510×2000×2300	3508×232×285

电动机驱动的空压机主要技术参数   表 2-7

项 目	型号					
	P 900E	XP 750E	VHP 600E	L-10/7-11	ZL-10/8-1	ZJW-1418
排气量（m³/min）	25.5	21.5	17	10	10	14
排气压力（MPa）	0.7	0.86	1.2	0.7	0.8	0.8
驱动机型号	Y315-4 电动机			XKY-55-6		Y280M-6
驱动机功率（kW）	160			55	55	115
驱动机转速（r/min）	1480			980	980	1500
重量（kN）	43			18	17	36
外形尺寸（mm）（长×宽×高）	4100×1900×1950			1644×961×1273	1592×1840×1491	2100×1150×2320

2）空气压缩机

作为钻孔机械和混凝土喷射机械的动力设备，一般选用风量 9m³/min 以上、压力大于 0.5MPa 的空压机。若 1 台空压机带动 2 台以上钻机或混凝土喷射配备储气罐。土钉支护宜选移动式空压机。空压机的驱动机分为电动式和柴油式两种，若现场供电能力限制时可选用柴油驱动的空压机。常用型号空压机主要技术参数参见表 2-8、表 2-9。

柴油机驱动的空压机主要技术参数　　　　　表 2-8

项　　目	型号				
	VHIP700	XP900	P1050	VHP400	P600
排气量（m³/min）	20	25.5	0.7	1.2	7
排气压力（MPa）	1.2	0.86	0.7	1.2	7
驱动机型号	CAT3306 柴油机			B/F6L9130 柴油机	
驱动机功率（kW）	209			131	
驱动机转速（r/min）	1800			2500	
重量（kN）	41			30	27
外形尺寸（mm）（长×宽×高）	4100×1900×1950			4490×1900×1860	

电动机驱动的空压机主要技术参数　　　　　表 2-9

项　　目	型号						
	HPJ-1	HPJ-11	PZ-58	PZ-7	PZ-10C	HPZ6	HP26T
生产能力（m³/h）	5	5	5	7	1~10	6	2，4.6
输料管内径（mm）	50	50	50	65	75	50	50~75
粒料直径（mm）	20	20	20	20	25	<25	<30
输送距离（m）	潮喷 200，湿喷 50					20~50	20~40
耗气量（m³/h）	7~8			7~9		5~7	10
电动机功率（kW）	喷射部分：5.5 搅拌部分：3		5.5	5.5	5.5	3	7.5
外形尺寸（mm）（长×宽×高）	4100×1900× 1950			1644×961× 1273	1592×1840× 1491	2100×1150× 2320	

3）混凝土喷射机

输送距离应满足施工要求，供水设施应保证喷头处有足够水量和水压（不小于0.2MPa）。

4）注浆泵

宜选用小型、可移动、可靠性好的注浆泵，压力和输浆量应满足施工要求。工程中常用有 UBJ 系列挤压式灰浆泵和 BMY 系列锚杆注浆泵，主要技术参数见表 2-10 及表 2-11。

UBJ 系列挤压式灰浆泵主要技术参数　　　　　表 2-10

项　　目	型号			
	0.8	1.2	1.8	3
灰浆流量（m³/h）	0.8	1.2	0.4，0.6，1.2，1.8	1，2，3
电源电压（V）	380	380	380	380
主电机功率（kW）	1.5	2.2	2.2/2.8	4
最高输送高度（m）	25	25	30	30
最大水平输送距离（m）	80	80	100	150
额定工作压力（MPa）	1	1.2	1.5	2.45
重量（kN）	175	185	300	350
外形尺寸长×宽×高（mm）	1220×662×960	1220×662×1035	1270×896×990	1370×620×800

项　　目	型　　号	
	0.6	18
灰浆流量（m³/h）	0.6	1.8
电源电压（V）	127	220/380
电机功率（kW）	1.2	2.2
电动机型号		YB100L-4（kB）
最高输送高度（m）	15	20
最大水平输送距离（m）	40	60
额定工作压力（MPa）	1.0	1.5
重量（kN）	1.15	2.25
外形尺寸长×宽×高（mm）	640×320×640	900×540×740

UBJ 系列挤压式灰浆泵主要技术参数　　表 2-11

2.3.7 施工工艺

1. 基坑开挖

基坑要按设计严格分层分段开挖，在完成上一层作业面土钉与喷射混凝土面层达到设计强度的 70% 以前，不得进行下一层土层的开挖，每层开挖最大深度取决于在支护投入工作前土壁可以自稳而不发生滑动破坏的能力，实际工程中常取基坑每层挖深与土钉竖向间距相等。每层开挖的水平分段宽度也取决于土壁自稳能力，且与支护施工流程相互衔接，一般多为 10～20m 长。当基坑面积较大时，允许在距离基坑四周边坡 8～10m 的基坑中部自由开挖，但应注意与分层作业区的开挖相协调。

挖方要选用对坡面土体扰动小的挖土设备和方法，严禁边壁出现超挖或造成边坡土体松动。坡面经机械开挖后要采用小型机械或铲锹进行切削清坡，以使坡度及坡面平整度达到设计要求。

为防止基坑边坡的裸露土体塌陷，对于容易塌的土体可采取下列措施：

（1）对修整后的边坡，立即喷上一层薄的砂浆混凝土，凝结后再进行钻孔，见图 2-7（a）；

（2）在作业面上先构筑钢筋网喷射混凝土面层，而后进行钻孔和设置土钉；

（3）在水平方向分小段间隔开挖详见图 2-7（b）；

（4）先将作业深度上的边坡做成斜坡，待钻孔并设置土钉后再清坡，见图 2-7（c）；

（5）在开挖前，沿开挖面垂直击入钢筋或钢管。注浆加固土体见图 2-7（d）。

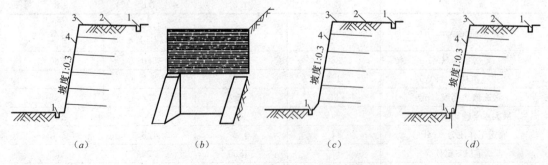

图 2-7　容易坍塌土层的施工措施

2. 喷射第一道面层

每步开挖后应尽快做好面层，即对修整后的边坡壁立即喷上一层薄混凝土或砂浆。若土层地质条件好，可省去该道面层。

3. 设置土钉

土钉的设置也可以是采用专门设备将土钉钢筋插入土体，但是通常的做法是先在土体内成孔，然后置入土钉钢筋并沿全长注浆。

（1）钻孔

钻孔前，应根据设计要求定出孔位并作出标记及编号。当成孔过程中遇到障碍物需调整孔位时，不得损害支护结构设计原定的安全程度。

采用的机械应符合土层特点，满足设计要求，在进钻和抽出钻杆过程中不得引起土体坍孔。而在容易坍孔的土体中钻孔时宜采用套管成孔或挤压成孔。成孔过程中应由专人做成孔记录，按土钉编号逐一记载取出土体的特征、成孔质量、事故处理等，并将取出的土体及时与初步设计所认定的土质加以对比，若发现有较大的偏差要及时修改土钉的设计参数。

土钉钻孔的质量应符合下列规定：

1）土体内成孔孔径允许偏差为±100mm；

2）套管成孔孔径允许偏差为±5mm；

3）挤压成孔孔径允许偏差为±30mm；

4）钻孔倾斜倾角允许偏差为±1°。

（2）插入土钉钢管

插入土钉钢管前要进行清孔检查，若孔中出现局部渗水、塌孔或掉落松土应立即处理。土钉钢管置入孔位中心且注浆后其保护层厚度不小于25mm。支架沿钉长的间距可为2~3m左右，支架可为金属或塑料件，以不妨碍浆体自由流动为宜。

（3）注浆

注浆前要验收土钉钢筋安设质量是否达到设计要求。一般可采用重力、低压（0.4~0.6MPa）或高压（1~2MPa）注浆，水平孔应采用低落压或高压注浆。压力注浆时应在孔口或规定位置设置止浆塞，注满后保持压力3~5min。重力注浆时以满孔为止，但在浆体初凝前需补浆1~2次。

对于向下倾角的土钉，重力注浆或低压注浆时宜采用底部注浆方式，注浆导管底端应插至距孔底250~500mm处，在注浆同时将导管匀速缓慢地撤出。注浆过程中注浆导管口始终埋在浆体表面以下，以保证孔中气体能全部逸出。

注浆时要采取必要的排气措施。对于水平土钉的钻孔，应用口部压力注浆或分段压力注浆，此时须配排气管并与土钉钢筋绑扎牢固，在注浆前与土钉钢筋同时送入孔中。向孔内注入浆体的充盈系数必需大于1。每次向孔内注浆时，宜预先计算所需的浆体体积并根据注浆泵的冲程数计算出实际向孔内注入的浆体体积，以确认实际注浆量超过孔内容积。注浆材料宜用水泥浆或水泥砂浆。水泥浆的水灰比宜为0.5；水泥砂浆的水灰比宜为1：1~1：2（重量比），水灰比宜为0.38~0.45。需要时可加入适量速凝剂，以促进早凝和控制泌水。

水泥浆、水泥砂浆应拌和均匀，随拌随用，一次拌和的水泥浆、水泥砂浆应在初凝前用完。注浆前应将孔内残留或松动的杂土清除干净。注浆开始或中途停止超过30min时，应用水或稀水泥浆润滑注浆泵及其管路。用于注浆的砂浆强度用70mm×70mm×70mm的立方体试块经标准养护后测定。每批至少留取3组（每组3块）试件，给出3d和28d强度等级。为提高土钉抗拔能力，还可采用二次注浆工艺。

（4）喷第二道面层

在喷礴之前，先按设计要求绑扎、固定钢筋网。面层内的钢筋网片应牢固固定在边坡壁上并符合设计规定的保护层厚度要求。钢筋网片可用插入土中的钢筋固定，但在喷射混凝土时不应出现振动。钢筋网片可焊接或绑扎而成，网格允许偏差为±10mm。铺设钢筋网时每边的搭接长度不小于一个网格边长或200mm，如为搭接焊则焊接长度不小于网片钢筋直径的10倍。网片与坡面间隙不小于20mm。

土钉与面层钢筋网的连接可通过垫板、螺帽及土钉端部螺纹杆固定。垫板钢板厚8~10mm，尺寸为200mm×200mm~300mm×300mm。垫板下空隙需先用高强水泥砂浆填实，待砂浆达到一定强度后方可旋紧螺帽以固定土钉。土钉钢筋也可通过井字加强钢筋直接焊接在钢筋网上，焊接强度要求满足设计要求。

喷射混凝土的配合比应通过试验确定，粗骨料最大粒径不宜大于12mm，水灰比不宜大于0.45，并应通过外加剂来调节所需工作度和早强时间。当采用干法施工时，应先对操作手进行技术考核，以保证喷射混凝土的水灰比和质量达到设计要求。喷射混凝土前，应对机械设备、风、水管线路和电路进行全面检查和试运转。

为保证喷射混凝土厚度达到均匀的设计值，可在边坡壁上隔一定距离打入垂直短钢筋段作为厚度标志。喷射混凝土的射距宜保持在0.6~1.0m范围内，并使射流垂直于壁面。在有钢筋的部位可先喷钢筋的后方以防止钢筋背面出现空隙。喷射混凝土的路线可从壁面开挖层底部逐渐向上进行，但底部钢筋网搭接长度范围以内先不喷混凝土，待与下层钢筋网搭接绑扎之后再与下层壁面同时喷混凝土。混凝土面层接缝部分做成45°斜面搭接。当设计面层厚度超过100mm时，混凝土应分两层喷射，一次喷射厚度不小于40mm，且接缝错开。混凝土接缝在继续喷射混凝土之前应清除浮浆碎屑，并喷少量水湿润。

面层喷射混凝土终凝后2h应喷水养护，养护时间宜3~7d，养护视当地环境条件采用喷水、覆盖浇水或喷涂养护剂等方法。

喷射混凝土强度可用边长为100mm的立方体试块进行测定。制作试块时，将试块模底面紧贴边壁，从侧向喷入混凝土，每批至少留取3组试件。

土钉支护成孔、注浆、喷混凝土等工艺的其他一般要求可参照下列文件：

《基坑土钉支护技术规程》CECS 96：97；

《建筑基坑支护技术规程》JGJ 120—2012；

《喷射混凝土施工技术规程》YBJ 226；

《建筑地基基础工程施工质量验收规范》GB 50202等的规定。

（5）排水设施的设置

水是土钉支护结构最为敏感的问题，不但要在施工前做好降排水工作，还要充分考虑土钉支护结构工作期间地表水及地下水的处理，设置排水构造措施。基坑四周地表加以修整并构筑明沟排水，严防地表水再向下渗流，可将喷射混凝土面层延伸到基坑周围地表构成喷射混凝土护顶并在土钉墙平面范围内地表做防水地面，见图2-8，可防止地表水渗入土钉加固范围的土体中。

基坑边壁有透水层或渗水土层时，混凝土面层上要做泄水孔，即按间距 1.5～2.0m 均布设长 0.4～0.6m，直径小于 40mm 的塑料排水管，外管口略向下倾斜，管壁上半部分可钻些透水孔，管中填满粗砂或圆砾作为滤水材料，以防止土颗粒流失，如图 2-9 所示。也可在喷射混凝土面层施工前预先沿土坡壁面每隔一定距离设置一条竖向排水带，即用带状皱纹滤水材料夹在土壁与面层之间形成定向导流带，使土坡中渗出的水有组织地导流到坑底后集中排出。但施工时要注意每段排水带滤水材料之间的搭接效果，必须保证排水路径畅通无阻。

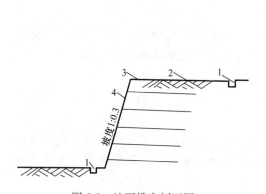

图 2-8 地面排水剖面图

1—排水沟；2—防水地面；3—喷射混凝土护顶；
4—喷射混凝土坡面层

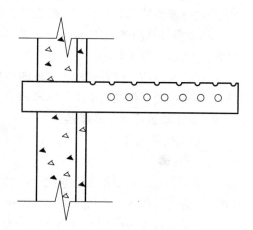

图 2-9 面层泄水管

为了排除积聚在基坑内的渗水和雨水，应在坑底设置排水沟和集水井。排水沟应离开坡脚 0.5m，严防冲刷坡脚。排水沟和集水井宜用砖衬砌并用砂浆抹内表面以防止渗漏。坑中积水应及时排除。

2.3.8 土钉现场测试

（1）土钉支护施工必须进行土钉的现场抗拔试验，应在专门设置的非工作钉上进行抗拔试验直至破坏，用来确定极限荷载，并据此估计土钉的界面极限粘结强度。

（2）每一典型土层中至少应有 3 个专门用于测试的非工作钉。测试钉除总长度和粘结长度可与工作钉有区别外，应与工作钉采用相同的施工工艺同时制作，其孔径、注浆材料等参数以及施工方法等应与工作钉完全相同。测试钉的注浆粘结长度不小于工作钉的 1/2 且不短于 5m，在满足钢筋不发生屈服并最终发生拔出破坏的前提下宜取较长的粘结段，必要时适当加大土钉钢筋的直径。为消除加载试验时支护面层变形对粘结界面强度的影响，测试钉在距孔口处应保留不小于 1m 长的非粘结段。在试验结束后，非粘结段再用浆体回填。

（3）土钉的现场抗拔试验宜用穿孔液压千斤顶加载，土钉、千斤顶、测力杆三者应在同一轴线上，千斤顶的反力支架可置于喷射混凝土面层上，加载时用油压表大体控制加载值并由测力杆准确予以测量。土钉的（拔出）位移量用百分表（精度不小于 0.02mm，量程不小于 50mm）测量，百分表的支架应远离混凝土面层着力点。

（4）测试钉进行抗拔试验时的注浆体抗压强度不应低于 6MPa。试验采用分级连续加载，首先施加少量初始荷载（不大于土钉设计荷载的 1/10）使加载装置保持稳定，以后的每级荷载增量不超过设计荷载的 20%。在每级荷载施加完毕后立即记下位移读数并保持荷载稳定不变，继续记录以后 1min、6min、10min 的位移读数。若同级荷载下的 10min 与 1min 的位移增量小于 1mm，即可立即施加下级荷载，否则应保持荷载不变继续测验 15min、60min 时的位移。此时若 60min 与 6min 的位移增量小于 2mm，可立即进行下级加载，否则即认为达到极限荷载。

根据试验得出的极限荷载，可算出界面粘结强度的实测值。这一试验平均值应大于设计值所用标准值的 1.25 倍，否则应进行反馈修改设计。

（5）极限荷载下的总位移大于测试钉非粘结长度段土钉弹性伸长理论计算值的 80%，否则这一测试数据无效。

上述试验也可不进行破坏，但此时所加的最大试验荷载值应使土钉界面粘结应力的计算值（按粘结力沿粘结长度均匀分布算出）超出设计计算所用标准值的 1.25 倍。

2.3.9 施工质量检验与质量监测

1. 质量检验与监测

（1）材料

所使用的原材料如钢筋、水泥、砂砾与碎石等的质量应符合有关规范规定和设计要求的规定，并要具备生产许可证和出厂合格证及试验报告书。材料进场后还要按有关标准规定进行见证取样质量检验，合格方可进场。

（2）土钉现场测试

土钉支护设计与施工必须进行现场抗拔试验，包括基本试验和验收试验。通过基本试验可取得设计所需的有关参数，如土钉与各层土体之间的界面粘结强度等，以保证设计的正确、合理性，或反馈信息以修改初步设计方案；验收试验是检验土钉支护工程质量的有效手段。土钉支护工程的设计、施工宜建立在有一定现场试验的基础上。

（3）混凝土面层的质量检验

混凝土应进行抗压强度试验。试块数量为 500m² 面层取一组，且不少于三组。

混凝土面层厚度检查可用凿孔法，每 100m² 面层取一点，且不少于三个点，合格条件为全部检查孔处的厚度平均值不小于设计厚度，最小不宜小于设计厚度的 80%；混凝土面层外观检查应符合设计要求，无漏喷、起鼓现象。

（4）施工监测

土钉支护的施工监测包括：支护位移测量；地表开裂状态（位置、裂宽）的观察；附近建筑物和重要管线等设施的变形测量和裂缝观察；基坑渗水、漏水和基坑内外的地下水位变化。

在支护施工阶段，每天监测不少于 1～2 次；在完成基坑开挖、变形趋于稳定的情况下可适当减少监测次数。施工监测过程应持续至整个基坑回填结束、支护退出工作为止。

对支护移位的测量至少应有基坑边壁顶部的水平位移与垂直沉降，测点位置应选在变形最大或局部地质条件最为不利的地段，测点总数不宜小于 3 个，测点间距不宜大于 30m。当基坑附近有重要建筑物等设施时，也应在相应位置设置测点。宜用精密水准仪和精密经纬仪。必要时还可用测斜仪量测支护土体的水平位移，用收敛计监测位移的稳定等。

在可能的情况下，宜同时测定基坑边壁不同深度位置处的水平位移，以及地表离基坑边壁不同距离处的降深，给出地表沉降曲线。

应特别加强雨天和雨后的监测，以及对各种可能危及支护安全的水害来源（如场地周围生产、生活排水，上下水道、贮水池罐、化粪池渗漏水，人工井点降水的排水，因开挖后土体变形造成管道漏水等）进行仔细观察。

在施工开挖过程中，基坑顶部的侧向位移与当时的开挖深度之比如超过3‰（砂土中）和3‰～5‰（一般黏土中）时，应密切加强观察、分析原因并及时对支护采取加固措施，必要时增用其他支护方法。

2. 施工质量检验

根据《建筑地基基础工程施工质量验收规范》GB 50202 的规定，土钉墙工程质量检验标准应符合表 2-12 的要求。

锚杆及土钉墙支护工程质量检验标准 表 2-12

项 目	顺 序	检查项目	允许偏差或允许值		检查方法
			单位	数值	
主控项目	1	锚杆、土钉长度	mm	±30	钢尺量
	2	锚杆锁定力	设计要求		现场实例
一般项目	1	锚杆或土钉位置	mm	±100	钢尺量
	2	钻孔倾斜度		±1	测钻机倾角
	3	浆体强度	设计要求		试样送检
	4	注浆量	大于理论计算浆量		检查计量数据
	5	土钉墙面厚度	mm	±10	钢尺量
	6	墙体强度	设计要求		试样送检

2.3.10 基坑加固安全保证措施

按照《建筑施工安全技术统一规范》规定，基坑回填前，应检查坑壁有无塌方迹象，下坑操作人员要戴好安全帽，上部设置保护设施。在基坑内施工作业时，要在基坑边防护栏杆上挂好警示标志，以免坠物伤人，见图 2-10。

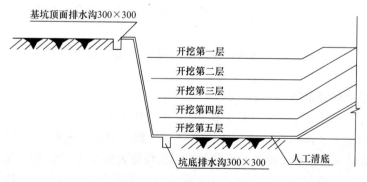

图 2-10 基坑开挖剖面图

建立完善现场安全负责任制，设项目部、分包管理人员、作业班组三级安全管理体制系统，做到每周有检查、上岗有安全教育。

建立安全管理台账分用电管理、人员管理、机械管理等特种作业类别，有针对性地进行管理。挖掘机、推土机、自卸车、喷锚机械等进场后，要及时对每台设备进行性能和安全防护检查。要保证设备不带病作业，整个施工设备匹配合理。所有施工机械、所有作业队均听从项目部统一调配，发现有违令不听、屡教不改者勒令马上退场，以免后患。所有设备司机作业时必需听从指挥信号，不得随意离开岗位。经常保养设备、注意设备的运转情况，发现异常，立即检查处理，不许带病作业。挖掘机、汽车要划定各自安全作业范围，禁止无关人员随意进入作业区。一切人员禁止在竖面开挖后的临空面内逗留，以免突然塌方。

现场施工用电设三相五线制，基坑内各作业点不设移动照明设施；喷锚网支护、切割桩头班组全部是夜间施工照明，统一由坑外高架太阳灯提供。喷锚网支护、切割桩头班组全部是在积水区作业，所有用电设备漏电保护必需灵敏有效，操作人员戴绝缘手套，穿绝缘靴。

施工现场按《建筑施工安全检查标准》JGJ 59—2011规定目标进行管理，要求达到安全文明标化工地标准。

2.3.11　施工现场环境保护与文明施工保证措施

（1）施工中不断地对噪声、废物等进行观测、记录，所有土方运输车辆进入现场后禁止鸣笛，夜间22～6点禁止施工，尽量减少噪声扰民，也不被民所扰。

（2）土方施工主要在5～6月份，期间天气不适宜土方施工，要求项目部所有人员加强个人和居住场所卫生管理。食堂保持清洁卫生、不吃有毒变质食品。保证所有施工人员健康、安全生产。

（3）现场施工用油料集中堆放，并配备灭火器具。停工休息时间，车辆停放整齐。每个作业区都要做到活完场清。

（4）为保持环境卫生，避免运土车发生抛、洒、滴、漏，自卸车均安设顶盖。现场垃圾集中堆放，专人清运，不许随意随地乱倒垃圾。

（5）砂、石、水泥等原材料要做好防尘、除尘工作；项目部将安排专职保洁员负责各出入口道路遗撒泥土的清扫工作；运泥车辆出入大门口要作卫生检查，尽量避免污染市政道路。

（6）土方开挖后，按现场安全防护要求在基坑周围搭设安全保护栏杆，避免人员跌入坑中。

（7）基坑开挖后，基础施工前进行围护结构加固，基坑平面布置图与边坡需加固部位见图2-11、图2-12。

2.3.12　工程进度保证措施

（1）基坑开挖前后各工序累计总工期计划20d，期间也穿插导入地下室结构施工。

（2）该工程量大，持续时间长，公司已安排挖掘机自卸卡车提前到位，确定不少于1/4的备用数量，一旦设备出现大的故障及时调换设备，安排备用设备进场。

（3）现场土方开挖与其他工序交叉作业配合是加快施工进度的关键，除了提前对各工序工作做周密的计划安排外，项目工程部要轮流跟班，随时协调。所有管理人员吃住在工地，同监理、业主、设计各方尽量缩短信息反馈时间，遇到问题要争取在第一时间内解决。

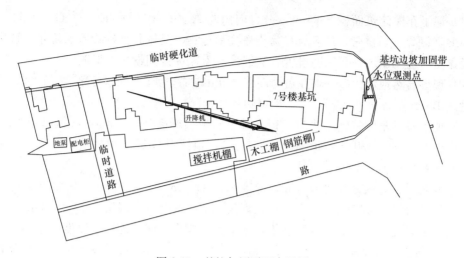

图 2-11 基坑加固平面布置图

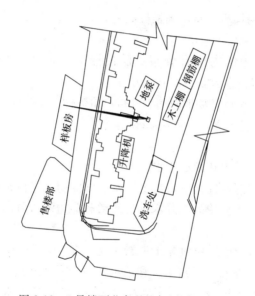

图 2-12 5 号楼西北角基坑加固平面布置图

（4）保证运输通道的畅通，初步计划设两个上下基坑的进出坡道，合理安排车辆行驶路线，避免出现车辆等待通行的现象。

2.4 地下车库土方开挖专项施工方案

2.4.1 工程概况

本工程位于××工业园区 227 省道西，北环路东延伸段南，××塘河东。工程名称为新××村高层动迁一区，总建筑面积 72498m²，其含有 14～22 号住宅及警卫室一、二，变电所一、二，幼儿园和一区地下车库。住宅楼为框剪结构 11 层和 18 层。工程由××建筑设计有限公司设计，××建设监理工程有限公司监理，建设单位为××工业园区城市重建有限公司，由××工业园区××建发房地产有限公司代建进行全面管理。

（1）地下车库建筑面积 9868m²，分自南向北 A、B、C、D、E、F、G 七个区，其中 A 区与 B 区间设置后浇带；B 区与 C 区设置变形缝；C 区与 D 区间设置后浇带；D 区与 E 区间设置变形缝；E 区与 F 区间设置后浇带；F 区与 G 区间设置变形缝。

（2）现场自然地坪标高平均在黄海高程 2.9m 左右，±0.000 为黄海高程 4.3m，室内外高差在 1.4m 左右。

（3）地下室汽车库基础形式为筏板基础，底板顶标高为 −5.6m，底板厚 400mm，即垫层底标高 −6.1m，（相当于黄海高程 −1.8m），顶板为 GBF 无梁楼盖，标高 −2.4m。

（4）本场地自上而下土质情况：

1）①$_1$ 回填土，仅暗塘处有分布，厚度 1.5～1.9m。

2）①$_2$ 淤泥，仅暗塘处有分布，层顶标高 0.70～0.90m，厚度 0.3～1.10m。

3）①$_3$ 素填土，主要成分为黏性土，上部夹有较多碎砖、碎石，厚度 0.6～2.10m。

4）②$_1$ 黏土，顶板标高 −0.19～2.3m，厚度 0.3～2.10，除暗塘场地内均有分布，为不透水层，渗透系数 3.0×10^{-7} cm/s。

5）②$_2$ 黏土，场地内均有分布，顶板标高 −1.12～0.32m，厚度 1.00～3.00m，为不透水层，渗透系数 3.0×10^{-7} cm/s。

6）③$_1$ 粉质黏土，场地内均有分布，顶板标高 −2.90～−1.45m。厚度 0.70～2.70m，为微透水层，渗透系数 5.0×10^{-6} cm/s。

7）③$_2$ 粉质黏土夹粉土层，场地内均有分布，顶板标高 −4.87～−2.67m，厚度 1.50～6.20m，为弱透水层，渗透系数 5.0×10^{-5} cm/s。

（5）地下水情况：

本工程地下水主要为潜水和微承压水。

潜水主要赋存于干浅部黏性土中，富水性差。勘探初见水位标高 1.50～1.55m，稳定水位标高 1.60～1.65m，主要受大气降水垂直入渗和周边河流侧向补给，以地表蒸发为主要排泄方式。

微承压水主要赋存于③$_2$ 层粉质黏土夹粉土层～④$_2$ 层粉砂中，顶板标高 −4.87～−3.50m，厚度大多为 11m 左右。其富水性和透水性由上而下逐渐增强。勘察初见水位标高 −3.00m，稳定水位标高 0.9～1.0m。主要补给来源为浅部地下水垂直入渗及地下水侧向径流，以民井抽取地下水侧向径流为主要排泄方式。

（6）环境情况：

××村动迁一区工程为新建动迁小区，场地内无通信光缆、污水管道、电力设施等影响基础和地下汽车库开挖等障碍物，准备开工的地下汽车库 A、B、C、D、E、F 各区周边住宅基础为预应力管桩基础，桩长 12m。

2.4.2 编制依据

（1）国家《安全法》、《建设工程施工安全管理条例》等法律法规；

（2）××村高层动迁一区地下车库施工图；

（3）××村高层动迁一区（岩土工程详细勘测报告）；

（4）《建筑地基基础工程施工质量验收规范》GB 50202；

（5）《建筑工程施工质量验收统一标准》GB 50300；

（6）《建筑机械使用安全技术规程》JGJ 33；

（7）《建筑施工安全技术统一规范》GB 50870—2013；

（8）施工组织总设计及工程承包施工合同。

2.4.3 施工工艺

1. 工艺原理

（1）先放好坡顶线、坡底线，经复测及验收合格后开始开挖；

（2）机械挖土分两步进行，第一步将场地内土层挖至－3.60m，并将集水井挖出，第二步挖至－5.80m 时（对局部挖土卸荷区挖至－3.6m 全部运出），预留 0.3m 土层人工清理；

（3）土方开挖时施工测量人员随时监测各轴线，控制开挖方向，以免开挖方向产生偏差；

（4）基坑开挖至第一步结束时，为防止地下水及雨水浸泡，先用机械将集水井挖出，做好明沟，保证排水畅通；

（5）机械挖空至最后一步时，人工在基坑周围挖排水明沟及盲沟，测量人员随即放出底线边，开始基础验槽；

（6）在基础进行二次开挖时，在基坑周围各设置一处高程引测点；

（7）基础验槽后，由人工清理预留部分土层。测量人员随时控制基底标高，清理好基底严禁行走，须行走时必须垫好木板，不得扰动基底土；

（8）基底找平时，测量人员抄出 0.50m 水平线，在槽帮上钉水平标高小木楔，在基坑内抄若干个基准点，拉通线找平。

2. 施工流程

定位放线、验线→放开挖灰线→机械开挖（集水井开挖）→放基底边线→基底开挖（人工挖明沟和盲沟）→验槽→坑底找平修整→隐蔽工程验收→下道工序。

2.4.4 主要施工技术要点

1. 技术要点

（1）前期准备。认真收集查阅车库工程的技术资料。测量放线，建立坐标控制点和水准控制点。

（2）组织现场施工人员熟悉掌握施工图纸和有关技术资料。

（3）按照组织的货源和进场的材料，及时进行原材料的物理、化学性能检验，按照施工图纸的设计要求，做好混凝土和砂浆的配合比试验。

2. 施工技术要点

（1）地下车库建筑面积 9868m²，分 A、B、C、D、E、F、D 七个区，其中 A 区与 B 区间设置后浇带；B 区与 C 区设置变形缝；C 区与 D 区间设置后浇带；D 区与 E 区间设置变形缝；E 区与 F 区间设置后浇带；F 区与 G 区间设置变形缝。

（2）现场自然地坪标高平均在黄海高程 2.9m 左右，±0.000 为黄海高程 4.3m，室内外高差在 1.4m 左右。

（3）地下室汽车库基础形式为筏板基础，底板顶标高为－5.6m，底板厚 400mm，垫层厚 0.1m，即垫层底标高－6.1m（相当于黄海高程－1.8m），顶板为 GBF 无梁楼盖，标高－2.4m。

（4）基坑开挖总体措施：

因本工程属于成片开发小区，其中 18 层 2 幢、11 层 7 幢，楼与楼之间设有地下车库，车库平均开挖深度在 4.7m，开挖后将产生大量弃土，施工现场设有环形施工道路，我项目部考虑施工现场狭小，经技术部对整个工程进行研究、论证，采取分段进行施工，基坑开挖出的土方，测算土方平衡，分段外运，分段回填。充分利用场内环形布置的临时道路，土方运输与回填。我项目部认为分段施工有利于工期，并且因本地下车库抗浮措施是利用结构体系自重和上部覆土自重，其分段施工能尽早使车库上覆土覆盖完毕。共分三个施工段，施工顺序暂定为：EF—CD—AB、G 区，工期初定 110d，首先施工 E、F 区，再施工 C、D 区，最后同时施工 A、B 区和 G 区，共分三次四段施工（以变形缝分成 AB、CD、EF、G 四段）。计划工期 110d，各施工段施工计划约 45d。

施工现场设有环形临时道路，两排住宅中间有中心临时道路与外围环形道路相接。土方外运、场内转运均走场内临时道路。以 EF 区段为例开挖车库时，中心道路将在该段内破坏，EF 区施工时，土方全部外运，土方车从 E 区以南、F 区以北中心路再走场内环形路运出。在 EF 区车库防水等完成，可以回填时开挖 CD 区土方部分回填 EF 区，部分外运。

先施工住宅，后施工场内的地下车库，项目部和公司已在工程开工前会同业主、设计等单位有关专家充分论证，车库施工不会对周围建筑物产生侧移影响。

（5）施工依据和方法：

《新××村高层动迁一区岩土工程详细勘察报告》第 8 页"××市历史最高水位为 2.63m，近 3～5 年最高潜水位为 2.5m，潜水位年变幅约为 1～2m。该市历史最高微承压水为 1.74m，近 3～5 年最高微承压水水位为 1.60m，年变幅 0.88m 左右"。

该报告 6.1.4 中"勘探时测得孔内潜水初见水位约 1.50～1.55m，稳定水位标高 1.60～1.65m，微承压水初见水位标高 $-3.00m$，稳定水位标高 0.9～1.00m"。

该报告中 18 页第五部分基坑开挖与支护中"第 5.5 条，基坑抗渗流稳定性验算及降、排水措施"：根据地质报告本工程地下水主要为潜水和微承压水。"潜水主要赋存于干浅部黏性土中，富水性差。勘察初见水位标高 1.5～1.55m，稳定水位标高 1.60～1.65m"，"微承压水主要赋存于③₂ 层粉质黏土夹粉土层～④₂ 粉砂中，顶板标高 $-4.87～3.5m$"。

"根据基坑底抗渗流稳定性验算，当基坑开挖至标高 $-1.07m$ 时，将可能产生管涌、流砂现象"。

纯地下车库基坑开挖深度高程 $-1.80m$（$-6.10m$），在标高 $-1.07m$ 以下 0.73m。

根据上述地质勘探报告情况，同时根据 2007 年 7、8 月住宅基础施工来看：22 号楼有较大一部分开挖至 $-6.70m$（相当于 85 国家高程 $-3.40m$），包括与汽车库 G 区两处接口，施工处于梅雨季节，地下水位较高，开挖时只见地表潜水，无地下微承压水，17 号楼亦是如此；14 号、15 号、16 号、17 号、18 号、19 号、20 号楼均有部分承台挖至 $-6.60m$（相当于 85 国家高程 $-3.30m$），均未见地下微承压水。因此项目部考虑施工地下车库采用明沟加集水井法施工。

部分区段距相邻住宅距离较近（车库外框线距相邻住宅剪力墙距离 5m 以内的部分）考虑将该区段 $-3.60m$（住宅承台上表面）以上挖土卸荷，将土挖除 $-3.6m$ 以下按 1:1 放坡，并在坡面抹 8cm 厚细石混凝土加挂镀锌钢丝网，细石混凝土护坡做至相邻住宅剪力墙边，以保证坡体免受雨水冲刷以及承台下卧土免受扰动。并在基坑四周构筑排水堤，防止地表降水流向基坑，按 1：1 放坡。

同时考虑可能的局部地下水的渗流作用和对施工车库的浮力作用，在施工各区段垫层下设置两横一纵盲沟，7 个区除 A 区外均约为 40m×35m，盲沟宽 0.25m，深 0.30m，内填砂石等滤水材料，并与四周排水明沟相通，通过集水井抽水，以释放压力，并起到抗浮作用。周边明沟沟底坡向两侧集水井，盲沟沟底向两侧放坡至排水盲沟，通过集水井将水排出。并且项目部对局部集水井底标高−7.1m（均分布在各区边上面积约 3～5m²）视开挖情况，局部采用轻型井点降水，准备降水井点管等机具，挖好后立即进入砖模等施工工序，快速保质保量施工。采用井点降水法进行，降水深度宜在基坑开挖深度以下 1.00m 左右，同时在基坑周边设置截水排水沟，以防止地表水及渗漏水流入。因地下水位降深不大，预计降水对周边建（构）筑物影响不大。综合以上所述，地下车库施工，在主体封闭后进行。在地下车库各区段开挖时，各施工队及项目部设专人对周边住宅进行监测、监控，并做好周围土体的侧向变形的监测，做到信息化施工。如发现异常情况，立即停止施工。查明原因后，采取相应措施后再进行施工。报警界限：水平位移累计值 400mm；地面沉降累计值 50mm。

2.4.5 质量控制标准

（1）机械挖土标高控制在 ±50mm；目的是防止机械开挖时，扰动地基土破坏地基的承载力，由人工清挖。

（2）表面平整度控制在 50mm。

（3）人工清挖后的基底土层符合设计规定要求。

2.4.6 保证降水措施

（1）各施工队设专人负责降水，确保基础不被地下水浸泡。

（2）设专职电工轮流值班，避免因停电而影响降水。

（3）加强地下水动态观测，确保降水效果。

（4）基坑内明沟，设专人清理，保证排水畅通。

（5）局部较深基础开挖时，设专人观测地下水位，发现流砂或管涌现象，立即用快硬性水泥将其涌水点封堵牢固。

（6）各施工班组必须保证足够用的水泵，保证降水效果。

2.4.7 安全文明施工主要管理措施

1. 基坑的防护

（1）基坑开挖后，在距基坑边 0.60m 周围用 φ48 钢管设置两道防护栏杆，立杆间距 3m，高出自然地面 1.80m，埋深 0.80m。每道立杆上设斜支撑。

（2）基坑上口边 2m 范围内不许堆土、堆料和停放机具。

（3）各施工人员严禁翻越防护栏杆。

（4）基坑施工期间设置警示牌，夜间加设红色灯标志。

（5）为了防止雨水冲刷基坑边坡，用塑料布将边坡覆盖上。

2. 文明施工管理措施

（1）土方由具有资质和相关设备的运输单位施工，并签订运输合同，在合同中明确公司的环境要求。在现场出入口设专人清扫车轮，并拍实车上土或严密遮盖，运载工程土方最高点不超过车辆槽帮上沿 0.50m，边缘不高于车辆槽帮上沿 0.10m，禁止沿途遗撒。

（2）在出口处设置冲洗车轮的装置，并设专人负责。

（3）施工现场临时用电，严格按照一机、一闸、一保护设施，确保漏电保护动作灵敏。

（4）各施工单位电工定期检查用电线路，确保施工用电安全。

3. 与相邻住宅同时施工的安全措施

（1）相邻住宅在施工楼层张拉水平防护网，防止高空坠物伤人。

（2）相邻住宅外脚手架密闭网全部密闭到位。

2.4.8　应急救援预案

根据基坑特点，结合往年一些施工经验，基坑可能出现一些险情，包括基坑变形过大、基坑管涌、流砂等现象，可采取如下应急措施：

1. 抢险准备

（1）人员准备：挖土机手、施工队长、技术负责人、项目经理必须 24h 在现场，任何一方有事均须向项目经理请假。

（2）设备准备：必须有挖土机在现场，并有应急电源（柴油发电机）。

（3）材料准备：200mm 钢板桩 6m 长不少于 30 根、ϕ100 粗圆木不少于 50 根（用于开挖深集水井必要支护和其他应急准备），准备充足塑料薄膜在雨期覆盖基坑边坡。

2. 应急预案

（1）当雨期来临前将塑料薄膜覆盖边坡。

（2）当雨水和其他地面水量较多时，应查明水源，进行改道，将之引流到远离基坑的地方排出。

（3）当坑底出现渗水较严重和管涌冒砂时，应立即回土覆压，对其降水后施工开挖。

（4）当坡脚滑移时，应立即加撑，增打钢板板桩，阻止坡脚继续滑移。

（5）当坡体出现变形过大时，有条件的地方应挖土卸荷，卸土宽度 3m、深 2.2m 以减少坡顶荷载，降低基坑相对深度，改变坡体应力分布，达到坡体稳定的目的。

2.4.9　土方边坡稳定性验算

本地下汽车库基坑挖深 4.70m，土质为黏性土，重度取 $\gamma = 18\text{kN/m}^3$，黏聚力取 $c = 10\text{kN/m}^2$，1：0.75 放坡经计算得坡角 $\theta = 53.13°$，黏性土摩擦角取 $\varphi = 20°$。

根据《建筑施工手册》，当土体处于极限平衡状态时，挖方边坡的最大允许高度：

$$H = \frac{2c \times \sin\theta \times \cos\phi}{\gamma \times \sin^2 \dfrac{(\theta - \phi)}{2}} \tag{2-1}$$

本工程放坡坡角 $=53.13°$，边坡允许最大高度 H 值：

$$H = \frac{2 \times 10 \times \sin53.13 \times \cos20}{18 \times \sin^2 \dfrac{(53.13 - 20)}{2}} = 10.2\text{m}$$

基坑开挖深度 4.7m＜10.2m，边坡稳定。

2.5　工程测量专项施工方案

2.5.1　工程建设概况

（1）建设单位：××创世纪置业发展有限公司；

（2）工程名称：××市小区二期工程（8号楼、9号楼、2号地下车库）土建、水电工程；

（3）建设地点：××市区世纪大道南侧、××村六组；

（4）建筑面积：总建筑面积 23740m² ＋车库 4395m²；

（5）结构类型：框剪结构；

（6）层数：地下 1 层，地上 15＋1 层；

（7）设计单位：××市××建筑设计院有限公司；

（8）监理单位：××市××建设监理有限公司；

（9）合同工期：450 日历天（含节假日）；

（10）施工范围：合同范围内的土建、水电工程。

2.5.2　编制依据

（略）。

2.5.3　施工测量的特点

（1）严格执行测量规范，遵守先整体后局部和高精度控制低精度的工作程序。即先测设场地整体的平面控制网和标高控制网，再以控制网为依据进行各局部轴线建筑物的定位、放线和标高测设。

（2）选用科学、简捷和精度合理、相适应的施测方法。合理选择、正确使用仪器，在测量精度满足工程需要的前提下，力争做到省时、省工、省费用。

（3）建立各项定位、放线工作要经自检、互检合格后方可申请主管部门验线的作业制度。严格执行安全、保密等有关规定，用好、管好设计图纸和有关资料。实测时要当场做好原始记录，实测后要及时做好标记并保护好桩位。

（4）测量人员要紧密配合施工，发扬团结协作、实事求是、认真负责的作风，并经常总结高层建筑施工测量的经验。

2.5.4　施工测量工艺原理

为了确保本工程施工测量的准确性，根据工程的结构特点和甲方提供的该工程测量控制网点，结合现行施工规范制定该工程测量方案。该方案分±0.000 以下施工测量、±0.000 以上施工测量、高程测量、装饰施工测量、沉降观测、大角倾斜观测等五部分。

2.5.5　施工测量的工艺流程与操作要点

1. 施工测量工作流程

施工测量工作流程如图 2-13 所示。

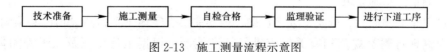

图 2-13　施工测量流程示意图

由项目经理组织技术部、质量监督部有关人员进行复核，在复核合格后，报监理验收。根据甲方给定的坐标点和高程控制点进行工程复核定位，并建立轴线控制网。测量员在施工测量过程中必须按规定程序检查验收，并对负责该工程部位的施工员进行详细的图纸交底及方案交底，明确分工。所有施测的工作进度及逐日安排，由技术负责人根据项目的总体进度计划进行。

2. 施工测量的操作要点

（1）准备工作

1）全面了解设计意图，认真熟悉与审核图纸。

施测人员通过对总平面图和设计说明的学习，了解工程总体布局、工程特点、周围环境、建筑物的位置及坐标，其次了解现场测量坐标与建筑物的关系、水准点的位置和高程以及首层±0.000的绝对标高。在了解总平面图后认真学习建筑施工图并及时校对建筑物的平面、立面、剖面的尺寸、形状、构造等，它是整个工程放线的依据，在熟悉图纸时，着重掌握轴线的尺寸、层高，对比基础，楼层平面，建筑、结构几何之间轴线的尺寸关系，查看其相关之间的轴线及标高是否吻合，有无矛盾存在。

2）人员配置、仪器的配备。

3）施工放线、技术复核人员配置。

4）测量中所用的仪器和钢尺等器具，根据有关规定，必须送具有××市仪器校验资质的检测厂家进行校验，检验合格后方可投入使用。测量仪器及器具选用详见表2-13。

施工现场测量仪器工具一览 表 2-13

序号	器具名称	型号	单位	数量	备注
1	全站仪	KTS632	台	1	轴线控制测量
2	激光垂准仪	DZJ2	台	1	轴线测量
3	经纬仪	LT202	台	2	一台用于监督
4	水准仪	NAL132（自动）	台	1	测量标高
5	水准仪	NAL132（自动）	台	1	沉降观测
6	塔尺	5M	把	2	标高测量
7	塔尺	5M	把	1	沉降观测专用
8	卷尺	5M	把	25	轴线、纵、横、标高测量
9	钢尺	50M	把	2	轴线、纵、横、标高测量
10	吊坠	3kg	个	4	轴线测量
11	吊坠	1kg	个	7	轴线测量
12	对讲机	普通型	个	6	用于上、下和内外联络

注：技术负责人根据《施工组织设计》中技术复核计划内容复核，其余由技术员复核；此外施工人员在施工过程中应自行复核或相互复核，定位放线须经复核合格后方可请监理或业主代表复核，合格后方可进入下道工序。

（2）测量的基本要求

测量记录必须原始、真实、数字正确、内容完整、字体工整；测量精度必须满足规范要求。根据现行测量规范和有关规程进行精度控制。根据工程特点及《工程测量规范》GB 50026—2007，此工程设置精度等级为二级，测角中误差20″，边长相对误差1/5000。

（3）平面控制网布设

平面控制应先从整体考虑，遵循先整体、后局部、高精度控制低精度的原则。

平面控制网的坐标系统与工程设计所采用的坐标系统一致并布设成矩形。布设平面控制网主要依据设计总平面图、现场施工平面布置图。选点应在采光条件较好、易被保护的地方。桩位必须用心保护，需要时用钢管进行围护，并用红油漆做好标记。

（4）建筑平面控制网的布设

依据平面布置与定位原则，结合本工程的实际情况现对场地外控线进行如下布置：

1）由桩基提供的桩位点（1号点、2号点）向场地内侧设置每个单体所需控制点（坐标点）。

2）主控轴线定位时，均布置引线，横轴东西两侧以及纵轴南北两侧投测到围墙上或硬化的物流路上，横轴东西两侧、纵轴南北侧设置定位桩。墙上、地面引线均用红三角标出，清晰明了。施测完成后报监理、建设单位确认后，加以妥善保护。按照《工程测量规范》GB 50026—2007 要求，定位桩的精度要符合表 2-14 要求。

定位桩的精度   表 2-14

等级	测角中误差（″）	边长丈量相对中误差
一级	±7	1/30000

3）桩位必须用混凝土保护，砌砖维护，并用红油漆作好测量标记，轴线、高程点控制桩埋设示意如图 2-14 所示。

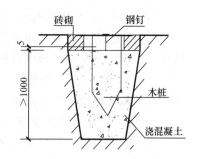

图 2-14 控制桩埋设示意图

（5）建筑物大角垂直度的控制

首层墙体施工完成后，分别在距大角两侧 30cm 的外墙上，各弹出一条竖直线，并涂上两个红色三角标记，作为上层墙支模板的控制线。上层墙体支模板时，以此 30cm 线校准模板边缘位置，以保证墙角与下一层墙角在同一铅直线上。以此层层传递，从而保证建筑物大角的垂直度。

（6）墙、柱施工精度测量控制方法

为了保证剪力墙、隔墙和柱子的位置正确以及后续装饰施工的及时插入，放线时首先根据轴线放测出墙、柱位置，弹出墙柱边线，然后放测出墙柱 30cm 的控制线，并和轴线一样标记红三角，每个房间内每条轴线红三角的个数不少于两个。在该层墙、柱施工完后要及时将控制线投测到墙、柱面上，以便用于检查钢筋和墙体偏差情况，以及满足装饰施工测量的需要。

（7）门、窗洞口测量控制方法

结构施工中，每层墙体完成后，用经纬仪投测出洞口的竖向中心线及洞口两边线，横向控制线用钢尺传递，并弹在墙体上。室内门窗洞口的竖直控制线由轴线关系弹出，门窗洞口水平控制根据标高控制线由钢尺传递弹出。以此检查门、窗洞口的施工精度。

（8）电梯井施工测量控制方法

在结构施工中，在电梯井底以控制轴线为准，弹出井筒 300cm 控制线和电梯中心线，并用红三角进行标示。在后续的施工中，每层都要根据控制轴线放出电梯井中心线，并投测到侧面用红三角标示。

2.5.6 施工测量质量控制

1. 施工测量的顺序

根据现场的实际情况及设计图纸的要求计划安排顺序如下：

已知（甲方提供）控制坐标、标高点→经纬仪控制点引测埋设→总平面矩形网控制点引测埋设→建筑物内细部测量放线。

2. 构筑物的定位

该工程由 8 号、9 号房以及 2 号地下汽车库组成，建筑用地较大，且楼房之间相对距离较大，在该工程中建筑物的定位及控制点的引测均使用全站仪。该工程共设 8 个地面控制点，具体总平面控制引测定位附图。

由于该工程工期较长，测量时根据甲方提供的坐标点进行引测永久控制点，引测点进行隐蔽便于保留，永久控制点应放在影响不大的地方，且不少于 2 个坐标点，便于以后测量检查及引测工作。

然后使用现场的保护点进行建筑物的测量工作。测量方法使用坐标值的极坐标定点法，测出建筑物定位点和轴线控制交点，最后放出各相应的线。

3. ±0.000 以下测量

基础平面图轴线投测方法及原则：

1）在同一层上投测的纵、横线各不得少于 2 条，以此作为角度、距离的校核，一经校核无误后，方可在该平面上放出其他相应的设计轴线及细部线。在各楼层的轴线投测过程中，上下层的轴线竖向垂直偏（移）差不得超过 3mm。

2）在垫层上进行基础定位放线前以建筑物平面控制线为准，校测轴线控桩无误后，再用经纬仪以倒镜挑直法投测各主控线，投测允许误差±2mm。

3）垫层上建筑物轮廓线投测闭合，经校测合格后，用墨线详细弹出各细部轴线，暗柱、暗梁、洞口必须在相应边角，用红油漆以三角形式标注清楚。

4）轴线允许偏差如表 2-15。

轴线允许偏差 表 2-15

L＜30m	允许偏差±5mm
30m＜L≤60m	允许偏差±10mm
60m＜L≤90m	允许偏差±15mm
90m＜L	允许偏差±20mm

轴线的对角线尺寸，允许误差为边长误差的 2 倍，外廓轴线夹角的允许误差为 1′。

4. ±0.000 以上测量

平面控制网布置原则：先定主控轴，再进行轴网加密。控制轴线满足下列条件：建筑物外轮廓线、施工段分界轴线、楼梯间电梯间两侧轴线。控制网根据结构平面确定，尽量避开墙肢，保证放线孔洞通视。

在一层楼面预埋 200mm×200mm×4mm 钢板，做法同控制平面点的做法，该控制点设在建筑物内，通过控制点进行垂直投点。同时在楼面使用经纬仪继续展开测量放线定位工作。所有楼面的放线每一轴线引至外墙且使用经纬仪进行垂直检验校正，在外墙面每层的每一轴线均使用红三角表示，并标出各轴线值。

5. 高程测量

（1）高程控制网的等级及技术要求

高程控制网的精度，不低于三等水准的精度。

半永久性水准点位处于永久建筑物以外，一律按测量规程规定的半永久。

引测点一般设置在沉降变化较小的位置，并妥善保护。

引测的水准控制点，需经复测合格后方可使用。

（2）高程控制网技术要求

高程控制网的等级拟布设三等附合水准，水准测量技术要求如表2-16。

水准测量技术要求   表 2-16

等级	高差全中误差（mm/km）	路线长度（km）	与已知点联测次数	附合或环线次数	平地闭合差（mm）
三等	6	1.5	往返各一次	往返各一次	$12\sqrt{L}$

（3）水准点的埋设及观测技术要求

水准点的埋设：水准点选取在土质坚硬，便于长期保存和使用方便的地方。墙上的水准点应选择设在稳定的建筑物上，点位应位于便于寻找、保存和引测，且不易被破坏的地方。

水准观测的技术要求见表2-17。

水准观测的技术要求   表 2-17

等级	水准仪器型号	前后长度（m）	前后视距较差（m）	前后视距累计差（m）	视线离地面最低高度（m）	基辅分划读数（mm）	基辅分划所测高差（mm）
三等	DS3	≤75	≤2	≤5	0.3	2	3

（4）高层以控制网的布设

为保证建筑物竖向施工的精度要求，必需在场区内建立高层控制网，以此作为保证施工竖向精度的首要条件。

根据场内甲方指定的高程点布设场区高程控制网，高程引测点位于世纪大道上，设BM1为黄海高程4.10m，场地±0.000相当于绝对标高3.75m。

为保证建筑物竖向施工的精度要求，根据甲方给定的高程点BM1＝4.10m，在场区内（8号、9号楼、2号地下车库）建立高层控制网。

先用水准仪将高程控制点引测到场地内并进行复测检查，校测达到允许误差要求后，沿场地四周测设几个高程控制点并形成一条闭合的水准路线，作为联测场区高层控制点。即由场区半永久性水准点BM2（绝对标高3.75m，相对标高为－3.200m）作为竖向精度控制的起始点，也可作为以后沉降观测的基准点。

（5）±0.000以下部分标高控制

高程控制点的联测：在向基坑内引测标高前，首先联测高程控制网点，以判断场区内水准点是否发生沉降，经监理现场监督联测确认无误后，即可向基坑内引测所需的标高。

（6）±0.000以下标高的传递

用塔尺配合水准仪利用场地竖向物体等将最近的标高控制点传递到基坑内，引测点必须设置在支撑桩、塔吊桩等不易发生沉降的部位，一次引测点必须有三个以上并作相互校核，校核后三点的高差不得超过3mm，取平均值作为该平面施工中标高的基准标高。引测点应标在便于使用和保存的位置。根据基坑施工要求，在基坑内利用引测点对附近结构标高进行控制。

（7）±0.000 以上部分标高控制

一层柱施工完毕且模板拆除后，用水准仪将高程控制点引测至每栋楼第一层结构外墙上。为了保证楼层标高的准确性，同一栋楼需设置两个以上固定的标高引测点，以便标高引测时进行复核，此点标高施工方便为宜，一般取＋1.000m，并做好油漆标记，经监理复核后作为上部施工标高控制的依据。

（8）建筑物的标高控制

标高的测量依据建设单位提供的标高点（不得少于 2 个点）及高程值，用精密水准仪（S_2 型）引测检验校正，将高程全部引测到坐标控制点上，以及在新建筑物的周边、旧建筑物或其他固定的物体上，用红三角标明记录，并标上其标高值，要求在建筑物外每点相距不超过 20m，便于及时准确使用。此红三角必须经过多次复测准确无误后方可使用，且做到经常（每施工一层楼面）检测一次。如发现有变形，应及时停用并销毁，重新测定校准后定做。待一层建筑物完成后将其标高引至建筑物上，在建筑物外围标高点均设在轴线墙上。进入装饰阶段后，所有内外均弹出建筑物地面以上 500mm 的建筑标高线，便于装饰工程的施工作业。

（9）建筑物的竖向控制及轴线的测量放线

建筑物的垂直度控制采用"内垂直"引测、外经纬仪（外控法）相互校核的方法进行。即建筑物外轮廓的垂直度控制由经纬仪在建筑物外侧的首层基准线为基础向上投测校正偏差。在建筑物内部轴线使用激光垂直投点经纬仪，在一楼楼面预理控制点分别向上进行垂直投点，见图 2-15 所示。

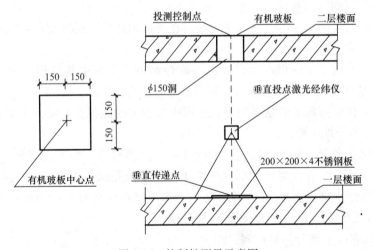

图 2-15　控制桩测量示意图

轴线测量放线根据垂直投点，使用经纬仪进行楼面的展开放线工作，局部面较小处使用经纬仪及钢尺进行引测，将所需要用的线全部弹在楼面上，并将轴线引至建筑物的外侧进行外控法的调整校正以确保测量放线准确精度。

每层楼上的标高控制使用钢尺以一层建筑物外围同一部位红三角为基点向上引测。

2.5.7　建筑物的沉降观测控制

（1）为保证施工能顺利进行，施工过程中应对建筑物随时进行沉降观测，便于给施工过程提供有关资料，确保建筑物的结构安全。沉降观测点按施工图示位置设置。

（2）建筑物沉降观测应按时（主体施工阶段一层一次，装修阶段每月一次）测量，使用固定的沉降观测仪器，由专人负责按照确定的方案进行检测，每次测量必须闭合，绘制每点的沉降曲线图并收集完成准确资料编制详细的沉降观测报告。

（3）沉降观测点应牢固，确保点位安全，能长期保存，考虑到建筑物为玻璃幕墙、涂料外墙及面砖外墙，具体观测点做法见图 2-16。

（4）建筑物的沉降观测。首先在场内做 3 个观测基准点，基准点应设置在坚硬的地基以及不便干扰变形的地方，并加以安全保护，且做法在远离新建筑物靠近现有的旧建筑物边向自然地坪以下挖 500mm×500mm×1000mm 的洞，用混凝土灌注，预埋钢筋头，砌砖维护加盖保护，具体见图 2-17。

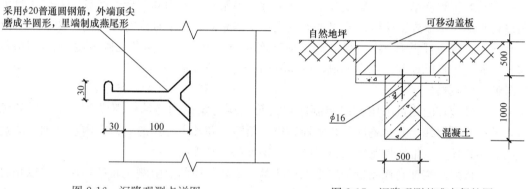

图 2-16　沉降观测点详图　　　　　图 2-17　沉降观测基准点保护图

（5）建筑物的沉降观测使用 S_2 级水准仪及同一把铝合金塔尺监测，每次观测必须对基准点进行复核，每次测设数据应做好记录，每次观测进行三次，一人观测，一人复核记录，一人跑尺，沉降观测的要求在主体施工阶段每层且不多于一个月进行观测一次，主体进入装修阶段可每月进行一次施测直到工程全部竣工验收，将所测设的数据记录完整，竣工时一并随同竣工数据移交建设单位，便于建设单位以后继续对建筑物进行沉降观测。在施工中每次沉降观测的资料应及时以书面形式通知施工项目总工、工程总监、建设单位有关人员。

（6）沉降观测要求见表 2-18。

沉降观测要求　　　　　　　　　　　　　　　　表 2-18

施工完成部位	观测情况
1 层楼面混凝土完成	第 2 次观测
结构阶段	每增加 1 层，观测 1 次
砖砌体完成	观测 1 次
结构验收前	观测 1 次
装修阶段	每月测 1 次
竣工验收前	最后 1 次观测，设立永久性观测点
竣工验收后	整理沉降资料交业主归档

2.5.8　大角倾斜观测

（1）大角倾斜观测是在主体结构施工过程中，在建筑物大角上设置同一垂直线上的上、下两个标志点作为观测点（上部标志点随着楼层的升高而逐步提升），观察建筑物的垂直度的测量。观测时，经纬仪的位置距建筑物应大于建筑物的高度，瞄准上部点，用正镜法向下投点，如与下部点不重合，则说明建筑物发生倾斜，其倾斜率按下式计算：

$$i = \tan\alpha = \Delta D / H \tag{2-2}$$

式中　i——主体的倾斜率；

　　　ΔD——建筑物顶部观测点相对于底部观测点的偏移值（mm）；

　　　H——建筑物的高度（m）；

　　　α——倾斜角（°）；

（2）建（构）筑物的倾斜观测，必须分别在墙体转角位置的两边进行观测，并做好记录，须经监理或业主核准后保存。如超出规范允许值，应按规范要求适当增加测量次数。

（3）本工程从第二层开始至竣工的整个过程中派专人，用同一台经纬仪，对建筑物大角进行观测。主体施工阶段每五层观测一次；主体完工后三个月内每月观测一次；三个月后至竣工，每两月观测一次。倾斜观测应如实及时做好记录，如发现倾斜度＞0.0015H，应及时向本项目监理部及业主汇报，以便采用相应处理措施。

2.5.9　装饰测量

（1）外装饰的测量采用首级控制网点自第一层开始用同经纬仪测设各边、角柱的轴线，然后弹出墨线，并用钢尺和线坠控制边、角铅直和各中心点的对称；内装饰轴线测量主要利用各楼层的轴线控制线结合经纬仪、钢尺和线坠等放出。

（2）楼层的装饰高程测量利用水准仪从第一层高程控制点引测至相应楼层，并以相对于楼层建筑标高＋1.000m 的高程引测至各层墙、柱及门窗、洞口上，并弹出＋1.000m 水平线，作为装饰标高控制的依据。

2.5.10　施工测量仪器、人员安排

1. 施工测量主要器具

施工测量主要器具见表 2-19 所示。

测量主要器具　　　　　　　　　　　　　　　表 2-19

序号	器具名称	型号	生产厂家	主要用途	数量
1	全站仪	KTS632	苏州一光	测设轴线	1台
2	激光铅垂仪	J$_2$-JD	苏州一光	垂直标高传递	1套
3	经纬仪	J$_2$	苏州一光	测设轴线	1台
4	水准仪	S$_2$	苏州一光	水准测量	1台
5	塔尺	5M	苏州	水准测量	5把
6	钢卷尺	50M	苏州	水平丈量	1把

注：除上述主要器具外，另配有：线坠、计算器、记录本、钢桩、木桩、铁钉、5m 小钢卷尺等。

2. 专职测量

该工程计划安排专职测量人员 3 人进行专职测量，负责该工程的基准点、测设点等维护使用，测量放线抄平以及有关测量放线的资料收集整理，配合现场施工，提供准确数据供项目总工程师施工技术决策。

3. 测量误差控制

（1）控制点测量应满足一级小三角的精度要求，即测角相对中误差≤5″，测距边长相对中误差应≤1/40000。

(2) 轴线间距测量相对误差≤1/10000，测角相对中误差应≤5″。

(3) 垂直度偏差层间不大于 3mm，全高不大于 5mm。

(4) 标高测量层高不大于 3mm，全高不大于 5mm。

2.5.11 质量保证措施

(1) 测量作业的各项技术按《工程测量规程》GB 50026—2007 进行。

(2) 测量人员全部持证上岗。

(3) 进场的测量仪器设备，必须检定合格且在有效期内，标识保存完好。

(4) 施工图、测量桩点，必须经过校算校测合格才能作为测量依据。

(5) 所有测量作业完后，测量作业人员必须进行自检，自检合格后，上报质量工程师和责任工程师核验，最后向监理报验。

(6) 自检时，必须对作业成果进行全数检查。

(7) 核验时，要重点检查轴线间距、纵横轴线交角以及工程重点部位，保证几何关系正确。

(8) 滞后施工单位的测量成果应与超前施工单位的测量成果进行联测，并对联测结果进行记录。

(9) 加强现场内的测量桩点的保护，所有桩点均明确标识，防止用错和破坏。

2.5.12 施测人身安全及仪器管理

根据国家《建筑施工安全技术统一规范》、《安全法》等法律规定制定如下各条：

(1) 施测人员进入施工现场必须戴好安全帽。

(2) 在基坑边投放基础轴线时，确保架设的经纬仪的稳定性。

(3) 二层楼面架设激光经纬仪时，要有人监视，不得有东西从轴线洞中掉落打坏仪器。

(4) 操作人员不得从轴线洞口上仰视，以免掉物伤人。

(5) 轴线投测完毕，须将洞上防护盖板复位。

(6) 操作仪器时，同一垂直面上其他工作要注意尽量避开。

(7) 施测人员在施测中应坚守岗位，雨天或强烈阳光下应打伞。仪器架设好，须有专人看护，不得只顾弹线或其他事情，忘记仪器不管。

(8) 施测过程中，要注意旁边的模板或钢管堆，以免仪器碰撞或倾倒。

(9) 所用线坠不能置于不稳定处，以防受碰，掉落伤人。

(10) 仪器使用完毕后需立即入箱上锁，由专人负责保管，存放在通风干燥的室内。

(11) 严格遵守测量仪器作业操作规程。

(12) 使用钢尺测距须使尺带拉直平坦，不得扭曲折转、弯压，测量后立即收卷回卷筒内。

(13) 钢尺使用后表面有污垢及时擦净，长期贮存时尺带涂防锈油。

2.5.13 职业健康与环境因素

(1) 测量施工人员应注意爱护好自己的身体，特别是眼睛。经常进行视力等身体检查，避免过度使用，出现职业病。在炎热季节和寒冷季节施工时，必须有相应的劳保措施。

(2) 使用激光仪器时需注意，避免被激光射伤自己和同事眼睛。

（3）激光仪器使用完毕后及时关闭。

（4）仪器使用中废弃的电池不能随意丢放，必须放到专门的垃圾桶内。

（5）对讲机等在不使用时必须及时关闭。

（6）避免施工过程中因各种原因引起的环境破坏行为。

2.6 房屋建筑临时用电、用水专项方案

2.6.1 工程概况

本工程位于××城市区世纪大道南侧、××沟西侧、××村六组。

工程名称：××小区二期工程（8号楼、9号楼、2号地下车库）土建、水电工程，建筑总面积 23740m² ＋车库 4395m²。结构类型为框剪结构，其中 8 号、9 号楼为地下 1层，地上框剪 15＋1 层。合同工期为 450 日历天（含节假日），施工合同包括土建、水电工程。

2.6.2 编写依据

（1）《建设工程施工现场供用电安全规范》GB 50194；

（2）《施工现场临时用电安全规范》JGJ 46—2005；

（3）《供配电系统设计规范》GB 50052—2009；

（4）《建筑施工安全技术规范》GB 50780—2013；

（5）建筑施工手册和实用电工手册；

（6）某城市地区低压用电规程。

2.6.3 施工临时用电的特点

根据规范规定要求，对基地工程实际情况，特编制该二期工程临时用电施工方案。

（1）临时用电采用 TN-S 三相五线接零保护系统，具体要求

1）保护接零线严禁通过任何开关或熔丝盒。

2）保护零线除了从工作接地线（变压器）或总配电箱电源箱侧零线引出外，在任何地方不得与工作零线有电气连接，特别注意电箱中防止经过铁质箱体形成电气连接。

3）保护零线的截面面积应不小于工作零线的截面积，同时必须满足机械强度的要求。

4）保护零线的统一标志为黄/绿双色线，在任何情况下不能将其作负荷线用。

5）重复接地必须在保护接零线上，工作零线不能加重复接地（因工作零线加了重复接地，漏电保护器就无法使用）。

6）保护零线除必须在配电室或总配电箱处作重复接地外，还必须在配电线路的中间处及末端做重复接地，配电线路越长，重复接地作用越明显，为了接地电阻更小。可适当多打接地桩重复接地。

（2）临时用电做到"三级配电二级保护"。

（3）根据现场实际用电量需要，甲方提供 150kW，根据甲供电室与乙供电室应尽量靠近荷载中心的原则，减少线路损耗提高用电质量，本工程在施工现场另设总配电间 1 间，位于 9 号楼西边，按负荷实际情况安排电箱负荷分配原则进行施工用电、生活用电、办公用电分开。

（4）本工程甲供总配电房出线采用埋地，深 0.6m，上用黄砂覆盖，而后盖土到施工现场总配电箱，然后施工现场再分二路架空线。

（5）现场临时设施已按要求搭设完成，详见施工现场平面布置图。

2.6.4 线路走向工艺原理

（1）从建设方总配电箱引出采用 $YJV_{22}3×150+1×150+1×150$ 三相五线制塑料铜芯线，埋地引入施工方总配电箱，再从施工总配电箱采用 $YJV_{22}3×90+2×90$ 二组电缆线分别引入各分配电箱，提供动力、照明电的需要。

（2）现场设分配电箱，共 12 只。其中一组有 B1、B2、B3、B4、B5、B6 六只分配电箱，另一组有 B7、B8、B9、B10、B11、B12 六只分配电箱，总配电箱引出进入分配电箱均采用 BV4×50+E16 的五芯电缆，三相四线漏电保护器，各专用机械上装设固定开关箱，内设匹配熔断器，漏电开关严格执行"一机一漏一闸一箱"。

（3）本工程施工用电采用按层设分配电箱，随楼层升高而升高，确保每幢每单元设一只分配电箱，满足楼层施工需要。

（4）本工程施工照明户外采用 3.5kW 镝灯固定在塔吊上的方法。8 号楼塔吊安装 2 只镝灯，供 8 号楼及四周场地照明用；木工棚及钢筋加工均采用搪瓷罩壳 1000W 碘钨灯固定照明，采用 220V 照明电，做到一灯一漏控制。

（5）施工现场临时用电的具体布置和线路走向见施工现场临时用电平面布置图（略）。

（6）施工用电系统图（略）。

（7）分配电箱接线图（略）。

2.6.5 用电负荷计算

（1）根据施工现场用电量分析，主体阶段为施工用电高峰阶段，故按主体阶段进行计算。

（2）主体阶段机械明细表。

（3）施工用电容量的计算：

本工程是按照拟投入的机械设备及施工、生活照明最高峰阶段的最大用电量进行计算，式中照明用电量是按照施工机械及动力设备用电量的 10％计算。因主要负荷是塔吊，而塔吊的各台电机往往要同时运行，甚至满载运行。所以系数 K 应选得大一些。

$$P_总 = 1.05(K_1×ΣP_1/\cosω+K_2ΣP_2+K_3ΣP_3) \qquad (2\text{-}3)$$

式中 $P_总$——用电设备总需要容量；

P_1——用电设备额定功率 120kW；

P_2——室内照明容量 35kW（按 10％动力设备用电量计算）；

P_3——室外夜间照明容量 3.5×4 个（射灯）=15kW；

$\cosω$——电动机的平均功率因素（取 0.75）$K_1=0.7$，$K_2=0.9$，$K_3=1.0$。

$P_总$=1.05×(0.7×120/0.75+0.9×35+1.0×15)=1.05×158.5=166kW

本工程最高峰用电量为：166kW。

施工动力用电需三相 380V 电源，照明需单相 220V 电源，建设方提供乙方现场设 1 台 500kVA 变压器，供电 150kW＜166kW，若要满足现场施工用电要求，必须现场项目部进行合理分配。

1）施工现场临时设施总导线截面的选择

若 K_0 按 0.9 考虑，且仍取 $\cos\omega=0.75$，那么其总工作电流为：

$$I_{\text{线}} = K\Sigma P_{(2)} \div (U_{\text{线}}\cos\omega \cdot \sqrt{3}) \tag{2-4}$$

$I_{\text{线}} = K\Sigma P_{(2)} \div (U_{\text{线}}\cos\omega \cdot \sqrt{3}) = 0.9\times120\times1000 \div (380\times0.75\times\sqrt{3}) = 120\text{A}$

查表得，选截面为 $YJV_{22}150\times3+E150\times2\text{mm}^2$ 的铜芯电缆线即可满足要求。

根据现场临时设施和工地照明等的需要，配电线路分二路，在总配电盘上（位置在现场总配电箱）分别由总刀闸进行控制。

2）配电导线截面的选择

为了安全和节约起见，选用 YJV_{22} 型绝缘铜导线，按二路进行计算。

线路 1（主要负荷 8 号楼塔式起重机 QTZ40 塔吊 1 台和木工、钢筋加工及部分现场设备）导线截面的选择：

线路 1 所带用电设备的总功率为：60kW。

按导线的允许电流选择，该路的工作电流为：

$I_{\text{线}} = K \cdot \Sigma P_{(1)} \div (3^{1/2}U_{\text{线}} \cdot \cos\omega) = 1 \cdot \Sigma 60\times1000 \div (3^{1/2}\times380\times0.75) = 90\text{A}$

由表查得，选截面为 $YJV_{22}90\times3+E90\times2\text{mm}^2$ 的铜芯电缆线即可满足要求。

线路 2（主要负荷 9 号楼塔式起重机 QTZ40 塔吊 1 台和木工、钢筋加工及部分现场设备）

线路 2 所带用电设备的总功率为：60kW。

若 K_0 按 0.9 考虑，且仍取 $\cos\omega=0.75$，那么其总工作电流为：

$I_{\text{线}} = K\Sigma P_{(2)} \div (U_{\text{线}}\cos\omega \cdot \sqrt{3}) = 0.9\times60\times1000 \div (380\times0.75\times\sqrt{3}) = 90\text{A}$

由表查得，选截面为 $YJV_{22}90\times3+E90\times2\text{mm}^2$ 的铜芯电缆线即可满足要求。

2.6.6 配电室的建造

（1）配电室宜在临近变压器、进出线方便、无灰尘、无蒸汽、无震动、不易积水的地方建造。

（2）配电室建造的要求：

1）配电室一般不小于 9m^2，地坪上应铺设绝缘脚垫，配备绝缘用具和用品。

2）做到"五防一通"，即防火、防雨、防雪、防汛、防小动物和通风良好。

3）室门应向外开，有锁，金属门要做接地或接零保护。

4）配电室的天棚距地面不低于 3m。

5）配电室内设的值班室距电屏（盘）的距离应大于 1m，并采取屏障隔离。

6）配电室建筑物的耐火等级不低于 3 级，室内应配备砂箱和绝缘灭火器。灭火器用干粉或 CO_2 等灭火器，严禁使用清水泡沫导电灭火器，灭火器挂在门外便于使用，不要放在配电间。

（3）配电盘及配电装置四周的安全距离：

1）配电屏正面操作通道宽度，单列布置不小于 1.5m，双列布置不小于 2m；后面维护通道宽度不小于 0.8m；侧面维护通道宽度不小于 1m。

2）配电装置上端距天棚不小于 0.5m。

3）配电室内的裸线与地面垂直距离小于 1.5m 时，应采用遮拦隔离。

（4）配电屏的安全技术措施：

1）成列的配电屏两端，应与重复接地线及保护零线作电气连接。

2）配电屏上各配电线路，应编号并表明用途。

3）配电屏应装设短路及过负荷保护装置和漏电保护器。

4）配电屏或配电线路维护时，应切断电源并悬挂标志牌。

5）配电屏上分设零线桥与保护零线或地线桥，电器进出线带电体不得外露。

6）配电室内的导线优先选用绝缘导线。如用裸露材料，必须严格按规范采取防护措施。

7）室内照明应从开关上端引出，防止拉闸灭灯。

2.6.7 配电箱与开关箱

（1）本工程临时用电采用 TN-S 三相五线三级配电两级保护。三级配电指配电箱、分配电箱、开关箱，动力配电与照明配电分别设置。两级保护指分配电箱和开关箱，均采取漏电保护开关保护。

（2）配电箱的材料和安置要求：

1）配电箱、开关箱应采用铁板或优质绝缘材料制成，铁板的厚度应大于 1.5mm。

2）固定式配电箱、开关箱的下底与地面的垂直距离大于 1.3m，小于 1.5m；移动式配电箱、开关箱的下底与地面的垂直距离宜大于 0.6m，小于 1.5m。

3）分配电箱与开关箱的距离不得超过 30m。开关箱与其控制的固定式用电设备的水平距离不宜超过 3m。

4）配电箱、开关箱应装设在干燥、通风及常温场所；不得装设在易受外来固体撞击、强烈震动、液体侵溅及热源烘烤的场所。

5）配电箱周围应有足够两人同时工作的空间和通道，严禁堆放任何妨碍操作及维修工作的物品；不得有灌木、杂草。

6）配电箱、开关箱必须有防雨、防尘设施，必须有门锁。

（3）配电箱开关箱装设的电器要求：

1）常规的箱内安装是左大右小，大容量的控制开关和熔断器装设在左面，小容量的开关电器安装在右面。

2）配电箱内的电器，应安装在金属或非木质的绝缘安装板上。

3）配电箱、开关箱及其内部开关电器的所有正常不带电的金属部件均应作可靠的保护接零。保护接零必须采用标准的黄/绿双色线及专用接线板连接，与工作零线应有明显的区别。

4）配电箱、开关箱电源导线的进出为下进下出，不能设在上面、后面或侧面，更不应当从门缝隙中引出和引进导线。

5）导线的进出口处，应加强绝缘，并将导线卡牢。

6）配电箱、开关箱内优先选用铜线。为了保证可靠的电气连接，保护零线应采用绝缘铜线。

7）所有配电箱，均应标明其名称、用途，并作出分路标志。

8）进入开关的电源线，严禁用插销连接。

（4）总配电箱的电器配置与连接：

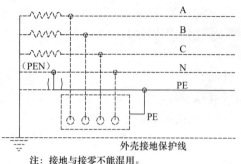

注: 接地与接零不能混用。

图 2-18 TN-C-S 接地保护形式图

1）本工程用电采用 TN-S 系统。因本工程现场场地比较大，临时线路较多，所以总配电箱应设置漏电保护器（FQ）。TN-C-S 接地保护形式如图 2-18 所示。

2）总配电箱，应装设总隔离开关、总熔断器和分路熔断器（或自动开关和分路自动开关）；总开关电器的额定值、动作整定值应与分路开关电器的额定值、动作整定值适应。

3）总配电箱，应装设电压表、总电流表及其他仪表。

（5）分配电箱的电器配置与连接：

1）分配电箱的电器配置与接线，应与总配电箱的电器配置与接线，以及配电线路相适应。

2）分配电箱，应装设总隔离开关、总熔断器和分路熔断器（或自动开关和分路自动开关）；总开关电器的额定值、动作整定值应与分路开关电器的额定值、动作整定值适应。

（6）开关箱的电器配置与接线：

1）开关箱的电器配置与接线，应与分配电箱的电器配置与接线，以及配电线路相适应，作为施工现场临时用电工程的第一级，也是最主要的防漏电措施，所以开关箱必须设置漏电保护器。

2）每台用电设备，应有各自专用的开关箱，必须实行"一机一闸"制，严禁用同一开关电器直接控制两台或两台以上用电设备（含插座）。

3）开关箱内的开关电器，必须能在任何情况下都可以使用电设备实行电源隔离。开关箱必须设置漏电保护器。

2.6.8 漏电保护器

1. 漏电保护器的作用

（1）当人员触电时，在尚未达到受伤的电流和时间内即跳闸断电。

（2）若设备线路发生漏电故障，应在人尚未触及时即先跳闸断电，避免设备长期存在隐患，以便及时发现并排除故障（如未排除故障，则无法合闸送电）。

（3）可以防止因漏电而引起的火灾或损坏设备等事故。

2. 漏电保护的接线方法

（1）漏电保护器，应装设在配电箱电源隔离开关的负荷侧和开关箱电源隔离开关的负荷侧。

（2）开关箱内的漏电保护器的额定漏电动作电流应不大于 30mA，额定漏电动作时间应小于 0.1s。

（3）用于潮湿和有腐蚀介质场所的漏电保护器，应采用防溅型产品，其额定漏电动作电流应不大于 15mA，额定漏电动作时间应小于 0.1s。

（4）在干燥环境下工作的 36V 及 36V 以下的用电设备，可免装漏电保护器。

（5）总配电箱和开关箱中两级漏电保护器的额定漏电动作时间，应作合理配合，使之具有分级分段保护功能。

（6）漏电保护器，必须按产品说明书安装和使用。对搁置已久又重新启用和连续使用一个月的漏电保护器，应认真检查其特性，发现问题及时修理或更换。

2.6.9　现场照明

1. 照明器使用的环境条件

（1）在正常的空气相对湿度时使用，可选用开启式照明。

（2）在潮湿或特别潮湿的场所，应选用密闭型防水防尘照明器或配有防水灯头的开启式照明器。

（3）含有大量尘埃但无爆炸和火灾危险的场所，选用防尘照明器。

（4）对有爆炸和火灾危险的场所，必须按危险场所的等级选择相适应的照明器。

（5）在振动较大的场所，应选择防震型照明器。

（6）对有酸碱等强腐蚀场所，应采用防腐蚀型照明器。

2. 特殊场合照明器的安全电源电压

（1）有高温、导电灰尘和灯具离地低于2.4m等场所的照明，电源电压不得大于36V。

（2）在潮湿易触电体及带电体场所的照明电源电压不得大于24V。

（3）在特别潮湿的场所、导电良好的地面或金属容器内工作的照明电源电压不得大于12V。

3. 行灯使用要求

（1）电源电压不得超过36V。

（2）灯头与手柄应坚固、绝缘良好并耐热耐潮湿。

（3）灯头与灯体结合牢固，灯头上无开关。

（4）灯泡外侧有金属保护网。

（5）金属网、反光罩、悬挂吊钩应固定在灯罩的绝缘部位上。

4. 照明系统中灯具及插座的数量

在照明系统中的每一单相回路中，灯具和插座的数量不宜超过25个，并应装设熔断电流为15A及15A以下的熔断器保护。

5. 工作截面的选择

（1）单相及两相线路中，零线截面与相线截面相同。

（2）在逐相切断的三相照明电路中，零线截面与相线截面相同；若数条线路共用一条零线时，零线截面按最大负荷相的电流选择。

6. 室外照明装置

（1）照明灯具的金属外壳，必须作保护接零。单相回路的照明开关箱（板）内，必须装设漏电保护器。

（2）室内灯具距地面不得低于3m，钠、铊、铟等卤化物灯具的安装高度，应在离地面5m以上；灯线应固定在线柱上，不得靠近灯具表面；灯具内接线必须牢固。

（3）路灯的每个灯具应单独装设熔断器保护，灯头线应作防水弯。

（4）油库、油漆仓库，除通风良好者外，其灯具必须为防爆型，拉线开关应安装在库门外。

7. 室内照明

（1）室内灯具的设置应不低于2.4m。

(2) 室内螺口灯头的接线，其相线应接在与中心触头相连的一端，零线接在与螺口相连接的一端；灯头的绝缘外壳不得有破损和漏电。

(3) 在室内的水磨石、水泥砂浆墙地坪现场，食堂、浴室等潮湿场所的灯头及吊盒，应使用瓷质防水型，并应配置瓷质防水拉线开关。

(4) 在用易燃材料作顶棚的临时工棚或防护棚内安装照明灯具时，灯具应有阻燃底座，或加阻燃垫，并使灯具与可燃顶棚保持一定距离，防止引起火灾。安装在存放易燃材料的场所和危险品仓库的照明器材，应选用符合防火要求的电器器材或采取其他防护措施。

(5) 任何电器、灯具的相线，必须经过开关控制，不得将相线直接引入灯具或电器。

(6) 工地上使用的单相 220V 生活电器，如食堂内鼓风机、电风扇、电冰箱等，应使用专用漏电保护器。

(7) 对民工临时宿舍内的照明装置及插座，应严格管理，严禁私拉乱接。

8. 照明电器的保护措施

(1) 现场照明一律采用软质橡皮护套线，并有漏电开关保护措施，照明导线不能随地拖拉或绑扎在脚手架等设施构件上。

(2) 照明灯具外壳、金属支架必须设保护接地接零，移动式碘钨灯的金属支架应有可靠的接地（接零）保护，灯具距地面不小于 2.5m。

(3) 施工生活区宿舍内严禁随地乱拖乱拉，严禁使用大功率电器。

(4) 固定挂设电箱应装设端正牢固，下底与地面垂直距离大于 1.3m，小于 1.5m，移动立式电箱应装置在固定的支架上，下底与地面的垂直距离大于 0.6m，小于 1.5m。

(5) 配电箱的装置应保护接地，接地电阻不能超过 1Ω，专用电源直接接地的电箱应采用 TN-S 三相五线制接零保护系统。

(6) 接地桩用角铁或镀锌钢管，严禁采用螺纹钢代替，其截面积不小于 48mm²，一组两根接地桩间距不能超过 2.5m，桩入土深度不小于 2m。

(7) 四芯电源线的配电移动电箱内严禁有 380V 和 220V 两种电压且必须装置漏电保护器，其额定漏电动作电流应不大于 30mA，漏电动作时间应小于 0.1s。

(8) 机械设备用电必须三级配电二级保护和一机一闸、一漏一箱的保护措施。

2.6.10 避雷针装置及其安装

(1) 避雷针装置由避雷针、导（防）雷引下线和接地装置组成。

(2) 施工现场避雷针的安装对象，如塔吊、施工电梯等机械设备。

2.6.11 触电与救护

1. 人体触电伤害事故的易发

(1) 在保护措施不完善的情况下，易发生人体触电伤害事故。

(2) 施工人员违章操作时，易发生人体触电伤害事故。

2. 紧急措施

(1) 最首要的措施是使触电者迅速脱离电源。使触电者迅速脱离电源的方法有两种：一种方法是切断电源开关；另一种是用干燥的绝缘木棒、布带等将电源线从触电者身上拨离。

(2) 严禁救护者用手直接推、拉和触摸触电者；严禁救护者使用金属物品或其他绝缘性能差的物体（如潮湿的木棒、布带等）接触触电者。

（3）触电者脱离电源后，必须立即采取急救措施，如人工呼吸法、心脏按压法等应急救助方法进行抢救。

2.6.12 安全用电技术措施和防火措施

（1）本工程所用配电箱和电线电缆都必须经过有资质的电力检测中心检测合格，准予出厂的合格产品，质保书和检测报告必须齐全有效。

（2）所有总配电箱及分配电箱均采用可靠的保护接地，每只配电箱都必须打一组接地桩，采用镀锌钢管，埋深 2.5m 以上，并保证保护接地电阻不大于 1Ω。箱内必须设置在任何情况下能够分断、隔离电源的开关电器。

（3）开关箱与用电设备间应实行"一机一闸"制，禁止"一闸多机"，开关箱开关电器的额定值应与用电设备额定值相适应。

（4）配电箱、开关箱的进出导线必须采用绝缘良好的导线；对于移动式配电箱和开关箱，其进出导线则应采用橡皮绝缘电缆，以保障其绝缘性能的抗磨损性能。

（5）进入配电箱和开关箱的电源线必须作固定连接，严禁通过插销等作活动连接，以防止因电源插头或插销脱落而造成带电部分裸露，导致意外触电和短路事故。

（6）所有移动电具，都应在二级漏电开关保护中，电线无破损，插头插座应完整，严禁不用插头而用电线直接插入插座内；所有金属外壳手提电动式工具都应有可靠的接地保护。

（7）材料间、仓库、更衣室不得使用超过 60W 灯泡，严禁使用碘钨灯和家用电加热器（包括电炉、电热杯、热得快、电饭煲）取暖、烧水、烹饪。

（8）电器设备所用保险丝的额定电流应与其负荷容量相适应，禁止用其他金属代替保险丝。

（9）办公室、生活区等室内照明线路用绝缘保护套线，穿 UPVC 管固定，其中插座线用三芯护套线，采取可靠的接零和保护接地，不准用花线、塑料胶质线乱拉。

（10）现场所用各种电线绝缘不准有老化、破皮、漏电等现象。

（11）配电室建造应符合防火要求，室内配电砂箱，干粉灭火器和 CO_2 灭火器数量充足。安全保护措施和安全用具以及警告标志必须齐全。

（12）各类施工的电气设备必须有专人负责，必须按规定定期检查，确保运行正常，低压电气设备与器材的绝缘电阻不得小于 $0.5M\Omega$，电器设备必须有可靠的防雨措施。

（13）移动机电等应有随机控制的交流接触器或电动开关。

2.6.13 用电管理

（1）本工地必须健全电气安全管理与责任制度，安全员负责电气管理，在公司和项目部设一名专职人员（现场电工）负责电气安全管理与维修，各级安全部门负责检查监督，现场电工在安全员的指导下，负责管辖范围内的电气设备安全，并承担相应责任（安全员_____，现场电工_____）。

（2）对各类电气设备、设备的操作人员在施工前进行三级安全教育和特殊工种的岗位培训工作。

（3）施工现场设一名专职安全员，各级部门班组长定期参加每月 25 日进行的电气设备、电气线路的检查。施工现场，电工必须每周进行检查维修保养，对破损的用电装置马上进行调换,并登记造册记录。

(4) 施工现场临时用电必须要有检查记录,接地电阻、漏电开关测试和定期检修记录。

2.6.14 建立健全临时用电安全技术档案

(1) 必须建立施工现场临时用电安全技术档案,应由主管现场的电器技术人员负责其建立与管理工作。

(2) 施工现场不仅要有临时用电施工组织设计,而且应做好以下记录:

1) 修改临时用电施工组织设计的资料;

2) 技术交底资料;

3) 临时用电工程检查验收表;

4) 电器设备的试验、检验凭单和记录;

5) 接地电阻测定记录表;

6) 定期检(复)查表;

7) 电工维修工作记录。

2.6.15 临时用电应急救援预案

1. 临时用电的原则

(1) 首先是必须采取 TN-S 接地、接零保护系统;其次是必须采用三级配电系统;最后是必须采用两级漏电保护和两道防线。

(2) 根据实际情况,施工现场距离外电线路较近,往往会因施工人员搬运物料、器具,尤其是金属料具或操作不慎意外触及外电线路,从而发生触电伤害事故。因此,为了防止外电线路对施工现场作业人员可能造成的触电伤害事故,必须采取以下外电防护措施:①屏护;②绝缘;③安全距离;④限制放电能量;⑤24V 及以下安全特低电压。

(3) 本着"以人为本,预控风险,高效救援,确保安全"的方针,在施工阶段的各个环节都要做到预防为主,控制为辅,防止事故蔓延,把损失降到最低。

(4) 施工用电必须按国家相关的法规操作运行,否则将存在很大的事故风险。同时要求所有的施工人员要有强烈的责任感及紧迫意识以确保用电安全和人员的安全。鉴于上述情况,项目经理部建立项目施工用电应急救援预案,做好应急准备,以高效的预防工作减少人员伤亡和企业经济损失。

(5) 项目施工动力临时用电情况见表 2-20。

动力用电情况汇总 表 2-20

序 号	电器设备名称	规格型号	单 位	数 量	功 率	小 计
1	塔吊	QZT-40	台	2	31	62
2	混凝土搅拌机		台	2	7.5	15
3	插入振动器		台	6	1.5	9
4	钢筋切断机	GQ40B	台	2	7.5	15
5	钢筋弯曲机	GOL-32	台	2	3.5	7
6	砂轮切割机		台	4	1.5	6
7	交流电焊机	BX-300	台	2	7.5	15
8	对焊机	UN1-100	台	3	44.3	100kVA

序 号	电器设备名称	规格型号	单 位	数 量	功 率	小 计
9	电渣压力焊		台	2	75kVA	150kVA
10	圆盘锯	MJ104	套	2	4	8
11	钢管套丝机		台	1	2.5	2.5
12	平刨机		套	2	1.5	3
13	压刨机		套	2	1.5	3
14	高压水泵		台	1	7.5	7.5
15	水泵		台	10	1.5	15
16	照明用灯		台	4	3.5	14
17	碘钨灯		台	10	1	10
18	路灯		个	12	0.2	2.4
19	临时照明		个	30	0.1	30
	合计					224kW+250kVA

2. 应急救援预案

（1）应急救援组织机构：首先是项目应急救援领导小组；组长：×××，副组长：×××；其次是项目应急救援组织机构框架图、安全组织机构框架图；应急总指挥：×××，应急救援副总指挥：×××；最后是项目部应急救援领导小组成员组织机构及各部门任务分工，项目经理：在项目应急救援工作中全面负责，为应急救援总指挥；项目副经理：在事故应急过程中组织对受伤人员的疏散，对现场员工进行思想教育，稳定队伍，并且现场组织、指挥应急救援工作，为救援现场人力、物力、财力资源的总调度；安全科：组织本部门人员监督现场抢险人员安全并提供安全技术指导及保障工作；项目总工：组织本部门人员制定应急救援技术方案和负责现场指导、监督方案的实施运行；材料科：保证所需物资、设备和供给、配备、维护和提供服务；财务科：资金支持；行政科：组织本部门人员做好内、外联络和沟通，负责在事故发生后保护现场，做好现场记录（照片、录像或绘制草图等），在事故应急过程中组织对受伤人员的疏散，对现场员工进行思想教育，稳定队伍，必要时，负责组织党、团员突击队参与救援抢险；应急救援队：由各工长负责，负责直接参与或配合班组抢险队伍进行抢险救援。

（2）应急救援预案的启动条件：当有关项目在日常施工生产中发生突发性触电紧急安全事故（状态）时，由项目经理下达指令并运行本应急救援预案，全力挽救企业和员工生命财产安全，减少经济损失。

（3）应急救援资源配备：①资金的配备由项目经理批准，项目财务部门必须保证5～15万元的应急救援备用金，以备紧急灾害、事件发生时，有足够的财力支持应急救援工作顺利落实。②应急救援物资、设备、设施的配备（按国家标准）。③社会资源：在发生突发性紧急火灾事故时，充分利用社会资源，根据实际需要与工程所在地地方政府机构或部门请求支援，如请求119、120、110支援等。

（4）应急计划的实施：①接警与通知、名称、数量、位置、负责人；②物资运输车1辆，由项目部材料科长负责；③医药箱、药品1套，由项目部行政科保管；④安全帽100顶；⑤绝缘鞋50双；⑥安全网1000m²；⑦扩音喇叭2支；⑧应急联络电话数部；⑨接警：接警部门为现场值班办公室。项目值班员接到报警后，迅速弄清和掌握事故发生时间、详细地点、事故性质、事故原因初步判断、简要经过、人员伤亡、被困情况、现场事态控制及发生情况等，并做好记录。

2.6.16 施工临时用水方案

根据施工总进度计划的安排，施工高峰期大约在 2009 年 7 月～2009 年 12 月，除主体结构为商品混凝土外，砌筑、抹灰、楼地面等工程全部插入，且为用水量较大的工序，现以 1 个月为准，每栋楼每天分为 2 个作业班，对施工用水进行估算。

根据《建筑施工手册》选用参考指标。

1. 工程用水

根据公式：

$$q_1 = K_1 \Sigma \left(\frac{Q_1 \cdot N_1}{T_1 \cdot t} \right) \frac{K_2}{8 \times 3600} \tag{2-5}$$

式中　q_1——施工用水量（L/s）；

　　　K_1——未预计的施工用系数（取 $K_1 = 1.1$）；

　　　Q_1——年度工程量；

　　　N_1——施工用水定额；

　　　T_1——年度有效作业日（按 $T_1 = 300$）；

　　　t——每天工作班数；

　　　K_2——用水不均衡系数（取 $K_2 = 1.5$）。

主要工程量及用水定额表如表 2-21 所示。

主要工程量及用水定额　　　　　　　　　　表 2-21

序号	工作内容	工程量	耗水单位	耗水量 N_1	计算结果（L/s）
1	混凝土养护	11500	L/m³	400	0.44
2	砂浆搅拌	510	L/m³	300	0.015
3	砌砖工程用水	12000	L/m³	250	0.3
4	抹灰工程用水	110000	L/m³	30	0.32
5	楼地面工程	63000	L/m³	190	1.14
6	辅助用水		L/m³		0.5
	合计				2.72

则工程用水总量为：

$$\Sigma q_1 = 2.72 \text{L/s} \tag{2-6}$$

2. 施工机械用水量

根据公式：

$$q_2 = K_1 \Sigma Q_2 N_2 \frac{K_3}{8 \times 3600} \tag{2-7}$$

式中　q_2——机械用水量（L/s）；

　　　K_1——未预计施工用水系数（取 $K_1 = 1.1$）；

　　　Q_2——同一种机械台数（取 $Q_2 = 30$ 台班）；

　　　N_2——施工机械台班用水定额（取 $N_2 = 300$L/台·h）；

　　　K_3——施工机械用水不均衡系数（取 $K_3 = 2$）。

现场考虑两台对焊机同时使用，则

$$q_2 = (1.1 \times 30 \times 600 \times 2)/(8 \times 3600) = 1.38 \text{L/s}$$

3. 施工现场生活用水

根据公式：

$$q_3 = P_1 N_3 \frac{K_4}{8 \times T \times 3600} \tag{2-8}$$

式中　q_3——施工现场生活用水（L/s）；

　　　P_1——施工现场昼夜人数；

　　　N_3——施工现场生活用水定额（取 $N_3 = 30$）；

　　　K_4——施工用水不均衡系数（取 $K_4 = 1.5$）；

　　　T——每天工作班数。

则　　　　　　$q_3 = (400 \times 30 \times 1.5) \div (2 \times 8 \times 3600) = 0.31$

4. 生活区生活用水

根据公式：

$$q_4 = P_2 N_4 \frac{K_5}{24 \times 3600} \tag{2-9}$$

式中　q_4——生活区生活用水（L/s）；

　　　P_2——生活区居民人数（人）按最高峰 500 计；

　　　N_4——生活区定额生活用水，按 40L/人；

　　　K_5——生活区用水不均衡系数　取 $K_5 = 2$。

则　　　　　　$q_4 = (500 \times 40 \times 2)/(24 \times 3600) = 0.46 \text{L/s}$

水管流速 $V = 1.5 \text{m/s}$，支管管径根据公式：

$$d = \sqrt{\frac{4000 \times Q}{\pi \cdot V}} \tag{2-10}$$

式中　d——计算支管管径（mm）；

　　　Q——耗水量（L/s）；

　　　V——管网中水流速度（m/s）。

则　　　　　　$d = \sqrt{\frac{4000 \times 0.46}{3.14 \times 1.5}} = 19.77 \text{mm} < 50 \text{mm}$

建设方提供 $D = 50 \text{mm}$ 的镀锌管供生活区用水，基本满足要求。

5. 总用水量计算

$$q_5 = \Sigma q = 2.72 + 1.38 + 0.31 + 0.46 = 4.87 \text{L/s} \tag{2-11}$$

又因为建设单位提供的水管为 $\phi 100$，根据市政用水情况，管中水流速度取 $V = 1.0 \text{m/s}$，则 $\phi 100$ 水管的流量为：

$$Q = WV = 0.00785 \times 1 \times 1000 = 7.85 \text{L/s} \tag{2-12}$$

即　$Q > q_5$ 满足施工现场及生活区用水要求。

6. 现场总用水管径

根据消防用水要求，选取 $q_6 = 12 \text{L/s}$，$K_6 = 1.1$，消防用水流速 $V = 2.5 \text{m/s}$。

则消防总水量：

$$Q = 12 \times 1.1 = 13.2 \text{L/s} \tag{2-13}$$

消防用水管径：

$$d = \sqrt{\frac{4000 \times Q}{\pi \cdot V}} = \sqrt{\frac{4000 \times 13.2}{3.14 \times 2.5}} = 82\text{mm} < 100\text{mm}$$

故 $\phi 100$ 供水管也满足消防用水要求。

7. 施工现场供水管线布置

（1）东面河道引水至场区，用镀锌钢管引出。一路用 $\phi 50$ 管引至施工现场，分别供搅拌站和各楼层施工用水，具体布置详见《施工现场用水平面布置图》，支管采用 $\phi 25$ 镀锌钢管。

（2）在施工现场，主体上升后在各楼指定位置用 $\phi 25$ 管沿墙体引上楼层，供楼面施工用，水管用"U"形螺栓固定在角钢上（角钢用膨胀螺栓固定在混凝土上，每层1根）。

2.7　人货电梯通道搭设方案

2.7.1　工程概况

本工程位于××市工业园区外塘河东，工程名称为：××村高层动迁一区，总建筑面积 72498m²，其中有14～22号住宅及警卫室一、二，变电所一、二，幼儿园和一区地下车库。住宅楼结构形式为框架结构11层和18层。工程由××建筑设计有限公司设计，××建设监理工程有限公司监理，建设单位为××工业园区城市重建有限公司。17～22号楼为18层框剪结构，层高2.9m，人货电梯上至18层顶，即标高52.2m。

2.7.2　方案设计

根据《建筑施工安全检查标准》JGJ 59—2011，物料提升机与在建工程各层间应搭设卸料平台通道，卸料平台通道的安全直接影响物料提升机进出口处安全和以后通道处外装饰施工人员的安全。卸料平台自成体系，不得与外架、人货电梯扶手立杆相连。由于剪力墙和卸料平台处室外布置，平台采用分段悬挑方式施工，每六层为一悬挑段。

平台约3.5m长，1.2m宽。采用8根立杆，基础垫5cm厚木板，水平杆间距不超过1.8m，平台与每一楼层和混凝土结构至少采用两道刚性拉接。平台两侧铺5cm厚木板，平台离开建筑物0.3m。平台两侧打"之"字形斜撑，钢管规格不低于 $\phi 48\text{mm} \times 3.2\text{mm}$。

2.7.3　理论验算

（1）验算依据《建筑施工扣件式钢管脚手架安全技术规范》JGJ 130—2011 规范 5.2.2 条，水平杆件按构造尺寸不必验算。考虑到钢管平台夹在建筑物与人货电梯之间，正面为敞开式脚手架，计算时不考虑风荷载作用，因此，仅对方案中的立杆、连墙杆进行验算。

（2）采用 $\phi 48$ 钢管基本数据，截面积 $A = 489\text{mm}^2$，$I = 15.8\text{mm}$，钢管自重 $= 0.0384\text{kN/m}$，扣件重 0.014kN/个，$f = 205\text{N/mm}^2$，平台层高2.9m，层中1.8m高处设置封闭水平连接杆，平台宽度（立杆横距）$L_B = 1.2\text{m}$，立杆纵距 $L_A = 1.8\text{m}$、0.3m、1.8m（三跨），施工活荷载取二步装修荷载为 $2.0 \times 2\text{kN/m}^2$，木脚手板自重 0.35kN/m^2 各层满铺。

（3）荷载取值。由于为非标准脚手架，荷载取值按实计算，取最长受力中立杆每步高为计 $k \mu h$ 算单元，立杆承受荷载纵距为：

$$(1.8+0.9)\times\frac{1}{2}=1.35\text{m} \tag{2-14}$$

1）立杆每步恒载：

$\Sigma N_{gk1}=0.0384\times[$立杆＋大横杆、连接杆＋小横杆、连接杆＋栏杆$]$＋扣件＋脚手板

$\quad=0.0384\times[3.0\times2+6\times1.35+2\times1.45+1.45\times2]$

$\quad\quad+12\times0.014+1.35\times1.05\times0.35=1.428\text{kN} \tag{2-15}$

2）施工活荷载：

$$M_{Qk}=1.35\times1.05\times2.0\times2=5.67\text{kN} \tag{2-16}$$

2.7.4 受力计算

1. 每步内外杆允许承载力 N_l

$$l_0=k\mu h=1.155\times1.5\times1.8=3.119\text{m} \tag{2-17}$$

$$\lambda=\frac{l_0}{I}=\frac{3119}{15.9}=196\ \text{查附表 A.0.6},\varphi=0.186 \tag{2-18}$$

$$N_l=\varphi A f\times2=0.186\times489\times205\times2=37.29\text{kN} \tag{2-19}$$

2. 连墙件计算（取连墙件高度为 500mm）

连墙件轴向力 N_l

$$N_l=\varphi A f=0.91\times489\times0.205=91\text{kN}>N_l\quad\quad\text{满足要求。}$$

扣件抗滑查表 5.1.7，抗滑值＝8kN＞N_l 　　　　　　　　满足要求。

3. 悬挑梁计算

工字钢截面惯性矩：$I=866.20\text{cm}^4$，截面抵抗矩：$W=108.30\text{cm}^3$，截面积：$A=21.95\text{cm}^2$。

自重：　　　$q=1.2\times21.95\times0.0001\times7.85\times10=0.21\text{kN/m} \tag{2-20}$

卸料平台传下的集中荷载：$P=10.647\text{kN}$

$$m_{max}=4.21\text{kN}\cdot\text{m}$$

截面应力：

$$f=\frac{m}{1.05W}+\frac{n}{A}=36.06\text{N/mm}^2<205\text{N/mm}^2 \tag{2-21}$$

满足要求。

2.7.5 搭设要求

（1）大横杆：每层大横杆四根，上面密铺木板厚 50mm 脚手板；

（2）小横杆：位于大横杆下方，两端外伸立杆 100～150mm；

（3）连接杆：是指位于每层平面高 1.8m 处，用于保证立杆受力自由高度在 1.8m 以内的水平杆件，要求与立杆可靠连接（用直角扣件），并保证形成"口"字形交圈封闭；

（4）扣件、栏杆、立网、脚手板等以及所有搭设构造应按《建筑施工扣件式钢管脚手架安全技术规范》JGJ 130—2011 和《建筑施工安全检查标准》JGJ 59—2011 规定进行；

（5）连墙杆：每层至少有二个连墙件，见图 2-19。

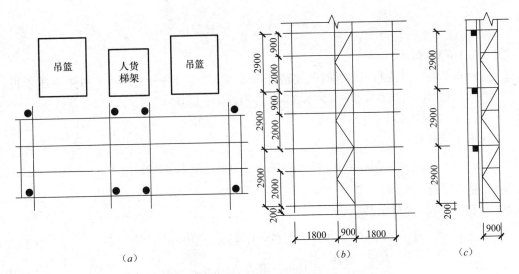

图 2-19　卸料平台搭设示意图
(a) 平面；(b) 立面；(c) 剖面

2.7.6　施工时注意安全事项

(1) 底层立杆底端应加马钢铸铁底座或 50mm 厚木垫板；

(2) 立杆总高度垂直偏差小于±100mm，每 10m 高度垂直度偏差小于±20mm，每层 (3m) 垂直度偏差小于±7mm，每次搭设高度不超过相邻墙体以上二步；

(3) 步距、纵横立杆间距允许偏差±20mm；

(4) 所有立杆对接采用对接扣件，相邻二根立杆接头相互错开；错开距离小于 500mm，各杆件伸出扣件盖板边长度大于 100mm；

(5) 所有扣件螺栓拧紧扭力矩为 40~65N·m；

(6) 脚手架搭设人员应持证上岗，戴好安全帽、系安全带、穿防滑鞋；遇六级以上大风应停止施工，搭拆脚手架时地面应设围护和警戒标志，派专人看守，严禁非操作人员入内；

(7) 平台短边两侧应设栏杆，上栏杆上层高度应为 1.2m，中栏杆居中，底栏杆高于地面不大于 0.20m，外挂密目安全立网，脚手板采用木板满铺；

(8) 卸料平台搭设后由搭设队伍自检签名并经工程负责人验收合格后方可使用；

(9) 拆除平台必须经工程负责人批准并交底后进行，拆除作业必须由上而下逐层进行，严禁上、下同时作业，连墙件必须随平台架逐层进行拆除，严禁先拆连墙件后拆平台架，分段拆除高差不大于 2 步，严禁将各构配件抛掷至地面；

(10) 其余平台架检查、验收及安全管理按《建筑施工扣件式钢管脚手架安全技术规范》JGJ 130—2011 第 6、7、8、9 章执行；

(11) 平台与人货电梯应挂设钢管安全门，安全门设置应按升降机卸料平台有关要求设置；

(12) 卸实平台改作装修外架时，人货电梯停止使用，外侧四周加强封闭措施与安全网。

2.8 悬挑式脚手架专项施工方案

2.8.1 工程概况

本工程位于××工业园区外塘河东，总建筑面积 72498m²，其中含有 14～22 号房及警卫室一、二，变电所一、二，幼儿园和一区地下车库，本工程为 11 层和 18 层框架—剪力墙结构，总建筑面积 72498m²。17 号、22 号商住楼为 18 层，檐高最高达 61.00m，各幢楼概况见表 2-22。

各幢楼概况表   表 2-22

序号	名　称	平面尺寸：长（m）×宽（m）	层数	高层（m）
1	14 号、15 号、16 号楼	38.20×12.70	11 层	38.90
2	17 号楼	27.40×15.10	18 层	59.20
3	18 号、19 号、20 号楼	40.32×14.30	11 层	37.80
4	21 号楼	44.12×14.30	11 层	38.30
5	22 号楼	61.16×17.20	18 层	61.00

工程名称：××村高层动迁房一区；

建设单位：××工业园区城市重建有限公司；

设计单位：××建筑设计有限公司；

施工单位：××建设工程有限公司；

监理单位：××建设监理有限公司。

1. 安全目标

无重大安全事故，安全事故为零。

争创省级安全文明标化工地。

2. 安全管理目标

贯彻"安全第一、预防为主"的方针政策，在施工生产过程中，实现安全生产，成立以项目经理负责的现场安全管理小组，项目部建立各职能人员安全生产责任制。

本方案高层外脚手架工程设计与施工做到安全可靠、经济适用、科学合理、施工方便。争创省级安全文明标化工地。

（1）为保证施工进度，保质保量地完成该工程，决定从第一层顶板开始采用外挑脚手架施工。

（2）本挑架方案本着节约成本、支拆方便及对砌筑和外装修影响小的原则进行编制，用 16 号工字钢外挑，阳台、阳角处下设斜支撑；为保险起见，把 $\phi16$ 圆钢锚入楼板，在每根工字钢顶端用 $\phi16$ 钢丝绳斜拉。

（3）由主体工程第一层顶板开始第一次挑架，悬挑六层，搭设高度 18m，再由六层顶板悬挑……如此循环搭设，搭设顺序及循环为：搭设底层挑杆—搭设底层大横杆—搭设底层内外立杆、搭设底层第二排大小横杆—待混凝土强度达到标准后，再用钢筋进行拉结脚手架—进行下一层脚手架搭设……如此循环搭设。

2.8.2 编制依据

（1）××村高层动迁房一区建筑、结构施工图纸；

（2）本工程的《施工合同》和招投标文件及招标答疑等；

（3）《建筑施工扣件式钢管脚手架安全技术规范》JGJ 130—2011；

（4）《建筑施工安全技术规范》GB 50870—2013；

（5）《钢结构工程施工质量验收规范》GB 50205；

（6）实用五金手册、建筑施工手册等。

2.8.3 脚手架搭设前准备工作

1. 材料

（1）钢管：采用 $\phi48\times3.5$mm 的热轧无缝钢管，用作立柱、大横杆、小横杆、斜撑等。施工前对钢管、扣件、脚手板、型钢、螺杆等进行质量检查，不合格的配件不得使用。经检验合格后的构配件按品种、规格分类堆放。

（2）连接构件：回转扣、直角扣、对接扣、螺杆等。其质量标准：

1）扣件不得有裂纹、气孔，不宜有砂眼或其他影响使用的铸造缺陷，并应将黏砂、残余、批缝、毛刺、氧化皮等清除干净。

2）扣件的螺栓不得滑丝，螺杆不得滑丝。

3）扣件与钢管的贴合面必须严格整形，应保证与钢管扣紧时接触良好。

4）扣件表面应进行防锈处理。

5）扣件活动部位应能灵活转动，旋转扣件的旋转面间隙应不小于1mm。

6）回旋扣用于连接两根呈任意角度相交的杆件，如立柱和十字撑的连接。

7）直角扣用于连接两根垂直相交的杆件，如立柱与大、小横杆的连接。

8）对接扣和驳芯用于两条钢管杆件的对接，如立柱、大横杆的接长。

9）脚手架：竹脚手架。竹脚手架可以用厚竹片排密，下垫横向板条托底，用铁钉钉牢；也可以用直径4～5cm的竹排，密钻几排孔，在孔内横贯8～10号铁丝将竹子连接成板块。

2. 作业条件

（1）应浇捣好硬地坪，清除地面杂物，并使地面排水畅通。

（2）根据工程特点和施工要求编制脚手架搭设方案。

（3）搭架的位置已进行场地清理。

（4）对土质松软的地基已进行强化处理。

2.8.4 挑脚手架计算

1. 外挑钢管脚手架计算

（1）固定架计算单元：由于固定架受力大，因此在计算中主要验算固定架的受力性能，在验算中沿纵向取固定架1.6m长作为计算单元；其传力顺序为：脚手架、小横杆、大横杆、立杆及斜撑杆固定架；在搭设时应根据受力性质进行脚手架搭设（其受力传递原理在脚手架搭设示意图中可体现出来）。

（2）计算假设条件：扣件内连接节点均按铰接计算，所有荷载都化为作用在节点上的集中荷载；底层斜杆受压计算长度取上下两支点长度；其他各层不设斜撑按拉结受力计算。

（3）外挑工字钢计算单元：由于低层外挑工字钢为主要承力构件，因此在计算中主要验算工字钢及其相应构件的受力性能，在验算中取相邻两根工字钢受力计算为计算单元。

（4）计算假设条件：为简化计算，焊接构件按刚性连接计算，按一次悬挑六层设计计算。

2. 外挑工字钢脚手架计算书

钢管脚手架的计算参照《建筑施工扣件式钢管脚手架安全技术规范》JGJ 130—2011。计算的脚手架按双排脚手架进行计算，搭设高度为20.0m，立杆采用单立管。搭设尺寸为：立杆的纵距1.20m，立杆的横距1.05m，立杆的步距1.80m。采用的钢管类型为$\phi48 \times 3.5$mm，施工均布荷载为3.0kN/m²，同时施工2层，脚手板共铺设4层。

悬挑水平钢梁采用16号工字钢，其中建筑物外悬挑段长度1.50m，建筑物内锚固段长度2.70m（不含阳台挑出尺寸）。

（1）小横杆的计算

小横杆按照简支梁进行强度和挠度计算，小横杆在大横杆的上面。按照小横杆上面的脚手板和活荷载作为均布荷载计算小横杆的最大弯矩和变形。

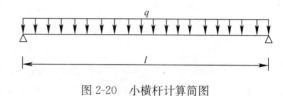

图2-20 小横杆计算简图

1）均布荷载值计算（图2-20）

小横杆的自重标准值：$N_{G1k} = 0.038$kN/m

脚手板的荷载标准值：$N_{G2k} = \dfrac{0.35 \times 1.2}{3} = 0.140$kN/m

活荷载标准值：$N_{Qk} = \dfrac{3 \times 1.2}{3} = 1.2$kN/m

荷载的计算值：

$$g_k = 1.2 \times 0.038 + 1.2 \times 0.140 + 1.4 \times 1.200 = 1.894\text{kN/m}$$

2）强度计算

最大弯矩考虑为简支梁均布荷载作用下的弯矩，计算公式如下：

$$M_{qmax} = \frac{ql^2}{8} \tag{2-22}$$

$$M = \frac{1.894 \times 1.05^2}{8} = 0.261\text{kN} \cdot \text{m}$$

$$\sigma = \frac{0.261 \times 10^6}{4491} = 58.12\text{N/mm}^2$$

小横杆的计算强度小于205MPa，满足要求。

3）挠度计算

最大挠度考虑为简支梁均布荷载作用下的挠度，计算公式如下：

$$\upsilon_{qmax} = \frac{5ql^4}{384EI} \tag{2-23}$$

荷载标准值：$g_k = 0.038 + 0.140 + 1.200 = 1.378$kN/m

简支梁均布荷载作用下的最大挠度：

$$\upsilon = \frac{5 \times 1.378 \times 1050^4}{384 \times 2.06 \times 10^5 \times 107780} = 9.823\text{mm}$$

小横杆的最大挠度$\dfrac{1050}{150} = 7$mm < 10mm，满足要求。

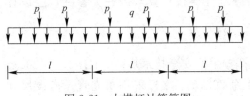

图 2-21　大横杆计算简图

（2）大横杆的计算

大横杆按照三跨连续梁进行强度和挠度计算，小横杆在大横杆的下面。用小横杆支座的最大反力计算值，在最不利荷载布置下计算大横杆的最大弯矩和变形。

1）荷载值计算（图 2-21）

小横杆的自重标准值：$N_{G1k} = 0.038 \times 1.050 = 0.040 \text{kN}$

脚手板的荷载标准值：$N_{G2k} = \dfrac{0.35 \times 1.05 \times 1.20}{3} = 0.147 \text{kN}$

活荷载标准值：$N_{Qk} = \dfrac{2 \times 1.05 \times 1.20}{3} = 0.840 \text{kN}$

荷载的计算值：$g_k = \dfrac{1.2 \times 0.04 + 1.2 \times 0.147 + 1.4 \times 0.84}{2} = 0.700 \text{kN/m}$

2）强度计算

最大弯矩考虑为大横杆自重均布荷载与荷载的计算值，按最不利分配的弯矩和均布荷载最大弯矩计算，公式如下：

$$M_{max} = 0.08 q l^2 \tag{2-24}$$

集中荷载最大弯矩计算公式如下：

$$M_{Pmax} = 0.267 P l \tag{2-25}$$

$$M = 0.08 \times (1.2 \times 0.038) \times 1.2^2 + 0.267 \times 0.700 \times 1.200 = 0.230 \text{kN} \cdot \text{m}$$

$$\sigma = \frac{0.23 \times 10^6}{4491} = 51.21 \text{N/mm}^2$$

大横杆的计算强度小于 205N/mm^2，满足要求。

3）挠度计算

最大挠度考虑为大横杆自重均布荷载与荷载的计算值，按最不利分配的挠度和均布荷载最大挠度计算，公式如下：

$$\upsilon_{max} = 0.677 \frac{q l^4}{100 EI} \tag{2-26}$$

集中荷载最大挠度计算公式如下：

$$\upsilon_{Pmax} = 1.883 \times \frac{q l^3}{100 EI}$$

大横杆自重均布荷载引起的最大挠度：

$$\upsilon_1 = \frac{0.677 \times 0.038 \times 1200^4}{100 \times 2.06 \times 10^5 \times 107780} = 0.02 \text{mm}$$

集中荷载标准值：$p = 0.040 + 0.147 + 0.840 = 1.027 \text{kN}$

集中荷载标准值最不利分配引起的最大挠度：

$$\upsilon_1 = \frac{1.883 \times 1027.32 \times 1200^3}{100 \times 2.06 \times 10^5 \times 107780} = 1.51 \text{mm}$$

最大挠度和 $\upsilon = \upsilon_1 + \upsilon_2 = 1.530 \text{mm}$

大横杆的最大挠度 $\dfrac{1200}{150} = 8 \text{mm} < 10 \text{mm}$，满足要求。

（3）扣件抗滑力的计算

纵向或横向水平杆与立杆连接时，扣件的抗滑承载力按照下式计算；

$$R \leqslant R_c$$

其中　R_c——扣件抗滑承载力设计值，取 8.0～12kN；

　　　　R——纵向或横向水平杆传给立杆的竖向作用力设计值。

（4）荷载值计算

横杆的自重标准值：$N_{G1k} = 0.038 \times 1.200 = 0.046 \text{kN}$

脚手板的荷载标准值：$N_{G2k} = \dfrac{0.35 \times 1.05 \times 1.20}{2} = 0.220 \text{kN}$

活荷载标准值：$N_{Qk} = \dfrac{2 \times 1.05 \times 1.20}{2} = 1.260 \text{kN}$

荷载的计算值：$R = 1.2 \times 0.046 + 1.2 \times 0.220 + 1.4 \times 1.260 = 2.08 \text{kN}$

单扣件抗滑承载力的设计计算满足要求。

（5）脚手架荷载标准值

作用于脚手架的荷载包括静荷载、活荷载和风荷载等。

静荷载标准值包括以下内容：

1）每米立杆承受的结构自重标准值（kN/m），本例为 0.1161：

$$N_{G1k} = 0.1161 \times 20.000 = 2.322 \text{kN}$$

2）脚手架的自重标准值（kN/m²），本例采用竹串片脚手板，标准值为 0.35：

$$N_{G2k} = \frac{0.35 \times 4 \times 1.20 \times (1.05 + 0.15)}{2} = 1.008 \text{kN}$$

3）栏杆与挡脚手板自重标准值（kN/m）；本例采用栏杆、竹串片脚手板挡板，标准值为 0.14。

$$N_{G3k} = \frac{0.14 \times 1.20 \times 4}{2} = 0.336 \text{kN}$$

4）吊挂的安全设施荷载，包括安全网 0.01kN/m²：

$$N_{G4k} = 0.01 \times 1.200 \times 20.000 = 0.240 \text{kN}$$

经计算得到，静荷载标准值 $N_{Gk} = N_{G1k} + N_{G2k} + N_{G3k} + N_{G4k} = 3.916 \text{kN}$

活荷载为施工荷载标准值产生的轴向力总和，内、外立杆按一纵距内施工荷载总和的 $\dfrac{1}{2}$ 取值。

经计算得到，活荷载标准值：

$$\Sigma N_{QK} = \frac{2.0 \times 2 \times 1.20 \times 1.05}{2} = 2.520 \text{kN}$$

风荷载标准值应按照以下公式计算：

$$M_{wk} = 0.7 \mu_z \cdot \mu_s \cdot w_o \tag{2-27}$$

式中　w_o——基本风压（kN/m²），按照《建筑结构荷载规范》GB 50009—2012 的规定采用：$w_o = 0.400$；

　　　　μ_z——风荷载高度变化系数，按照《建筑结构荷载规范》GB 50009—2012 的规定采用：$\mu_z = 1.630$；

μ_s——风荷载体型系数，按《建筑施工扣件式钢管脚手架安全技术规范》JGJ 130—2011 第 4.2.6 采用：$\mu_s = 1.0\varphi$。

经计算得到，风荷载标准值 $W_k = 0.7 \times 0.400 \times 1.630 \times 1.000 = 0.456\text{kN/m}^2$。

考虑风荷载时，立杆的轴向压力设计值计算公式：
$$N = 1.2\Sigma N_{QK} + 0.85 \times 1.4\Sigma N_{QK}$$

风荷载设计值产生的立杆段弯矩 M_w 计算公式
$$M_w = \frac{0.85 \times 1.4w_0 l_a h^2}{10} \qquad (2\text{-}28)$$

式中　w_0——风荷载基本风压值（kN/m^2）；

　　　l_a——立杆的纵距（m）；

　　　h——立杆的步距（m）。

（6）立杆的稳定性计算

不考虑风荷载时，立杆的稳定性计算公式：
$$\sigma = \frac{N}{\varphi A} \leqslant f \qquad (2\text{-}29)$$

式中　N——立杆的轴心压力设计值，$N = 8.07\text{kN}$；

　　　φ——轴心受压立杆的稳定系数，由长细比 $\frac{l_0}{i}$ 的结果查表得到 0.19；

　　　i——计算立杆的截面回转半径，$i = 1.60\text{cm}$；

　　　l_0——计算长度（m），由公式 $l_0 = k\mu h$ 确定，$l_0 = 3.12\text{m}$；

　　　K——计算长度附加系数，取 1.155；

　　　μ——计算长度系数，由脚手架的高度确定，$\mu = 1.50$；

　　　A——立杆净截面面积，$A = 4.24\text{cm}^2$；

　　　w——立杆净截面模量（抵抗矩），$w = 4.49\text{cm}^3$；

　　　σ——钢管立杆受压强度计算值（N/mm^2）；经计算得到 $\sigma = 100.45$；

　　　f——钢管立杆抗压强度设计值，$f = 205.00\text{N/mm}^2$。

不考虑风荷载时，立杆的稳定性计算 $\sigma < f$，满足要求。

考虑风荷载时，立杆的稳定性计算公式：
$$\sigma = \frac{N}{\varphi A} + \frac{M_w}{W} \leqslant f \qquad (2\text{-}30)$$

式中　N——立杆的轴心压力设计值，$N = 7.54\text{kN}$；

　　　φ——轴心受压立杆的稳定系数，由长细比 $\frac{l_0}{i}$ 的结果查表得到 0.19；

　　　i——计算立杆的截面回转半径，$i = 1.60\text{cm}$；

　　　l_0——计算长度（m），由公式 $l_0 = k\mu h$ 确定，$l_0 = 3.12\text{m}$；

　　　k——计算长度附加系数，取 1.155；

　　　μ——计算长度系数，由脚手架的高度确定，$\mu = 1.50$；

　　　A——立杆净截面面积，$A = 4.24\text{cm}^2$；

　　　W——立杆净截面模量（抵抗矩），$W = 4.49\text{m}^3$；

　　　M_w——计算立杆段由风荷载设计值产生的弯矩，$M_w = 0.253\text{kN} \cdot \text{m}$；

σ——钢管立杆受压强度计算值（N/mm²）；经计算得 $\sigma=150.28$；

f——钢管立杆抗压强度设计值，$f=205.00\text{N/mm}^2$。

考虑风荷载时，立杆的稳定性计算 $\sigma < f$，满足要求。

（7）连墙体的计算

连墙体的轴向力计算值应按照下式计算：

$$N_1 = N_{lw} + N_0$$

式中　N_{lw}——风荷载产生的连墙件轴向力设计值（kN），应按照下式计算：

$$N_{lw} = 1.4 \times w_0 \times A_W \tag{2-31}$$

w_0——风荷载基本风压值，$w_0 = 0.456\text{kN/m}^2$；

A_W——每个连墙件的覆盖面积内脚手架外侧的迎风面积，$A_W = 3.60 \times 2.40 = 8.640\text{m}^2$；

N_0——连墙体约束脚手架平面外变形所产生的轴向力（kN），$N_0 = 5.000$

经计算得到 $N_{lw} = 6.629\text{kN}$，连墙体轴向力计算值 $N_1 = 11.629\text{kN}$。

连墙体轴向力设计值：

$$N_f = \phi A f \tag{2-32}$$
$$A = 4.24\text{cm}^2；f = 205.00\text{N/mm}^2$$

式中　ϕ——轴心受压立杆的稳定系数，由长细比 $\dfrac{l}{i} = \dfrac{15.0}{1.60}$ 的结果查表得到 $\phi = 0.98$。

经过计算得到 $N_f = 85.2\text{kN}$。

$N_f > N_1$，连墙体的设计计算满足要求。

连墙体采用扣件与墙体连接，如图 2-22 所示。

（8）悬挑梁的受力计算

悬挑脚手架（图 2-23）的水平钢梁按照带悬臂的连续梁计算。悬臂部分脚手架荷载 N 的作用，里端 B 为与楼板的锚固点，A 为墙支点。本工程中，脚手架排距为 1050mm，内侧脚手架距离墙体 300mm，支拉斜杆的支点距离墙体 1200mm，水平支撑梁的截面惯性矩 $I = 866.20\text{cm}^4$，截面抵抗 $W = 108.30\text{cm}^3$，截面积 $A = 21.95\text{cm}^2$。

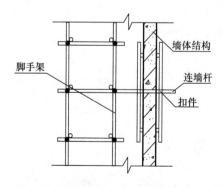

图 2-22　连墙体扣件连接示意图

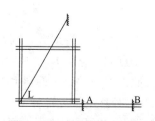

图 2-23　悬挑脚手架示意图

脚手架集中荷载：$P = 1.2 \times 3.79 + 1.4 \times 2.52 = 8.08\text{kN}$。

水平钢梁自重荷载：$g = 1.2 \times 21.95 \times 0.0001 \times 7.85 \times 10 = 0.21\text{kN/m}$。

悬挑脚手架计算简图经过连续梁的计算得到，如图 2-24～图 2-26 所示。

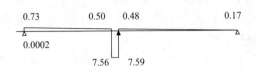

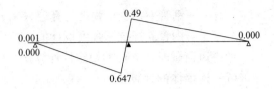

图 2-24　悬挑脚手架支撑梁剪力图（kN）

图 2-25　悬挑脚手架支撑梁弯矩图（kN·m）

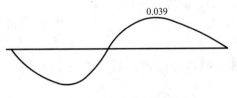

图 2-26　悬挑脚手架支撑梁变形图（mm）

各支座对支撑梁的支撑反力由左至右分别为：

$R_1 = 8.817\text{kN}, R_2 = 8.076\text{kN}, R_3 = -0.172\text{kN}$

最大弯矩：$M_{max} = 0.647\text{kN·m}$

截面应力：$\sigma = \dfrac{M}{1.05W} + \dfrac{N}{A} = \dfrac{0.647 \times 10^6}{1.05 \times 108300}$

$+ \dfrac{3.023 \times 1000}{2195} = 7.067\text{N/mm}^2$

水平支撑梁的计算强度小于 205.0N/mm²，满足要求。

（9）悬挑梁的整体稳定性计算

水平钢梁采用 16 号工字钢，计算公式如下：

$$\sigma = \frac{M}{\phi_b w_x} \leqslant f \tag{2-33}$$

式中　ϕ_b——均匀弯曲的受弯构件整体稳定系数，按照下式计算：

$$\phi_b = \frac{570tb}{lh} \cdot \frac{235}{f_y} \tag{2-34}$$

经计算得到：$\phi_b = \dfrac{570 \times 10 \times 63 \times 235}{1200 \times 160 \times 235} = 1.87$。

由于 b 大于 0.6，按照《钢结构设计规范》GB 50017 附录 B，用 b' 查表得到其值为 0.907.

经过计算得到强度：$\sigma = \dfrac{0.65 \times 10^6}{0.907 \times 108300} = 6.62\text{N/mm}^2$

水平钢梁的稳定性计算：$\sigma < f$，满足要求。

水平钢梁的轴力 R_{AH} 和拉钢绳的轴力 R_{Ui} 按照下面计算：

$$R_{AH} = \sum_{i=1}^{x} R_{Ui} \cos\theta_i \tag{2-35}$$

式中 $R_{Ui} \cos\theta_i$ 为钢绳的拉力对水平杆产生的轴压力。

各支点的支撑力 $R_{ci} = R_{Ui} \sin\theta i$

按照以上公式计算得到由左至右各钢绳拉力分别为 $R_{Ui} = 9.321\text{kN}$

（10）拉绳的强度计算

1）钢绳拉绳（支杆）的内力计算：

钢丝拉绳（斜拉杆）的轴力 R_U 我们均取最大值进行计算，为 $R_U = 9.321\text{kN}$。

如果上面采用钢丝绳，钢丝绳的容许拉力按照下式计算：

$$[F_g] = \frac{\alpha F_g}{K} \tag{2-36}$$

式中　$[F_g]$——钢丝绳的容许拉力（kN）；

　　　F_g——钢丝绳的钢丝破断拉力总和（kN）；计算中可以近似计算：$F_g=0.5d^2$，d 为钢丝绳直径（mm）；

　　　α——钢丝绳之间的荷载不均匀系数，对 6×19、6×37、6×61 钢丝绳分别取 0.85、0.82 和 0.8；

　　　K——钢丝绳使用安全系数。

计算中 $[F_g]$ 取 9.321kN，$\alpha=0.82$，$k=10.0$，则：钢丝绳最小直径必须大于 15mm 才能满足要求。

2）钢丝拉绳（斜拉杆）的吊环强度计算：

钢丝拉绳（斜拉杆）的轴力 R_U 我们均取最大值进行计算作为吊环的拉力 N，为 $N=R_U=9.321$kN。

钢丝拉绳（斜拉杆）的吊环强度计算公式为：

$$\sigma=\frac{N}{A}\leqslant f \tag{2-37}$$

式中　f——吊环受力的单肢抗剪强度，取 $f=125$N/mm²。

所需要的钢丝拉绳（斜拉杆）的吊环最小直径 $D=\sqrt{\dfrac{9321\times4}{3.1416\times125}}=10$mm。

（11）锚固段与楼板连接的计算

水平钢梁与楼板压点如果采用钢筋拉环，则拉环受力 $R=7.225$kN。

水平钢梁与楼板压点的拉环强度计算公式为：

$$\sigma=N/A\leqslant f$$

式中　f——拉环钢筋抗拉强度，取 $f=205$N/mm²。

所需要的水平钢梁与楼板压点的拉环最小直径：

$$D=\sqrt{\frac{7225\times4}{3.1416\times205\times2}}=5\text{mm}$$

按照《混凝土结构设计规范》GB 50010—2010 取 4 倍的安全系数，$D=10$mm。

水平钢梁与楼板压点的拉环一定要压在楼板下层钢筋下面，并要保证两侧 30cm 以上搭接长度。

2.8.5　悬挑卸料平台计算书

计算依据《建筑施工安全检查标准》JGJ 59—2011 和《钢结构设计规范》GB 50017。

悬挂式卸料平台的计算参照连续梁的计算进行。由于卸料平台的悬挑长度和所受荷载都很大，因此必须严格进行设计和验算。

平台水平钢梁（主梁）的悬挑长度 5.00m，悬挑水平钢梁间距（平台宽度）3.00m。次梁采用 [10 号槽钢，主梁采用 [16a 号槽钢，次梁间距 1.00m。

施工人员等活荷载 2.00kN/m²，最大堆放材料荷载 10.00kN。

1. 次梁的计算

次梁选择 [10 号槽钢，间距 1.00m，其截面特性为面积 $A=12.74$cm²，惯性距 $I_x=198.30$cm⁴，转动惯量 $w_x=39.70$cm³，回转半径 $i_x=3.95$cm，截面尺寸 $b=48.0$mm，$h=$

100.0mm，$t=8.5$mm。

（1）荷载计算

脚手架的自重标准值，本例采用木脚手板，标准值为 0.35kN/m² ：

$$N_{G1k} = 0.35 \times 1.00 = 0.35\text{kN/m}$$

最大的材料器具堆放荷载为 10.00kN，转化为线荷载：

$$N_{G2k} = \frac{10.0 \div 5.0}{3} \times 1.00 = 0.67\text{kN/m}$$

槽钢自重荷载 $N_{G3k}=0.10$kN/m。

经计算得到，静荷载计算值：$\Sigma N_{Gk}=1.2(N_{G1k}+N_{G2k}+N_{G3k})=1.2\times(0.35+0.67+0.10)=1.34$kN/m；

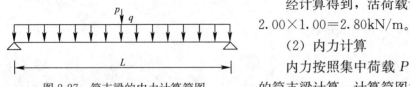

图 2-27 简支梁的内力计算简图

经计算得到，活荷载计算值：$\Sigma N_{Qk}=1.4\times 2.00\times 1.00=2.80$kN/m。

（2）内力计算

内力按照集中荷载 P 与均布荷载 q 作用下的简支梁计算，计算简图如图 2-27。

最大弯矩 M_{Qk} 的计算公式为：

$$M_{Qk} = \frac{ql^2}{8} + \frac{Pl}{4} \tag{2-38}$$

经计算得到，活荷载计算值 $M_{Qk}=\dfrac{1.34\times 3^2}{8}+\dfrac{2.8\times 3.0}{4}=3.61$KN·m

（3）抗弯强度计算

$$\sigma = \frac{M}{r_x W_x} \leqslant f \tag{2-39}$$

式中 x——截面塑性发展系数，取 1.05；

f——钢材抗压强度设计值，$f=205.00$N/mm²。

经过计算得到强度：$\sigma=\dfrac{3.61\times 10^6}{1.05\times 39700}=86.6$N/mm² ；

次梁槽钢的抗弯强度计算：$\sigma<f$，满足要求。

（4）整体稳定性计算

$$\sigma = \frac{M}{\phi_b \times w} \leqslant f_y \tag{2-40}$$

式中 ϕ_b——均匀弯曲的受弯构件整体稳定系数，按照下式计算：

$$\phi_b = \frac{570tb}{lh} \times \frac{235}{f_y} \tag{2-41}$$

经过计算得到 $\phi_b=\dfrac{570\times 8.5\times 48\times 235}{3000\times 100\times 235}=0.78$。

由于 b 大于 0.6，按照《钢结构设计规范》GB 50017 附录 B，用 b' 查表得到其值为 0.699。

经过计算得到强度：$\sigma=\dfrac{3.61\times 10^6}{0.699\times 39700}=130$N/mm² ；

次梁槽钢的稳定性计算：$\sigma<f$，满足要求。

2. 主梁的计算

卸料平台的内钢绳按照《建筑施工安全检查标准》JGJ 59—2011作为安全储备不参与内力的计算。

主梁选择 [16a 号槽钢，其截面特性为面积 $A=21.95\text{cm}^2$，惯性矩 $I_x=866.20\text{cm}^4$，转动惯量 $W_x=108.30\text{cm}^3$，回转半径 $i_x=6.28\text{cm}$，截面尺寸 $b=63.0\text{mm}$，$h=160.0\text{mm}$，$t=10.0\text{mm}$。

（1）荷载计算

1）栏杆与挡脚手板自重标准值，本例采用竹笆片脚手板，标准值为：0.15kN/m；$N_{G1k}=0.15\text{kN/m}$。

2）槽钢自重荷载：$N_{G2k}=0.17\text{kN/m}$。

经计算得到，静荷载计算值 $\Sigma N_{Gk}=1.2\times(N_{G1k}+N_{G2k})=1.2\times(0.15+0.17)=0.38\text{kN/m}$。

经计算得到，次梁集中荷载取次梁支座受力：$P_k=\dfrac{1.34\times3.0\times2.8}{2}=5.63\text{kN}$。

（2）内力计算

卸料平台（图 2-28）的主梁按照集中荷载 P 和均布荷载 q 作用下的连续梁计算。

经过连续梁的计算（图 2-29～图 2-32）得到：

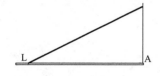

图 2-28　悬挑卸料平台示意图

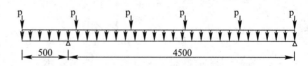

图 2-29　悬挑卸料平台水平钢梁计算简图

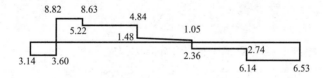

图 2-30　悬挑水平钢梁支撑梁剪力图（kN）

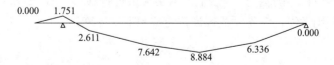

图 2-31　悬挑水平钢梁支撑梁弯矩图（kN·m）

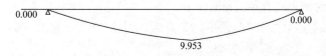

图 2-32　悬挑水平钢梁支撑梁变形图（mm）

各支座对支撑梁的支撑反力由左至右分别为：
$$R_1 = 12.418\text{kN}, R_2 = 9.934\text{kN}$$

支座反力：$R_A = 9.934\text{kN}$；

最大弯矩：$M_{max} = 8.884\text{kN} \cdot \text{m}$。

（3）抗弯强度计算

$$\sigma = \frac{M}{r_x W_x} + \frac{N}{A} \leqslant f \tag{2-42}$$

式中　r_x——截面塑性发展系数，取 1.05；

　　　f——钢材抗压强度设计值，$f = 205.00\text{N/mm}^2$。

经过计算得到强度 $\sigma = \dfrac{8.884 \times 10^6}{1.05 \times 108300} + \dfrac{11.176 \times 1000}{2195} = 83.22\text{N/mm}^2$。

主梁的抗弯强度计算强度小于 f，满足要求。

（4）整体稳定性计算

$$\sigma = \frac{M}{\phi_b W_x} \leqslant f$$

式中　ϕ_b——均匀弯曲的受弯构件整体稳定系数，按照下式计算：

$$\phi_b = \frac{570tb}{lh} \cdot \frac{235}{f_y}$$

经过计算得到：$\phi_b = \dfrac{570 \times 10 \times 63 \times 235}{5000 \times 160 \times 235} = 0.449$；

经过计算得到强度：$\sigma = \dfrac{8.88 \times 10^6}{0.449 \times 108300} = 182.62\text{N/mm}^2$；

主梁槽钢的稳定性计算：$\sigma < f$，满足要求。

3. 钢丝拉绳的内力计算

水平钢梁的轴力 R_{AH} 和拉钢绳的轴力 R_{Ui} 按照下式计算：

$$R_{AH} = \sum_{i-1}^{x} R_{Ui}\cos\theta_i \tag{2-43}$$

式中　$R_{Ui}\cos\theta_i$——钢绳的拉力对水平杆产生的轴压力。

各支点的支撑力 $R_{ci} = R_{Ui}\sin\theta_i$；

按照以上公式计算得到由左至右各钢绳拉力分别为 $R_{Ui} = 16.7\text{kN}$。

4. 钢丝拉绳的强度计算

钢丝拉绳（斜拉杆）的轴力 R_U 我们均取最大值进行计算，$R_U = 16.706\text{kN}$。

如果上面采用钢丝绳，钢丝绳的容许拉力按照下式计算：

$$[F_g] = \frac{\alpha F_g}{K} \tag{2-44}$$

式中　$[F_g]$——钢丝绳的容许拉力（kN）；

　　　F_g——钢丝绳的钢丝破断拉力总和（kN）；计算中可以近似计算 $F_g = 0.5d^2$，d 为钢丝绳直径（mm）；

　　　α——钢丝绳之间的荷载不均匀系数，对 6×19、6×37、6×61 钢丝绳分别取 0.85、0.82 和 0.8；

　　　K——钢丝绳使用安全系数。

计算中 $[F_g]$ 取 16.706kN，$a=0.82$，$K=10.0$，得到：

钢丝绳最小直径必须大于 20mm 才能满足要求。

5. 钢丝拉绳吊环的强度计算

钢丝拉绳（斜拉杆）的轴力 R_U 我们均取最大值进行计算作为吊环的拉力 N，为 $N=R_U=16.706$kN。

钢板处吊环强度计算公式为：

$$\sigma = \frac{N}{A} \leqslant f$$

$$A = (100 - 40) \times 8 = 480 \text{mm}^2$$

$$\sigma = \frac{16706}{480} = 34.80 \text{N/mm}^2$$

吊环强度计算 $\sigma < f = 125$N/mm²，满足要求。

6. 操作平台安全要求

（1）卸料平台的上部位结点，必须位于建筑物上，不得设置在脚手架等施工设备上；

（2）斜拉杆或钢丝绳，构造上宜两边各设置前后两道，并进行相应的受力计算；

（3）卸料平台安装时，钢丝绳应采用专用的挂钩挂牢，建筑物锐角口围系钢丝绳处应加补软垫物，平台外口应略高于内口；

（4）卸料平台左右两侧必须装置固定的防护栏；

（5）卸料平台吊装，需要横梁支撑点电焊固定，接好钢丝绳，经过检验才能松卸起重吊钩；

（6）钢丝绳与水平钢架的夹角最好在 45°~60°；

（7）卸料平台使用时，应有专人负责检查，发现钢丝绳有锈蚀损坏应及时调换，焊缝脱焊应及时修复；

（8）操作平台上应显著标明容许荷载，人员和物料总重量严禁超过设计容许荷载，配专人监督。

2.8.6 脚手架的搭设

1. 搭设方法和程序

本工程争创标准化管理工地，地下室施工完成后，标二层以下局部外脚手架采用落地式时，为保证架子的稳定性，在搭脚手架的范围内，混凝土地坪下回填土必须分层夯实，用碎石找平，然后在上面浇捣 10cm 的 C10 混凝土地坪，并用平板振动器振实，用长直尺刮平，木屑拍实整平。

2. 搭设方法

（1）搭设前对架子班全体人员进行搭设技术交底，安全生产交底，搭设本身是为施工各班提供安全保障，其自身首先要确立安全施工意识。无阳台处外脚手架构造节点如图 2-33 所示。

（2）本工程第一段架体，采用单立杆双排粉刷脚手架，架体宽 1.05m，步高第一步为 2m，第二步开始每步高 1.8m，立杆间距 1.2m，内立杆离墙距离 30cm。顶步架增设脚手片硬维护外加安全网维护。

（3）钢管脚手架底部立杆，采用不同长度的钢管参差布置，使相邻两立杆上部接头相

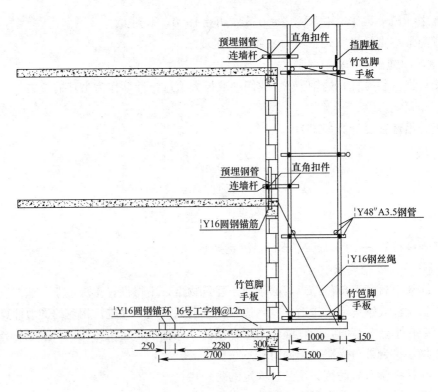

图 2-33　无阳台处外脚手架构造节点详图

互错开，不在同一平面上，以保证脚手架的整体性。有阳台处外脚手架搭设构造节点如图2-34 所示。

阳角处悬挑结构构造节点如图 2-35 所示。

凹膛处悬挑结构构造节点如图 2-36 所示。

悬挑间距、大横杆步距构造节点如图 2-37 所示。

（4）钢管脚手架所有杆件连接均须用扣件，每只扣件的螺栓应拧紧，脚手架搭设做到横平竖直的要求。

（5）在脚手架外侧，从第二步开始，每步须在外立杆内侧设置 1.2m 高的扶手杆和30cm 高的挡脚杆，防护栏杆与立杆用扣件扣牢；第二步开始设置栏杆和挡脚杆的同时设置防护安全网。

（6）主要通道口设置双层防护棚（挑出 3.0m）。

悬挑 16 号工字钢构造节点如图 2-38 所示。

钢筋拉环与悬挑 16 号工字钢构造节点见图 2-39。

直角处构造节点见图 2-40。

悬挑钢梁、钢管定位构造节点如图 2-41 所示

脚手架外侧每隔 9m（7 步）设置剪刀撑，自下而上连续设置，剪刀撑斜杆与地面成45°～60°，搭接长度不小于 100cm，并用二只转向扣件扣紧。剪刀撑、连墙杆构造节点和脚手板搭设如图 2-42。

（7）脚手架转角处，用电线与建筑物接线连接，做好接地和避雷装置。

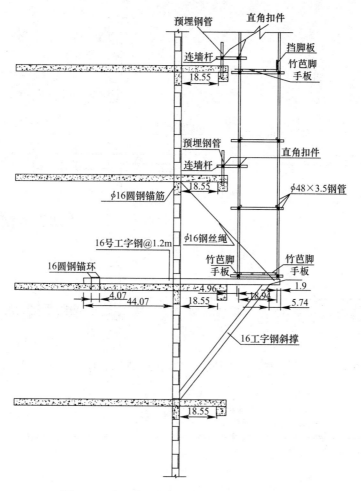

图 2-34 有阳台处外脚手架搭设构造节点详图

（8）脚手架搭设完成后，进行自检合格后，邀请公司质安部进行分段检查验收，验收合格挂牌后方可使用。

（9）大横杆可以对接或搭接，剪刀撑与其他杆件采用搭接，搭接长度不小于 40cm，并不少于 2 只扣件紧固；相邻杆件的接头必须错开一个档距，同一平面上的接头不超过总数的 50%，小横杆两端伸出立杆净长度不小于 10cm。

3. 搭设立杆时的注意事项

（1）相邻立柱的对接扣件不得在同一高度内，两个相邻柱接头不应设在同步同跨内，两相邻立柱接头在高度方向错开的距离不应小于 500mm，各接头中心主节点的距离不应大于步距的 1/3。

（2）开始搭设立柱时，应每隔 6 跨设置一根抛撑，直至连墙杆安装稳定后，方可根据情况拆除。

（3）当立柱搭到有连墙杆件的构造层时，搭设完该处的立柱、纵向水平杆、横向水平杆后，应立即设置连墙杆。

（4）顶层立柱搭接长度不应小于 1m，立柱顶端应伸出建筑物高度 1.5m。

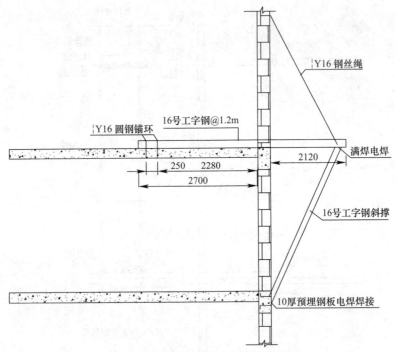

图 2-35　阳角处悬挑结构构造节点详图

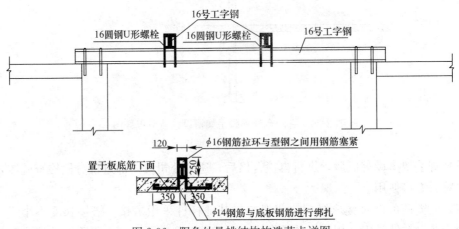

图 2-36　阳角处悬挑结构构造节点详图

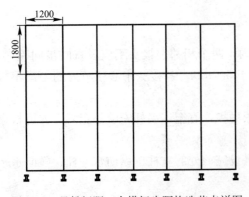

图 2-37　悬挑间距、大横杆步距构造节点详图

4. 搭设纵、横水平杆时的注意事项

（1）纵向水平杆设于横向水平杆之下，在立杆内侧，并采用直角扣角与立杆扣紧。

（2）为便于挂安全网，纵向水平杆采用对接扣件连接，对接头应交错布置，且不能设在同步、同跨内，相邻接头水平距离不应小于 500mm，并应避免设在纵向水平杆的跨中。

（3）端部扣件盖板边缘至杆端的距离不应小于 100mm。

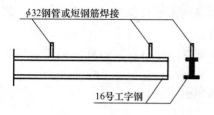

图 2-38　悬挑 16 号工字钢构造节点详图

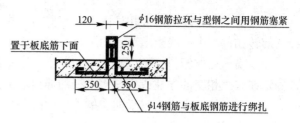

图 2-39　钢筋拉环与悬挑 16 号工字钢构造节点详图

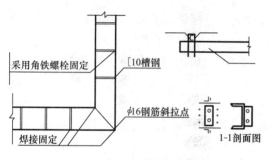

图 2-40　直角处构造节点详图

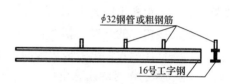

图 2-41　悬挑钢梁钢管定位构造节点详图

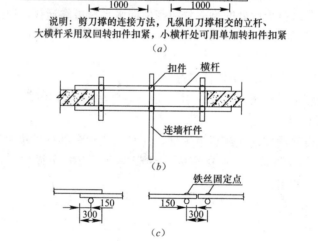

说明：剪刀撑的连接方法，凡纵向刀撑相交的立杆、大横杆采用双回转扣件扣紧，小横杆处可用单加转扣件扣紧

（a）

（b）

（c）

图 2-42　剪刀撑、连墙杆构造节点和脚手板搭设详图

（a）纵向剪刀撑连接；（b）连墙杆件；（c）脚手板搭设方法

（4）封闭型脚手架要求在同一步的纵向水平杆必须四周交圈，用直角扣件与内、外角柱固定。

（5）横向水平杆靠墙一段至墙装饰面的距离不应大于 100mm。

5. 搭设连墙杆、剪刀撑、横向支撑、抛撑时的注意事项

（1）剪刀撑、横向支撑应随立杆、纵向、横向水平杆同步搭设。

（2）每道剪刀撑跨越立柱的根数控制在 7 根以内，但不能小于 4 跨，且不小于 6m，斜杆与地面的倾角宜在 45°～60°之间。

（3）剪刀撑斜杆的接头除顶层可以采用搭接外，其余各接头必须采用对接扣件连接。

（4）剪刀撑必须用活接扣件固定在与剪刀撑相交的横向水平杆的伸出段或立杆上，活接（旋转扣件）中心线距主节点的距离不应大于150mm。

（5）横向支撑的斜撑杆应在1～2步内，由底层至顶层连续布置，斜杆应采用旋转扣件固定在与之相交的立柱或横向水平杆的伸出墙上。

（6）脚手架两端应设置横向支撑外，中间每隔6跨设置一道。

6. 扣件安装时的注意事项

（1）本工地统一使用ϕ48钢管扣件。

（2）扣件螺栓须拧紧，但要防止过紧造成扣件破坏，拧紧的扭力矩控制在40～65N·m之间。

（3）主节点外，固定横向水平杆（或纵向水平杆）、剪刀撑、横向支撑等扣件的中心线距主节点的距离不应大于150mm。

（4）对接扣件的开口应朝上。

（5）各杆件端头伸出盖板边缘的长度不应小于100mm。

7. 铺设脚手板时的注意事项

（1）每层铺满脚手板。脚手板要铺平整不得翘头，不得叠铺，要铺稳实，靠墙一侧离墙面距离不得大于150mm。

（2）每块脚手板四只角必须用12号铁丝绑扎固定在纵向水平横杆上。

（3）在转角处和进料平台处的脚手片应与横向水平杆可靠连接，以防止滑动。

8. 搭设栏杆、挡脚板的注意事项

（1）栏杆和挡脚应搭设在外排立柱的内侧。

（2）上栏杆的高度1.2m，中栏杆高度在65cm。

（3）挡脚板高度不得小于150mm，本工地统一使用脚手片挡脚。

9. 脚手架搭设标准

整个脚手架搭设除达到前述注意事项外，还必须达到全部杆件横平竖直，整齐清晰美观，造型一致，平竖通顺对直，连接牢固，受荷安全，有安全操作空间，不变形、不摇晃、不积水，并做好避雷接地的要求。

10. 脚手架搭设过程中注意事项

（1）按照作业方案规定的构造要求和尺寸进行搭设。

（2）尽量采用外径ϕ48mm、壁厚3.5mm的焊接钢管；其化学成分及机械性能应符合《碳素结构钢》GB/T 700—2006的规定。不得使用严重锈蚀或变形的钢管。

（3）选用直接、旋转、对接扣件，且扣件应采用《可锻铸铁分类及技术条件》的规定，机械性能不低于可锻铸铁制造。扣件附件采用的材料应符合《碳素结构钢》GB/T 700—2006中的规定。螺纹钢应符合《钢筋混凝土用钢第2部分：热轧带肋钢筋》GB 1499.2—2007的规定。扣件质量要求：不得有裂纹、气孔。在使用前将黏砂、烧冒口残余、批缝、毛刺等清除干净，表面进行防锈处理。

（4）一层一层地搭设并与结构拉结好。

（5）拧紧扣件（拧紧程度要适当），要求扭力矩控制在39～49N·m。当扣件拧紧钢管时，开口处的最小距离应不小于5mm。

（6）立杆的垂直偏差应小于20mm，同一大横杆的水平偏差不大于30mm。

（7）相邻立杆的接头错开布置在不同的步距中，与相近大横杆的间距不大于 600mm。

（8）大横杆对接接头错开布置在不同的立杆步距中，与相近立杆的间距不大于 600mm；相邻步距的大横杆错开布置立杆里侧和外侧，以减少立杆的偏心受荷。

（9）及时与结构拉结或采用临时支顶，以确保搭设过程的安全。

（10）搭设工人必须配挂安全带。

（11）没有完成的脚手架，在每日收工时，一定要确保架子及材料堆放的稳定，以免发生意外。

（12）施工荷载不得大于 2700N/m²。

（13）所有杆件必须按类型规格一致、颜色一致搭设整齐。

（14）搭设后经验收合格方可使用。

2.8.7 脚手架的检查与验收

（1）每搭完一步脚手架后，应按脚手架规范规定校正步距、纵距、横距及立杆的垂直度。

（2）班组自检：脚手架在搭设过程中由架子组长、工地安全员对该外脚手架的搭设过程部位随时检查发现问题及时处理。

（3）脚手架在使用中由该项目负责人，每周组织安全员对该外脚手架的设置和链接、连墙体、支撑门洞地基是否积水、底座是否松动、立杆是否悬空、扣件螺栓是否松动、安全防护措施是否符合要求等进行检查。发现问题及时整改落实，以达到安全生产的目的。

（4）基础完工后及脚手架搭设前进行检查，脚手架搭设 10～13m 高度后，由工地项目负责人组织工地安全员和架子组长及使用架子班组长对该外脚手架进行分段验收，对不符合要求的提出整改方案及措施，整改完毕后，继续验收，验收合格后由该项目的安全员填写分段或分层验收表，并逐级签字。

（5）遇有六级大风及大雨后进行检查。

（6）脚手架搭设完毕后，经工地初验合格报公司质安部门，由分公司质安部门对该项目外脚手架进行整体验收，验收合格后发"安全防护用具及机械设备使用许可证"，不合格的需整改，复验合格后发证。

（7）扣件式钢管脚手架搭设允许偏差见表 2-23。

扣件式钢管脚手架搭设允许偏差　　　　　　　　　表 2-23

项目	允许偏差	检查方法	备注
主柱垂直度	架高在 30m 以下<1/200	吊线尺量检查	每 4m 校正
副柱垂直度	架高在 30m 以上<1/500	吊线尺量检查	每 4m 校正
立柱间距	±100mm	尺量检查	
大横杆高度	总长的 1/300，不大于 50mm	拉线尺量检查	

2.8.8 脚手架的拆除

1. 拆除前的准备工作

（1）项目安全员向操作人员作脚手架拆除的安全技术交底。

（2）清除脚手架上杂物及地面障碍物。

（3）在拆除区域设好警戒线，指定专人负责警戒看管。

2. 脚手架的拆除

（1）由项目负责人组织项目安全员对工程进行全面检查，脚手架的扣件连接，连墙体、支撑体系，并由项目经理进行拆除安全技术交底。

（2）拆除脚手架前，班组成员要明确分工，统一指挥，操作过程中精力要集中，不得东张西望和开玩笑，工具不用时要放入工具袋内。

（3）正确穿戴好个人防护用品，脚应穿软底鞋。拆除挑架等危险部位要挂安全带。

（4）拆除脚手架前，周围应设围栏或警戒标志，在交通要道设专人监护，禁人入内。

（5）严格遵守拆除顺序，由上而下，一步一清，不准上下层同时作业。

（6）拆除脚手架的大横杆、剪刀撑，应先拆中间扣，再拆两头扣，由中间操作人往下顺杆子，不得往下乱扔。

（7）拆除的脚手架、脚手板、钢管、扣件等材料应用人工传递或用绳索吊下，不得往下投扔，以免伤人和不必要的损失。

（8）拆除过程中最好不要中途换人，如必须换人时，应将拆除情况交代清楚。

（9）拆除过程中最好不要中断，如确需中断应将拆除部分处理清楚，并检查是否会倒塌，确认安全后方可停歇。

（10）脚手架拆除完后应将材料分类堆放，堆放地点要平坦，下设支垫排水良好。钢类最好放置室内，堆放在室外应加以遮盖。对扣件、螺栓等零星小构件应用柴油清洗干净装箱、装袋分类存放室内以备再用。

（11）弯曲变形的钢结构应调直，损坏的及时修复并刷漆以备再用，不能修复的应集中报废处理。

2.8.9　安全网张挂

安全网的质量必须符合《安全网》GB 5725—2009规定，即外形尺寸为1.8m×6m和4m×6m两种，每张网的重量应不少于15kg/张、大于8kg/张，安全网等分平网、立网两种。立网的数目应在2000目（10cm×10cm）以上。

1. 平网

安装平面不垂直于水平面，主要用来接住坠落的人和物的安全网称为平网。

（1）平网要能承受重100kg、底面积为2800cm^{2}的模拟人形砂包冲击后，网绳、边绳、系绳都不断裂（允许筋绳断裂），冲击高度10m最大延伸率不超过1m。旧网重新使用前，按《安全网》GB 5725—2009规定，应全面进行检查，并签发允许使用证明方准使用。

（2）网的外观检查

1）网目边不得大于10cm，边绳、系绳、筋绳的直径不少于网绳的2倍，且应大于7mm。

2）筋绳必须纵横向设置，相邻两筋绳间距在30～100cm之间，网上的所有绳结成节点必须牢固，筋绳应伸出边绳1.2m，以方便网与网或网与模杆之间的拼接绑扎（或另外加系绳绑扎）。

3）旧网应无破损或其他影响使用质量的毛病。

（3）网的选择

1）根据使用目的，选择网的类型，根据负载高度选择网的宽度，立网不能代替平网使用，而平网可代替立网使用。

2）当网宽为3m时，张挂完伸出宽度约2.5m，当网宽4m时张挂后伸出宽度约3m。

（4）网的安装

1）安装前必须对网及支杆、横杆、锚固点进行检查，确认无误后方可开始安装。

2）安全网的内外侧应各绑一根大横杆，内侧的横杆绑在事先预埋好的钢筋环上或在墙（楼板）的内侧再绑一根大横杆，与外侧安全网的里大横杆绑在一起，大横杆离墙（或楼板）间隙≤15cm。网外侧大横杆应每隔3m设一支杆，支杆与地面保持45°角，支杆落点要牢靠固定，如在楼层无法固定时可设扫地杆，把几根支杆底脚连在一起与柱绑牢。

3）安全网以系结方便、连接牢固又易解开，受力后不会散脱为原则。多张安全网连接使用时，相邻部分应紧靠或重叠。

4）平网安装时不宜绷得过紧，应外高内低（外侧高出50cm），网的负载高度在5m以内时，网伸出建筑物宽度2.5m以上，10m以内时网伸出建筑物宽度最小3m。

5）在输电线路附近安装时，必须先征得有关部门同意，并采取适当的防触电措施，否则不得安装。

6）第一道安全网一般张挂在二层楼板面（34m高度），然后每隔6～8m再挂一道活动安全网。多层或高层建筑除在二层设一道固定安全网外，每隔四层应再设一道固定安全网。

7）网与其下方（或地面）物体表面距离不得小于3m。

8）在张挂安全网时应事先考虑到在临时需进出材料位置应留有可收起的活动安全网，当待料时将网收起，用完时立即恢复原状。

（5）使用、维修、保养

1）安全网在使用中必须每周进行一次外观检查，杂物及时清理。

2）当受到较大荷载冲击后，应更换新网或及时进行检查，看有无严重变形、磨损、断裂、连接部位脱落等，确认完好后，方可继续使用。

3）按《安全网》GB 5725—2009规定，使用中每3个月应进行试验绳强力试验（或根据说明书进行试验）。

（6）安全网的清理

清理安全网时，如人需要进入安全网，事先必须检查安全网的质量，支杆是否牢靠，确认安全后，方可进入安全网清理，清理时应一手抓住网筋，一手清理杂物，禁止人站立安全网上，双手清理杂物或往下抛掷。清理杂物时，地面应设监护人，禁人入内，或是加设围栏。

2. 立网

安装平面垂直于水平面（相对来说），主要是用来防止人和物坠落的安全网称为立网。立网边绳、系绳断裂强力不低于300kg/f，网绳的断裂强力为150～200kg/f，网目的边长不大于10cm。挂设立网必须拉直、拉紧。网平面与支撑作业人员的面的边缘处最大的间隙不得超过15cm。

2.8.10 脚手架的安全搭设措施

按照《建筑施工安全技术统一规范》GB 50870—2013的规定，脚手架的搭设，贯彻执行"安全第一、预防为主"的方针政策：

（1）在施工过程中，实现安全生产，成立以项目经理负责的现场安全管理小组，项目部建立各职能人员安全生产责任制。分公司每月对项目经理进行考核，项目经理对项目部及班组长进行考核，对考核不合格者进行处罚，对优秀者进行奖励。

（2）制定各工种安全操作规程，并列为日常安全活动和安全教育的主要内容，并悬挂在操作岗位前。

（3）现场配制专职安全员一名监督日常的安全工作。施工班组超过50人设一名专职安全员，不足50人的设一名兼职安全员，并与施工队签订安全生产协议书，明确双方责任。

（4）编制施工组织设计，并根据工程特点制定相应的安全技术措施。作业前由工厂向班组进行分部、分项、分工种、有针对性详细全面的安全交底，并履行签字手续。

（5）制定安全检查制度，每周对施工现场进行一次全面检查，凡不符合规定的和存在隐患的问题均进行登记，定人、定时间、定措施来解决，并对实际整改的情况进行登记，对上级下达的隐患整改通知书一并进行登记。

（6）对新入场的工人必须经公司、项目部、班组三级安全教育，教育内容、时间及考核结果要有记录。工人变换操作技能及安全操作知识培训，考核合格后，方可上岗操作。

（7）建立班前安全活动制度。活动内容要针对各班组专业特点和作业条件进行，每次活动简单重点记录活动内容。

（8）特殊工种持证上岗，当超越操作证规定的有限期限时进行复试。对特种作业人员进行登记造册，记录操作号码、年限，有专人管理加强监督。

（9）建立工伤事故档案，发生轻伤、重伤、死亡及多人遇险肇事事故均进行登记上报。没有发生伤亡事故时，也填写《建设系统伤亡事故月报表》，按月向上级主管部门上报。

（10）施工现场针对作业条件悬挂安全标志牌，安全标志设专人管理，作业条件或损坏时及时更换。

2.8.11 悬挑式卸料平台的搭设

1. 平台构造

（1）悬挑式卸料平台平面、立面等构造节点见图 2-43。

（2）设计额定荷载为 8kN。

（3）悬挑钢平台以 2 根 [12.6a 号槽钢为主梁，次梁采用 [8 号槽钢，间距 500mm，次梁与主梁焊接。上铺 3mm 厚钢板，并与次梁焊牢。

（4）栏杆为 $\phi 48$ 钢管，分上下二道，与 [12.6a 槽钢焊接。立杆间距为 1000mm，栏杆和立杆刷红白相间油漆。栏杆内采用木板围挡全封闭。

（5）以 4 根 $\phi 22$ 钢丝绳斜拉于上一楼层的剪力墙上。钢丝绳与主梁槽钢通过 $\phi 22$ 圆钢做成的吊环连接，连接部位使用卡环，与剪力墙通过 M25 螺栓拉环连接，双螺母固定。式中下二根为保险绳，平时处于松弛状态，不承受拉力。

（6）钢丝绳每端用 3~4 只钢丝绳绳夹夹牢，间距为 120mm，与剪力墙及平台固定端拴牢。

2. 施工安全技术措施

（1）平台制作

1）所有焊缝应饱满、牢固，符合要求。

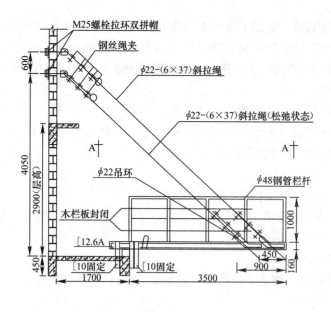

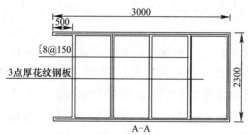

图 2-43 悬挑式钢平台安装示意图

2）制作所用的材料均为合格产品。

3）按照本设计方案制作。

（2）平台斜拉钢绳

1）钢丝绳绳夹应与钢丝绳匹配，每处设 3～4 个。U 形螺栓扣在钢丝绳的尾端上，在最后一个夹头后约 150cm 处再设一个夹头，并将绳头放出一个"安全弯"。

2）平台经过 1～2 次装拆位移后应再进一步拧紧钢丝绳绳夹。若"安全弯"有拉直现象，应及时检查钢丝绳夹的拧紧程度。

3）钢丝绳与铁件接触时应加钢丝绳套环，与有棱角的混凝土接触时应加软垫物。

4）钢丝绳与水平钢梁的夹角最好在 45°～60°；

5）钢平台上部拉结点的梁（柱）应验算抗拉强度，以保证建筑物和平台的安全。

6）预留洞套管安放。

根据楼房的实际情况和安放操作平台的位置确定预埋件的安放位置。

卸料平台一般从结构第三层起开始使用，由此从第三层起需安放防倾覆预埋件，从第四层起安放承拉吊钩和防倾覆预埋件。

（3）悬挑平台安装

1）由持特种作业有效上岗证的架子工或井架、塔吊、升降机装拆工来完成卸料平台的安装。

113

2）每次安装位移前，由施工负责人对作业人员进行作业指导（见指导书）。

3）卸料平台由塔吊配合安装，塔吊的吊索具应使用卸扣，不得使用吊钩直接钩挂平台吊环。需将平台横梁支撑点固定牢靠，固接好钢丝绳，并经过检查确认后才能松卸起重吊钩。

4）平台两侧斜拉钢绳的长度应保持一致。

5）钢平台的搁支点与上部拉结点均必须位于建筑物结构上。不得设置在脚手架等施工设施上，支撑系统不得与脚手架连接。

6）平台外口应略高于内口。

7）装好防倾覆的钢管，再拉好保险的钢丝绳。

8）搭设脚手架时应预留钢平台安装位置；平台两侧脚手架的立杆应用双立杆加强，与脚手架的间隙应小于20cm。

3. 平台的安全使用

（1）经项目部技术、施工、安全等人员检查验收合格后方可使用。

（2）平台允许荷载：

1）均载时活载为1.48kN/m²。

2）集中堆载为3.0kN。

（3）卸料平台左右两侧及平台扣一侧等三面必须设置固定的防护栏，并按栏杆等高安装立板围挡全封闭。立板使用胶合板，板上打孔后用16号铁丝在平台的内侧与操作平台上的栏杆绑扎牢靠。平台内外侧涂醒目的黑黄间隔的警示线条。严禁拆除挡板。

（4）卸料平台使用时，应有专人负责检查，发现钢丝绳有锈蚀损坏应及时调换，焊缝脱焊应及时修复。

（5）卸料平台应挂牌，显著标明容许荷载、验收状况、安全使用要求。人员和物料总重量严禁超过设计容许荷载，配专人监督。调运材料必须有专人指挥。

（6）使用悬挑平台转移材料的要求：

1）模板、钢管堆放应平均，严禁单边堆放。

2）吊运材料的吊索具应用钢丝绳卸扣。严禁使用吊钩。

3）钢管应以同长度分批吊运转移。同长度（指长短差）不大于1/10。

4）长度超过4.50m的钢管可伸出操作平台外端，外伸长为钢管的1/4。

5）扣件和短钢管应用容器（密网钢筐、桶）吊运。

2.8.12　施工人货电梯和井架施工方案

1. 施工准备

（1）材料

1）检验钢结构各种杆件如底架、立柱、横杆、斜杆、顶梁等的规格和数量，质量要符合设计要求。

2）设备和零部件如卷扬机、钢丝绳、滑轮、绳卡、连接螺栓、花篮螺栓等必须完整良好。外购件必须有合格证，否则按相应标准检查。

3）应准备好工具如扳手、锤、钳、铁钎、工具袋、安装用的吊杆、麻绳等。

（2）作业条件

1）根据建筑物的施工实际需要并考虑交通、排水和施工升降机（包括附设吊杆，吊具及其缆风绳等）与架空输电线的最近距离应不小于安全规定（即 1kV 以下的 4m，1～10kV 的 6m，35～110kV 的 8m）等问题确定导轨架和卷扬机的基础位置。

2）基础应按使用说明书的规定进行处理，基础应能承受工作时最不利条件下的全部荷载。

3）设置导向滑轮的挂环或地锚。

4）编制好安装方案并向操作人员进行安全技术交底。

2. 操作工艺

（1）安装导轨架

1）在导轨架基础面安装导轨架底架，底架要调平并且与基础连接牢固。

2）安装每节导轨架，要先装立柱，然后安装横、斜联系杆和导轨，当装至架高 10～15m 时要设一组缆风绳，每组不得少于四根，每角一根。以后每增高 10m 加设一组。也可以在新建筑结构预埋螺栓铁件与导轨架杆件连接，隔若干层锚固，锚固点距离最大不超过 12m，这种方法，对场地狭窄、接缆风绳有困难的更宜采用。

3）架的顶部安装横梁及滑轮，横梁可用两根槽钢，组成两个滑轮装在横梁上面，其中一个装在横梁中部，另一个装在端部，使钢丝绳在导轨架外侧通过。

4）如需吊运长材料时，可在架上部设置吊杆。吊杆底端支座固定联接在立柱上，立柱两侧面的斜杆一端要指向支座部分。另一端经过滑轮装上吊索或挂钩悬吊材料。吊杆与水平线的平角不得少于 45°。

5）导轨架若在相邻建筑物、构筑物或其他机械设备上的防雷装置的保护范围以外时（保护范围按 60°计），必须安装防雷装置，其接地电阻不得大于 10Ω，安装防雷装置导轨架高度按表 2-24 的规定。

导轨架需安装防雷装置的规定 表 2-24

序号	天气情况	安装情况
1	地区年平均雷暴日（天）	导轨架安装高度（m）
2	<15	>50
3	>15，<40	>32
4	>40，<90	>20
5	>90 及雷害特别严重的地区	>12

6）装设各楼层平台跳板以及防护门、防护栏和防护棚。

7）导轨架除出料的一面，其余三个侧面要满挂安全网或搭竹棚进行封闭。

（2）安装吊笼

1）由角钢、槽钢等杆件用螺栓连接成笼架。笼的两侧分别安装上、下导轮围栏；笼底满铺木板，下加防护 ϕ12 钢筋和钢网或铁板；笼顶搭设防护棚或网。

2）安装楼层停歇支承安全装置。

3）安装断钢丝绳保护装置。

4）安装防护门。

（3）将导向滑轮牢固绑扎在基础的挂环或地锚上。

（4）安装卷扬机。

3．标准项目

（1）限位保险装置

1）吊笼在每层停放时必须有灵敏可靠的制动装置。

2）必须有可靠的吊笼运行超高限位装置。

3）必须有吊笼楼层停歇支承安全装置和断网丝绳保护装置。

（2）缆风绳

1）导轨架装设高 10～15m 时必须设一组缆风绳，每增高 10m 加设一组。

2）缆风绳必须用直径 12mm 以上的钢丝绳，禁止用钢筋代替；缆风绳与水平线夹角一般情况下不应大于 45°，只有在场地狭窄的特定情况下才允许增加到 60°。

3）缆风绳应采用打桩锚固或绑扎在牢固的建筑结构上（不准绑扎在砖砌体上）。严禁绑扎在树木、电杆、输电塔、管道和脚手架上。

（3）牵引钢丝绳

1）钢丝绳必须符合使用规定。

2）绳卡安装必须符合规定。

3）钢丝绳要有过路保护。

4）钢丝绳不得拖地或与其他物体相摩擦。

（4）楼层卸料平台防护

1）卸料平台跳板必须搭设严密牢固。

2）平台必须有防护栏和防护门。

（5）吊笼

1）必须有防护门。

2）必须有笼顶防护棚或网。

4．基本项目

（1）架体

1）基础应平整夯实。

2）若设置混凝土基础，应使用地脚螺栓与架体连接。

3）架体应整体稳定，各杆件的连接螺栓不得漏装，同时螺母应拧紧。

（2）传动系统

1）卷扬机和地锚应连接牢固。

2）在卷扬机卷筒上应有防止钢丝绳滑脱的保险装置。

3）第一个导向滑轮与卷扬机距离，带槽卷筒应不小于卷筒宽度的 15 倍，无槽卷筒应小于 20 倍。

（3）吊笼井架进出料口防护

1）各层进出料口应有防护门。

2）首层进出料口应有防护棚。

（4）应有统一的联络信号。

（5）卷扬机操作棚应有防雨和防高空坠物的作用。

（6）应按有关规定安装防雷装置。

5. 允许偏差

对安装完的导轨架全高用经纬仪、直尺检查，导轨架各立柱对底座水平基准面的垂直偏差，应不大于表 2-25 的规定。

导轨架安装允许偏差   表 2-25

序号	安装情况	允许偏差	允许偏差	允许偏差
1	架设高度（m）	20～70	70～100	100～150
2	垂直偏差（mm）	架高的1%	70	90

6. 施工注意事项

（1）避免工程质量通病

1）导轨架不垂直：导轨架底安装要水平，立柱要垂直。

2）底架横梁易被拉弯曲：导向滑轮要绑扎在基础的挂环或地貌上，不允许绑扎在底架横梁上。

3）导轨架不稳：在安装盒拆除导轨架时要按规定安装缆风绳或架体与建筑物的连接杆件。

4）钢丝绳在卷筒上排列不整齐：卷扬机安装位置符合要求，卷筒轴线应与卷筒的中点至第一个导向轮方向要垂直。

5）所有导轨架的螺栓，必须全部安装上，不允许漏安装螺栓或随意减少螺栓的数量。

（2）主要安全技术措施

导轨架的斜杆的横杆，不得随便拆除。如因施工需要在各楼层的出入口同时拆除时，必须在相应的地方装上拉杆或支撑，以保持导轨架的稳定。

（3）产品保护

吊笼所装的料具和吊杆所吊的料具，必须按设备的设计能力限载重量。吊笼所放的料具，应尽量放均匀，使吊笼平衡运行所放的物料不准超出笼外防止跌下伤人，或阻碍吊笼运行而导致损坏机件；吊杆不准斜拉吊及起吊埋在土里的物料。

7. 施工电梯安全操作规程

（1）施工电梯的基础、导轨架的垂直度及顶部自由端高度、附墙间距，必须符合使用说明书规定。

（2）各施工作业面上下梯笼的通道口两侧，必须设停机标志和安全防护栏杆。

（3）导轨架上必须安装梯笼上下行程限位开关。电梯门安装单开门或双开门保险开关及连锁装置和机械、电气联动限速器。

（4）标准节加节时，必须安装梯笼超高限位开关。

（5）必须设防雷接地保护装置，电阻不大于 10Ω。

（6）施工电梯司机必须经过培训，经考试合格取得许可证方可上岗操作。

（7）认真做好日常保养工作。在运行中发生故障，必须立即设法排除，故障未经排除，不得继续运行。

（8）施工电梯每运行 3 个月，应进行一次全面安全检查，并按规定进行一次满载坠落试验，以杜绝隐患。

8. 井架提升机安全操作要求

(1) 井架应架设在平整夯实的基础上，井架底部的埋设深度不小于架高的 1‰，但不得小于 30cm。

(2) 井架安装必须保持垂直、无扭曲，其垂直度偏差不得大于井架高度的 0.2%。

(3) 高度在 20m 以下的井架，设一道缆风绳，高度在 20m 以上时，每增高 10m 加设一道缆风绳，各道缆风绳均不得少于 4 根，并对角线设置，松紧适度。

(4) 缆风绳必须拴结在专用的地锚上，严禁拴结在树木、电杆、砖墙等物体上，上下两道缆风绳不得拴结在同一个地锚上。

(5) 缆风绳与输电导线，必须保持规定的安全距离，跨越道路时离地面高度不得小于 1.5m。

(6) 摇臂的铰接点与吊篮进出料口，不得布置在同一水平面上。地面进出料口必须设安全防护门，吊篮必须装设断绳及冲顶限位保险装置。

(7) 附着式井架的附着装置和上部自由端高度，应按井架生产厂设计规定安装。

2.8.13 "四口"及临边防护施工方案

本工程为框架—剪力墙结构，建筑面积 72498m² 左右。根据实际工程进度，计划在首层施工后，对通道口、上料口、预留洞口、电梯井口和楼梯临边、楼层临边进行防护。

(1) 通道口：在上方搭设防护棚，其他洞口用坚固的材料封堵严密。防护棚宽度大于洞口宽度，顶部用 5cm 厚木板铺严。根据建筑物高度挑出长度为 3m，高度为 3m。

(2) 上料口：物料提升机龙门架四周用密目网维护以及防掉物、进料口前方搭设防护棚，材质以 DN48mm 钢管做骨架，挑出长度不小于 3m，上方铺 5cm 木板，并用 8 号铁丝绑扎牢固，其高度为 3m。

(3) 楼层进出料口：用 DN48 钢管做骨架，对物料提升机与建筑物层高搭设，用 5cm 厚木板铺设，并用 8 号铁丝绑扎牢固，两侧做好防护栏杆，上杆高 1.2m，下杆高 0.6m，在出口处设 1.2m、宽度为进料口全宽的台口门，并刷红白相间的油漆以示警戒。台口门为两扇向内开启。

(4) 预留洞口、电梯井口、楼梯洞口：本工程所有预留和其他洞口均用木盖防护，按洞口尺寸制作并固定在楼板上，以定性、重复使用为宜，木盖板厚度不小于 5cm。

(5) 楼梯临边、楼层临边、阳台临边、天沟临边：车间的楼板、楼梯边缘做好防护栏杆，上杆 1.2m，下杆 0.6m，横杆长度大于 2m 时，加设栏杆柱，防护栏杆用漆刷红白道。

(6) 卷扬机棚：材料用 DN48mm 钢管，用扣件锁牢上铺 5cm 厚木板，铺设后不能有缝隙，三面用石棉瓦封牢。对准上料架的方向用安全平网封挂，保持视野开阔、良好。

2.8.14 建设工程施工现场安全事故应急救援预案

为贯彻我国《安全生产法》规定的企业负有"组织制定并实施本单位的生产安全事故应急预案的职责"；执行《建设工程安全生产管理条例》第四十八条的规定：施工单位指定本单位生产安全事故应急预案；建立应急救援组织或者配备应急救援人员，配备必要的应急器材、设备，并定期组织演练。结合企业生产的特性，指定按应急救援预案进行处理。

1. 应急预案的任务和目标

本着"安全第一、预防为主、自救为主、统一指挥、分工负责"的原则与方针，为了更好地适应法律和经济活动的要求；给企业员工的工作和施工场区周围居民提供更好更安全的环境；保证各种应急资源处于良好的备战状态；指挥应急反应行动按计划有序地进行；防止因应急反应行动组织不力或现场救援工作的无序和混乱而延误事故的应急救援；有效地避免或降低人员伤亡和财产损失；帮助实现应急反应行动的快速、有序、高效；充分体现应急救援的"应急精神"。

2. 应急预案的适用范围

根据建设工程的特点，应急预案的人力、物资、技术准备主要针对以下几类事故：

(1) 高处坠落事故；

(2) 混凝土施工意外事故。

3. 应急预案机构的组成、责任和分工

应急领导小组：项目经理为该小组组长，主管安全生产的项目副经理、技术负责人为副组长；

现场抢救组：项目部安全部负责人为组长，安全部全体人员为现场抢救组成员；

医疗救治组：项目部医务室负责人为组长，医疗室全体人员为医疗救治组成员；

后勤服务组：项目部后勤部负责人为组长，后勤部全体人员为后勤服务组成成员；

保安组：项目部保安部负责人为组长，全体保安为组员；

应急组织的分工及人数应根据事故现场需要灵活调配。

应急领导小组职责：建设工地发生安全事故时，负责指挥工地抢救工作，向各抢救小组下达抢救指令任务，协调各组之间的抢救工作，随时掌握各组最新动态并作出最新决策，第一时间向110、119、120、企业救援指挥部、当地政府安监部门、公安部门求救或报告灾情。平时应急领导小组成员轮流值班，值班者必须住在工地现场，手机24h开通，发生紧急事故时，在项目部应急组长抵达工地前，值班者即为临时救援组长。

现场抢救组职责：采取紧急措施，尽一切抢救伤员及被困人员，防止事故进一步扩大。

医疗救治组职责：对抢救出的伤员，视情况采取急救处置措施，尽快送医院抢救。

后勤服务组职责：负责交通车辆的调配，紧急救援物资的征集及人员的餐饮供应。

保安组职责：负责工地的安全保卫，支援其他抢救组的工作，保护现场。

4. 事故应急准备

各相关方联系电话如下：

医院：120，公安：110，消防：119。

项目部办公室电话：05××—674267××；

领导小组长：_____；电话：137718996××。

应急领导小组应配备下列救援器材：

(1) 医疗器材：担架、氧气袋、塑料袋、小药箱；

(2) 抢救工具：一般工地常备工具即基本满足使用；

(3) 照明器材：手电筒、应急灯36V以下安全线路、灯具；

(4) 通信器材：电话、手机、对讲机、报警器；

（5）交通工具：工地常备一辆值班面包车，该车轮（值）班时不应跑长途；

（6）灭火器材：灭火器日常按要求就位，紧急情况下集中使用。

5．事故应急响应与救援

6．事故报告

工地发生安全事故后，企业、项目部除立即组织抢救伤员，采取有效措施防止事故扩大和保护事故现场，做好善后工作外，还应按下列规定报告有关部门。

轻伤事故：应由项目部在24h内报告企业领导、生产办公室和企业工会；

重伤事故：企业应在接到项目部报告后24h内报告上级主管单位，安全生产监督管理局和工会组织；

重伤3人以上或死亡1~2人的事故：企业应在接到项目部报告后4h内报告上级主管单位、安全监督部门、工会组织和人民检察机关，填报《事故快报表》，企业工程部防止安全生产的领导接到项目部报告后4h应到达现场；

死亡3人以上的重大、特别重大事故：企业应立即报告当地市级人民政府，同时报告安全生产监督管理局、工会组织、人民检察机关和监督部门，企业安全生产第一负责人（或委托人）应在接到项目部报告后4h内到达现场；

急性中毒、中暑事故：应同时报告当地卫生部门；

易爆物品爆炸和火灾事故：应同时报告当地公安部门。

员工受伤后，轻伤的送工地现场医务室医疗，重伤、中毒的送医院救治。因伤势过重抢救无效死亡的，企业应在8h内通知劳动行政部门处理。

7．应急预案的培训与演练

（1）应急反应培训

应急预案和应急计划确立后，按计划组织公司总部和施工场区的全体人员进行有效的培训，从而具备完成其应急反应所需的知识和技能。

1）一级应急组织每年进行一次培训。

2）二级应急组织每半年进行一次培训。

3）新加入的人员及时培训。

（2）培训的内容

1）灭火器的使用以及灭火步骤的训练；

2）个人的防护措施；

3）对危险源的突显特性辨识；

4）事故报警；

5）紧急情况下人员的安全疏散；

6）各种抢救的基本技能；

7）应急救援的团队协作意识。

（3）培训目的

使应急救援人员明确"做什么"、"怎么做"、"谁来做"及相关法规所列出的事故危险和应急责任。

（4）应急反应演练

应急反应预案和应急反应计划确立后，经过有效的培训，应做到，公司总部人员每年演练一次，施工场区人员开工后演练一次，不定期举行演练，施工作业人员变动较大时增加演练次数。

（5）演练目的：

1）测试预案和计划的充分程度；

2）测试应急培训的有效性和应急人员的熟练性；

3）测试现有应急反应装置、设备和其他资源的充分性；

4）提高与现场外的事故应急反应协作部门的协调能力；

5）通过演练来判别和改进应急预案和计划中的缺陷和不足。

8. 应急预案的启动、终止与终止后的恢复工作

当事故的评估预测达到启动应急预案条件时，由应急领导小组组长发出启动应急反应预案令。按应急预案的规定和要求以及事故现场的特性，执行应急反应行动。根据事态的发展需要，及时启动协议应急救援资源和社会应急救援公共资源，最大限度地降低事故带来的经济损失和减少人员伤亡。

对事故现场经过应急预案实施之后，引起事故的危险源得到有效控制、消除；所有现场人员均得到清点；并确保未授权人员不会进入事故现场；不存在其他影响应急预案终止的因素；应急救援行动已转化为社会公共救援；局面已无法控制和挽救的，场内相关人员已经全部撤离；应急总指挥根据事故的发展状态认为必须终止的，由应急总指挥下达应急反应终止令或授权事故现场操作副指挥明确应急预案终止的决定。

应急预案实施终止后，应采取有效措施防止事故扩大，保护事故现场，需要移动现场物品时，应当做出标记和书面记录，妥善保管有关物证，并按照国家有关规定及时向有关部门进行事故报告。

对事故过程中造成的人员伤亡和财物损失做收集统计、归纳，形成文件，为进一步处理事故的工作提供资料。

对应急预案在事故发生实施的全过程，认真科学地做出总结，完善预案中的不足和缺陷，为今后的预案建立、制订提供经验和完善的依据。

依据公司总部的劳动奖惩制度，对事故过程中的功过人员进行奖惩，妥善处理好在事故中伤亡人员的善后工作。尽快组织恢复正常的生产和工作。

2.8.15 高处坠落事故应急准备和响应预案

为确保项目部高处坠落事故发生以后，能迅速有效地开展抢救工作，最大限度地降低员工及相关方生命安全风险，特制定高处坠落应急准备与响应预案。

1. 组织机构

本项目部成立高处坠落应急准备和响应指挥部，负责指挥及协调工作。

组长：_____；

副组长：_____；

组员：_____、_____、_____、_____。

具体分工如下：

（1）_____负责现场，其任务是了解掌握事故情况，组织现场抢救指挥。

（2）_____负责联络，任务是根据指挥部命令，及时布置现场抢救，保持与当地建设行政主管部门、劳动部门等单位的沟通，并及时通知公司应急领导小组和当事人的亲属。

（3）_____、_____负责维持保护事故现场、做好问询记录，保持与公安部门的沟通联系。

（4）_____负责妥善处理好善后工作，负责保持和当地相关部门的沟通联系。

2. 事故处理程序

（1）高处坠落事故发生后，事故发现第一人应立即大声呼救，报告负责人（项目经理或管理人员）。

（2）项目管理人员获得求救信息并确认高处坠落事故发生以后，应：

立即组织项目部职工自我救护队伍进行施救；项目部配备应急急救箱1只。药箱存放在安全综合办公室。

立即向集团公司应急抢险领导小组汇报事故发生情况并寻求支持；立即向当地医疗卫生（120）、公安部门（110）电话报告；严密保护事故现场。

（3）项目指挥部接到电话报告后，应立即在第一时间赶赴现场，了解和掌握事故情况，开展抢救和维护现场秩序，保护事故现场。

（4）当事人被送入医院接受抢救以后，指挥部即指令善后处理人员到达事故现场：

1）做好与当事人家属的接洽善后处理工作；

2）按职能归口做好与当地有关部门的沟通、汇报工作。

2.8.16 混凝土（重要结构）施工意外事故应急准备和响应预案

为确保在突发事件影响到混凝土正常浇捣，能迅速有效地采取正确的措施，最大限度地减少突发事件对混凝土浇捣的影响，保证工程施工质量，特制定本应急准备和响应预案。

1. 组织机构

项目部成立应急领导响应指挥小组，负责混凝土施工应急工作的指挥和协调。

组长：_____；

副组长：_____；

组员：_____、_____、_____、_____。

（1）_____负责联络，任务是根据指挥小组指令，及时布置现场抢救，保持与当地电力部门及相关部门的沟通，了解突发事件的持续时间及影响程度。

（2）_____负责现场，其任务是了解、掌握突发事件情况，制定处理方案，组织指挥方案的实施。

（3）_____的任务是组织实施方案所需的处理措施。

2. 处理措施

（1）在受剪力较大不宜留施工缝的地方时的处理措施

1）在雨、雪、台风天气条件下的处理措施：

浇混凝土前，应注意收集天气情况信息，尽量避开在下雨、下雪或台风天气浇捣混凝土；在浇捣混凝土过程中突然遇到上述恶劣天气时，首先应将刚浇好的混凝土用塑料布覆盖（下雪时还应做好防冻工作），防止雨水冲刷刚浇好的混凝土；及时派人将塑料布盖在混凝土表面，并将留下的脚印抹平；在可能的情况下，在规程允许的地方留施工缝。如无法做到，应及时与建设、设计、监理单位联系，在混凝土施工缝处加抗剪插筋；派专人负责做好混凝土的临时收头工作。

2) 突然停电条件下的处理措施：

首先应用人工将刚浇好的混凝土振捣密实，将混凝土表面抹平，保证应浇捣好的混凝土的质量；人工搅拌或从附近其他工地运进混凝土，将混凝土浇捣到规范允许留施工缝的最近部位再留施工缝；派专人负责做好混凝土的临时收头工作。

3) 商品混凝土供应不上条件下的处理措施：

及时与商品混凝土供应单位联系（必要时派人到商品混凝土供应单位现场蹲点），要求加强供应；调整混凝土的浇捣路线，降低浇捣强度；利用现场搅拌机，临时拌制混凝土，防止出现冷接头。

(2) 有防水要求时的处理措施

1) 在风、雪、台风天气条件下的处理措施：

浇捣混凝土前，应注意收集天气情况信息，尽量避开在下雨、下雪或台风天气浇捣混凝土；在浇捣混凝土过程中突然遇到上述恶劣天气时，首先应将刚浇好的混凝土用塑料布覆盖（下雪时还应做好防冻工作），防止雨水冲刷刚浇好的混凝土；及时派人将塑料布盖在混凝土表面，并将留下的脚印抹平；将临时施工缝留成凹凸形状；重新浇捣混凝土时，将施工缝清理干净，在建设、设计单位同意的条件下，增加一条遇水膨胀止水条。

2) 突然停电条件下的处理措施：

首先应用人工将刚浇好的混凝土振捣密实，将混凝土表面抹平，保证已浇好的混凝土的质量；临时施工缝留成凹凸形状；重新浇捣混凝土时，将施工缝清理干净，在临时施工缝处设计一条遇水膨胀止水条。

3) 商品混凝土供应不上条件下的处理措施：

及时于商品混凝土供应单位联系（必要时派人到商品混凝土供应单位现场蹲点），要求加强供应；调整混凝土的浇捣路线，降低浇捣强度；利用现场搅拌机，临时拌制混凝土，防止出现冷接头。

3. 施工缝重新施工时的处理措施：

重新浇捣混凝土前，应将施工缝处松动的石子、浮浆等清理干净，用水将垃圾冲掉并套浆，施工缝接头处应仔细振捣。

2.8.17 触电事故应急准备和响应预案

为确保项目部触电事故发生以后，能迅速有效地开展抢救工作，最大限度地降低员工及相关方生命安全风险，特制定项目部触电应急准备与响应预案。

1. 组织机构

本项目部成立应急响应指挥部，负责指挥及协调工作。

组长：_____；

副组长：_____；

组员：_____、_____、_____、_____。

具体分工如下：

(1) _____负责现场，其任务是了解掌握事故情况，组织现场抢救指挥。

(2) _____负责联络，任务是根据指挥部命令，及时布置现场抢救，保持与当地电力部门、建设行政主管部门、劳动部门等单位的沟通，并及时通知公司应急领导小组和当事人的亲属。

（3）_____负责维持现场秩序、保持事故现场、做好问询记录，并保持与公安部门的沟通。

（4）_____负责妥善处理好善后工作，负责保持和当地相关部门的沟通联系。

2. 事故处理程序

（1）触电事故发生后，事故发现第一人应立即大声呼救，报告负责人（项目经理或管理人员）。

（2）项目管理人员获得求救信息并确认触电事故发生以后，应：

1）立即采用绝缘材料等器材使触电人员脱离带电体；

2）立即组织项目职工自我救护队伍进行施救；并立即向当地急救中心（120）、电力部门电话报告。本项目部配备应急急救箱一只。药箱存放在安全综合办公室。

3）立即向所属公司应急领导抢险小组汇报事故发生情况并寻求支持。

4）严密保护事故现场。

（3）项目指挥部接到电话报告后，应立即指令全体成员在第一时间赶赴现场，了解和掌握事故情况，开展抢救和维护现场秩序，保护事故现场。

做好与当事人家属的接洽善后处理工作；按职能归口做好与当地有关部门的沟通、汇报工作。

※2.9 塔式起重机抗倾翻稳定性计算（QTZ63、QTZ63B型）

2.9.1 工程概况

××大厦塔吊基础工程，根据××大学岩土工程科技有限公司×年×月设计的该基坑围护－03平面布置图，以及现场实际情况，邀请了西北××勘察设计研究院在围护平面上设计了2根直径ϕ600mm的灌注桩，桩长49m，在围护平面外侧1.5m处，现根据实际情况在围护平面布置上，其中一根无法浇筑完成，因为该围护平面底下水泥搅拌桩之间3m处发现周围宽2m左右空洞，针对上述情况采取了以下技术措施：

（1）在深3m周围的空间用C30混凝土浇灌密实，同时在3m深的洞中绑扎好直径1m的钢筋笼，规格为14ϕ18，箍筋8@150mm，用振动棒振捣密实。

（2）根据基坑围护剖面图在C-C、D-D剖面围护桩上增大塔吊基础承台，承台高1.5m。

（3）其他根据原有塔吊基础图施工。

2.9.2 编写依据及工作状况

依据《塔式起重机设备规范》GB/T 13752中第4.3.1条、第4.3.2条及第4.6.3条和《建筑桩基技术规范》JGJ 94—2008等规范规定执行。

2.9.3 荷载计算

风压计算选取：

（1）工作状态：$P_{w2}=250$Pa。

（2）非工作状态：$P_{w3}=800$Pa（0～20m）；

$P_{w3}=1100$Pa（20～100m）；

$P_{w3}=1300$Pa（>100m）。

2.9.4 固定式抗倾翻稳定性计算

非工作状态，最危险工况：

50m臂长，$q=0$，非工作风从后吊臂往前吹，见图2-44。

根据标准，按下式计算：

$$e = \frac{M + F_h \cdot h}{F_v + F_g} \leqslant \frac{b}{3} \qquad (2\text{-}45)$$

$$P_B = \frac{2(F_v + F_g)}{3bL} \leqslant 0.2 \sim 0.3 \text{MPa}$$

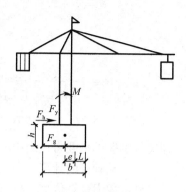

图2-44 塔吊计算图

式中 e——偏心距，地面反力的合力至基础中心的距离（m）；

M——作用在基础上的弯矩（N·m）；

F_v——作用在基础上的垂直荷载（N）；

F_h——作用在基础上的水平荷载（N）；

F_g——混凝土基础重力（N）；

P_B——地面计算压应力（MPa）。

$M=1628$kN·m；$F_v=419$kN（全为自重无吊重）；

$F_h=76$kN；$F_g=843.8$kN；

$h=1.35$；$b=5$m；

$$e = \frac{1628 + 76 \times 1.35}{419 + 843.8} = 1.37 < \frac{b}{3} = 1.67$$

$$P_B = \frac{2 \times (419 + 843.8) \times 10^{-3}}{3 \times 5 \times 1.092} = 0.154 \text{MPa} < [P_B] = 0.2 \sim 0.3 \text{MPa} \qquad 稳定$$

2.9.5 塔吊基础设计计算

1. 塔吊设计内容

该计算用于××轻纺城××时装都会工程，工程塔吊型号为QTZ63型，额定起重力矩为630kN·m，塔吊基础采用桩基，基础体系为四桩承台，见图2-45。

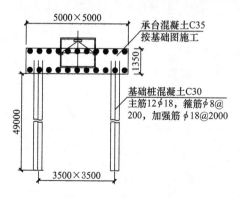

图2-45 塔吊吊桩基础

塔吊基础设计内容：塔吊基础采用桩基础，四根ϕ600钻孔灌注桩，桩长49m，桩身混凝土强度为C30，配筋主筋为12ϕ18mm，箍筋为ϕ8@200mm；承台基础采用5m×5m×1.35m现浇钢筋混凝土，见图2-45，桩顶嵌入承台内为0.10m，桩的钢筋锚入承台为1m。

2. 塔吊基础验算

（1）作用于桩顶竖向力设计值

桩间距$L=3.5$m，塔吊为独立高度40m，按最危险工况（暴风侵袭）进行设计。

塔吊自重$P=434$kN。

塔吊基础自重$G=5 \times 5 \times 1.35 \times 25 = 843.8$kN，倾翻力矩 M=1796kN·m 单根桩荷载按下式计算：

$$R = \frac{P+G}{4} + \frac{M}{1.414 \times \dfrac{L}{2}} \tag{2-46}$$

$$R = \frac{P+G}{4} + \frac{M}{1.414 \times \dfrac{L}{2}} = \frac{434+843.8}{4} + \frac{1796}{1.414 \times \dfrac{3.5}{2}} = 1045.3 \text{kN}$$

$$R_a = 1.5R = 1.5 \times 1045.3 = 1568 \text{kN}$$

即要求单根桩承载力达到 1568kN。

（2）基础桩的计算

桩承载力计算依据《建筑桩基技术规范》JGJ 94—2008，根据计算方案，桩的轴向承载力需满足 $R_a = 1568$kN。

基础桩按下式计算：

$$R = \frac{U_p \sum q_{sik} L_i + q_{pk} A_p}{Y_{sp}} \tag{2-47}$$

式中 U_P——桩身周长（m），取 1.88m；

     q_{sik}——第 i 层土的极限侧阻力标准值（kPa）；

     L_i——桩身穿越第 i 层土的厚度（m）；

     q_{pk}——桩端土的极限端阻力标准值（kPa）；

     A_P——桩身横截面面积（m²），取 0.283m²；

     Y_{sp}——桩侧阻综合阻力分项系数，取 1.3。

采用 $\phi600$ 钻孔灌注桩，桩端持力层选择⑤中粗砂夹砾石层，桩端进入持力层深度约 3m 左右。

$$\begin{aligned} R = &[1.88 \times (1.6 \times 3 + 2.75 \times 4.5 + 2.9 \times 7 + 4.8 \times 12 + 7.35 \times 8 + 3.6 \times 9 \\ &+ 3.55 \times 30 + 4.55 \times 18 + 11.15 \times 30 + 3.3 \times 21 + 3 \times 36) + 4500 \times 0.283] \\ &\div 1.3 = 2261.6 \text{kN} > R_a = 1568 \text{kN} \end{aligned}$$

满足要求。

有效桩长：

$$L = 1.6 + 2.75 + 2.9 + 4.8 + 7.35 + 3.6 + 3.55 + 4.55 + 11.15 + 3.3 + 3$$
$$= 48.55 \text{m} \qquad \text{取 } L = 49 \text{m}$$

（3）桩身长度验算按下式计算：

$$Y_0 N \geqslant f_C A_P$$

式中 Y_0——重要性系数，取 1.0；

     N——桩顶压力，$N = 1568$kN；

     f_C——混凝土轴向抗压强度设计值，$f_C = 30 \text{N/mm}^2$；

     A_P——桩身横截面面积，取 0.283m²。

则 $Y_0 N = 1.0 \times 1568 = 1568$kN

$f_C A_P = 30 \times 10^3 \times 0.283 = 8490 \text{kN} > Y_0 N = 1568 \text{kN}$ 满足要求

3. 塔吊桩基

基础简图，见图 2-46。

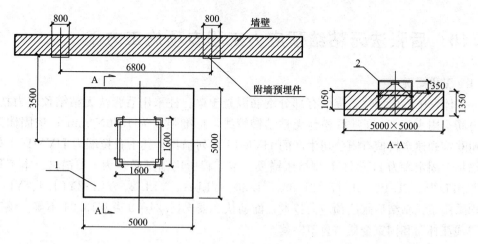

图 2-46 QTZ63 塔吊基础

钢筋混凝土结构基础图，见图 2-47。

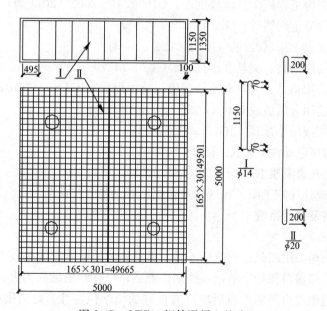

图 2-47 QTZ63 钢筋混凝土基础

说明与技术要求：

（1）Ⅰ 为 121 件，Ⅱ 为 124 件，材料为 Q235-A 级钢材；

（2）混凝土强度等级不得小于 C30，地基总承重力不得小于 800kN；

（3）地面基础承载力不得小于 0.2MPa/cm²；

（4）四个固定支脚顶端所组成的平面与水平面斜度不大于 1/1000；

（5）混凝土基础应能承受 20MPa 的压力；

（6）塔式起重机的安装与拆卸应满足《建筑施工塔式起重机安装、使用、拆卸安全技术规程》JGJ 196—2010 的规定。

※2.10 后张法无粘结预应力工程专项施工方案

2.10.1 工程概况

××体育中心体育馆工程中有部分钢筋混凝土梁、柱采用后张法无粘结预应力技术，预应力筋采用 $\phi^j15.24$ 高强低松弛无粘结钢绞线，标准强度为 $1860N/mm^2$；锚固体系采用柳州欧维姆建筑机械有限公司生产的 HVM15 系列锚具，其中张拉端为 HVM15-1 单孔夹片锚具，固定端为 HVM15P 型挤压锚具。本工程所用锚具必须为 i 类锚具。本工程中 Z1a 柱，2L-25、2L-19、2L-17、2L-35、2L-36、YLL-1、YLL-2、YLL-3YLL-4、YL-1 等梁，均采用了无粘结后张法预应力技术，配筋从 2 束 $\phi15.24$~8 束 $\phi15.24$ 不等。该工程荣获"钱江杯"和国家金质"鲁班"奖。

2.10.2 编写依据

(1)《中华人民共和国建筑法》；

(2)《混凝土结构设计规范》GB 50010—2010；

(3)《混凝土结构工程施工及验收规范》GB 50204—2002（2011 版）；

(4)《预应力混凝土用钢丝》GB/T 5223—2002；

(5)《预应力混凝土用钢绞线》GB/T 5224—2003；

(6)《预应力筋用锚具、夹具和连接器》GB/T 14370—2007；

(7)《预应力筋用锚具、夹具和连接器应用技术规程》JGJ 85—2010；

(8)《预应力筋用金属波纹管》JG 225—2007；

(9)《预应力用液压千斤顶》JG/T 321—2011；

(10)《预应力用电动油泵》JG/T 319—2011；

(11)《预应力孔道灌浆剂》GB/T 25182—2010；

(12) 本工程设计《施工图》和《施工合同》等。

2.10.3 预应力筋及锚固系统

1. 预应力筋

(1) 预应力筋均采用高强低松弛钢绞线，无粘结低松弛钢绞线是以专用防腐润滑油脂作涂料层，由聚乙烯塑料作护套的钢绞线制作而成，具有整根破断力大、柔性好、施工方便等特点。无粘结预应力筋的涂料层应具有良好的化学稳定性，对周围材料无侵蚀作用，不透水、不吸湿、抗腐蚀性能强、润滑性能好、摩擦阻力小。在规定范围内高温不流淌，低温不变脆，并有一定的韧性，抗磨及抗冲击性，对周围材料应无侵蚀作用，在规定范围内，低温应不脆化，高温化学稳定性好。

(2) 无粘结钢绞线材料性能应符合国家标准《预应力混凝土用钢绞线》GB/T 5224—2003 要求，还应符合行业标准《无粘结预应力钢绞线》JG 161—2004）的规定。制作好的无粘结筋外观应做到光滑无麻面、无裂缝，要求无粘结筋及外包材料和防腐涂层的成分和性能符合《预应力混凝土用钢绞线》GB/T 5224—2003 的产品标准和《无粘结预应力筋用防腐润滑脂》JG/T 430—2014 的产品标准的规定。

2. 锚固体系

(1) 根据设计要求及《无粘结预应力混凝土结构技术规程》JGJ 92—2004 的规定，本工程锚具采用 HVM15 系列锚固体系。张拉端锚具、固定端锚具采用 HVM15P 型挤压式锚具。

（2）锚具的质量应符合《预应力筋用锚具、夹具和连接器》GB/T 14370—2007；《预应力筋用锚具、夹具和连接器应用技术规程》JGJ 85—2010 的规定。

3. 材料复试

预应力材料进场必须出具产品合格证。钢绞线进场后要进行材料力学性能复试，锚具进场后要进行硬度复试。

本工程无粘结预应力筋必需采用 i 类锚具，锚具与钢绞线组装件的静载锚固性能应同时符合下列要求：

$$\eta_a \geqslant 0.95$$
$$\varepsilon_{apu} \geqslant 2.0\%$$

式中　η_a——预应力筋锚具组装件静载试验测得的锚具效率系数；

　　　ε_{apu}——预应力筋锚具组装件达到实测极限拉力时的总应变。

2.10.4 施工工艺流程

施工工艺流程见图 2-48。

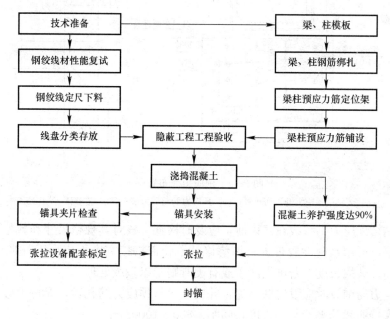

图 2-48　施工工艺流程

2.10.5 施工工艺技术要点

1. 钢绞线的下料

（1）钢绞线的盘大量重，盘卷小、弹力大、为了防止在下料过程中钢绞线紊乱并弹出伤人，在开盘下料前，应先制作简易防护装置。

（2）钢绞线下料长度，应综合考虑其弯曲率，张拉伸长值及混凝土压缩变形等因素，并根据不同的张拉方法和锚具形式预留张拉长度。并根据本工程中的实际情况进行预应力筋的分段，以便确定钢绞线的下料长度。无粘结钢绞线下料长度按下列公式计算：

$$l = l_1 + 2(a + b + c)$$

式中 l_1——预应力筋曲线长度；

　　　　a——预应力筋千斤顶的工作长度；

　　　　b——锚具的工作长度；

　　　　c——钢绞线长出千斤顶部分。

（3）钢绞线下料必须用砂轮切割机进行断料，严禁用电焊切割，也不宜用氧-乙炔焰火切割，以保证钢绞线质量。

（4）钢绞线不得有死弯，当有死弯时，必须切除，每根钢绞线应该通长，严禁有接头。

断料后的钢绞线若不用时，应按不同长度成盘或顺直地分开堆放在通风处，并且每堆成品均应有明显区别的标记。

2. 无粘结预应力钢绞线的铺设

无粘结预应力钢绞线的铺设，详见图2-49。

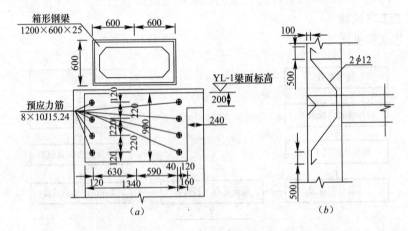

图 2-49　预应力筋布置图

（a）无粘结预应力筋平面布置；（b）预应力筋与剪力墙（柱）连接固定端构造

（1）无粘结预应力钢绞线在穿束前，应及时检查、核对其规格尺寸和数量。对局部有破损的外包层，可用水密性胶带进行缠绕修补、胶带搭接宽度不应小于胶带宽度的 1/2，缠绕长度应超过破损长度。若破损严重或有硬弯则予以报废处理。

（2）预应力筋铺设时应设置铁马凳，并用铁丝与预应力筋扎紧，保持预应力筋控制点的高度，以保持曲线的平滑与垂直度，间距@800～1000mm。

预应力筋在柱中铺设前应搭设临时性钢管承重架，以便临时固定钢绞线。

（3）由于预应力结构中无粘结筋是受力单元，所以施工中应以预应力筋为主，敷设的各种管线及非预应力筋，均不应将钢绞线的垂直位置抬高或压低。

（4）预应力筋张拉每段钢绞线不宜超过30m，并布置在梁跨两侧的柱外侧两端张拉。

3. 端部模板

张拉端端部模板预留孔应按施工图中规定的预应力筋孔道位置编号和钻孔，承压铁板应用钉子或螺旋固定在端部模板上，并应使张拉作用线与承压板面相垂直。

4. 浇筑混凝土

（1）钢绞线铺放、安装完毕后，连同非预应力筋一起进行隐蔽工程验收，当有关部门负责人员确认合格后方能浇捣混凝土。

浇捣混凝土时，严禁踩踏、压、撞、碰无粘结预应力筋，定位支架及端部预埋件，保证非预应力筋骨架在模板内的高度不变，发现有局部位移时要及时调整。

（2）张拉端及固定端的混凝土必须振捣密实，以确保其有足够的承压力。预应力混凝土工程因张拉需要，一般要多制一组混凝土试块，并做好混凝土的养护工作。

5. 张拉前的准备工作

（1）混凝土的台度检验

预应力筋张拉前，必须提供混凝土强度试验报告，当混凝土达到设计张拉强度等级90％后，方可进行预应力张拉施工。

（2）构件端头清理

构件端头预埋钢板与锚具接触处的焊渣、毛刺、混凝土残渣等应清除干净。并检查承压铁板后面的混凝土质量。

（3）张拉操作台的搭设

在预应力筋张拉处，应搭设可靠的操作平台，操作平台应能承受操作人员与张拉设备的重量，并装有防护栏杆。为了减轻操作平台的负荷，保障安全，无关人员不得停留在操作平台上。

（4）安装锚具

张拉前，对露出张拉端承压板外的钢绞线应清理干净，无粘结筋应先剥去聚乙烯塑料套，然后安装锚具，夹片要均匀打紧，外露一致。

6. 张拉设备、仪表

（1）预应力筋张拉机具及仪表应由专人管理和使用，并定期维护和校验。张拉设备应配套校验，压力表的精度不宜低于 1.5 级，张拉设备的校验期限不宜超过半年，当张拉设备出现反常现象或千斤顶检修后，应重新校验。张拉设备使用前，须有千斤顶、油压表的配套标定书，并根据标定书计算张拉力与油压表读数的关系，以此确定设计张拉力的压力表读数（张拉施工时提供标定书及张拉的压力表控制读数）。

（2）本工程采用单孔夹片锚具时，其张拉设备选用 YCQ25 型千斤顶和 ZB4-500 型高压油泵 2 套，YCN25-200 型千斤顶、油泵 2 套。

7. 张拉控制应力

无粘结预应力筋的设计张拉控制应力为：

$$\sigma_{con} = 0.7 \times 1860 = 1302 N/mm^2$$

则单根钢绞线的控制张拉力为：

$$N = 1302 \times \frac{140}{1000} = 182.3 kN$$

超张拉控制应力为：

$$N = 182.3 \times 1.03 = 187.77 kN$$

8. 张拉工艺

（1）设备安装

安装张拉设备时，对直线预应力筋，应使张拉力的作用与整束钢绞线的中心线重合。对曲线预应力筋，应使张拉力的作用线与整束钢绞线的中心线末端的切线重合。

（2）张拉方式

无粘结预应力筋长度为 25m 以内时，可采用单端张拉；长度大于 25m 时，应采用两端张拉。本工程除设计明确单端张拉外，其余均采用两端张拉。

（3）张拉顺序

预应力筋张拉前按设计预应力筋的受力情况编制张拉顺序，采用分批对称张拉。同一层预应力梁中以内环梁先张拉，张拉顺序如下：

2L-17→2L-18→2L-19→2L-35→2L-36 与 2L-25→YLL-4 与 YLL-3→YLL-2 与 YLL-1→六根短梁→YLL-1，同一梁中的预应力筋要均匀对称张拉，并以内侧预应力筋先张拉，断面如图 2-50 所示。

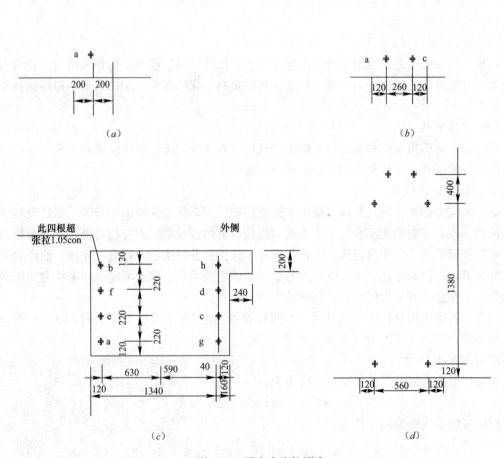

图 2-50 预应力张拉顺序

（a）2L-25、2L-18、2L-17、2L-35、2L-36 及六根短预应力筋梁张拉顺序；
（b）2L-19、YLL-1、YLL-2、YLL-3、YLL-4 梁张拉顺序；（c）YL-1 梁张拉顺序；（d）Z1a 柱张拉顺序

（4）张拉操作程序

预应力筋的张拉操作程序，主要根据构件类型、张拉锚固体系、松弛损失取值等因素确定。本工程采用超张拉法来减少预应力筋的松弛损失。无粘结预应力筋的具体张拉程序为：

从初应力开始张拉到 1.03/1.05 倍预应力筋的张拉控制应力 σ_{con} 再进行锚固。

持荷 2min→$0.1\sigma_{con}$（量测初始伸长值）→$1.03/1.05\sigma_{con}$→卸载。

量测伸长总值。

（5）张拉控制方法及伸长值校核

1）预应力筋张拉时，要求就应力和应变双向控制，即预应力筋张拉采用应力控制为主，同时还应校核预应力筋的伸长值。如实际伸长值大于计算伸长值 10% 或小于计算伸长值 5%，应暂停张拉，查明原因采取措施予以调整后继续张拉。

2）预应力筋伸长值 ΔL_p^c 下列公式计算：

$$\Delta L_p^c = \frac{F_p L_p}{A_p E_p}$$ （2-48）

式中　F_p——预应力筋的平均张拉力（kN），取张拉端的拉力与固定端（两端张拉时，取跨中）扣除摩擦损失后拉力的平均值；

　　　L_p——预应力筋的长度（mm）；

　　　A_p——预应力筋的截面面积（mm²）；

　　　E_p——预应力筋的弹性模量（kN/mm²）。

3）预应力筋实际伸长值，宜在控制应力 10% 时开始测量，其伸长值可由量测结果按下式公式确定：

$$\Delta L_p = \Delta L_{p1} + \Delta L_{p2} - \Delta L_c$$ （2-49）

式中　ΔL_{p1}——初应力至控制应力之间的实际伸长值；

　　　ΔL_{p2}——初应力以下推算伸长值；

　　　ΔL_c——混凝土的构件在张拉过程中的弹性压缩值。

9. 张拉端锚具与钢绞线的处理及保护措施

张拉结束后，会同有关监理人员对张拉端锚具与钢绞线进行检查，无异常现象时即可切割外露钢绞线，切断后钢绞线露出锚具夹片外的长度不得少于 30 mm。在浇筑张拉端封头细石混凝土前，宜施涂环氧树脂粘结剂，以加强新老材料的粘结，防止收缩裂缝，再用混凝土封闭保护。

2.10.6　施工安排

后张法预应力工程在整个工程中只是一个专项工程，不占工期。但要与塔吊、木工、钢筋工、管线安装工、混凝土工等多工种协作配合，因此，施工前必须进行技术交底，牢固树立起以预应力工程为主的思想，凡是与预应力筋碰头的地方，均要优先让位于预应力筋，以确保其坐标位置准确性。

预应力施工按土建施工流水作业安排劳动力，实行包干制，开展工作竞赛，班组分成若干小组，分别进行铺筋、安装锚垫板、整修等工序，班组设质安检查员，随身携带施工图纸和测量工具，负责班组的施工质量与安全，进行自检，如有问题及时汇报现场技术、安全人员，会同有关工种现场解决，保证施工工期、质量和安全。

预应力张拉作为平行工序可以与预应力铺筋同时进行，根据施工工期确定张拉设备数量，每套设备配备 3～4 名操作人员。张拉应提前做好准备工作，包括锚垫板的清理、锚具安装、机械标定等，同时做好张拉记录，以圆满完成张拉施工任务。

2.10.7　质量保证措施

（1）由于预应力工程属隐蔽工程，施工好后很难对施工质量进行检测，因此，在工程施工中，须严格遵守各道工序的质量保证措施，主要内容包括如下：

1）所有原材料的材料性能检验；

2）锚具、夹具性能检验；

3）编束、穿束质量检验；

4）张拉质量保证措施；严格按张拉操作程序进行施工。

（2）预应力工程验收时应提供的文件和记录：

1）预应力筋及锚具出厂质量合格证及有关性能指标资料；

2）预应力筋及锚具的力学性能复试报告；

3）隐蔽工程验收记录；

4）混凝土试件试验报告与质量评定记录；

5）张拉设备标定记录；

6）预应力筋张拉记录。

2.10.8 安全保证措施

根据《建筑施工安全技术统一规范》等法律规定，制定安全保证措施施如下：

（1）该项工程开工前，必须对进场工人进行安全技术培训教育，有针对性地进行安全技术交底，双方必须履行签字手续；

（2）严格遵守施工现场安全管理制度，正确使用个人防护用品和安全防护措施，进入施工现场必须戴好安全帽；

（3）钢绞线开盘下料要做好安全防护措施，以防止钢绞线伤人；

（4）在预应力作业中，必须特别注意安全施工，因为预应力持有很大的能量，万一预应力筋被拉断或锚具与张拉千斤顶失效，巨大能量急剧释放，有可能造成巨大危害。因此，在任何情况下作业人员不得站在预应力筋的两端及千斤顶后面。无关人员一律不得围观；

（5）操作千斤顶和测量伸长值的人员，应站在千斤顶侧面操作，严格遵守操作规程。油泵开动过程中，操作人员不得擅自离开岗位。如需离开，必须把油压阀门全部松开或切断电路；

（6）张拉施工时，张拉操作台必须搭设牢固可靠，锚具及其机具严防高空坠落与物体打击伤人；

（7）严防高压油管出现死弯或扭转现象，发现后应立即卸除油压进行处理；

（8）施工用电做到一机一闸一保，严禁乱接电线，以免发生触电事故。工作结束应及时切断电源；

（9）某体育中心体育馆预应力筋工程施工分段及计算伸长值见表2-26～表2-39。

1）Z1a预应力柱（按结施-13，结施-14）

Z1a预应力柱 表2-26

项目 编号	部　位	长度（m）	计算伸长值（mm）
1	(H28)轴	14.05	94
2	(H2)轴	14.05	94
3	(H19)轴	14.05	94
4	(H18)轴	14.55	97

2) 二层梁（按结施-19，结施-20）

2L-25 梁（R2）弧线轴，（H19）为起始轴逆时针转　　　　表 2-27

项目编号	部位	长度（m）	计算伸长值（mm）
1	（H19）-（8）	29.85	199
2	（8）-（5）	29.6	198
3	（5）-（H11）	36.58	244
4	（H11）-（H9）	19.2	128
5	（H9）-（5）	36.58	244
6	（5）-（H11）	29.6	198
7	（8）-（H28）	29.85	199

2L-19 梁（R3）弧线轴，（H18）为起始轴逆时针转　　　　表 2-28

项目编号	部位	长度（m）	计算伸长值（mm）
1	（H18）-（19）	20.18	135
2	（H19）-（H23）	32.26	215
3	（H23）-（H11）	27.88	186
4	（H11）-（H9）	18.65	125
5	（H9）-（H24）	27.88	186
6	（H24）-（H28）	32.26	215
7	（H28）-（H2）	20.18	135

2L-19 梁（R6）弧线轴，（H2）为起始轴逆时针转　　　　表 2-29

项目编号	部位	长度（m）	计算伸长值（mm）
1	（H2）-（H6）	32.26	215
2	（H6）-（H9）	27.88	186
3	（H9）-（H11）	18.65	124
4	（H11）-（H14）	27.88	186
5	（H14）-电梯井混凝土墙	29.41	196

2L-17 梁（R4）弧线轴，（H22）为起始轴逆时针转　　　　表 2-30

项目编号	部位	长度（m）	计算伸长值（mm）
1	（H22）-（H13）	15.05	101
2	（H13）-（H10）	24.23	162
3	（H10）-（H7）	24.23	162
4	（H7）-（H25）	15.05	101
5	（H5）-（H7）	15.05	101
6	（H7）-（H10）	24.23	162
7	（H10）-（H13）	24.23	162
8	（H13）-（H15）	15.05	101

2L-18 梁（8）、（15）轴线 表 2-31

项目 编号	部 位	长度（m）	计算伸长值（mm）
1	(H18) - (19)	20.18	135
2	(H19) - (H23)	32.26	215
3	(H23) - (H11)	27.88	186
4	(H11) - (H9)	18.65	125

2L-35 梁（R7）弧线轴，（10）为起始轴顺时针转 表 2-32

项目 编号	部 位	长度（m）	计算伸长值（mm）
1	(10) - (H17)	40.8	272
2	(H17) - (H14)	29.9	200
3	(H14) - (H11)	31.4	210
4	(H11) - (H9)	18.3	122
5	(H9) - (H6)	31.4	210
6	(H6) - (H3)	29.9	200
7	(H3) - (10)	40.8	272

2L-36 梁（R8）弧线轴，（H1）为起始轴逆时针转 表 2-33

项目 编号	部 位	长度（m）	计算伸长值（mm）
1	(H1) - (H17)	20.18	135
2	(H7) - (H14)	35.6	238
3	(H14) - (H11)	34.03	227
4	(H11) - (H9)	19.2	128
5	(H9) - (H6)	34.03	227
6	(H6) - (H3)	35.06	238
7	(H3) - (H1)	20.18	135

3）二层看台预应力梁分段（按结施-22、结施-23）

YLL-2 梁（R2）弧线轴，（H19）为起始轴逆时针转 表 2-34

项目 编号	部 位	长度（m）	计算伸长值（mm）
1	(H19) - (H20)	10.65	71
2	(H20) - (7)	28.65	191
3	(7) - (4)	30.95	207
4	(4) - (H11)	25.4	170
5	(H11) - (H9)	18.5	124
6	(H9) - (4)	25.4	170
7	(4) - (7)	30.95	207
8	(7) - (H27)	28.65	191
9	(H27) - (H28)	10.65	71

YLL-4 梁（R3）弧线轴，（H1）为起始轴逆时针转 　　　　　　表 2-35

项目编号	部　位	长度（m）	计算伸长值（mm）
1	（H1）-（H19）	10.15	68
2	（H19）-（H23）	32.7	218
3	（H23）-（H11）	28.25	189
4	（H11）-（H9）	18.3	122
5	（H9）-（H24）	28.25	189
6	（H24）-（H28）	32.7	218
7	（H28）-（H1）	10.15	68

YLL-3 梁（R6）弧线轴，（H1）为起始轴顺时针转 　　　　　　表 2-36

项目编号	部　位	长度（m）	计算伸长值（mm）
1	（H1）-（H18）	10.9	73
2	电梯井混凝土墙-（H14）	30.0	200
3	（H14）-（H11）	28.25	189
4	（H11）-（H9）	19.2	128
5	（H9）-（H6）	28.25	189
6	（H6）-（H2）	32.7	218
7	（H2）-（H1）	10.9	73

YLL-1 梁（R7）弧线轴，（H18）为起始轴顺时针转 　　　　　　表 2-37

项目编号	部　位	长度（m）	计算伸长值（mm）
1	（H18）-（H15）	26.45	177
2	（H15）-（H13）	26.75	179
3	（H13）-（H10）	25.85	173
4	（H10）-（H7）	25.85	173
5	（H7）-（H5）	26.75	179
6	（H5）-（H2）	26.45	177

六根短预应力梁 　　　　　　表 2-38

项目编号	部　位	长度（m）	计算伸长值（mm）
1	（H18）轴线处的（15/24）剖面	3.75	25
2	（H2）轴线处的（15/24）剖面	3.75	25
3	（H20）轴线处的（21/24）剖面	8.7	58
4	（H27）轴线处的（21/24）剖面	8.7	58
5	（H17）轴线处的（22/24）剖面	4.35	29
6	（H3）轴线处的（22/24）剖面	4.35	29
7	（H16）轴线处的（23/24）剖面	5.25	35
8	（H4）轴线处的（23/24）剖面	5.25	35

4) 屋顶环梁分段（按结施-28、结施-29）

YL-1梁（R3）弧线轴，（H1）为起始轴逆时针转　　　表 2-39

编号\项目	部　位	长度（m）	计算伸长值（mm）
1	(H28)-(H2)	20.85	139
2	(H2)-(H6)	30.9	206
3	(H6)-(H9)	27.65	185
4	(H9)-(H11)	19.0	127
5	(H11)-(H14)	27.65	185
6	(H14)-(H18)	32.4	216
7	(H18)-(H19)	20.85	139
8	(H19)-(H23)	32.4	216
9	(H23)-(H11)	27.65	185
10	(H11)-(H9)	19	127
11	(H9)-(H24)	27.65	185
12	(H24)-(H28)	32.4	210

2.11　××市博物馆预应力工程专项施工方案

2.11.1　工程概况

　　××文化园（博物馆）工程位于××市新河三角洲××大道。工程建筑面积54902m²，架空层面积：33308m²，地上面积：21594m²，博物馆含架空层总共5层（其中39.3m标高以上4层，39.3m标高以下1层），层高4.8～6.6m。由博物馆、图书馆、音乐厅、景观塔工程和架空层1～11区组成，××市代建工程建设指挥部投资建设。博物馆为预应力梁板结构，梁为有粘结预应力混凝土结构；板和跨后浇带部分采用无粘结预应力筋。05、06、07、11区架空层板厚度为280mm，梁为有粘结预应力混凝土结构；板采用无粘结预应力筋，预应力钢绞线均采用7φ5直径15.24mm，极限强度标准值为1860MPa的低松弛预应力钢绞线。该工程设计单位是×××建筑设计院，土建总承包是××建工集团和×××建设集团联合总承包，××建筑工程有限公司××分公司承担预应力专项工程施工。本工程目前进行到博物馆上部结构施工。该工程预应力系分：有粘结和无粘结结构体系，为确保该工程质量，编制此预应力工程专项方案，并进行专家论证。该工程获2008年度××省"安全文明示范工程"和国家级"AAA级安全文明标准化诚信工地"光荣称号。

2.11.2　编制依据

　　（1）国家《建筑法》、《安全法》、《建设工程安全生产管理条例》等法律法规；

　　（2）本工程设计施工图、施工合同以及施工组织设计等规定；

　　（3）××市文化园博物馆及05、06、07、11区架空层预应力施工图及其设计说明；

　　（4）现行国家建筑施工规范、标准与规程；

　　1）《混凝土结构工程施工质量验收规范》GB 50204—2002；

2）《预应力筋用锚具、夹具和连接器应用技术规程》JGJ 85—2010；

3）《预应力筋用锚具、夹具和连接器》GB/T 14370—2007；

4）《预应力混凝土用金属波纹管》JG 225—2007；

5）《预应力用液压千斤顶》JG/T 321—2011；

6）《预应力用电动油泵》JG/T 319—2011；

7）《预应力混凝土用钢绞线》GB/T 5224—2003；

8）××省建筑施工技术、质量、安全规程和规定；

9）《后张预应力混凝土施工手册》；

10）参考《中国建筑科学研究院无粘结预应力工法》、《中国建筑科学研究院有粘结预应力工法》；

12）本工程特点、施工现场环境和自然环境等。

2.11.3 适用范围

本施工组织设计适用于××市文化园博物馆及 05、06、07、11 区架空层的预应力分部工程。

2.11.4 工程特点

该工程预应力混凝土分包工程的主要特点是：

（1）博物馆及架空层板均采用无粘结预应力混凝土，梁均采用有粘结预应力混凝土结构；

（2）本工程预应力的施工需要多专业穿插、配合，必须与总承包单位及相关专业单位在工序交接、端部处理、施工顺序、施工进度等方面做好协调配合工作，以保证总体施工进度和施工安全；

（3）由于预应力板内预应力筋种类较多，预应力筋的布置以及在张拉端及固定端部位预应力锚具的排列位置应在施工前经多方面因素仔细考虑后确定；

（4）由于柱上板带特别是梁与柱结合部位钢筋布置密集，预应力筋的布置特别是张拉端及固定端部位螺旋筋、垫板、群锚锚具的排列位置应在施工前进行周全的考虑；

（5）本工程共分多个后浇带，以后浇带为界分多个施工片，由于后浇带部分混凝土浇筑时间滞后，为防止波纹管及钢绞线锈蚀，设计中在后浇带部分采用无粘结预应力束搭接，可彻底解决波纹管锈蚀穿孔漏浆的问题；如果穿过后浇带为有粘结筋，应在后浇带范围内套双层波纹管，防止预应力筋锈蚀；

（6）由于预应力筋的束形及位置直接影响到其受力性能，所以当普通钢筋及其他管线与预应力筋铺设位置发生冲突时，应首先考虑保证预应力筋位置的准确。另外，盖筋及其他管线铺设时势必对预应力筋的布置位置及束形带来影响，施工中应采取必要措施做好预应力筋成品保护工作；

（7）本工程工期紧张，预应力的铺束工序对施工工期有直接的影响，张拉工序也会对模板、支撑等材料的周转产生影响，因此必须根据总承包单位的总进度安排精心组织施工，确保不延误工程总体进度计划；

（8）本工程周边有防洪大堤，各架空层之间设有伸缩缝，对预应力筋的张拉和灌浆会造成一定影响，在预应力施工时应考虑张拉端预留位置的安放；

（9）本工程预应力材料用量非常集中，因此必须保证预应力施工主材，尤其是锚具的供应以及检验，要确保不因材料供应及送检的原因影响工程进度。

2.11.5 预应力分包工程施工总目标及施工计划

（1）工程质量目标：确保鲁班奖；

（2）工程进度目标：按总承包单位总体工程进度计划控制，不耽误总体工期；

（3）安全目标：安全事故为零；

（4）文明施工目标：努力做好规范管理，场容、场貌创一流水平，努力达到安全文明工地的标准；按项目管理的要求组织各工种的平衡和流水作业，通过有效的协调指挥，使整个工地保持最优化的组合和效果；

（5）预应力工程项目部的组织机构见图 2-51；

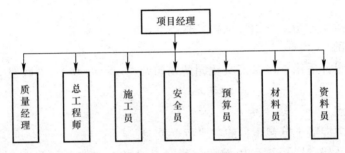

图 2-51　预应力工程项目部组织机构

（6）项目部计划投入的主要现场办公设备见表 2-40；

办公设备配备　　　　　　　　　　　　　　表 2-40

序　号	办公设备名称	型　号	数　量	用　途
1	台式电脑	长城	1	公司管理、文档整理
2	笔记本电脑	IBM	2	技术文件归档
3	激光打印机	惠普	1	打印下料单等

（7）施工队人员部署：

施工中应根据总进度要求，切实安排好技术工人和一般劳动力的配置。对各道工序，应有专人负责。由于工期较紧张，为保证总体进度，需要采取措施解决劳动力配置，本工程计划采取技术工人和一般普通工人结合操作的方式，由各工序的指挥负责总体安排，熟练现场关键工序的操作，包括以下关键工序和内容：

1）预应力束的定长下料和挤压（弹簧圈安装、操作油泵和挤压机）；

2）预应力束放线、锚垫板和螺旋筋的固定；

3）按线形铺设波纹管、预应力钢绞线；

4）端部构造处理；

5）预应力张拉前钢绞线清洁、安装锚具；

6）预应力束张拉过程中操作油泵、千斤顶安装、伸长值测读、张拉记录；

7）多余钢绞线的切除；

8）封锚。

对于施工过程中除前面所述关键工序以外的一般性工序配合，可以由普通工人完成，具体包括以下施工工序：

　　1）下料过程中的拉料、盘卷、材料周转运输；

　　2）预应力钢绞线束的编束、整体穿束；

　　3）预应力张拉前锚垫板外的清理；

　　4）张拉设备的搬运。

　　劳动力配备具体部署情况见表2-41。

劳动力配备　　　　　　　　　　　　　　　　　　　　表 2-41

| 序　号 | 工作内容 | 工种（人） | | | | 技术员 | 总人数 |
		预应力	电焊工	电工	杂工		
1	预应力筋下料	12		1	8	1	22
2	焊支架钢筋	6	4	1	4	1	16
3	焊端头埋件	8	4	1	4	1	18
4	穿管及铺设钢绞线	20	1	1	8	2	32
5	清理埋件、安装锚具	10			8	1	19
6	预应力张拉	8		1	2	1	12
7	端部切割	4		1	2	1	8

2.11.6　预应力施工工艺和操作要点

　　根据××文化园博物馆的预应力结构设计特点以及《中国建筑科学研究院有粘结后张预应力混凝土结构施工工法》，确定本工程有粘结预应力的施工工艺。

　　1. 有粘结预应力的施工工艺

　　（1）预应力梁施工工艺框架，见图 2-52。

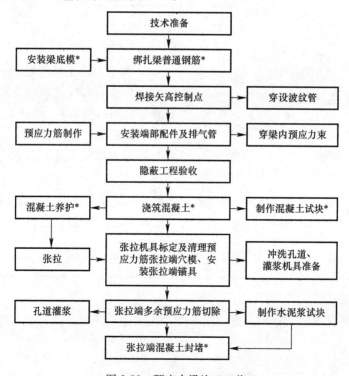

图 2-52　预应力梁施工工艺

注：加"＊"工序由土建单位或其他分包单位完成

（2）预应力板施工工艺框架，见图 2-53

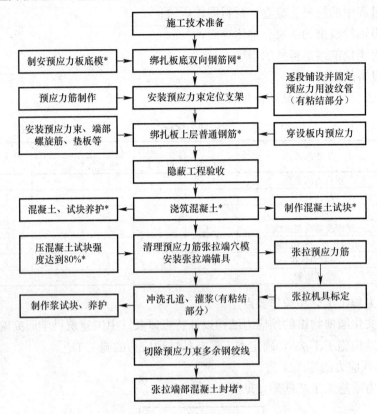

图 2-53　预应力板施工工艺

注：加"＊"工序由土建单位或其他分包单位完成

2. 预应力施工操作要点

（1）预应力板及预应力梁铺设金属波纹管和穿设预应力束

在与钢筋工交叉施工中，必须明确预应力筋与普通钢筋的关系，其相互关系如图 2-54 所示。

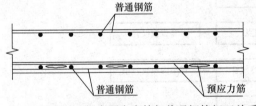

图 2-54　板内预应力筋与普通钢筋相互关系

待预应力板普通钢筋底筋成片完整绑扎好之后，开始放置预应力波纹管定位支架，波纹管的定位支架采用 $\phi12$ 钢筋制作，顶板在反弯点位置设置支架。反弯点支架矢高见表 2-42。

反弯点支架矢高　　　　　　　　　　　　　　　　表 2-42

反弯点 f_4 或 f_5		
板厚＝150	支座矢高 35	支座矢高 60
跨中矢高 35	91	74
跨中矢高 45	94	77
板厚＝180	支座矢高 35	支座矢高 60
跨中矢高 35	112	95
跨中矢高 45	115	98
板厚＝190	支座矢高 35	支座矢高 60
跨中矢高 35	119	102

	反弯点 f_4 或 f_5	
跨中矢高 45	122	105
板厚＝200	支座矢高 35	支座矢高 60
跨中矢高 35	126	109
跨中矢高 45	129	112
板厚＝210	支座矢高 35	支座矢高 60
跨中矢高 35	133	116
跨中矢高 45	136	119
板厚＝230	支座矢高 35	支座矢高 60
跨中矢高 35	147	130
跨中矢高 45	150	133
板厚＝240	支座矢高 35	支座矢高 60
跨中矢高 35	154	137
跨中矢高 45	157	140

支架形状如图 2-55 所示。

定位支架放置并固定好后开始铺设板内预应力筋，预应力筋曲线定位应按照施工图布置，顶板预应力波纹管按图 2-56 所示束形布置。

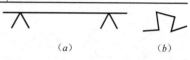

图 2-55　板内预应力束定位支架
(a) 用于固定板内多根预应力筋或波纹管;
(b) 用于固定板内单根预应力筋或波纹管

（2）安装预应力束张拉端的喇叭管和两端的螺旋筋

1）有粘结钢绞线必须保持平行顺直，不得相互扭在一起。

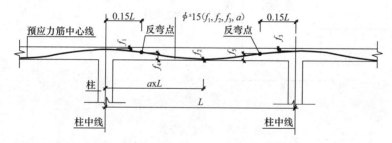

普通钢筋后铺方向(f_1, f_2, f_3, a)=(35,35,35,0.5)　板跨$L \leqslant 4$m，边跨从梁矢高直线至1/2板厚处。
普通钢筋先铺方向(f_1, f_2, f_3, a)=(35,45,35,0.5)　中跨跨度中点矢高为1/2板厚。
张拉端及固定端处预应力筋矢高均为60。　在后浇带张拉时，从梁矢高直线至1/2板厚处。

图 2-56　板内预应力筋曲线布置

预应力梁曲线如图 2-57 所示。

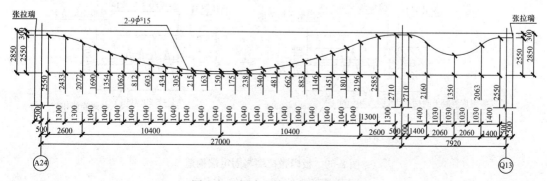

图 2-57　梁内预应力筋曲线布置

张拉端和固定端锚具制作安装如图 2-58、图 2-59 所示。

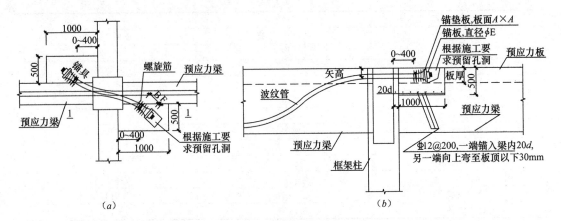

图 2-58 张拉端布置
（a）张拉端（凹入式）；（b）1-1 剖面

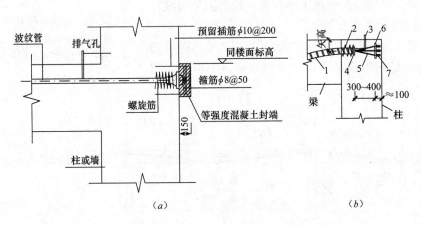

图 2-59 固定端布置
（a）张拉端（凸出式）；（b）固定端大样

1—金属波纹管；2—螺旋筋；3—排气管；4—棉纱封堵；5—钢绞线；6—锚垫板；7—挤压锚具

2）板内（单根）预应力筋无粘结张拉端与固定端构造如图 2-60 所示。

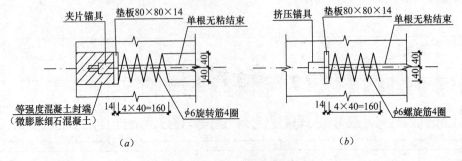

图 2-60 板内张拉端与固定端构造
（a）张拉端（凹入式）；（b）固定端

无粘结板面张拉端构造，如图 2-61 所示。

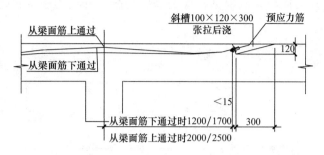

图 2-61　无粘结板面张拉端构造

① 用棉丝密封灌浆孔、喇叭口等重要部位，连接部位用防水胶带缠绕密封。

② 预应力束在每跨距柱边 1m 处设排气孔，从张拉端侧面引出灌浆孔，为防止排气管的意外破损导致漏浆，波纹管先不打孔。

③ 在浇筑混凝土前，技术人员认真检查各关键部位及预应力孔道的高度，认真填写"自检记录"和"隐蔽工程验收记录"。

3. 浇筑混凝土

（1）在浇筑混凝土时，振捣棒不得长时间直接碰撞预应力孔道，防止破坏波纹管而导致浆体进入预应力孔道。

（2）混凝土达到一定强度以后，及时拆除预应力板的侧模，清理张拉端喇叭口和预应力筋，安装锚具，为张拉工序做好准备。

4. 预应力张拉作业

（1）由于本工程双向长度均较大，预应力筋需要在板面上进行张拉，板面预应力筋的张拉需采用变角张拉工艺，这是本项预应力工程的主要特点之一，墙外侧预应力筋直接在墙外张拉。板面变角张拉端布置如图 2-62 所示。

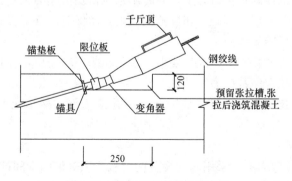

图 2-62　变角预应力张拉端布置

后浇带处张拉端采用凹入式做法，其示意如图 2-63 所示。

（2）在混凝土强度达到设计强度的 80% 之后，开始预应力筋的张拉。总承包单位在浇筑混凝土时，应增加两组预应力张拉试块，只有混凝土强度试验报告表明混凝土强度达到要求后，才能开始张拉。

张拉前应根据标定报告的结果计算所需张拉力、应力表度数、伸长值，并填写张拉申请单。应力表张拉应力读数，应根据预应力筋张拉根数和应力表标定时的回归方程计算确定。

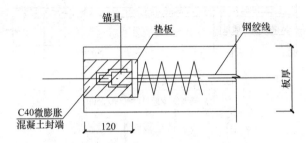

图 2-63　后浇带处张拉端采用凹入式做法

（3）预应力张拉设备：梁中有粘结筋采用群锚张拉，张拉采用 YCWB150B、YC-WB250B 系列千斤顶；板中无粘结筋采用单根张拉，张拉采用 YDC240QX 千斤顶；油泵均采用 ZB 型高压电动油泵。张拉设备在使用前，应送检验机构采用压力试验机，对千斤顶和油表进行配套标定，并且在张拉前要试运行，保证设备处于完好状态。

（4）理顺张拉端预应力筋次序，依次安装工作锚、变角块、千斤顶、工具锚。安装时应注意变角块块与块之间的槽口搭接，保证密实。

（5）由于开始张拉时，预应力筋在孔道内自由放置，而且张拉端各个零件之间有一定的空隙，需要用一定的张拉力，才能使之收紧。因此，应当首先张拉至初应力（张拉控制应力的 10％），量测预应力筋的伸长值，然后张拉至控制应力，再次量测伸长值，两次伸长值之差即为从初应力至最大张拉力之间的实测伸长值 ΔL_1。核算伸长值符合要求后，卸载锚固回程并卸下千斤顶，张拉完毕。

（6）如果预应力筋的伸长值大于千斤顶的行程，可采用分级张拉，即第一级张拉到行程后锚固，千斤顶回程，再进行第二次张拉，直至达到张拉控制值。

（7）张拉作业，以控制张拉力为主，同时用张拉伸长值作为校核依据。实测伸长值与理论计算伸长值的偏差应在 －6％～＋6％ 范围之内，超出时应立即停止张拉，查明原因并采取相应的措施之后再继续作业。

（8）考虑到施工进度和安全，设计要求两端张拉的预应力束，张拉作业时先张拉其一端，然后按照正常张拉次序补拉另一端。

（9）预应力筋张拉次序：先张拉板中无粘结预应力筋，然后再张拉梁中有粘结预应力筋。

预应力板张拉次序：

1）先张拉横向预应力筋，采用两套设备同时从两侧对称向中间推进；

2）横向预应力束张拉结束后，开始张拉纵向预应力筋，采用两套设备同时从两侧对称向中间推进；

3）后浇带预应力束待后浇带混凝土强度达到 80％后进行张拉。

（10）预应力筋张拉步骤：应从零应力加载至初应力（10％终应力），测量伸长值初读数，然后以匀速速度分级加载到 30％终应力，测量伸长值读数，再以匀速速度加载到 100％终应力，测量伸长值读数。

5. 孔道灌浆

（1）灌浆材料要求

1）灌浆用水泥采用强度不低于 42.5 级的普通硅酸盐水泥或 32.5 级矿渣硅酸盐水泥，水泥浆体标准强度不低于 30MPa。为了保证灌浆质量，应在灌浆前 40d 做两组试配试块，当试配试块达到 100％强度后，送实验室做试块实验，合格后才能进行灌浆。

灌浆混凝土掺用的外加剂的质量及应用技术应符合现行国家标准《混凝土外加剂》GB 8076—2008、《混凝土外加剂应用技术规范》GB 50119—2013 的规定；灌浆采用素水泥，可掺入适量减水剂（水泥用量的 0.25％木质素磺酸钙，FDN 等）和膨胀剂（水泥用量的 0.005％～0.015％），但要控制其膨胀率不大于 5％。

2）水泥浆的水灰比控制为 0.4～0.42。3h 泌水率宜控制在 2％～3％。

3）水泥浆自调制至灌入孔道的延续时间不宜超过 30min。

4）灌浆不得使用压缩空气，而且每一孔道的灌浆必须连续进行，中间不得停顿，灌浆过程中灌浆嘴不得离开灌浆孔，以免空气进入。

（2）灌浆工艺要求

1）灌浆前切割外伸钢绞线，钢绞线露在夹片外的长度控制在 30～50mm，然后用水泥浆密封所有张拉端，以防浆体外溢。并将排气孔部位的波纹管逐个打通，为下一操作做好准备。

2）灌浆采用柱塞式或螺旋式灌浆泵。灌浆前，应进行机具准备和试车。孔道应湿润、洁净。

3）灌浆工作应缓慢均匀地进行，不得中断，并应排气通顺。

4）灌浆孔设在张拉端垫板上，水泥浆从一端灌入，灌浆压力控制为 0.5～0.7MPa。孔道较长或灌浆管较长时压力宜大些，反之可小些。

5）灌浆进行到排气孔冒出浓浆时，即可堵塞此处的排气孔。灌浆封堵后应继续加压至 0.5～0.6MPa，并稳定一段时间。

6）灌浆过程中制作 2 组 70.7mm×70.7mm×70.7mm 的立方体水泥净浆试块，标准养护 28d 后送交实验室检验试块强度，其强度不应低于 30MPa。

由于灌浆质量的好坏直接关系到预应力钢绞线与混凝土的粘结效果以及结构的耐久性，因此施工过程中必须从每一个环节上进行严格控制。

6. 锚具的封堵

（1）预应力筋外露部分采用机械切割，预应力筋外露长度应大于 25mm。

（2）当张拉端采用凸处式做法（锚具位于梁端面或柱表面），张拉后用细石混凝土封裹。采用凹入式做法时（锚具位于梁、柱凹槽内），张拉后用细石混凝土填平。

（3）锚具封闭前应将周围混凝土冲洗干净、凿毛，对凸出式锚头应配钢筋网片。

（4）锚具封闭保护采用与构件同强度等级的细石混凝土。

（5）无粘结预应力筋锚具封闭前，无粘结筋端头和锚具夹片应涂防腐蚀油脂，并套上塑料帽，也可以涂刷环氧树脂。

7. 变角张拉技术

本工程预应力筋在板面处张拉端的张拉拟采用先进的预应力筋张拉工艺——变角张拉技术。

（1）变角张拉是指用变角块将张拉端的预应力筋按规定的方向和转角弯起，使张拉千斤顶的轴线和锚垫板法线呈一定角度并对预应力筋实施张拉的工艺。变角张拉技术解决了诸多张拉空间受限制时的张拉锚固问题。该技术由中国建筑科学研究院研制，为国家专利。

（2）变角张拉装置是由顶压器、变角块、千斤顶等组成。每一变角块有一定的变角量，通过叠加不同数量的变角块，可满足 5°～60°的变角要求。变角块与顶压器和千斤顶的连接，都要一个过渡块。安装变角块时应注意块与块之间的槽口搭接，一定要保证变角轴线向结构外侧弯曲。

（3）由于采用变角张拉技术可以缩短张拉孔槽的宽度和长度，减少张拉空间，因此该技术在预应力工程上得到了越来越广泛的运用。如首都国际机场航站楼工程、深圳车港工程、深圳华侨城 OCT 广场工程等多项预应力工程上都运用变角张拉技术，成功解决了预应力张拉困难等问题。

（4）为使张拉后应力达到设计要求，本工程的张拉设备采用中国建筑科学研究院生产的变角器及其配套的液压顶压器，其摩擦损失和张拉控制应力的修正均采用该专项技术的有关试验参数。

（5）在施工中，安装变角块时应注意块与块之间的槽口搭接，一定要保证变角轴线向结构外侧弯曲。张拉过程中应避免夹片嵌住钢绞线。

8. 预应力张拉控制力与伸长值

（1）预应力张拉控制力

1）对混凝土强度的要求

本工程要求混凝土强度达到设计强度的 80% 后方可张拉。总承包单位在浇筑混凝土时，应增加两组预应力张拉试块，只有混凝土强度试验报告表明混凝土强度达到要求后，才能开始张拉。

2）张拉控制力

预应力筋的张拉控制，以控制张拉力为主，同时用张拉伸长值作为校核依据。本工程张拉控制应力取为 0.75 倍钢绞线强度标准值，即

$$1860 \times 0.75 = 1395\text{MPa}$$

预应力筋采用单根张拉的方式，每根预应力筋的张拉力为 195kN。

单根预应力筋张拉力＝单根预应力筋面积×张拉控制应力＝140×1395＝195kN

张拉控制力（单根）见表 2-43。

张拉控制力（单根）   表 2-43

预应力束	理论张拉力（KN）		
	初始张拉力（10%终应力）	中间张拉力（30%终应力）	张拉控制力（100%终应力）
	19.5	58.6	195

群锚张拉力为群锚根数乘以 195kN。

（2）理论伸长值的计算

1）理论伸长值计算公式

曲线预应力筋的理论张拉伸长值 ΔL_T 按下式计算：

$$\Delta L_{\mathrm{p}}^{\mathrm{c}} = \frac{p_{\mathrm{m}} L_{\mathrm{p}}}{A_{\mathrm{p}} E_{\mathrm{s}}} \tag{2-50}$$

$$P_{\mathrm{m}} = P_{\mathrm{j}} \left(\frac{1 + e^{-(kx + \mu\theta)}}{2} \right) \tag{2-51}$$

式中 P_{m}——预应力筋的平均张拉力，取张拉端张拉力 P_{j} 与计算截面扣除孔道摩擦损失后的张拉平均值；

L_{p}——预应力筋的实际长度；

A_{p}——预应力筋的截面面积；

E_{s}——预应力筋的弹性模量；

k——每 m 孔道局部偏差摩擦影响系数；

μ——预应力筋与孔道壁之间的摩擦系数；

θ——从张拉端至固定端曲线孔道部分切线的总夹角（rad）。

2）参数取值

理论伸长值计算时，预应力筋的摩擦系数取值见表 2-44。

预应力筋的摩擦系数取值 表 2-44

预应力筋种类	k	μ
有粘结钢绞线	0.0015	0.25
无粘结钢绞线	0.004	0.09

（3）伸长值的实测和校核

由于开始张拉时，预应力筋在孔道内自由放置，而且张拉端各个零件之间有一定的空隙，需要用一定的张拉力，才能使之收紧。预应力筋张拉伸长值的量测，是在建立初应力之后进行。实际伸长值 ΔL 应等于：

$$\Delta L_{\mathrm{p}}^{\circ} = \Delta L_{\mathrm{P1}}^{\circ} + \Delta L_{\mathrm{p2}}^{\circ} - a - b - c \tag{2-52}$$

式中 $\Delta L_{\mathrm{P1}}^{\circ}$——从初应力至最大张拉力之间的实测伸长值；

$\Delta L_{\mathrm{p2}}^{\circ}$——初应力以下的推算伸长值；

a——千斤顶体内的预应力筋张拉伸长值；

b——张拉过程中工具锚和固定端工作锚楔紧引起的预应力筋内缩值（根据《混凝土结构设计规范》GB 50010—2010，取 6～8mm）；

c——混凝土构件在张拉过程中的弹性压缩值。（量值很小，可忽略）

本工程初应力取为张拉控制应力的 10%～15%。初应力以下的推算伸长值 ΔL_2 根据弹性范围内张拉力与伸长值成正比的关系推算。

张拉时，通过张拉伸长值的校核，可以综合反映张拉力是否足够，孔道摩擦损失是否偏大，以及预应力筋是否有异常。张拉时要求实测伸长值与理论计算伸长值的偏差应在 −6%～+6% 范围之内，超出时应立即停止张拉，查明原因并采取相应的措施之后再继续作业。

2.11.7 质量保证措施

1. 工程质量总目标及质量保证体系

本工程的质量总目标为：确保鲁班奖。

预应力专业施工由专业施工队伍负责实施，施工技术负责人、技术工人均经过技术培训，有上岗证。操作严格按照设计图纸、规范及施工组织设计的有关规定进行。各种材料均按规范进行进场验收，并做好材料的堆放及保护工作，隐蔽工程按规范及设计要求进行验收，每道工序均由专人把关，质量保证体系见图2-64。

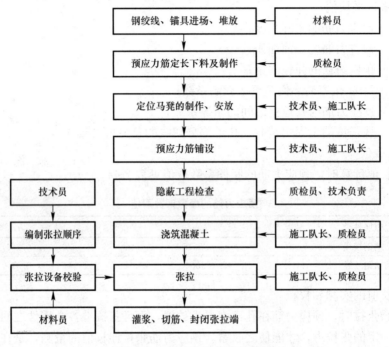

图 2-64　质量保证体系框架图

2. 质量标准

（1）材料的进场验收

不合格的材料不得投入使用，所用工程材料均应有质保书或"三证"，同时要按照规定对进场的材料进行抽检和复试，合格后方可投入使用。抽检和复试工作必须进行"见证取样、送样"。

（2）进场的机械设备

电焊机、张拉机具、切割设备等要保养、维护好。保证处于良好的工作状态。

张拉设备和仪表应满足预应力筋张拉要求，且应定期维护和标定。张拉设备的标定期限不应超过半年，当张拉设备出现不正常现象或千斤顶检修后，应重新标定。

张拉用千斤顶和压力表应配套标定、配套使用。标定时千斤顶活塞的运动方向应与实际张拉工作状态一致。

（3）持证上岗

进场的专业人员或特殊的操作工必须持有效上岗资格证件上岗，不符合要求的队伍及无证人员严禁上岗操作。

（4）严守技术细节

预应力筋束形控制点的竖向位置允许偏差应符合表2-45的规定。

截面高度（mm）	$h \leqslant 300$	$300 < h \leqslant 1500$	$h > 1500$
允许偏差（mm）	± 5	± 10	± 15

1）预应力筋的保护层厚度必须满足设计要求。如果没有特殊要求，则对于连续板为 25mm，对于连续梁为 40mm。

2）锚具夹片的内缩量应小于 6mm。

3）锚具的封闭保护应符合下列规定：

① 应采取防止锚具腐蚀和遭受机械损伤的有效措施；

② 凸出式锚固端锚具的保护层厚度不应小于 50mm；

③ 预应力筋的保护层厚度：正常环境时，不应小于 25mm；处于易受腐蚀的环境时，不应小于 50mm。

（5）做好成品保护工作

预应力施工结束后，由于还有诸多后续工作，因而必须加强成品保护工作。在后续施工进行期间要派专人保护埋件、钢绞线等，严禁损坏预应力成品。在浇筑混凝土期间，要委派专人在浇筑现场，防止振动棒长期振击并损坏预应力筋。

3. 工程技术资料整理

（1）施工过程中的原始记录和资料，应按照要求填写、汇总。

（2）认真填写施工日记，日记内容包括现场施工时发生的工作量、人工、机械使用、施工部位、材料设备进出场、质量问题、产生原因、不良违法及天气情况等。日记交相关部门资料员审核后归档备案。

（3）竣工资料的整理审核：

1）施工结束后，根据设计变更、图纸会审、会议纪要及书面指示、技术核定单等编制竣工资料，并及时交与总包单位汇总。

2）根据档案管理文件的要求，工程竣工后，对竣工资料进行审核、汇总装订成册后交总包单位审查验收。

2.11.8 质量控制措施

1. 质量控制点

质量控制点设置计划，见表 2-46。

质量控制点设置计划 表 2-46

序号	质量控制点	责任人	主要控制内容
1	设计交底、图纸会审	技术负责人	（1）图纸、资料是否齐全，能否满足施工要求 （2）了解设计意图，提出疑难问题 （3）对图纸的完整性、准确性、可行性进行自检
2	编制预应力施工方案	技术负责人	（1）根据设计图纸要求对预应力筋曲线进行翻样 （2）画出详细的节点详图 （3）计算出张拉力、张拉伸长值等
3	物资采购	材料员	（1）原材料合格证或质量保证书 （2）分类堆放，建立台账

序号	质量控制点	责任人	主要控制内容
4	施工前技术交底	技术负责人	(1) 熟悉图纸，规范要求 (2) 工程施工中的难点及重点部位 (3) 各工种交接检查交底 (4) 预应力筋孔道位置等
5	预应力分项工程隐蔽验收	质量员	(1) 分项工程隐蔽验收计划 (2) 隐蔽内容、质量标准及隐蔽验收记录等
6	预应力筋张拉验收	质量员	(1) 预应力筋张拉控制应力是否准确 (2) 张拉伸长值是否满足要求并填写张拉记录
7	预应力分项工程质量评定	质量员	(1) 严格执行质量评定标准 (2) 质量问题整改 (3) 质量评定记录

2. 质量保证措施

(1) 实行岗位责任制。按质量目标分解，将质量责任层层挂牌，层层落实。

(2) 加强技术管理，明确岗位责任制，认真做好技术交底工作。除进行书面交底外，还应组织各班组召开技术交底会，对施工难点和重点专门进行讲解。

(3) 各种不同的材料必须合理分类，堆放整齐，严格管理。加强原材料检验工作，严格执行各项材料的检验制度。钢绞线、锚夹具等材料都必须有出厂合格证和试验资料。

(4) 实行质量奖罚制。实行优质重奖、劣质重罚的方法，最大限度地调动工人的积极性。

(5) 三检制。质量严格检查，坚持"自检、交接检、专检"三检制。

(6) 隐检制。根据施工进度安排预检、隐检计划，进行预检、隐检程序，办理预检、隐检手续，并及时履行签证归档。

(7) 组织和参加各种工程例会。总结工程施工的进展、质量、安全情况，明确施工顺序和工序穿叉的交接关系及质量责任，加强各工种之间的协调、配合及工序交接管理，保证施工顺利进行。

3. 质量控制规定

(1) 技术人员按照图纸编制料单，下料人员应根据料单与现场核对，若料单与现场情况不符，下料人员必须及时通知技术人员，由技术人员根据现场情况更正料单。

(2) 下料人员必须按照技术人员所提供的准确料单尺寸下料。

(3) 挤压应由专人负责，挤压前对机具设备进行调试。设备运转正常后方可使用。

(4) 挤压模和顶杆在每挤压一次后应进行清理，不能有残留铁屑。

(5) 每个挤压锚内必须放置钢丝衬套或衬片，而且必须完整放置。

(6) 挤压后锚具外露钢绞线应在 1~5mm 之间，钢绞线未露出锚具的应切除后重新挤压。挤压顶杆变形，施工人员应及时汇报，更换挤压顶杆。

(7) 马凳或支架必须按照图纸要求的高度和数量焊接，板内马凳上下高度不能超过 5mm，梁内支架上下高度不能超过 10mm。

(8) 马凳或支架必须焊接牢固，如有脱落应及时修复。

(9) 预应力筋铺放前应认真检查，发现破损应立即用胶带修补。数量必须严格按照图纸设计数量放置,不得多放或少放。

(10) 预应力筋必须保持平行、顺直,不得扭绞。

(11) 预应力筋或波纹管定位应牢固,浇筑混凝土时不应出现移位和变形,在板内马凳或梁内标高处必须绑扎牢固。

(12) 端部承压板焊接应垂直于预应力筋。无粘结预应力筋非变角张拉端垫板埋入混凝土内深度为100mm,不能大于110mm、不能小于90mm。张拉端垫板焊接时必须考虑穴模和张拉锚具安装位置。

(13) 固定端垫板应分散放置,不应重叠,锚具与垫板必须紧贴。张拉端穴模安装两端必须紧贴垫板和外模板,非变角张拉端穴模不能长于110mm、不能短于90mm。安装穴模时发现焊接位置不当应通知焊接垫板人员及时修改。

(14) 钢绞线铺设完待普通面筋绑扎后必须对现场进行检查,检查张拉端穴模内是否有钢筋,发现钢筋必须立即处理。

(15) 施工现场必须做到文明施工,操作面不能余留废弃物及泡沫屑。

(16) 张拉锚具安装后用小钢管敲紧,锚环必须紧贴垫板,夹片前后两片不能错位。若钢绞线周围有钢筋必须进行处理后方可安装锚具,以保证锚环与垫板紧贴。

(17) 张拉人员必须按要求做好张拉记录,严格按照张拉控制应力张拉。随时检查张拉设备,清理加长杆内孔,使其处于完好状态。

(18) 预应力筋张拉必须按张拉顺序逐根张拉,不得漏拉或错拉。

(19) 张拉人员在张拉过程中发现问题应及时向现场管理人员汇报,不得擅自处理。

(20) 张拉后预应力筋的切割必须按规范要求操作,切割后预应力筋在锚具外长度应大于30mm,但不能露出混凝土面。

4. 保证监理制度的实施

严格的工程质量监理制度是保证建筑工程具有优良质量的关键。在执行工程质量监理制度中,坚持"主动、及时、严格、认真"的原则。本工程在严格执行内部质量管理体系的同时,严格执行监理制度,使现场的管理严格化、各道工序施工规范化、工程质量优良化,主动接受监理和总包单位的监督和检查,促进施工管理水平的提高。在进场和施工、竣工各阶段,做好以下各项工作:

(1) 及时、主动与总包联系,提出预应力分项工程的初步施工组织设计方案,为总包编制施工组织设计提供完整翔实的资料。

(2) 根据总包单位施工组织设计中的工期、质量保证体系、形象进度编制详细的预应力分包工程的施工组织设计及施工技术方案,呈报监理公司和总包单位审批。

(3) 材料分批进场时,均提前三天向监理提供质量保证书和进场数量,并及时提请监理进行见证抽样和送检。

(4) 张拉设备进场前和规范规定的使用期后均提前标定。

(5) 认真填写预应力筋编号、位置、数量、矢高等自检记录,并请监理现场监督,及时送自检材料。提前通知监理进行隐蔽验收。

(6) 接到混凝土强度试验报告后,提前通知监理张拉时间和张拉次序。张拉时请监理现场监督和核算张拉控制值。

(7) 灌浆时主动接受监理的监督。灌浆用的水泥浆试块试验报告及时送监理。

（8）预应力分项工程结束后，按照当地质检总站的技术要求，及时整理竣工验收的有关文件和资料。

5. 季节性施工

施工中应注意雨期施工、炎热天气施工及防大风等措施。

（1）雨期施工应注意做好钢绞线、水泥等材料及设备的防雨、防潮等工作，采取有效措施防止雨水进入波纹管。

（2）炎热天气施工要做好人员的防暑降温工作。

（3）大风天气施工应做好施工人员的安全保护工作。

6. 与总包单位的协调配合措施

（1）需总包单位提供的条件

预应力施工作为结构主体施工的一部分，既要在进度、施工计划、质量、安全、场地规划等方面服从总承包单位的组织和管理，同时也需要总包单位为其提供以下必要的施工条件和设施，以保证总体的施工进度。需总包单位提供的条件：

1）负责提供工地住房约 $30m^2$，仓库 $40m^2$，材料堆放场地 $25m×40m$ 及其他现有的公共设施，用以满足预应力单位在现场的生产和生活需要。有粘结钢绞线每盘重量约 3t，无粘结钢绞线每盘重量约 2t，在确定钢绞线堆放及下料场地时必须考虑在塔吊力臂所及范围内。

2）总包单位要在施工前向预应力施工单位提供本工程总体的施工组织设计和工程进度表，以便编制与之协调的预应力施工组织设计，并进行进场前的准备工作。总包单位在编制施工方案时，应当同时考虑预应力筋的布置方式，流水施工段的分界应当设置在预应力束搭接的部位，以方便预应力束的穿设和张拉，本工程后浇带位置以无粘结预应力筋搭接。

3）在施工前进行详细的技术交底，协调普通钢筋、管线、预留孔、预埋件等工序与预应力工序的施工。当普通钢筋及其他管线与预应力筋铺设位置发生冲突时，应首先考虑保证预应力筋位置的准确。

4）检查和监督预应力工程的进度和施工质量，与预应力施工单位共同解决施工生产中存在的难题。

5）为预应力穿束和张拉作业提供脚手架。

6）当按设计要求支设和制作预应力板侧模时，应考虑预应力束的端部处理。

（2）与其他工序的交叉协调配合

为保证总体进度，其他工序与预应力施工应当协调统一，解决好以下配合工作：

1）总体施工应从总进度出发，尽量给预应力施工提供必要的条件和时间，以利于预应力工程随同主体工程进度计划实施。

2）施工段内板底普通钢筋必须成片完整绑扎，以便放置定位支架和穿设波纹管、钢绞线。板面上层钢筋必须待预应力筋穿设固定好之后方可绑扎。

3）绑扎普通钢筋时，应当同时考虑预应力张拉端的构造处理，给预应力张拉端垫板安装留下足够的位置，以免返工而影响工程进度。对于墙外张拉的预应力筋，外侧模板必须考虑二次关模，即在预应力筋铺设好之后安装预应力筋上部模板。二次关模可避免拆模时敲碎模板，减少模板的浪费，如图 2-65 所示。

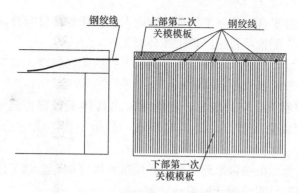

图 2-65 外墙上下二次关模示意图

4）本工程地下室需要分段分先后施工，分段处预应力筋连接于前后两个施工段，对于这部分预应力筋必须妥善处理。在前一施工段混凝土浇筑之前必须将连接于两个施工段的预应力筋固定端安装固定，下一施工段的预应力筋应集束绑扎。木工及钢筋工在支设下一施工段模板和绑扎钢筋时应将下一施工段预应力筋用脚手架支撑，不能将预应力筋压在模板或钢筋下面。

5）为保证质量安全，构件下部模板及支撑的拆除必须在预应力筋完全张拉完成后进行。

6）其他各工种在进行焊接作业时，应将焊接火化与波纹管或预应力筋隔绝。以免波纹管穿孔形成漏浆或无粘结筋涂包层受损而影响工程质量。

7）浇筑混凝土前，要对操作工人进行详细交底，浇筑混凝土的过程中要注意保护波纹管，严禁振捣器长时间直接冲击波纹管而产生破损，给后续的张拉和灌浆工序造成困难。

2.11.9 施工进度计划

由于预应力工程为分包工程，其施工工期必然要根据总包的进度计划进行调整，故本章所列的工期仅为初步工期，详细进度计划需要根据总包单位提供的施工组织设计具体编制。

1. 施工队伍和主要材料、设备进场计划

施工队伍和主要材料及设备的进场时间见表 2-47。

材料进场计划 表 2-47

项　目	进场时间	说　明
预应力施工队伍	开始预应力施工前 5d 进场	进场后即可开始准备分包作业
主材（钢绞线、波纹管、锚具等）	开始预应力施工前 5d 进场	材料进场后进行抽样和送检
张拉设备（油泵、千斤顶等）	开始张拉前 5d 进场	张拉设备进场前即做好标定和试运行
灌浆材料（水泥、膨胀剂等）	开始灌浆前 3d 进场	水泥由业主方提供送检合格的产品
灌浆设备（灌浆泵、搅拌机等）	开始灌浆前 5d 进场	灌浆所需的灌浆泵和搅拌机等设备进场前进行检查和试运行

2. 施工进度保证措施

（1）保证工期的管理措施

建立强有力的项目经理部，配置高效项目管理层。本工程施工的项目经理、技术员、

155

质检员、安全员均由有丰富工程施工管理经验的人员担任，并针对技术、质量、安全、文明施工、后勤保障工作配置项目副经理主抓分项工作。

严格执行奖罚制度，对各个工种、工序制定严厉的奖罚制度，对工期有重大影响的工序实行重奖重罚。

在总进度计划控制下，坚持逐月、逐周编制出具体工程部位施工计划和工作安排。如发现未能按节点工期完成计划，要即时检查，分析原因，迅速采取补救措施和调整计划。

定期召开工程例会，由项目经理主持，各施工班组参加，总结工作完成情况，协调工程施工内部矛盾，并提出明确的计划调整方案。

对影响工程的关键工序，项目经理要亲自组织力量，加班加点进行突击，有关管理人员要跟班作业，确保关键工序按时完成。

（2）保证工期的技术措施

从技术措施入手是保证工期最直接有效的途径，为此必须高度重视以下三个方面因素的影响：

1）设计变更因素

设计变更因素是进度执行中最大的干扰因素，其中包括设计图纸本身欠缺、变更或补充造成增量、返工，打乱施工流水节奏，致使施工减速甚至停顿。因此项目经理部要通过理解图纸与设计意图，进行自审、会审和与相关单位交流，采取主动态度，及时发现问题，最大限度地实现事前预控，把影响降到最低。

2）资源配置因素

① 劳动力配置。在保证劳动力的条件下，优化工人的技术等级和思想、身体素质的配备和管理，以均衡流水为主，对关键工序、关键环节和必要工作面根据施工条件及时组织抢工期，可根据总包施工情况进行 24h 作业。

② 材料配置。按照施工进度计划要求及时进货，做到既满足施工要求，又要使现场无太多的积压，以便有更多的场地安排施工。

③ 机械配置。为保证本工程按期完成，我们将配置足够的中小型机械，不仅满足正常使用，还要保证有效备用。另外，要做好机械设备的定期检查和日常维修，保证施工机械处于良好的状态。

④ 资金配备。根据施工实际情况编制资金流动计划，根据合同条款申请工程款，并将工程款合理分配于人工费、材料费等各个方面，同时要合理地利用和支配企业流动资金，使施工能顺利进行。

⑤ 后勤保障。后勤服务人员要做好生活服务供应工作，重点抓好吃、住两大难题。

3）技术因素

① 实行工种流水作业，抢工期间昼夜分两班作业。

② 发挥技术力量雄厚的优势，及时解决现场问题。

③ 应用新技术、新材料和新工艺以及计算机等现代化的管理手段为本工程服务。

2.11.10 材料及机械设备供应计划

1. 预应力主要材料及验收

（1）主要预应力材料的选购计划见表 2-48。

预应力主材采购计划　　　　　　　　　　表 2-48

材料名称	规　格	产地（生产厂家）	国家行业验收标准
单孔夹片锚具	I 类锚具 THM15-1	保定鸿力预应力技术有限公司	《混凝土结构工程施工质量验收规范》GB 50204 《预应力混凝土用钢绞线》GB/T 5224 《预应力筋用锚具、夹具和连接器》GB/T 14370 《预应力混凝土用金属波纹管》JG 225—2007
扁锚	I 类锚具 QMB15-3	中国建筑科学研究院建研科技股份有限公司	
挤压锚具	I 类锚具 LQM15P	柳州市南部佳正预应力工程机械有限公司	
钢绞线	1860MPa 级、ϕ15.24		
波纹管	20mm×80mm 壁厚 0.3mm	上海建科结构新技术工程有限公司	

（2）预应力筋质量要求

1）钢绞线截面特征及力学性能见表 2-49。

钢绞线截面特性及力学性能　　　　　　　　　　表 2-49

抗拉强度 (N/mm^2)	公称直径 (mm)	公称面积 (mm^2)	最小破坏荷载（kN）	1%伸长时最小荷载（kN）	最小延伸率 (%)	1000h 70%F	最大松弛率 80%F
1860	15.24	140	260.7	234.6	3.5	2.5	3.5

2）钢绞线出场时应有质量保证书，每盘上应挂有标盘，进场时，应按现行国家标准《预应力混凝土用钢绞线》GB/T 5224—2003 等的规定抽取样品做力学性能检验，其质量必须符合有关标准的规定。

检查数量：按进场的批次和产品的抽样检验方案确定，检查产品合格证、出厂检验报告和进场复验报告。

外观检查：应在使用过程中逐盘进行，其钢绞线表面不得有裂纹和机械损伤，允许有轻微的浮锈，但不得有明显的麻坑。外包层完好。

3）无粘结预应力筋外包层材料，应采用聚乙烯或聚丙烯，严禁使用聚氯乙烯。其性能应符合下列要求：

① 在－20～＋70℃范围内，低温不脆化，高温化学稳定性好；

② 必须具有足够的韧性、抗损坏性；

③ 对周围材料（如混凝土、钢材）无侵蚀作用；

④ 防水性好。

4）力学性能试验：从每批（60t 以内）中任取三盘钢绞线，各取一根试样进行拉伸试验，要求抗拉强度 $f_{ptk} \geq 1860N/mm^2$；$\delta \geq 3.5\%$。如有一项试验结果不符合标准要求，则该盘钢绞线为不合格品，应加倍取样复检，如仍有一项不合格，则该批钢绞线判为不合格品。

2. 预应力锚固体系的质量要求及外形要求

（1）预应力锚固体系分为张拉端锚具和固定端锚具。预应力张拉端锚固体系由锚环、夹片、承压板、螺旋筋等组成，固定端锚固体系由挤压锚、承压板、螺旋筋组成。本工程拟选用的群锚锚固体系为中国建筑科学研究院研制开发的 QM 系列锚具，单孔锚具拟选用柳州市佳正预应力工程机械有限公司、保定鸿力预应力技术有限公司锚具，其产品所有性能均达到 I 锚具的规范要求。

（2）锚具进场后，除应按产品出厂证明文件核对其锚固性能类别、型号、规格及数量外，尚应按国家标准《混凝土结构工程施工质量验收规范》GB 50204及《预应力筋用锚具、夹具和连接器》GB/T 14370—2007要求进行检测，合格后方可使用。

1）外观检查　应从每批中抽取10％的锚具且不少于10套，检查其外观和尺寸。如有1套表面有裂纹或超过产品标准及设计图纸规定尺寸的允许偏差，则应另取双倍数量的锚具重做检查；如仍有1套不符合要求，则应逐套检查，合格者方可使用。

2）硬度检验　进场后进行取样，以1000套为一个验收批，从每批中抽5‰的锚具且不少于5套进行试验。

3）静载锚固性能试验　对于本工程的锚具进场验收，其静载锚固性能由锚具生产厂提供有效的试验报告。

预应力筋用锚具验收批的划分：在同种材料和同一生产工艺条件下，锚具以不超过2000套为一个验收批，抽样3套送检。

预应力夹片锚具在张拉端的内缩量按照规范要求小于6mm。

4）波纹管的质量要求及外形要求　预应力混凝土用波纹管在使用前应进行外观检查，其内外表面应清洁，无锈蚀，不应有油污、孔洞和不规则的褶皱。咬口不应有开裂或脱扣。

5）预应力结构中严禁使用含氯化物的外加剂。

3. 主要施工机械设备

主要施工机械设备见表2-50。

施工机械设备　　　　　　　　　　　　　　　　　　表2-50

码　号	设备名称	型　号	数　量	备　注
1	五十铃客货两用车	1.5t	1辆	施工设备、锚具和施工辅材运输
2	油泵	ZB4-50	4台	用于张拉作业
3	千斤顶	YCQ-20	4台	用于扁锚的张拉
4	挤压机	JY-45	3台	挤压锚的制作
5	灌浆泵	UB3	2台	有粘结孔道灌浆
6	卷管机		1台	卷制波纹管
7	电焊机	—	3台	固定预应力筋矢高及垫板
8	电钻		2台	张拉端模板的穿孔
9	螺旋卷制机		1台	制作螺旋筋
10	钢筋调直机		1台	钢筋调直专用
11	切割机	—	4个	钢绞线下料切割
12	角磨机	—	5个	张拉后切割多余钢绞线

注：预应力张拉设备在使用前，应送权威检验机构采用千斤顶主动工作的方式，对千斤顶和油表进行配套标定，并且在张拉前要试运行，保证设备处于完好状态。

2.11.11　安全生产、文明施工管理措施

1. 安全生产、文明施工总目标

本工程的安全生产总目标：重大事故为零。杜绝重大伤亡事故，实现"五无"（即无重伤、无死亡、无倒塌、无中毒、无火灾）。文明施工总目标为：创建"文明工地"和

"样板工程"。

2. 安全生产、文明施工管理体系及保证措施

（1）安全生产、文明施工管理措施

1）纵向管理体系

施工现场成立总包单位领导下的以项目经理为主的安全、文明施工领导小组。项目经理为该分包工程安全生产、文明施工的第一责任人，项目部设立项目副经理和安全监督员，统一抓各项安全生产、文明施工管理措施的落实工作。各生产班组建立相应的安全生产管理小组，设立兼职安全员，配合安全监督员的工作。

2）横向管理体系

项目各职能部门都要参与安全生产和文明施工的管理工作，全体管理和技术人员都要牢固树立"百年大计，安全第一"的思想。

（2）安全生产保证措施

1）制定项目的安全生产责任制，工地现场设专人负责有关预应力施工的安全。

2）施工前，由项目负责人进行安全教育和安全考核，成绩合格方可上岗。

3）在整个施工过程中，由安全负责人定期对全体施工人员进行具体施工要求安全交底和安全检查。

4）项目上制定详尽的安全管理条例和奖惩制度，各班组由兼职的安全负责人定期组织安全学习和教育。

5）张拉人员要严守张拉操作规程，张拉时千斤顶后严禁站人。

6）严禁穿拖鞋上班，进入现场必须佩戴安全帽，高空临边作业必须系安全带。

7）加强防火教育，杜绝火灾隐患。

8）规范用电管理，所有闸箱、电缆和用电机具必须达到安全用电的标准，做到人走断电。

9）尽量避免上下交叉作业，严防高空坠物伤人。

10）所有施工机械必须由专人负责保管，做到常保养、常检查、常维修，使其保持良好的工作状态；设备要由专人操作，必须严格遵守操作规程，防止一切可能的机械伤害。

3. 安全生产规程

（1）进入施工现场的每一位管理人员和施工人员必须有强烈的安全意识，全体人员树立起抓安全一刻不忘，管理安全理直气壮的观念。

（2）所有人员进入施工现场必须戴安全帽，并系好帽扣带。

（3）施工期间禁止酗酒，严禁酒后进入施工现场。

（4）进入施工现场要穿戴整齐，禁止穿拖鞋或底部带钩鞋、易滑鞋进入施工现场。

（5）在现场施工时，应经常注意翘头板、朝天钉及高空坠物。

（6）高空或临边作业应搭设脚手架或操作平台，脚手架应牢固可靠，有装卸千斤顶用面积。特殊情况下如无可靠的安全设施，操作人员应佩戴安全带。雨天张拉时，应架设防雨篷。

（7）现场放线切割预应力钢绞线，应设置专用放线架，避免放线时钢绞线回弹伤人。

（8）严禁用砂轮锯切割短钢筋。

（9）钢绞线放盘必须有多人配合，单独一人不许放盘，放盘时，操作人员应站在安全

的一侧（内侧）。

（10）张拉时严禁踩踏预应力筋、千斤顶前后45°范围内严禁站人，当预应力筋一端张拉时，另一端不许站人。

（11）在量测预应力筋伸长值时，应停止张拉，操作人员必须站在千斤顶侧面操作。

（12）张拉时发现以下情况，应立即放松千斤顶，查明原因，采取措施后再张拉。

1）断丝、滑丝，或锚具碎裂。

2）混凝土破碎，垫板陷入混凝土。

3）孔道或结构内有异常响声。

4）达到张拉力后，伸长值明显不足，或张拉力不足，预应力筋已被拉断并继续伸长。

（13）施工时，应配备符合规定的电器设备，并随时检查，及时更换破损、失灵等不符合安全要求的设备。

（14）使用电源必须有可靠接地线，严格按照有关规定使用操作。不得将机具电源线直接接在主电源箱上。

（15）夜间施工必须有完备的照明设施，光线不足或判断不明的情况下应暂停，待具备条件后再施工。

（16）所有机具必须按技术规范正确操作使用，切割钢绞线时砂轮锯后应安置挡板，避免切割时产生的火花引起火灾。

（17）特种作业人员必须经过培训考核合格取得操作证后方准单独作业。

（18）施工现场和工作操作面，必须严格按国家规定的标准搞好防护，保证工人有安全、可靠的工作环境。对操作不安全或违章作业的指挥，工人有权拒绝施工。

（19）工作时要思想集中，坚守岗位，遵守劳动纪律，未经领导许可不得从事非本工种作业。

（20）在施工现场行走，要特别注意安全，严禁攀登脚手架、井字架、龙门架和随吊篮上下。

（21）工人必须严格执行操作规程，不得违章作业，不得冒险蛮干。

（22）对施工现场的各种防护装置、防护设施和安全标志，未经工长许可不得随意挪动和拆除。

（23）脚手架、井字架、安全网、特殊架子等，以及机械设备、暂设电气工程等，都必须经检查验收合格后才能使用。

（24）新入场的工人必须进行安全教育。学习安全条例后才能参加施工生产。

（25）全体职工、民工都要关心安全生产，积极参加安全生产活动，服从领导和安全检查人员的指挥和监督。

4. 消防措施

（1）积极配合总包单位的工作，建立机制，经常性地进行防火检查，及时发现和消除存在的火灾隐患。

（2）制定防火措施。

（3）现场禁止使用明火，动火作业必须履行安全监督员审批制度。

（4）工作区和生活区的照明、动力电路都必须有专业电工按规定架设，任何人不得私拉电线。

5. 竣工资料

施工过程中，要保留好全部施工资料，待全部预应力束张拉、灌浆及端部封堵完成之后，预应力分包工程结束，要向总包提交预应力分包工程的竣工报告，同时根据要求提供验收所需的全套资料，主要包括：

(1) 施工资质及施工人员证件；

(2) 预应力施工组织设计方案及审查意见；

(3) 钢绞线质量证明书；

(4) 钢绞线试验报告；

(5) 锚具出厂合格证；

(6) 张拉设备标定报告；

(7) 隐蔽工程验收记录；

(8) 预应力筋的张拉记录；

(9) 分项工程验收记录；

2.12 ××市博物馆大跨度梁板模板钢管超高搭设施工方案

2.12.1 工程概况

本工程目前进行到博物馆上部结构施工。根据规定要对模板搭设高度超过 8m、梁跨度大于 18m、线荷载超过 15kN/m 部分的支模体系进行专家论证，因此编制此方案。该工程获 2008 年度××省"安全文明示范工程"和国家级"AAA 级安全文明标准化诚信工地"光荣称号。

本方案针对 Ⅱ、Ⅲ、Ⅶ施工段的大跨度高截面、搭设高度高的混凝土预应力梁及线性荷载超过 15kN/m 梁的支模体系进行编制。

本工程位于××市新河三角洲，××大道。本工程建筑面积 54902 万 m²，架空层面积 33308m²，地上面积 21594m²，博物馆含架空层总共 5 层（其中 39.3m 标高以上 4 层，39.3m 标高以下 1 层），层高 4.8~6.6m。

本工程已进行专家论证的有以下几个部分：

（1）主楼一层结构 qD 轴~qF 轴交 1/q3 轴~q13 轴（Ⅶ施工段），有以下大截面和大跨度预应力梁，见表 2-51。

大截面规格和大跨度预应力梁 　　　　　　　　　　　　　　　　　表 2-51

梁 号	截面尺寸	跨度（m）	模板支架搭设高度（m）	位 置
YKL82	500mm×2000mm	25.5	9.9	qE 交 q13、1/q3
YKL83	500mm×2850mm	25.5	12.15	qF 交 q13、1/q3
YKL48	500mm×2400mm	25.5	6.6	qG 交 q13、1/q3
KL78	400mm×2000mm	27.6	8.55	qD 交 q13、1/q3

（2）主楼屋面结构 qC 轴~qG 轴交 1/q3 轴~q9 轴（Ⅶ施工段），有以下大截面和大跨度预应力屋面框架梁，见表 2-52。

大截面规格和大跨度预应力屋面框架梁

表 2-52

梁 号	截面尺寸	跨度（m）	模板支架搭设高度（m）	位 置
YWKL10	600mm×2500mm	25	24.024	qd 交 $q7$、$q4$
YWKL11	600mm×2500mm	35.5	21.162	qE 交 $q8$、$1/q3$
YWKL12	600mm×2500mm	39	17.4	qF 交 $q8$、$1/q3$
YWKL13	600mm×2500mm	42.6	14.088	qG 交 $q8$、$1/q3$
YWKL39	600mm×2000mm	14.8	20.8	qc 交 $q7$、$q5$

（3）主楼屋面结构 $r2\sim1/r6$ 轴～qG 轴交 $q3$ 轴～$q8$ 轴（Ⅱ、Ⅲ施工段），有模板支架搭设高的预应力屋面框架梁，见表 2-53。

有模板支架搭设高度的预应力屋面框架梁

表 2-53

梁 号	截面尺寸	跨度（m）	模板支架搭设高度（m）	位 置
YWKL4	400mm×1300mm	18	26	rA、rB 交 $r1$
YWL1	400mm×1300mm	17.4	26	rA、rB 交 $r2$、$r3$
YWKL5	400mm×1500mm	15.5	26	rA、rB 交 $r3$
YWL2	300mm×1200mm	14.9	26	rA、rB 交 $r3$、$r4$
YWKL6	400mm×1300mm	13.4	26	rA、rB 交 $r4$
WL3	300mm×1200mm	12.4	26	rA、rB 交 $r5$
YWKL7	400mm×1300mm	10.6	26	rA、rB 交 $r4$、$r5$
WL4	400mm×1000mm	9.7	26	rA、rB 交 $r5$、$r6$
WKL8	400mm×1300mm	7.8	26	rA、rB 交 $r6$
WL5	300mm×700mm	6.6	26	rA、rB 交 $t2$、$t3$

（4）主楼上部结构（包括架空层）线荷载大于 15kN/m 梁（不包含上面所列出的梁），由于满足此要求的梁比较多，按照梁截面最大、线荷载最大原则，将具有代表性的梁列出，见表 2-54。

按照梁截面和线荷载最大具有代表性的梁

表 2-54

梁 号	截面尺寸	跨度（m）	模板支架搭设高度（m）	位 置
KL47	400mm×1200mm	13.5	6.6	qF 交 $q2$、$1/q3$
KL46	400mm×1300mm	13.5	6.6	qD 交 $q2$、$1/q3$
KL57	400mm×1400mm	13.5	6.6	qG 交 $1/q1$、$q4$

（5）主楼三层至屋面 $qD\sim qJ$ 轴交 $1/1q\sim1/4q$ 轴（Ⅲ施工段）搭设高的屋面梁，见表 2-55。

模板支架搭设高度高的预应力屋面梁

表 2-55

梁 号	截面尺寸	跨度（m）	模板支架搭设高度（m）	位 置
YWKL13	600mm×2000mm	12.6	12.8	qG 交 $1/q1$、$q4$
YWKL12	600mm×2000mm	12.6	12.8	qF 交 $1/q1$、$q4$
YWKL11	600mm×2000mm	12.6	12.8	qE 交 $1/q1$、$q4$
YWKL10	600mm×2000mm	12.6	12.8	qd 交 $1/q1$、$q4$
KL34	300mm×600mm	8.4	12.8	qJ 交 $1/q1$、$q4$

(6) 主楼三层至屋面 $qC\sim qG$ 轴交 $q13\sim q11$ 轴（Ⅳ、Ⅵ施工段）搭设高度高的屋面梁和板，见表 2-56。

模板支架搭设高度高的屋面梁和板　　　　　　　　表 2-56

梁　号	截面尺寸	跨度（m）	模板支架搭设高度（m）	位　置
YWKL13	600mm×2000mm	5	11.3	qG 交 $q8$、$1/q10$
YWKL12	600mm×1500mm	4.2	11.3	qF 交 $q8$、$1/q10$
YWKL11	600mm×2000mm	8.4	11.3	qE 交 $q8$、$1/q10$
YWKL10	600mm×2000mm	12.8	11.3	qd 交 $q7$、$1/q10$
YWKL39	600mm×1000mm	12.8	11.3	qc 交 $q7$、$1/q10$

2.12.2 编制依据

（1）《建筑法》、《安全法》、《建设工程施工安全管理条例》、《建筑施工扣件式钢管脚手架安全技术规范》JGJ 130—2011 和住房和城乡建设部"关于《危险性较大的分部分项工程安全管理办法》的通知"（建质〔2009〕87 号）文件等规定。

（2）本工程设计施工图、施工合同以及施工组织设计等规定。

（3）本工程目前进行到博物馆上部结构施工。根据规定要对模板搭设高度超过 8m；梁跨度大于 18m；线荷载超过 15kN/m 部分的支模体系进行专家论证，故特编制此方案。

本方案针对Ⅱ、Ⅲ、Ⅶ施工段的大跨度高截面、搭设高度高的混凝土预应力梁及线性荷载超过 15kN/m 梁的支模体系进行编制。

2.12.3 梁、板扣件式钢管支模系统

1. 梁、板模板

梁底板、旁板、楼板板底采用 18mm 厚的九夹板。梁底板下铺设 60mm×80mm 木方，用沿梁跨度方向为 400mm 的 $\phi48$ 水平钢管顶紧，板底下铺设 60mm×80mm 木方，间距为 250mm，用 $\phi48$ 水平钢管顶紧，下部用大跨度的梁，底板中间要起拱 3‰。

梁旁板内楞采用 60mm×80mm 木方，间距 250mm，外楞采用 $\phi48$ 钢管。旁板放置 M16 的对拉螺杆，沿梁跨度方向间距为 300mm，梁底第一根对拉螺杆至梁底距离根据梁的截面高度而定。

所有梁两侧必须用斜撑来确保模板的垂直度，斜撑角度不能大于 45 度，并且两边要撑在同一根水平钢管上，垂直度用线锤来吊，控制在±1.5mm 以内，沿梁方向布置，间距为 500mm。

2. 梁、板底支撑架搭设与计算

（1）主楼一层Ⅶ施工段梁、板底排架立杆采用 $\phi48\times3.0$ 钢管。横向间距 550mm（梁底立杆横距为 300mm、沿梁跨度方向间距为 550mm）；纵距 900mm；步距 1500mm。梁、板底立杆采用对接，且不少于 2 个扣件固定。立杆底部沿梁跨度方向铺设垫块。立杆上端伸出至模板支撑点长度为 0.10m。

排架外侧四周立杆按规范设置剪刀撑，每隔 6m 设置一道，斜杆与地面的倾角 45°～60°，由底至顶连续设置。剪刀撑接长采用搭接，搭接长度不应小于 1m，且应采用不少于 3 个旋转扣件固定，端部扣件盖板的边缘至杆端距离不应小于 100mm。剪刀撑应随立杆、纵向和横向水平杆等同步搭设。在底板与板底之间 6m 左右高度设置一道水平剪刀撑（主

楼Ⅶ施工段其余梁 YKL82、YKL48、KL78 搭设方式,详见图 2-69),如图 2-66 图示。

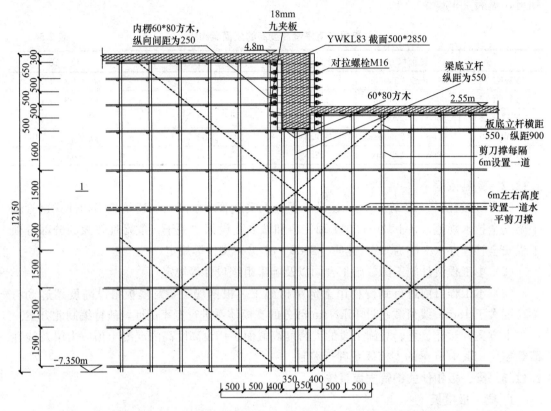

图 2-66　梁底与楼屋面板底净高 15～25m 支模架,超高支撑搭设剖面图

(2) 主楼Ⅶ施工段屋面梁底排架立杆采用 φ48×3.0 钢管。横向间距 300mm（梁底两根承重立杆,梁两侧立杆间距为 1.2m）；纵距 400mm；步距 1500mm。梁底立杆采用对接,且不少于 2 个扣件固定。立杆底部沿梁跨度方向铺设 100mm×100mm 垫块。立杆上端伸出至模板支撑点长为 0.10m。

排架外侧四周立杆按规范设置剪刀撑,每隔 6m 设置一道,斜杆与地面的倾角 45°～60°,由底至顶连续设置。剪刀撑接长采用搭接,搭接长度不应小于 1m,且应采用不少于 3 个旋转扣件固定,端部扣件盖板的边缘至杆端距离不应小于 100mm。剪刀撑应随立杆、纵向和横向水平杆等同步搭设,最下面的斜杆与立杆的连接点离地 250mm。由于局部搭设高度比较高,由底部至顶部在每隔 6m 左右高度设置一道水平剪刀撑（主楼Ⅶ施工段其余屋面梁 YWKL12、YWKL11、YWKL10、YWKL39 均参照图 2-66～图 2-69 搭设方式执行）。

(3) 主楼Ⅱ、Ⅲ施工段屋面梁、板底排架立杆采用 φ48×3.0 钢管。横向间距 700mm（梁底设置一根承重立杆,梁两侧立杆间距为 0.9m,沿梁跨度方向间距为 400mm）；纵距 800mm；步距 1500mm。梁、板底立杆采用对接,且不少于 2 个扣件固定。立杆底部沿梁跨度方向铺设 100mm×100mm 垫块。立杆上端伸出至模板支撑点长度为 0.10m。

排架外侧四周立杆按规范设置剪刀撑,每隔 6m 设置一道,斜杆与地面的倾角 45°～60°,由底至顶连续设置。剪刀撑接长采用搭接,搭接长度不应小于 1m,且应采用不少于

3个旋转扣件固定，端部扣件盖板的边缘至杆端距离不应小于100mm。剪刀撑应随立杆、纵向和横向水平杆等同步搭设，最下面的斜杆与立杆的连接点离地250mm。由于搭设高度比较高，由底部至顶部在每隔6m左右高度设置一道水平剪刀撑（主楼Ⅱ、Ⅲ施工段其余屋面梁 YWKL4、YWL1、YWL2、YWKL6、WL3、YWKL7、WL4、WKL8、WL5均参照图2-66～图2-69搭设方式进行），如图2-66施工搭设方式与计算（梁板模板底支撑计算详见本节第3款中计算分析）图所示。

（4）主楼（包括架空层）线荷载超过15kN/m的梁、KL47（400mm×1200mm）梁、板底排架立杆采用ϕ48×3.0钢管。横向间距800mm（梁底横距400mm，纵距400mm）；纵距800mm；步距1500mm。梁底立杆采用对接，且不少于2个扣件固定。立杆底部沿梁跨度方向铺设100mm×100mm垫块。立杆上端伸出至模板支撑点长度为0.10m。

排架按规范设置剪刀撑，每隔6m设置一道，斜杆与地面的倾角45°～60°，由底至顶连续设置。剪刀撑接长采用搭接，搭接长度不应小于1m，且应采用不少于3个旋转扣件固定，端部扣件盖板的边缘至杆端距离不应小于100mm。剪刀撑应随立杆、纵向和横向水平杆等同步搭设，最下面的斜杆与立杆的连接点离地250mm（主楼及架空层其余线荷载超过15kN/m的梁均参照图2-66～图2-69搭设方式进行）。各种屋面梁底支撑与板底支撑搭设方式如图2-67所示。

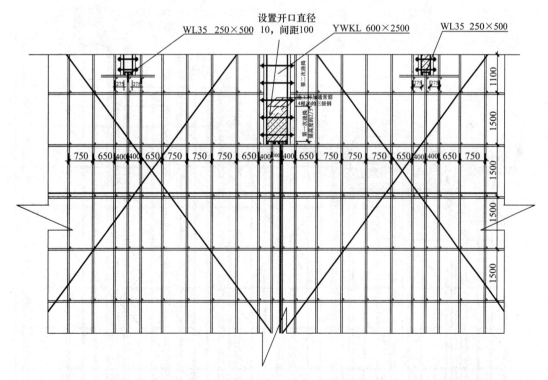

图2-67　梁底板底高8～15m支模架支撑搭设和混凝土二次浇灌与梁板底计算示意图

（5）主楼三层至屋面 qD～qJ 轴交 $1/1q$～$1/4q$ 轴（Ⅲ施工段）屋面主楼梁、板底排架立杆采用ϕ48×3.0钢管。横向间距700mm；纵距800mm；步距1500mm。梁底立杆采用对接，且不少于2个扣件固定。立杆底部沿梁跨度方向铺设100mm×100mm垫块。立杆上端伸出至模板支撑点长度为 0.10m。

排架按规范设置剪刀撑，每隔 6m 设置一道，斜杆与地面的倾角 45°～60°，由底至顶连续设置。剪刀撑接长采用搭接，搭接长度不应小于 1m，且应采用不少于 3 个旋转扣件固定，端部扣件盖板的边缘至杆端距离不应小于 100mm。剪刀撑应随立杆、纵向和横向水平杆等同步搭设，最下面的斜杆与立杆的连接点离地 250mm。在施工屋面结构时，下面一层排架不准拆除，必须保留（其余梁均参照图 2-66～图 2-69 图示搭设方式进行）。

（6）主楼三层至屋面 qC～qG 轴交 $q13$～$q11$ 轴（Ⅳ施工段）屋面梁、板底排架立杆采用 $\phi48×3.0$ 钢管。横向间距 700mm；纵距 800mm；步距 1500mm。梁底立杆采用对接，且不少于 2 个扣件固定。立杆底部沿梁跨度方向铺设 100mm×100mm 垫块。立杆上端伸出至模板支撑点长度为 0.10m。

排架按规范设置剪刀撑，每隔 6m 设置一道，斜杆与地面的倾角 45°～60°，由底至顶连续设置。剪刀撑接长采用搭接，搭接长度不应小于 1m，且应采用不少于 3 个旋转扣件固定，端部扣件盖板的边缘至杆端距离不应小于 100mm。剪刀撑应随立杆、纵向和横向水平杆等同步搭设，最下面的斜杆与立杆的连接点离地 250mm。在施工屋面结构时，下面一层排架不准拆除，必须保留（其余梁均参照图 2-66～图 2-69 图搭设方式进行），各种屋面梁底支撑与屋面板底模板支模架支撑搭设方式与计算图，如图 2-68 所示。

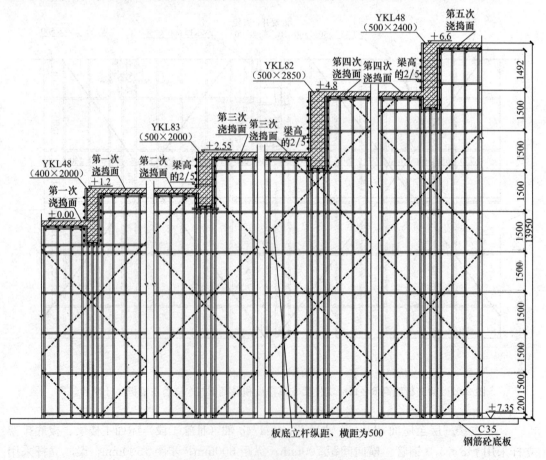

图 2-68　梁底净高 25～40m 支模架，超高支撑剖面与满堂屋面板下立杆支撑、计算示意图

166

3. 大梁梁底和大跨超高楼、屋面板板底满堂支模架支撑设计计算

（1）大梁底支撑架设计计算，详见本书 2.12.11～2.12.13 节设计计算分析。

（2）大模板超高满堂支撑架搭设高度为 27.5m，允许搭设高度计算，取小值为：

$$[H] = \frac{\varphi Af - (1.2N_{G2k} + 1.4\Sigma N_{Qk})}{1.2g_k}$$

$$= \frac{0.906 \times 5.06 \times 205 - (1.2 \times 2.70 + 1.4 \times 1.75)}{1.2 \times 2.7} = \frac{934.1}{3.24}$$

$$= 28.8m > 27.5m \qquad 搭设高度满足要求 \qquad (2-53)$$

式中　$[H]$——脚手架（钢管）允许搭设高度（m）；

　　　φAf——连墙稳定系数见《建筑施工扣件式钢管脚手架安全技术规范》JGJ 130—2011 附表 A.0.6 和钢管截面面积见《建筑施工扣件式钢管脚手架安全技术规范》JGJ 130—2011 附表 B.0.1 及连墙件钢材强度设计值（N/mm²）按表《建筑施工扣件式钢管脚手架安全技术规范》JGJ 130—2011 附表 5.1.6 采用；

　　　N_{G2k}——构配件自重产生的轴向力标准；

　　　ΣN_{Qk}——纵距内施工荷载总和，按 1/2 取值。

（3）满堂大模板超高支撑架立杆的长度计算，取整体稳定性计算最不利值：

顶部立杆段：　　　　　　　　　$l_0 = k\mu_1(h + 2_a)$　　　　　　　　　(2-54)

$$l_0 = k\mu_1(h + 2_a) = 1.291 \times 1.269 \times (1.8 + 2 \times 0.2) = 0.36mm$$

非顶部立杆段：　　　　　　　　$l_0 = k\mu_2 h$　　　　　　　　　(2-55)

$$l_0 = k\mu_2 h = 1.29 \times 1.551 \times 1.8 = 0.36mm$$

$$0.36mm < \phi 48mm \text{ 钢管，满足要求。}$$

式中　k——满堂支撑架立杆长度计算附加系数，按《建筑施工扣件式钢管脚手架安全技术规范》附表 5.4.6 采用；

　　　h——步距；

　　　a——立杆伸出顶层水平杆中心线至支撑点的长度，应不大于 0.5m，当 $0.2m < a < 0.5m$ 时，承载力可按线性插入值；

　　　μ_1, μ_2——考虑满堂支撑架整体稳定因素的单杆计算长度，加强型构造按《建筑施工扣件式钢管脚手架安全技术规范》附表 C—3、《建筑施工扣件式钢管脚手架安全技术规范》附 C—5 采用。

（4）满堂支撑架立杆的轴向力设计值 N，处于室内按不组合风荷载计算如下：

$$N = 1.2\Sigma N_{Gk} + 1.4\Sigma N_{Qk} \qquad (2-56)$$

$$N = 1.2\Sigma N_{Gk} + 1.4\Sigma N_{Qk} = 1.2 \times 7.44 + 1.4 \times 2 = 117.3N/mm^2 \leqslant 205N/mm^2$$

安全满足要求。

式中　ΣN_{Gk}——永久荷载对立杆产生的轴向力标准值总和（kN）；

　　　ΣN_{Qk}——可变荷载对立杆产生的轴向力标准值总和（kN）。

（5）满堂支撑架立杆稳定性计算：

不组合风荷载时：

$$\frac{N}{\varphi A} \leqslant f \qquad (2-57)$$

$$\frac{N}{\varphi A} = \frac{1.2 \times (N_{Gik} + N_{G2k}) + 1.4 \Sigma N_{Qk}}{0.281 \times 5.06}$$

$$= \frac{1.2 \times (7.44 + 2) + 1.4 \times 2}{0.281 \times 5.06} = \frac{14.128}{1.42}$$

$$= 99.5 \text{N/mm}^2 \leqslant 205 \text{N/mm}^2 \qquad \text{满足要求。}$$

式中　N——计算立杆段的轴向力设计值（N），按《建筑施工扣件式钢管脚手架安全技术规范》附表 5.2.7-1 计算；

　　　φ——轴心受压构件的稳定系数，长细比按《建筑施工扣件式钢管脚手架安全技术规范》附表 A.0.6 取值；

　　　A——立杆的截面面积（mm^2），按《建筑施工扣件式钢管脚手架安全技术规范》附表 B.0.1 采用；

　　　f——钢材的抗压强度设计值（N/mm^2），按《建筑施工扣件式钢管脚手架安全技术规范》附表 5.1.6 采用。

4. 浇捣顺序

大梁截面高度大于 2000mm，在浇捣混凝土时分 2 次浇捣，第 1 次浇捣高度为梁截面高度的 2/5，第 2 次浇捣高度为梁截面高度的 3/5，第 2 次浇捣之前需等第 1 次浇捣的混凝土强度达到 70% 以上方可浇筑。为了让第 1 次浇筑的梁能很好地承担第 2 次浇筑混凝土的荷载，需要对第 1 次浇筑的梁进行构造处理，在第 1 次浇筑混凝土时在大梁内另加一道开口箍筋和 $4\phi16$ 的上排受力钢筋。梁截面高度小于 2000mm 的 1 次浇捣。大梁分段浇捣工况如图 2-69 所示。

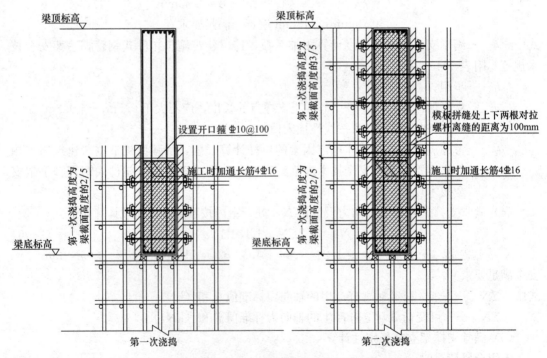

图 2-69　重大危险源的超高、难、险主体工程分两次浇筑与振捣和

Ⅶ施工段一层梁支模施工剖面示意图

浇捣时采用由中部向两边扩展的浇筑方式，确保模板支架施工过程中均衡受载。严格控制实际施工荷载不超过设计荷载，当超过最大荷载时要有相应的控制措施，钢筋等材料不能在支架上方堆放，浇筑过程中，派人检查支架和支承情况，发现下沉、松动和变形情况及时解决。

5. 拆模条件

由于本工程截面高度大于2000mm的梁需要分2次浇捣，待第2次浇捣的混凝土强度达到100%以上进行预应力张拉，预应力张拉完成后再统一拆除梁底模板及排架支撑。

在拆模板时如有粘模和混凝土被模板拉毛现象，应立即停止拆模。

拆模时模板不能乱撬，应先撬木料，再撬九夹板。在撬模板时混凝土面上要垫木料，撬棒支点放在木料上，如果放在混凝土面上会损坏梁表面。

拆下来的模板要把所有的垃圾清理干净，并刷好脱模剂，模板堆放整齐，有海绵胶带的铲干净，拆下来的钢管、围檩、模板配件都要堆放整齐，待上面一层钢筋绑扎好后，再往上运。

2.12.4　施工安全措施

凡高处作业超过2m的，均应搭脚手架，并设防护栏杆，防止上下在同一垂直面操作。

高空、复杂结构模板的安装和拆除，事先应有切实的安全措施。

在梁底往下1m左右高度设置一道安全隔离网，防止高空坠落砸伤人员。

遇六级以上的大风时，应暂停室外的高空作业，雪霜雨后应清扫施工现场，略干不滑时再进行工作。

二人抬运模板时要相互配合、协同传递模板，工具应用运输机械或绳子系牢后升降，不得乱扔；高空拆模时，应有专人指挥，并在下面标出工作区，用绳子和红白旗加以围栏，暂停人员通过。

不得在脚手架上堆放大批模板等材料。

支模过程中，如需中途停歇，应将支撑、搭头、柱头板等钉牢，拆模间歇时，应将已活动的模板、牵杠、支撑等运走或妥善堆放，防止因扶空、踏空而坠落。

拆除模板一般用长撬棍，人不允许站在正在拆除的模板上。在拆除楼板模板时，要注意防止整块模板突然掉落伤人。

2.12.5　施工质量措施

安全及质量保证体系框架，见图2-70。

由于排架搭设高度比较大，对地基承载力有很高要求。根据××省地基沉降量显示，可以忽略不计。但是在排架搭设前，应对地基采取相应措施，首先对原土进行夯实，再浇筑20mm厚C20素混凝土，立杆底部铺设10号槽钢，以确保排架的稳定性和梁板的质量。

本工程采用的 ϕ48mm、壁厚3.2mm的新钢管，进场的钢管需要称重检验，保证钢管壁厚大于3.0mm，小于3.0mm的不准在高排架系统中使用。

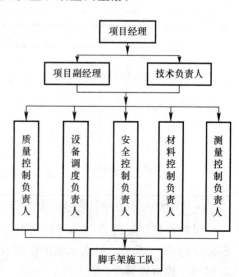

图 2-70　安全及质量保证体系框架图

本工程采用新扣件，新扣件必须有生产许可证、法定检测单位的测试报告和产品质量合格证。当对扣件质量有怀疑时，应按现行国家标准《钢管脚手架扣件》GB 15831的规定抽样送检。

在排架搭设前应对操作人员进行技术交底，并形成书面记录，交底内容包括梁底、板底立杆的纵、横间距，搭设方式采用对接，对接接头不应在同一截面上。在板底需要搭接的，搭接接头不应在同一截面，也不应在同一方向。严格控制立杆的垂直度和扣件的紧固度。

排架在搭设过程中，由质量部门严格检查扣件的紧固度，抽检数量为全数的10%，按60kN≥F≥40kN进行验收，如发现未达到要求的，及时安排架子工拧紧。在架子工操作不方便、施工难度大的地方，在施工过程中进行跟踪检查。

在浇注混凝土前，木模板应浇水湿润，但模板内不应有积水。

浇筑混凝土前，模板内的杂物应清理干净。

固定在模板上的预埋件、预留孔和预留洞偏差应符合表2-57的规定。

预埋件、预留孔洞和预留洞偏差 表2-57

项 目		允许偏差（mm）
预埋钢板中心线位置		3
预埋管、预留孔中心线位置		3
插筋	中心线位置	5
	外露长度	+10，0
预埋螺栓	中心线位置	2
	外露长度	+10，0
预留洞	中心线位置	10
	尺寸	+10，0

注：检查中心线位置时，应沿纵、横两个方向量测，并取其中的较大值。

模板安装的偏差应符合表2-58的规定。

模板安装偏差 表2-58

项 目		允许偏差（mm）	检验方法
轴线位置		5	钢尺检查
底模上表面标高		±5	水准仪或拉线、钢尺检查
截面内部尺寸	基础	±10	钢尺检查
	柱、墙、梁	+4，−5	钢尺检查
层高垂直度	≤5m	6	经纬仪或吊线、钢尺检查
	>5m	8	经纬仪或吊线、钢尺检查
相邻两板表面高低差		2	钢尺检查
表面平整度		5	2m靠尺和塞尺检查

注：检查轴线位置时，应沿纵、横两个方向量测，并取其中的较大值。

梁截面高度超过2000mm时，混凝土分2次浇捣，第2次浇捣需在第1次浇捣混凝土的强度达70%以上。根据试块的检验报告，来确定第1次浇捣混凝土的强度。

2.12.6 模板计算

博物馆工程有多个区域的排架制模方案已进行专家论证，分别是Ⅱ、Ⅲ施工段 rA、

rB 轴交 $r2$、$r6$ 轴的屋面梁和Ⅶ施工段的大截面梁和屋面梁以及线荷载大于 15kN/m 的梁底排架。以下分别计算这几个区域的模板支撑体系。

高支撑架的计算依据《建筑施工扣件式钢管脚手架安全技术规范》JGJ 130—2011、《混凝土结构设计规范》GB 50010—2010、《建筑结构荷载规范》GB 50009—2013、《钢结构设计规范》GB 50017—2003 等规范编制。

主楼一层Ⅶ施工段梁的截面尺寸及详细情况如表 2-59 所示：

主楼一层Ⅶ施工段的梁 表 2-59

梁 号	截面尺寸	跨度（m）	模板支架搭设高度（m）	位 置
YKL82	500mm×2000mm	25.5	9.9	qE 交 $q13$、$1/q3$
YKL83	500mm×2850mm	25.5	12.15	qF 交 $q13$、$1/q3$
YKL48	500mm×2400mm	25.5	6.6	qG 交 $q13$、$1/q3$
KL78	500mm×2000mm	27.6	8.55	qD 交 $q13$、$1/q3$

由于 YKL83 是此施工段梁截面最大、排架搭设高度最高的梁，所以本计算书以 YKL83 为代表，计算此梁的模板排架稳定性。此施工段其余梁不再一一计算。

1. 模板支撑及构造参数

梁截面宽度 B：0.50m；梁截面高度 D：2.85m；

混凝土板厚度：180.00mm；立杆沿梁跨度方向间距 L_a：0.55m；

立杆上端伸出至模板支撑点长度 a：0.10m；

立杆步距 h：1.50m；板底承重立杆横向间距或排距 L_b：0.90m；

梁支撑架搭设高度 H：14.09m；梁两侧立杆间距：1.50m；

承重架支撑形式：梁底支撑小楞垂直梁截面方向；

梁底增加承重立杆根数：3；

采用的钢管类型为 $\phi48×3$；

立杆承重连接方式：可调托座。

2. 荷载参数

模板自重：0.35kN/m²；钢筋自重：1.50kN/m³；

施工均布荷载标准值：2.5kN/m²；新浇混凝土侧压力标准值：18.0kN/m²；

倾倒混凝土侧压力：2.0kN/m²；振捣混凝土荷载标准值：2.0kN/m²。

3. 材料参数

木材品种：柏木；木材弹性模量 E：10000.0N/mm²；

木材抗弯强度设计值 f_m：17.0N/mm²；木材抗剪强度设计值 f_v：1.7N/mm²；

面板类型：胶合面板；面板弹性模量 E：9500.0N/mm²；

面板抗弯强度设计值 f_m：13.0N/mm²。

4. 梁底模板参数

梁底方木截面宽度 b：60.0mm；梁底方木截面高度 h：80.0mm；

梁底纵向支撑根数：4；面板厚度：18.0mm。

5. 梁侧模板参数

主楞间距：500mm；次楞根数：8；

主楞竖向支撑点数量为：8；

支撑点竖向间距为：300mm，350mm，350mm，400mm，400mm，300mm，300mm；

穿梁螺栓水平间距：500mm；

穿梁螺栓直径：M16mm；

主楞龙骨材料：钢楞；截面类型为圆钢管48×3.0；

主楞合并根数：2；

次楞龙骨材料：木楞，宽度60mm，高度80mm；

次楞合并根数：2。

2.12.7 梁模板荷载标准值计算

1. 梁侧模板荷载

强度验算要考虑新浇混凝土侧压力和倾倒混凝土时产生的荷载；挠度验算只考虑新浇混凝土侧压力，如下式：

$$F = 0.22\gamma t\beta_1\beta_2\sqrt{V} \qquad F = \gamma H \qquad (2\text{-}58)$$

式中 γ——混凝土的重力密度，取24.0kN/m³；

t——新浇混凝土的初凝时间，可按现场实际值取，输入0时系统按200/（T+15）计算，得5.714h；

T——混凝土的入模温度，取20.0℃；

V——混凝土的浇筑速度，取1.5m/h；

H——混凝土侧压力计算位置处至新浇混凝土顶面总高度，取0.750m；

β_1——外加剂影响修正系数，取1.200；

β_2——混凝土坍落度影响修正系数，取1.150。

根据以上两个公式计算的新浇筑混凝土对模板的最大侧压力 F：分别计算得50.994kN/m²、18.0kN/m²，取较小值18.0kN/m²作为本工程计算荷载。

2. 梁侧模板面板的计算

面板为受弯结构，需要验算其抗弯强度和刚度。强度验算要考虑新浇混凝土侧压力和倾倒混凝土时产生的荷载；挠度验算只考虑新浇混凝土侧压力。

次楞（内龙骨）的根数为8根。面板按照均布荷载作用下的三跨连续梁计算，如图2-71所示。

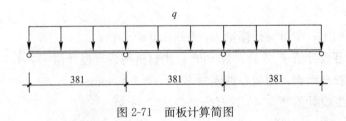

图2-71 面板计算简图

3. 强度计算

跨中弯矩计算公式如下：

$$\sigma = \frac{M}{W} < f$$

式中　W——面板的净截面抵抗矩，$W=50\times1.8\times1.8/6=27\text{cm}^3$；

　　　M——面板的最大弯矩（N·mm）；

　　　σ——面板的弯曲应力计算值（N/mm²）；

　　　f——面板的抗弯强度设计值（N/mm²）。

　　按以下公式计算面板跨中弯矩：

$$M = 0.1ql^2 \tag{2-59}$$

式中　q——作用在模板上的侧压力，包括：新浇混凝土侧压力设计值：$q_1=1.2\times0.5\times18\times0.9=9.72\text{kN/m}^2$；倾倒混凝土侧压力设计值：$q_2=1.4\times0.5\times2\times0.9=1.26\text{kN/m}^2$；$q=q_1+q_2=9.720+1.260=10.980\text{kN/m}^2$。

　　计算跨度（内楞间距）：$l=381.43\text{mm}$；

　　面板的最大弯矩 $M=0.1\times10.98\times381.429^2=1.60\times10^5\text{N·mm}$；

　　经计算得到，面板的受弯应力计算值：

$$\sigma = 1.60\times10^5/2.70\times10^4 = 5.926\text{N/mm}^2；$$

　　　　面板的抗弯强度设计值：$f=13\text{N/mm}^2$；

　　面板的受弯应力计算值 $\sigma=5.926\text{N/mm}^2$ 小于面板的抗弯强度设计值 $f=13\text{N/mm}^2$，满足要求。

　　4. 挠度验算

$$\nu = \frac{0.667ql^4}{100EI} \leqslant [\nu] = l/250 \tag{2-60}$$

式中　q——作用在模板上的侧压力线荷载标准值：$q=18\times0.5=9\text{N/mm}^2$；

　　　l——计算跨度（内楞间距）：$l=381.43\text{mm}$；

　　　E——面板材质的弹性模量：$E=9500\text{N/mm}^2$；

　　　I——面板的截面惯性矩：$I=50\times1.8\times1.8\times1.8/12=24.3\text{cm}^4$。

　　面板的最大挠度计算值：

　　　　$\nu=(0.677\times9\times381.43^4)/(100\times9500\times2.43\times10^5)=0.559\text{mm}$

　　面板的最大容许挠度值：$[\nu]=l/250=381.429/250=1.526\text{mm}$；

　　面板的最大挠度计算值：$\nu=0.559\text{mm}$，小于面板的最大容许挠度值$[\nu]=1.526\text{mm}$，满足要求。

2.12.8　梁侧模板内外楞的计算

　　1. 内楞计算

　　内楞（木或钢）直接承受模板传递的荷载，按照均布荷载作用下的三跨连续梁计算，如图2-72所示。

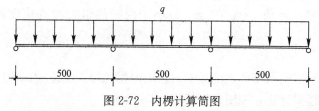

图 2-72　内楞计算简图

本工程中，龙骨采用木楞，截面宽度 60mm，截面高度 80mm，截面惯性矩 I 和截面

抵抗矩 W 分别为：

$$W = (6 \times 8^2)/6 = 64\text{cm}^3$$

$$I = (6 \times 8^3)/12 = 256\text{cm}^4$$

（1）内楞强度验算

强度验算计算公式如下：

$$\sigma = \frac{M}{W} < f$$

式中　σ——内楞弯曲应力计算值（N/mm²）；

　　M——内楞的最大弯矩（N·mm）；

　　W——内楞的净截面抵抗矩；

　　f——内楞的强度设计值（N/mm²）。

按以下公式计算内楞跨中弯矩：

$$M = 0.1ql^2$$

式中，作用在内楞的荷载：

$$q = (1.2 \times 18 \times 0.9 + 1.4 \times 2 \times 0.9) \times 0.381 = 8.37\text{kN/m}^2$$

内楞计算跨度（外楞间距）：$l = 500\text{mm}$；

内楞的最大弯矩：$M = 0.1 \times 8.37 \times 500.00^2 = 2.09 \times 10^5\text{N·mm}^2$；

最大支座力：$R = 1.1 \times 8.376 \times 0.5 = 4.607\text{kN}$；

经计算得到，内楞的最大受弯应力计算值：

$$\sigma = 2.09 \times 10^5/0.64 \times 10^5 = 3.27\text{N/mm}^2$$

内楞的抗弯强度设计值：$f = 17\text{N/mm}^2$；

内楞最大受弯应力计算值 $\sigma = 1.636\text{N/mm}^2$，小于内楞的抗弯强度设计值 $f = 17\text{N/mm}^2$，满足要求。

（2）内楞的挠度验算

$$\nu = \frac{0.677ql^4}{100EI} \leqslant [\nu] = l/250$$

式中　l——计算跨度（外楞间距），$l = 500\text{mm}^2$；

　　q——作用在模板上的侧压力线荷载标准值：$q = 18.00 \times 0.38143 = 6.87\text{N/mm}^2$；

　　E——内楞的弹性模量，10000N/mm^2；

　　I——内楞的截面惯性矩，$I = 5.12 \times 10^6\text{mm}^4$。

内楞的最大挠度计算值：

$$\nu = (0.677 \times 6.87 \times 500^4)/(100 \times 10000 \times 5.12 \times 10^6) = 0.057\text{mm}$$

内楞的最大容许挠度值：$[\nu] = 500/250 = 2\text{mm}$；

内楞的最大挠度计算值 $\nu = 0.057\text{mm}$，小于内楞的最大容许挠度值 $\nu = 2\text{mm}$，满足要求。

2. 外楞计算

外楞（木或钢）承受内楞传递的集中力，取内楞的最大支座力 4.607kN，按照集中荷载作用下的三跨连续梁计算，如图 2-73～图 2-75 所示。

本工程中，外龙骨采用钢楞，截面惯性矩 I 和截面抵抗矩 W 分别为：

截面类型为圆钢管 48×3.0；

外钢楞截面抵抗矩 $W=8.98\text{cm}^3$；

外钢楞截面惯性矩 $I=21.56\text{cm}^4$。

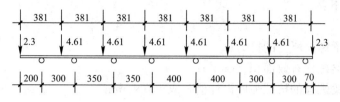

图 2-73　外楞计算简图

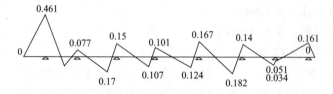

图 2-74　外楞弯矩图（kN·m）

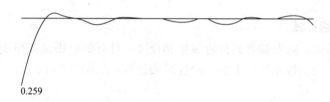

图 2-75　外楞变形图

（1）外楞抗弯强度验算

$$\sigma=\frac{M}{W}<f$$

式中　σ——外楞受弯应力计算值（N/mm²）；

　　M——外楞的最大弯矩（N·mm）；

　　W——外楞的净截面抵抗矩；

　　f——外楞的强度设计值（N/mm²）。

根据连续梁程序求得最大的弯矩为 $M=0.461\text{kN·m}$；

外楞最大计算跨度：$l=400\text{mm}$；

经计算得到，外楞的受弯应力计算值：

$$\sigma=4.61\times10^5/8.98\times10^3=51.3\text{N/mm}^2$$

外楞的抗弯强度设计值：$f=205\text{N/mm}^2$；

外楞的受弯应力计算值 $\sigma=51.3\text{N/mm}^2$，小于外楞的抗弯强度设计值 $f=205\text{N/mm}^2$，满足要求。

（2）外楞的挠度验算

根据连续梁计算得到外楞的最大挠度为 0.259mm；

外楞的最大容许挠度值：$[\nu]=400/400=1\text{mm}$；

外楞的最大挠度计算值 $\nu=0.259\text{mm}$，小于外楞的最大容许挠度值 $[\nu]=1\text{mm}$，满足要求。

2.12.9　穿梁螺栓的计算

验算公式如下：

$$N<[N]=f\times A \qquad (2\text{-}61)$$

式中　N——穿梁螺栓所受的拉力；

$\qquad A$——穿梁螺栓有效面积（mm^2）；

$\qquad f$——穿梁螺栓的抗拉强度设计值，取 $170\text{N}/\text{mm}^2$。

查表得：

穿梁螺栓的直径：12mm；

穿梁螺栓有效直径：9.85mm；

穿梁螺栓有效面积：$A=76\text{mm}^2$；

穿梁螺栓所受的最大拉力：

$$N=(1.2\times18+1.4\times2)\times0.5\times0.4=4.88\text{kN}$$

穿梁螺栓最大容许拉力值：$[N]=170\times76/1000=12.92\text{kN}$；

穿梁螺栓所受的最大拉力 $N=4.88\text{kN}$，小于穿梁螺栓最大容许拉力值 $[N]=12.92\text{kN}$，满足要求。

2.12.10　梁底模板计算

面板为受弯结构，需要验算其抗弯强度和挠度。计算的原则是按照模板底支撑的间距和模板面的大小，按支撑在底撑上的三跨连续梁计算，如图 2-76 所示。

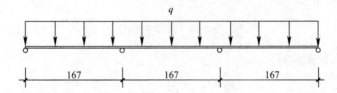

图 2-76　面板的截面惯性矩 I 和截面抵抗矩计算简图

强度验算要考虑模板结构自重荷载、新浇混凝土自重荷载、钢筋自重荷载和振捣混凝土时产生的荷载；挠度验算只考虑模板结构自重、新浇混凝土自重、钢筋自重荷载。

本算例中，面板的截面惯性矩 I 和截面抵抗矩 W 分别为：

$$W=550\times18\times18/6=2.97\times10^4\,\text{mm}^3$$
$$I=550\times18\times18\times18/12=2.67\times10^5\,\text{mm}^4$$

1. 抗弯强度验算

按以下公式进行面板抗弯强度验算：

$$\sigma=\frac{M}{W}<f$$

其中　σ——梁底模板的弯曲应力计算值（N/mm^2）；

$\qquad M$——计算的最大弯矩（$\text{kN}\cdot\text{m}$）；

$\qquad l$——计算跨度（梁底支撑间距），$l=166.67\text{mm}$；

$\qquad q$——作用在梁底模板的均布荷载设计值（kN/m）。

(1) 新浇混凝土及钢筋荷载设计值：

$$q_1 = 1.2 \times (24.00 + 1.50) \times 0.55 \times 2.85 \times 0.90 = 43.17\text{kN/m}$$

(2) 模板结构自重荷载：

$$q_2 = 1.2 \times 0.35 \times 0.55 \times 0.90 = 0.21\text{kN/m}$$

(3) 振捣混凝土时产生的荷载设计值：

$$q_3 = 1.4 \times 2.00 \times 0.55 \times 0.90 = 1.39\text{kN/m}$$

$$q = q_1 + q_2 + q_3 = 43.17 + 0.21 + 1.39 = 44.77\text{kN/m}$$

跨中弯矩计算公式如下：

$$M = 0.1ql^2$$

$$M_{max} = 0.10 \times 44.77 \times 0.167^2 = 0.125\text{kN} \cdot \text{m}$$

$$\sigma = 0.125 \times 10^6 / 2.97 \times 10^4 = 4.2\text{N/mm}^2$$

梁底模面板计算应力 $\sigma = 4.2\text{N/mm}^2$，小于梁底模面板的抗压强度设计值 $f = 13\text{N/mm}^2$，满足要求。

2. 挠度验算

根据《建筑施工计算手册》刚度验算采用标准荷载，同时不考虑振动荷载作用。

最大挠度计算公式如下：

$$\nu = \frac{0.677ql^4}{100EI} \leqslant [\nu] = l/250$$

式中　q——作用在模板上的压力线荷载：

$q = [(24.0 + 1.50) \times 2.850 + 0.35] \times 0.55 = 40.16\text{kN/m}$；

　　　l——计算跨度（梁底支撑间距）：$l = 166.67\text{mm}$；

　　　E——面板的弹性模量：$E = 9500.0\text{N/mm}^2$。

面板的最大允许挠度值：$[\nu] = 166.67/250 = 0.667\text{mm}$；

面板的最大挠度计算值：

$$\nu = (0.677 \times 40.16 \times 166.7^4)/(100 \times 9500 \times 2.67 \times 10^5) = 0.083\text{mm}$$

面板的最大挠度计算值：$\nu = 0.083\text{mm}$，小于面板的最大允许挠度值 $[\nu] = 166.7/250 = 0.667\text{mm}$，满足要求。

2.12.11　梁底支撑带木的计算

本工程梁底支撑带木采用方木。

强度及抗剪验算要考虑模板结构自重荷载、新浇混凝土自重荷载、钢筋自重荷载和振捣混凝土时产生的荷载；挠度验算只考虑模板结构自重、新浇混凝土自重、钢筋自重荷载。

1. 荷载的计算

(1) 钢筋混凝土梁自重：

$$q_1 = (24 + 1.5) \times 2.85 \times 0.167 = 12.137\text{kN/m}$$

(2) 模板的自重线荷载：

$$q_2 = 0.35 \times 0.167 \times (2 \times 2.85 + 0.5)/0.5 = 0.725\text{kN/m}$$

(3) 活荷载为施工荷载标准值与振捣混凝土时产生的荷载（kN/m），经计算得到，活荷载标准值：

$$P_1 = (2.5 + 2) \times 0.167 = 0.75 \text{kN/m}$$

2. 方木的支撑力验算

静荷载设计值：$q=1.2\times12.137+1.2\times0.725=15.4\text{kN/m}$；

活荷载设计值：$P=1.4\times0.75=1.05\text{kN/m}$；

方木按照三跨连续梁计算，如图 2-77 所示。

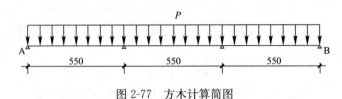

图 2-77 方木计算简图

本算例中，方木的截面惯性矩 I 和截面抵抗矩 W 分别为：

$$W = 6 \times 8 \times 8 \div 6 = 64 \text{cm}^3$$
$$I = 6 \times 8 \times 8 \times 8 / 12 = 256 \text{cm}^4$$

（1）方木强度验算

最大弯矩考虑为静荷载与活荷载的设计值最不利分配的弯矩和，计算公式如下：

线荷载设计值：$q=15.4+1.05=16.45\text{kN/m}$；

最大弯矩：$M=0.1ql^2=0.1\times16.45\times0.55\times0.55=0.498\text{kN}\cdot\text{m}$；

最大应力：$\sigma=M/W=0.498\times10^6/64000=7.78\text{N/mm}^2$；

抗弯强度设计值：$f=13\text{N/mm}^2$；

方木的最大应力计算值为 7.78N/mm^2，小于方木抗弯强度设计值 13N/mm^2，满足要求。

（2）方木抗剪验算

截面抗剪强度必须满足：

$$\tau = \frac{3V}{2bh_n} \leqslant f_v \tag{2-62}$$

式中最大剪力：$V=0.6\times16.45\times0.55=5.429\text{kN}$；

方木受剪应力计算值 $\tau=(3\times5429)/(2\times60\times80)=1.697\text{N/mm}^2$；

方木抗剪强度设计值 $[\tau]=1.7\text{N/mm}^2$；

方木的受剪应力计算值为 1.697N/mm^2，小于方木抗剪强度设计值 1.7N/mm^2，满足要求。

（3）方木挠度验算

最大挠度考虑为静荷载与活荷载的计算值按最不利分配的挠度和，计算公式如下：

$$\nu = \frac{0.677ql^4}{100EI} \leqslant [\nu] = l/250$$

$$q = 12.137 + 0.725 = 12.862 \text{kN/m}$$

方木最大挠度计算值：

$$\nu = (0.677 \times 12.862 \times 550^4)/(100 \times 10000 \times 256 \times 10^4) = 0.311 \text{mm}$$

方木的最大允许挠度 $[\nu]=0.550\times1000/250=2.200\text{mm}$；

方木的最大挠度计算值 $\nu=0.311\text{mm}$，小于方木的最大允许挠度 $[\nu]=2.2\text{mm}$，满足要求。

2.12.12 支撑托梁的强度验算

1. 支撑托梁按照简支梁（图 2-78～图 2-80）的计算

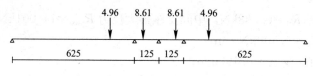

图 2-78 计算简图（单位：kN）

图 2-79 变形图（单位：mm）

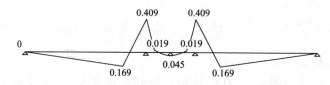

图 2-80 弯矩图（单位：kN·m）

荷载计算公式如下：

（1）钢筋混凝土梁自重（kN/m^2）

$$q_1 = (24.000 + 1.500) \times 2.850 = 72.675 kN/m^2$$

（2）模板的自重（kN/m^2）

$$q_2 = 0.350 kN/m^2$$

（3）活荷载为施工荷载标准值与振捣混凝土时产生的荷载（kN/m^2）

$$q_3 = (2.500 + 2.000) = 4.500 kN/m^2$$

$$q = 1.2 \times (72.675 + 0.350) + 1.4 \times 4.500 = 93.930 kN/m^2$$

梁底支撑根数为 n，立杆梁跨度方向间距为 a，梁宽为 b，梁高为 h，梁底支撑传递给托梁的集中力为 P，梁侧模板传给托梁的集中力为 N。

当 $n=2$ 时：

$$P = \frac{qab}{2-1} = qab \tag{2-63}$$

$$N = 1.2 q_2 ah \tag{2-64}$$

$$P_1 = P_2 = \frac{P}{2} + N \tag{2-65}$$

当 $n>2$ 时：

$$P = \frac{qab}{n-1}$$

$$N = 1.2 q_2 ah$$

$$P_1 = P_n = \frac{P}{2} + N$$

$$P_2 = P_3 = \cdots\cdots = P_{n-1} = P$$

2. 连续梁的计算

支座反力：$R_A = R_B = 0.338$kN，中间支座最大反力 $R_{max} = 14.001$kN；

最大弯矩：$M_{max} = 0.409$kN·m；

最大挠度计算值：$V_{max} = 0.197$mm；

最大应力：$\sigma = 0.409 \times 10^6 / 4490 = 91.1$N/mm²；

支撑抗弯设计强度：$[f] = 205$N/mm²；

支撑托梁的最大应力计算值 91.1N/mm²，小于支撑托梁的抗弯设计强度 205N/mm²，满足要求。

2.12.13　梁底立杆的稳定性计算

梁底立杆的稳定性计算公式：

$$\frac{N}{\varphi A} \leqslant f = \frac{1.2\Sigma N_{Gk} + 1.4\Sigma N_{Qk}}{0.298 \times 5.06} \tag{2-66}$$

$$= \frac{1.2 \times 7.6 + 1.4 \times 2}{1.508} = \frac{11.92}{1.508} = 79.05 \leqslant 205\text{N/mm}^2 \qquad 满足要求$$

1. 梁两侧立杆稳定性验算

式中　N——立杆的轴心压力设计值，包括：水平钢管的最大支座反力：$N_1 = 0.338$kN；脚手架钢管的自重：$N_2 = 1.2 \times 0.139 \times 14.088 = 2.35$kN；N $= 0.338 + 2.35 = 2.688$kN；

　　　　φ——轴心受压立杆的稳定系数，由长细比 l_0/i 查表得到；

　　　　i——计算立杆的截面回转半径，$i = 1.59$cm；

　　　　A——立杆净截面面积，$A = 5.06$cm²；

　　　　W——立杆净截面抵抗矩：$W = 4.49$cm³；

　　　　σ——钢管立杆轴心受压应力计算值（N/mm²）；

　　　　f——钢管立杆抗压强度设计值：$f = 205$N/mm²；

　　　　l_0——计算长度（m）。

参照《建筑施工扣件式钢管脚手架安全技术规范》JGJ 130—2011 不考虑高支撑架，按下式计算：

$$l_0 = k\mu h \tag{2-67}$$

式中　k——计算长度附加系数，取值 1.155；

　　　　μ——计算长度系数，参照《建筑施工扣件式钢管脚手架安全技术规范》JGJ 130—2011 表 5.2.8，$\mu = 1.7$；

　　　　h——步距。

上式的计算结果：

立杆计算长度：$l_0 = k\mu h = 1.155 \times 1.7 \times 1.5 = 2.945$m

$$l_0/i = 2945/15.9 = 185$$

由长细比 l_0/i 的结果查表得到轴心受压立杆的稳定系数：

$$\varphi = 0.202$$

钢管立杆受压应力计算值：

$$\sigma = 2688/(0.202 \times 506) = 26.30 \text{N/mm}^2$$

钢管立杆稳定性计算 $\sigma = 26.30 \text{N/mm}^2$，小于钢管立杆抗压强度的设计值 $f = 205 \text{N/mm}^2$，满足要求。

2. 梁底受力最大的支撑立杆稳定性验算

式中 N——立杆的轴心压力设计值，包括：梁底支撑最大支座反力：$N_1 = 14.1 \text{kN}$；脚手架钢管的自重：$N_2 = 1.2 \times 0.139 \times (14.088 - 2.85) = 1.874 \text{kN}$；

$\qquad N = 14.1 + 1.874 = 15.97 \text{kN}$；

$\qquad \varphi$——轴心受压立杆的稳定系数，由长细比 l_0/i 查表得到；

$\qquad i$——计算立杆的截面回转半径：$i = 1.59 \text{cm}$

$\qquad A$——立杆净截面面积：$A = 5.06 \text{cm}^2$；

$\qquad W$——立杆净截面抵抗矩：$W = 4.49 \text{cm}^3$；

$\qquad \sigma$——钢管立杆轴心受压应力计算值（N/mm^2）；

$\qquad f$——钢管立杆抗压强度设计值：$f = 205 \text{N/mm}^2$；

$\qquad l_0$——计算长度（m）。

参照《建筑施工扣件式钢管脚手架安全技术规范》JGJ 130—2011 不考虑高支撑架，按下式计算

$$l_0 = k \mu h$$

$\qquad k$——计算长度附加系数，取值 1.155；

$\qquad \mu$——计算长度系数，参照《建筑施工扣件式钢管脚手架安全技术规范》JGJ 130—2011 附表 5.2.8，$\mu = 1.7$。

上式的计算结果：

立杆计算长度 $\qquad l_0 = k \mu h = 1.155 \times 1.7 \times 1.5 = 2.945 \text{m}$

$$l_0/i = 2945.25/15.9 = 185$$

由长细比 l_0/i 的结果查表得到轴心受压立杆的稳定系数：

$$\varphi = 0.202$$

钢管立杆受压应力计算值：

$$\sigma = 15970/(0.202 \times 506) = 185.1 \text{N/mm}^2$$

钢管立杆稳定性计算 $\sigma = 185.1 \text{N/mm}^2$，小于钢管立杆抗压强度的设计值 $f = 205 \text{N/mm}^2$，满足要求。

模板承重架应尽量利用剪力墙或柱作为连接连墙件，否则存在安全隐患。

模板支架长度计算参数见《建筑施工扣件式钢管脚手架安全技术规范》附表 5.3.4。

2.12.14 立杆的地基承载力计算

立杆基础底面的平均压力应满足下式的要求：

$$p_k = \frac{N_k}{A} \tag{2-68}$$

地基承载力设计值：

$$f_g = f_g \times f_{gk} = 120 \times 0.4 = 48 \text{kPa} \tag{2-69}$$

地基承载力标准值：$f_{gk}=120kPa$。

$$f_{gk}=0.4；N_k=14.1kN；A=0.25m^2$$

立杆基础底面的平均压力：$p_k=\dfrac{N_k}{A}=\dfrac{14.1}{0.25}=56.4kPa$。

式中　　p_k——立杆地基础底面处的平均压力标准值（kPa）；

　　　　N_k——上部结构传至基础顶面的轴向力设计值（kN）；

　　　　A——基础底面面积（m²）；

　　　　f_g——地基承载力特征值（kPa）；

　　　　f_{gk}——脚手架地基承载力调整系数，按《建筑施工扣件式钢管脚手架安全技术规范》附表 5.5.2 采用。

$$p_k=56.4kPa\leqslant f_{gk}=120kPa$$

地基承载力满足要求。

2.13　大跨超高梁板模板钢管支撑搭设专项施工方案

2.13.1　工程概况

××大学新校区图书馆工程；属于框架结构；地上 7 层；地下 1 层；建筑高度：33.90m；标准层层高：4.50m；总建筑面积：38981.70m²；总工期：365d；施工单位：××建设集团有限公司。

本工程由××大学投资建设，××建筑设计院设计，××核工业岩土工程勘察设计研究院勘察，××工程建设监理有限公司监理，××建设集团有限公司组织施工。该工程曾获湖南省"安全文明示范工程"称号和"创杯奖"工程，正申报"鲁班奖"工程。

本工程屋顶设计为井字梁，按主次井字梁分布。井字梁⑥轴交Ⓙ～Ⓖ、Ⓗ轴交⑥～⑦轴，主梁跨度为 18m，其截面尺寸为 300mm×1200mm，井字四周为图书馆各功能房间。井字梁下为天井，梁底高为 30.27（标高±0.000～30.270m）。

2.13.2　编写依据和计算参数

1. 编写依据

（1）该工程系大跨度超高支撑架，其计算依据按《建筑施工扣件式钢管脚手架安全技术规范》JGJ 130—2011、《混凝土结构设计规范》GB 50010—2010、《建筑结构荷载规范》GB 50009、《钢结构设计规范》GB 50017—2003、《建筑施工模板安全技术规程》JGJ 162—2008、《安全防范工程技术规范》GB 50348—2004 等。

（2）根据本工程设计施工图，施工承包工程合同等进行编制。

（3）按住房和城乡建设部关于印发《危险性较大的分部分项工程安全管理办法》的通知（建质［2009］87号）的精神，因本工程梁支架高度大于 8m，根据有关文件规定，如果仅按规范计算，架体安全性能仍不能得到完全保证。为此计算中还参考了《施工技术》2002（3）：《扣件式钢管模板高支撑架设计和使用安全》中的部分内容。

（4）以梁段 WKL14 进行计算，如满足荷载要求，其他截面尺寸、跨度、支撑高度等于或小于它者参照执行。

2. 计算参数

模板支撑及构造参数如下：

梁截面宽度 B：0.30m；

梁截面高度 D：1.20m；

混凝土板厚度：无；

立杆梁跨度方向间距 l_a：1.20m；

立杆上端伸出至模板支撑点长度 a：0.10m；

立杆步距 h：1.50m；

梁支撑架搭设高度 H：30.27m；

梁两侧立柱间距：1.20m；

承重架支设：多根承重立杆，方木支撑垂直梁截面；

梁底墙承重立杆根数：4；

板底承重立杆横向间距或排距；L_b：1.20m；

采用的钢管类型为 $\phi48\times3.0$；

扣件连接方式：双扣件，考虑扣件质量及保养情况，取扣件抗滑承载力折减系数：0.80。

3. 荷载参数

（1）模板自重：0.35kN/m²；

（2）钢筋自重：1.50kN/m³；

（3）施工均布荷载标准值：2.5kN/m²；

（4）新浇混凝土侧压力标准值：18.0kN/m²；

（5）倾倒混凝土侧压力：2.0kN/m²；

（6）振捣混凝土荷载标准值：2.0kN/m²。

4. 材料参数

木材品种：杉木；

木材弹性模量 E：9000.0N/mm²；

木材抗弯强度设计值 f_m：11.0N/mm²；

木材抗剪强度设计值 f_v：1.4N/mm²；

面板类型：胶合面板；

面板弹性模量 E：9500.0N/mm²；

面板抗弯强度设计值 f_m：13.0N/mm²。

5. 梁底模板参数

梁底方木截面宽度 b：60.0mm；

梁底方木截面高度 h：80.0mm；

梁底纵向支撑根数：4；

面板厚度：18.0mm。

6. 梁侧模板参数

主楞间距：400mm；

次楞根数：4；

穿梁螺栓水平间距：400mm；

穿梁螺栓竖向根数：3；

穿梁螺栓竖向距板底的距离为：150mm，450mm，450mm；

穿梁螺栓直径：M12mm；

主楞龙骨材料：钢楞；

截面类型为圆钢管 $\phi48\times3.0$；

主楞合并根数：2；

次楞龙骨材料：钢楞；

截面类型为圆钢管 $\phi48\times3.0$。

7. 梁模板荷载标准值计算

强度验算要考虑新浇混凝土侧压力和倾倒混凝土时产生的荷载；挠度验算只考虑新浇混凝土侧压力。

按《建筑施工手册》，新浇混凝土作用于模板的最大侧压力，按下列公式计算，并取式中的较小值：

$$F = 0.22\gamma_c t\beta_1\beta_2 \sqrt{V} \qquad (2\text{-}70)$$

$$F = \gamma H \qquad (2\text{-}71)$$

式中　γ——混凝土的重力密度，取 24.0kN/m³；

　　　t——新浇混凝土的初凝时间，可按现场实际值取，输入 0 时系统按 $200\div(T+15)$ 计算，得 5.714h；

　　　T——混凝土的入模温度，取 20.0℃；

　　　V——混凝土的浇筑速度，取 1.50m/h；

　　　H——混凝土侧压力计算位置处至新浇混凝土顶面总高度，取 0.750m；

　　　β_1——外加剂影响修正系数，取 1.2；

　　　β_2——混凝土坍落度影响修正系数，取 1.150。

根据以上两个公式计算的新浇筑混凝土对模板的最大侧压力 F 分别为：50.99kN/m²、18.00kN/m²，取较小值 18.00kN/m² 作为本工程计算荷载。

2.13.3　大跨超高梁板模板的计算

1. 梁侧模板面板的计算

面板为受弯结构，需要验算其抗弯强度和刚度。强度验算要考虑新浇混凝土侧压力和倾倒混凝土时产生的荷载；挠度验算只考虑新浇混凝土侧压力。

次楞（内龙骨）的根数为 4 根。面板按照均布荷载作用下的三跨连续梁计算，如图 2-81 所示。

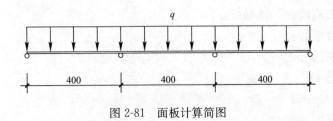

图 2-81　面板计算简图

（1）强度计算

跨中弯矩计算公式如下：

$$\sigma = \frac{M}{W} < f$$

式中　σ——面板的弯曲应力计算值（N/mm²）；

　　　M——面板的最大弯矩（N·mm）；

　　　W——面板的净截面抵抗矩，$W = 40 \times 1.8 \times 1.8 \div 6 = 21.6\text{cm}^3$；

　　　f——面板的抗弯强度设计值（N/mm²）。

按以下公式计算面板跨中弯矩：

$$M = 0.1ql^2$$

式中　q——作用在模板上的侧压力。

新浇混凝土侧压力设计值：$q_1 = 1.2 \times 0.4 \times 18 \times 0.9 = 7.78\text{kN/m}$；

倾倒混凝土侧压力设计值：$q_2 = 1.4 \times 0.4 \times 2 \times 0.9 = 1.01\text{kN/m}$；

$$q = q_1 + q_2 = 7.78 + 1.01 = 8.79\text{kN/m}$$

计算跨度（内楞间距）：$l = 399.67\text{mm}$；

面板的最大弯矩 $M = 0.1 \times 8.79 \times 399.67^2 = 1.40 \times 10^5\text{N·mm}$；

经计算得到，面板的受弯应力计算值：

$$\sigma = 1.40 \times 10^5 \div 2.16 \times 10^4 = 6.48\text{N/mm}^2；$$

面板的抗弯强度设计值：$f = 13\text{N/mm}^2$；

面板的受弯应力计算值 $\sigma = 6.48\text{N/mm}^2$，小于面板的抗弯强度设计值 $f = 13\text{N/mm}^2$，满足要求。

（2）挠度验算

$$\omega = \frac{0.677ql^4}{100EI} \leqslant [\omega] = l/250 \tag{2-72}$$

式中　q——作用在模板上的侧压力线荷载标准值，$q = 18 \times 0.4 = 7.2\text{N/mm}$；

　　　l——计算跨度（内楞间距），$l = 399.67\text{mm}$；

　　　E——面板材质的弹性模量，$E = 9500\text{N/mm}^2$；

　　　I——面板的截面惯性矩，$I = 40 \times 1.8 \times 1.8 \times 1.8 \div 12 = 19.44\text{cm}^4$。

面板的最大挠度计算值：

$$\omega = (0.677 \times 7.2 \times 399.67^4) \div (100 \times 9500 \times 1.94 \times 10^5) = 0.67\text{mm}$$

面板的最大容许挠度值：$[\omega] = 1 \div 250 = 399.667 \div 250 = 1.6\text{mm}$；

面板的最大挠度计算值 $\omega = 0.67\text{mm}$，小于面板的最大容许挠度值 $[\omega] = 1.6\text{mm}$，满足要求。

2. 梁侧模板内外楞的计算

（1）内楞计算

内楞（木或钢）直接承受模板传递的荷载，按照均布荷载作用下的三跨连续梁计算，如图 2-82 所示。

本工程中，内龙骨采用 9500 根钢楞，截面惯性矩 I 和截面抵抗矩 W 分别为：

截面类型为圆钢管 $\phi48 \times 3.0$；

内钢楞截面抵抗矩 $W = 4.49 \text{cm}^3$；

内钢楞截面惯性矩 $I = 10.78 \text{cm}^4$。

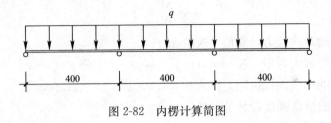

图 2-82 内楞计算简图

1）内楞强度验算

强度验算计算公式如下：

$$\sigma = \frac{M}{W} < f$$

式中 σ——内楞弯曲应力计算值（N/mm^2）；

M——内楞的最大弯矩（N·mm）；

W——内楞的净截面抵抗矩；

f——内楞的强度设计值（N/mm^2）。

按以下公式计算内楞跨中弯矩：

$$M = 0.1ql^2$$

式中，作用在内楞的荷载：

$$q = (1.2 \times 18 \times 0.9 + 1.4 \times 2 \times 0.9) \times 0.4 = 8.78 \text{kN/m}$$

内楞计算跨度（外楞间距）：$l = 400 \text{mm}$；

内楞的最大弯矩：$M = 0.1 \times 8.78 \times 400.00^2 = 1.40 \times 10^5 \text{N·mm}$；

最大支座力：$R = 1.1 \times 8.78 \times 0.4 = 3.9 \text{kN}$；

经计算得到，内楞的最大受弯应力计算值：

$$\sigma = 1.40 \times 10^5 \div 4.49 \times 10^3 = 31.2 \text{N/mm}^2$$

内楞的抗弯强度设计值：$f = 205 \text{N/mm}^2$；

内楞最大受弯应力计算值 $\sigma = 31.2 \text{N/mm}^2$，小于内楞的抗弯强度设计值 $f = 205 \text{N/mm}^2$，满足要求。

2）内楞的挠度验算

$$\omega = \frac{0.677ql^4}{100EI} \leqslant [\omega] = l/400$$

式中 E——面板材质的弹性模量：206000N/mm^2；

q——作用在模板上的侧压力线荷载标准值，$q = 18.00 \times 0.40 = 7.2 \text{N/mm}$；

l——计算跨度（外楞间距），$l = 400 \text{mm}$；

I——面板的截面惯性矩，$I = 2.16 \times 10^5 \text{mm}^4$。

内楞的最大挠度计算值：

$$\omega = (0.677 \times 7.2 \times 400^4) \div (100 \times 206000 \times 2.16 \times 10^5) = 0.028 \text{mm}$$

内楞的最大容许挠度值：$[\omega] = 400/400 = 1 \text{mm}$；

内楞的最大挠度计算值 $\omega = 0.028 \text{mm}$，小于内楞的最大容许挠度值 $[\omega] = 1 \text{mm}$，满

足要求。

（2）外楞计算

外楞（木或钢）承受内楞传递的集中力，取内楞的最大支座力 3.862kN，按照集中荷载作用下的连续梁计算，如图 2-83～图 2-85 所示。

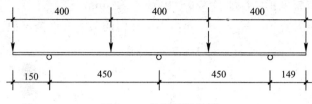

图 2-83　外楞计算简图

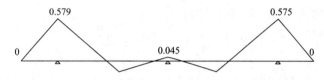

图 2-84　外楞弯矩图（单位：kN・m）

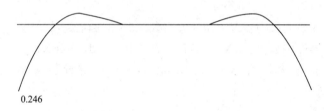

图 2-85　外楞变形图（单位：mm）

本工程中，外龙骨采用钢楞，截面惯性矩 I 和截面抵抗矩 W 分别为：

截面类型为圆钢管 $\phi 48 \times 3.0$；

外钢楞截面抵抗矩 $W = 8.98\text{cm}^3$；

外钢楞截面惯性矩 $I = 21.56\text{cm}^4$。

1）外楞抗弯强度验算

$$\sigma = \frac{M}{W} < f$$

式中　σ——外楞受弯应力计算值（N/mm²）；

　　M——外楞的最大弯矩（N・mm）；

　　W——外楞的净截面抵抗矩；

　　f——外楞的强度设计值（N/mm²）。

根据连续梁程序求得最大的弯矩为 $M = 0.579\text{kN・m}$

外楞最大计算跨度：$l = 450\text{mm}$；

经计算得到，外楞的受弯应力计算值：

$$\sigma = 5.79 \times 10^5 \div 8.98 \times 10^3 = 64.5\text{N/mm}^2$$

外楞的抗弯强度设计值：$f = 205\text{N/mm}^2$；

外楞的受弯应力计算值 $\sigma=64.5\text{N/mm}^2$，小于外楞的抗弯强度设计值 $f=205\text{N/mm}^2$，满足要求。

2）外楞的挠度验算

根据连续梁计算得到外楞的最大挠度为 0.246mm；

外楞的最大容许挠度值：$[\omega]=450\div400=1.125\text{mm}$；

外楞的最大挠度计算值 $\omega=0.246\text{mm}$，小于外楞的最大容许挠度值 $[\omega]=1.125\text{mm}$，满足要求。

3．穿梁螺栓的计算

验算公式如下：

$$N<[N]=f\times A \tag{2-73}$$

式中　N——穿梁螺栓所受的拉力；

A——穿梁螺栓有效面积（mm^2）；

f——穿梁螺栓的抗拉强度设计值，取 170N/mm^2。

查表得：

穿梁螺栓的直径：12mm；

穿梁螺栓有效直径：9.85mm；

穿梁螺栓有效面积：$A=76\text{mm}^2$；

穿梁螺栓所受的最大拉力：$N=18\times0.4\times0.45=3.24\text{kN}$。

穿梁螺栓最大容许拉力值：$[N]=170\times76\div1000=12.92\text{kN}$；

穿梁螺栓所受的最大拉力 $N=3.24\text{kN}$，小于穿梁螺栓最大容许拉力值 $[N]=12.92\text{kN}$，满足要求。

4．梁底模板计算

面板为受弯结构，需要验算其抗弯强度和挠度。计算的原则是按照模板底支撑的间距和模板面的大小，按支撑在底撑上的三跨连续梁计算，如图 2-86 所示。

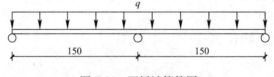

图 2-86　面板计算简图

强度验算要考虑模板结构自重荷载、新浇混凝土自重荷载、钢筋自重荷载和振捣混凝土时产生的荷载；挠度验算只考虑模板结构自重、新浇混凝土自重、钢筋自重荷载。

本算例中，面板的截面惯性矩 I 和截面抵抗矩 W 分别为：

$$W=1200\times18\times18\div6=6.48\times10^4\text{mm}^3$$
$$I=1200\times18\times18\times18/12=5.83\times10^5\text{mm}^4$$

（1）抗弯强度验算

按以下公式进行面板抗弯强度验算：

$$\sigma=\frac{M}{W}<f$$

式中　σ——梁底模板的弯曲应力计算值（N/mm^2）；

M——计算的最大弯矩（kN•m）；

l——计算跨度（梁底支撑间距）：$l=100.00$mm；

q——作用在梁底模板的均布荷载设计值（kN/m）。

新浇混凝土及钢筋荷载设计值：

$$q_1 = 1.2 \times (24.00 + 1.50) \times 1.20 \times 1.20 \times 0.90 = 39.66\text{kN/m}$$

模板结构自重荷载：

$$q_2 = 1.2 \times 0.35 \times 1.20 \times 0.90 = 0.45\text{kN/m}$$

振捣混凝土时产生的荷载设计值：

$$q_3 = 1.4 \times 2.00 \times 1.20 \times 0.90 = 3.02\text{kN/m}$$

$$q = q_1 + q_2 + q_3 = 39.66 + 0.45 + 3.02 = 43.13\text{kN/m}$$

跨中弯矩计算公式如下：

$$M = 0.1ql^2$$

$$M_{max} = 0.10 \times 43.13 \times 0.1^2 = 0.043\text{kN•m}$$

$$\sigma = 0.043 \times 10^6 \div 6.48 \times 10^4 = 0.66\text{N/mm}^2$$

梁底模面板计算应力 $\sigma = 0.66\text{N/mm}^2$，小于梁底模面板的抗压强度设计值 $f = 13\text{N/mm}^2$，满足要求。

（2）挠度验算

根据《建筑施工计算手册》刚度验算采用标准荷载，同时不考虑振动荷载作用。

最大挠度计算公式如下：

$$\omega = \frac{0.677ql^4}{100EI} \leqslant [\omega] = l/250$$

式中 q——作用在模板上的压力线荷载，$q = [(24.0 + 1.50) \times 1.200 + 0.35] \times 1.20 = 37.14\text{kN/m}$；

l——计算跨度（梁底支撑间距），$l = 100.00$mm；

E——面板的弹性模量，$E = 9500.0\text{N/mm}^2$。

面板的最大允许挠度值：$[\omega] = 100.00 \div 250 = 0.400$mm；

面板的最大挠度计算值：

$$\omega = (0.677 \times 37.14 \times 100^4) \div (100 \times 9500 \times 5.83 \times 10^5) = 0.005\text{mm}$$

面板的最大挠度计算值 $\omega = 0.005$mm，小于面板的最大允许挠度值 $[\omega] = 100/250 = 0.4$mm，满足要求。

2.13.4 梁底支撑的计算

本工程梁底支撑带木采用方木。

强度及抗剪验算要考虑模板结构自重荷载、新浇混凝土自重荷载、钢筋自重荷载和振捣混凝土时产生的荷载；挠度验算只考虑模板结构自重、新浇混凝土自重、钢筋自重荷载。

1. 荷载的计算

（1）钢筋混凝土梁自重：

$$q_1 = (24 + 1.5) \times 1.2 \times 0.1 = 3.06\text{kN/m}$$

（2）模板的自重线荷载：

$$q_2 = 0.35 \times 0.1 \times (2 \times 1.2 + 0.3) \div 0.3 = 0.315 \text{kN/m}$$

（3）活荷载为施工荷载标准值与振捣混凝土时产生的荷载：

经计算得到，活荷载标准值 $P_1 = (2.5 + 2) \times 0.1 = 0.45 \text{kN/m}$。

2. 方木的支撑力验算

静荷载设计值 $q = 1.2 \times 3.06 + 1.2 \times 0.315 = 4.05 \text{kN/m}$；

活荷载设计值 $P = 1.4 \times 0.45 = 0.63 \text{kN/m}$。

方木按照三跨连续梁计算，计算简图如图 2-87 所示。

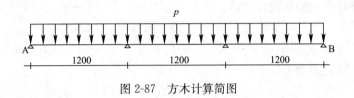

图 2-87　方木计算简图

本算例中，方木的截面惯性矩 I 和截面抵抗矩 W 分别为：

$$W = 6 \times 8 \times 8 / 6 = 64 \text{cm}^3$$
$$I = 6 \times 8 \times 8 \times 8 \div 12 = 256 \text{cm}^4$$

（1）方木强度验算：

最大弯矩考虑为静荷载与活荷载的设计值最不利分配的弯矩和，计算公式如下：

线荷载设计值　　　$q = 4.05 + 0.63 = 4.68 \text{kN/m}$

最大弯矩　　　$M = 0.1 q l^2 = 0.1 \times 4.68 \times 1.2 \times 1.2 = 0.674 \text{kN} \cdot \text{m}$

最大应力　　　$\sigma = M \div W = 0.674 \times 10^6 \div 64000 = 10.53 \text{N/mm}^2$

抗弯强度设计值　　　　　　　$f = 13 \text{N/mm}^2$

方木的最大应力计算值 10.53N/mm^2，小于方木抗弯强度设计值 13N/mm^2，满足要求。

（2）方木抗剪验算：

最大剪力的计算公式如下：

$$\omega = \frac{5 q l^4}{384 EI} \leqslant [\omega] = l/250 \tag{2-74}$$

截面抗剪强度必须满足：

$$\tau = \frac{3V}{2 b h_n} \leqslant f_v \tag{2-75}$$

式中最大剪力：$V = 0.6 \times 4.68 \times 1.2 = 3.37 \text{kN}$；

方木受剪应力计算值：

$$\tau = 3 \times 3370 \div (2 \times 60 \times 80) = 1.053 \text{N/mm}^2$$

方木抗剪强度设计值 $[\tau] = 1.4 \text{N/mm}^2$；

方木的受剪应力计算值 1.053N/mm^2，小于方木抗剪强度设计值 1.4N/mm^2，满足要求。

（3）方木挠度验算：

最大挠度考虑为静荷载与活荷载的计算值最不利分配的挠度和，计算公式如下：

$$\omega = \frac{0.677 q l^4}{100 EI} \leqslant [\omega] = l/250$$

$$q = 3.060 + 0.315 = 3.375\text{kN/m}$$

方木最大挠度计算值：

$$\omega = 0.677 \times 3.375 \times 1200^4 \div (100 \times 9000 \times 256 \times 10^4) = 2.056\text{mm}$$

方木的最大允许挠度 $[\omega] = 1.200 \times 1000 \div 250 = 4.800\text{mm}$；

方木的最大挠度计算值 $\omega = 2.056\text{mm}$，小于方木的最大允许挠度 $[\omega] = 4.8\text{mm}$，满足要求。

3. 支撑钢管的强度验算

支撑钢管按照简支梁的计算，荷载计算公式如下：

（1）钢筋混凝土梁自重：

$$q_1 = (24.000 + 1.500) \times 1.200 = 30.600\text{kN/m}^2$$

（2）模板的自重：

$$q_2 = 0.350\text{kN/m}^2$$

（3）活荷载为施工荷载标准值与振捣混凝土时产生的荷载：

$$q_3 = (2.500 + 2.000) = 4.500\text{kN/m}^2$$

$$q = 1.2 \times (30.600 + 0.350) + 1.4 \times 4.500 = 43.440\text{kN/m}^2$$

梁底支撑根数为 n，立杆梁跨度方向间距为 a，梁宽为 b，梁高为 h，梁底支撑传递给钢管的集中力为 P，梁侧模板传给钢管的集中力为 N，如图 2-88～图 2-90 所示。

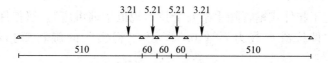

图 2-88 计算简图（单位：kN）

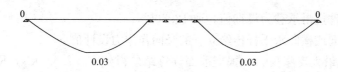

图 2-89 支撑钢管变形图（单位：mm）

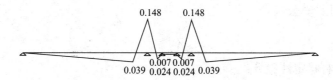

图 2-90 支撑钢管弯矩图（单位：kN·m）

当 $n=2$ 时：

$$P = \frac{qab}{2-1} = qab$$

$$N = 1.2q_2ah$$

$$P_1 = P_2 = \frac{P}{2} + N$$

当 $n>2$ 时：

$$P = \frac{qab}{n-1}$$

$$N = 1.2q_2ah$$

$$P_1 = P_n = \frac{P}{2} + N$$

$$P_2 = P_3 = \cdots = P_{n-1} = P$$

经过连续梁的计算得到：

支座反力 $R_A = R_B = 0.087\text{kN}$，中间支座最大反力 $R_{max} = 7.443$；

最大弯矩 $M_{max} = 0.148\text{kN} \cdot \text{m}$；

最大挠度计算值 $V_{max} = 0.03\text{mm}$；

支撑钢管的最大应力 $\sigma = 0.148 \times 10^6 \div 4490 = 33.0\text{N/mm}^2$；

支撑钢管的抗压设计强度 $f = 205.0\text{N/mm}^2$；

支撑钢管的最大应力计算值 33.0N/mm^2，小于支撑钢管的抗压设计强度 205.0N/mm^2，满足要求。

4. 梁底纵向钢管计算

纵向钢管只起构造作用，通过扣件连接到立杆。

5. 扣件抗滑移的计算

按照《建筑施工扣件式钢管脚手架安全技术规范培训讲座》，双扣件承载力设计值取 16.00kN，按照扣件抗滑承载力系数 0.80，该工程实际的旋转双扣件承载力取值为 12.80kN。

纵向或横向水平杆与立杆连接时，扣件的抗滑承载力按照下式计算：

$$R \leqslant R_c \qquad\qquad (2\text{-}76)$$

式中　R_c——扣件抗滑承载力设计值，取 12.80kN；

　　　R——纵向或横向水平杆传给立杆的竖向作用力设计值。

计算中 R 取最大支座反力，根据前面计算结果得到 $R = 7.443\text{kN}$，$R < 12.80\text{kN}$，所以双扣件抗滑承载力的设计计算满足要求。

6. 立杆的稳定性计算

立杆的稳定性计算公式

$$\frac{N}{\varphi A} \leqslant f$$

1）梁内侧立杆稳定性验算：

式中　N_{G1k}——立杆的轴心压力设计值，包括横杆的最大支座反力：$N_{G1k} = 0.087\text{kN}$；

　　　脚手架钢管的自重：$N_{G2k} = 1.2 \times 0.129 \times 20 = 3.096\text{kN}$；

　　　楼板的混凝土模板的自重：

　　　$N_{G3k} = 1.2 \times [1.20 \div 2 + (1.20 - 0.30) \div 2] \times 1.20 \times 0.35 = 0.529\text{kN}$；

　　　楼板钢筋混凝土自重荷载：

　　　$N_{G4k} = 1.2 \times [1.20 \div 2 + (1.20 - 0.30) \div 2] \times 1.20 \times 0.001 \times (1.50 + 24.00)$

$$=0.039\text{kN};$$

$$N=0.087+3.096+0.529+0.039=3.751\text{kN};$$

φ——轴心受压立杆的稳定系数，由长细比 l_0/i 查表得到；

i——计算立杆的截面回转半径，$i=1.59\text{cm}$；

A——立杆净截面面积，$A=5.06\text{cm}^2$；

W——立杆净截面抵抗矩，$W=4.49\text{cm}^3$；

σ——钢管立杆轴心受压应力计算值（N/mm^2）；

f——钢管立杆抗压强度设计值：$f=205\text{N/mm}^2$；

l_0——计算长度（m）。

① 如果完全参照《建筑施工扣件式钢管脚手架安全技术规范》JGJ 130—2011，不考虑高支撑架，按下式计算

$$l_0 = k\mu h \tag{2-77}$$

式中 k——计算长度附加系数，取值 1.155；

μ——计算长度系数，参照《建筑施工扣件式钢管脚手架安全技术规范》JGJ 130—2011 附表 5.2.8，$\mu=1.70$。

则，立杆计算长度 $l_1=k\mu h=1.155\times1.70\times1.5=2.945\text{m}$；

$$l_2/i=2945\div15.9=185$$

由长细比 l_1/i 的结果查表得到轴心受压立杆的稳定系数 $\varphi=0.277$；

钢管立杆受压应力计算值：

$$\sigma = 3751\div(0.277\times506) = 27.0\text{N/mm}^2$$

钢管立杆稳定性计算 $\sigma=27.0\text{N/mm}^2$，小于钢管立杆抗压强度的设计值 $f=205\text{N/mm}^2$，满足要求。

② 如果考虑到高支撑架的安全因素，适宜由下式计算：

$$l_0 = \mu_1\mu_2(h+2a) \tag{2-78}$$

式中 μ_1——计算长度附加系数，按照《建筑施工扣件式钢管脚手架安全技术规范》附表 5.4.6 取值 1.291；

μ_2——计算长度附加系数，按照《建筑施工扣件式钢管脚手架安全技术规范》附表 5.4.6 取值 1.217。

则，立杆计算长度：

$$l_0\mu_1\mu_2(h+2a) = 1.29\times1.217\times(1.5+0.1\times2) = 2.671\text{m}$$

$$l_0/i = 2671\div15.9 = 168$$

由长细比 l_0/i 的结果查表得到轴心受压立杆的稳定系数 $\varphi=0.301$；

钢管立杆受压应力计算值：

$$\sigma = 3751\div(0.301\times506) = 24.6\text{N/mm}^2$$

钢管立杆稳定性计算 $\sigma=24.6\text{N/mm}^2$，小于钢管立杆抗压强度的设计值 $f=205\text{N/mm}^2$，满足要求。

2）梁底受力最大的支撑立杆稳定性验算：

式中 N——立杆的轴心压力设计值，包括梁底支撑最大支座反力：$N_1=7.443\text{kN}$；

脚手架钢管的自重：$N_{G2k}=1.2\times0.129\times(20-1.2)=2.91\text{kN}$；

$$N = 7.443 + 2.91 = 10.353 \text{kN};$$

φ——轴心受压立杆的稳定系数，由长细比 l_0/i 查表得到；

i——计算立杆的截面回转半径，$i = 1.59 \text{cm}$；

A——立杆净截面面积，$A = 5.06 \text{cm}^2$；

W——立杆净截面抵抗矩，$W = 4.49 \text{cm}^3$；

ΣN_{Gk}——钢管立杆轴心受压应力计算值（N/mm^2）；

f——钢管立杆抗压强度设计值：$f = 205 \text{N/mm}^2$；

l_0——计算长度（m）。

① 如果完全参照《建筑施工扣件式钢管脚手架安全技术规范》JGJ 130—2011 不考虑高支撑架，按下式计算：

$$l_0 = k\mu h$$

k——计算长度附加系数，取值 1.291；

μ——计算长度系数，参照《建筑施工扣件式钢管脚手架安全技术规范》JGJ 130—2011 附表 5.2.8，$\mu = 1.70$。

立杆计算长度 $\quad l_0 = k\mu h = 1.291 \times 1.70 \times 1.5 = 3.292 \text{m}$

$$l_0/i = 3292 \div 15.9 = 207$$

由长细比 l_0/i 的结果查表得到轴心受压立杆的稳定系数 $\varphi = 0.308$；

钢管立杆受压应力计算值：

$$\sigma = 10353/(0.308 \times 506) = 66.4 \text{N/mm}^2$$

② 钢管立杆稳定性计算 $\sigma = 66.4 \text{N/mm}^2$，小于钢管立杆抗压强度的设计值 $f = 205 \text{N/mm}^2$，满足要求。

如果考虑到高支撑架的安全因素，适宜由下式计算：

$$l_0 = \mu_1 \mu_2 (h + 2a)$$

式中 μ_1——计算长度附加系数，按照《建筑施工扣件式钢管脚手架安全技术规范》附表 5.4.6 取值 1.291；

μ_2——计算长度附加系数，按照《建筑施工扣件式钢管脚手架安全技术规范》附表 5.4.6 取值 1.217。

则，立杆计算长度：

$$l_0 = \mu_1 \mu_2 (h + 2a) = 1.291 \times 1.217 \times (1.5 + 0.1 \times 2) = 2.671 \text{m}$$

$$l_0/i = 2671 \div 15.9 = 168$$

由长细比 l_0/i 的结果查表得到轴心受压立杆的稳定系数 $\varphi = 0.301$；

钢管立杆受压应力计算值：

$$\sigma = 10353 \div (0.301 \times 506) = 67.97 \text{N/mm}^2$$

钢管立杆稳定性计算 $\sigma = 67.97 \text{N/mm}^2$，小于钢管立杆抗压强度的设计值 $f = 205 \text{N/mm}^2$，满足要求。

3）梁外侧立杆稳定性验算：

其中 N——立杆的轴心压力设计值，包括横杆的最大支座反力：$N_1 = 0.087 \div \sin 90° = 0.087 \text{kN}$；脚手架钢管的自重：$N_2 = 1.2 \times 0.129 \times (20 - 1.2) \div \sin 90° = 2.91 \text{kN}$；

$$N = 0.087 + 2.91 = 2.997\text{kN};$$

θ——边梁外侧立杆与楼地面的夹角：$\theta = 90°$；

φ——轴心受压立杆的稳定系数，由长细比 l_0/i 查表得到；

i——计算立杆的截面回转半径，$i = 1.59\text{cm}$；

A——立杆净截面面积，$A = 5.06\text{cm}^2$；

W——立杆净截面抵抗矩，$W = 4.49\text{cm}^3$；

σ——钢管立杆轴心受压应力计算值（N/mm^2）；

f——钢管立杆抗压强度设计值，$f = 205\text{N/mm}^2$；

l_0——计算长度（m）。

① 如果完全参照《建筑施工扣件式钢管脚手架安全技术规范》JGJ 130—2011 不考虑高支撑架，按下式计算：

$$l_0 = k\mu h / \sin\theta \tag{2-79}$$

式中　k——计算长度附加系数，取值 1.291；

μ——计算长度系数，参照《建筑施工扣件式钢管脚手架安全技术规范》JGJ 130—2011 附表 5.2.8，$\mu = 1.70$。

则，立杆计算长度：

$$l_0 = k\mu h \div \sin\theta = 1.291 \times 1.70 \times 1.5 \div 1 = 3.292\text{m}$$
$$l_0/i = 3292 \div 15.9 = 207$$

由长细比 l_0/i 的结果查表得到轴心受压立杆的稳定系数。

$$\varphi = 0.308$$

钢管立杆受压应力计算值：

$$\sigma = 2997 \div (0.308 \times 506) = 19.1\text{N/mm}^2$$

钢管立杆稳定性计算 $\sigma = 19.1\text{N/mm}^2$，小于钢管立杆抗压强度的设计值 $f = 205\text{N/mm}^2$，满足要求。

② 如果考虑到高支撑架的安全因素，适宜由下式计算

$$l_0 = \mu_1 \mu_2 (h + 2a)$$

μ_1——计算长度附加系数，按照《建筑施工扣件式钢管脚手架安全技术规范》附表 5.4.6 取值 1.291；

μ_2——计算长度附加系数，按照《建筑施工扣件式钢管脚手架安全技术规范》附表 5.4.6 取值 1.217。

则，立杆计算长度：

$$l_0 = \mu_1\mu_2(h + 2a) = 1.291 \times 1.217 \times (1.5 + 0.1 \times 2) = 2.671\text{m}$$
$$l_0 \div i = 26711 \div 15.9 = 168$$

由长细比 $l_0 \div i$ 的结果查表得到轴心受压立杆的稳定系数 $\varphi = 0.301$；

钢管立杆受压应力计算值：

$$\sigma = 2997 \div (0.301 \times 506) = 19.68\text{N/mm}^2$$

钢管立杆稳定性计算 $\sigma = 19.68\text{N/mm}^2$，小于钢管立杆抗压强度的设计值 $f = 205\text{N/mm}^2$，满足要求。

模板承重架应尽量利用剪力墙或柱作为连接连墙件，否则存在安全隐患。

7. 地基承载力验算

该图书馆天井内井字梁下地面为进出车道出入口，横向宽 18m，纵向按横向联通道路，按市政道路标准设计，荷载为 1000kN/m²。其基础地面承载力对超高支撑荷载承载安全系数很大，无须计算。

2.13.5 梁模板高支撑架的构造和施工要求（工程经验）

除了要遵守《建筑施工扣件式钢管脚手架安全技术规范》JGJ 130—2011 的相关要求外，还要考虑以下内容：

1. 模板支架的构造要求

（1）梁板模板高支撑架可以根据设计荷载采用单立杆或双立杆；

（2）立杆之间必须按步距满设双向水平杆，确保两方向足够的设计刚度；

（3）梁和楼板荷载相差较大时，可以采用不同的立杆间距，但只宜在一个方向变距、而另一个方向不变。

2. 立杆步距的设计

（1）当架体构造荷载在立杆不同高度轴力变化不大时，可以采用等步距设置；

（2）当中部有加强层或支架很高，轴力沿高度分布变化较大，可采用下小上大的变步距设置，但变化不要过多；

（3）高支撑架步距以 0.9～1.5m 为宜，不宜超过 1.5m。

3. 整体性构造层的设计

（1）当支撑架高度≥20m 或横向高宽比≥6 时，需要设置整体性单或双水平加强层；

（2）单水平加强层可以每 4～6m 沿水平结构层设置水平斜杆或剪刀撑，且须与立杆连接，设置斜杆层数要大于水平框格总数的 1/3；

（3）双水平加强层在支撑架的顶部和中部每隔 10～15m 设置，四周和中部每 10～15m 设竖向斜杆，使其具有较大刚度和变形约束的空间结构层；

（4）在任何情况下，高支撑架的顶部和底部（扫地杆的设置层）必须设水平加强层。

4. 剪刀撑的设计

（1）沿支架四周外立面应满足立面满设剪刀撑；

（2）中部可根据需要并依构架框格的大小，每隔 10～15m 设置。

5. 顶部支撑点的设计

（1）最好在立杆顶部设置支托板，其距离支架顶层横杆的高度不宜大于 400mm；

（2）顶部支撑点位于顶层横杆时，应靠近立杆，且不宜大于 200mm；

（3）支撑横杆与立杆的连接扣件应进行抗滑验算，当设计荷载 $N \leqslant 12kN$ 时，可用双扣件；大于 12kN 时应用顶托方式。

6. 支撑架搭设的要求

（1）严格按照设计尺寸搭设，立杆和水平杆的接头均应错开在不同的框格层中设置；

（2）确保立杆的垂直偏差和横杆的水平偏差小于《建筑施工扣件式钢管脚手架安全技术规范》JGJ 130—2011 的要求；

（3）确保每个扣件和钢管的质量是满足要求的，每个扣件的拧紧力矩都要控制在 45～60N·m，钢管不能选用已经长期使用发生变形的；

（4）地基支座的设计要满足承载力的要求。

7. 施工使用的要求

（1）精心设计混凝土浇筑方案，确保模板支架施工过程中均衡受载，最好采用由中部向两边扩展的浇筑方式；

（2）严格控制实际施工荷载不超过设计荷载，对出现的超过最大荷载要有相应的控制措施，钢筋等材料不能在支架上方堆放；

（3）浇筑过程中，派人检查支架和支承情况，发现下沉、松动和变形情况及时解决。

2.13.6 安全文明技术措施

略。

2.13.7 节能环保措施

略。

2.13.8 应急救援预案

略。

2.14 ××小区高层建筑外脚手架工程专项施工方案

2.14.1 工程概况

该工程局部为两层地下室，±0.000 以下一层地下室高为 3.7m，±0.000 以下二层地下室层高为 3.9m。地下室外墙均为剪力墙结构，地下室外墙采用 SBS 卷材外防水。除7～10 轴段因基坑护壁桩与地下室外剪力墙净距仅有 30～50mm，无位置搭设双排脚手架作为外剪力墙支模和防水的施工平台。该工程于 2009 年 11 月被住房和城乡建设部及中华全国总工会授予"全国建筑施工安全质量标准化示范工程"荣誉称号。

2.14.2 编写依据

书内已有，故略。

2.14.3 施工要求与要点

1. 施工工艺

设置纵向扫地杆→立杆→横向扫地杆→第一步纵向扫地杆→第一步横向扫地杆→第二步纵向扫地杆→第二步纵向扫地杆→第二步横向扫地杆……

2. 施工要求

立杆纵向间距为 1.5m，横向间距为 1.05m，内立杆距基坑壁距离 30cm，外立杆距外基坑壁距离为 1.35m，大横杆间距为 1.8m，小横杆间距为 1.5m，长度为 1.5m。外侧立杆和外侧纵向水平杆以及剪刀撑采用红白相间架管。连墙件采用 $\phi48\times3.5$ 钢管与基坑壁上部打入土层中的短立杆以扣件连接。

3. 材料要求

脚手架选用 $\phi48\times3.5$，钢材为 Q235A 钢，表面平整光滑，无裂纹分层、压痕、划道和硬弯，面层有防锈层，无严重锈蚀现象，两端面平整，严禁使用有孔的钢管。

扣件使用锻造构件，且不得有裂纹、气孔，不得使用砂眼或其他有影响的锻造缺陷，贴合面与钢管接触良好，活动灵活，螺栓不得滑丝，整个扣件应有防锈处理，表面干净。

脚手板为专业厂家定制生产的竹串片脚手板。

2.14.4 脚手架计算书

1. 参数信息

（1）脚手架参数

双排脚手架搭设高度为 12m，立杆采用单立管；

搭设尺寸为：立杆的横距为 1.05m，立杆的纵距为 1.5m，大小横杆的步距为 1.8m；

内排架距基坑壁距离为 0.3m；

大横杆在上，搭接在小横杆上的大横杆根数为 2 根；

采用的钢管类型为 $\phi 48 \times 3.5$；

横杆与立杆连接方式为单扣件，取扣件抗滑承载力系数为 1.00；

连墙件连接方式为单扣件。

（2）活荷载参数

施工均布活荷载标准值：$1.000 kN/m^2$；脚手架用途：外剪力墙支模及防水。

（3）风荷载参数

本工程地处南方某市，基本风压 $0.35 kN/m^2$；

风荷载高度变化系数 μ_z 为 0.74，风荷载体型系数 μ_s 为 1.13；

脚手架计算中考虑风荷载作用。

（4）静荷载参数

每米立杆承受的结构自重标准值：0.1248（kN/m）；

脚手板自重标准值：0.35（kN/m^2）；栏杆挡脚板自重标准值：0.14（kN/m）；

安全设施与安全网：0.005（kN/m^2）；

脚手板类别：竹串片脚手板；栏杆挡板类别：竹串片脚手板挡板；

每米脚手架钢管自重标准值：0.038（kN/m）。

（5）地基参数

地基土类型：黏性土；地基承载力标准值：105.00（kPa）；

立杆基础底面面积：0.28m² （一块垫板支承 2 根立杆，基础底面面积计算公式为 $A = l/n \times a \times b$，$a$ 和 b 为垫板的两个边长，其中 a 为 0.2m，b 为 2.8m）；地基承载力调整系数：0.50。

2. 大横杆的计算

按照《建筑施工扣件式钢管脚手架安全技术规范》JGJ 130—2011 第 5.2.8 条规定，大横杆按照三跨连续梁进行强度和挠度计算，大横杆在小横杆的上面。将大横杆上面的脚手板自重和施工活荷载作为均布荷载计算大横杆的最大弯矩和变形。

（1）均布荷载值计算

大横杆的自重标准值：$P_1 = 0.038 kN/m$；

脚手板的自重标准值：$P_2 = 0.3 \times 1.05 \div (2+1) = 0.105 kN/m$；

活荷载标准值：$Q = 2 \times 1.05 \div (2+1) = 0.7 kN/m$；

静荷载的设计值：$q_1 = 1.2 \times 0.038 + 1.2 \times 0.105 = 0.172 kN/m$；

活荷载的设计值：$q_2 = 1.4 \times 0.7 = 0.98 kN/m$。

（2）强度验算

跨中和支座最大弯矩分别按图 2-91、图 2-92 组合。

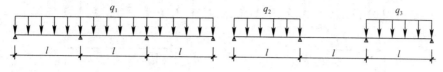

图 2-91　大横杆设计荷载组合简图（跨中最大弯矩和跨中最大挠度）

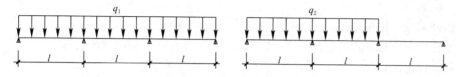

图 2-92　大横杆设计荷载组合简图（支座最大弯矩）

跨中最大弯距计算公式如下：

$$M_{1max} = 0.08q_1 l^2 + 0.10q_2 l^2 \qquad (2\text{-}80)$$

跨中最大弯距为 $M_{1max}=0.08\times0.172\times1.5^2+0.10\times0.98\times1.5^2=0.251\text{kN}\cdot\text{m}$；

支座最大弯距计算公式如下：

$$M_{2max} = -0.10q_1 l^2 - 0.117q_2 l^2 \qquad (2\text{-}81)$$

支座最大弯距为 $M_{2max}=-0.10\times0.172\times1.5^2-0.117\times0.98\times1.5^2=-0.297\text{kN}\cdot\text{m}$；

选择支座弯矩和跨中弯矩的最大值进行强度验算：

$$\sigma = \max(0.251\times10^6;0.219\times10^6)\div5080 = 58.465\text{N/mm}^2$$

大横杆的最大弯曲应力为 $\sigma=58.465\text{N/mm}^2$，小于大横杆的抗压强度设计值 $f=205\text{N/mm}^2$，满足要求。

（3）挠度验算

最大挠度考虑为三跨连续梁均布荷载作用下的挠度。

计算公式如下：

$$V_{max} = (0.677q_1 l^4 + 0.990q_2 l^4)\div100EI$$

式中，静荷载标准值：$q_1=P_1+P_2=0.038+0.105=0.143\text{kN/m}$；

活荷载标准值：$q_2=Q=0.7\text{kN/m}$。

最大挠度计算值为：

$\nu = [(0.677\times0.143+0.990\times0.7)\times1500^4]/(100\times2.06\times10^5\times121900) = 1.59\text{mm}$

大横杆的最大挠度 1.59mm 小于大横杆的最大容许挠度 1500/150mm＝10mm，满足要求。

3. 小横杆的计算

根据《建筑施工扣件式钢管脚手架安全技术规范》JGJ 130—2011 第 5.2.8 条规定，小横杆按照简支梁进行强度和挠度计算，大横杆在小横杆的上面。用大横杆支座的最大反力计算值作为小横杆集中荷载，在最不利荷载布置下计算小横杆的最大弯矩和变形。计算简图如图 2-93 所示。

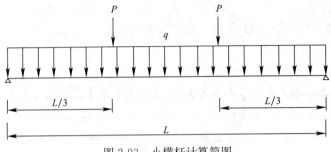

图 2-93　小横杆计算简图

（1）荷载值计算

小横杆的自重标准值：$p_1 = 0.0384 \times 1.5 = 0.058 \mathrm{kN}$；

脚手板的自重标准值：$P_2 = 0.3 \times 1.05 \times 1.5 \div (2+1) = 0.158 \mathrm{kN}$；

活荷载标准值：$Q = 2 \times 1.05 \times 1.5 \div (2+1) = 1.050 \mathrm{kN}$；

集中荷载的设计值：

$$P = 1.2 \times (0.058 + 0.158) + 1.4 \times 1.05 = 1.729 \mathrm{kN}$$

（2）强度验算

最大弯矩考虑为小横杆自重均布荷载与大横杆传递荷载的标准值最不利分配的弯矩和。

均布荷载最大弯矩计算公式如下：

$$M_{qmax} = \frac{1}{8} q l^2 \tag{2-82}$$

$$M_{qmax} = 1.2 \times 0.038 \times 1.05^2 \div 8 = 0.0063 \mathrm{kN \cdot m}$$

集中荷载最大弯矩计算公式如下：

$$M_{pmax} = \frac{1}{3} Pl \tag{2-83}$$

$$M_{pmax} = 1.729 \times 1.05 \div 3 = 0.605 \mathrm{kN \cdot m}$$

最大弯矩 $M = M_{qmax} + M_{pmax} = 0.611 \mathrm{kN \cdot m}$；

最大应力计算值：$\sigma = M/W = 0.611 \times 10^6 \div 5080 = 120.3 \mathrm{N/mm^2}$；

小横杆的最大弯曲应力 $\sigma = 120.3 \mathrm{N/mm^2}$，小于小横杆的抗压强度设计值 $205 \mathrm{N/mm^2}$，满足要求。

（3）挠度验算

最大挠度考虑为小横杆自重均布荷载与大横杆传递荷载的设计值最不利分配的挠度和。

小横杆自重均布荷载引起的最大挠度计算公式如下：

$$\nu_{qmax} = 5 q l^4 / 384 EI$$

$$\nu_{qmax} = 5 \times 0.038 \times 1050^4 \div (384 \times 2.06 \times 10^5 \times 121900) = 0.024 \mathrm{mm}$$

大横杆传递荷载 $P = p_1 + p_2 + Q = 0.058 + 0.158 + 1.05 = 1.266 \mathrm{kN}$；

集中荷载标准值最不利分配引起的最大挠度计算公式如下：

$$\nu_{pmax} = Pl(3l^2 - 4l^2 \div 9) \div 72EI \tag{2-84}$$

$$\nu_{pmax} = 1266 \times 1050 \times (3 \times 1050^2 - 4 \times 1050^2/9)/(72 \times 2.06 \times 10^5 \times 121900) = 2.07 \mathrm{mm}$$

最大挠度和 $\nu = \nu_{qmax} + \nu_{pmax} = 0.024 + 2.07 = 2.094 \mathrm{mm}$；

小横杆的最大挠度为 2.094mm，小于小横杆的最大容许挠度 1050/150＝7mm 与10mm，满足要求。

4. 扣件抗滑力的计算

按《建筑施工扣件式钢管脚手架安全技术规范》JGJ 130—2011 表 5.2.15，直角、旋转单扣件承载力取值为 8.00kN，按照扣件抗滑承载力系数 1.00，该工程实际的旋转单扣件承载力取值为 8.00kN。

纵向或横向水平杆与立杆连接时，扣件的抗滑承载力按照《建筑施工扣件式钢管脚手架安全技术规范》JGJ 130—2011 第 5.2.5 条计算：

$$R \leqslant R_c \tag{2-85}$$

式中　R_c——扣件抗滑承载力设计值，取 8.00kN；

　　　R——纵向或横向水平杆传给立杆的竖向作用力设计值。

大横杆的自重标准值：$P_1 = 0.038 \times 1.5 \times 2 \div 2 = 0.057$kN；

小横杆的自重标准值：$P_2 = 0.038 \times 1.05 \div 2 = 0.02$kN；

脚手板的自重标准值：$P_3 = 0.3 \times 1.05 \times 1.5 \div 2 = 0.236$kN；

活荷载标准值：$Q = 2 \times 1.05 \times 1.5 \div 2 = 1.575$kN。

荷载的设计值：

$R = 1.2 \times (0.057 + 0.02 + 0.236) + 1.4 \times 1.575 = 2.581$kN

$R < 8.00$kN，单扣件抗滑承载力的设计计算满足要求。

5. 脚手架立杆荷载计算

作用于脚手架的荷载包括静荷载、活荷载和风荷载。静荷载标准值包括以下内容：

(1) 每米立杆承受的结构自重标准值，为 0.1248kN/m：

$$N_{G1k} = [0.1248 + (1.50 \times 2/2) \times 0.038 \div 1.80] \times 25 = 3.912\text{kN}$$

(2) 脚手板的自重标准值，采用竹笆片脚手板，标准值为 0.3kN/m²：

$$N_{G2k} = 0.3 \times 4 \times 1.5 \times (1.05 + 0.3) \div 2 = 1.215\text{kN}$$

(3) 栏杆与挡脚手板自重标准值，采用竹笆片脚手板挡板，标准值为 0.15kN/m：

$$N_{G3k} = 0.15 \times 4 \times 1.5 \div 2 = 0.45\text{kN}$$

(4) 吊挂的安全设施荷载，包括安全网，标准值取 0.005kN/m²：

$$N_{G4k} = 0.005 \times 1.5 \times 25 = 0.188\text{kN}$$

经计算得到，静荷载标准值：

$$\Sigma N_{Gk} = N_{G1k} + N_{G2k} + N_{G3k} + N_{G4k} = 5.764\text{kN}$$

活荷载为施工荷载标准值产生的轴向力总和，立杆按一纵距内施工荷载总和的 1/2 取值。

经计算得到，活荷载标准值：

$$\Sigma N_{Qk} = 2 \times 1.05 \times 1.5 \times 2 \div 2 = 3.15\text{kN}$$

风荷载标准值按照以下公式计算：

$$w_k = 0.7 \mu_z \cdot \mu_s \cdot w_0 \tag{2-86}$$

式中　w_0——基本风压（kN/m²），按照《建筑结构荷载规范》GB 50009—2012 的规定采用：$w_0 = 0.35$kN/m²；

　　　μ_z——风荷载高度变化系数，按照《建筑结构荷载规范》GB 50009—2012 的规定采用：$\mu_z = 0.74$；

　　μ_s——风荷载体型系数，取值为 0.7。

　　经计算得到，风荷载标准值：
$$w_k = 0.7 \times 0.35 \times 0.74 \times 0.7 = 0.127 \text{kN/m}^2$$

　　考虑风荷载时，立杆的轴向压力设计值为：
$$N = 1.2N_G + 0.85 \times 1.4N_Q = 1.2 \times 5.772 + 0.85 \times 1.4 \times 3.15 = 10.675 \text{kN}$$

　　风荷载设计值产生的立杆段弯矩 M_w 为：
$$M_w = 0.85 \times 1.4W_k l_a h^2 \div 10 = 0.85 \times 1.4 \times 0.127 \times 1.5 \times 1.8^2 \div 10 = 0.073 \text{kN} \cdot \text{m}$$

　　6. 立杆的稳定性计算

　　考虑风荷载时，立杆的稳定性计算公式：
$$\sigma = N/\varphi A + M_w/W \leqslant f \tag{2-87}$$

　　立杆的轴心压力设计值：$N = 10.675 \text{kN}$；

　　计算立杆的截面回转半径：$i = 1.59 \text{cm}$；

　　计算长度附加系数参照《建筑施工扣件式钢管脚手架安全技术规范》JGJ 130—2011 表 5.2.8 得：$k = 1.155$；

　　计算长度系数参照《建筑施工扣件式钢管脚手架安全技术规范》JGJ 130—2011 表 5.2.8 得：$\mu = 1.5$；

　　计算长度，由公式 $l_0 = k\mu h$ 确定：$l_0 = 1.155 \times 1.50 \times 1.80 = 3.119 \text{m}$；

　　长细比：$l_0/i = 196$；

　　轴心受压立杆的稳定系数 φ，由长细比 l_0/i 的结果查表得到，$\varphi = 0.186$；

　　立杆净截面面积：$A = 5.06 \text{cm}^2$；

　　立杆净截面模量（抵抗矩）：$W = 5.26 \text{cm}^3$；

　　钢管立杆抗压强度设计值：$f = 205 \text{N/mm}^2$；
$$\sigma = 10675 \div (0.186 \times 506) + 73000 \div 5260 = 127.3 \text{N/mm}^2$$

　　立杆稳定性计算 $\sigma = 127.3 \text{N/mm}^2$，小于立杆的抗压强度设计值 $f = 205 \text{N/mm}^2$，满足要求。

　　7. 连墙件的稳定性计算

　　连墙件的轴向力设计值应按照下式计算：
$$N = 1.2(N_{G1k} + N_{G2k}) + 1.4\Sigma N_{Qk}$$

　　连墙件风荷载标准值按脚手架顶部高度计算
$$\mu_z = 0.74; \mu_s = 1.0\varphi; w_0 = 0.35$$
$$w_k = 0.7\mu_z \cdot \mu_s \cdot w_0 \tag{2-88}$$
$$w_k = 0.7\mu_z \cdot \mu_s \cdot w_0 = 0.7 \times 0.74 \times 1.0\varphi \times 0.35 = 0.181 \text{kN/m}^2$$

　　每个连墙件的覆盖面积内脚手架外侧的迎风面积 $A_w = 16.2 \text{m}^2$；

　　按照《建筑施工扣件式钢管脚手架安全技术规范》JGJ 130—2011 5.2.12 条连墙件约束脚手架平面外变形所产生的轴向力，$N_0 = 3.000 \text{kN}$；

　　风荷载产生的连墙件轴向力设计值，按照下式计算：
$$N_{lW} = 1.4 \cdot w_k \cdot A_w = 4.11 \text{kN} \tag{2-89}$$

　　连墙件的轴向力设计值 $N_l = N_{lW} + N_0 = 4.11 + 3 = 7.11 \text{kN}$；

连墙件承载力设计值按下式计算：

$$f = \varphi \cdot A \cdot f$$

式中　φ——轴心受压立杆的稳定系数。

由长细比 $l/i = 300/15.9$ 的结果查表得到 $\varphi = 0.949$，l 为内排架距离墙的长度。

又：$A = 5.06\text{cm}^2$；$f = 205\text{N/mm}^2$；

连墙件轴向承载力设计值为：

$$N_1 = 0.949 \times 5.06 \times 10^{-4} \times 205 \times 10^3 = 98.44\text{kN}$$

$N_1 = 8.50 < N_1 = 98.44\text{kN}$，连墙件的设计计算满足要求。

连墙件采用双扣件与墙体连接。

由以上计算得到 $N_1 = 8.50$ 小于双扣件的抗滑力 16kN，满足要求。

8. 立杆的地基承载力计算

立杆基础底面的平均压力应满足下式的要求：

$$P_k = N_k \div A \leqslant f_g \qquad (2\text{-}90)$$

地基承载力设计值：

$$f_g = f_{gk} \times N_k = 52.5\text{kPa}$$

其中，地基承载力标准值：$f_{gk} = 105\text{kPa}$；

脚手架地基承载力调整系数：$N_k = 0.4$；

立杆基础底面的平均压力：$P_k = \dfrac{N_k}{A} = 37.5\text{kPa}$；

其中上部结构传至基础顶面的轴向力设计值：$N_k = 10.675\text{kN}$；

基础底面面积：$A = 0.28\text{m}^2$。

$P_k = 37.50 < f_g = 52.5\text{kPa}$，地基承载力满足要求。

2.14.5　脚手架搭设施工质量控制及维护和管理

（1）底立杆应按立杆接长要求选择不同长度的钢管交错设置，至少有两种适合的不同长度的钢管作立杆。

（2）在设置第一排连墙件前，应每隔 6 跨设一道挑撑以确保架子稳定。

（3）连墙件和剪刀撑应及时设置，不得滞后超过 2 步。

（4）对接脚手杆时，对接处的两侧必须设置间横杆。

（5）作业层的栏杆和挡脚板设在立杆的内侧。

（6）控制扣件螺栓扭力矩。

（7）扣件、螺栓螺母等小配件要及时清理。

（8）脚手架料和构件，零件要及时回收，分类整理，分类存放。

（9）弯曲的钢杆件要调直，损坏的构件要修复，损坏的零件要及时更换。

（10）搬运长钢管时，应采取措施防止弯曲。

（11）扣件要涂油，扣件、螺栓、螺母、垫板、连接件插销等小配件，在安装脚手架后，多余的小配件要及时收回存放。

2.14.6　安全控制措施

1. 脚手架搭设

（1）脚手架搭设人员必须持证上岗。

（2）戴安全帽、系安全带，穿防滑鞋，地面设围栏和警戒标志，派专人看守，严禁非操作人员入内。

（3）作业层上的施工荷载符合设计要求，不允许超载。

（4）不得将模板支架、泵送混凝土的输送管固定在脚手架上，严禁悬挂起重设备。

（5）当有六级及六级以上大风和雾、雨、雪天气时停止脚手架作业。

（6）脚手架使用期间，主节点的纵横向水平杆、纵横向扫地杆、连墙件应安装牢固。

（7）脚手架的杆件、扣件不允许随意拆除。

（8）在脚手架上进行电、气焊作业时，设立防火措施，定设消防水池，派专人看守。

2. 脚手架的拆除

拆除脚手架时，地面安排安全人员值班。程序应遵守由上而下，先搭后拆的原则逐层进行。要做到一步一清、一杆一清，严禁上下同时作业，拆除脚手架大横杆、剪刀撑时，应先拆中间扣再拆两头扣，先拆拉杆、脚手板、剪力撑、斜撑，而后拆小横杆、大横杆、立杆等。不准分立面拆架或在上下两步同时进行拆架，由中间操作人员往下顺杆子，从脚手架拆下来的钢管、扣件、脚手板等必须分类码堆，用搭吊转至地面。拆底层架时，脚手架要加抛撑，先加固后拆除。

在拆卸脚手架时，散落的小配件要及时收捡起来。

2.14.7　环保与节能措施

略。

2.14.8　材料与设备

采用常规搭设材料与设备设施。

2.15　××大学新校区图书馆模板施工方案

2.15.1　工程概况

本工程采用钢筋混凝土框架结构体系，楼屋盖采用现浇梁板结构，地下一层，地上七层，建筑总高度为 36.8m，总建筑面积 39376m²，建筑结构的安全等级为二级，结构设计合理使用年限为 50 年，抗震设防烈度为 6 度，建筑等级为一类高层。

主体施工过程按总体施工组织设计考虑，柱模配备一层，梁、板配备两层模板。模板工程量大约为 36000m²。作为主体工程外观质量主要体现在混凝土工程，项目部对模板工程的质量提出了更高、更严的要求，为了使今后的施工过程中能有针对性的指导作业，有效实施管理，特制定该工程专项方案。

2.15.2　模板工程材料和制作工艺原理与流程

（1）根据本工程实际情况及质量要求，模板工程所选用材料和模板制作方法是保证工程质量的关键，同时需要考虑施工的易装、易拆、易固定、易转运的操作性，提高工作效益。

1）木方材料

本工程木方采用 60mm×80mm 规格木方，选购时注意木方的含水率必须低于 10%，不得有翘曲变形现象，到现场再进行精加工。

2）模板板材

为了保证模板的工程质量，增加模板周转次数，本工程柱模板采用木胶合板，板材厚

204

度 18mm；梁、板、剪力墙采用双面胶塑腹膜竹胶合板，板材厚度为 12mm。

　　3）模板支撑体系

本工程采用扣件式钢管满堂红脚手架为模板水平和垂直支撑体系，具体构件的支撑体系详见后面的支撑方法。

（2）工艺流程框架图（略）。

2.15.3　工程工艺特点要求和施工要点

　　1. 柱模施工

（1）柱模制作

根据图纸设计柱截面几何尺寸，并进行分类编号，再根据楼层高度减去主梁高度加上 20mm 为柱模长度，进行同编号排序号定部位，依据上述尺寸采用木胶合板和 60mm× 80mm 杉木木枋制成定型柱模，并在柱模外侧弹出中心控制线。柱模阴、阳角必须制成凹凸两块模板相交，接口处必须垂直、光滑，拼装无缝隙。

（2）柱模安装

根据需要安装柱的部位，找出该柱相对应的编号顺序柱模，用塔吊吊运至现场，在柱模顶部和底部利用架管箍固定并与满堂架连接牢固，在柱模四边中心线上利用经纬仪和线锤校正模板垂直度，并在柱模中部放置加强木方，间距不大于 250mm，再采用 φ12 对拉螺杆，并用双钢管作柱箍，柱箍间距不大于 500mm，700mm 以下的柱子中部可不设对拉螺杆，700～900mm 柱子中部设置对拉螺杆一道，1000～1200mm 柱子中部设置对拉螺杆二道。独立柱支模见图 2-94。

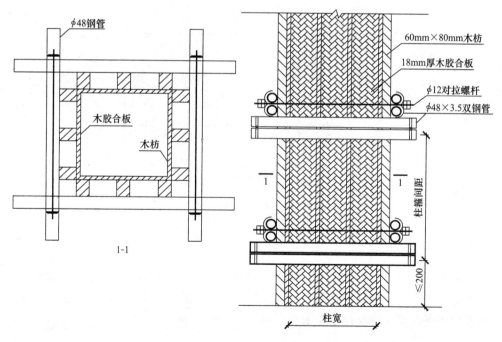

图 2-94　独立柱支模示意图

柱、梁交接处柱头处理，采用木胶合板和木方制成定型柱帽，并在柱帽上留好梁口，原柱顶进入柱帽约 100mm，柱帽与原柱壁用 3mm 双面胶粘贴密实，用钢管扣紧并与满堂架连接牢固，采用线锤校正模板垂直无误。

2. 剪力墙模板施工

（1）剪力墙模板制作

根据图纸设计计算剪力墙内、外模板长度，模板高度应根据楼层高度加上模板与混凝土搭接长度，采用 12mm 厚竹胶合板、60mm×80mm 杉木木枋、200mm 长 ϕ12 螺杆（一头丝杆，另一头焊 20mm×20mm 铁板）和双钢管作竹龙骨，制成定型大模板。

大模板中部放置加强木枋，间距不大于 150mm，木枋搭接接头应错位分布，木枋与竹胶合板之间应用 ϕ50 铁钉固定。双钢管主龙骨间距最下排为 200mm，其次为 500mm，双钢管两端长度应比大模板每端长 200mm，200mm 长的螺杆固定双钢管和竹胶合板，间距为 400mm。在模板上应弹中心控制线和轴线，并且标注编号和内外模配套。

（2）剪力墙模板安装

根据图纸编号找出相对应剪力墙编号，采用塔吊吊装剪力墙成型大模，利用经纬仪控制模板轴线与现场平面轴线进行定位，用钢管把剪力墙模与满堂架进行固定，再用线锤复核剪力墙中心控制线准确无误后，用 ϕ12 间距 600mm 的对拉螺杆固定剪力墙内外模板。剪力墙支模见图 2-95。

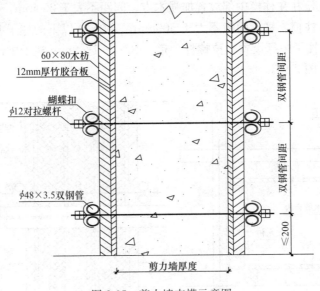

图 2-95　剪力墙支模示意图

3. 梁模板施工

（1）梁模制作

梁模板采用 12mm 厚竹胶合板，60mm×80mm 杉木木枋制成定型模板。梁底模的宽度与设计梁宽相等，梁侧模高度为设计梁高减去现浇混凝土楼板厚度，减去楼板模板的厚度，加上梁底模厚度（竹胶合板加木枋）。

（2）梁模安装

采用钢管架支撑，支撑架立杆间距不超过 800mm，侧模用斜撑支撑，支撑间距不超过 800mm，斜度不大于 45°。当侧梁模高度大于 700mm 时，侧梁模板必须采用 ϕ12@800mm 对拉螺杆一道；当侧梁模高于 1200mm 时，侧模必须增设 ϕ12@800mm 的对拉螺杆二道。梁跨度大于 4m 时，底模按 2‰起拱，梁架水平钢管与立管必须设置防滑保护扣。梁板支模见图 2-96。

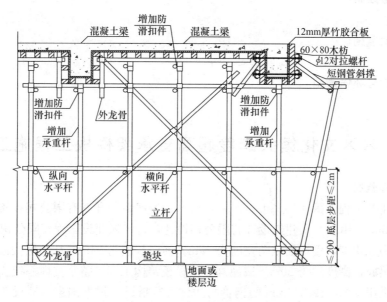

图 2-96　梁板支模示意图

4. 楼梯模板施工

楼梯模板采用 12mm 竹胶合模板，60mm×80mm 杉木枋制成定型模板，楼梯底模、档模、踢面模板、梯口梁模制作具体尺寸，必须按设计尺寸进行场外放样，再根据场外放样的尺寸进行取样，现场复核楼梯的坡度、底板厚度、踏面宽度与踏面高度准确无误后再进行制作定型模板。

针对楼梯在施工中容易踏坏的现象，在楼梯两端采用架管和模板进行封堵，待混凝土达到一定强度才允许施工人员通行。

楼梯施工缝留置，按照规范楼梯施工缝留置在弯矩和剪力较小的部位，但该部分施工工艺在操作过程中比较复杂，施工缝节口处外观质量较差。本工程楼梯施工缝在楼梯梁与楼梯板交接处，通过设计人员计算在该部位增设构造钢筋，满足楼梯板抗剪要求。

5. 楼板模施工

楼板采用 12mm 厚双面腹膜竹夹板和 60mm×80mm 杉木枋进行现场平铺固定，木枋间距 300mm，支撑体系材料采用 φ48×3.5mm 厚普碳钢管，竖向支撑，间距约为 1200mm×1200mm，竖向支撑必须按轴线位置进行划分，保证每层立杆在同一位置。水平横杆，离地 150～200mm 设一道扫地杆，纵横向布置；中部离地 1700mm，纵横向布置，板底根据支模标高搭设一道水平杆。为了加强整个支模架体系的整体稳定性，在满堂红架子中，纵横向均设垂直方向剪刀撑，剪刀撑间距≤4.0m。

6. 后浇带模板施工

后浇带模板应注意支模方法，按后浇带设计宽度每边增加 1200mm 为后浇带支模宽度；后浇带梁底模、侧模、平板底模及支撑系统应与满堂红架子、模板完全断开，其支撑体系，在支模过程中采取加固措施连接成整体。待其他部位拆模时，对后浇带模板支撑系统不产生任何影响。

2.15.4 质量控制
略。

2.15.5 安全措施
略。

2.15.6 节能与环保措施
略。

※2.16 ××文化馆大跨度超高支承架模板工程施工方案

2.16.1 工程概况

××文化馆工程坐落在××市××镇，由×××房地产开发有限公司投资建设，建筑面积16930.3m²。由×××建筑设计有限公司设计，×××建设工程有限公司总承包。

该工程为大跨度，楼顶面纵向宽度为25m，横向长度为24m。从二层楼面板开始搭设至五层顶部梁底，高度约为20m。属超高支承模板结构工程，整个支撑系统立杆与横杆及剪刀撑全部采用$\phi48mm\times3.5mm$的钢管与扣件进行搭设。根据国家《建设工程安全管理条例》的规定，对该工程的支模架支撑系统编制专项施工方案。限制危险源，杜绝坍塌事故的发生，确保施工安全。并按规范等规定要求进行设计计算。经三级审批，专家论证后实施，至安全顺利浇筑完成。

2.16.2 编制依据

（1）法律、法规、规范、标准与地方规定（略）。

（2）该工程施工设计图，工程承包合同与设计变更等。

2.16.3 工艺原理

超高支撑、大跨度、钢管支撑系统、立杆受压性设计稳定值、扩散集中荷载、均衡受力、立杆整体稳定性。

2.16.4 工艺流程

1. 工艺流程

该工程的⑦～⑩轴/Ⓕ～Ⓗ轴部位为高支撑架的梁、板模板结构分项工程，其模板高支撑（承）架子从二层楼面板开始搭设至五层顶部梁底，高度约为20m，其五层楼顶面纵向宽度为25m，横向长度为24m。二根主梁截面尺寸为$1600mm\times600mm$，现就该部的支撑系统全部采用$\phi48mm\times3.5mm$的钢管进行搭设设计验算。

2. 工艺流程图

略。

2.16.5 工艺操作要点

1. 梁板模板支撑（承）架系统立杆稳定性验算

现浇钢筋混凝土主梁宽600mm，高1600mm，板厚120mm。模板支模架立杆为$600mm\times600mm\sim650mm\times650mm$进行纵向横向布置，步距1.7m。主梁底支撑架高20.1m，（一次梁断面宽300mm，高900mm，至梁底支撑高20.8m。二次梁断面宽

250mm，高 700mm，至二次梁底支撑高度 21.0m）。

立杆采用 $\phi48mm \times 3.5mm$ 钢管，连墙铁件竖向间距 3.0m，纵向间距五跨。计算单元取 $0.6m \times 2.4m$，见图 2-97。

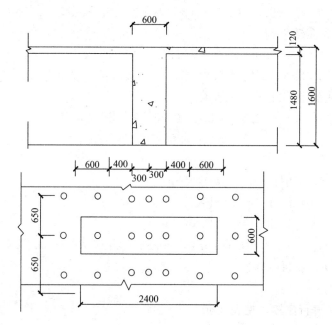

图 2-97　钢管支撑架计算单元示意图

2. 荷载计算

（1）梁（中间部分）

1）屋面混凝土自重：

$$0.6 \times 0.6 \times 1.6 \times 24 = 13.824kN$$

2）钢筋自重：

$$0.6 \times 0.6 \times 1.6 \times 1.5 = 0.864kN$$

3）模板自重：

$$0.6 \times [0.6 + (1.6 - 0.14) \times 2] \times 0.75 = 1.584kN$$

4）施工荷载：$1kN/m^2$，振动荷载：$2kN/m^2$。

$$3 \times 0.6 \times 0.6 = 1.08kN$$

荷载标准值：17.352kN。

设计值：25.08kN，分项系数①～③项为 1.2，④项为 1.4。主梁及两边单元受力分布计算如图 2-98所示。

$$\Sigma N_{Gk} = 17.352/0.6 = 28.92kN/m$$

$$N = 25.08/0.6 = 41.8kN$$

（2）板（两边部分）

1）混凝土自重

$$0.6 \times (0.5 + 0.35) \times 0.12 \times 24 = 1.47kN$$

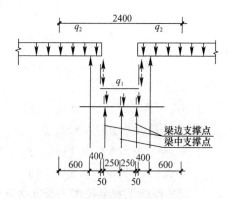

图 2-98　主梁及板两边计算单元示意图

2）钢筋自重

$$0.6 \times (0.5 + 0.35) \times 0.12 \times 1.5 = 0.092kN$$

3）模板自重

$$0.6 \times (0.5 + 0.35) \times 0.75 = 0.383kN$$

4）施工荷载、振动荷载

$$0.6 \times (0.5 + 0.35) \times 3 = 1.53kN$$

荷载标准值：3.48kN，设计值5.21kN，分项系数①～③项为1.2，④项为1.4。主梁及两边单元受力分布计算如图2-98所示。

$$\Sigma N_{Gk} = 3.48/0.85 = 4.09kN/m$$
$$N = 5.21/0.85 = 6.13kN/m$$

竖向荷载：

支承架自重（包括扣件重量）：0.4kN/m

立杆上部：$N_k = 0.4 \times 1.7 = 0.68kN$

立杆底部：$P_k = 0.4 \times 20.1 = 8.04kN$

$$N_k = 41.8 \times 0.6 + 6.13 \times 0.85 \times 2 + 0.68 = 36.2kN$$
$$P_k = 44.24kN$$

3. 立杆内力分析

采用几种方法进行比较，见表2-60。

采用几种方法进行比较　　　　　　　　　　　　表 2-60

立杆计算方法	一根立杆最大轴向压力（kN）		内力比值
	上部	下部	
三支点按平均受力每根受 1/3	10.7	15.98	/
① 三个支撑点实际工作情况（每根受力不均匀）	21.5	/	/
② 按平面框架整体分析	20.6	15.2	1.92
③ 按空间整体分析	20.5	15.8	1.91

注：按平面与空间整体分析仅作参考，实际上扣件式钢管模板支承架不具备框架刚性结点的条件。

4. 立杆截面（稳定性）计算

（1）按照《建筑施工扣件式钢管脚手架安全技术规范》JGJ 130—2011 规范方法计算

$$l_0 = k \cdot \mu \cdot h$$
$$l_0 = k \cdot \mu \cdot h = 1.155 \times 1.7 \times 1.8 = 3.534m$$
$$\lambda = \frac{l_0}{i} = 3.534 \times 10^3/15.8 = 223.7 \qquad \varphi = 0.145$$

$N/\varphi \cdot A = 10700/0.145 \times 489.3 = 151N/mm^2 < f = 205N/mm^2$（立杆按平均受力），安全。

$N/\varphi \cdot A = 21500/0.145 \times 489.3 = 303N/mm^2 > f = 205N/mm^2$（立杆按实际工作情况分析），不安全（超 47.8%）。

$N/\varphi \cdot A = 20600/0.145 \times 489.3 = 290N/mm^2$（按平面框架整体分析），不安全。

$N/\varphi \cdot A = 20500/0.145 \times 489.3 = 288.9N/mm^2$（按空间整体分析），不安全。

（2）按施工安全技术手册方法进行计算：

$$N/A \leqslant K_A K_H f \qquad\qquad (2-91)$$

$\lambda_x = 2H_L/b = 2 \times 3/0.6 = 10.0$

$\mu = 25 - 0.35/0.25 \times 6 \cong 16.6$ （立杆横距按 0.8m）

$\therefore \lambda_{ak} = \mu \cdot \lambda_x = 16.6 \times 10 = 166$ $\varphi = 0.294$

K_A（单管）$= 0.85$

$K_H = 1/(1 + 20.1/100) = 0.83$

$N/(\varphi \cdot A \cdot K_A \cdot K_H) = 21500/(0.294 \times 489.3 \times 0.85 \times 0.83) = 211.8 \text{N/mm}^2 > f = 205 \text{N/mm}^2$ 不安全。

如立杆按平均受力：

$$N/(\varphi \cdot A \cdot K_A \cdot K_H) \tag{2-92}$$

$N/(\varphi \cdot A \cdot K_A \cdot K_H) = 10700/(0.294 \times 489.3 \times 0.85 \times 0.83) = 105.4 \text{N/mm}^2 < f = 205 \text{N/mm}^2$ 安全。

（3）按脚手架手册方法进行计算：

$H' = 20.1\text{m}$ 高度调整系数 $K_1 \cong 0.867$

恒载与活荷载的比例约为 90%

$$N = (21500 \times 09/0.867) + 2150 \cong 24468$$

$$\lambda = \mu \cdot h/i = 1.7 \times 1800/15.8 = 193.7$$

$$\mu \cong 1.7 \qquad\qquad \varphi = 0.192$$

$H'/\varphi \cdot A = 24468/(0.192 \times 489.3) = 260.45 \text{N/mm}^2 > f = 205 \text{N/mm}^2$ 不安全

（4）立杆稳定性计算结果比较见表 2-61：

三支点按实际工程情况、不均匀受力表（N/mm²）   表 2-61

计算方法		立杆受压稳定性设计值 (N/mm²)	立杆抗压强度设计值 f (N/mm²)	超值
规范方法	$N/\varphi \cdot A \leqslant f$	$N/\varphi \cdot A = 303$	205	47.8%
施工安全技术手册方法	$N/\varphi \cdot A \cdot K_A \cdot K_H \leqslant f$	$N/\varphi \cdot A \cdot K_A \cdot K_H = 211.8$	205	3.3%
按脚手架手册方法	$H'/\varphi \cdot A \leqslant f$	$H'/\varphi \cdot A = 260.45$	205	27.10%

2.16.6 材料与设备

材料为标准扣件式钢管，设备为常规设备。

2.16.7 质量控制

（1）严格按照国家法律、法规、规范、标准与地方规定要求。

（2）该工程施工设计图，工程承包合同与设计变更等规定要求。

（3）有关施工工法要求等质量要求进行控制。

2.16.8 安全控制措施

（1）为使算例的立杆稳定性符合规范要求，梁下立杆采用双管搭设，板下立杆用双管搭设，扩散梁下集中荷载。并进行卸载，使其均衡受力。

（2）按 5m 间距加设剪刀撑，确保立杆整体稳定性的安全。

（3）按 3m 间距、2m 步距加设纵横驰向水平撑进行卸载，使其均衡分布，科学合理受力。

（4）立杆（底）加设扫地杆和垫块（板），扩散立杆底集中荷载。

（5）应将部分集中荷载按受力原理均衡传递给板下的柱子或板下梁（已浇好的楼地面板）上确保施工安全。

2.16.9　节能与环保措施

略。

※2.17　房屋建筑外墙节能保温系统专项施工方案

2.17.1　工程概况

（1）工程名称：××市××家园 28 号、30 号、32 号，以下简称本工程。

（2）工程内容：本工程所指；上述工程内容的所有外墙外保温系统工程。

（3）气候条件：施工地点环境温度低于 5℃，高于 36℃，风力大于 6 级及雨天不可施工。如在施工过程中突然降雨（水），为确保工程质量与节能效果，采取有效措施保护墙面，如墙面淋湿，需干燥 24h 后方可继续施工。

（4）施工条件：本工程 3 栋楼外装饰饰面，业主与设计要求为涂料饰面，基于该要求，必须在基层做找平层，本工程外墙保温项目构造层次见表 2-62。

本工程楼外墙保温项目构造层分布　　　　　　　　　表 2-62

序号	基层	各种材料构造分布层
1	外找平层	20mm 厚 1∶2 或 1∶3 水泥砂浆找平层
2	系统粘结	聚合物改性胶粘剂（约 3mm），混凝土基层部分粘结面积不小于 40%
3	系统保温层	EPS 保温板 25mm 厚
4	系统锚固层	20 米以上安装锚件，平均 4 个/m²
5	系统护面层	聚合物改性抹面砂浆，内置 1.6N/m² 耐碱玻纤网格布增强，约 2.8~5mm 左右，2.4m 以下墙体采用双层网格布
6	系统外饰层	根据设计要求；涂料

找平层材料采用 1∶2 或 1∶3 水泥砂浆厚为 20mm；根据现行相关规范、标准隐检合格后方可进行保温层施工，确保聚合物改性胶粘剂对其具有良好的粘结强度和附着力，避免不必要的浪费。按本工程保温系统对其基层面的要求做出如下规定：对墙体隐蔽工程如墙体找平层基面强度、外观状态、尺寸允许偏差大小，具体见表 2-63。

保温系统对墙体基层面的质量要求　　　　　　　　　表 2-63

工程做法	项目			要求	备注
砖混	基层面强度			符合要求，且钻孔观察强度状况和是否起砂（要求无起砂现钞）	不合格，实施界面增强处理
	基层面外观状态			无油污、脱模剂、浮尘等影响粘结效果的异常现象	不合格，实施界面增强处理
	墙面垂直度	每层		≤3mm 偏差（2m 托线板检查）	不合格，实施找平
		层高	≤10m	≤8mm	经纬仪或吊线检查	不合格，实施找平
			>10m	≤10mm		不合格，实施找平
		全高		$H/1000$ 且≤30mm	不合格，实施找平
	表面平整度	2m 长度		≤4mm 偏差（2m 靠尺检查）	不合格，实施找平

门窗洞口及连接件：门窗洞口经过验收，洞口尺寸位置达到设计和质量要求，门窗框或辅框应已安装，伸出墙面的设备或管道联接件已安装完毕，并留出外保温施工余地。本工程楼层为 12 层，外墙保温采用"福卡 EPS 外墙外保温系统"。以满足"夏热冬冷"地区居住建筑节能与环保的要求，其建设目标是将本工程所属 3 栋楼房创建成为高品质的节能环保型现代化时尚的、温馨生态环保节能型的示范工程。

2.17.2 编写依据

（1）《夏热冬冷地区居住建筑节能设计标准》JGJ 134—2010 标准、图集规范等的规定；

（2）地方环保节能标准等相关规定；

（3）本工程施工的建筑、结构施工图纸；

（4）本工程的施工合同和施工组织设计等文件规定。

2.17.3 工程项目管理体系

1. 组织机构配备；

项目经理、施工员（兼技术负责人）、质量员、安全员、材料员、资料员、料具设备管理员、成本核算员和试验员 9 人组成本工程项目管理部。

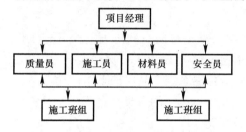

图 2-99　保温工程组织管理框架图

2. 各岗位职责

略。

3. 工程组织管理框架图

保温工程组织管理框架，见图 2-99。

4. 施工准备工作

（1）施工人员组织安排

原则上根据开工的临时房以及所需完工的工期确定。合理使用劳动力资源，在保证质量的前提下，提高劳动效率。保障作业班组相对稳定。外保温操作人员，具体视开工作业面及工作量合理调整，满足工程的需求。

（2）前期施工准备

根据材料计划，落实货源，根据进度计划组织施工所需的各种料具，保障及时供应。建立本工程项目经理部施工技术质量、安全文明施工，料具管理、项目核算等岗位责任制的管理制度，按总承包方的要求制定相关制度，组织落实，严格遵守。

（3）料具配备

按工程预算及施工进度计划要求，编制料具需求量计划表，为组织采购、生产、运输和进场，确定堆场、仓库提供依据。签订进口挤塑保温板、耐碱玻纤网格布等供应合同。公司所属工厂生产准备粘结剂，面层砂浆、界面剂、工程塑料膨胀螺栓等工程所需的库存量。确定物资材料的运输方案和进场时间。组织好物资材料的进场验收与保管。

材料分类挂牌存放，保温板应成捆平放，并防潮、防水防晒和防雨淋。网布也应防雨存放，干粉砂浆应特殊性防雨水、防潮并注意保质期，并在保质期内使用。

（4）施工机具

专用砂浆搅拌机、搅拌桶、1200W 冲击电锤、激光红外线水平仪及其他测量垂直度、水平线、平整度器具、施工专用靠尺、钢尺、镘刀、剪刀、抹刀、壁纸刀、锤子、墨斗等工具。

（5）施工技术准备

认真熟悉建设单位、总承包单位与我公司签订的施工合同，了解合同中关于工程质量、施工进度和安全生产以及材料供应等方面的有关要求。熟悉施工现场情况，了解施工基面的平整度、垂直度、相关工序的施工状况，外保温施工的条件。勘探施工现场，核对施工图与现场的实际情况是否相符。

熟悉和审查施工图纸，明确外保温施工部位及特殊部位的处理等。组织各施工、技术人员认真学习施工图纸，做好施工图审查记录，将其问题疑点整理成文，请示业主、监理和总承包方给予解决。编制施工预算和作业指导书。准备施工用的各种有效文件、资源、图集标准和规范等。配备必要的施工现场质量检测仪器器具等工作。

5. 保温工程的协调配合与管理

（1）总承包方需提供施工形象进度计划表，以便分承包方能合理安排施工人员及料具，确保保温工程的施工质量与进度要求；

（2）分承包方纳入总承包方的现场施工管理体系，严格遵守和执行总承包方的文明和安全施工的相关规定和条例的规定，服从其提出的有关管理规定；

（3）总承包方应提供分承包方的施工现场等资源：如水、电、脚手架、垂直运输机械等资源；

（4）分承包方和总承包方应相互协调，避免影响保温工程质量和进度的交叉施工作业，建立相关的相互监督机制（因保温工程也是总承包方整个工程的一部分）；

（5）总承包方要切实可行的配合分承包方有关外墙保温系统产品保护工作；

（6）总承包方应负责分承包方的相应后勤事宜，如分承包方的人员住宿安排、日常施工、生活用水、电、有关材料和施工机具、用具设备存储仓库。

2.17.4　施工工艺与工艺流程

1. 施工工艺

根据工程进度及现场实际情况，可分单组、双组或多组同向"流水作业"，即单组安装"福卡系统保温板"由上至下进行施工，抹灰由上到下进行施工，双组粘贴保温板均同向施工，常温下施工时，流水间隔12h以上，以确保工程质量。

2. 施工操作工艺流程图

施工操作工艺流程见图 2-100。

2.17.5　EPS 保温施工技术要点

1. 基层墙面处理

（1）基层墙面必须干燥、清理干净、平整、无粉尘及油污等影响粘结效果的异物；

（2）基层面的强度应达到 0.3MPa 以上，且符合保温系统实施标准；

（3）在本系统施工前，基层面处理完毕，墙面须保持干燥、清洁。

2. 聚合物改性胶粘剂准备及施工操作

（1）本系统采用的胶粘剂系混合均匀的粉剂产品，在现场仅需加入洁净水搅拌混合成均匀的稠状浆糊料；

（2）搅拌器械需采用 $700\sim1000r/min$ 的电动搅拌器（或可变速电动搅拌器），在盛有洁净水的搅拌器中，边加入粉剂边搅拌。根据用量，适当调整水量，最后搅拌成均匀的稠状物；

（3）应根据气候条件来适当调整胶浆稠度，以利于施工操作，严格控制加水量；

214

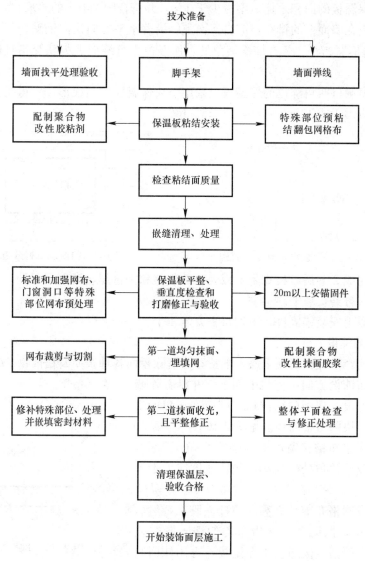

图 2-100 施工工艺流程图

（4）胶粘剂中不得掺有砂、骨料或其他添加剂；

（5）每次调配胶粘剂不得过多，每次视在不同温度环境条件下，1.5～2h 内用完。未用完的应当丢弃。

3. 保温板的切割与粘贴安装

（1）宜尽量使用标准尺寸的聚苯板。非标准尺寸的保温板的切割，应采用专用工具加工切割。

（2）先沿着外墙散水标高标出散水水平线，如有变形缝处，应标出变形缝及其缝宽。

（3）保温板粘贴采用点框粘法：

采用不锈钢抹刀，沿着保温板背面四周抹上配制好的胶粘剂。其宽度为 50mm，厚度为 10mm。如果采用标准板时，则在板中间均匀布置 8 个点，每点直径为 100mm，厚度为 10mm，中心距 200mm 左右。当采用非标准板时，胶粘剂的涂抹不得少于 4 点，且胶粘剂的涂抹面积和保温板的面积之比，不得少于 1/3，并符合图 2-101 的要求。

（4）保温板在墙面上的排布：应自下而上，沿着水平方向横向铺贴，每次排板应错缝 1/2 板长。板缝应紧密平齐。在墙面转角处，保温板垂直缝应犬齿状交错且连接，并保证墙角垂直度。

（5）在门窗洞口四角部位的保温板应采用整块保温板切割成形，不得拼接。接缝距离洞口四角距离应大于或等于 200mm。见图 2-102。

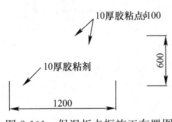

图 2-101　保温板点框施工布置图

图 2-102　门窗洞口聚苯板的排布

（6）粘贴完成 24h 后，检查聚苯板表面的平整和垂直度，发现不平处，应用专用砂纸以圆周运动方式打磨，磨平。

（7）20m 以上安装锚固件，平均每平方米 4 个。

4. 网格布的铺设

（1）铺设前，保温板必须干燥、平整，并清除板面各种杂质及松散物。

（2）网格布铺设方向：应自上而下，并沿着外墙的转角处依次铺设，遇到门窗洞口，则应在洞口的 L 型四角处加贴一块网格布加强。见图 2-103。

（3）标准网格布搭接宽度应不小于 65mm。标准网格布埋入铺设至转角处应连续，包转宽度应大于等于 200mm。

（4）在铺设网格布前，做第一道抹面胶浆，然后铺设全部网格布，保证全部网格布均匀埋入胶浆之中，干挂网格布严禁直接铺设于保温板，再用抹面胶

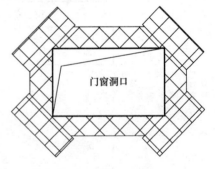

图 2-103　网格布铺设方向

浆涂抹，养护 24h。在寒冷季节，应适当延长养护时间方可进行下一道工序，并要保护好已完工的墙面。

（5）下列部位应加贴加强网格布：

1）底层距离室外地面高度 2000mm 范围的部位；

2）需要或可能经受高冲击力的特殊部位。

（6）下列部位宜加贴标准网格布：

1）门窗洞口及突出的阳角部位；

2）管道及其他预埋或穿越墙体的洞口部位；

3）特殊部位预埋翻包的网格布；

4）变形缝等需要终止的部位。

5. 变形缝施工

（1）结构缝及较宽缝中有金属调整片的，应在保温板粘贴前即按设计就位妥当，和基

层墙体牢固固定，做好防锈处理。如缝外采用防水密封材料的，应留出嵌缝衬条及密封材料的深度尺寸。如无密封材料，应和保温板面齐平；

（2）防水密封材料的施工，应在面层涂料之后，如变形缝可外露，注意密封材料与面层涂料互相污染。

6. 洞口或墙面损害部位的修补处理

（1）应先用相同材质、相同厚度的保温板为模板，覆盖在填补或修补区域，并作出裁剪切割的尺寸范围；

（2）填补区域应清理干净填补区域内杂物，修补区域应切割出损伤区域的保温板和粘结层，并清理干净；

（3）应沿修补区域周边外 75mm 宽度范围内磨除面层，直至露出原有网格布；

（4）填补操作：将同尺寸的保温板采用点粘法嵌入洞口内，填补区域内网格布搭接至少 65mm；

（5）墙面整理平整后，按正常程序抹护面层，24h 干固才能刷涂面层材料。填补区域按原定方案；修补区域，要求面层的纹理、色彩应和原墙面一致。

7. 注意事项

（1）成品保护措施

施工中各专业工种应紧密配合，合理安排工序，严禁颠倒工序作业。对保温墙体做好保护层后，不得随意在墙体上开凿孔洞；如确实需要，应在聚合物改性砂浆保护层达到设计强度后方可进行，安装物件后其周围应恢复原状。应严禁防止重物或尖物损失破坏。

（2）保温板的储存和运输

EPS 系统保温板储存或运输的区域：远离火源，远离石油类烃溶剂；储存和放置方式：水平平放，严防倾斜或弯曲放置，防止板材卷曲受力变形；切割废料，集中放置并收集；保温板严防重物挤压或撞击，致其变形；严防尖物穿刺，造成损伤；附近不得有电气焊作业。

（3）聚合物改性粘结剂和面层砂浆储存运输

包装严密，内需衬聚乙烯薄膜防潮气或水浸入；包装袋上标签明确；储存区域：阴凉、干燥、通风；分类并挂牌标明材料名称；未使用完物料的包装袋口需扎紧；严防露口放置。

（4）耐碱玻纤网格布储存与应用

网格布储存在干净、干燥区域，远离火源，防止尖物或刀具损伤，垂直方向放置，如果水平方向放置，不要超过六箱；网格布裁剪时，应尽量顺经纬线进行。

（5）工具和物料管理

当日施工完毕后，施工工具：专用砂浆搅拌机，1200W 冲击电锤。激光红外线水平仪及其他测量垂直度、水平线、平整度器具。专用施工靠尺及镘刀等工具应及时清洗干净；未用完的拌好的浆料集中在指定地点倒弃，以防造成垃圾污染；拌好料超过 1.5～2h 的应弃去不用；施工所需的物料、工具应集中管理，领料和出料准确并做好详细记录；应严格遵守并执行有关安全操作规程，实行安全、文明施工。

（6）确保保温系统的成品应急保护措施

1）粘贴保温层时，墙面要保持干燥，要注意上部粘贴面基层的防水和板侧面的密封。

2）严禁粘结层未固化好（本系统固化期至少要 24h 才能达到设计强度），施工面遭受意外雨水冲刷，出现时要及时制止水源，或表面采取防雨布护面防护措施。

3）保温层未固化好，禁止受到不良的硬物撞（冲）击使其振动，影响其粘结安装效果，如有发生应立即制止。

4）突降暴雨，及时用防雨布覆盖保护；高温天气在 36℃以上或大风状态下，停止施工。

5）施工现场应禁止电焊作业，如有应立即及时制止，现场不得有明火接触保温板。

2.17.6 EPS 施工节点图

施工节点图见图 2-104～图 2-108。

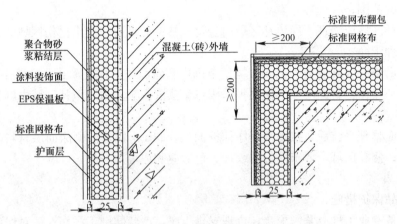

图 2-104　EPS 系统标准与阳角构造示意图

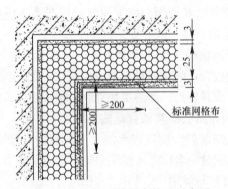

图 2-105　EPS 系统阴角构造示意图

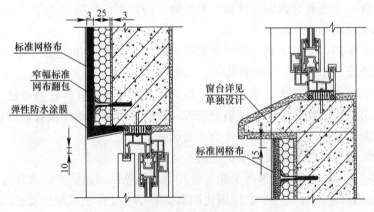

图 2-106　EPS 系统平窗构造示意图

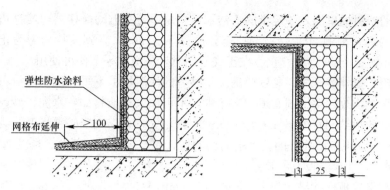

图 2-107　EPS系统窗台与空调机板构造示意图

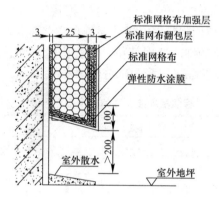

图 2-108　EPS系统外墙勒脚构造示意图

2.17.7　EPS系统施工质量保证措施与验收

1. 工程质量目标

保温系统工程质量为"合格"。该工程在实际施工操作质量控制中，制定了两种施工方案。

（1）该工程按流水作业程序施工时，各种隐蔽（监理方设定的"停止点"）工程均先进行"自检"，并请监理进行现场"傍站监督"，且做好系统的自检"质量报告"，交监理审核认可。

（2）施工结束后，按保温系统工程质量标准与规范和设计要求，按程序对其进行质量验收，由六方责任主体共同进行竣工验收。

2. 福卡EPS外墙保温系统质量标准要求

（1）向业主递交有关技术报告和有资质的检测单位出具的系统使用的"材料检测报告"。

（2）递交符合建筑物保温围护结构节能设计方案报告；方案须符合地方或用户提出的节能设计标准与规范要求。必要时由专家进行论证。

（3）向业主递交该"工程竣工验收报告"。

3. 福卡EPS外墙保温系统质量验收标准

（1）福卡系统隔热保温的涂胶与粘贴

1）流程一，聚合物改性粘结剂的配制：

在干净的塑料桶里倒入一定量的清洁水，采用手持式电动搅拌器边搅拌边加粉剂粘结剂，加水量约为粉剂的 20%～21%；充分搅拌 5～7min，直到搅拌均匀为止，稠度适中（约110），再放置 5min 进行熟化。在正式使用时，再搅拌一下便可使用。

注意事项：搅拌要充分，黏度要确保刚贴上的保温板不下垂，加水时尽可能少，不可加水过多；聚合物改性粘结剂必须加洁净水，不可加入其他料如：水泥、砂、防冻剂及其他异物；调好的粘结剂宜根据气温在 1.5～2h 内用完，工作完毕必须将工具清洗干净。

隐检 1：经常观察搅拌好的胶粘剂的均匀性，状态须良好，新鲜、稠度适宜。

2）流程二，在保温板上涂胶：

福卡系统保温板标准尺寸为 1200mm×600mm，对角线误差<2mm。非标准板按实际需要尺寸加工。保温板切割采用电热丝切割器和工具刀切割，尺寸允许偏差±1.5mm，大小面垂直，见表 2-64、表 2-65。

隐检 2：经常检查保温板切割范围，尺寸要符合要求规定。

① 网格布翻包：在外墙的细部处理部位，如膨胀缝两侧、门窗洞口边的挤塑板上需预贴窄幅网格布，其宽度约 200mm，翻包部分约 80mm。

保温板安装允许偏差及检查方法　　　　　　　　　表 2-64

顺序	检查项目		允许偏差（mm）	检查方法
1	表面平整度		3	用 2m 靠尺和楔形塞尺检查
2	立面垂直度	每层	3	用 2m 托线板检查
		全高	$H/1000$ 且≤20	用经纬仪、吊线或量尺检查
3	阴阳角垂直度		3	用 2m 托线板检查
4	阴阳角方正度		3	用 200mm 方尺和楔形塞尺检查
5	伸缩缝（装饰线）平直		1.5	用直尺拉 5m 线检查

注：H 为墙面全高。

福卡系统工程竣工后的工程验收检查　　　　　　　　　表 2-65

顺序	检查项目		允许偏差（mm）	检查方法
1	表面平整度		4	用 2m 靠尺和楔形塞尺检查
2	立面垂直度	每层	4	用 2m 托线板检查
		全高	$H/1000$ 且≤20	用经纬仪、吊线或量尺检查
3	阴阳角垂直度		4	用 2m 托线板检查
4	阴阳角方正度		4	用 200mm 方尺和楔形塞尺检查
5	伸缩缝（装饰线）平直		2	用直尺拉 5m 线检查

隐检 3：熟悉（记）网格布翻包规范，必须符合规范要求。

② 点状布胶：在每块福卡系统保温板周边及中间涂抹聚合物改性胶粘剂，确保涂抹面积在 40%以上。

隐检 4：按布胶规范要求，均匀且用量保证，使保温板上涂胶粘结状态良好，胶料新鲜。

3）流程三，福卡系统保温板粘贴：

① 布好胶的福卡系统保温板应立即粘贴到墙面上，动作要迅速、快，以防胶料结皮而影响粘结效果。保温板粘贴在墙上后，立即用 2m 靠尺轻轻敲打、挤压板面，以保证板

面平整度符合要求且粘结牢固。以达到板与板间挤紧，不得有缝，在碰头缝处不可以涂抹粘结剂。每粘贴完一块板，应及时清除干净板侧挤出的粘结胶，板间不留间隙。若保温板面方正或切割不直形成缝隙，应用保温板条塞入并磨平（此种情况应尽量避免）。

② 福卡系统保温板水平粘贴应呈直线，保证连续结合，且下两排保温板应竖向错缝板长 1/2 或不低于 150mm。

③ 粘贴时应先从墙体阳（拐）角开始，须先排好板的尺寸，加工保温板，使其粘贴时垂直交错连接，确保阳角处顺直且交错垂直。

④ 在基层为填充墙部位时，其粘贴面积≥40%。

⑤ 在粘贴窗框四周的阳角和外墙阳角时，应先弹好基准线，作为控制阳角上下垂直的依据。

隐检 5：检查保温板整体上布局是否得当、规范，平整度是否符合要求，细部处理是否良好。

（2）聚合物改性面层砂浆的粘结护面层

1）流程一，聚合物改性抹面砂浆制备：

在干净的塑料桶里倒入一定量的清洁水，采用手提式电动搅拌器边搅拌边加粉剂聚合物改性砂浆，加水量约为粉剂的 21%～22%；充分搅拌 5～7min，直到搅拌均匀为止，稠度适中（约 105），再放置 5min 进行熟化。在正式使用时，再搅拌一下便可使用。

注意事项；搅拌要充分，黏度要确保刚贴上的砂浆不掉落，加水时尽可能少，不可加水过多；聚合物改性砂浆，必须加洁净水，不可加入其他添加料，如；水泥、砂、防冻剂及其他异物；调好的砂浆宜在 1h 内用完；工作完毕必须将工具清洗干净。

2）流程二，第一道聚合物砂浆抹面并内置耐碱玻纤网格布：

① 将制备好的聚合物砂浆均匀地涂抹在福卡系统保温板上，厚度约 2mm，重点注意：要确保砂浆与保温板粘结良好，或者采用齿形镘刀在其上面来回拉涂，分配物料并保证粘结良好，防止空鼓。

② 埋填网格布：紧接着将裁剪好的网格布铺展在砂浆上，用抹刀边缘线压固定，然后用聚合物改性砂浆在网格布均匀地抹平整；重点注意：确保砂浆料涂抹均匀，并保证墙面的平整度符合要求。

③ 对于门、窗洞口内侧周边与大墙面形成 45°，阳角部分处理：在此处的阳角部分各加一层 300mm×200mm 网格布进行加强，大面积网格布搭接在门窗洞口周边网格布上。

④ 对于门、窗洞口及其他洞口四周的保温板端头应用网格布和粘结砂浆将其翻包住，也仅在此处才允许保温板边涂抹粘结砂浆。

⑤ 大面积网格布填埋：沿水平方向绷直绷平，并将弯曲的一面朝里，用抹刀边缘线压铺展固定，然后由中间向上下、左右方向将聚合物砂浆抹平整，确保砂浆紧贴网格布粘结。网格布左右搭接宽度≥100mm，上下搭接宽度≥80mm，局部搭接处可用聚合物改性砂浆补充原砂浆不足之处，不得使网格布皱褶、空鼓、翘边。

⑥ 对装饰凹缝，也应沿凹槽将网格布埋入聚合物改性砂浆内。若网格布在此断开，必须搭接，其搭接宽度不少于 65mm。

⑦ 对于脚手架与墙壁体连接处处理：在洞口四周应留出 100mm 不抹粘结砂浆，保温板面层也应留出 100mm 不抹面层砂浆，待以后对其局部进行修整。

⑧ 在阴阳角处还须从每边双向绕角且相互搭接宽度≥200mm。

⑨ 第一道护面砂浆施工完毕，固化12h后，既可对其指定区域做防水涂抹施工。

隐检6：整体抹面良好，网格布埋填规范，无不良迹象，平整度符合要求，砂浆固化强度良好。

3）流程三，第二道聚合物改性砂浆抹面：

待第一道砂浆固化良好时，一般约需12h。将制备好的聚合物改性砂浆均匀涂抹，抹面层厚度以盖住网格布为准，约1.2～1.5mm，使保护层总厚度达到2.8～5mm。

隐检7：整体面层平整、厚度符合要求，表面无裂纹，砂浆固化状态良好。

（3）对于墙面由于使用脚手架所预留的孔洞及损坏处应进行修补，其方法如下：

1）当脚手架拆除墙体后，应立即对其连接处的孔洞进行填补并用水泥砂浆压平；预切一块与孔洞尺寸相同的保温板，并打磨其边缘部分，使之能紧密填入孔洞中。

2）待水泥砂浆养护一段时间恢复到设计强度后，表面已干燥，将此板背面涂抹厚10mm的胶粘剂，注意不要在其四周边缘涂抹粘结剂。将保温板塞入、压平，粘贴在基层上；用胶带将周边已做好的保护层盖住，以防施工中对其污染。切割一块网格布，其大小能覆盖整个修补区域，与原有网格布至少重叠65mm。

3）用聚合物改性砂浆粘结并内置网布，抹平。干燥24h后，再上二道以达到与原有面层平齐。干燥约8h后，使用小号湿毛刷，将表面不规则处修平，将边缘处刷平。

4）对墙面遭受其他因素损坏的区域，修补处理方法同上。

隐检8：墙体表面平整度符合要求，保护层状态、强度良好，无不良迹象，变形缝处理严格且符合规范规定，需要测试有关强度则需自然养护28d（根据国家行业有关外墙壁外保温系统标准）。保温系统施工完成，进入保温工程竣工验收程序阶段。

（4）装饰面层（另外执行相关规范标准进行施工，此处略，仅附带说明）

装饰涂料：按设计要求采用……

2.17.8 EPS环保措施

1. 物料和保温板的储存与管理

（1）所有物料存放在干燥、通风阴凉的区域，叠放整齐，分类存放，并注意密封、防雨水和防潮，严防引起有（无）机物中毒发生。

（2）保温板整齐平放，置于干燥通风区域；严禁侧立受挤压而变形，严防接触石油烃类等有机溶剂；严禁置于阳光下暴晒，严防白蚁侵蚀；严禁明火或火花接触。

（3）网布与锚固件，存放整齐，注意防火和有机溶剂侵蚀。

2. 玻纤网格布施工后的边角余料的处理

玻纤网格布施工后剩余和剩下的边角余料集中后一次性处理，严禁直接将其倒入河中或其他地方以免造成环境二次污染，危害人的健康。各种施工后的胶料和废水、废弃物进行集中处理，严禁乱丢乱倒。不得影响周围的环境，做到文明施工。

2.17.9 施工进度计划

1. 施工进度安排

将根据总承包方已完成的合格找平层面积和本系统的实际情况与特点，实施有效的施工人员组织和进度计量。本系统是以本工程其中一栋楼墙面为单位的施工组织时间安排。

根据保温工程的实际特点，以一栋楼外墙面的保温面积为计算单位，施工进度有效工作日如下（是按墙的基层面积验收合格后进行计算）。

2. 施工进度计划控制表

略。

3. 工程计划说明

（1）有效工作日的正常计算是自基层验收合格后开始计算，基层养护 2～3d 后可达要求的强度；

（2）保温板的粘贴安装，至少需要 24h 固化方可进行下一道工序施工；

（3）护面层第一道聚合物改性抹面砂浆施工后需待 24h 固化后方可进行下道工序施工；

（4）护面层第二道聚合物改性抹面砂浆施工后需待 48h 固化后方可进行下道工序施工；

（5）每道工作段施工完毕后，检查与验收工作要及时跟上，不可影响施工进度的时间；基层面验收与不合格时的修补工作不应影响保温工程的正常施工；

（6）在实际工作中，可在不影响正常施工进度和操作的条件下交叉施工；

（7）进度的安排仅一个工作面为单位施工所必需的时间，实际情况将根据施工面的大小、人员组织情况实施不同用工段的施工操作，这样可以加快整体施工的进度。

2.17.10 文明与安全措施

1. 文明施工措施

（1）施工人员进场后严格遵守及服从总承包单位关于现场标化管理的有关规定。

（2）施工作业现场，布置必须符合文明安全施工要求。服从总承包方的统一安排，料具堆放整齐，堆场、仓库保持干净。

（3）生活设施场所文明、卫生，员工宿舍干净整洁，寝室衣被叠放整齐。

（4）遵守总承包方有关治安保卫、消防、安全用电等规章制度，并落实具体措施。

2. 安全施工措施

由于本工程为高空外墙施工，施工过程中必须特别注意安全施工。为此，公司派专职安全员负责安全施工工作。

（1）检查施工作业区：工人上架前必须检查当天作业区的跳板是否有探头挑，是否有跳板绑扎不牢，跳板上是否堆放有杂物，跳板上是否有砂子等容易打滑的介质；在同一水平作业区内是否有竖向交叉施工，不能避免的要检查，较低作业区的布防设置是否满足作业要求；

（2）遇到 5 级以上大风天气及其他危及室外高空作业安全的气候条件，严禁高空室外作业；

（3）配备防护工具：施工人员进场必须佩戴安全帽，系好安全带；

（4）施工用电安全：施工用电历来是安全工作的重点防范对象，必须遵守安全用电规章制度，在总包指定的配电柜由专业人员负责接线，严禁私接乱接；

（5）施工人员进场前必须进行安全培训，经培训合格的人员才可上岗操作；

（6）严禁施工人员带病、疲劳、情绪不稳定时在室外高空作业；

（7）及时检查，发现隐患及时排除；

（8）坚决执行安全员一票否决制，保证施工安全；由此造成的损失由责任方承担。

（9）施工工具与用电设备管理：

1）施工工具注意及时清洗，不得随意丢放；

2）用电设备：电线电缆、搅拌机、电锤、配电箱。由专业人员检查验收，在完好的状态下方可使用，杜绝不正常状态下带病作业，且做好记录；

3）用电时，接电处应由总包专人安排，无条件接受他们的现场用电管理制度；

4）确保作业区的安全，各种脚手架用料、搭设必须符合使用要求，如有问题，安全员与总承包方协调及时解决；

5）劳动保护安全：所有施工人员均配有安全帽、安全绳，作业时严禁穿"三鞋"（拖鞋、打滑的鞋、带钉的鞋）；

6）施工操作安全管理：严格遵守总承包方的安全管理；严格执行本公司的安全操作施工工艺、规程和规范的规定；注意施工现场本人和他人的自我保护与安全作业方针；严控脚手架上的堆物荷载与位置；严禁在脚手架上快速穿插跑动，以免高空坠物和高空坠落事故的发生。

2.18 创"全国建筑施工安全质量标准化示范工程"方案

2.18.1 工程概况

××小区工程由××房地产开发有限公司投资建设，勘察设计业务楼工程由××工业勘察设计研究总院投资建设，××工程建设监理有限公司监理，××工业勘察设计总院岩土公司勘察，××工业勘察设计研究总院设计，××省质量、安全监督总站监督，××建设集团有限公司承建施工的××小区工程1号、2号、3号、4号及勘察设计业务楼工程。

（1）本工程位于××中路232号，该小区由1号、2号、3号地上34层高层住宅及4号地上14层的高层组成；××省业务楼地上17层；其中1号地上高度为97.5m；2号、3号地上高度为95.7m；4号地上高度为43.95m；业务楼地上高度为62.85m。总建筑面积为82085m²。1号、2号、3号为剪力墙结构，4号及业务楼为框架剪力墙结构。

本工程主楼外墙采用彩色弹涂外墙面，裙楼外墙采用花岗石饰面。

楼地面：客厅、卧室、厨房、户内厕所、阳台、电梯机房、底层门面采用水泥砂浆楼地面，底层厕所采用防滑地砖地面，楼梯间、底层门厅、候梯厅公共走道采用地砖楼地面。

内墙面：客厅、卧室、阳台及底层门面采用混合砂浆内墙面，厨房、户内厕所及底层厕所采用水泥砂浆内墙面，楼梯间、底层门厅、候梯厅公共走道及电梯机房采用白色888仿瓷涂料内墙面。

顶棚工程：客厅、卧室、阳台及底层门面采用混合砂浆顶棚，厨房、户内厕所及底层厕所采用水泥砂浆顶棚，楼梯间、底层门厅、候梯厅公共走道及电梯机房采用白色888仿瓷涂料顶棚。

门窗：门采用防盗门、夹板门、防火门、塑钢门及铝合金双层玻璃推拉门，窗采用铝合金玻璃窗。

屋面工程：本工程屋面防水等级为Ⅱ级，屋面采用05ZJ001屋5，楼梯间及电梯机房顶采用Ⅱ级防水，做法详05ZJ001屋18。屋面防水构造参见05ZJ001。屋面保温层采用50mm厚挤塑聚苯板。

（2）该工程施工按××省"安全质量标化工地"进行规范化、科学化的施工全过程程控式管理。2009年11月，住房和城乡建设部、中华全国总工会授予该小区工地《全国建筑施工安全质量标准化示范工地称号》荣誉证书。

（3）公司创建"安全、文明示范工地"管理组织机构：

1）公司创建"安全、文明示范工地"管理体系框架，见图2-109。

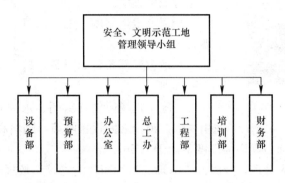

图2-109　创建"安全、文明示范工地"公司管理体系框架图

2）项目部"安全、文明示范工地"管理体系框架，见图2-110。

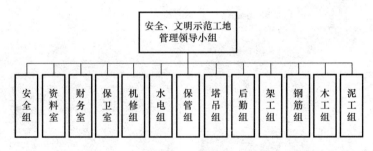

图2-110　创建"安全、文明示范工地"项目部管理体系框架图

2.18.2　文明施工要求及设施标准化

1. 施工现场门楼及围墙

略。

2. 项目部办公室布置

略。

3. 职工食堂

（1）食堂必须取得卫生许可证，距离厕所、垃圾点等污染源不得小于30m。炊事人员应按规定进行体检，取得健康证后方可上岗，工作时应穿戴工作服、工作帽。

（2）灶间、售饭间、食品储藏室应分隔设置，食堂内禁止人员住宿和放置施工料具、有毒有害物品等。生、熟炊具器皿应有明显标记，分别放置，经常消毒，保持洁净。温暖季节食品出售前应加盖防蝇罩。严禁购买、出售变质食品。

（3）食堂应设上、下水设施，排水、排气口应采用金属网封闭，通风、排气良好；砌筑式灶台应使用面砖材料饰面。

（4）食堂应使用油、气、电等清洁燃料，禁止使用散煤等污染性燃料。

4. 职工宿舍

（1）宿舍应实行单人单床，每房间居住人数不得超过 16 人，并保证每人 $2m^2$ 的居住空间，严禁睡通铺。在建建筑物内严禁安排人员住宿、办公。

（2）宿舍内应设置封闭式餐具柜，个人物品应摆放整齐，保持卫生整洁。

（3）宿舍卫生制度、卫生值日表、宿舍负责人标牌应上墙公示。

（4）宿舍外部布置如图 2-111。

5. 厕所

图 2-111　项目部示范工程职工宿舍外部布置图

（1）施工现场应设置封闭、水冲式厕所，蹲位应满足使用要求，蹲位之间设置隔墙，隔墙高度不低于 1.2m；便池应采用面砖等材料饰面，饰面高度不低于 1.5m。

（2）厕所应设专人管理，及时冲刷清理、喷洒药物消毒，无蚊蝇滋生。高层作业区应设置封闭式便桶。

（3）项目部示范工程职工宿舍外部布置见图 2-112。

图 2-112　项目部示范工程现场卫生间内、外部布置图

6. 其他临时设施

（1）施工现场应设置淋浴室，墙面应使用面砖等材料饰面；淋浴喷头数量应满足使用要求，保证冷、热水供应，排水、通风良好；淋浴间与更衣间应隔离，并使用防水电器。

（2）施工现场应设置职工文化学习娱乐室，配备电视、报刊、杂志等学习娱乐用品。

（3）施工现场应设置浴室、卫生室，配备担架等急救器材，配备止血药、绷带及其他常用药品。现场应配备急救人员。

（4）施工现场应设置吸烟室、饮水室，严禁在施工区域内吸烟。饮水室应设置密封式保温桶，保温桶应加盖加锁，保持卫生、清洁。

（5）施工现场应设置宣传栏、读报栏、黑板报，达到牢固、美观、防雨要求，并进行亮化。宣传内容应及时更换。

7. 材料堆放

（1）水泥、钢筋等建筑材料应按生产厂家、品种、强度等级和生产日期分类存放并稳定牢固、整齐有序，材料、构件、料具等堆放时，悬挂有名称、品种、规格等标牌。

（2）水泥存放应设专用库房，并有防潮、防雨措施。

（3）堆放材料时一定要注意堆放的位置和高度。材料尽量放在阴凉处，避免内部由于空气不流通、温度过高而引起燃烧，造成火灾。

（4）模板、钢管堆放应采用支架立放。

（5）松散材料堆放规定如图 2-113 所示。

图 2-113　项目部示范工程砂、石子、砖砌块堆放图

8. 施工用电

（1）施工现场临时用电专项施工方案应由公司总工程师审批。

（2）施工临时用电必须采用 TN—S 系统，符合"三级配电两级保护"，达到"一机、一闸、一漏、一箱"的要求。电箱设置、线路敷设、接零保护、接地装置、电气连接、漏电保护等各种配电装置应符合规范要求。

（3）配电箱、电缆、漏电保护器等电气产品必须使用登记备案产品。

（4）外电线路必须按照规范要求进行防护，防护措施应同时满足供电部门要求。

（5）施工现场应配备必要的电器测试仪器，电工必须每天巡回检查。漏电保护器测试每周不少于一次，各类电器的绝缘、接地电阻测试每季度不少于一次，雨雪天气后必须进行测试，并做好检查维修记录。

图 2-114　项目部示范工程临时用电
开关箱布置图

（6）电源线通过架管必须加塑料套管保护。各类电动机械和手持电动工具的接地或接零保护，防止发生漏电。

（7）施工用电配电箱、开关箱，如图 2-114，应采用铁板（厚度为 1.2～2.0mm）或阻燃绝缘材料制作，按公司标准图样涂成橘黄色，安装高度不小于 1.2m。应装设在干燥、通风、无外来物体撞击的地方，其周围应有足够二人同时工作的空间和通道。施工用电移动式配电箱、开关箱应装设在坚固的支架上，严禁于地面上拖拉。箱内外必须悬挂安全标识与开关名称标识。

9. 起重吊装

（1）起重吊装工程必须按专项施工方案组织施工，按规定设置防护设施，划定危险作业范围，设置警示标志，设专人实行全过程监护。

（2）起重吊装机械安装及拆卸，应由具备相应承包资质的专业人员进行，其工作程序应严格按照原机械图纸及说明书规定。

（3）吊装前应对起重机械的安全保险装置、钢丝绳、索具、卡扣等进行全面检查，确保完好有效，并按规定试车。

（4）被吊物件必须合理存放，确保稳固安全，高处作业人员必须有可靠立足点。结构吊装时，应设置移动式节间安全平网。严禁采用人工绞磨起重吊装。

（5）起重机司机及信号指挥人员应经专业培训、考核合格并取得有关部门颁发的操作证后，方可上岗操作，见图 2-115。

图 2-115　项目部示范工程塔吊指挥图

（6）塔式起重机的基础及轨道铺设，必须严格按照图纸和说明书进行。塔式起重机安装前，应对路基及轨道进行检验，符合要求后，方可进行塔式起重机的安装。

（7）安装及拆卸作业前，必须认真研究作业方案，严格按照架设程序分工负责，统一指挥。

（8）安装塔式起重机必须保证安装过程中各种状态下的稳定性，必须使用专用螺栓，不得随意代用。

（9）用旋转塔身方法进行整体安装及拆卸时，应保证自身的稳定性。详细规定架设程序与安全措施，对主、副地锚的埋设位置、受力性能以及钢丝绳穿绕、起升机构制动等应进行检查，并排除塔式起重机旋转过程中障碍，确保塔式起重机旋转中途不停机。

（10）塔式起重机附墙杆件的布置和间隔，应符合说明书的规定。当塔身与建筑物水平距离大于说明书规定时，应验算附着杆的稳定性，或重新设计、制作，并经技术部门确认，主管部门验收。在塔式起重机未拆卸至允许悬臂高度前，严禁拆卸附墙杆件。

10. 施工机具

（1）机具传动部位必须设置防护罩，不得使用倒顺开关。机具使用前应经施工单位设备管理部门和项目部共同验收，合格后方可使用。固定施工机具应搭设防护棚。

（2）平刨应设护手安全装置，圆盘踞应设分料器、防护挡板。严禁使用平刨和圆盘锯合用一台电机的多功能木工机具。

（3）手持电动工具必须作保护接零，电缆线不得有接头，操作人员应穿戴好绝缘防护用品。

（4）钢筋冷拉作业区应设置警戒区和防护栏，钢筋对焊作业区应有防止火花烫伤的措施。

（5）电焊机必须设置二次空载降压保护器；一次线长度不得超过 5m，二次线长度不得超过 30m，无破皮老化现象；接线柱应设防护罩。

（6）搅拌机应选址合理，固定牢固，轮胎不得支承在地面或其他物体上。钢丝绳和保险挂钩应符合要求，操作手柄应设保险装置。

（7）气瓶应有防护帽、防震圈，色标明显。存放和使用时应距离明火 10m 以上，不同种类气瓶间距应大于 5m。乙炔瓶不得平放。

（8）潜水泵漏电保护器额定漏电工作电流必须小于 15mA，负荷线应采用专用防水橡皮电缆。

（9）水磨机具和打夯机手柄应绝缘，用电线路不得拖地。操作人员应穿戴好绝缘防护用品，一人操作，一人把线。

（10）振捣器具应使用移动式配电箱，电缆长度不超过 30m，操作人员应穿戴好绝缘防护用品。

11. 现场防火

（1）施工现场应制定消防管理制度，严格履行动火作业审批手续；生活区、仓库、配电室（箱）、木制作业区等易燃易爆场所必须配置相应的消防器材。消防器材应定期检查，确保完好有效。严禁在施工现场内燃用明火取暖。

（2）施工现场应制定易燃易爆及有毒物品管理制度，采购、领用、运输、保管、发放、使用等环节应设专人负责，并建立台账。

（3）高层建筑应设置临时消防水源管道，立管直径不小于 2 寸。每层应留有消防水源接口，配备消防管具。消防器材如图 2-116 所示。

图 2-116　项目部示范工程消防设施图

12. 环境保护

（1）防治大气污染

1）施工现场的主要道路必须进行硬化处理，土方应集中堆放。裸露的场地和集中堆放的土方应采取覆盖、固化或绿化等措施。

2）拆除建筑物、构筑物时，应采用隔离、洒水等措施，并应在规定期限内将废弃物清理完毕。

3）施工现场土方作业应采取防止扬尘措施。

4）从事土方、渣土和施工垃圾运输应采用密闭式运输车辆或采取覆盖措施；施工现场出入口处应采取保证车辆清洁的措施。

5）施工现场的材料和大模板等存放物必须平整坚实。水泥和其他易飞扬的细颗粒建筑材料应密闭存放或采取覆盖等措施。

6）施工现场混凝土搅拌场所应采取封闭、降尘措施。

7）建筑物内施工垃圾的清运，必须采用相应容器或管道运输，严禁凌空抛掷。

8）施工现场应设置密闭式垃圾站，施工垃圾、生活垃圾应分类存放，并及时清运出场。

9）城区、旅游景点、疗养区、重点文物保护地及人口密集区的施工现场应使用清洁能源。

10）施工现场的机械设备、车辆的尾气排放应符合国家环保排放标准要求。

11）施工现场严禁焚烧各类废弃物。

（2）防治水土污染

1）施工现场应设置排水沟及沉淀池，施工污水经沉淀后方可排入市政污水管网和河流。

2）施工现场存放的油料、化学溶剂等应设有专门的库房，地面应有防渗漏处理。废弃的油料和化学溶剂应集中处理，不得随意倾倒。

3）食堂应设置隔油池，并应及时清理。

4）厕所的化粪池应做抗渗处理。

5）食堂、盥洗室、淋浴间的下水管线应设置过滤网，并应与市政污水管线连接，保证排水通畅。

（3）防治施工噪声污染

1）施工现场应按照现行国家标准《建筑施工场界环境噪声排放标准》GB 12523—2011 制定降噪措施，并可由施工企业自行对施工现场的噪声值进行监测和记录。

2）施工现场的强噪声设备宜设置在远离居民区的一侧，并应采取降低噪声措施。

3）对因生产工艺要求或其他特殊需要，确需在夜间进行超过噪声标准施工的，施工前建设单位应向有关部门提出申请，经批准后方可进行夜间施工。

4）夜间运输材料的车辆进入施工现场，严禁鸣笛，装卸材料应做到轻拿轻放。

（4）临时设施环境卫生

1）施工现场应设置办公室、宿舍、食堂、厕所、淋浴间、开水房、文体活动室、密闭式垃圾站（或容器）及盥洗设施等临时设施。临时设施所用建筑材料应符合环保、消防要求。

2）办公、生活区应设密闭式垃圾容器。

3）办公室内布局应合理，文件资料宜归类存放，并应保持室内清洁卫生。

4）施工现场应配备常用药及绷带、止血带、颈托、担架等急救器材。

5）宿舍内应保证有必要的生活空间，室内净高不得小于 2.4m，通道宽度不得小于 0.9m，每间宿舍居住人员不得超过 16 人。

6）施工现场宿舍必须设置可开启式窗户，宿舍内的床铺不得超过 2 层，严禁使用通铺。

7）宿舍内设置生活用品专柜，有条件的宿舍宜设置生活用品储藏室。

8）宿舍内应设置垃圾桶，宿舍外宜设置鞋柜或鞋架，生活区内应提供为作业人员晾晒衣服的场地。

9）食堂应设置在远离厕所、垃圾站、有毒有害场所等污染源的地方。

10）食堂应设置独立的制作间、储藏间，门扇下方应设不低于 0.2m 的防鼠挡板。制作间灶台及其周边应贴瓷砖，所贴瓷砖高度不宜小于 1.5m，地面应做硬化和防滑处理。粮食存放台距墙和地面应大于 0.2m。

11）食堂应配备必要的排风设施和冷藏设施。

12）食堂的燃气罐应单独设置存放间，存放间应通风良好并严禁存放其他物品。

13）食堂制作间的炊具宜存放在封闭的橱柜内，刀、盆、案板等炊具应生、熟分开。食品应有遮盖，遮盖物品应有正反面标识。各种佐料和副食应存放在密闭器皿内，并应有标识。

14）食堂外应设置密闭式泔水桶，并应及时清运。

15）施工现场应设置水冲式或移动式厕所，厕所地面应硬化，门窗应齐全。蹲位之间宜设置隔板，隔板高度不宜低于 0.9m。

16）厕所的大小应根据作业人员的数量设置。高层建筑施工超过 8 层以后，每隔四层宜设置临时厕所。厕所应设专人负责清扫、消毒，化粪池应及时清掏。

17）淋浴间内应设置满足需要的淋浴喷头，可设置储衣柜或挂衣架。

18）盥洗设施应设置满足作业人员使用的盥洗池，并应使用节水龙头。

19）生活区应设置开水炉、电热水器或饮用水保温桶；施工区应配备流动保温水桶。

20）文体活动室应配备电视机、书报、杂志等文体活动设施、用品。

（5）卫生与防疫

1）施工现场应设专职或兼职保洁员，负责卫生清扫和保洁。

2）办公区和生活区应采取灭鼠、蚊、蝇、蟑螂等措施，并应定期投放和喷洒药物。

3）食堂必须有卫生许可证，炊事人员必须持身体健康证上岗。

4）炊事人员上岗应穿戴洁净的工作服、工作帽和口罩，并应保持个人卫生。不得穿工作服出食堂，非炊事人员不得随意进入制作间。

5）食堂的炊具、餐具和公用饮水器具必须清洗消毒。

6）施工现场应加强食品、原料的进货管理，食堂严禁出售变质食品。

7）施工现场作业人员发生法定传染病、食物中毒或急性职业中毒时，必须在 2h 内向施工现场所在地建设行政主管部门和有关部门报告，并应积极配合调查处理。

8）现场施工人员患有法定传染病时，应及时进行隔离，并由卫生防疫部门进行处置。

13. 综合管理

（1）施工人员宜统一着装，并佩戴胸卡，公司管理人员戴橘黄色安全帽，项目部管理人员戴红色安全帽，班组长、特种工、特殊作业人员戴蓝色安全帽，其他施工人员戴黄色安全帽。

（2）施工现场应建立治安保卫制度，及时办理暂住登记，非工作人员不得擅自在施工现场留宿。

（3）施工现场应建立流动人口计划生育管理制度，开工前应按规定签订计划生育协议。

（4）施工现场应建立防疫应急预案，定期对工人进行卫生防病宣传教育，发现疫情及时向卫生行政主管部门和建设行政主管部门报告，并采取有效处置措施。

（5）建设、施工单位应采取优先措施，避免施工扰民，妥善处理与周边居民的关系。

2.18.3 落地式与悬挑式脚手架

（1）脚手架有专项施工方案，包括搭设要求、基础处理、杆件间距、连墙杆设置、施工详图及大样图等内容。

（2）严禁使用木、竹脚手架和钢木、钢竹混搭脚手架。架体高度超过 10m 的，严禁使用单排脚手架。

（3）钢管、扣件进场时，供应单位必须出具证明其产品合格的相关资料，施工单位进行验收，证明材料及验收记录应存档备查。严禁不合格钢管、扣件进入施工现场。脚手架搭设时，搭设人员应对钢管、扣件进行检查。

（4）脚手架应由项目负责人、项目总监、工程技术人员、安全管理人员及搭设人员进行联合验收，并履行验收签字手续。脚手架在下列阶段必须进行检查验收：

1）脚手架基础完工后、架体搭设前；

2）每搭设完 10～13m 高度后；

3）作业层上施加荷载前；

4）达到设计高度后；

5）遇有六级风、雨雪天气后；

6）停用超过 1 个月。

（5）基础必须夯实平整，设置木垫板、钢底座（图 2-117）和纵横向扫地杆，排水良好。

（6）架体与建筑物拉结按规定设置，拉结可靠牢固；拉结点应设明显标志。

（7）按规定设置剪刀撑，剪刀撑必须沿脚手架高度连续设置。脚手架高度在 24m 以下的，各组剪刀撑间距不大于 15m；脚手架高度在 25m 以上的，剪刀撑必须沿长度连续设置，剪刀撑搭设要求如图 2-118。

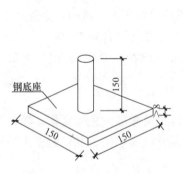

图 2-117　项目部示范工程脚
手架立杆钢底座图

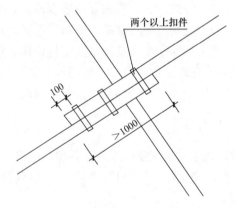

图 2-118　项目部示范工程脚手架
剪刀撑搭设图

（8）操作层脚手板必须满铺，固定牢固，材质符合要求；操作层应设 18cm 高的挡脚板，并居中设一道防护栏杆。严禁擅自拆除密目式安全立网等安全防护设施。

（9）卸料平台必须有设计计算书，设置荷载标志牌，平台底板应满铺，固定牢固，材质符合要求。卸料平台必须有独立的支撑系统，严禁与脚手架架体连接，卸料平台设计、搭设与连接如图 2-119 所示。

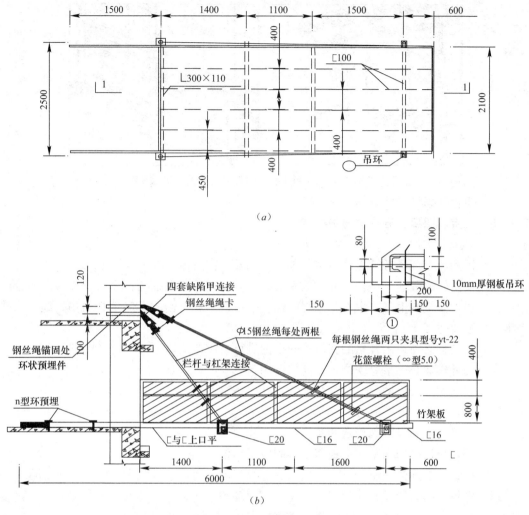

图 2-119 项目部示范工程卸料平台设计与连接详图
(a) 平面图；(b) 1-1 剖面图

（10）悬挑式脚手架悬挑梁必须使用型钢，并进行计算，安装应符合设计要求。

（11）架体内每隔两层且高度不超过 10m 应设层间安全平网，3.2m 处设首层安全平网，操作层下设随层安全平网，安全平网应架设牢固、封闭严密。

（12）内立杆与建筑物距离大于 15cm 必须进行封闭。

（13）脚手架计算见专项方案，此处略。

2.18.4 模板工程

（1）必须编制和审批模板工程专项施工方案，并按照专项施工方案组织施工。

（2）模板支撑材料的材质规格必须符合设计要求，立柱底部设置垫板，按规定设置纵横向支撑，立杆间距符合设计要求，如图 2-120 所示。

（3）模板施工荷载不得超过设计要求，堆料均匀。

（4）模板存放高度不得超过 1.8m，大模板存放必须要有防倾倒措施。

（5）模板拆除时混凝土必须达到规定强度要求，经现场技术负责人和项目总监批准后，方可实施。拆除时必须划定警界区域，设置监护人。

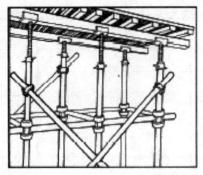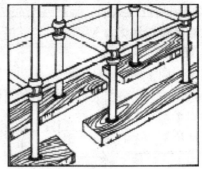

图 2-120　项目部示范工程支模架支撑搭设连接示意图

（6）模板计算见专项方案，此处略。

2.18.5　三宝、四口、五临边防护标准

1. "三宝" 防护

（1）进入施工现场必须正确佩戴安全帽，无安全帽一律不准进入施工现场。

（2）安全帽的佩戴要符合标准：戴安全帽前应将帽后调整带按自己头型调整到适合的位置，不要把安全帽歪戴，也不要把帽沿戴在脑后方，安全帽的下颌带必须扣在颌下，并系牢，松紧要适度。

（3）建筑物必须采用合格的密目式安全网进行封闭，架体内按规定设置安全平网。

（4）高处作业必须系好安全带，高挂低用。

（5）安全帽、安全网、安全带必须使用登记备案产品。

2. "四口" 防护

（1）楼梯口必须设牢固稳定的防护栏。

（2）预留洞口必须用坚实盖板盖严，固定不移位。

（3）通道口必须搭设防护棚，高层建筑应设双层。通道口两侧设防护栏，挂立网。

（4）电梯井口必须设置防护门，采用公司标准图中的定型设计。井内每隔两层且高度不超过 10m 应设安全平网，网内不得有杂物，不得进行硬防护。

3. "临边" 防护

（1）深基础临边；人行通道两侧边、采光井周边、楼梯口边、屋面周边、阳台边、楼板临边；转料平台周边、卸料平台两侧边的防护，必须统一用双层钢管防护。

（2）临边防护栏应设置上下两道，上杆距地高度为 1.2m，下杆距地高度为 0.5～0.6m，立杆间距不大于 2m，并设置挡脚板或立网。防护栏杆宜使用钢管，牢固可靠，并涂红白相间警示。

（3）绑扎钢筋大梁、柱用的临时架子外侧，必须架设双层防护栏杆。

（4）井字架提升机和人货电梯卸料平台的防护门，必须用钢筋焊接的开关门，不准使用弯曲钢筋作防护门。

4. 安全警示

（1）施工现场应使用人性化安全警示用语牌。

（2）警示用语牌应在施工现场的作业区、加工区、生活区等醒目位置设置。

（3）警示用语牌要统一规范，满足数量和警示要求。

（4）安全标志应针对作业危险部位悬挂，并绘制安全标志平面布置图，不得将安全标志不分部位、集中悬挂。安全标志应符合《安全标志及其使用导则》GB 2894—2008 的要求。

2.18.6 工程质量标准化

1. 施工部署的四项原则

（1）满足合同工期要求的原则

要充分考虑施工任务、人力资源等的总体布局，要做到时间连续、空间占满，要做到符合工序逻辑关系。

（2）总体施工顺序的部署原则

按照先地下，后地上；先结构，后装修；先土建，后其他专业的原则进行部署。

（3）施工时间的部署原则

根据总进度计划确定。裙楼施工在 4 月底完成；转换层在 6 月完工；塔楼在 11 月完成；基础回填土在转换层完成后即回填。注意土的含水率，确保回填施工质量。提倡采用先进的施工方法及先进的技术，提高机械化施工程度，保证工程质量、安全的措施，合理安排，精心施工，以达到优质、安全等各项指标。

（4）施工空间上的部署原则

本工程作多工种立体交叉施工的考虑，即主体工程安装和装修三者之间的立体交叉施工在绝对保证质量安全的前提下，力求贯彻空间占满、时间连续、均衡协调，有节奏、力所能及和留有余地的原则，保证工程按计划完成。

2. 施工组织协调

（1）制定图纸会审，图纸交底制度。

（2）建立周例会制度。参加在每周固定时间由监理主持的例会，讨论一周的工程施工和配合情况和各工种协调问题。

（3）建立专题讨论会制度。

（4）各种例会、讨论会必须有完整详实的记录。

（5）正确处理施工进度与质量、安全的关系，杜绝工程质量、安全事故的发生，严格控制和避免返工现象的发生。

3. 主要施工管理措施

（1）工期保证措施

1）以总控制进度为基础，分别编制分部、分项及其他专业工程进度计划，控制各施工队的施工进度的依据。

2）建立定期的生产计划例会制度，下达计划、检查计划完成情况。

3）加强策划与组织工作的预见性，保证图纸资料、施工人员机械设备、周围材料等资源配备，及时反馈采购、订货等供应信息，争取将一切影响工期的不利因素解决在施工前。

4）控制关键日期（楼层）为阶段目标，以滚动计划为链条，建立动态的计划管理模式，在总控制进度计划的指导下，编制段、月、周、日等各级进度计划。

5）充分发挥员工积极性，开展队、班、组之间的劳动竞赛，充分利用经济杠杆奖优罚劣，奖勤罚懒。

6）建立强有力的实施工程进度计划的组织机构，理顺各部门的分工协作关系，明确各施工队的责任，必要时采用行政与经济措施进行奖罚。

7）注意季节性的施工安排和相适应的施工技术措施，创造条件扩大作业面，及时组织多工种、多专业的流水和交叉作业。

（2）质量保证措施

1）创优良工程，争创省优工程；分项合格率为100%，其中优良率为95%；重大质量安全事故为零次；工程外观质量整齐美观；缺陷责任期服务质量合格。

2）按照公司质量方针和项目质量目标，建立以项目经理为首的由生产经理和技术负责人具体负责的项目质量管理机构，精心组织施工，以严格认真、一丝不苟的工作态度，不断提高工作质量。

3）全过程、全方位质量控制。坚持预防为主的方针，搞好工程质量预控。

4）进一步严格"三检"制度。班组自检与互检、互检和专职检查，一般项目进行抽检，主要项目全数检查，防止流于形式。

5）现场管理"六把关"：即把住操作工人技能和操作质量、材料进场和试验检验、图纸会审和技术交底、施工方案和技术措施制定的落实、施工质量的检查、质量验收和奖罚关。

6）严格质量责任制：对管理人员按责任制办法奖罚；对生产班组按分部分项工程人工工资额实行奖罚，奖励工资额的5%；不合格者，必须返工，且自负人工工资和材料损失费。

7）强化职工质量意识，进行进场教育，优良工程质量教育。

8）及时收集反馈建设、监理和质监站对工程质量的意见、评价和建议，及时改进操作方法和施工工艺，消除隐患。

9）精选施工班组，对拟使用的社会劳动力进行调查评审，经项目经理批准后签订有效合同，造好民工花名册，所有民工必须持有计生证、就业证、上岗证、暂住证。施工班组使用后，保证工程质量。特殊工程人员必须持证上岗。

10）对关键、特殊过程主要隐蔽工程，保证具有可溯性。所有进入现场的原材料、成品和施工半成品，应标明产品名称、数量、规格、型号、产地、出厂日期、生产厂家、使用部位等，标识要与原始凭证、有关文件一致。

11）接到施工图后，组织技术力量熟悉图纸，了解设计意图，参加业主组织的设计交底和图纸会审，并做好记录。编制好施工组织设计和项目质量计划。配备本工程所需标准规范及相关的法律、法规文本，以及业主单位有关质量管理文件和管理办法等。

12）设备必须机况良好，配备齐全、安全可靠，安装验收合格方可使用。设备使用做到定人、定机、定岗，严禁无证操作和一人多机现象。

13）把好检验和试验关，材料员应检查随货同行材质证明，产品合格证等必要的质量合格证明文件是否齐全，随同材料试验委托单交技术部。

14）设置一名专职质检员，严格"自检、互检、专检"的三级检查验收制度，专职质安员检查面必须达到90%以上，尤其是工序检查，应具体到各个环节，并做好工序交接和成品保护记录，坚决按照"谁施工谁负责"的质量原则进行验收，以确保工程质量。

15）坚持"质量一票否决制"，严格质量奖罚制度，严格班组之间的工序交接验收手续，克服上道工序缺陷对下道工序和产品最终质量的影响。

16）为了保证未经检验或检验不合格的原材料，半成品不被使用，对原材料半成品和工序的检验和试验状态进行标识，标识分已检、待检、合格及不合格四种状态。

17）当发现不合格产品时，按有关控制程序签发不合格产品通知单，并对其进行标识、记录、组织评审和处置，保证不合格产品不用于工程。

18）建立项目质量记录总目录清单和各部门的质量记录目标清单，质量记录包括质量体系运行记录和产品质量记录，由项目各职能部门按规定要求填写，做到准确及时、完整，并与工程同步，工程完工后，由工程技术部门统一收集归档。

4. 工程质量通病防治措施

（1）模板工程

1）支撑及龙骨必须严格按设计尺寸施工。

2）紧固件达到紧固要求，对拉螺栓、支撑、龙骨接触密实，不得出现虚设、浮搁或松动现象。

3）模板自身应有足够的强度和刚度。

4）模板应拼装平整、板缝控制在规范允许的范围内。

5）支模时应遵守边模包底模的原则。梁模与柱模连接处，考虑到梁模淋水吸湿后长向膨胀的影响，下料尺寸略加缩短，使混凝土浇灌后产生梁模嵌入柱内的现象。

6）梁侧模下口必须有夹条木，以保证梁混凝土浇灌过程中，侧模下口不致炸模。

7）根据柱截面的大小及高度，柱模外侧每隔700mm加设柱箍，防止炸模。

8）模板拼缝嵌压橡胶条，保证拼缝严密。

9）墙混凝土浇筑时，应分层浇筑，每层高度不大于500mm，避免因混凝土下料过多形成冲击力，产生过大的侧压力。

（2）钢筋工程

1）钢筋配料管理工作：钢筋配料前要预先确定各种形状钢筋下料长度调整值，配料时考虑周详；制作弯折钢筋时，将不同角度和下料长度调整值在弯折操作方面相反一侧长度内扣除，画上分段尺寸线；形状对称的钢筋画线要从钢筋的中心点开始，向两边分画。保证成型尺寸准确。

2）钢筋的搬运：要轻抬轻放，放置地点场地要平整，按照施工需要堆放。

3）钢筋就位：绑扎时将多根钢筋端部对齐，防止钢筋绑扎偏斜和骨架扭曲；检查塑料填块厚度间距、位置是否准确；注意浇捣操作，尽可能不碰撞钢筋，浇捣过程中由专人随时检查、校正。

4）在模板安装前，详细校核插筋位置、数量；模板安装时，逐件校核预埋件，预留孔的位置，并及时校正。

（3）混凝土工程

1）本工程全部采用商品混凝土，要根据施工季节、施工部位、构件的尺寸等与生产商协调好混凝土拌合物的品种、数量，确保混凝土的和易性和坍落度满足要求。

2）认真清理模板底部的杂物。接缝处先铺设50mm厚与混凝土相同的水泥砂浆作为结合层。

3）操作人员按规范进行混凝土振捣，插点均匀、振捣严密，避免漏振现象。根据施工需要分段支模。

（4）砌体工程

1）结合现场材质做好砂浆试配，在满足砂浆和易性的条件下，控制砂浆的强度，可适当调整水泥用量。

2）砂浆搅拌机应分两次投料，先加入部分砂、水和塑化材质，通过搅拌叶片与砂的搓动，将塑化材料打开，再投入其余的砂和水泥。

3）灰槽中的砂浆使用时，应经常用铲翻拌，清底。

4）墙体砌筑必须挂线，并按规定组砌和留槎。

（5）楼地面工程

主体工程中楼地面找平必须用水平仪跟班抄平，控制好平整度。

（6）防水工程

1）严格按规范和设计施工，做好技术交底，确保防水施工质量。

2）严格控制防水材料质量，把住复试关。

3）操作人员持证上岗，按操作规程施工。

4）重点抓好卷边、搭接、收口等节点施工。

5）严格执行卫生间三次试水（防水层做完、保护层做完和面层做完）和屋面淋水检验。

（7）装饰工程

为确保装饰工程质量优良，邀请建设方、设计方、监理方一同看样订货，比质比价，把质量放在第一位。

2.19 涂装车间电泳池深基坑开挖施工方案

2.19.1 工程概况

×××建设工程有限公司承建的×××集团有限公司的 8 号厂房为单层，檐高 8m，多跨轻钢结构，独立柱基础。单跨跨距 24m，柱距 8m×8m，单柱荷载约 2000kN。

现厂房安全等级为二级，抗震设防标准为丙级。据邻近工程勘察资料反应，地基等级为二级（中等复杂），故岩土工程勘察等级为乙级，地基基础设计登记为丙级。该工程为现有厂房车间内进行大型地下工程施工，工程难度大，因此，必需打有把握之仗。

1. 地基土组成特征

根据《岩土工程地质勘察报告书》，该地基土特征为：

（1）耕质土为：（Q_4^{ml}）层厚 0.40～1.70m。

（2）粉质土为：（Q_4^{al}）层厚 0.00～7.20m。

（3）粉质粘土为：（Q_3^{al}）层厚 0.00～7.10m。底层埋深 3.50～7.80m，属中压缩土。

2. 水文地质

地下水位在±0.000 以下 1.0～2m 左右，受季节变化而变化。

3. 勘查结论

场地以软土为主，稳定性相对较好。

地基土均匀性较好。

地基评价①～②层土属中偏高压缩土，工程性能较好，具备一定的承载力（其中 f_{ak} 达到 140kpa）。③层土属工程性能较好的中压缩土。

据该地质勘探记载，该设备深基础处无明显小面积池塘等不利地质情况。

2.19.2 编写依据

镇江市勘察工程总公司提供的《岩土工程地质勘察报告书》及《（二）工程勘察依据》

注明的有关规范、规定和国家《安全生产法》、《安全生产管理条例》、《建筑法》、《工程质量管理条例》等法律法规、规范、标准及规定。

由现场施工员提供的 8 号厂房原独立柱基础草图和《电泳池及前处理设备》施工图。图示说明：该工程基础均须埋在三层粉质黏土（地基承载力特征值 24kN/m² ）下 150cm。

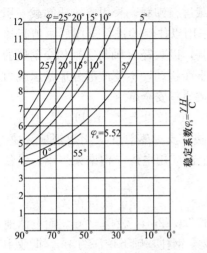

图 2-121　黏性土坡的稳定性计算图表

2.19.3　黏性土坡稳定性分析与计算

黏性土坡的稳定性常用稳定系数法进行计算。它是根据理论计算绘制图 2-121，应用该图便可简便地分析简单土坡的稳定性。

图中纵坐标表示稳定系数 φ_s，由下式确定：

$$\varphi_s = \frac{\gamma H}{c} \tag{2-93}$$

横坐标表示土的坡度角 β，假定土黏聚力不随浓度变化，对于一个给定的土的内摩擦角 φ_s 值，边坡的临界高度稳定安全高度，可由下式计算：

$$H_c = \varphi_s \frac{c}{\gamma} \tag{2-94}$$

$$H_c = \varphi_s \frac{c}{K \cdot \gamma} \tag{2-95}$$

式中　H_c——边坡的临界高度（m），即边坡的稳定度；

H——边坡的稳定安全高度（m）；

φ_s——稳定系数，由图 2-120 查出；

K——稳定安全系数，一般取 1.1～1.5；

c——土的黏聚力（kN/m²）；

γ——土的重度（kN/m³）。

由式（2-94）、式（2-95）中已知 β 及土的 c、φ_s、γ 值，可以求出稳定的坡高 H 值；已知 H 或 H、β 值及土的 c、φ_s、γ 值，可以分别求出稳定的坡度 β 值或稳定安全系数 K 值。

该基坑开挖，已知土的黏聚力 $c=24$kN/m²，重度 $\gamma=18.5$kN/m³，内摩擦角 $\varphi=20°$，如果挖方的坡度 $\beta=70°$，边坡高度的安全系数取 1.3，求该基坑挖方允许的最大高度。

【解】当 $\varphi=20°$，$\beta=70°$，边坡，由图 2-121 中查出 $\varphi_s=7.25$，由式（2-94）得：

$$H_c = 7.25 \times \frac{24}{18.5} \approx 9.40\text{m} \tag{2-96}$$

由于安全系数为 1.3，所以允许最大高度为：

$$H = \frac{9.4}{1.3} \approx 7.23\text{m}$$

7.23m＞5.85m，安全。

2.19.4　钢柱基础施工

原 R 轴与⑦轴交会的钢柱基础采用打钢板桩予以围护，桩长 7m，打桩为 U 形围护，桩顶用 100mm×50mm×10mm 槽钢进行焊接，再用 ϕ25 钢筋长 8m 与桩头和钢钉焊接。钢钉用 100mm×100mm×10mm 等边角制作，其长度 2m 打入地面下锚固钢桩头。

2.19.5 安全保证措施

（1）为了确保厂房柱基的土方施工开挖后，柱基础不受开挖扰动及附近基坑边坡的整体稳定，先进行边坡稳定性验算（详见前面分析与验算），再进行柱基础支护设计。

（2）为了确保车间 R 轴与⑦轴钢柱的使用安全及业主的财产不受损失和施工人员的人身安全，该设备基础土方开挖前将该轴柱子所受上部荷载进行卸载。采用支撑法卸载（用力学原理）。由于没有该厂房屋面结构详细资料，因而采用以往经验进行支撑后由剪刀撑进行卸载。由剪刀撑传给支撑钢柱，再由钢柱传力给地基，以减轻 R 轴与⑦轴相交钢柱的屋面传来的压力，确保该柱基础下地基的承载力不因挖土而扰动，不使该部分地基承载力下降造成上层屋面钢梁变形，受集中荷载影响而坍塌造成质量安全事故。

（3）支撑卸载要求：支撑前应在原地面垫上 1m 宽×2m 长以上×1cm 以上厚钢板一块，钢板上再垫 10cm 厚×20cm 宽以上×2m 长木方一块，支撑钢管底应用焊钢板一块，规格厚 1cm×20cm×20cm 正方形钢板垫块，支撑钢管上部应用电焊与钢架梁焊牢。设备基础等工程未竣工前，严禁拆除支撑系统。

（4）基坑降水

整个 8 号厂房内，设计的设备基础基坑系长方形，长 34.22m，宽 15.22m。而电泳池挖土深约 5.5m，长 4.52m，宽 4.36m。且在 R 和⑦轴交会钢柱基础下挖深约 4m。据业主提供的水文地质显示，在地面下 1.0～2.0m 深有地下水，且较为丰富。为了防止因挖土后坑内积水，基坑底及所在附近的柱基础及地基土浸泡，并成安全隐患。特采用基坑井点降水措施，并用真空吸水设备吸取地下水。管长 7.0m，间距 1.8～2.0m，在基坑四周采取全封闭布置。当四周井点有效降水曲线不能达到电泳池设计深度要求时，在 Q 轴上部再增加 4 个轻型井点，将地下水排出室外，确保施工顺利进行。

（5）防窒息人身（伤亡）事故

在土方机械开挖后进行人工清底挖土时，上部用点乌灯向坑内进行照明供亮，且在合适位置固定并防止人员等碰撞，坑内用软线有防护罩的行灯供坑内施工人员临时使用。

挖土人员进入坑内前，用 2kW 左右鼓风机向坑内排风输氧，直至施工人员全部上基坑口地面后，方可停机。鼓风机安装要牢固，由专人负责操作，以免下坑人员因窒息造成人身伤亡。

（6）如出现特殊情况，要采取临时支撑措施，确保坑壁土体边坡的整体稳定。以利于施工的顺利进行，确保施工人员的人身安全和厂房的安全。

2.19.6 基坑土方开挖

基坑底总面积约 560m²，而电泳池土方工程难度最大，挖深约 5.5m，在 R 轴和⑦轴交会的钢柱基础 1.6m 处向下挖土深度近 4m。为了安全（生产）施工，确保厂房及施工人员的安全，其施工工序为：

打钢板桩→井点降水→支撑卸载→机械挖运土→临时基坑支护→人工清挖基底→基础垫层→绑扎钢筋→墙身安止水片、装模→自防水底板混凝土浇筑→墙身绑扎钢筋→装模板→浇灌墙身混凝土→养护外防水砂浆→抹内防水砂浆→电泳池回填分层、压实→做其他池槽工程。

在机械挖土方后基坑底应留 20～30cm 原土，由人工清挖，防止机械将基底土扰动，降低承载力。挖土顺序为先深后浅。挖土机械采用液压挖土机（0.75m³）1 台，配 2～3 台3t 以上自卸汽车运土。在挖土时，桩基处已打好了支护桩，对其他整个基坑内部土体稳定采取了土体放坡的方法。放坡按踏步式留设,坡度按设计规定的1:2进行放坡。因该工程在室内施工,无须采用防雨水冲刷措施。

2.19.7 基坑钢柱的围护稳定设计

基坑边独立钢柱的围护稳定见图 2-122 和图 2-123。

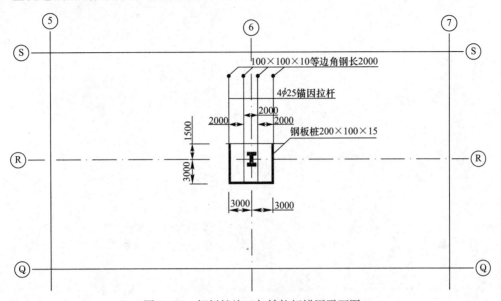

图 2-122 钢板桩施工与铁拉杆锚固平面图

图 2-123 顶撑卸载与井点降水平面施工布置图

第 3 章　市政、桥梁工程
专项方案

※3.1 取水泵房特大沉井施工专项方案

3.1.1 工程概况

该工程坐落在××县××寨村东，××城（业主）地表水厂一期工程由××省××地质工程勘察院勘察，××市政工程设计研究院设计，××工程监理有限公司监理，由××建设工程有限公司总承包。总建设面积为1125m²，框架结构。沉井长32.1m，宽26.8m（东为24.25m），深为−14.8m。

地质概况详见××省地质勘察院提供的地质报告。

3.1.2 编制依据

(1) 该工程的《地质报告》；

(2)《取水泵房建施工图、结构施工图》；

(3) 国家、行业和地方有关工程的法律、法规、规范、标准和文件等规定；

(4) 该工程《施工合同》，招标文件及施工组织设计等规定。

3.1.3 工程管理目标

工程质量方针：科学管理、程序控制、质量精品、用户满意。

工程质量目标：确保"杨子杯"，争创"鲁班奖"。工程验收一次性合格率为100％的工程质量管理理念。

安全生产管理目标：安全事故频率控制为零，重大事故发生为零，以"安全第一，预防为主"。做到"安全为了生产，生产必须安全"的管理目标。强化整个施工项目工地的全员安全为理念。创建全国"安全文明示范工程"工地。

文明施工管理目标：实施工程现场标准化管理，确保"省级标化示范工地工程"，争创国家级"AAA级诚信文明工地"和"科技创新与安全质量示范工程"等工地称号。

工程工期目标：按实际情况，优化施工方案，确定该工程工期日历时间为200d，可满足项目工期总目标。

积极配合有关单位对该工程的监督与管理。在施工中，密切有关方面的联系，配合相关部门搞好综合治理，搞好当地政府和周边关系，取得他们的支持，使工程施工顺利进行。严格按业主（监理）审批的"施工作业指导书"和"承诺"及工程施工合同的要求，接受监理对该工程的全方位的监督与管理，配合他们例行的各种检查与验收，全面执行监理的一切指令。

对监理单位设置的各种见证点、停止点的关键工程部位，未经监理确认，决不进行下道工序施工。

3.1.4 施工组织与管理体系

1. 施工组织机构网络

施工组织机构网络，见图3-1。

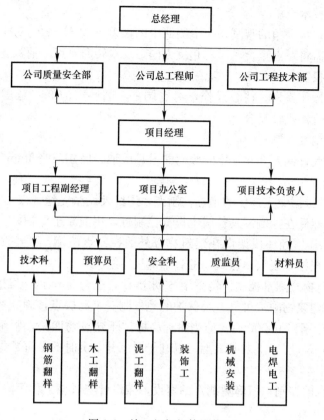

图 3-1　施工组织机构网络图

2. 项目经理部的组成、分工及各职能部门的权限

略。

3.1.5　施工准备

搞好施工现场的"三通一平"，按业主提供的工程控制点，做好 DBM 测量点的保护、放线、定位，设立工程控制网点并由 PC 机进行处理。搭建临时设施，组织劳动、材料及机械设备进场。

按业主指定的水、电源，进行工程生活用水、电线管道安铺架设；按施工总平面图的设计，进行场院内外排水沟、井施工和排污工作。

3.1.6　主要分部分项施工方法

1. 施工测量

主要仪器有 J_2 经纬仪 1 台；S_3 水准仪 2 台；全站仪 1 台；50m 钢卷尺 1 卷；标尺杆。

（1）测量放线

该工程采用直角坐标法测量放线，每个测设过程须经过初测、精测和检（复）测三个程序。在精测中为减少计算工作量，采用 90°现场改正方法来控制角度误差 $\theta \leqslant \pm 6''$。检测中采用平差法计算坐标值和测量精度，并进行计算机系统处理，建立投测控制网。确保测量成果的精度，减小误差。

（2）施工测量技术要求

水平角的测量；水平角的观测，一个测回中的误差不大于±2″。对于仪器的光学对点误差，对点时、必需将对点重合，对着相反方向，反复转向对点，消除光学对点误差。

（3）垂直度的投测

严格按照仪器操作规程，精心操作，对点调平，圆心气泡360°范围内保持在中心位置。视准线必须与仪器机轴复合。

（4）施工测量精度控制

楼层地下标高允许偏差3cm；层间竖向测量每层轴线尺寸偏差3mm。

（5）测量方法

1）轴线控制：根据业主提供的坐标控制点，用红外线激光经纬仪，采用直角坐标法，精确测设控制网，然后在控制网延长线上设立控制桩，用混凝土保护好，作为轴线控制点桩位。每层施工则用 J_2 经纬仪架设在建筑物以外的控制点施测，在控制点上翻弹出建筑物控制网线，然后根据该线放出建筑物的各细部尺寸线。

2）高层（抛高物）测量控制：均采用 S_3 水准仪，配合50m钢卷尺进行量测，按业主提供的水准点，在建筑物附近可靠、易保护的地方测三个高层点，确立相对标高±0.000，以利标高传递。施工至±0.000后，应当将标高标注于建筑物四角，用水准仪和钢卷尺将各层（节）标高逐节（层）上翻或下翻。以利于对沉井下沉时的下沉数据和抛高物位置的监控。

3）沉降观测点的控制；沉降观测点的埋设，按设计院对该工程沉降观测布点的位置、数量与要求埋设定位。

采取定人、定仪器、定尺及时间用闭合法和测回法进行观测，确保施测的准确性。

2. 沉井土方与垫层施工

（1）土方开挖与施工顺序

该工程施工采取先地下，后地上，先深后浅的原则顺序施工。其施工顺序是：施工放样→井点降水→机械挖运土方→坑内集水井排水→钢管加工→砂石（混凝土）垫层→承垫枕木→第一节沉井安装（绑扎）、焊接筒体刃脚、井底梁钢筋→预留孔洞、预埋件安装→制安模板→浇捣混凝土、养护（设计强度100％）→拆除部分模板→拆除底梁下垫层→刃脚下垫层→钢板封底堵井壁洞口→用不排水法或排水法下沉沉井（主要防流砂、管涌或井内土平面隆起）至设计标高→第二节沉井钢筋焊接（绑扎）安装→预留孔洞、预埋件安装→制安第二节模板→浇捣混凝土→养护（设计强度100％）→循环井壁上部施工→确定抛高物沉实→下沉至设计标高→封底前清底、除障碍→安装泄水管→水下混凝土封底→养护（达100％）→制安井底板钢筋→浇底板混凝土→养护（达100％）→ϕ1600自流钢管、顶管准备→顶管施工→泵房上部结构工程施工。

根据测量放线要求（设立龙门桩、龙门板），将主要轴线刻在龙门板上（距沉井基坑10m以外），确立挖土界限，并用石灰放线。用挖土机挖土，采用5t以上汽车运出场外指定地点堆放。第一节沉井施工挖土深至3.5m（设计2.5～3m）后进行临时基坑支护（另编专项方案），确保现场施工人身财产安全。待经现场监理、业主等有关人员验收合格后，进行底层施工。

（2）垫层施工

为防止第一节沉井刃脚底部，在施工中不产生不均匀沉陷和倾斜。采用天然级配良好的粗砂或细石子，配合承垫枕木，必要时浇捣 C10 混凝土作垫层，确保受力均匀。

（3）沉井主体结构工程施工

1）钢筋的下料计算：

该工程钢筋在结构施工图中的制作、加工形状多样复杂。因此，在钢筋加工制作前，应认真学习建筑施工图、结构施工图。并根据图表制作钢筋加工单，且注明钢筋种类、型号、形状、尺寸、根（件）数和重量等。对每根梁、柱钢筋进行编号，钢筋下料时应进行钢筋计算的内容有：

混凝土保护层厚度（应扣除长度、高和厚度）；外包尺寸；量度差；弯勾增加值；弯折量度差；弯起度数的斜长等均应扣除。否则很难达到设计要求规定。

各种形状钢筋下料长度计算式：

直钢筋下料长度＝构件长度－保护层厚度＋弯勾增加值

弯起钢筋下料长度＝直段长度＋斜段长度－弯折量度差＋弯勾增加值［斜段长度＝斜长系数×（高度－保护层厚度×2）］

箍筋下料长度＝箍筋外包周长＋箍筋调整值。

因为规范规定 HRB335、HRR400 钢筋反复弯曲后不得使用，如不经准确计算，下料事必造成浪费。经详细计算后可减少钢筋用量，节约成本。减少和消除工程质量隐患。

弯起钢筋的每个弯折点的量度差值按表 3-1 扣除。

弯起钢筋每个弯折点的量度差值 表 3-1

项　目	度　数	度　数	度　数	度　数	度　数
弯起度数	30°	45°	60°	90°	135°
量度差值	$0.5d_0$	$0.5d_0$	$1d_0$	$2d_0$	$3d_0$

根据以上要求在钢筋下料加工前应编写出钢筋下料加工单。

该工程设计规定要求按丙类建筑抗震设防。因此，加工制作时应严格注意钢筋的锚固长度（l_{AE}）和受拉搭接长度（l_{LE}）。钢筋的焊接、绑扎、安装，严格按《混凝土结构工程施工质量验收规范》GB 50204—2002（2011 版）及《建筑工程施工质量验收统一标准》GB 50300—2013 的规定与设计施工图要求进行施工。

2）沉井主体框架工程施工：

主体工程施工顺序：井底找平→粗砂石垫层→铺设承垫木→支撑刃脚模板支架→安装、绑扎、焊接刃脚、剪力墙壁底梁钢筋→检验合格→安装模板→隐蔽工程验收→监理签发浇捣令→浇灌第一节沉井混凝土→标养达 100%→折模→挖土下沉施工至第一节井壁设计标高→上部井壁结构循环施工。

根据《混凝土结构工程施工质量验收规范》GB 50204—2002（2011 版）的规定与设计要求，沉井施工详见施工验算。

① 沉井制作铺设承垫木数量和砂垫层厚度、宽度计算（图 3-2）

已知沉井外径长 32.1m，最短 24.5m，宽 26.8m，如图 3-3 所示。

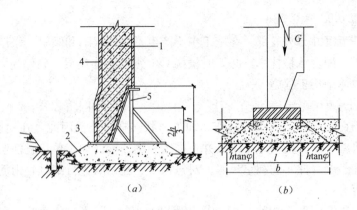

图 3-2　沉井刃脚承垫木与砂垫层厚、宽度计算简图

(a) 沉井刃脚垫木、架支设；(b) 砂垫层厚度计算简图

1—钢筋混凝土；2—砂垫层；3—承垫木块；4—模板；5—刃脚支架

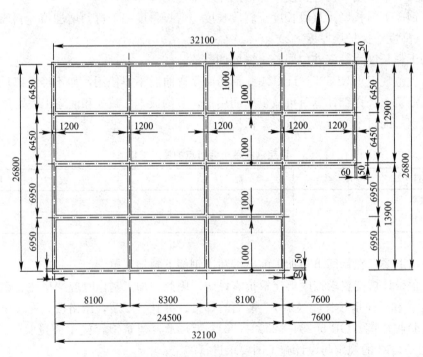

图 3-3　沉井平面图（单位：mm）

全高（沉井深）14.8m，第一节（高）7.4m 深，第一节沉井身混凝土工程量为 1157.8m³，密度为 25kN/m³。

地基为素填土、淤泥、粉土、黏土—粉质黏土等，承载力特征值 $f_{ak}=130\text{kN/m}^2$，砂垫层承载力 $f=180\text{kN/m}^2$，压力扩散角 $\theta=22.8°$，采用垫木规格 $0.16\text{m}\times0.22\text{m}\times2.5\text{m}$。试计算需铺设垫木数量、砂垫层厚度和宽度。

[解]　第一节沉井单位长度的重力：

$$G=\frac{1157.8\times25}{19\times3.14}=485.2\text{kN/m}$$

又 $A = 0.22 \times 2.5 = 0.55 \text{m}^2$

则砂垫层上每米需铺设承垫木数量按下式（3-1）计算：

$$h = \frac{G}{Af} \qquad (3\text{-}1)$$

$$h = \frac{G}{Af} = \frac{485.2}{0.55 \times 180} = 4.9 \approx 5 \text{ 根} \quad （间距）0.21\text{m}$$

沉井刃脚需铺设承垫木数量：$\frac{19 \times 3.14}{0.21} = 284$ 根

由上式需铺设砂垫层厚度按式（3-2）计算：

$$h = \frac{G/f - l}{2\tan\theta} \qquad (3\text{-}2)$$

$$h = \frac{G/f - l}{2\tan\theta} = \frac{478.35/(0.21 \times 130) - 2.5}{2\tan22.8°} = 1.82\text{m} \approx 1.8\text{m} \quad 取 1.8\text{m}$$

故，沉井刃脚处需铺设砂垫层的厚度为1.8m。

需铺设砂垫层的宽度按式（3-3）计算：

$$b = l + 2h\tan\theta \qquad (3\text{-}3)$$

$$b = l + 2h\tan\theta = 2.5 + 2 \times 1.8\tan22.8° = 4.01\text{m}$$

应适当调整宽度，采用4m。

② 沉井下沉验算（下沉系数验算）

图3-4为下沉计算简图剖面与沉井尺寸及地质剖面图。下沉深度为14.8m，采用分二节制作高度为7.4m，其井身混凝土分别为1157.8m³ 和1027.1m³。不考虑浮力及刃脚反力作用，试验算沉井在自重下能否下沉？

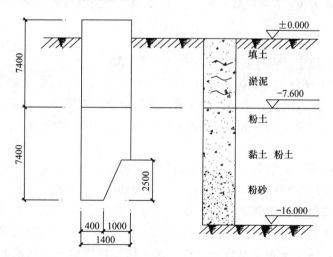

图 3-4　沉井下沉计算剖面简图

不考虑浮力及刃脚反力作用，则 $B = 0$，$R = 0$。

土层的平均摩阻力：

$$f_0 = \frac{7.6 \times 25 + 7.2 \times 32.1}{7.6 + 7.2} = 28.45\text{kN/m}^2$$

第一节沉井的下沉系数：

$$K_1 = \frac{1027.1 \times 25}{32.1 \times 3.14 \times (7.4 - 2.5) \times 28.45} = 1.83 > 1.15$$

接高后第二节的下沉系数：

$$K_2 = \frac{(1157.8 + 1027.1) \times 25}{32.1 \times 3.14 \times (14.3 - 2.5) \times 28.45} = 1.61 > 1.15$$

K_1、K_2 均大于 1.15 故沉井能下沉。

③ 沉井抗浮稳定性验算

沉井封底后整个沉井到被排除地下水的向上浮力作用，应验算其抗浮系数 K，一般有两种计算方法。首先是沉井外未回填土，不计算抗浮的井壁与侧面土反摩擦力的作用。可按下式计算：

$$K = \frac{G}{F} \geqslant 1.1 \tag{3-4}$$

式中　G——沉井自重（kN）；

　　　F——地下水的浮力（向上）（kN）。

沉井外已回填考虑井壁与侧面反摩擦力的作用按下式计算：

$$K = \frac{G + F}{T} \geqslant 1.25 \tag{3-5}$$

式中　F——井壁与侧面土反摩阻力（kN/m²）。

沉井外径 32.1m，宽 26.8m，壁厚 1.2m，深 14.8m 封底混凝土厚 2.2m。地下水位 14m，外壁未填土，试验算抗浮稳定性？

[解]　沉井自重为：$(1157.8 + 1027.1) \times 25 = 54622.5$kN

地下水向上浮力为：$F = 32.1 \times 26.8 \times 14.8 = 12732.14$kN

抗浮系数：$K = \dfrac{54622.5}{12732.14} = 4.29 > 1.1$

故，沉井抗浮稳定可靠，安全。

3) 刃脚底梁框架柱剪力墙模板工程

该工程模板采用九夹板，木枋与 $\phi48$ 钢管制作组合定型模板（以利于上部模板反复周转使用），用 $\phi14@800 \times 800$mm 对拉螺栓与止水片用电焊焊牢固定，上下梅花形错开布置。

支撑系统及柱箍筋采用 $\phi48$ 钢管与紧固件结合固定，防止炸胀模。立模前每节沉井用经纬仪放线、定位并弹好刃脚（底）梁柱中心轴线和梁柱板边线。

该支撑体系按荷载要求进行理论验算（详见专项方案），且按设计进行施工。其支模顺序是：放线（水平控制及支撑位置）→垫撑脚板→刷脱模剂→安装模板→模板拼缝贴胶带→安装对拉固定螺栓→固定模板→立杆、水平横撑杆固定→模板验收→进行下道工序施工。

现浇模板安装允许偏差不得超过《建筑施工模板安全技术规范》JGJ 162—2008 和《建筑工程施工质量验收统一标准》GB 50300—2013 的规定。

拆模顺序为：按先上后下水平横杆→立杆→龙骨带木、支撑托→梁、柱、墙模及底模→先装后拆，后装的先拆的施工顺序进行。

4) 混凝土的施工详见技术与质量措施（略）。

（4）沉井筒体封底，抗浮拉筋与底板混凝土施工

该项目工程的其他分部工程施工，应待筒体下沉至设计标高，且经抛高位沉实后，经现场监理等有关单位人员验收合格，浇筑封底混凝土后再进行上部工程施工。

混凝土浇筑时，采用水下封底浇灌混凝土的方法，可防止和控制地下管涌、流砂及井底隆起。地下水压会对封底混凝土造成破坏与超沉、突沉等不利工程施工等因素，确保沉井工程质量。

抗浮拉筋的安装，采用焊接网状拉筋进行施工，以确保上部底板钢筋的位置正确。

经养护封底混凝土达 100％设计强度后，再进行底板钢筋的安装、焊接、绑扎与底板混凝土的浇筑施工。底板钢筋须经现场监理确认后，按指令浇筑底板混凝土。其施工顺序是：筒体验收合格→排除部分渗（余）水→安装泄水管→安装抗浮拉筋→水下浇封底混凝土→养护（达 100％强度）→封底混凝土（试验）验收合格→排水→封底混凝土平整修凿→清（冲）洗→监理确认→安装底板钢筋→与抗浮筋焊接→验收合格→监理发浇捣令→底板混凝土施工→养护（达 100％强度）→上部工程循序渐进施工→顶管工程施工准备→顶管后背处临时支护措施施工→顶管工程施工。

（5）脚手架与垂直运输

沉井外脚手架应独立搭设施工，以防沉井下沉时，造成模板、支撑与脚手架的损坏，避免不必要的安全事故发生。

（6）防水工程施工

该工程的防水（渗漏）工程应符合国家《地下防水工程质量验收规范》GB 50208—2002 的规定。

该工程底板、壁板、顶板和水渠混凝土设计防水抗渗等级为 S6 级。抗渗混凝土设计为普通防水混凝土，施工时且符合如下要求：

1）水泥采用普通硅酸盐水泥 32.5 号以上水泥；

2）混凝土骨料具有良好的级配，含泥量、杂质不得大于 1％；

3）水灰比不大于 0.5％；

4）每立方混凝土水泥用量不小于 3.2kN。

其防潮层施工做法为：1∶2 水泥砂浆内掺 3％防水粉，抹灰层厚度为 20mm（底面标高为－0.06m）。

（7）止水带施工

设计注明要求采用橡胶止水带时应符合国标《食品用橡胶制品卫生标准》GB 4806.1 的规定。当采用金属止水带时应满足《地下防水工程质量验收规范》GB 50208—2011 的规定要求，并采用电焊进行固定。

3.1.7　针对本工程重点、难点的质量技术措施

该工程施工前，各专业班组组织工人学习图纸、技术交底文件、专项施工方案等。由施工员作重点、难点答疑，并设置重点难点控制点，重点进行监控。

1. 钢筋加工、安装、绑扎、焊接的技术措施

HRB335 与 HRR400 级钢筋，因含有 MnSi，钢筋经反复弯曲后禁止使用。钢筋加工前，应按设计要求制作钢筋加工数量表，并绘出图形，注明各段钢筋长度、各种量度差的扣除 d_0 的数量、重量等。按要求加工制作安装。

沉井刃脚、牛腿钢筋加工是本工程的重点，也是难点，且将其列为重要控制点之一。

2. 钢筋的代换

凡属钢筋代换，不管是等强度还是等面积，均须按设计、规范及强制性规范要求进行代换换算。HRB335与HRR400级钢筋不能代换成HPB235级钢筋。且最小直径、间距、根数、规格型号、位置、断面尺寸、配筋构造、锚固长度、保护层厚度和形状等，均应符合规范、设计和强制性规范规定要求。须经监理认可，并由原设计单位提出《设计变更通知单》或《设计联系单》签字并加盖公章后，方可进行钢筋代换施工。

板底钢筋安装、绑扎完成后，应设立架墩、垫块，将底梁、底板、负加钢筋、架立（主）筋进行固定，并设置浇灌运输道与浇筑活动施工平台，严禁任意踩踏钢筋，致使其变形错位，留下施工质量隐患。

3. 模板工程的质量控制

制定防模板施工误差，防错措施；编写模板工程施工专项方案，按技术交底要求进行操作；熟悉施工图纸，牢记各层标高，有关数据，构件名称，位置断面几何尺寸规格，制作安装要领，先后顺序，操作方法。熟读牢记，减少误差，杜绝返工，制作安装须符合《建筑施工模板安全技术规范》JGJ 162—2008 和《建筑工程施工质量验收统一标准》GB 50300—2013 及《木结构工程施工质量验收规范》GB 50206—2012 的规定。

制定防跑模、炸模、变形、漏浆等质量通病措施。改革传统装模施工方法。墙、柱、梁板模板的固定采用工具式模板、夹具，一模多用。它们与紧固件、$\phi14$ 螺栓配合使用，可多次周转，安全可靠，是经济适用的拆模系统。施工前，绘制沉井筒体壁、柱、梁支撑系统施工平面图，用 $\phi48$ 钢管做支撑时，对其顶撑横杆、立杆、大小横撑进行稳定、上部荷载、自重及施工荷载、抗压强度、变形与安全的理论验算，按其计算要求施工。

所有模板均刷脱模剂一道，其接头拼缝处用胶带粘贴，防止漏浆，造成露石、露筋、麻面和空洞等施工质量通病。

第二节筒体以上装饰施工，在柱、墙壁、梁施工缝处模板开以小洞，将下雨后和模板湿水后的积水、锯木屑等杂物冲走排尽，防止脱模剂与锯木屑粘结后积存在施工缝处，形成隔离带，造成质量通病。确保新旧混凝土的粘结性，控制露筋、露石与空洞质量通病，消灭施工质量隐患。待隐蔽工程验收合格后、浇灌混凝土前及时封堵小洞。

4. 混凝土的配料、搅拌、泵送和浇灌的质量通病控制措施

设立施工配合比配料牌，计量地磅，坍落筒。对混凝土的坍落度、水灰比、骨料含水量、投料，由专人掌控，负责调整。如现场拌制，则严格设计配合比，且符合《地下防水工程质量验收规范》GB 50208—2011 和《混凝土结构工程施工质量验收规范》GB 50204—2002 的规定，并详见混凝土工程质量控制网络图表。

防漏浆、露石、露筋、麻面和空洞等技术措施：

它们大都发生在临时施工缝处，新旧混凝土结合部，钢筋密集区，剪力墙，柱中下部，梁底下部，均因接槎不好，加上漏振、欠振和振捣方法欠佳等因素造成。采取如下措施进行控制：

（1）对施工缝的处理：在混凝土浇筑前，用水湿润或冲洗，利用泵管内的同强度等级水泥砂浆，在施工缝处铺 0.3m 厚左右，然后浇筑混凝土，确保接槎良好。

（2）剪力墙、柱第一节井壁因需一次性装模，浇筑到位，落差较大，一般都在 6m 左

右。混凝土浇入时，因模内墙、柱钢筋的使用（特别是密集区），可造成部分砂浆、石子离析、分离，形成质量通病给工程留下隐患。

控制方法：装模时在墙柱高度 2.5m 处开以小洞，安装溜筒（槽）用塔吊斗或用泵送软管插入，进行分次浇筑，分次振捣。因该沉井筒体钢筋密集区较多，可采用细石混凝土自密法施工。

（3）振动器采用较小直径振动棒与吸腹式振动器配合振捣，以达到密实效果的目的。

5. 临时施工缝留设

临时施工缝水平的，做成企口式；垂直的留置在剪力较小处，即梁板中间部分的 1/3 处。除图示注明外，每批的浇筑必须在前一批混凝土尚未初凝前完成，且振捣密实以防渗水，并按标准养护。

6. 预留孔洞及预埋件

所有预留孔洞与预埋件，根据设计要求，在钢筋安装、绑扎、焊接同时预留或预埋，不在事后穿孔打洞。

钢筋如遇直径或边长≤30cm 的孔洞时绕过，遇直径或边长＞30cm 的孔洞时，应将钢筋截断并加弯勾与孔洞加强筋（有环筋的必须焊于环筋上）焊接牢固，并振实周边，振动时严禁振动预留、预埋件。

7. 裂缝的控制措施

（1）混凝土工程质量预控网络，见图 3-5 所示。

（2）裂缝的控制措施：

根据多年的施工现场观察经验，钢筋混凝土施工后在养护期内，有可能在各种自然条件影响下，产生应力、凝缩、塑性收缩、温度等裂缝。但它们产生形成的时间条件和性质均有所不同。特别是温度裂缝，有的出现在混凝土表面，而有的则出现在混凝土内部。它主要受温度的影响，冬季表面出现情况较多，而且较宽；夏季出现较深，但较窄，裂缝走向无规律性，深进和贯穿的温度裂缝，对混凝土有很大的破坏性。

表面温度裂缝是由于混凝土结构不同，有梁有板，在水泥凝结硬化时释放出大量的热量，使上部温度上升，混凝土内外温差过大，结构收缩受到外界强有力的约束而产生。这种约束就是由温差引起的温度应力。为防止这些裂缝的产生，采取如下措施：

1）沉井筒底大体积混凝土较厚（2.2m），夏季施工采用蛮石混凝土或掺加粉煤灰，优先选用低水化热水泥。如普通硅酸盐水泥、矿渣水泥、粉煤灰水泥等。其效果是：蛮石可缓解大体积混凝土内的水化热峰值出现。矿渣水泥等掺入粉煤灰即可减少水泥用量，又可减少水化热发生。2）设立温度控制观测点。3）合理振捣。4）合理调整水灰比。5）根据《混凝土结构工程施工质量验收规范》GB 50204—2002 的规定，严格选定各种骨料。6）混凝土的养护，严格操作，保障正常温度、湿度，保持水分不易挥发或防止挥发过快。

8. 高温天气、冬雨期施工措施

该工程施工需经历高温、冬雨期天气。为确保工程工期、质量、成本和施工安全，维护建筑产品安全，由项目部编制高温天气、冬雨期专项施工方案措施，严格控制，遵照执行。内容如下：

（1）搞好场区内排水，设排水沟，将地面水排至城市排水系统。将沉井周边地区进行硬化处理；

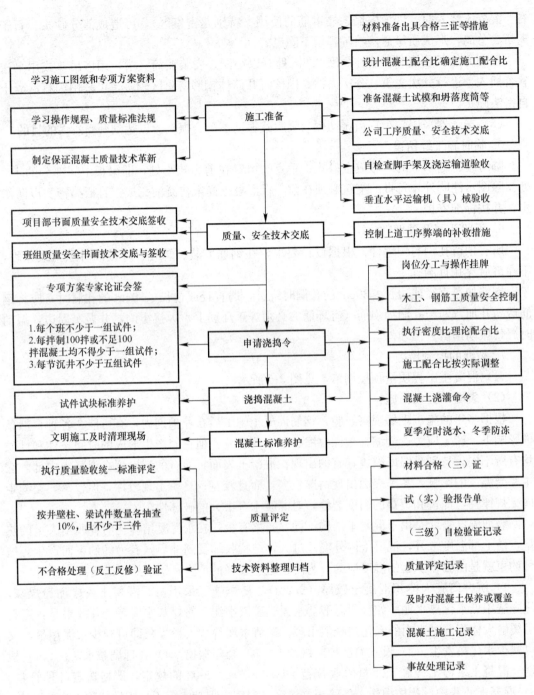

图 3-5　混凝土工程质量预控网络图

（2）地下沉井施工时，由项目部编制地下基坑支护专项方案；

（3）做好防雷电措施，施工临时用电采用"三相五线制"，并编专项施工方案；

（4）做好现场内机械设施防雷防漏电措施；

（5）高温期间混凝土工程施工，采用水压热较低的水泥，防止出现与高温有关的温度裂缝产生。并按裂缝控制措施进行监控；

（6）冬雨期施工按《混凝土结构工程施工质量验收规范》GB 50204 第 7.4.7 条的规定执行，做好防冻与成品保护工作。在 0℃ 以下施工时对砂石骨料进行加温处理；

（7）由实验室试配多种适合各种不同外界自然条件下的混凝土施工配合比，以保障特定条件下工程施工的需要；

（8）沉井筒体下沉时的垂直度、水平线的控制，采用筒体内阴角垂线与经纬仪控制的方法。主要监控在筒体内四角阴角各设两道边垂线，并在其阴角两边弹上两道垂直墨水线，以利于随时对沉井下沉时的垂直度有效控制；

水平投测控制，将水准仪架设在有利位置，作 360°交圈，层层节节投测，防止造成累计误差；

（9）沉井筒体下沉，采用井内挖土，高压水枪与泥浆泵控制下沉的方法进行施工。

9. 沉井下沉前的主要工作

待沉井壁混凝土均达到设计强度 100% 之后，做好全部下沉的准备工作，方可拆除承垫木。承垫木拆除前，用红色油漆将固定承垫木标示。该矩形沉井的五个（四角）固定承垫，位于两长边上。当沉井的长短边之比 $\frac{L}{B}>1.5$ 时，固定承垫间的距离等于 $0.7L$。

拆承垫时，从四边对称进行，防止沉井偏斜，其拆除顺序如下：

（1）有内隔墙时，其下部的承垫应先行拆除；

（2）拆除井壁两短边下的承垫；

（3）拆除井壁两长边下的承垫，每间隔一个，拆除一个，拆除半数；

（4）以四角五个固定承垫为中心，从较远的承垫开始，顺序对称地拆除各处支承垫；

（5）最后再拆除固定支承垫木。

拆除支承垫木时，应及时于沉井刃脚下用砂填实。

10. 沉井的下沉方向

沉井的下沉方向应铅直，位置要正确，每下沉 1m 均检查一次，及时记录下沉深度和有关情况。在下沉时，每一工作班结束后，须做好下列各项记录：

（1）刃脚标高；（2）土壤情况；（3）停歇时间、原因；（4）倾斜及移位的资料和所采取的纠正措施；（5）下沉时的情况；（6）地下水位标高；（7）加载的重量及其重心位置；（8）沉井内的水位标高；（9）水力机械设备及井内水泵抽水的工作情况等。

3.1.8 沉井下沉控制点的技术（纠偏）措施与质量通病的防治

沉井施工中的关键技术是：砂垫层质量；下沉纠偏；终沉标高控制；封底、防渗漏四道技术难关。

（1）沉井制作前，要对场内软土、松土及杂填土进行换填，清除障碍，处理好沉井基坑底非原状土，砂垫层要密实均匀（受力状况），以便于控制沉井制作时发生的严重倾斜及大幅度下沉。

严重倾斜时，在高位处井底采用挖砂垫纠正（换填时均须分层振实，换填砂干重力密度中砂为 $16kN/m^3$，粗砂为 $17kN/m^3$）。

（2）制作沉井时或下沉前，先查清沉井基坑底地层及下卧层情况，加强垫层施工质量或设计足够厚度，刃脚处多留土，井内灌水、填土或填砂，能有效控制多次下沉时的沉井接高施工时的沉井稳定性。

该沉井下沉深度为 14.8m，重点控制沉井的稳定性，不可采用素混凝土底模层施工法。多次下沉时，注意沉井接高时刃脚入土深度和井内水浮力及井底下卧层支撑的强度，特别是制作上一节沉井时，应控制上部沉井制作所产生的沉降与倾斜。

（3）外脚手架搭设时与井壁模板分开搭设，以免沉井下沉时造成损坏。第二节沉井内模支撑架，采用支（模）撑式，不落地支撑在沉井底梁或临时性钢梁上，以便与沉井同步下沉。

为了减少沉井制作时的沉降，保证模板安全，防止筒体施工中模板构件、支撑架变形损坏，第一节沉井制作高度控制在 6m 以下，不超过设计高度，施工可减少砂垫层的厚度（不加厚），节约成本。

（4）沉井施工前，做好地面水的拦截和坑内积水（从集水井中）排除，严防基坑内砂垫层被水淹没，造成施工难度。

（5）开工前，查清井底情况，备好爆破和障碍物清除等方案，以便控制井位高差和井身倾斜度，备好助深技术措施，可防止井身下沉极慢或者不下沉。施工中如井底管涌或流砂，可用人工降水隔水帷幕控制。加固地基，避免土体溯流，保证井点设施帷幕的质量。

采用不排水法施工，是控制和防止井内土面隆起，以免严重影响水下封底混凝土施工及封底混凝土的质量。

（6）在施工中要保证施工缝处质量与止水带的制作安装质量，合理选用水泥品种、掺合料、外加剂，加强养护，适当降低强度等级及入模温度。井壁浇筑时，要保证混凝土及时连续，入模顺序控制好，掌握好振捣方法与时间，能有效控制和防止井壁施工缝的收缩裂缝。如模板拉杆及其他井壁处渗漏，采用水玻璃砂浆、环氧树脂砂浆或矾土水泥、高铝水泥封堵。

（7）为控制或不出现井壁结构裂缝，井壁制作时减小制作高度，保证纵向适当刚度。分节施工缝尽量避开大型孔洞，如无法避开，采用钢筋加固处理。抽承垫枕木时，采取对称均匀进行，枕木抽除处的孔隙洞，及时填塞密实。

（8）沉井下沉时要经常变换井位倾斜的方向，观测平面位移情况，及时调整沉井倾斜方向，沉井周围地面不得超载，超载时均须保证对称。地面标高不能相差太大，井点布置使用要合理对称。禁止在沉井施工时，在周边打桩施工，以减少沉井下沉时平面位移过大。经常观测沉井情况，及时纠偏处理，确保沉井下沉到位时轴线位置的偏差不超过下沉总深度的 1%。

（9）井身下沉至预定标高后，其井身偏差过大时，可采取排水下沉的方法。有效保障沉井封底完成后的刃脚底面四角的任何两角的高差不超过其水平距离的 0.7%，不大于 1%（最大不超过 20cm），井身偏差符合设计与规范要求规定。

（10）井内挖土时掌握土质硬、软情况，禁止挖成锅底或挖空刃脚高度，防止流砂，加固土体。如遇硬、软分界时，放慢挖土速度，加强沉井观测，当发现加速下沉时停止挖土，防止沉井突沉。

当沉井下沉至抛高位置前，应准确设置测量后视点，经常复测调整井位标高，沉井经沉实到位后，应及时封底施工。

（11）该工程设计采用不排水（下沉）施工，首先控制好抽水迫降的水位与周边土体变形情况，防止井内外水土压力过大，井边及井底土体溯流，发展严重且必要时可采用土层加固措施。

水下封底混凝土施工时，要注意导管轮流下料，经常上下抽动。导管下端采用不带法兰盘的管节，以防止某些导管较长时间不供料，不提升，在封底混凝土施工后期使部分导管拔不出来。

水下封底混凝土施工前，应安装好泄水管并事先在井底铺上碎石垫层，使滤水头不与黏土接触，能确保泄水而不漏砂。如有大量泥砂涌出时采用泄水管内注浆的方法封堵，沉井周围做隔水帷幕，严控泄水管失效。

水下混凝土施工前，清除井底浮泥等，铺设碎石垫层，能有效控制井底浮泥上翻到混凝土中。水下混凝土施工时采用导管，从井内短边开始顺长边进行，能避免混凝土产生冷缝、分层现象，防止混凝土渗水漏浆。如封底水下混凝土发现渗漏，即采用盲沟引流排出，压浆封堵。在井外用井点降水、减压，为钢筋混凝土底板施工创造有利条件。

在水下混凝土施工时，采取有效措施严格控制封底混凝土破坏或上浮。其措施如下：

1）施工设计与封底实施都要保证封底混凝土质量，不产生分层隔离与大量流砂，使封底混凝土能够承受井底水土反力，待混凝土达到设计强度要求后，才能抽出井内水；

2）确保泄水管的施工质量，井点降水要按设计要求设置，确保正常运行，不过早关闭泄水管，使封底混凝土不受过大地下水压力；

3）保证刃脚斜面处混凝土要达到底板抗剪强度要求；

4）在沉井下沉不是很明显，封底混凝土上浮不多的情况下，可采取渗漏引流或压浆封堵等方法；

5）如果沉井下沉或封底混凝土上浮不多，渗漏又能有效处理好，则可采取井底固浆加固，井外井点降水等方法措施。一旦井位稳定后，马上进行钢筋混凝土底板工程施工；

6）如沉井下沉继续和封底混凝土支撑强度不够，可采取井内加水或井底地基加固技术措施，稳定井位。凿除封底混凝土，将井底土面挖至封底要求标高后再次进行水下混凝土封底施工。

3.1.9 平面布置图

详见本节图 3-3。

3.1.10 质量保证措施

在搞好"四控制、两管理、一协调"的同时，重点控制其质量保证措施。该工程质量管理理念为："科学管理、程序控制、质量精品、用户满意"。现场开办员工技术学校，培训优秀的专业施工技术骨干与实用型操作技术工人，针对本工程的特点，根据施工图设计要求，按照国家《建筑工程施工质量验收统一标准》GB 50300—2013、《地下防水工程质量验收规范》GB 50208—2011 和《混凝土结构工程施工质量验收规范》GB 50204—2002等规定。结合施工组织设计及有关作业指导书，使每个专业工种管理层、作业层人员均掌握工程施工方法、技术要领、操作步骤与工艺流程顺序，做到"精心组织，精心施工"，以"ISO9001 质量体系标准，质量管理模式，质量过程控制和《质量保证手册》，程序控制文件"为依据，努力提高管理层、作业层人员的整体素质。对工程进行全方位，全过程的质量控制。

1. 质量保证体系

(1) 质量控制体系框架网络，见图 3-6。

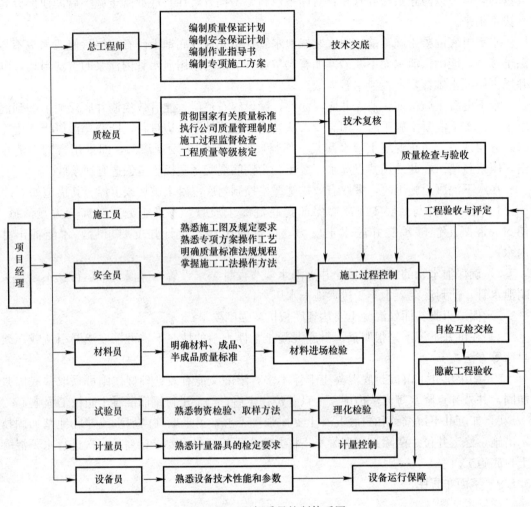

图 3-6　工程部质量控制体系图

(2) 质量管理措施:

按照 "ISO9001 质量体系标准和公司制定的《质量保证手册》，程序控制文件" 为依据，严格把好五道关: 即人员素质关、材料验收关、工艺操作关、预检复检关、信息管理关。

(3) 按现行国际质量管理体系控制手段办法，针对工程结构设计特点，确定关键部位薄弱环节的工序质量管理控制点如下:

1) 钢筋加工、安装绑扎质量控制点;

2) 各类投测半径、水平、垂直、轴线的误差控制点;

3) 钢筋焊接质量控制点;

4) 各种管线预埋、预留孔洞位置、数量、规格控制点;

5) 模板制作拼缝、安装，精度质量断面控制点;

6）池壁预埋件对拉螺丝杆止水片，防渗混凝土施工质量控制点；

7）临时施工缝，止水带，防水、防潮工艺控制点等。

质量管理机构框架，见图 3-7。

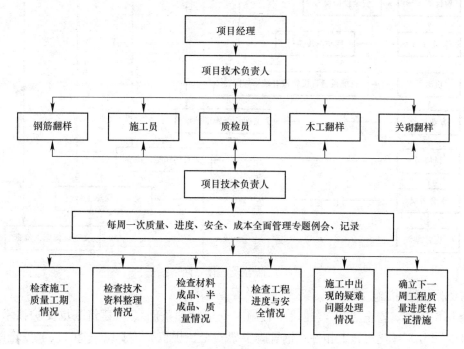

图 3-7　质量管理机构框架图

按质量评定标准，严格验评项目质量等级的划分，完善各项技术管理制度，做到技术（安全）工作超前运行，且按业主、监理、质监站档案管理要求填写，制作技术资料文件，及时做好原始记录，定期检查归档。

严格各种工序交接制度。交叉作业时，下道工序的工作必须保证上道工序的工作成果。克服工序之间的缺陷对产品的最终质量影响，保证建筑产品的质量。

（4）保证质量技术措施：

加强技术管理，对施工图进行结构合理优化审查，对施工方案进行审查、审核和图纸会审，按设计部门对施工图技术交底，精心编写施工组织设计、专项施工方案。召开工程管理层和操作层施工技术交底，按作业指导书，正确指导施工。

建立岗位责任制度，使全体工程技术管理层、实施操作层员工都有自我质量约束意识。分工明确，责任到人，分工合作，合作分工，互相监督，互相配合。

所有用于工程的建筑材料进场，必须提供"三证"。使用前必须由监理见证取样，填写各种材料试验报告和试件实验报告，并送具有资质的实验单位进行理化试（实）验，合格后，方能用于工程施工。

3.1.11　安全与环保保证措施

1. 安全管理体系框架

安全管理体系框架，见图 3-8。

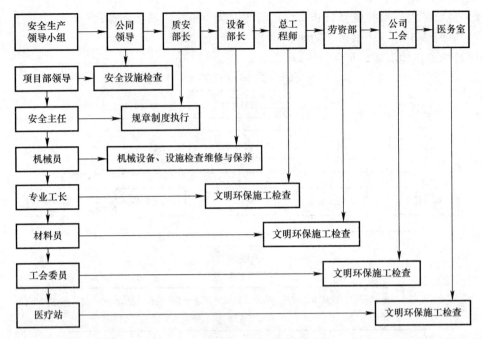

图 3-8　安全管理体系网络图

2. 安全保证措施

严格按国家《安全法》、《建设工程施工安全管理条例》、《建筑基坑支护技术规程》JGJ 120—2012、《建筑施工扣件式钢管脚手架安全技规范》JGJ 130—2011、《安全防范工程技术规范》GB 50348—2004、《建筑施工模板安全技术规范》JGJ 162—2008、《建筑工人安全技术操作规程》、《建筑安装工程安全检查评定统一标准》JGJ 59—2011、《施工现场临时用电安全技术规范》JGJ 46—2005 和《建筑机械使用安全技术规程》JGJ 33—2012 及环境保护等规定要求。

做到"安全为了生产,生产必需安全"和"安全第一,预防为主"的方针政策。创建全国"安全文明示范工程"和年度"AAA级安全文明标化诚信工地"。开工前,在现场举办"农民工技术学校"学习国家有关安全生产、文明施工、环境保护等法律、法规、条例、规范、标准和操作规程及公司的各种规章制度等。

每月召开一次管理层安全工作会议和安全生产员工大会。对民工和新进场的工人均进行"三级安全教育"、"安全技术交底"。做好各种会议记录,在现场醒目处设置安全标语和警示牌。

所有施工人员人手一本《员工安全手册》,签订安全合同,明确和落实安全生产责任制、安全生产与环保措施,严格检查与验收制度。

(1) 安全管理内容与主要安全职责流程,见图 3-9。

(2) 项目经理是安全生产第一责任人。建立以项目经理为首的安全生产保证体系。除专职安全员外,各班组组长是兼职的安全员。成立以项目经理、施工员、安全员、技术负责人、技术员、设备员等组成的安全生产管理领导小组。

每周检查安全落实情况,执行情况。做到岗前教育,班前检查。脚手架及各类机械设备,做好使用前的检查验收交接制度。做好记录,确保正常运转,不准带病违章作业,不

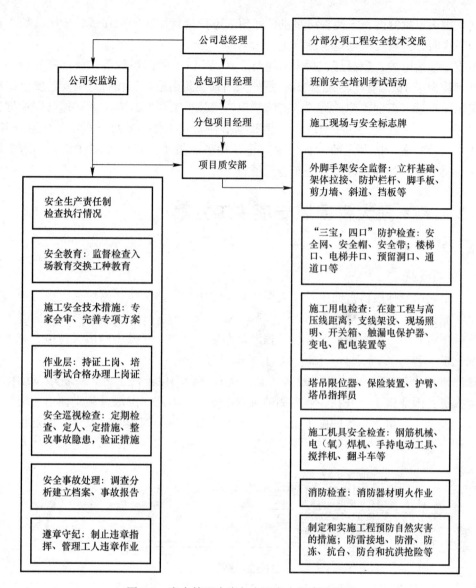

图 3-9　安全管理内容与主要安全职责流程图

良隐患及时发现，及时整改。正确使用"三宝"，违者处以重罚。使不合格因素消灭在萌芽状态之中。确保工程安全文明，有良好的秩序。

搞好安全用电。现场用电采用"三相五线制"，三级配电，两级漏保，所有机电设备均做接地保护，传动部位设安全防护罩，通电线路、机具设备用电，派专人跟班、检查与维护。

（3）消防、环保安全管理措施

施工现场的消防工作按照"谁主管谁负责"的原则，安排党政领导负责保卫工作和专职消防工作，建立门卫巡逻、护场，并佩戴执勤标志。

料场库房有机化学材料，易燃、易爆、剧毒等物品应符合治安消防要求，设立专库专管，存放处配备灭火器。严格领用、回收制度。

建立用火审批制度，未经许可批准，任何人不得擅自使用明火做饭、取暖。如工作需要动用明火时，经审批后远离易燃物。

冬季不准用电炉、碘钨灯、高压水银灯、200W以上的白炽灯等。要远离易燃、易爆物。易燃物大于1m，易爆物大于3m。室外照明须装防雨罩，工作行灯须安装安全护罩。

组织员工学习识别各种危险源、消防常识，增强员工消防、安全、环保与职业健康意识。搞好食堂等生活区公共场所环境卫生和季节性防病工作。安排好员工的生活与住宿，确保员工精神旺盛，精力充沛，有效地防止各种事故发生。场内施工便道为消防车通道时，保持每天24h畅通，以便消防车急用通行。

※3.2 ××湖大桥围堰专项施工方案

3.2.1 工程概况

××市路西延伸段仿古曲拱景观大桥工程，位于××路至××路段，大桥位于××路跨越××湖处，大桥起始桩号为K0+503m～K0+767m。设计采用11跨钢筋混凝土实腹式曲拱（仿古）桥，最大跨径35m。桥横断面布置全宽36m，其中两边人行道、非机动车道、绿化带、各为3.5m、4m、2.5m，主车道宽为16m。

该曲拱11跨（联长）大桥全跨××湖，所有墩台均位于河道内，在桥墩基础桩施工前必须先进行围堰施工，并在围堰内侧铺设施工便道。因此，围堰及施工便道的施工既要保证施工安全，且留置必要的施工余地，又要兼顾对××湖的影响以及今后围堰挖除、清理的费用。围堰施工平面布置图见图3-10。

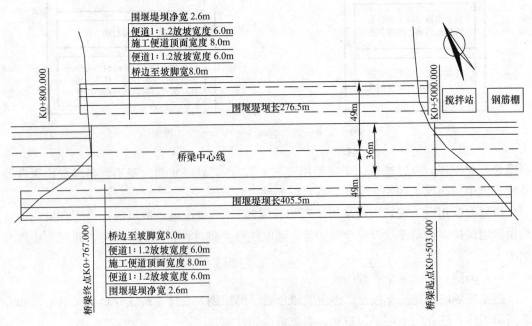

图3-10 ××湖大桥围堰平面布置

现场条件：原设计××湖常水位3.48m，50年一遇洪水水位5.16m，湖底标高最深为-0.12m，现施工期实测水位为4.13m。

地质条件：根据相关资料显示，湖底土方基本为淤泥质粉质黏土，湖底基本呈平坦状，岸边约10～15m基本呈斜坡状。

3.2.2 编写依据

××湖大桥专项施工方案；

××湖大桥施工图；

××湖大桥地质勘察资料；

××湖大桥水利计算书；

中华人民共和国《安全法》；

中华人民共和国《环境保护法》；

中华人民共和国《水防治污染法》；

中华人民共和国《建筑工程安全生产管理条例》及其国家、行业和地方有关法律法规等规定。

3.2.3 围堰断面设计

仿古卷曲拱桥南侧围堰长度为405.5m，北侧围堰长度为276.5m。围堰大坝的横向间距从桥中心线至围堰外侧各长49m。围堰大坝堤面，横断面净宽2.6m。

（1）围堰两侧采用8m长松木桩，梢径φ16cm以上，纵向按40cm间距设计打桩，木桩打入土层深度以河深来确定，大约深度3m左右，桩顶高出水面1m左右，同侧木桩的外经用8m长，梢径φ16cm的松木进行横向连接，用φ8线材120cm间距进行对拉加固。围堰两侧木桩顶高出常水位线0.4m处，每隔4m设一道横木撑。为了防止堰坝堤在填土或受内侧施工便道填筑时塘渣的挤压力的作用，在堰坝堤的外侧（靠水面侧面）每隔3m打一根斜木桩做支撑。每隔20m设一个2.5m×2.5m的木垛（根据围堰长度计算，南、北围堰坝堤共设33个木垛），以保证施工期间围堰大坝堤的稳定与安全。

（2）其他措施有：

1）木桩内侧各设一排竹排、竹垫、抗渗土工布等；

2）围堰内部采用泥土作为填充填料夯实，围堰结构断面见图3-11。

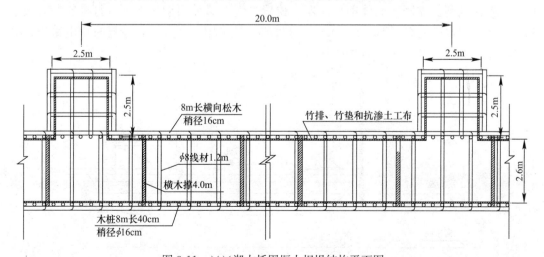

图3-11　××湖大桥围堰大坝堤结构平面图

3.2.4 施工方法与环境保护及工艺流程

1. 工程管理组织机构

主要管理岗位人员框架，见图3-12。

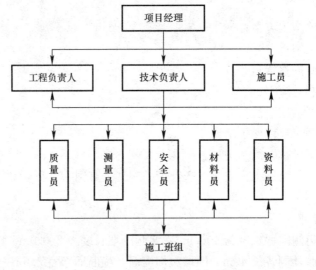

图3-12 主要管理岗位人员框架图

2. 施工方法

围堰施工顺序为：打桩船安装→测量放样→围堰施工→防护隔离网安装→围堰大坝堤→填筑施工便道。

（1）打桩船安装

打桩船采用平底铁驳船改装，船头设置槽钢龙门架及槽钢底座架，采用24号槽钢拼装焊接。槽钢龙门架高度不低于9m，龙门架宽度为1.2m，槽钢挑出船头50cm，龙门架上悬挂DZ40打击锤，锤击锤底口焊接钢材锁口，锁口长度30cm，宽度10cm，高度15cm，并且焊接两只吊耳，供穿钢丝绳悬挂之用。锁口及吊耳均采用2cm厚钢板制作，锤击锤采用20kN卷扬机控制提升及落锤。船体后侧采用活动式重块压重平衡船体，船只四角设置4处钢支撑固定船体前后、左右位置，钢支撑采用滑轮上下。打桩船所有负重后，船体浮出水面的高度不小于80cm。打桩船移动采用人工移动，卷扬机用电采用5芯50mm^{2}橡胶防水电缆供电。打桩船见图3-13。

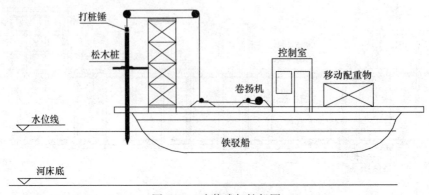

图3-13 改装式打桩船图

（2）施工测量放样

根据围堰平面布置，测量采用全站仪，利用水上船只进行定位放样，湖中采用6m钢管打入湖底土层中为定位样桩，根据定位样桩定出围堰边桩及木垛的布置位置。

（3）围堰施工

将打桩船行驶至垂直于围堰轴线方向，利用卷扬机将锤击锤放下，将木桩用钢丝绳悬挂在锤击锤的吊耳上垂直吊起，由人工按竖向木桩间距进行定位，再通过锤击锤自重将木桩打入土层，控制桩顶高程，木桩顶高出常水位1m，施工时可采用横向拉线控制。

待竖向木桩打完后，即时由人工安装横向松木及在围堰两侧木桩间高出常水位40cm处，每隔4m设一道木撑，安装好后用$\phi 8$线材120cm间距进行对拉加固。为了防止围堰大坝在填土或受内侧施工便道填筑时塘渣的挤压力作用，同时在大坝的外侧（靠水面侧）每隔3m打一根木桩做支撑。最后在木桩内侧各设置一排竹排、竹垫、防水土工布，用铁丝绑扎在木桩上加以固定，以防止围堰大坝内土体受水浸泡产生崩溃，影响围堰大坝施工时的安全。

围堰大坝填土必须干净、无杂质，采用土的颗粒直径较大的优质土。现因不具备现场取土条件，筑坝填土的土源要从外地采购运输到该湖大桥东侧桥台附近（土源采购费、运输费由业主单位定价），从东至西挑满整条围堰大坝，并用人工夯实。在围堰大坝堤施工时，必须在围堰大坝堤上布置变形观测点，定期测量围堰大坝变形情况，以便对围堰大坝的变形及时采取控制措施。

（4）施工便道填筑施工

施工便道的填筑既要考虑施工时的安全和施工方便的需要，又要兼顾工程完工后的拆除。南、北便道顶面标高设定为4.9m（该湖现状水位高4.3m），上口宽8m，两边坡度按1：1.2进行放坡。因为便道作为围堰大坝的主要组成部分，如果产生不均匀沉降就会引起围堰大坝坝体侧倾斜，从而导致大坝堤围堰工程失败。因此，便道面层采用20cm厚碎石层＋20cm厚C25混凝土路面，从而保证整个面层受力均匀。考虑到对大坝堤基的安全性，桥边至便道坡脚间的地方采用20cm厚C25混凝土进行硬化，图3-14为围堰堤坝结构断面施工图。

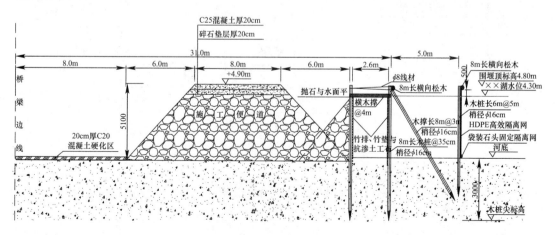

图3-14　围堰堤坝结构断面施工图

围堰大坝堤围筑好后，安排约7～10d时间进行沉降、变形和养护。为防止围堰大坝堤受外侧水压而向内侧倾倒，便道填筑前先在围堰大坝堤内侧进行抛石加固（抛石高度应高出常水位，坡度按 1∶1 进行放坡），再安排几台大口径水泵进行抽（排）水，水抽至低于该湖水位 50cm，填便道塘渣。在填筑便道塘渣时，由于没有清淤且在水中填筑，水位以下部分必须选择块径 50cm 以上块石塘渣填筑，水位线以上部分采用粒径小于 15cm 的塘渣进行填筑，填筑厚度按规范要求，并用压路机进行层层碾压。最后在碾压好的便道上铺设 200mm 厚碎石垫层并浇筑 200mm 厚 C25 混凝土，从而保证整个面层受力均匀。每跨跨中位置从主便道上向内布设一条次便道，方便施工车辆及设备的进出（故施工便道要到工程全部结束才能拆除，因此本便道填筑的塘渣不能回收利用）。便道施工完毕后，再进行抽水，水抽干后开始进行围堰大坝内清淤，并沿路堤坝边坡沿线筑一道小堤坝，挖设排水沟及截水坑，进行截水，便于积水外排。

围堰工程工期较长，施工期间应派专人对围堰大坝及路堤进行巡查、维修，确保围堰大坝堤稳固及施工的安全。

根据本工程实际情况，经与业主、监理等协商后，确定对××湖的 1 号、2 号墩台桩先搭设水上平台进行桩基施工（结算按水上平台施工方法进行结算）。

3. 围堰施工工艺流程

围堰施工工艺流程，见图 3-15。

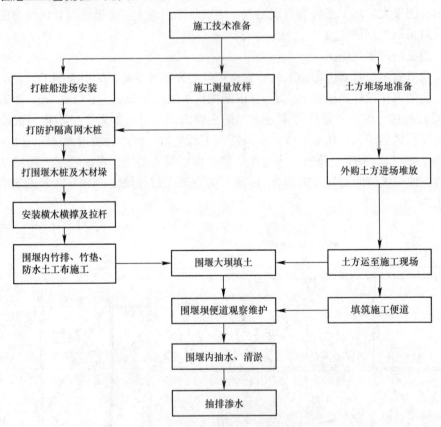

图 3-15　围堰施工工艺流程图

4. 施工工期

施工工期 92d，围堰施工计划横道图见图 3-16。

工序名称	计划工期(d)	7月(d)			8月(d)			9月(d)		
		10	20	31	10	20	31	10	20	30
防护隔离网施工	5	▬								
围堰、打木垛木桩	25		▬▬▬							
安装横木、横撑及拉杆	5			▬						
人工打斜撑木桩	10				▬▬					
布设竹排、竹垫、土工布	5					▬				
围堰大坝堤填土	15						▬▬			
填筑施工便道	22							▬▬▬		
抽水清淤排水、围堰维护	5									▬

图 3-16　围堰施工计划横道控制图

5. 环境保护措施

采用防护隔离网，在围堰施工前，首先要控制好对××湖水质的影响，严格按环保及水土保护部门有关规定进行施工，确保生态平衡，防止水土流失，控制水污染。由于围堰坝填筑时产生大量的泥浆水，为了使泥浆水不影响该湖河内水质，必须提前在围堰坝外侧 5m 处拦一道 HDPE 高效隔离网，使泥浆水不外泄。在每隔 5m 左右设打 1 根木桩，在水面以上 50cm 左右位置，设置一道横档木来固定 HDPE 高效隔离网，拦好防水土工布后才可以进行围堰施工。

3.2.5　围堰及施工便道的拆除与清理

主体工程完工后，及时对围堰大坝堤和施工便道进行挖除处理。拆除时间为 50d。开工日期，按监理指令时间开始进行施工。所有挖除料采用全部外运处理，做到不影响该湖及附近水面区域的生态环境，确保湖区的水质与环境优美景象。

1. 施工便道的拆除

采用长臂挖掘机先将施工次便道填料挖除，后将南、北主便道两头同时进行开挖。采用反挖单向后退的施工方法，并将杂土挖卸到装载工程车厢内外运处理。边挖边退，直至挖除清理完施工便道为止。

2. 围堰的拆除

先用人工拆除围堰上的对拉钢筋及横向松木，然后用船吊拔起竖向木桩。南、北两条围堰大坝堤，用挖掘机采用两头同时进行开挖。先挖除围堰水面上部分填土料，水下部分用挖泥船将围堰的填土料挖除干净，挖起的填料用船运到业主指定地点进行处理。

3. 高效防护隔离网的拆除

为了减少对××湖的水质污染，原来设置的 HDPE 高效隔离网必须在施工便道和围堰大坝挖除工作结束后才能进行。采用船吊拔起木桩和收回隔离网，再用挖泥船清理下面压重物及淤泥等杂物。

3.2.6　围堰工程施工安全措施及应急救援预案

围堰的安全措施与应急预案的编写，依据《安全法》和《建筑工程安全生产管理条例》及有关国家、行业和地方的法律法规等规定，建立安全生产领导小组和应急救援预案领导小组。措施如下：

1. 围堰大坝堤防湖内水波浪涛的冲刷措施

围堰大坝堤在木桩内侧各设置一排竹排、竹垫、防水土工布，用铁丝绑扎在木桩上加以固定，以防止围堰大坝内土体受水浸泡和水波浪涛的冲刷产生崩溃，以免威胁围堰大坝堤的安全。

2. 施工安全措施

(1) 建立安全生产领导小组和应急救援预案领导小组，由项目经理担任组长，技术负责人专职安全员为副组长，施工员、材料员、质量员、班组长为管理成员，明确岗位责任。

(2) 按项目工程部制定的《安全生产管理责任制度》规定，明确安全管理目标。

(3) 配备齐全有效的安全防护器材与设施，如表3-2。

围堰安全生产措施费用使用计划   表 3-2

序 号	名 称	单 位	数 量	单 价	金额（元）
1	安全标牌	套	1	200	200
2	编织袋	只	7000	1	7.000
3	救生衣	件	10	60	600
4	安全帽	顶	30	10	300
5	其他防护用品		1000		4.000
6	合 计				22.000

3. 应急救援预案

加强气象、水利等部门的联系，如遇台风、大幅降水会导致该湖内水位大幅度上升的特殊性天气提前通知，我们将提前做出相应的防范措施，确保围堰大坝堤的安全与施工人员的安全。

(1) 围堰施工一定程度上影响了该湖水的流通，当遇到特殊性天气时，湖水大幅度上涨，威胁到围堰大坝堤的安全。我们将及时安排4台挖掘机在该湖东岸边挖出30m宽、2m深的缺口泄洪，确保水流畅通无阻。

(2) 汇洪缺口打开后，湖水仍旧吃紧，将组织人工用内填土编织袋加高堤坝、加固围堰的措施来阻拦湖水灌入围堰后施工的基坑内。

(3) 由项目工程部应急救援小组长指派小组的项目负责人、施工员、安全员组成巡逻队，昼夜对围堰大坝堤巡查，发现隐患及时处理。

※3.3 ××大桥专项施工方案

3.3.1 工程概况

××大桥坐落在××县××公路城区西段拓宽改造工程3标段，中心桩号K2+867，采用钢筋混凝土预应力渐变变截面鱼腹式连续梁大桥。横向单箱六室截面。桥跨设计为35m+50m+35m三跨一联，总长120m。桥面宽35.5m，全桥长126m。

3.3.2 编制依据

(1) 城区××公路城区西段拓宽改造工程3标段××大桥设计施工图；

(2)《公路桥涵施工技术规范》JTG/T F50—2011；

(3)《公路工程质量检验评定标准 第二分册 机电工程》JTG F80/2—2004；

(4)《城市桥梁工程施工与质量验收规范》CJJ 2—2008；

(5)国家部、省有关大桥建设法律法规、规范、标准及规定；

(6)本标段《施工组织设计》。

3.3.3 大桥施工的工艺原理

1. 施工准备

按施工组织设计要求做好施工前的一切准备工作。

××大桥的工程测量工作按业主提供的测量控制点，结合大桥的位置，建立 PC 机与公司网络测量监控系统，轴线、标高、沉降、角度等按工程施工观测控制网络图进行控制。

为保证桥墩承台轴线控制点不受打桩振动和挤土的影响，根据设计图纸，对工程桩进行测量定位。

2. 施工测量的基本工作

测量的基本工作是测降、测距和测高差，即对本工程已知长度的测设、已知角度的测设、建筑物细部点的平面位置的测设、建筑物细部点高程位置的测设及倾斜线的测设等。

施工测量遵循"由整体到局部"的组织实施原则，以免放样误差的积累，并建立施工控制网，以施工控制点为基础测设构筑物的主轴线，然后，根据它来进行细部放样。

3. 施测的内容

(1) 施工前，测量控制网的建立

1) 施工的控制，利用原区域内的平面与高程控制网，作为建筑物定位的依据。当原区域内的控制网不能满足施工测量的技术要求时，应另测设施工控制网。

2) 施工平面控制网的坐标系统，与工程设计所采用的坐标系统相同，当原控制网精度不能满足需要时，可选用控制网中个别点作为施工平面控制网坐标和方位的计算依据。

3) 控制网点根据总平面图和现场条件等测设，满足现场施工测量的要求。

(2) 建筑物定位、基础放线及细部测设

在本标段的建筑物和构筑物外围建立线板或控制桩。线板注记中心编号，测设标高，并保护好。

(3) 竣工图的绘制

竣工总图的测设，在已有的施工控制点上进行。如控制点被意外破坏，立即恢复控制点点位，并保证所施测细部的精度。

(4) 施工和运营期间大桥的变形观测

1) 根据大桥在工程设计时对变形观测的统筹安排，在施工开始时，即进行变形测量。

2) 变形观测点，分为基准点、工作点、变形观测点。变形观测点的变形观测周期，根据大桥的特征、变形速率、观测精度、要求和工程地质条件、变形量的变化情况等因素综合考虑。

3) 施工期间大桥沉降观测周期，在承台、桥墩（桥台）施工结束后均观测一次，桥面腹板、面板，浇筑前后均观测一次。总观测次数不少于 20 次。竣工后的观测周期根据大桥的稳定情况确定。

4) 大桥基础沉降观测，设定在承台面上，在浇筑承台和墩身、桥台完毕后各观测一次。

4. 施工测量的方法

(1) ①直角坐标法；②极坐标法；③角度前方交会法；④距离交会法；⑤方向线交会法等。根据控制网的形式及分布，放线的精度要求及施工现场条件来决定选用。

(2) 大桥细部点高程位置的测设

地面点的高程测设与大桥的高程传递有两种方法，即用水准仪测量法传递高程，其次用钢尺直接丈量垂直高度传递高程。

3.3.4 工程工艺操作要点

1. 桩基工程

按设计采用钻孔灌注桩，群桩基础。1～2号承台群桩55m；0～3号承台群桩53.5m。桥墩桩长按桩底进入⑧-6圆砾层不小于5m控制，在桩基施工时做好各种施工记录。在施工中发现实际与设计不符时，立即与设计单位联系，并停止施工。待设计单位通知后方可施工。

(1) 桩基施工时严防坍孔，确保钻孔桩顺利完成及混凝土连续浇筑。施工时注意清孔，摩擦桩孔底沉渣厚度不大于10cm，摩擦端承桩沉渣厚度不大于5cm。施工采取有效措施，防止钢筋笼上浮。

(2) 为确保桩基质量，按设计要求，成桩后按桥墩桩数的50%以上及桥台桩数的30%采用声测法，每根埋置3根ϕ56mm声测管，成120°放置。采用套管焊接连接，以确保声测管内壁平顺和密封。为保证声测管不被堵塞，用木塞堵住管口，并由桩内主筋（7号）作为检测管的辅助钢筋，并确保桩身质量。在桩基主筋内侧每2m设一道加强筋，每组为4根。

(3) 桩的入土深度控制，对于承受轴向荷载摩擦桩以标高为主，贯入度作参考；端承桩则以贯入度为主，以标高作为参考。

2. 大桥基础承台、墩身与桥台

墩台基础按设计采用钻孔灌注桩，每个主墩基础按群桩布置。18根ϕ1.2m的桩基，桥台基础设计20根ϕ1.2m群桩基。墩承台厚3.0m，桥台承台厚2.5m。墩台均为整体式承台。桥台桩基设计为摩擦桩，桥墩基础设计为摩擦端承桩。承台混凝土设计为C30混凝土。墩身、桥台为C40混凝土，钢筋采用HRB335级，主筋保护层厚度为70mm。

桥墩设计单桩桩顶承载力为$P=4400$kN。桥台$[P]=2300$kN，板式桥台、墩身设计为柱式异型花头钢筋混凝土墩，属大体积混凝土。均采用蛮石混凝土施工工艺，以控制混凝土体内水化热峰值出现。

墩身横向布置成两个独立结构，墩身尺寸根据结构受力及支座布置需要设计桥墩截面从正常截面以相切圆弧渐变到异型端面。承台与墩身、桥台钢筋混凝土施工时注意墩、台身钢筋的预埋位置及钢筋直径规格型号数量等。主要桥体构造如下：

(1) 上部结构梁体结构构造

主梁支点梁高3.8m，跨中及边支点梁高2.2m，梁高按二次抛物线变化，按式（3-6）计算：

$$y = \frac{160}{2300^2}x^2 \tag{3-6}$$

主梁边跨与中跨比为 0.7，中支点梁高与跨度比为 1/13.2，跨中梁高与跨度比为 1/22.7，均属在常规设计值内。

箱梁设计为鱼腹式六室渐变变截面，底板直线厚度 9.0m，两侧采用圆弧线顺节，顶板厚 0.25m，底板直线厚度由跨中 0.25m 线性变化至支点断面为 0.5m，腹板厚度 0.5m。

梁体中支点和端点均设置横隔梁；端横梁厚 1.5m，中横梁厚 2.5m。

主梁采用纵横双向预应力结构，纵向预应力采用 $\phi^s15.20$-15，$\phi^s15.20$-9 群锚体系。分别用于腹板中，顶板束及底板束，梁体横向预应力采用 BM$\phi^s15.20$-4，间距 30～40cm。

（2）下部结构

墩身采用柱式异型花头钢筋混凝土墩，横向布置成两个独立结构，墩身尺寸根据结构受力及支座布置需要。桥墩截面从正常截面以相切 6m 圆弧渐变到异型端面，桥台采用钢筋混凝土板式桥台。

（3）基础

根据地质资料，墩台基础均采用钻孔灌注桩，直径 1.2m 一个，主墩基础布置 18 根 ϕ1.2m 桩基。桥台布置 20 根 ϕ1.2m 桩基，墩台厚 3.0m，桥台承台厚 2.5m，均为整体式墩台。

（4）附属工程结构

1）栏杆采用钢栏杆，管线在人行道盖板下通过。桥面人行道用花岗岩石材贴面。

2）桥面铺装：桥面铺装为 9cm 沥青混凝土，梁顶面喷涂 1mm 厚聚氨酯防水涂料防水层。

3）伸缩缝：梁两端设置伸缩缝，采用 GQF-C 型钢伸缩缝，伸缩缝槽口采用 C40 钢纤维混凝土。

4）桥面排水：桥面非机动车道外侧和机动车道两侧布置泄水管，桥面雨水直接排入河道内，为防止少量雨水沿梁的悬臂下流有碍外观，梁体设半径 1.5cm 滴水槽。

5）支座：采用盆式橡胶支座，全桥共设 8 个，其中 GPZ（II）30 支座 4 只（使用于桥墩固定支座一支），GPZ（II）7 支座 4 只（使用于桥台）。

6）挡土墙：桥坡挡土墙采用双联条石砌筑，参照道路设计图纸。

7）搭板：台后机动车道范围内设置搭板，搭板厚 30cm，长 6m。

质量、工期、安全、环保等目标按施工组织设计执行。

（5）本大桥属高支撑、大跨度工程，是本标段的施工难点，同时它又是该工程重点，其施工的每道工序均需进行重点控制，包括工程材料的采购、验收、保管、加工。隐蔽工程验收与见证取样，均按 ISO9001 质量体系中的过程控制进行监控，把握施工各个环节质量关。

（6）本工程的模板工程及支撑系统另行编制专项施工方案，并由专家进行评审，通过后严格控制，进行施工。支撑系统采用 ϕ48mm×35mm 钢管脚手杆，进行落地钢筋混凝土地面搭设。模板采用九夹板，或竹胶板。地面承载系统采用 ϕ550mm 水泥搅拌桩，长度 15m，水泥搅拌桩平面布置纵横向间距为 1.2m×1.2m，桩头上浇 50cm 厚 C30 无筋混凝土。垫层为：碎石厚 50cm，塘渣厚 100cm，承载上部下传的全部荷载。

3.3.5 主要工程材料与设备

1. 材料

（1）钢筋

按设计采用：HPB235、HRB335 级钢筋，符合《钢筋混凝土用钢 第 1 部分：热轧光圆钢筋》GB 1499.1—2008 和《钢筋混凝土用钢 第 2 部分：热轧带肋钢筋》GB 1499.2—2007 等技术标准的有关规定。

其他钢材、钢板、型钢采用 Q235 钢，符合《桥梁用结构钢》GB/T 714—2008 有关技术标准的规定。选用的焊接材料满足可焊性要求。

（2）预应力钢绞线

按设计采用 ϕ15.20 钢绞线，采用群锚体系，符合《预应力混凝土用钢绞线》GB/T 5224—2003 的有关规定与设计强度标准值 $f_{pk}=1860\text{MPa}$。

（3）塑料波纹管

按设计其内径 ϕ80～90mm，技术标准满足《预应力混凝土桥梁用塑料波纹管》JT/T 529—2004 相关规范的要求。

（4）锚具

预应力钢绞线锚具符合国家《预应力筋用锚具、夹具和连接器》GB/T 14370—2007 规定的技术条件及相关标准。

（5）混凝土

根据设计要求：梁体采用 C50 混凝土，墩身采用 C40 混凝土，台身采用 C30 混凝土，墩台、下承台采用 C30 混凝土，钻孔灌注桩水下混凝土采用 C25 混凝土，全部采用商品混凝土，泵送施工工艺。

2. 设备

普通预应力张拉设备 4 套和常规施工机具。

3.3.6 施工工艺流程

1. 钻孔灌注桩

（1）桩身

测量放样→制备泥浆→埋设护筒→钻机就位→钻孔→第一次清孔→吊设钢筋笼→导管安装→设储料仓→第二次清孔→灌注混凝土。

（2）承台

测量放样→基坑开挖→浇素混凝土垫层→凿除桩头→安放钢筋、绑扎、焊（连）接→安装散热冷却管→安装模板→浇筑承台混凝土→养护。

2. 桥台、墩身施工

施工准备→测量放样→钢筋加工→钢筋焊（连）接→支模板→浇筑商品混凝土→拆模、养护。

3. 鱼腹式渐变预应力混凝土箱梁施工

施工准备→测量放样→模板支撑搭设安装→定位标高测量→连续箱梁腹板钢筋安装→绑扎焊（连）接→预应力筋安放→验收→浇梁腹板混凝土→养护→箱梁内钢筋安装→验收→肋模板安装→浇肋混凝土→养护→内模板安装→安装梁面钢筋→安放梁面预应力筋→监理验收合格→浇梁面混凝土→养护→混凝土达 90% 以上拆内膜开始第一批预应力筋按顺序张拉→合格孔道灌浆、封锚混凝土→合拢段安装模板→浇腹板混凝土→养护→梁面内模安装→浇梁面混凝土→养护达到 90% 以上→拆内膜→第二批预应力筋张拉→合格孔道灌浆、封锚混凝土→沉降观测→桥面工程铺装→竣工验收。

3.3.7 钢筋混凝土预应力鱼腹式渐变变截面连续箱梁施工方案

1. 施工准备

做好大桥施工前的各项准备工作，搞好施工测量的标高、定位及复测工作。

2. 支撑模板系统工程

涂刷非油质类模板隔离剂以减少模板的粘结力与咬合力，减少模板损失，提高模板利用率与减轻劳动强度。支架按大桥被批准支模架专项施工方案进行支承体系的搭设及模板安装工作。支撑体系验收及支承体系的施工前预压试验，其配重是上部梁体混凝土荷载重量的 1.2 倍，观察 12h 以上，并进行测量、沉降观测控制其下沉有关数据。如符合设计要求立即卸载做好浇筑前的一切准备工作，如满足不了设计要求则立即采取加强措施。

3. 钢筋及预应力筋工程

材料的采购按工程提供的合格供货厂家（商）名录进行订购。材料的进场需通知监理进行"见证取样"，并索要"三证"，并向监理工程师提交"工程材料审报表"，监理审批后入库，并建立管理台账，按类堆放，并附商品名称牌。材料的加工制作，均由钢筋翻样工进行放样、计算、施工，制定钢筋加工单，下料前并按如下进行严格计算：

直段钢筋下料长度＝构件长度－保护层厚度＋弯钩增加长度

弯起钢筋下料长度＝直段长度＋斜段长度－弯曲调整值＋弯钩增加长度

箍筋下料长度＝箍筋周长＋箍筋调整值

加工时严格按设计图的规格进行施工放样和制作，确保钢筋安装时位置正确，满足设计规定的锚固长度的要求。

钢筋的连接凡 $\phi 25$ 以上采用直螺纹进行连接，且符合规范及设计要求进行施工。

钢筋的焊接，单面焊为 $10d$，双面焊为 $5d$，并按规范要求与设计规定进行操作施工。

（1）钢筋安装后的验收、检查：各构件的断面尺寸规格；钢筋的规格型号、品种、数量、位置、间距、形状；架立筋、附加筋的控制；保护层的厚度；绑扎、焊接、机械连接的接头数量，接头位置，接头面积百分率；机械连接、焊接的物理、化学试验合格证。

（2）预应力筋的安装、检查：预应力筋是否有扭曲和机械损伤、烧伤等；安放的位置；曲线弹簧要求是否满足设计要求。

（3）张拉器具有锥锚式液压千斤顶、穿心式液压千斤顶、拉杆式液压千斤顶各一对，经现场试用后进行选定。

4. 大桥箱梁的施工

为确保大桥的施工现场质量，控制各种裂缝的产生。大桥箱梁的施工采用分层按合拢段分段的施工方法，分层是现浇底腹混凝土，梁肋混凝土，后浇桥板混凝土。全桥分 8 段施工。为减少施工成本与支撑体系的荷载重量及施工安全，采用按编号进行施工，有利于预应力的张拉。其分段混凝土达设计强度 90% 后，安排第一次张拉，孔道灌浆、封锚后按合拢段编号进行合拢段混凝土施工，合拢段混凝土强度等级将提高一级并掺加微膨胀剂，以利各种应力的补偿收缩。其施工顺序是：

混凝土浇筑前的准备→轴线定位与标高、复测→预埋预留件等的定位与安装→分段与合拢段的确定→底腹板钢筋预应力的安装→分段钢丝网的分隔→隐蔽工程验收→底腹混凝土的浇筑→养护→梁肋钢筋安装→梁肋内模板安装→梁肋内混凝土浇筑→梁上部内模安装→钢筋、预应力筋安装→预埋件预留孔洞预留预埋→验收→浇筑桥面混凝土→养护→第二段及其他施工段顺序施工。

5. 预应力筋的安放

预应力筋的安放，采用专用支架按设计要求弧度进行固定，严防混凝土浇筑过程中预应力筋上浮或移位。控制插入式振动器，防止振捣时将预应力筋振跑，确保预应力筋位置弧度正确，以减少张拉时的麻烦。保障预应力筋在大桥中的作用与发挥。

混凝土浇筑施工时，其分段施工的步骤是：3—2—1—4—6—5—7—8 段，合拢段施工顺序是：b—c—a—e—d—f—g。每段施工宽度可根据预应力筋分布情况另行调整。详见图 3-24 所示。

6. 预应力筋张拉步骤

按混凝土分段施工的顺序进行，每段预应力筋的张拉顺序按设计要求进行。梁体纵向预应力束，其分段张拉顺序是：

F3—F8—F15—F12—F2—F7—F4—F9—F13—F5—F10—F14—F1—F6—F11；

T6—T5—T4—T3—T2—T1—T0；

D5—D4—D3—D2—D1—D6—D10—D7—D8—D9。

按设计：张拉段工作长度取 0.8m，表中所给伸长量以 $15\%\delta_K$ 为起记零点，伸长量数值以两端伸长值总和为准。

全桥总计预应力用材料为：$\phi^s 15.20$ 钢绞线 128731.8kg；$\phi 90$ 波纹管长 3961.1m；$\phi 80$ 波纹管 5958.2m；15-15 张拉锚具 66 套；15-9 张拉锚具 444 套。

桥面横向预应力束张拉材料为：60mm×19mm 管道 10750m；15-4 型锚具 610 套；$\phi^s 15.20$ 钢绞线 49490.4kg。

中横隔梁预应力束张拉材料为：共有两个中横梁，共用 $\phi 90$mm 波纹管 1373.4m；15-15 型锚具 84 套；$\phi^s 15.20$ 钢绞线 23930.2kg。

端横隔梁预应力束张拉材料为：共有两个中横梁，共用 $\phi 90$mm 波纹管 516.2m；15-15 型锚具 32 套；$\phi^s 15.20$ 钢绞线 8948kg。

7. 预应力钢筋混凝土工程施工技术要求方法与控制点

(1) 预应力下料采用砂轮锯或切断机切断

张拉设备：锥锚式、拉杆式、穿心式液压千斤顶。

(2) 预应力筋用锚具、夹具和连接器

按锚固方式不同，有夹片式（单孔与多孔夹片锚具）、支撑式（墩头锚具、螺母锚具等）、锥塞式（钢制锥形锚具）和握裹式挤压锚具、压花锚具等四类，按工程实际张拉效果进行确定。

(3) 预应力下料计算

计算时考虑构件孔道长度或台座长度、锚夹具厚度、千斤顶工作长度、墩头预留长度、预应力筋外露长度等。

(4) 预应力损失

根据预应力筋应力损失发生的时间可分为：瞬间损失、长期损失。张拉阶段瞬间损失包括孔道摩擦损失、锚固损失、弹性压缩损失等。张拉以后长期损失包括预应力筋应力松弛损失和混凝土收缩徐变损失等。后张法施工有时还有锚上摩擦损失、变角张拉损失。该桥设计是平卧重叠构件，还包括垫层摩阻损失等。

(5) 后张法预应力（有粘结）施工

1) 根据设计该桥预应力筋采用的是曲线分布类型（孔道的留设可采用预埋金属螺旋管留孔），预埋塑料波纹管留孔。在留设预应力筋孔道时，设计有要求时按设计施工，设计无要求时，按要求合理留设灌浆孔、排气孔和泌水管。按设计位置准确留孔，通常按设计位置固定在钢筋骨架的定位筋和网片筋上。

2) 按要求进行预应力筋下料、编束，并穿入孔道（简称穿束）。穿束可在混凝土浇筑之前进行，但也可在混凝土浇筑之后进行。

3) 预应力张拉时，混凝土按设计要求强度进行。无要求时混凝土达到立方体抗压强度标准值的80%以上进行。

4) 张拉程序和方式按设计要求进行，采用两端张拉，并结合实际分批、分阶段，分段超过70m长和补偿张拉等方式。张拉程序按设计要求施工，张拉程序通常为：普通松弛预应力筋采用$0 \rightarrow 1.05\sigma_k$（初应力）$\rightarrow \sigma_k$（持荷2min）$\rightarrow$锚固；低松弛预应力筋采用$0 \rightarrow \sigma_k$或$0 \rightarrow 1.01\sigma_k$张拉顺序，采用对张拉的原则。因该桥预应力筋属于平卧重叠构件，其张拉顺序宜先上后下逐层进行，每层按设计对称张拉。为了减少因上下层之间摩擦引起的预应力损失，采用逐层适当加大张拉应力的办法。

5) 若混凝土构件遇有孔洞、露筋、管道串通、裂缝等缺陷或构件端支承板变形，板面与管边中心不垂直等缺陷，均应采取有效措施进行处理，达到设计要求后才能进行预应力筋张拉。

6) 预应力筋的张拉，以控制张拉力值（预先换算成油压表读数）为主，以预应力张拉伸长值作校核。实测引伸量与设计引伸量两者误差在±6%以内。测定引伸量要扣除非弹性变形引起的全部引伸量。因设计采用后张法预应力结构构件，断裂或滑脱的预应力筋数量严禁超过同一界面预应力筋总数的1%，且每束钢丝不得超过一根。

7) 预应力筋张拉完毕后应及时进行孔道灌浆，采用52.5级硅酸盐水泥或普通硅酸盐水泥调制的水泥浆。水灰比不大于0.45，强度不低于40N/mm²。

(6) 做好封锚工作

张拉验收合格后，按图纸设计要求及时做好封锚工作，确保锚固区密封，严防水汽进入，锈蚀预应力和锚具等。

3.3.8 ××大桥的施工质量控制点

(1) 施工测量控制网与控制点；

(2) 桩基质量控制点；

(3) 承台、墩台大体积施工质量（控温）与钢筋预埋控制点；

(4) 支模架搭设、浇混凝土前预压与落架控制点；

(5) 隐蔽工程施工质量控制点；

(6) 钢筋翻样加工质量控制点；

(7) 模板工程质量控制点；

(8) 预应力筋安放施工控制点；

(9) 混凝土浇灌质量与梁体孔洞预留及钢筋预埋和位置控制点；

(10) 预应力张拉控制点。

3.3.9 工程重点控制的关键点

1. 建筑材料

（1）材料质量控制的方法

严格检查验收，正确合理使用，建立管理台账进行收发、储运等环节的技术管理，避免混料和将不合格的原材料使用到工程上。

（2）材料质量控制的主要内容

材料的性能、取样、检验试验方法、质量标准、适用范围和施工要求等。

（3）进场材料质量控制重点

1）掌握材料信息，优选供货厂家；

2）合理组织材料供应，确保施工正常进行；

3）合理组织材料使用，减少材料损失；

4）加强材料检查验收，严把材料质量关；

5）重视材料使用认证，以防错用或使用不合格材料；

6）加强现场材料管理。

（4）材料质量控制与进场的要求

1）材料进场时，索要"三证"，并根据供料计划和有关标准进行现场质量验证和记录。质量验证内容：材料品种、型号、数量、外观检查和见证取样，进行物理、化学性能试验，验证结果及材料报审表报监理工程师审批。

2）现场验证材料不合格的不得使用，按有关标准规定降级使用。

3）对于项目采购的物资，业主的验证不能代替项目对采购物资的质量责任。而业主的采购物资，项目的验证不能取代业主对其采购物资的质量责任。

4）材料物资进场验证不齐或对质量有怀疑时，要单独堆放该部分物资，待资料齐全和复验合格后，方可使用。

5）严禁以劣充好，偷工减料。

6）检验与未检验物资应标明分开码放，防止非检验物资使用。

7）做好各类物资的保管、保养工作，定期检查，做好记录，确保其质量完好。

（5）主要材料管理的要求

1）钢材的质量管理要求

① 必须是由国家批准的生产厂家，具有资质证明。

② 每批供应的钢材必须具有出厂合格证。合格证上内容应齐全清楚，具有材料名称、品种、规格、型号、出厂日期、批号、炉号，每个炉号的生产数量、供应数量，主要化学成分和物理机械性能等，并加盖生产厂家公章。

③ 凡是进口的钢材必须有商检报告。

④ 凡进入施工现场的每一批钢材，应在建设单位代表或监理工程师的见证下，按第一批量不超过 60t 进行见证取样，封样送检复试。检测钢材的物理机械性能（有时还需要做化学性能分析）是否满足标准要求。进口的钢材还必须做化学成分分析的检测，合格后方可使用。

⑤ 进入施工现场每一批钢筋应标识品种、规格、数量、生产厂家、检验状态和使用部位，并码放整齐。

2）水泥的质量管理要求

① 必须是由国家批准的生产厂家，具有资质证明。

② 每批供应的水泥必须具有出厂合格证，合格证上内容应齐全清楚，具有材料名称、品种、规格、型号、出厂日期、批号、主要化学成分和强度值，并加盖生产厂家公章，合格证分为 3d 和 28d 强度报告。

③ 凡是进口的水泥必须有商检报告。

④ 进入施工现场的每一批水泥，应在建设单位代表或监理工程师的见证下，按袋装水泥每一批量不超过 200t（散装水泥每一批量不超过 500t）进行见证取样，封样送检复试。主要检测水泥安定性、强度和凝结时间等是否满足规范要求。进口水泥还需做化学成分分析、检测，合格后方可使用。

⑤ 进入施工现场每一批水泥应标识品种、规格、数量、生产厂家和日期，检验状态和使用部位并码放整齐。

2. 预应力筋与夹具锚具的质量要求

（1）预应力筋的进场除按钢材质量管理要求的内容规定检查验收外，还要对每根预应力进行外观检查，查看是否有扭曲、打结、机械性外伤、烧伤、锈蚀性断丝，否则不得签收。

（2）夹具、锚具和张拉器具要开箱检查，必须是由国家批准的生产厂家，具有资质证明。

（3）每种夹具、锚具和张拉器具每批必须有出厂合格证、生产许可证、检验试验合格证。合格证上内容齐全清楚，具有产品名称、品种、规格、型号、出厂日期、强度指标、供应套数（量）、生产厂家公章，检查咬合是否完好灵活，张拉器具油封是否密封，标尺压力表是否正常等。

3. 工程质量过程控制

工程质量的管理坚持"质量第一、预防为主"的方针和"计划、执行、检查、处理、验证"的循环工作方法，不断改进过程控制。

建筑工程质量管理的规定与控制：

1）项目质量控制满足工程施工技术标准和发包人的要求。

2）项目质量控制实行样板控制，施工过程中均按要求进行自检、互检和交接检。隐蔽工程部位和分项工程未经检验或已经检验定为不合格的严禁转入下道工序。

3）建筑工程采用的主要材料、半成品、成品、建筑构配件、器具和设备应进行现场验收，凡涉及安全功能的有关产品，应按各专业工程质量验收规范规定进行复验，并应经监理工程师（建设单位技术负责人）检查认可。

4）各工序应按施工技术标准进行质量控制，每道工序完成后进行自检。

5）相关专业工种之间，应进行交接检验，并形成记录，未经监理工程师（建设单位技术负责人）检查认可，不得进行下道工序施工。

6）工程项目经理部应建立项目质量责任制和考核评价办法。项目经理应对项目质量控制负责。过程质量控制应由每道工序和岗位的责任人负责。

7）承包人对项目工程质量和质量保修工作向发包人负责，分包工程质量应由分包人向总包人负责。承包人对分包人的工程质量向发包人负连带责任。

4. 本项目工程大桥的质量计划

以每道工序、分项工程、分部工程到单位工程的过程控制，且从资源投入到完成工程质量最终检验和试验的全过程控制。

5. 主体结构工程的质量检查与验收

（1）模板工程

模板分项工程质量控制包括模板的设计、制作、安装和拆除。在施工前应编制详细的施工方案。

施工过程重点检查：施工方案是否可行，模板强度、刚度、稳定性、支承面积、防水、防大（台）风、平整度、几何尺寸、拼缝、隔离剂及涂刷、平面位置及垂直度。预埋件及预留孔洞等是否满足设计要求和规范规定，并控制好拆模时混凝土的强度和拆模顺序。严格按支、拆模专项方案进行施工。

（2）钢筋工程

钢筋分项工程质量控制包括钢筋进场检验，钢筋加工，钢筋连接，钢筋安装等一系列检查验收。施工过程控制重点：检查原材料进场合格证明和复试报告，成型加工质量，钢筋连接试验报告及操作者合格证。钢筋安装质量（包括：纵向、横向钢筋的品种、规格、数量、位置、连接方式、锚固和接头位置、接头数量、接头面积百分率、搭接长度、几何尺寸、间距、保护层厚度等），预埋件的规格、数量、位置及锚固长度，箍筋间距、数量及其弯钩角度和平直长度。验收并按有关规定填写《钢筋隐蔽工程检查记录》后，方可浇筑混凝土。

（3）混凝土工程

检查商品混凝土主要组成材料的合格证及复试报告。配合比、搅拌质量、坍落度、季节施工浇筑时入模温度、现场混凝土试块（包括制作、数量、养护及其强度试验等）、现场混凝土浇筑工艺及方法（包括预铺砂浆质量、浇筑的顺序和方向、分层浇筑的高度、施工缝的留置、浇筑时的振捣方法及对模板、支撑的观察等）、养护方法及时间、后浇合拢段的留置和处理等是否符合设计和规范要求，混凝土的实体检测包括混凝土的强度、钢筋保护层厚度。检测方法主要有：破损法检测和非破损法检测（仪器检测）两类。

（4）预应力钢筋混凝土工程

1）预应力筋张拉机具设备及仪器：主要检查校验记录和配套标定记录是否符合设计和规范要求。

2）预应力筋：主要检查品种、级别、规格、数量、位置、几何尺寸、外观状况及产品合格证、出厂检验报告和进场复验报告等是否符合规范和设计要求。

3）预应力筋锚具、夹具和连接器：主要检查品种、规格、数量、位置、外观状况及产品合格证、出厂检验报告和进场复验报告等是否符合规范和设计要求。

4）预留孔道：主要检查规格、数量、位置、形状及尺寸、灌浆孔、排气孔（兼做泌水孔）等是否符合设计和规范要求。

5）预应力筋张拉与放张，主要检查混凝土的强度、构件几何尺寸、孔道状况、张拉力（包括油压表读数、预应力筋实际与理论伸长值）、张拉和放张顺序、张拉工艺、预应力筋断裂或滑脱情况等是否符合设计和规范要求。

6）灌浆及封锚：主要检查水泥和外加剂的产品合格证、出厂检验报告和进场复验报告、水泥浆配合比和强度、灌浆记录、外露预应力筋切割方法、长度及封锚状况等是否符合设计和规范要求。

7）其他：主要检查锚固区局部加强构造等是否符合设计和规范要求。在浇筑前，应进行预应力隐蔽工程验收，合格后方可浇筑混凝土。

6. 技术交底

实行公司工程技术部与项目质量科进行工程质量技术交底，项目部质量技术科向班组长进行质量技术交底，班组长向操作工人进行质量技术交底并履行双方签字手续存档备查，并坚持施工质量自检、互检和专项检查验收制度，上道工序不合格不进行下道工序施工。

3.3.10 施工技术控制措施与要求

根据设计要求，本大桥设计构造及受力较复杂，工程质量控制的关键是各道工序质量的控制。施工时严格按规范设计有关规定要求执行操作，对主要工序制定施工技术措施，特别是支模架的设计。施工前由专家进行论证并征求设计单位意见后方可施工作业。

按设计要求规定，本大桥施工工艺和质量检查标准，除设计有特殊要求外，按《公路桥涵施工技术规范》JTG/T F50—2011 和《公路工程质量检验评定标准 第二分册 机电工程》JTG F80/2—2004 有关规定办理，且严格控制。

1. 材料检查

各种材料成品半成品质量均进行检验，且进行见证取样，抽样试验。

2. 混凝土工程施工

混凝土配合比应通过试验确定，确保各种强度设计要求。

（1）各分部部分截面浇筑需保证一次性完成，浇筑方式经 QC 小组研究决定。为防止混凝土开裂和棱边角碰损，待混凝土强度达施工规范的有关要求后方可进行拆模。为防止混凝土表面收缩开裂，箱梁外侧模宜满足 3d 龄期后拆模。

（2）承台与横梁均属大体积混凝土，采用低水化热水泥、湿冷却管、加强养护等有效措施，必要时使用蛮石混凝土来降低水发热与峰值的危害，确保混凝土质量。

（3）根据设计大桥基础进行围堰施工。梁体采用支承架现浇一次落架。模板施工时设计虽不设预拱度，但必须考虑梁底模板挠度，按 1.5‰ 左右设计，以控制支模架的弹性变形。按设计梁通体施工前应进行支撑架预压，重量不小于梁体混凝土自重的 120%。为确保支撑架的稳定和控制支撑的沉降，立杆底设计 ϕ0.55m 水泥搅拌桩，长 15m，间距 1.2m×1.2m，呈纵横向分布。垫层设石渣 1.0m 厚，碎石厚 0.5m，无筋混凝土 C30 厚 0.5m 等技术措施来消除支架变形对结构的不利影响。具体支承架施工方案经专家论证、设计单位认可后再实施。

（4）按设计规定"全桥混凝土体颜色应保持一致"，本工程决定使用同一厂家、同一品种的水泥。模板工程采用胶合板制作，必要时采用 3 点钢板制作加刷非油质脱模剂，确保混凝土体表面光滑平整。

（5）严格检查各分部分项工程工序模板断面尺寸，符合设计截面尺寸，确保施工误差限制在施工验收规范容许的偏差范围之内。

（6）在预应力张拉时，除设计特殊说明外，混凝土须达到设计强度的 90% 以上时再进行张拉施工。

3. 普通钢筋施工

(1) 按设计规定，所有钢筋的加工、安装和质量验收等均应严格按照《公路桥涵设计通用规范》JTG D60—2004 的有关规定。本大桥的钢筋工程全由钢筋翻样工进行断料计算、加工翻样、施工放样等步骤，然后进行加工制作安装。

(2) 按设计规定，直径大于 25mm 钢筋采用挤压套筒连接，各部分预埋主筋的位置和锚固长度应满足设计要求，各段之间的连接钢筋应进行绑扎或焊接。经批准变更为"对焊焊接"工艺，对焊焊接按规范要求并进行理化试验。

(3) 凡因工作需要而需断开的钢筋需再次连接时，设计规定，进行焊接，并应符合《公路桥涵设计通用规范》JTG D60—2004 的有关规定。

(4) 按设计规定，当钢筋和预应力管道或其他主要构件在空间上发生干扰时，可适当移动普通钢筋的位置，以确保钢束管道或其他主要构件位置的准确。钢束锚固处的普通钢筋如影响预应力施工时，可适当折弯，预应力完毕后及时恢复原位。施工中如发现钢筋空间位置冲突，可适当调整其布置，但应确保钢筋的净保护层厚度。

(5) 施工时结合施工条件和工艺安排，采用钢筋骨架（片）和钢筋网片，在现场就位后焊接和绑扎，以控制钢筋安装质量。钢筋骨架（片）和钢筋网片的预制安装严格按《公路桥涵设计通用规范》JTG D60—2004 的有关规定进行。

(6) 按设计要求，如锚下螺旋筋与分布钢筋相互干扰时，可适当移动分布钢筋或调整分布钢筋的间距。

(7) 按设计要求，主梁两端之间的纵向普通钢筋直径 $\phi12$ 的采用绑扎搭接接长，大于 $\phi12$ 的采用焊接接长，焊缝长度不小于 $10d$，焊缝及搭接接头应错开布置。严格控制接头数量、接头百分率、间距与长度，并进行焊接理化试验。

承台施工时重点注意预埋墩、桥台身钢筋。

桥梁体施工时重点控制预留孔洞和预埋钢筋的埋设。成品伸缩缝预埋件按伸缩缝设计要求进行，参照供货厂家提供的有关图纸，以便于对预埋件进行调整。

设计规定，梁体钢筋结构外保护层，除设计注明者外均为 2.6~3.0cm。

4. 预应力施工

(1) 预应力材料及预应力锚具进场后，严格按材料等进场验收流程重点控制与保管。锚具除外观检查、精度及质量出厂证明外，对其强度（包括疲劳强度）、锚固能力进行抽验。

(2) 预应力严禁焊接使用。钢绞线使用前须进行防锈处理，多余长度部分用砂轮机锯切割，严禁使用电、气割，钢绞线、锚具应避免生锈及局部损失，以免脆性破坏。

(3) 设计规定，纵向预应力钢束采用两端张拉，并确定两端同步。所有预应力张拉，均要求引伸量与张拉力双控。以张拉为准，通过实验测定 E 值，校正设计引伸量，要求实测引伸量与设计引伸量两者误差在 $\pm6\%$ 以内。测定引伸量要扣除非弹性变形引起的全部引伸量。对同一张拉截面，断丝不得超过 1%。每束钢绞线断丝、滑丝不得超过 1 根，严禁整根钢绞线拉断。

(4) 预应力张拉前先张拉至初应力 $0.15\sigma_k$，再开始测伸长值，以伸长值作为校核。预应力钢束张拉完毕后，严禁撞击锚头和钢束。钢绞线长度留置与切割方式按施工规范处理，并符合设计要求规定。

（5）预应力束（筋）张拉步骤

按设计规定：0→0.15σ_k（初应力）→σ_k（持荷 2min）→锚固进行张拉施工。

（6）设计规范要求：为确保预应力质量，要求对定位钢筋、管道成型严格控制，具体要求如下。

1）管道安装前检查管道质量及两端截面形状，遇到有可能漏浆部分应割除、整形和除去两端毛刺后使用。

2）接管处及管道与喇叭口连接处，应用胶带或冷缩塑料密封。管道与喇叭口连接处管道应垂直于锚垫板。

3）孔道定位必须准确可靠，严禁波纹管上浮。直线段大于 0.8m，弯道部分每 0.5m左右设置定位钢筋一道，定位后管道轴线不大于 5mm，切忌振动棒碰穿孔道。

4）主梁预应力束底板竖弯曲线段须设置 ϕ16 防崩钢筋，间距 10cm，并且与顶板底钢筋可靠绑扎。

5）压浆嘴和排气孔可根据施工实际需要设置，管道压浆前应用压缩空气清除管道内杂质，排除积水，从最低压浆孔压入，管道压浆要求密实。砂浆内可掺适量减水剂、铝粉或微膨胀剂，但不得掺入氯盐，标号为 C40。

6）预应力束封锚混凝土宜在压浆后尽快施工，包封的钢丝网应与结构可靠连接，图中未示，施工时要特别注意。

在预应力束安放到张拉，直至封锚混凝土施工均严格按设计与《公路桥涵施工技术规范》JTG/T F 50—2011 有关质量规范、标准进行施工。

3.3.11　安全、环保文明施工控制措施

1. 施工用电安全

（1）采用三相五线制，架空线路必须超过地面 5.5m，临时用电必须采用软电线，手持行灯必须有防护装置。

（2）机电设备采用一机一闸，严禁一闸多机，实行三级漏电保护。

（3）木工锯及转动齿轮、皮带必须有安全护罩。

（4）焊工、电工作业必须穿绝缘胶鞋，电工检修必须停电进行，严禁带电作业。

（5）严禁私接乱拉电线、烧水做饭、冬天烤火。

2. 施工安全

在醒目的地方悬挂"进入工地必须戴好安全帽"、"安全第一、文明施工"及安全警示标牌，做到安全生产警钟长鸣。

每个分项分部工程施工前均由公司安全科向项目部安全部门进行安全技术交底，项目部安全部门负责人向班组长进行安全技术交底，班组长向员工进行安全施工操作技术交底，即"三级安全技术交底制度"。严格按安全操作规程进行操作施工，并使员工做到"不伤害别人，不伤害自己，不被他人所伤害"的自我防范安全意识。建立各种安全生产、机械操作规章制度，严格管理，由专职安全员负责工地的全面安全管理工作。安全技术交底履行双方签字手续存档备查。

3. 环保文明施工

施工时搞好环境卫生保护，食堂、厨房、库房和职工宿舍、生活区均建立各种规章制度，严格执行，不将生活污水、垃圾和施工废水直接或间接向河中排放。搞好各自环境卫

生，各种车辆进出入口做到"不抛、洒、滴、漏"。粉尘排放做到有效控制，并注意施工不得扰民。混凝土浇筑施工，在当日晚10：00以后～次日早7：00禁止施工作业，如因特殊情况考虑大桥结构原因必须在夜间施工时，应向主管部门报告办理批准手续，并向附近居民公告，方可施工作业。

真正做到"安全生产，文明施工"，树立企业整体形象。

※3.4 ××大桥扣件式钢管支承架工程专项施工方案

3.4.1 工程概况

1.××大桥支撑体系概况

该大桥联长120m，全跨长度为35m+50m+35m，三跨钢筋混凝土预应力鱼腹式单箱六室渐变箱梁。按设计采用围堰贝雷架支撑现浇工艺，现根据现场实际情况，改为围堰后，采用φ48mm×3.5mm钢管脚手架落地支撑体系现浇施工工艺。预应力桥梁混凝土浇筑支承施工如图3-17所示。

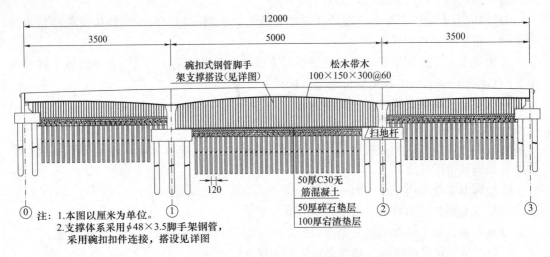

图3-17 预应力桥梁混凝土浇筑支承施工示意图

该大桥支承基础处理按顺桥向原设计采用φ80cm钻孔灌注桩，其长度改为25m，间距4.5m，横向按原设计间距5.7m，其地基下层为80cm厚宕渣垫层、中部为10cm厚C15混凝土垫层、面层为30cm厚C20钢筋混凝土。钢筋设计纵桥分布筋为φ14@20。负弯筋采用φ20@20纵桥向分布，总长度为3m。该桥梁混凝土浇筑支承施工基础平面如图3-18所示。

2.编写依据

(1)《公路桥涵设计通用规范》JTG D60—2004；

(2)《建筑桩基技术规范》JGJ 94—2008；

(3)《公路桥涵施工技术规范》JTG/T F50—2011；

(4)《路桥施工计算手册》；

(5)该工程施工合同标准与规定要求等。

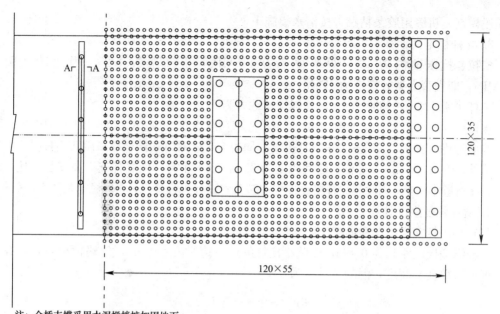

注：全桥支撑采用水泥搅拌桩加固地面，
水泥含量15%，直径φ55，桩长15m，
间距为120×120呈纵横向分布，全桥共计3850根桩

图 3-18　桥梁混凝土浇筑支承桩基础施工平面图（单位：cm）

3.4.2　支撑荷载计算（按中跨 50m 考虑）

1. 上部荷载计算

（1）混凝土自重：$(25×4706.85÷120)×(50÷35.5)=13.81kN/m^2$。

（2）混凝土（肋）自重：$25×1×0.5×1.72=21.5kN/m^2$。

（3）预应力筋自重：$(211100.4÷120)×(50÷35.5)=2.48kN/m^2$。

（4）模板自重：$1.5kN/m^2$。

（5）施工荷载：$1.5kN/m^2$。

（6）振动荷载：$1.0kN/m^2$。

（7）风载：$0.6kN/m^2$。

荷载合计：$1+2+3+4+5+6+7=42.39kN$。

支撑架上部荷载共重：$42.39×1775=75242.25kN$。

钢管主杆根数：（纵向）$196×$（横向）$60=11760$ 根。

$$75242.25÷11760=6.4kN/根$$

2. 钢管式支模架承载力验算

根据图 3-17 所示，纵向支承架承载力最大，最高的一跨是 1～2 号墩之间跨，临时结构支承架，故选择此跨作为验算单元，采用扣件式满堂支架搭设方案：

（1）立杆纵横向布置设计均为 0.6m，1～2 号桥墩外边线 5m 范围内均为双立杆搭设，下设木垫块。

（2）大小横杆步距均为 1.5m。

（3）为加强架体的稳定，设纵横向剪刀撑 45°，每 5m 一组。

上部模板带木采用松木断面为 10cm×15cm×400cm，上部模板采用九夹板，上涂非油质脱模剂，拼缝用胶条粘贴，按清水模施工。

3. 立杆稳定性计算

抗拉、抗压轴向力 $[\sigma]$ 规范规定为 140MPa，提高系数 1.25，因此计算采用 175MPa，即钢管支架容许应力 175MPa。

主杆步距 1.2m，间距 1.4m，其容许承载力为 3t。

该设计立杆步距 1.2m，间距 0.6m，单根立杆荷载为 6.4kN。6.4kN＜30kN，因此安全。为此考虑中腹板，即 1～2 号墩身边左右周边 5m 范围内立杆全部采用双立杆搭设。

另外，0～1 号，2～3 号桥台之间跨度为 35m，小于主跨，而立杆支撑高度长细比主跨小，高度将近小一半，因此其立杆搭设按主中跨布置设计进行施工，立杆稳定系数大，安全。

4. 横杆强度刚度计算

（1）小横杆支撑纵向横向按三跨连续梁计算

立杆纵横向间距均为 0.6m，因此小横杆的计算跨径 $l_1=0.6m$，忽略模板自重，在单位长度内（单孔）宽度，混凝土重量为：

$$g_1 = 28.12 \text{kN/m}^2$$

倾倒混凝土即振捣混凝土产生的荷载均按 2.5kN/m² 计算，横桥向作用在小横杆上的荷载为：

$$g = (28.1+2+2.5+2.48) \times 1.0 = 35.1 \text{kN/m}$$

则，弯曲强度按式（3-7）计算：

$$\sigma = \frac{gl^2}{10W} \tag{3-7}$$

$\sigma = \dfrac{gl^2}{10W} = \dfrac{35.1 \times 500^2}{10 \times 5.078 \times 10^3} = 172.8 \text{MPa} < [\sigma] = 215 \text{MPa}$，可满足要求。

抗弯刚度按式（3-8）计算：

$$f = \frac{ql_1^4}{150EI} \tag{3-8}$$

$f = \dfrac{ql_1^4}{150EI} = \dfrac{35.1 \times 500^4}{150 \times 2.1 \times 10^5 \times 1.215 \times 10^5} = 0.57 \text{mm} < 3 \text{mm}$，满足要求。

（2）大横杆计算

立杆间距，纵向横向均为 0.6m，因此大横杆的计算跨径 $l_2=0.6m$，现按三跨连续梁进行计算，由小横杆传递集中力：

$$F = 35.1 \times 0.6 = 21.6 \text{kN}$$

最大弯矩为

$$M_{max} = 0.26Fl_2$$

$$M_{max} = 0.26Fl_2 = 0.26 \times 21.6 \times 0.6 = 3.37 \text{kN} \cdot \text{m}$$

$$\sigma = \frac{M_{max}}{W} \tag{3-9}$$

$\sigma = \dfrac{M_{max}}{W} = \dfrac{3.37 \times 10^6}{5.078 \times 10^3} = 663.6 \text{MPa} > 215 \text{MPa}$，不能满足要求。

挠度按式（3-10）计算：

$$f = 1.883 \times \frac{FL_2^2}{100EI} \qquad (3\text{-}10)$$

$f = 1.883 \times \frac{FL_2^2}{100EI} = 1.883 \times \frac{21.060 \times 600^2}{100 \times 2.1 \times 10^5 \times 1.215 \times 10^5} = 2.97\text{mm} > 3\text{mm}$，可满足要求。

（3）立杆计算

立杆承受由大横杆传来的荷载，因此 $N = 21.06\text{kN}$，由于大横杆步距为 1.2m，长细比 $\lambda = \frac{l}{i} = \frac{1500}{21.06} = 71.2$，查表得：$\varphi = 0.552$，那么有：

$$[N] = \varphi A[\sigma] = 0.552 \times 489 \times 215 = 58035\text{N} = 58\text{kN} > N = 21.06\text{kN}$$

由 $N < [N]$，满足要求。

（4）扣件抗滑计算

$$R \leqslant R_c$$

由于 $R = 21.06\text{kN} > R_c = 18.5\text{kN}$，不能满足抗滑要求。因此，采取如下措施，可满足以上两项要求：

1）增加立杆数量，即在横梁下 1～2 号墩身周围各 5m 的地方采用双立杆搭设进行卸载。

2）设置剪刀撑卸载，每 5m 一组按纵横向成 45°分布可满足要求。

该计算根据《路桥施工计算手册》、《公路桥涵设计通用规范》JTG D60—2004、《公路桥涵施工技术规范》JTG/T F50—2011。

5. 支撑钢管脚手架重

（1）纵横向立杆计算：11760×7＝82320m；

　　38.4×82320＝3161088N＝3161.1kN。

（2）横杆横向 6.5 根×6×196＝7644 根；

　　纵向 60 根×6×60＝21600 根；

　　纵＋横＝29244×6＝175464m；

　　38.4×175464＝6737817.6N＝6737.82kN。

（3）剪刀撑：纵向 10 组×8 组＝80 组×3 根＝240 根×6＝1440m；

　　横向 70 组×3 根＝210 根×6＝1260m；

　　纵向＋横向＝2700m；

　　38.4×2700＝103680N＝103.68kN。

（4）扣件：剪刀撑 150 组×7 个＝1050 个；

　　立杆 11760 根×6＝70560 个；

　　以上共计 71610 个；

　　1.5×71610＝107415kg＝1074.2kN；

支撑架共重：①＋②＋③＋④＝11076.8kN。

3.4.3 支承架地面单根承载力计算

（1）支撑架自重：①11076.8kN。

（2）模板及上部恒＋活载荷载重：②＝75242.25kN；

地面上荷载共重：①＋②＝86319.1kN；

地面每平方米荷载：86319.1÷1775＝48.63kN/m²；

地面上每根立杆荷载：86319.1÷11760＝7.34kN/根。

3.4.4 钻孔灌注桩单桩承载力验算

1. 钻孔灌注桩单桩承载力计算

钻孔灌注桩，直径 0.80m，桩 25m，根据业主提供的地质勘探技术资料与施工图纸要求、规定，桩支承在④层粉质黏土上方 1-2；2. 为粉质黏土；3. 为淤泥粉质黏土。清底干净，试求单桩极限承载力标准值。

解：桩支承在密实土层上，查表得 $q_{pk}＝1600kN/m^2$。

（1）黏性土

黏性土：

$$\psi_{si}=1, \psi_p=\left(\frac{0.8}{D}\right)^{\frac{1}{4}}=\left(\frac{0.8}{0.8}\right)^{\frac{1}{4}}=1 \tag{3-11}$$

砂土：

$$\psi_{si}=\left(\frac{0.8}{D}\right)^{\frac{1}{3}}=\left(\frac{0.8}{0.8}\right)^{\frac{1}{3}}=1$$

$$\psi_p=\left(\frac{0.8}{0.8}\right)^{\frac{1}{3}}=1, \text{又 } A_p=\frac{3.14\times0.8^2}{4}=0.5m^2。$$

（2）$Q_{uk}=u\sum\psi_{si}\cdot q_{sik}\cdot L+\psi_p\cdot q_{pk}\cdot A_p$

$=3.14\times0.8\times1\times(36\times7.5+40\times8+70\times0.5)+1\times1600\times0.5$

$=2.512\times625+800=2370kN$

（3）以上计算以《建筑桩基技术规范》JGJ 94—2008 为依据，参考《建筑施工计算手册》。

其单桩承载力特征值为 2370kN＜2856kN。

符合受压承载力设计值要求。

2. 地基承载力验算

支撑架工程已知立杆传到基础地面的轴心力设计值为 N＝6.4kN，立杆基础采用木垫块。底板面积为 0.25m²，地基上部为钢筋混凝土（0.4m 厚），下为宕渣（0.8m 厚），并设有 $\phi0.8$ 桩基，钻孔灌注桩长 25m，地基承载力特征值为 190kN/m²。试验算立杆底座和地基承载力是否满足要求。

解：$N=6.4kN<R_d=40kN$，可满足要求。

又 $f_{ak}=190kN/m^2$，取 $K=1.0$。

地基承载力由式（3-12）验算：

$$\frac{N}{A_d}\leqslant Kf_{ak} \tag{3-12}$$

$$\frac{N}{A_d}=\frac{6.4}{0.25}=25.6kN/m^2<Kf_{ak}=1.0\times190=190kN/m^2$$

故知，地基承载力满足要求。

3.4.5 复合地基的承载力 $f_{sp,k}$ 的验算

1. 水泥搅拌桩的计算

（1）15％水泥搅拌桩，直径 0.55m，桩长 15m，根据业主提供的地质勘探技术资料与

施工图纸要求复合地基中的水泥搅拌桩，支承在4层粉质黏土上方1-2。2为粉质黏土；3为淤泥粉质黏土。清底干净，试求单桩极限承载力标准值。

解：$S=1.727\text{m}^2$ $A_p=0.2375\text{m}^2$

$$m = \frac{0.2375}{1.2^2} = 0.165$$

$$R_a = yf_{cu}A_p \tag{3-13}$$
$$= 0.33 \times 1.5 \times 10^3 \times 0.2375$$
$$= 117.6\text{kN}$$

$$f_{sp,k} = m\frac{R_a}{A_p} + \beta(1-m)f_{sk} \tag{3-14}$$

$$f_{sp,k} = m\frac{R_a}{A_p} + \beta(1-m)f_{sk} = 0.165 \times \frac{117.6}{0.2375} + 0.8 \times (1-0.165) \times 80 = 81.7 + 53.44$$
$$= 135.14\text{kN/m}^2$$

复合地基的压缩模量为：

$$E_{sp} = ME_p + (1-m)E_s \tag{3-15}$$

$$E_{sp} = ME_p + (1-m)E_s = 0.165 \times 150 + (1-0.165) \times 8.5 = 31.85\text{MPa}$$

水泥搅拌桩的平面布置根据上部施工时的荷载要求采用柱状满堂式地基处理方式，并按桥面正投影面积及周边各增加一根桩范围内布桩。

以上计算按《建筑桩基技术规范》JGJ 94—2008为依据，参考《建筑施工计算手册》。

（2）水泥搅拌桩固化剂的选用

深层搅拌法加固软土的固化剂可选水泥，其掺入量一般为加固土重的7%～15%，本工程采用最大水泥含量15%，每加固1m³土体掺入水泥约重150kg左右。如用水泥砂浆体固化剂，其配合比为1：1～2（水泥：砂）。为增加流动性，利于泵送，可掺水泥重量0.2%～0.25%的木质素磺酸钙减水剂，但它有缓凝性，为此用硫酸钠（掺量为水泥用量的1%）和石膏（掺量为水泥用量的2%）与之复合使用，以促进速凝、早强。水灰比为0.43～0.50，水泥砂浆稠度为11～14cm。

2. 地面承载力验算

支撑架工程已知立杆传到基础地面的轴心力设计值为$N=19.9\text{kN}$。立杆基础采用木垫块，底板面积为0.25m²，地基上部为无筋混凝土厚50cm，碎石为50cm，下为宕渣厚100cm，并设有水泥搅拌桩基$\phi0.55\text{m}$，桩长15m，地基承载力特征值为190kN/m²。试验算立杆底座和地基承载力是否满足要求。

解：$N=19.9\text{kN} < R_d = 40\text{kN}$，可满足要求。

又$f_{ak}=190\text{kN/m}^2$，取$K=1.0$。

地基承载力由下式验算：

$$\frac{N}{A_d} = \frac{19.9}{0.25} = 79.6\text{kN/m}^2 < Kf_{ak} = 1.0 \times 190 = 190\text{kN/m}^2$$

故知，地基承载力满足要求。

3.4.6 复合地基的地面总沉降验算

复合地基的沉降计算详见水泥搅拌桩《沉降计算简化计算书》（CJ-1）。

计算简图如图 3-19。

沉降计算简化计算书CJ-1
项目名称____构件标号____日期
设计____校对____审核

一、计算条件

执行规范:《建筑地基基础设计规范》GB 50007—2011

(1)基础数据

基础长 L(m):1.000;
基础宽 B(m):1.000;
基底标高(m):-1.500;
基础顶轴永久值(kN):120.000;
L向弯矩准永久值 M_x(kN·m):0.0000;
B向弯矩准永久值 M_y(kN·m):0.000;
基础与覆土的平容重(kN/m³):20.000;
经验系数 ψ_s:1.000;
压缩层厚度(m):24.000;
沉降点坐标 X_0(m):0.000;
沉降点坐标 Y_0(m):0.000。

(2)平剖面图

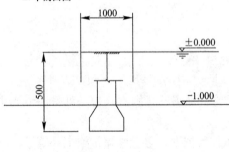

黏性土 E_s=31.9   ▽ -15.000

黏性土 E_s=2.86   ▽ -24.000

B=1000

(a)

(3)土层列表

土层数:2   地下水深度:-1.000m

层号	土类名称	层厚 (m)	层底标高 (m)	重度 (kN/m³)	饱和重度 (kN/m³)	压缩模量 (MPa)
1	黏性土	15.000	-15.000	18.000	18.000	31.900
2	黏性土	9.000	-24.000	—	18.000	2.86

二、计算结果

底板净反力(MPa):
最大=128.00,最小=128.00,平均128.00。
角点 P_1=128.00,P_2=128.00,P_3=128.00,P_4=128.00。

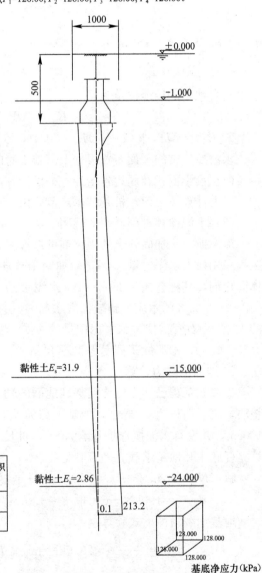

黏性土 E_s=31.9   ▽ -15.000

黏性土 E_s=2.86   ▽ -24.000

0.1   213.2

128.000
128.000
128.000
128.000

基底净应力(kPa)

(b)

各土层压缩情况:

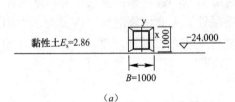

层号	土类名称	层厚 (m)	底标高 (m)	压缩模量 (MPa)	压缩量 (mm)	应力×面积 (kN)
1	黏性土	13.500	-15.000	31.900	4.375	1.090
2	黏性土	10.500	-24.000	2.86	0.692	0.015

总沉降量=1.000×5.07=5.07mm。
按《建筑地基基础设计规范》GB5007-2011表5.3.5:
沉降计算经验系数=-0.117($P_0 \geq f_{ak}$)和-0.117(P_0=0.75f_{ak})

(c)

图 3-19 复合地基桩基计算书简图

3.4.7 支架预压试验方案

1. 预压的目的

为了验证支架的整体稳定性及测定支架的弹性变形，克服混凝土在浇捣过程中支架产生不均匀下沉使混凝土体出现裂缝，满堂支承架在浇筑箱梁混凝土前按设计进行超载120％预压试验。按《公路桥涵施工技术规范》JTG/T F50—2011 规定，其沉降≤3mm。未设计预拱度，但其支架搭设与模板安装均需设置挠度，其挠度按 2.5‰左右控制。

2. 预压方法

选择箱梁自重最大的一段，即预压位置设在 1 号墩或 2 号墩及两侧长共 20m，宽为 35.5m 的一段全幅进行。该区顶层铺设双层 100mm×100mm 的方木，以满足荷载均匀分布在该试验区域，压载采用砂袋或水箱配重，该箱梁区段荷载重量为该区域箱梁混凝土重量的 1.2 倍。该箱梁区段荷载重量为 $P = 30097$kN，则压载重量为 $W = 30097 \times 1.2 = 36116.4$kN。加载分为四级，依次为压载总重量的 25％、50％、75％、100％。分级观测其支撑情况和下沉情况等。

3. 测量方法

每级加载后均静载 3h，测量各阶段的支架稳定情况及沉降量，卸载至箱梁混凝土自重时，进行支架体反弹性测量，并做好各阶段的详细记录。

支架体的沉降测量采用国家 1 级高精度水准仪，预压时确定专人进行测量，记录各阶段的标高，然后计算出沉降量。若沉降量满足不了设计要求时，找出原因所在，分别采取加固等措施。满足要求后再进行两次试验，直到满足设计要求为止。以后各阶段基础处理和支架搭设均以此试验标准为准，作为支撑架搭设施工的依据。

测量点控制采用如下方法：在试验区域的四角各悬吊一重约 30kN 重砣，其配重离地面 1.2m。每隔 2～3h，由专人用钢卷尺定时测量其控制测量点的实际沉降情况。

4. 测量记录（表 3-3、表 3-4）

箱梁预压测量记录表　　　　　　　　　　　　　　　　　　　　　　表 3-3

序号	加载值	加载前高程 A	加载后高程 B	沉降量（mm）A-B
1	25kN			
2	50kN			
3	75kN			
4	100kN			

总沉降量＝1＋2＋3＋4＝

箱梁预压卸载值测量记录表　　　　　　　　　　　　　　　　　　表 3-4

序号	卸载值	加载前高程 A	加载后高程 B	沉降量（mm）A-B
1	卸载至混凝土自重			

说明：跨中预拱度设计值总沉降量-反弹值——预拱度值设置 $\delta_\chi = 4 \times \delta \times X \times (l-X)/l^2$。

3.4.8 预应力桥梁支撑与混凝土浇筑施工

（1）大桥支模架搭设按施工组织设计的核心"支模架搭设专项方案"进行施工，立杆底和顶部各设有可调撑托，底座下设垫块，其剪刀撑、大小横杆均按设计计算后施工图说明进行施工，见图 3-20～图 3-23 所示。

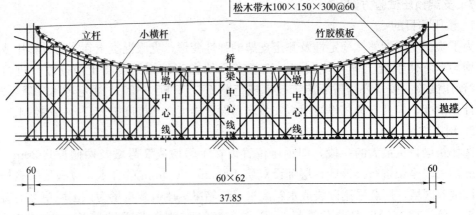

注：1.有肋梁处模底两边各两根立杆采用双管搭设。

2.所有立杆底部采用(楔形)垫木,垫木规格25×20×6。

图 3-20　箱梁横断面支模架搭设示意图

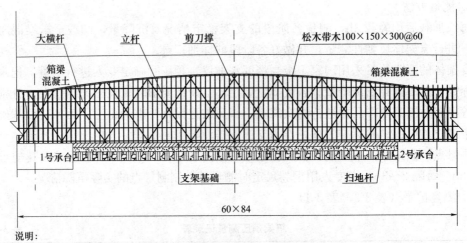

说明：

大桥1号、2号桥墩中心线两边各5m范围采用双管搭设,支撑架采用φ48mm×3.5mm脚手杆钢管搭设。用脚手架碗扣扣件进行连接。剪刀撑纵横向45°每5m一组进行搭设,扫地杆离地面15cm搭设

图 3-21　箱梁 1～2 号墩区支模架搭设示意图

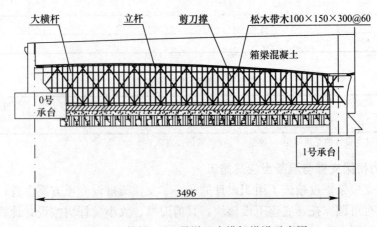

图 3-22　箱梁 0～1 号墩区支模架搭设示意图

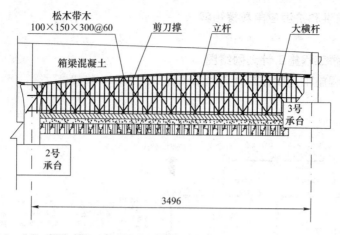

图 3-23　箱梁 2~3 号墩区支模架搭设示意图

（2）大桥支模架搭设后按预压法验收合格，然后按施工组织设计的核心"预应力箱梁混凝土浇筑专项方案"中的各段、间隔槽、合拢段顺序，按施工图说明要求进行施工，见图 3-24、图 3-25。

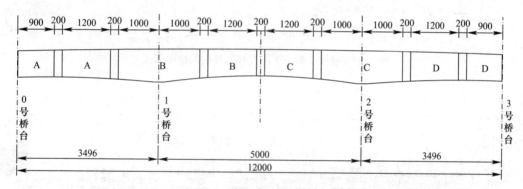

图 3-24　箱梁分段混凝土浇筑施工示意图

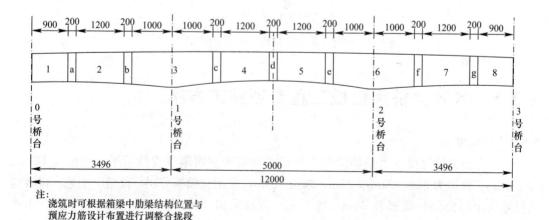

注：
浇筑时可根据箱梁中肋梁结构位置与
预应力筋设计布置进行调整合拢段

图 3-25　箱梁间隔槽混凝土浇筑顺序与合拢段施工示意图

（3）预应力筋工程与张拉施工，详见其"专项施工方案"，此处略。

3.4.9　抗台、防洪和抗洪应急救援预案

略。

3.4.10　××大桥工程施工计划网络图

××大桥工程施工进度控制计划网络图详见图 3-26、图 3-27。

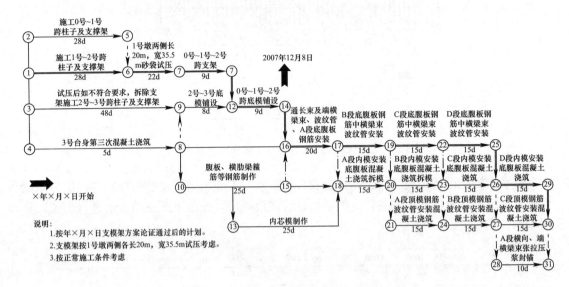

图 3-26　箱梁工程施工进度控制计划网络图示意

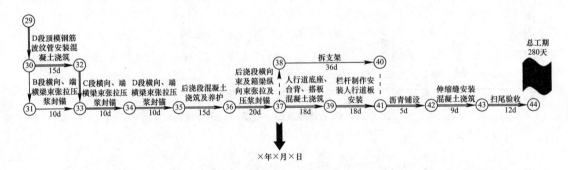

图 3-27　箱梁工程施工进度控制计划网络图示意

※3.5　××大桥大模板工程专项施工方案

3.5.1　工程概况

××大桥设计为预应力钢筋混凝土鱼腹式六室变截面渐变连续箱梁，全桥长 126m、宽 35.5m。跨经为 35m＋50m＋35m，联长 120m，采用大模板分层分段施工工艺。模板构造尺寸（中间跨经）跨经长 50m、宽 35m，面板采用 5mm 厚钢板，尺寸为：$H \times L = 27500mm \times 4900mm$，竖向小肋采用扁钢 60mm×6mm，间距 $s = 300mm$，纵肋采用槽钢［8，间距 $h = 300mm$，$h_1 = 360mm$，竖向大肋采用 2 根槽钢组合 2［8，间距 $l = 1400mm$，$\alpha = 400mm$，螺栓穿墙间距为：$l_1 = 1100mm$、$l_2 = 1500mm$、$l_3 = 260mm$。

试验算该大模板的强度与挠度。计算简图详见图 3-28、图 3-29。

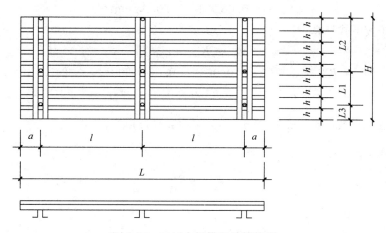

图 3-28　××大桥模板计算简图

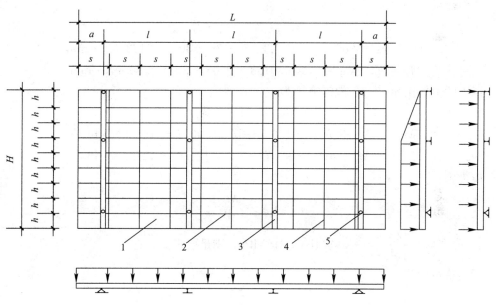

图 3-29　××大桥模板构造计算简图（双向板）
1—面板；2—横肋；3—纵肋；4—小纵肋；5—穿墙螺栓

解：取该大模板的最大侧压力 $P_{\max} = 50\mathrm{kPa}$。

3.5.2　荷载计算

1. 板面的计算

（1）强度验算

选用板区中简支的最不利受力情况进行计算。

$$\frac{l_y}{l_x} = \frac{300}{300} = 1.0 \text{ 得 } K_{mx}^0 = -0.0600, K_{my}^0 = -0.0550$$

$$K_{mx} = 0.0227, K_{my} = 0.0168, K_f = 0.0016$$

取 1mm 宽的板条作为计算单元，见图 3-28、图 3-29。荷载 q 为：

$$q = 0.06 \times 1 = 0.06 \text{N/mm}$$

支座弯矩按下式计算；

$$M_x^0 = K_{mx}^0 \times q \times l_x^2 \tag{3-16}$$

$$M_x^0 = K_{mx}^0 \times q \times l_x^2 = -0.0600 \times 0.06 \times 300^2 = -324 \text{N} \cdot \text{mm}$$

$$M_y^0 = K_{my}^0 \times q \times l_y^2 = -0.0550 \times 0.06 \times 300^2 = -297 \text{N} \cdot \text{mm}$$

板面的截面系数：$W = \dfrac{1}{6}bh^2 = \dfrac{1}{6} \times 1 \times 5^2 = 4.167 \text{mm}^3$

应力为：

$$\sigma_{max} = \frac{M_{max}}{W} \tag{3-17}$$

$\sigma_{max} = \dfrac{M_{max}}{W} = \dfrac{324}{4.167} = 77.8 \text{MPa} < 215 \text{MPa}$，可满足要求。

跨中弯矩：

$$M_x = K_{mx} \times q \times l_x^2 \tag{3-18}$$

$$M_x = K_{mx} \times q \times l_x^2 = 0.0227 \times 0.06 \times 300^2 = 122.6 \text{N} \cdot \text{mm}$$

$$M_y = K_{my} \times q \times l_y^2 = 0.0168 \times 0.06 \times 300^2 = 90.7 \text{N} \cdot \text{mm}$$

钢板的泊松比 $\upsilon = 0.3$，故需换算为：

$$M_x^{(v)} = M_x + \upsilon M_y$$

$$M_x^{(v)} = M_x + \upsilon M_y = 122.6 + 0.3 \times 90.7 = 149.8 \text{N} \cdot \text{mm}$$

$$M_y^{(v)} = M_y + \upsilon M_x = 90.7 + 0.3 \times 122.6 = 127.5 \text{N} \cdot \text{mm}$$

应力为：

$$\sigma_{max} = \frac{M_{max}}{W}$$

$\sigma_{max} = \dfrac{M_{max}}{W} = \dfrac{149.8}{4.167} = 35.95 \text{MPa} < 215 \text{MPa}$　满足要求。

（2）挠度验算

$$B_0 = \frac{Eh^3}{12(1-\upsilon^2)} \tag{3-19}$$

$$B_0 = \frac{Eh^3}{12(1-\upsilon^2)} = \frac{2.1 \times 10^5 \times 5^3}{12 \times (1-0.3^2)} = 24 \times 10^5 \text{N/mm}$$

$$\omega_{max} = K_f \times \frac{ql^4}{B_0}$$

$$\omega_{max} = K_f \times \frac{ql^4}{B_0} = 0.0016 \times \frac{0.06 \times 300^4}{24 \times 10^5} = 0.324 \text{mm}$$

$\dfrac{w}{l} = \dfrac{0.324}{300} = \dfrac{1}{926} < \dfrac{1}{500}$　满足要求。

2. 横肋计算

横肋间距 300mm，采用 8，支撑在竖向大肋上。

荷载：$q = Ph = 0.06 \times 300 = 18\text{N/mm}$。

[8 的截面系数 $W = 25.3 \times 10^3 \text{mm}$，惯性矩 $I = 101.3 \times 10^4 \text{mm}^4$。

横肋为两端带悬臂的三跨连续梁，利用弯矩分配法计算得弯矩图，如图 3-30 所示。

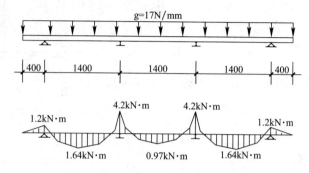

图 3-30　××大桥模板横肋弯矩计算简图

由弯矩图中可得最大弯矩 $M_{max} = 4200000\text{N}\cdot\text{mm}$。

（1）强度验算

$$\sigma_{max} = \frac{M_{max}}{W}$$

$\sigma_{max} = \dfrac{M_{max}}{W} = \dfrac{4200000}{25.3 \times 10^3} = 166\text{MPa} < 215\text{MPa}$　满足要求。

（2）挠度验算

1）悬臂部分挠度：

$$\omega = \frac{ql^4}{8EI} \tag{3-20}$$

$$\omega = \frac{ql^4}{8EI} = \frac{18 \times 400^4}{8 \times 2.1 \times 10^5 \times 101.3 \times 10^4} = 0.271\text{mm}$$

$\dfrac{w}{l} = \dfrac{0.271}{400} = \dfrac{1}{148} > \dfrac{1}{500}$　满足要求。

2）跨中部分挠度：

$$\omega = \frac{ql^4}{384EI}(5 - 24\lambda^2) \tag{3-21}$$

$$= \frac{18 \times 1400^4}{384 \times 2.1 \times 10^5 \times 101.3 \times 10^4} \times \left[5 - 24 \times \left(\frac{400}{1400}\right)^2\right] = 2.574\text{mm}$$

$\dfrac{w}{l} = \dfrac{2.574}{1400} = \dfrac{1}{544} < \dfrac{1}{500}$　满足要求。

3. 竖向大肋计算

选用 2[8，以上中下三道穿墙螺栓为支撑点：

$$W = 50.6 \times 10^3 \text{mm}^3, I = 202.6 \times 10^4 \text{mm}^4$$

大肋下部荷载

$$q_1 = Pl = 0.06 \times 1400 = 84\text{N/mm}$$

大肋上部荷载

$$q_2 = \frac{q_1 l_2}{2100} = \frac{84 \times 1500}{2100} = 60\text{N/mm}$$

大肋为一端带悬臂的两跨连续梁，利用弯矩分配法计算得弯矩分配图，如图 3-31 所示。

由弯矩图中可得最大弯矩为：$M_{max}=8171615$N/mm。

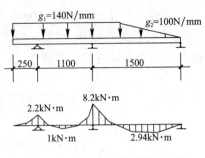

图 3-31 ××大桥模板竖向大肋弯矩计算简图

（1）强度验算

$$\sigma_{max}=\frac{M_{max}}{W}$$

$$\sigma_{max}=\frac{M_{max}}{W}=\frac{8171615}{50.6\times10^3}=161.5\text{MPa}<215\text{MPa 可}$$

满足要求。

（2）挠度验算

1）悬臂部分挠度：

$$\omega=\frac{q_1 l_3^4}{8EI}$$

$$\omega=\frac{q_1 l_3^4}{8EI}=\frac{84\times260^4}{8\times2.1\times10^5\times202.6\times10^4}=0.11\text{mm}$$

$$\frac{\omega}{l}=\frac{0.11}{260}=\frac{1}{2364}<\frac{1}{500}\qquad\text{满足要求。}$$

2）跨中部分挠度：

$$\omega=\frac{q_1 l_1^4}{384EI}(5-24\lambda^2)=\frac{84\times1100^4}{384\times2.1\times10^5\times202.6\times10^4}\times\left[5-24\times\left(\frac{260}{1100}\right)^2\right]$$

$$=2.75\text{mm}$$

$$\frac{\omega}{l}=\frac{2.75}{1100}=\frac{1}{400}>\frac{1}{500}\qquad\text{可满足要求。}$$

以上分别求出面板、横肋和竖向大肋的挠度，组合挠度为：

面板与横肋组合：$\omega=0.32+2.57=2.89\text{mm}<3\text{mm}$；

面板与竖向大肋组合：$\omega=0.32+2.75=3.07\text{mm}>3\text{mm}$；

均满足施工荷载对模板的要求。

3.5.3 ××大桥模板编写说明

本设计计算参考依据《公路桥涵施工技术规范》JTG/T F50—2011、《路桥施工计算手册》、《公路桥涵设计通用规范》JTG D60—2004 的规定执行。

※3.6 ××大桥模板碗扣式支承架设计方案

3.6.1 二号大桥支撑体系工程概况

××市××道路二号桥箱梁工程碗扣式支模架专项方案。

该大桥宽 23m，跨长为 30m＋50m＋30m，跨孔布置为 110m。三跨联长 116m。钢筋混凝土预应力后张法空腹式四室渐变变截面箱梁。本工程施工遵循"安全可靠，经济适用，节约成本，施工方便，保障通航"的原则，确保工程施工安全、质量与工期的实现。优化后的施工方案：支架采用贝雷架上"满堂红支架搭设法"施工，如图 3-32

所示。

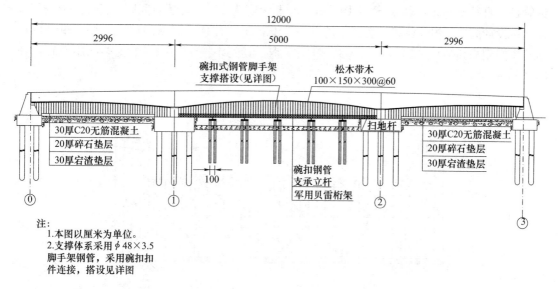

图 3-32　贝雷架上和落地"满堂红支架搭设法"示意图

3.6.2　工艺原理

两次跨采用无筋混凝土施工工艺复合地基法来加固地基。其复合地基层为 80cm 厚塘渣垫层，粗砂层 20cm，碎石层 30cm，无筋混凝土厚 30cm。现根据现场实际情况，采用 ϕ48mm×3.5mm 碗扣式脚手架落地支撑体系现浇施工工艺，钢管落地支撑桩基础半平面布置，如图 3-33 所示。

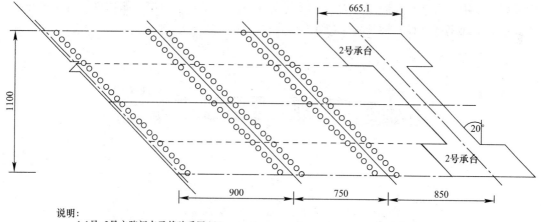

说明：

1.1 号~2 号主跨间支承基础采用 ϕ35
钢管桩，桩长 10.5m(打入土中 7m,3.5m
为水中及其上部)，共分 5 个组合桩群，
间距如图示，群桩内纵、横向间距均为 1m，群桩每组 48 根。

2.人行桥每幅各 5 组钢管群桩间距如图示，
群桩内纵向 1m，横向 1.2m。

3.群桩顶用工字钢焊接，横向用钢轨通长连固定，
上部再安放贝雷架，详见其布置图。

4.此图绘制比例 1:300

图 3-33　钢管落地支撑桩基础半平面布置示意图

主跨按设计采用钢管桩上军用贝雷架支撑现浇工艺，其基础处理按顺桥向设计，采用钢管桩，直径 $\phi 35cm$，其长度为 10.5m，入土深度为 7m。其纵向间距 7.5m、9m 不等，横向按设计间距 0.9m 分布布置。全跨共设 240 根桩。柱顶上层横向放置双拼或单拼贝雷架，中间用贝雷架桁片连接，上为 25 号工字钢，其间距按工字钢顶上支架间距布置，如图 3-34 所示。

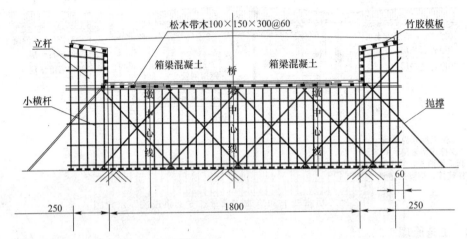

注：1. 有肋梁处模底两边各两根立杆采用双管搭设。
　　2. 所有立杆底部采用(楔形)垫木，垫木规格：$25 \times 20 \times 6$

图 3-34　钢管落地支撑箱梁横向平面布置示意图

①～②号承台标高为 3.09m，承台预埋 $\phi 25$ 钢（插）筋固定纵向贝雷架。贝雷架之间用贝雷架专用剪刀掌桁片固结。为避免汛期洪水冲击和水上漂浮物（如木桩）等的撞击破坏，在迎水面钢柱处设防撞三角混凝土柱，平面布置见图 3-35 所示。

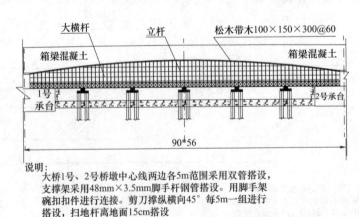

说明：
大桥1号、2号桥墩中心线两边各5m范围采用双管搭设，
支撑架采用48mm×3.5mm脚手杆钢管搭设。用脚手架
碗扣扣件进行连接。剪刀撑纵向横向45°每5m一组进行
搭设，扫地杆离地面15cm搭设

图 3-35　1～2 号箱梁军用贝雷架与钢管组合支撑布置图

上层为 18mm×18cm 枕木，碗扣式支架底座直接落在枕木上，枕木按照支架间距布置，其标准间距为 0.9m，箱梁 0～1 号和 2～3 号钢管落地支撑布置如图 3-36、图 3-37 所示。

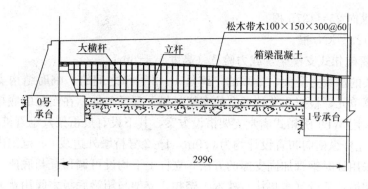

图 3-36　0～1 号箱梁钢管落地支撑布置施工图

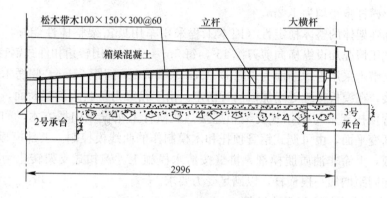

图 3-37　2～3 箱梁钢管落地支撑布置施工图

以上通道布置能满足××市水利水电勘测设计有限公司计算的 20 年一遇的洪水流量要求（由业主提供）。

3.6.3　二号桥支撑架设计计算书

为确保施工安全顺利进行，按《路桥施工计算手册》、《公路桥涵施工技术规范》JTG/T F50—2011、《公路桥涵设计通用规范》JTG D60—2004 进行有关承载力计算。

1. 荷载计算：

根据平面图所示，纵向贝雷架承载力最大的一跨是 1～2 号临时支架，故此，选择此跨作为验算单位。

① 混凝土自重：$1112 \times 26/(50 \times 23) = 25.141 \text{kN/m}^2$。

② 预应力筋重：0.5kN/m^2。

③ 模板自重：2.5kN/m^2（双层支模系统）。

④ 施工荷载：2.5kN/m^2。

⑤ 振动荷载：2.5kN/m^2。

⑥ 风荷载：0.6kN/m^2。

⑦ 安全系数：1.3。

支撑架上部荷载共重：

$$（①＋②＋③＋④＋⑤＋⑥）×⑦ = 43.863 \text{kN/m}^2 \approx 44 \text{kN/m}^2$$

钢管立（顶）杆根数：

横向 55×纵向 25＝1375 根。

44÷3.5＝12.57kN/根。

2. WDJ 钢管碗扣式支模架承载力验算（高度小于 6m）

纵向支承架的承载力最大，最高的一跨是 1~2 号墩之间跨，临时结构支承架，故选择此跨作为验算单元，根据我单位现有的支架材料及现场条件，在箱梁的底板下，现浇箱梁的支架主要采用 WDJ 碗扣式满堂支架搭设方案，其下设有贝雷架及钢管桩。

（1）（顶）立杆纵横向布置设计均为 0.9m，1~2 号桥墩外边线 6m 范围内和横肋梁部底板下必要时采用临时钢管加固支撑的方法，立杆上下均设可调顶托与底座，便于高度调整与拆除支撑架模，下设（木垫块）枕木。碗扣式支架与箱梁底板之间用普通扣件式钢管调整，由扣件式钢管与水平杆及斜撑连接成整体。

（2）大小横杆步距均为 1.2m。

（3）为加强架体的整体稳定性（因本工程采用军用贝雷架整体性能好，无须验算），根据支承架试压情况加设纵横向剪刀撑 45°，每 5m 一组。采用转角扣件式钢管。

箱梁模板带木采用松木断面为 10cm×15cm×400cm，间距 35cm，侧楞木与底模楞木用铁扒钉连接，在模板接缝处增加横向背楞木。由于箱梁为鱼腹式渐变断面，曲面部分采用可调式钢管顶托支架与碗扣式支架相连接。在横杆上布设纵向楞方木，间距为 30cm，方带木顶的渐变平面，由可调式钢管顶托和木模制作的曲线模控制。上部模板采用 12mm 厚覆面竹胶板，上涂非油质脱模剂，拼缝按清水模施工。碗扣式支架转化为扣件式支架时，原纵横向间距增加一根横杆，以满足受力要求。

3. WDJ 碗扣式支架立杆受力验算

WDJ 碗扣式支架立杆为受力杆件，立杆为 $\phi48\text{mm}×3.5\text{mm}$，面积 $A＝489\text{mm}^2$，$[\sigma]＝205\text{MPa}$。箱梁室底部腹板及横肋梁渐变部位立杆间距均采用 0.9m×0.9m，呈纵横向分布，步距高度为 1.2m。

（1）按最不利荷载验算

1）竖向荷载组成

竖向荷载共重：　　　（①＋②＋③＋④＋⑤＋⑥）×⑦＝44kN/m²。

2）单管承受竖向荷载

$$S = 0.9 × 0.9 = 0.81\text{m}^2$$
$$N = 44 × 0.81 = 35.64\text{kN}$$

强度验算按下式计算：

$$\sigma = \frac{N}{A}$$

$$\sigma = \frac{N}{A} = \frac{35640}{489} = 72.88\text{MPa} < [\sigma] = 205\text{MPa}$$

安全系数按下式计算：

$$K = \frac{205}{72.88}$$

$$K = \frac{205}{72.88} = 2.81 > 1.3 \quad 满足设计要求。$$

稳定性验算：回转半径＝15.79mm。

长细比按下式计算：

$$\lambda = \frac{l_o}{\gamma} \qquad (3\text{-}22)$$

$$\lambda = \frac{l_o}{\gamma} = \frac{600}{15.79} = 38$$

查表 $\varphi = 0.744$

$$\sigma = \frac{N}{\varphi A}$$

$$\sigma = \frac{N}{\varphi A} = \frac{35640}{0.744 \times 489} = 97.96 \text{MPa} < [\sigma] = 205 \text{MPa}$$

安全系数：$K = \dfrac{205}{97.96} = 2.093 > 1.3$。

（2）模板及肋木验算

模板为 12mm 厚覆面竹胶板，根据纵木肋木布置，按单向板计算，取最不利荷载点纵肋处计算。

取极宽 $B = 10$mm，取恒载 $G = ① + ② = 25.641 \text{kN/m}^2$。

$$q = B \times G = 0.256 \text{N/mm}$$

$$M = 0.1 \times ql^2 = 0.10 \times 0.256 \times 350^2 = 3136 \text{N} \cdot \text{mm}$$

$$W = \frac{bh^2}{9} = \frac{10 \times 12^2}{9} = 160 \text{mm}^3 \qquad (3\text{-}23)$$

$$I = \frac{bh^3}{9} = \frac{10 \times 12^3}{9} = 1920 \text{mm}^4$$

应力：$\sigma = \dfrac{M}{W} = \dfrac{3136}{160} = 19.6 \text{N/mm}^2 < [\sigma] = 45 \text{N/mm}^2$。

符合规范要求。

挠度按式（3-24）计算：

$$f = \frac{0.677 ql^4}{100 EI} \qquad (3\text{-}24)$$

$$f = \frac{0.677 ql^4}{100 EI} = \frac{0.677 \times 0.256 \times 350^4}{100 \times 0.9 \times 10^4 \times 1920} = 1.51 \text{mm} \qquad \text{满足要求。}$$

（3）纵肋木受力验算

纵肋木为 10×10cm 方木，支架横肋间距 600mm，按二等跨连续梁计。

按竖向荷载 $G = 44 \text{kN/m}^2$：

$$q = G \cdot B = 44 \times 0.1 = 4.4 \text{N/mm}$$

$$M = 0.125 ql^2 = 0.125 \times 4.4 \times 600^2 = 0.198 \times 10^6 \text{N} \cdot \text{mm}$$

应力按下式计算：

$$\sigma = \frac{M}{W} = \frac{0.198 \times 10^6}{100 \times 100^2/6} = 1.2 \text{N/mm}^2 < [\sigma] = 15 \text{N/mm}^2 \qquad \text{满足规范要求。}$$

挠度按下式计算：

$$f = 0.521 \times ql^4/100 EI \qquad (3\text{-}25)$$

$$f = 0.521 \times ql^4/100 EI = \frac{0.521 \times 4.4 \times 900^4}{100 \times 0.9 \times 10^4 \times 10^3/12} = 0.2 \text{mm} < [f]$$

$$= \frac{l}{400} = \frac{900}{400} = 2.25 \text{mm} \qquad \text{满足规范要求。}$$

（4）钢管横肋验算

钢管横肋采用 $\phi48$mm×3.5mm 脚手杆钢管，间距为 90cm，按最不利处计算（梁肋部位）荷载。

钢管垂直均布荷载：

$$q = G \cdot B = 0.0416 \times 900 = 37.44 \text{N/mm}$$
$$M = 0.1 \times 37.44 \times 900^2 = 3.033 \times 10^6 \text{N} \cdot \text{mm}$$
$$W = 5.08 \times 10^3 \text{mm}^3 \qquad I = 1.291 \times 10^5 \text{mm}^4$$

应力按下式计算：

$$\sigma = \frac{M}{W} = \frac{3.033 \times 10^6}{5.08 \times 10^3} = 597 \text{N/mm}^2 > [\sigma] = 205 \text{N/mm}^2 \qquad \text{不满足荷载要求。}$$

但梁肋部分间距按 60cm 进行搭设，经计算可满足最不利荷载处的承载受力要求。

挠度按下式计算：

$$f = \frac{ql^4}{150EI} \qquad\qquad (3-26)$$

$$f = \frac{ql^4}{150EI} = \frac{37.44 \times 600^4}{150 \times 2.1 \times 10^5 \times 1.219 \times 10^5} = 1.3 \text{mm} < 3 \text{mm} \qquad \text{满足规范要求。}$$

该计算根据《路桥施工计算手册》和《公路桥涵施工技术规范》JTG/T F50—2011、《建筑施工碗扣式脚手架安全技术规范》JGJ 116—2008。

4. 碗扣式支撑钢管脚手架自重荷载

① 纵横向立杆计算：

$$1375 \times 4 = 5500 \text{m}$$
$$38.4 \times 5500 = 211200 \text{N} = 211.2 \text{kN}$$

② 横杆：

$$\text{横向 } 25 \times 55 \times 6 = 8250 \text{m}$$
$$\text{纵向 } 50 \times 25 \times 6 = 7500 \text{m}$$
$$\text{纵 + 横} = 7500 + 8250 = 15750 \text{m}$$
$$38.4 \times 15750 = 604800 \text{N} = 604.8 \text{kN}$$

③ 碗扣件：

$$\text{立杆 } 1375 \times 6 = 8250 \text{ 个}$$
$$10 \times 8250 = 82500 \text{N} = 82.5 \text{kN}$$

④ 顶托：$23.9 \times 1375 = 32862.5 \text{N} = 32.863 \text{kN}$。

⑤ 底座：$61.6 \times 1375 = 84700 \text{N} = 84.7 \text{kN}$。

支撑架共重：①+②+③+④+⑤=1016.06kN。

支撑架每平方米重：1016.06÷1150=0.884kN/m²。

3.6.4 支承架在贝雷架上单根承载力计算

1. 支承架系统及上部荷载计算

① 支撑架自重：1016.06÷（50×23）=0.88kN/m²；

② 模板及上部动＋活载荷载重：44kN/m²。

2. 贝雷架上每平方米荷载

$$① ＋ ② ＝ 44.88kN/m²$$

3. 贝雷架上每根立杆荷载

$$44.88 ÷ 3.5 ＝ 13kN/根 ＜ 30kN/根$$

满足规范及支撑架设计荷载要求。

3.6.5 贝雷架的承载力验算

1. 纵向贝雷架承载力验算

（1）中腹板、模板等线荷载：$Q_1 ＝ 44 × 2.1 ＝ 92.4kN/m$；

（2）贝雷架双拼自重：$Q_2 ＝ 1.8 × 12（双）＝ 21.6kN/m$；

（3）支架及工字钢自重：$Q_3 ＝ 3 × 2.25 ＝ 6.75kN/m$。

2. 腹板下双拼贝雷架承载力验算

荷载：$Q ＝ Q_1 ＋ Q_2 ＋ Q_3 ＝ 120.8kN/m$；

1～2 号跨临时支架计算跨度：$l ＝ 8m$；

双拼贝雷架 $E · I ＝ 2 × 2.1 × 10^8 × 250500 × 10^{-8} ＝ 1052100$；

跨中挠度：$f ＝ \dfrac{ql^4}{150EI} ＝ \dfrac{120.8 × 8^4}{150 × 1052100} ＝ 3.1mm ＜ \dfrac{l}{400} ＝ 20mm$；

跨中弯矩：$M ＝ σ · W ＝ \dfrac{ql^2}{10} ＝ \dfrac{120.8 × 8^2}{10} ＝ 773.1kN · m ＜ 785 × 2kN · m$；

抗剪：$Q ＝ \dfrac{1}{2}ql ＝ \dfrac{1}{2} × 120.8 × 8 ＝ 483kN ＞ 240 × 2kN$；

基本满足要求。

3.6.6 钢管桩单桩承载力计算

钢管桩直径 0.35m，桩长 10m，入土深度 7m。桩支承在淤泥粘土层，试求单桩极限承载力标准值。

解：桩支承在密实上述土层上，查表得 $q_{pk} ＝ 1600kN/m²$。

$$黏性土 \ ψ_{si} ＝ 1 ψ_p ＝ \left(\dfrac{0.35}{D}\right)^{\frac{1}{4}} ＝ \left(\dfrac{0.35}{0.35}\right)^{\frac{1}{4}} ＝ 1$$

$$砂土 \ ψ_{si} ＝ \left(\dfrac{0.35}{D}\right)^{\frac{1}{3}} ＝ \left(\dfrac{0.35}{0.35}\right)^{\frac{1}{3}} ＝ 1$$

$$ψ_p ＝ \left(\dfrac{0.35}{0.35}\right)^{\frac{1}{3}} ＝ 1，又 A_P ＝ \dfrac{3.14 × 0.35^2}{4} ＝ 0.34m²$$

则：

$$Q_{uK} ＝ uΣψ_{si} · q_{sik} · L ＋ ψ_P · q_{pk} · A_P \tag{3-27}$$

$$Q_{uK} ＝ uΣψ_{si} · q_{sik} · L ＋ ψ_p · q_{pk} · A_P ＝ 3.14 × 0.35 × 1 × (36 × 7.5 ＋ 40 × 3.5 ＋ 70 × 0.34)$$
$$＋ 1 × 1600 × 0.34 ＝ 1.099 × 433.8 ＋ 544 ＝ 1020.75kN$$

以上计算以《建筑桩基技术规范》JGJ 94—2008 为依据，参考《建筑施工计算手册》。

单桩承载力特征值：1020.75kN ＜ 2856kN，受压许可承载力满足要求。

3.6.7 地基承载力验算

支撑架工程已知立杆传到基础地面的轴心力设计值为 $N ＝ 13kN$，立杆基础采用木垫块。底板面积为 0.25m^2，地基上部为无筋混凝土，厚 30cm，碎石砂垫层为 20cm，下为宕渣厚 30cm。地基承载力特征值为 190kN/m^2。

试验算立杆底座和地基承载力是否满足要求。

解： $N=13\text{kN}<R_\text{d}=40\text{kN}$，可满足要求。

又已知 $f_\text{ak}=190\text{kN/m}^2$，取 $K=1.0$。

地基承载力验算：

$$\frac{N}{A_\text{d}}=\frac{13}{0.25}=52\text{kN/m}^2<kf_\text{ak}=1.0\times190=190\text{kN/m}^2$$

故知，地基承载力满足要求。

3.6.8 地面总沉降量验算

计算简图如图 3-38 所示。

沉降计算简化计算书CJ-1
一、计算条件
执行规范：《建筑地基基础设计规范》GB 50007—2011。
  （1）基础数据
    基础长度 L(m): 1.000;
    基础宽度 B(m): 1.000;
    基底标高(m): -3.10;
    基础顶轴力准永久值(kN): 12.000;
    L向弯矩准永久值 M(kN·m): 0.000;
    B向弯矩准永久值 M(kN·m): 0.000;
    基础与腹土的平均容重(kN/m³): 20.000;
    经验系数 ψ_s: 1.00;
    压缩层厚度(m): 24.000;
    沉降点坐标 X_0(m): 0.000;
    沉降点坐标 Y_0(m): 0.000。
  （2）平剖面图

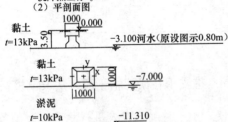

（a）

（3）土层列表

土层数: 2   地下水深度: -0.800m(河水以下)

层号	土类名称	层厚(m)	层底标高(m)	重度(kN/m³)	饱和重度(kN/m³)	压缩模量(MPa)
1	淤泥	0.40	-3.100	12.000	12.000	3.50
2	黏土	7.00	-7.00	18.000	18.000	31.900

二、计算结果
底板净反力(kPa):
最大=128.00, 最小=128.00, 平均128.00。
角点 P_1=128.00, P_2=128.00, P_3=128.00, P_4=128.00。

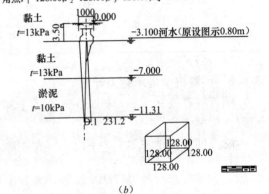

（b）

各层土的压缩情况：

层号	土类名称	层厚(m)	层底标高(m)	压缩模量(MPa)	压缩量(mm)	应力×面积(kN)
1	淤泥	0.40	-3.100	3.50	0.692	0.015
2	黏土	7.00	-7.00	31.900	4.375	1.090

总沉降量变 $1.000\times5.07=5.07\text{mm}$。
按《建筑地基基础设计规范》GB5007—2011表5.3.5:
沉降计算经验系数=-0.117($P_0\geq f_\text{ak}$)和-0.117($P_0\leq0.75f_\text{ak}$)。

（c）

图 3-38 桩基础复合地基沉降简图

3.6.9 支模架预压试验方案

1. 预压的目的

为了验证支架的整体稳定性及测定支架的弹性变形，克服混凝土在浇捣过程中支架产

304

生不均匀下沉，而使混凝土体出现裂缝，满堂支承架在浇筑箱梁混凝土前按设计进行超载120%预压试验。按《公路桥涵施工技术规范》JTG/T F50—2011规定其沉降≤3mm。设计未设计预拱度，但其支架搭设与模板安装均需设置挠度，其挠度按2.5‰左右控制。

2. 预压方法

选择箱梁自重最大的一段，即预压位置设在1号墩或2号墩跨的12、11、10段及两侧长各6m，宽为23m的该段全幅进行。该区顶层铺设双层100mm×100mm的方木，以满足荷载均匀分布在该试验区域。

压载采用钢筋配重，压载重量为该区域箱梁混凝土重量的1.2倍。该箱梁区段荷载重量为该区域箱梁混凝土重量的1.2倍。该箱梁3区段荷载重量为$P=554$kN（包括钢筋、混凝土、预应力筋、模板），则压载重量为$W=554×1.2=665$kN。加载分为四级，依次为压载总重量的25%，50%，75%，100%。观测其支撑下沉情况等测量记录，如表3-5所示。

	箱梁预压测量记录表			表3-5
序号	加载值	加载前高程A	加载后高程B	沉降量（mm）A-B
1	25%（166.3kN）			
2	50%（332.5kN）			
3	75%（498.8kN）			
4	100%（665kN）			

总沉降量＝1+2+3+4＝

3. 测量方

每级加载后均静载4h，测量各阶段的支架稳定情况及沉降量，卸载至箱梁混凝土自重时，进行支架体反弹性测量，并做好各阶段的详细记录。

支架体的沉降测量采用国家1级高精度水准仪。预压时确定专人进行测量，记录各阶段的标高，然后计算出沉降量。若沉降量满足不了设计要求，找出原因所在，采取加固等措施。满足要求后再进行两次试验，直到满足设计要求为止。以后各阶段基础处理和支架搭设均以此试验标准为准，作为搭设施工的依据。

测量点控制采用如下方法：在试验区域的四角各悬吊一重约30kN重砣，其配重离地面1.2m。每隔2~3h，由专人用钢卷尺定时测量其控制测量点的实际沉降情况，测量记录如表3-6所示。

	箱梁预压卸载值测量记录表			表3-6
序号	卸载值	加载前高程A	加载后高程B	沉降量（mm）A-B
1	卸载至混凝土自重			

说明：跨中预拱度设计值总沉降量—反弹值——预拱度值设置$\delta_\chi=4\delta X(l-X)/L^2$。

3.6.10 箱梁混凝土浇筑施工顺序

（1）箱梁混凝土浇筑从B号和C号桥墩开始，依序按A、B，C、D，A、D块对称浇筑混凝土，并留出间隔槽，待各块混凝土达设计强度100%之后，再按编号浇筑间隔槽，最后浇筑合垅段混凝土。箱梁分块段混凝土浇筑如图3-39所示，箱梁间隔槽、合垅段混凝土浇筑如图3-40所示。

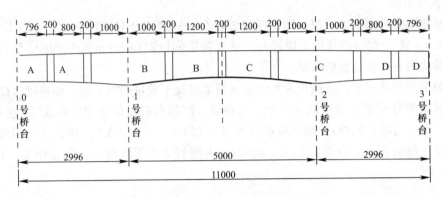

图3-39　箱梁分块段混凝土浇筑示意图

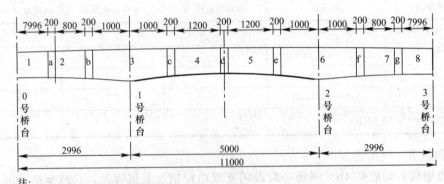

注：
浇筑时可根据箱梁中肋梁结构位置与
预应力筋设计布置进行调整合拢段

图3-40　箱梁间隔槽、合垅段混凝土浇筑示意图

（2）预应力筋布置与张拉工程施工另按其专项方案进行施工（此处略）。

3.6.11　大桥箱梁施工进度计划控制网络图

略。

3.7　××市道路二号大桥项目工程防台、防汛应急预案

3.7.1　工程概况

××市道路二号大桥工程。为了确保该大桥工程施工顺利进行与台风、汛期安全度汛。针对××二号大桥所跨××河位置的特点，我项目工程部按照"分级管理，逐层负责，责任到人，措施到位"的原则，抓紧落实各项防台、抗台、防洪与度汛工作，成立单位防台、抗台与防汛工作领导小组，具体工作安排如下。

1. 总体要求

为把防台、抗台与防汛工作放在首位，精心组织，统一指挥，认真贯彻"安全第一，

常备不懈，以防为主，全力抢险"的防台、防洪渡汛方针，坚持"建重于防，防重于抢，抢重于救"，立足于抗台风、防大汛，抗大洪，抢大险，救大灾。做到确保安全渡汛的同时，保证大桥建设顺利进行。

2. 总体目标

工程确保在正常水位 3.9m 以下时，正常继续进行施工。遇超该标准洪水位时或台风时，各单位要有预控应急措施，组织人员疏散，并把灾害损失缩小到最低限度，保证该大桥临时建设施工安全，确保大桥永久性工程的安全。

3. 人员名单

（1）领导小组

组　　长：_____；

副组长：_____、_____；

成　　员：_____、_____、_____、_____。

（2）工作小组

总调度领导：_____；

具体调度员：_____；

队伍组织者：_____；

抢救实施者：_____；对内对外联系者：_____。

4. 职责分工

（1）领导小组

防台、抗台与防洪渡汛领导小组为防台、抗台与防汛指挥机构，其主要职责：

1）贯彻执行国家防台、防汛工作方针，政策和法律、法规、规章制度。制定各项防台、抗台防汛与抗洪措施；

2）向所辖范围内的抢救力量发出抢险调度令；

3）及时发布汛情，实情报告；

4）负责防台、抗台与防汛经费的管理和使用；

5）督促、检查防台、抗台与防汛预案的执行情况；

6）督促、检查各有关部门履行防台、抗台与防汛职责和防台、抗台与防汛的准备工作；

7）服从××镇党委防汛领导小组的领导，在需要时调动抗台力量参与其他紧急的防台、抗台与防汛抢险任务。

（2）工作小组职责

防台、抗台与防洪渡汛工作小组为防台、抗台与防汛抢险执行机构，其主要职责为：

1）在防台、抗台与防洪度汛工作领导小组的统一指挥下，制定各项防洪措施，负责本管辖范围内防台、抗台与防洪抗洪工作，对本管辖范围内防洪与抗洪、抢险救灾工作认真负责。

2）认真贯彻防台、抗台与防汛法规，执行上级防台、抗台与防汛指令，全面部署本管辖区范围内的防台、抗台与防汛抗洪工作。

3）组织开展防台、抗台与防汛宣传，发动、教育广大职工切实加强水患意识，克服松懈麻痹思想，抓好队伍培训，筹足防汛抢险的人、财、物，清除河道行洪障碍。做好防汛工程，除险加固及水毁工程的恢复工作，把本管辖范围内防台、抗台与防汛措施在汛前落实到位。

4）当发生警戒线以上洪水或出现工程重大危险险情时，现场组织，集中人力、物力做好工程抢险工作，根据险情需要调动足够的抢险人员、物料，采取有效措施保证在建工程安全。

5）台风、洪灾发生后，组织好工程恢复及维护、灾后重建等工作。

6）负责防台、抗台与防洪抢险的用工用料、障碍清除的组织实施和协调工作。

5. 领导小组分工

（1）组长和常务副组长

1）统一指挥本工程项目的防台、抗台与防汛、抗洪救灾工作。对项目工程防洪工作负总责，主持防台、抗台与防汛会议，部署防台、抗台与防汛检查工作。

2）安排本项目工程各项防台、抗台与防洪工作。

3）根据统一指挥、分级、分部门、分人员负责的原则，统一调度各有关部门的防台、抗台与防汛工作。

4）参与重大防台、抗台与抗洪抢险救灾决策和预案、调度方案的研究制定。

5）遇有重大防台、抗台与抗洪抢险救灾等，第一时间要亲临指挥现场，调动项目部人力、物力夺取防台、抗台与抗洪抢险救灾斗争的胜利。

6）及时向××镇党委报告本工程防台、抗台与抗大洪、抢大险、救大灾工作情况，有关难处或请示支援，并听从指挥，统一调度。

（2）领导小组副组长和成员

1）具体指挥本工程项目的防台、抗台与防汛抗洪、救灾工作，对本工程项目防台、抗台与防汛工作负实施责任。召开防台、抗台与防汛工作会议，检查防台、抗台与防汛工作。

2）具体安排部署各项防台、抗台与防汛工作。

3）全面了解本工程项目的防台、抗台与防汛工作的基本情况，并随时掌握研究汛情、发展变化信息，具体负责协调有关部门的防台、抗台与防汛工作。

4）参与重大防台、抗台与抗洪、抢险、救灾决策和预案、调度方案的研究制定。

5）现场指挥防台、抗台与抗洪抢险救灾等事件，调动所辖项目部人力、物力夺取防台、抗台与抗洪抢险救灾斗争的胜利。

6）向领导小组组长报告现场防台、抗台与抗洪抢险救灾工作与实际情况。

6. 工作小组的分工

（1）调度领导及其成员

1）具体负责组织实施工程项目的防台、抗台与抗洪度汛工作，具体调动人员，根据现场情况亲自指挥调度，对防台、抗台与防洪度汛工作担负直接组织责任。

2）组织管理防台、抗台与抗洪抢险物资的到位。

3）编制重大防台、抗台与抗洪抢险救灾决策和预案、调度方案。

4）全过程指挥现场防台、抗台与抗洪，服从领导小组的决定。

（2）队伍组织和抢险实施者

1）现场负责实施工程项目防台、抗台与抗洪度汛工作，对防台、抗台与防洪度汛工作担负直接实施责任。

2）按照防台、抗台与抗洪抢险救灾决策和方案，调度方案，实施贯彻。

3）听从指挥，不畏艰难，积极投入防台、抗台与抗洪工作。

3.7.2 健全管理制度

1. 组织宣传制度

防汛工作是一项系统工程，涉及面广，情况复杂，任务艰巨，责任重大，所以要全面落实以领导防台、抗台与防汛责任制为主的各项防台、抗台与防汛责任制，一把手负总责，负责防台、抗台与防汛准备方案的制定。防台、抗台与抗洪抢险等工作要亲自抓，对全面工作的大问题要及时予以协调解决，要深入一线，加强具体工作的领导，做到思想到位，领导到位，责任到位。要加强防台、抗台与防洪宣传，充分利用宣传手段，提高职工的自我防台、抗台与防洪意识和防台、抗台与防洪抗汛义务，增加依法防台、抗台与防洪意识，共同防灾减灾，张贴和下发有关宣传资料。

2. 岗位值班制度

完善值班值宿制度不得缺岗、漏岗，及时上报情报，并及时做好灾情统计，确保防台、抗台与防汛工作正常进行。值班人员要做好值班记录，及时了解和掌握水情、工情、灾情、汛情和人员情况等。及时了解台风、雨情、水情实况和水文气象预报，发生险情及时报告，对领导指示、指挥调度命令及意见，要及时准确传达。严格执行交接班制度，收发文件、险情等要交（待）接清楚，急需处理的有关事宜要及时上报此项工作由×××负责。

3. 汛前检查制度

防汛检查是贯彻防汛工作方针、落实防汛责任制的重要内容，是做好防台、抗台与防汛工作行之有效的措施。汛前项目工程部，必须对防台、抗台与防洪情况进行全面细致彻底的（调）检查，发现问题及时解决，并制定具体的防台、抗台与防洪度汛对策。制定防台、抗台与防汛方案要服从工程项目管理部的总体防台、抗台与防汛部署方案并报指挥部备案。主要内容为思想、组织、机构、度汛方案、防台、抗台与防洪物资、河道清障、通信、预报、防汛信息系统和水情、气象预报等方面。汛前检查一般侧重防汛准备情况，督促做好各项防汛准备工作。施工单位自身检查工作由×××负责。

4. 物资储备制度

施工单位按照表3-7做好防台、抗台与防汛物资储备，并建立防台、抗台与防汛台账和财务管理制度。防汛物资准备应确保满足3.9m水位以上时的防洪度汛工作的需要。

防台、抗台与防汛物资储备表　　　　　　　　　表 3-7

名　称	单　位	数　量
发电机组	kW	200
篷布	块	25
编织袋	万只	5
手灯	把	40
雨衣	件	300
救生衣	件	100
救生圈	个	40
探照灯	个	4

名 称	单 位	数 量
贝雷片	片	952
吊车	辆	2
脚手架钢管	kN	100

5. 抢险救护制度

汛前项目工程部要组织以青年团为骨干的防台、抗台与抗洪救灾志愿者队伍，组织抢险志愿救护队，把灾害损失降低到最小，队伍经常组织实战演练，以应急抢险、救护为主，要彻底落实好抢险队伍。各个队伍必须在正式开工半月内做好一切准备。

6. 洪涝灾害统计报表制度

洪涝灾害统计的目的与任务是真实、准确、及时、全面地向防台、抗台与防汛领导小组和有关部门反映洪涝灾害发生的基本情况及对人员生命财产造成损失的真实反映，加强对洪涝灾害的评估和预测，为防台、抗台与防汛抗险和救灾决策提供依据，为防灾减灾工作奠定基础。上报类别与时间，分为定期统计报表和实时统计报表两类。实时灾情报表在灾害发生后立即统计上报，并要求每天统计上报灾情的发展变化情况。灾情严重时，除填报统计报表外，还应上报灾害情况说明材料，此项工作由×××督促负责落实。

3.7.3　严格工作程序

为了切实提高水患意识，克服麻痹思想和侥幸心理，为夺取今年防台、抗台与防汛工

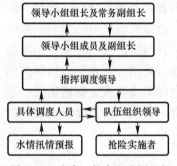

图 3-41　防台、抗台和防汛组织
与工作流程

作的全面胜利，本着"积极准备，主动防御、果断处理"的原则，制定严格的工作程序。

1. 工作流程

防台、抗台与防汛组织与工作流程，如图 3-41 所示。

2. 请示汇报程序

要求按照上述各级人员职责，排名第一的为主要负责人，属于自己管辖范围内的自己决定，并报上一级备案，需上一级解决的，应以书面形式在 1h 内上报（情况危急时可先电话上报），上一级应在 1h 内书面答复（情况危急时可先电话答复），同样报其上一级备案。

3. 检查落实程序

对所要准备的人员、材料、物品等全部要求有检查落实记录，有准备落实方案的详细清单，在汛前上报上一级检查，上一级应在 24h 内安排检查，并做好记录。对制度、要求、方案、措施的决定，也同样要求在有效期限内提供检查落实情况的详细记录。

4. 险情处理程序

接到重大险情报告后，首先在现场无条件采取应急抢救措施的同时，在 1h 内制定出具体抢险方案，由领导小组决策，各责任段责任人负责实施。并在领导小组统一调度下成立抢险指挥部，抢险指挥部由领导小组组长任指挥长。抢险方案由指挥长签署并负责组织实施，在特大险情发生后，同时向指挥部提出支援，由指挥部组织其他工程项目人员或其他力量共同参与抢险。

5. 队伍调用程序

队伍调用程序见表3-8。

队伍调用程序 表3-8

水位在4m以上时	水位在4.9m以上时	水位在5.9m以上时	水位在5.95m以上时
此时防汛任务主要为保护便道，防止其掀浪（大风浪）拍打围堰。险情随时可能发生，按相应队伍调动，请示工作领导小组批准后，由队伍组织者中技术人员动用机动抢险人员机械设施和物资加筑堤坝围堰段，确保其安全	此时防汛主要任务为确保围堰不漏水，确保支撑系统不受水浸泡与地基的稳固施工正常进行，加强围堰堤坝日夜值班巡逻，发现险情立即上报有关部门和有关防汛指挥部领导，及时组织抢险抢修，动用全部项目部人、财、物，统一听从调度，有序实施	此时防汛主要任务为确保围堰堤坝安全水位，超危险水位2m以上全力以赴采取有效措施：一保围堰堤坝安全；二保支承架体系结构稳定；三作好已建工程的保护工作与安全。经请示防汛指挥部领导批准后立即调动组织两支队伍，分工负责防汛抢险物资设施，执行统一调度、统一指挥	此时的防汛任务为水位过大、超危险水位，2.5m以上施工活动全部停工。上报县防汛指挥部请求支援，并由县防汛指挥部统一调度安排，队伍此时由项目部防汛指挥部小组，组长动员所有参战人员一切服从上级部门的统一指挥与安排

3.7.4 工作规定要求

1. 施工现场

（1）在水情汛情掌握方面，建立洪水测量与预告制度，要求在一方面取得水利防汛、气象等单位的配合与支持。通过科学的预告系统，取得相应的数据进行分析。同时，在项目部，由本单位分别在上下游设置水位观测点，对水位涨落动态情况做好记录，并提出分析意见。按照4.0m、4.9m、5.9m、5.95m进行预告预警。当相差该水位0.25m时提出预告，并通报防汛调度者，以便于研究相关对策和措施。此项工作由×××负责，施工测量负责人具体落实。

（2）在安全防护方面，确保生命安全，努力减少财产损失，所有水上作业人员，必须穿戴救生衣，现场配置至少20个救生圈。在任何情况下，以确保人员生命安全为第一位，同时在保障安全的情况下，对任何突发事件应尽力组织开展抢险工作，使损失降低到最低程度，此项工作由安全员负责。

2. 临时工程

（1）施工便道加高或围堰加高由×××负责。

（2）支承架在渡汛方案方面，建立细致观测与排除漂浮物。经过计算，主桥支架可以抗击四级以下洪水，但无法抗击六级以上大风浪的袭击。但理论与实际不能完全吻合，所以在整个汛期，对危险物的细微观测尤为重要，应保持一直进行，特别是发现支架向下游偏位的情况下，则视为紧急情况。此时一方面采取措施，采用拉索等方式在上游方向稳固；另一方面，对支架安全有着直接影响。为此，将对其进行排除，对大型漂浮物的排除主要采取提前观测发现，提前排除的方法，即上游处设拦截点，进行拦截排除；对小型漂浮物，主要采取就地及时排除的办法，不能使之交结堆积。此工作由×××负责。

3. 重要结构物

在结构物度汛方面，建立"早施工、早稳定、舍临建、保永久"的原则，主汛期施工主要是主跨箱梁施工。为此，要加快施工进度，同时采取先进、科学的技术，比如灌注早强混凝土，达到设计强度后，尽早张拉使之早稳定。同时经过水情汛情分析预告系统的分析数据，在有时间有把握的情况下进行混凝土浇筑。在情形危急、万不得已的情况下，停止施工。

4. 问题与建议

（1）建立防台、抗台与防汛、抗洪专用备用金制度。施工单位应集中统一备用金，按照防汛抢险必须为原则，由领导小组研究确定动用。最终根据实际发生费用情况，按照合同条款和计量支付程序。业主根据工程量清单中的预备费，分清各自承担的风险。

（2）请业主建立与相关部门联系通道，要求（尽量）提供有关信息服务。

（3）××二号大桥工程项目的防台、抗台与防汛、抗洪系统，应与××市防台、抗台与防汛指挥部系统联接，并做好统一调度，互相支援，以增强防台、抗台与防汛、抗汛、抗洪救助能力。

3.7.5 防台、抗台与防汛、防洪工作领导小组

××市××路二号大桥工程防台、抗台与防汛、防洪工作领导小组名单，见表3-9。

大桥工程防台、抗台与防汛、防洪工作领导小组名单　　　　　　　　表3-9

部门	姓名	岗位职责	电话	备注
公司		副总经理		
		工程部经理		
工程项目部施工现场		项目经理		
		项目副经理		
		材料员		
		施工员		
		安全员		
		测量员		
		质量员		
		木工班组长		
		钢筋工班组长		
		混凝土工班组长		
		架子工班组长		
		木工副班组长		
		值班员		

注：以上人员在汛期必须24h开通电话。

3.8　××河大桥支撑架搭设专项施工方案

3.8.1　工程概况

该大桥工程是一座跨××河的特大桥，还跨越规划在建的重点工程。大桥主桥工程，起讫桩号为K0+852.58~K1+059.524，长206.944m。

该大桥引桥工程，起讫桩号K0+601.92~K0+902.32和K1+009.78~K1+210.18，全长500.08m。

主桥类型为单跨悬链线中承式钢箱无铰拱桥，计算跨径138.0m，矢高34.5m，矢跨比1/4，拱轴系数：$m=1.347$。

下部结构：基础采用冲击钻孔施工，主桥墩为 5 排 30 根 d200cm 钻孔灌注桩，桩基础采用 C30 水下混凝土。承台外形平面尺寸为 42.4m×26.04m，高度为 4.5m，采用 C30 混凝土。

上部结构：主拱圈由两条分离的钢箱拱肋组成，箱宽 2.0m，拱脚断面拱箱高 3.6m，拱顶断面拱箱高 2.6m，高度采用以水平坐标为 x 轴的二次抛物线变化。每片主拱肋划分为 11 个施工段（A、B、C、D、E、F），其中 F 段为合拢段，其余 5 对拱段分别对称，设计采用临时铰接条件下的逐段缆索吊装扣挂方式施工。两片拱肋之间设置 7 榀横撑，以加强全桥刚度。吊杆全桥共设 16 排，每排 4 根。8 根短吊杆为刚性吊杆，其余长吊杆为柔性吊杆。所有吊杆上端均安设传感器，方便营运阶段桥梁检测。钢横梁采用全焊式变截面钢板梁，箱形截面，共 16 根。横梁顶板上设置剪力钉与桥面板现浇段连接。

该大桥南北引桥工程全长 500.08m。其中南引桥 1～10 号跨总长 300.04m。北引桥 15～19 号跨长 200.04m。

南引桥 7～9 号桥墩底层靠桥中线位置布置非机动车道，10～11—1 号桥墩底层靠桥中线位置布置非机动车道。

北引桥 14～16 号桥墩底层靠桥中线位置布置非机动车道，13～12—1 号桥墩底层靠桥中线位置布置非机动车道。

引桥基础为直径 2.20m 和 1.50m 机械钻孔灌注桩，0 号桥台采用轻型桥台，单排 6 根直径 1.5m 机械钻孔灌注桩基础；19 号桥台采用两排 12 根 1.5m 机械钻孔灌注桩基础。系梁和承台、台身和墩柱及盖梁均采用 C30 混凝土，桥墩柱为 180cm×180cm 方柱墩。

主桥桥面宽 25.6m，为 C40 现浇预应力等截面连续箱梁。箱梁构造在主桥上是单箱三室，箱梁高 180cm；翼板悬臂长 485cm，顶板厚为 22cm，底板厚为 20cm；加厚段位置底板、肋梁、顶板均相应增厚。桥面横坡为 1.5％的双向横坡。非机动车道宽 9.1m，采用 C50 混凝土预应力简支倒 T 形梁和 C30 混凝土带悬臂连续空心板。箱梁、倒 T 形梁和连续空心板均采用满堂支架施工。

箱梁预应力束是双向分布，有纵向预应力和横向预应力两种。预应力按每束钢绞线的数量分为：12 根、4 根和 2 根三种。每束 12 孔的采用 ϕ90 波纹管成孔，OVM15-12P 锚与 OVM15-12；每束 4 孔的采用 70×19 波纹管成孔，BM15-4P 锚与 BM15-4；每束 2 孔的采用 50×19 波纹管成孔，BMP15-2P 锚与 BM15-2 进行敷设。

经公司自检及建设单位、监理单位、设计单位、质监单位等的监督下，工程从开工以来至现在，施工现场用电、土方工程施工安全措施、模板工程安全措施及安全防护措施等都按照有关规章制度全部做到位，安全事故为零。本工程曾获省"安全标准化工地"和"芙蓉杯"奖。

×年×月被住房和城乡建设部授予建设工程质量金质奖"鲁班奖"及证书。

3.8.2 编写依据

参照书内相同类似工程依据（略）。

3.8.3 工艺原理

本工程支架采用碗扣式钢管脚手架搭设本桥满堂红模板支撑架，连接件用"十字"、"一字"和回转扣三种，立管底用 120mm×120mm×10mm 钢垫板或 120mm×120mm×18mm 竹木胶模板。

因非机动车桥位于主桥箱梁底，在非机动车道施工时满堂红支架需进行二次搭设，预应力横向张拉操作平台根据要求一次搭设到位。

模板支撑架搭设布置，采用碗扣式脚手架搭设，搭设跨距取 1.5m，纵隔梁下排距为 0.6m。

小横梁采用 6cm×8cm 杉木方，用模板 1.8cm 厚竹木胶模板，木肋的间距（中-中）24cm。大横梁采用"十"字扣形双层钢管。

3.8.4 模板支撑架的搭设施工工艺与操作要点

1. 施工工艺

工程数量大，每个扣体必须一次性紧到位，以后难于整改。扫地纵横杆必须满设，扣紧。立杆接头必须用接头扣，管口对接，并应保证接头错开，严禁在同一水平面上。

确保支撑架体的整体稳定性、立杆的垂直度、水平杆的平整度、间距的均匀性，做到在一条直线上，在一个水平面上。

大桥水中通道采用水下混凝土桩、承台，水上部分安装型钢组合支撑体系，平台上承碗扣式钢管支撑架。

2. 操作要点

（1）支架计算原则

选择不利的情况及不利的部位进行支架计算，按不同重量区域配置支架间距，剪刀撑及水平连杆按实际情况设置。

（2）支架承受的荷载计算

支架承受的荷载主要有：箱梁重量、支架模板及施工荷载。

箱梁横梁断面面积：31.12m²，翼板断面面积：2.06m²。

脚手架稳定计算根据门架设计，隔梁处受力最大，选取受力计算单元。

箱梁横梁处的混凝土荷载：

$$(31.12 - 2 \times 2.06) \times 27/14.8 = 49.3 \text{kN/m}^2$$

（3）脚手架自重产生的轴向力 N_{GK1}

门架 1 榀：0.224kN；

交叉支撑 2 副：0.04×2＝0.08kN；

连接棒 2 个：0.006×2＝0.012kN；

合计：0.316kN。

每米高脚手架自重：

$$N_{Gk1} = 0.316/1.9 = 0.166 \text{kN/m}$$

（4）加固杆及附件产生的轴向力 N_{Gk2}

加固杆包括纵向加固杆及剪刀撑，采用 $\phi 48 \text{mm} \times 3.5 \text{mm}$ 的钢管，钢管重 0.038kN/m，水平加固杆按一步一设，则每跨距宽度内钢管自重为：（1.5÷cos45°＋1.5）×0.038＝0.138kN

扣件每跨距内直角扣件 1 个，旋转扣件 4 个。扣件重为：

$$1 \times 0.0138 + 4 \times 0.0145 = 0.072 \text{kN}$$

则每米高门架加固件重：

$$N_{Gk2} = (0.138 + 0.072) \div 1.9 = 0.111 \text{kN/m}$$

（5）操作层均布施工荷载标准值

施工人员、材料、机具荷载：$1kN/m^2$；

振捣混凝土产生的荷载：$4kN/m^2$；

泵送产生的荷载：$2kN/m^2$；

$$Q_k = 7kN/m^2$$

则每榀门架承受的重量为：

$$Q_k = 7 \times 1.2 \times 1.5/2 = 6.3kN$$

（6）上部结构产生的轴向力 N_{Gk3}

隔梁处每榀脚手架混凝土重量为：$G=43.45kN$；

模板及方木重量：$1kN/m^2$；

$$1 \times 1.2 \times 1.5/2 = 0.9kN$$

则：$\sum N_{Gk3}=43.45+0.9=44.35kN$

则每榀门架承受：

$$N = 1.2(N_{Gk1} + N_{Gk2})H + 1.2\sum N_{Gk3} + 1.4\sum N_{Qk}$$

式中　1.2、1.4——永久荷载和可变荷载分项系数。

$$N = 1.2 \times (0.166 + 0.111) \times 14 + 1.2 \times 44.35 + 1.4 \times 6.3 = 66.69kN$$

（7）一榀门架稳定承载力设计值 N_d

$$N_d = \varphi \cdot A \cdot f \qquad (3-28)$$

门架型号为 MF1219，门架立杆钢管为 $\phi48mm \times 3.5mm$，$A_1 = 489mm^2$，$h_0 = 1900mm$，门架加强杆钢管为 $\phi26.8 \times 2.5mm$，查表得门架立杆换算截面回转半径为：$i = 16.52mm$。

门架立杆长细比 $\lambda = kh_0/i$，调整系数 k，根据 $H=14.0m$ 查得，$k=1.13$，$\lambda=kh_0/i = 1.13 \times 1900/16.52 = 130$，根据 $\lambda=130$ 查表，得立杆稳定系数 $\varphi=0.396$，则

$$N_d = \varphi \cdot A \cdot f$$

$$N_d = \phi \cdot A \cdot f = 0.396 \times 489 \times 2 \times 205 \times 10^{-3} = 79.4kN > 66.69kN$$

计算结果表明，一榀门架的稳定承载力设计值（即稳定承载力设计值）大于一榀门架的轴向力实际承载值，满足 $N_d > N$，故此脚手架的稳定满足要求。

3. 木方的强度、刚度验算

据查，杉木顺纹容许弯应力：

$$[\sigma_W] = 1.2 \times 12.0 = 14.4MPa \qquad (3-29)$$

（1）弹性模量

$$E = 9 \times 10^3 MPa$$

杉木顺纹容许剪应力：

$$[\tau] = 1.2 \times 1.3 = 1.56MPa$$

强度：

$$\sigma_{max} = ql^2/(8 \times W_n)$$
$$W_n = bh^2/6 \qquad (3-30)$$

剪力：

$$\tau_{max} = N/A \leqslant [\tau]$$

刚度：

$$f_{max} = 5ql^4/384EI \tag{3-31}$$

$$f_{max} = 5ql^4/384EI \leqslant f = 3mm$$

$$I = bh^3/12$$

（2）抗弯强度

横梁部位：

$$q_{max} = 66.69 \times 0.3 \times (0.5)^2/(8 \times W_n) = 9.77MPa < [\sigma_W]$$

4. 模板强度、刚度验算

18mm 厚竹胶模板，查《公路桥涵施工手册》其力学性能是：

静弯曲强度：$[\sigma_W] = 90MPa$；

弹性模量：$E = 6 \times 10^3 MPa$；

以最大不利荷载验算（木方净间距＝24cm，取 $l = 0.3m$）。

（1）强度验算

$$q_{max} = ql^2/(8 \times W_n)$$

$$W_n = bh^2/6$$

$$q_{max} = (49.3 + 7) \times 1.0 \times (0.3)^2/(8 \times W_n) = 11.73MPa < \sigma_W = 90MPa$$

（2）刚度验算

$$f_{max} = 5ql^4/384EI \leqslant f = l/150$$

$$I = bh^3/12$$

$$f_{max} = 5 \times 56.3 \times 10^3 \times 1.0 \times (0.3)^4/384EI = 2.0mm \leqslant f = l/150$$

上述验算结果，表明支架、模板的强度、刚度等指标均符合有关规范要求。

3.8.5 质量控制措施

1. 支架预压

考虑梁体自重、地面下沉及支架的弹性和非弹性变形等因素影响，粗略调整好底模标高后进行配载预压。配载采用水袋，加载重量不得小于梁体自重的 1.2 倍。加载完成后进行连续观测，预压 72h，且日沉降量小于 1～2mm 时，沉降稳定，经监理工程师同意，方可进行卸载。

支架预压一方面消除支架与方木、方木与模板、支架与枕木之间的非弹性压缩量及支架基础地基的非弹性压缩量，另一方面测出支架弹性变形量及基础地基弹性压缩量，作为底模调整依据。

2. 支架基础施工

本工程的原基础因前期桩基施工时，在桩基边开挖大型泥浆池，同时也有大量泥浆外溢浸泡周围土质，而使得地基承载力达不到要求。如遇荷载或雨水侵蚀，则沉降大，变形严重。鉴于这种情况，在支架基础施工时必须采取措施处理。

3. 保证支架不下沉、变形

为保证支架不下沉、变形，采取以下控制措施：

（1）将原开挖泥浆池在二次清理干净后，全部采用砾石分层回填、分层夯实。受浸泡的土质采用机械挖除 80cm 厚，再换填砂砾回填。

（2）基础范围按桥面覆盖区南、北顺桥向外伸出 2.0m，经整平夯实后，浇注厚 20cm

的 C20 混凝土（具体处理方式根据实际情况定）。

（3）在基层区的南、北顺桥方向，紧邻混凝土基层修排水沟，解决基层表面雨水的有序排放，不侵蚀基层地基土壤。

（4）在未换填的地区采用整平、碾压铺设 20cm 厚的砾石基层，压实后浇注厚 20cm 的 C20 混凝土基础。

（5）在防汛堤斜坡面搭设支架：对于坡度较小的堤坝采取人工先铲除地表草皮后，再修筑断面尺寸为 70cm×70cm 台阶，采用汽油打夯机夯实。在每级台阶边采用红砖砌筑围护基础，用 C20 混凝土浇筑垫层 25cm。对于通往河内坡较陡的位置支架基础则需采取打松木桩后加固分级筑填平台，保证支架基础的稳定性。

3.8.6 高空作业的安全技术措施

1. 安全技术措施

（1）本工程严格执行《建筑施工高处作业安全技术规范》JGJ 80—1991、《市政工程立柱施工脚手架安全技术暂行规定》等进行施工。搭设施工脚手架必须持有经批准的专项施工方案，并进行安全技术交底。架子工应持证上岗，搭设完毕应有专人验收，合格签字，挂牌后方可正式启用。

（2）所有进入施工现场的人员必须戴好安全帽，并按规定佩戴劳动保护用具，如安全带等安全工具。

2. 架子工操作规程

（1）搭设或拆除脚手架必须根据专项施工方案，操作人员必须经专业训练，考核合格后发给操作证，持证上岗操作。

（2）钢管有严重锈蚀、弯曲、压扁或裂纹的不得使用，扣件有脆裂、变形、滑丝的禁止使用。

（3）拆除脚手架必须正确使用安全带。拆除脚手架时，必须有专人看管，周围应设围栏或警戒标志，非工作人员不得入内。按顺序由上而下，一步一清，不准上下同时交叉作业。

（4）拆除脚手架大横杆、剪刀撑，应先拆中间扣，再拆两头扣，由中间操作人往下顺杆子。拆下的脚手杆、脚手板、钢管、扣件、钢丝绳等材料，严禁往下抛掷。

3. 安全防护的设置

脚手架操作平台、桥面、基坑等周边要按规定搭设防护栏杆和踢脚板，外侧和底面要挂设安全网。人行通道要满铺走道板，并绑扎牢固。登高作业和上下基坑要走扶梯，严禁攀爬。高空作业人员要系好安全带，严禁上下抛物。施工作业搭设的扶梯、工作台、脚手架、护身栏、安全网等必须牢固可靠，并经验收合格后方可使用。架子工应符合《建筑施工安全技术统一规范》GB 50870—2013 和《建筑安装工人安全技术操作规程》规定要求。

4. 安全防护用品的要求

（1）安全帽：安全帽质量必须经有关部门检验合格后方能使用，正确使用安全帽并扣好安全帽带；

（2）安全带：安全带质量须经有关部门检验后方能使用；安全带使用两年后，按规定抽验一次，对抽验不合格的，必须更换安全绳后才能使用；

（3）安全网：网绳无破损，并扎系牢固、绷紧、拼接严密；网宽不小于 2.6m，里口离墙不得大于 15cm，外高内低，每隔 3m 设支撑，角度为 45°；立网随施工层提升，网高出施工层 1m 以上。网与网之间拼接严密，空隙不大于 10cm。

3.8.7 节能与环保措施

略。

3.8.8 工程施工各种应急救援预案

略。

3.9 ××河大桥模板工程专项方案

3.9.1 工程概况

本工程为××市××路跨河的中承式钢箱梁拱桥，两岸引桥为空腹式单箱三室的现浇预应力钢筋混凝土结构。模板施工方案编制依据《建筑施工安全检查标准》JGJ 59—2011 和《建筑施工门式钢管脚手架安全技术规范》JGJ 128—2010 等。该工程×年×月获国家工程质量最高金质奖"鲁班奖"。

本工程模板需用量较大，现浇立柱采用定制组合钢模，其余现浇结构均采用竹胶模。箱梁和观景平台支撑系统采用 ϕ48mm×3.5mm 架管，连接件用"十字"、"一字"和回转扣三种，立管底用 120mm×120mm×10mm 钢垫板或 120mm×120mm×18mm 竹木胶模板。钢管符合国家现行规范 Q235 钢的标准，大横梁采用"十"字扣形双层钢管。

3.9.2 模板设计

小横梁采用 6cm×8cm 杉木方，模板用 1.8cm 厚竹木胶模板，木枋的间距（中-中）30cm（参数提取详见支架设计和总体施工组织设计）。

18mm 厚竹胶模板，查《公路桥涵施工手册》，其力学性能是：

静弯曲强度：$[\sigma_w]$＝90MPa；

弹性模量：$E=6\times10^3$MPa；

验算截面（该处木方净间距＝24cm，取 $L=0.3$m）。

1. 观景平台模板力学性能验算

（1）强度验算

$$\sigma_{max} = \frac{ql^2}{8\times W_n} \tag{3-32}$$

$$W_n = \frac{bh^2}{6}$$

$$\sigma_{max} = \frac{35.67\times1.0\times(0.3)^2}{8\times W_n} = 7.43MPa < \sigma_w = 90MPa$$

（2）刚度验算

$$f_{max} = \frac{5ql^4}{384EI} \leqslant f = \frac{1}{150}$$

$$I = \frac{bh^3}{12}$$

$$f_{max} = \frac{5\times35.67\times1.0\times\langle0.3\rangle^4}{384EI} = 1.3mm < f = \frac{1}{150}$$

2. 箱梁模板力学性能验算

（1）强度验算

$$\delta_{\max} = \frac{ql^2}{8 \times W_n}$$

$$W_n = \frac{bh^2}{6}$$

$$\delta_{\max} = \frac{32.8 \times 1.0 \times (0.3)^2}{8 \times W_n} = 6.83\text{MPa} < \delta_w = 90\text{MPa}$$

（2）刚度验算

$$f_{\max} = \frac{5ql^4}{384EI} \leqslant f = \frac{1}{150}$$

$$I = \frac{bh^3}{12}$$

$$f_{\max} = \frac{5 \times 32.8 \times 1.0 \times (0.3)^4}{384EI} = 1.2\text{mm} < f = \frac{1}{150}$$

上述验算结果表明模板的强度、刚度等指标均符合有关规范要求。

备注：观景平台取 1.2m×1.3m，横梁最大重量为模板计算模型，箱梁取加厚段最大重量为模板计算模型。

3.9.3 模板施工前准备工作

（1）模板安装前由项目技术负责人向作业班组长做书面安全技术交底，再由作业班组长向操作人员进行安全技术交底和安全教育，有关施工及操作人员应熟悉施工图及模板工程的施工设计。

（2）施工现场设可靠的能满足模板安装和检查需要的测量控制点。模板验收合格后安装的桥底部和肋部钢筋，如图 3-42。

工人正在安装箱梁内、外侧模板两边翼板底模板，如图 3-43 所示。

图 3-42　××河大桥腹板模板底部钢筋　　　图 3-43　大桥正在安装侧板模板和翼底
　　　　　　布筋现场图　　　　　　　　　　　　　　　　　模板现场图

（3）现场使用的模板及配件应按规格和数量逐项清点和检查，未经修复的部件不得使用。

（4）钢模板安装前应涂刷脱膜剂。

（5）箱梁模板的支柱支设在未硬化地面时，应将地面事先整平夯实，按施工方案进行硬化,并准备柱底垫板。

(6)立柱钢模板的安装底面应平整坚实,并采取可靠的定位措施,保证立柱的垂直度。

3.9.4 模板安装安全技术措施

1. 模板的安装

(1)必须按模板的施工设计进行,严禁任意变动。

(2)登高作业时,连接件(包括钉子)等材料必须放在箱盒内或工具袋里,工具必须装在工具袋中,严禁散放在脚手板上。

(3)立杆和斜撑下的支承面应平整垫实,并有足够的受力面积,下设钢垫块分散受力,预埋件与预留孔洞必须位置准确,安设牢固。

(4)在承台上继续安装模板时,模板应有可靠的支撑点,其平直度应进行校正。

(5)箱梁底板结构的强度,当达到能承受上层箱梁顶板模、支撑和新浇混凝土的重量及设计强度80%时,方可进行拆模。此时,箱梁结构的支撑系统不能拆除,等箱梁预应力施工完毕后方可卸架拆模。

(6)模板及其支撑系统在安装过程中,必须设置临时固定设施,严防倾覆。立杆全部安装完毕后,应及时沿横向和纵向加设水平撑和垂直剪刀撑,并与支柱固定牢靠。

(7)满堂模板四边与中间每隔四排支架立杆设置一道纵向剪刀撑,由底至顶连续设置。

(8)支模应按施工工序进行,模板没有固定前,不得进行下道工序。

(9)支设立柱模板时,必须搭设施工层。脚手板铺严,外侧设防护栏杆,不准站在柱模板上操作行走,更不允许利用拉杆支撑攀登上下。

(10)五级以上大风,必须停止模板的安装工作。

(11)模板安装完毕,必须进行检查,报监理工程师验收后,方可进行混凝土浇筑。

2. 模板拆除安全技术措施

(1)模板拆除前必须确认混凝土强度达到规定要求,并经拆模申请批准后方可进行。混凝土强度未达到规定,严禁提前拆模。

(2)模板拆除时操作班组按照安全技术交底内容进行操作,在作业范围设安全警戒线,并悬挂警示牌,拆除时派专人(监护人)看守。

(3)模板拆除的顺序和方法:按先支的后拆,后支的先拆,先拆不承重部分,后拆承重部分,自上而下的原则进行。

(4)在拆模板时,要有专人指挥和切实的安全措施,并在相应的部位设置工作区,严禁非操作人员进入作业区。

(5)工作前要事先检查所使用的工具是否牢固,扳手等工具必须用绳链系挂在身上,工作时思想要集中,防止钉子扎脚或从空中滑落。

(6)遇六级以上大风时,要暂停室外的高处作业。有雨、雪、霜时要先清扫施工现场,不滑时再进行作业。

(7)拆除模板要用长撬杠,严禁操作人员站在正在拆除的模板下。

(8)箱梁的预留槽口要在模板拆除后,随时在相应的部位做好安全防护栏杆,或将槽口盖严。

（9）拆模间隙，要将已活动的模板、拉杆、支撑等固定牢固，严防突然掉落，倒塌伤人。

（10）混凝土强度达到要求时，方可拆模作业，拆下的模板和支撑件不得在箱梁翼板上堆放，并随拆随运。

（11）拆除箱梁和柱模板时要注意：

1）拆除工程在 2m 高以上模板时，要搭脚手架或操作平台，脚手板铺严，并设防护栏杆。

2）严禁在同一垂直面上操作。

3）拆除时要逐块拆卸，不得成片松动和撬落、拉倒。

4）拆除箱梁底板的底模时，要设临时支撑，防止大片模板坠落。

5）严禁站在悬臂翼板上面敲拆底模。

（12）每人要有足够工作面，数人同时操作时要明确分工，统一信号进行。

3. 模板的运输、维修与保管

（1）钢模板运输时，不同规格的模板要分类，不得混装，并必须采取有效措施，防止模板滑动。

（2）模板和配件拆除后，应及时清除粘结的灰浆。对变形及损坏的钢模板及配件应及时修理校正，并宜采用机械整形和清理。

（3）对暂不使用的钢模板，板面应涂刷脱模剂或防锈油，背面油漆脱落处，应补涂防锈漆，并按规格分类堆放。

（4）钢模板宜放在室内或敞棚内，模板的底面应垫离地面 100mm 以上。露天堆放时，地面应平整、坚实，高度不超过 2m。

（5）操作人员需经过环境保护教育，并按操作规程进行操作。

（6）模板支拆及维修应轻拿轻放，清理与修复时禁止用大锤敲打，防止噪声扰民。

第 4 章　桥梁挂篮悬浇
施工方案

4.1 大桥主桥箱梁标准块段挂篮施工方案

4.1.1 工程概况

××国道互通B标××河大桥改建工程箱梁节段划分为3.1～3.11节，进行施工。

主桥为连续箱梁，采用C50混凝土，0号块采用落地式支撑架浇筑，其余1～8号工程，采用挂篮悬浇施工。1～8号段长度组合为6×3.5m+2×4m，悬浇块最重为1号块，1号块C50混凝土58.18m³，重1486.7kN。9号为中跨合拢段，10号为边跨现浇段，合拢段长度为2m，施工步骤先边跨合拢，再中跨合拢。主桥顶板标准宽19.50m，底宽11.5m，两侧悬臂板宽度各4.0m。箱梁为单箱双室垂直空腹式板渐变截面，梁底高度面按二次抛物线渐变，箱梁底板厚度渐变，抛物线顶点均在跨中合拢段处。主桥设计由2个T构组成，共设置4套挂篮。每套挂篮重160kN，箱梁悬浇施工由1号块开始，待到0号块混凝土达到强度后进行张拉压浆，然后进行挂篮的安装、调试、静压。同时从6号、7号墩分别向南北均衡、对称进行施工。挂篮平、剖面如图4-1、图4-2所示。

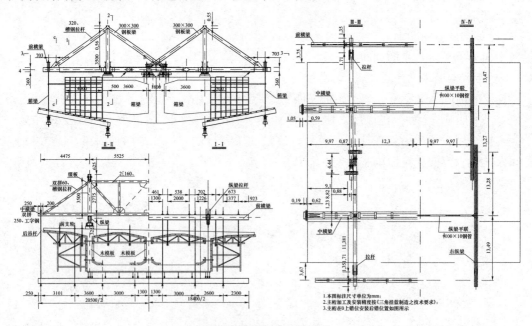

图 4-1 挂篮平、剖面图

4.1.2 挂篮施工关键技术特点

挂篮作为预应力混凝土连续箱梁在悬臂浇筑中的主要设备和常用设备而广泛使用。由于挂篮作业的特殊性，挂篮作业安全性要求较高，挂篮的主要受力部件，特别是一些需作特殊处理的杆件，选用具有一定资质的厂家制作并经过严格的检测，以绝对保证高空作业的安全。本桥挂篮为三角形挂篮，见图4-2，必须满足以下技术特点：

（1）结构简洁，受力明确，刚度较大；

（2）自重较轻。挂篮自重与混凝土重量的比例恰当。挂篮质量与最大梁段混凝土的质量比值控制在 0.27 左右，移动灵活，抗风能力较强；

（3）方便施工，缩短施工周期，装拆容易，在确保安全与工程质量的前提下，尽可能降低成本，节约投资。

图 4-2　大桥现场挂篮施工图

挂篮的设计荷载应考虑各项实际可能发生的荷载情况，按施工的不同阶段，进行最不利的荷载组合。设计荷载包括以下内容：

1）挂篮自重。

2）平衡重力（本桥利用箱梁竖向预应力筋锚固，不设平衡块）。

3）模板支架自重：包括侧模、内模、底模和端模等部件，平均重力先按 800～1000N/m² 估算，待模板尺寸确定后再进行详细计算。

4）梁段重力按最大节段混凝土自重控制挂篮计算进行设计。

5）振捣器重力及振动力，近似按振动器自重的 4 倍估算。

6）千斤顶及油泵重力。

7）施工人群荷载，按规范 2000N/m² 进行估算。

8）挂篮设计时，挂篮设计长度一般根据悬臂浇筑最大的分段长度来确定。悬臂浇筑长度根据施工条件，权衡利弊综合考虑确定。分段长度一般考虑选择为 3～5m。

9）布置挂篮横断面时，因其与桥梁宽度和箱梁横断面的形式有直接关系，所以本桥梁横断面为单箱时，全断面布置一个挂篮施工即可。

4.1.3　挂篮构造工艺原理

挂篮的构造不仅要满足挂篮各部件的强度要求，还必须满足在施工过程中抗倾覆和稳定的要求。本挂篮具有足够的刚度，挂篮的总体变形小，这样便于施工中调整主梁变形曲线。

本桥选用三角形桁架式挂篮作为悬臂浇筑的主要设备，主要是结构简单，受力明确，空间大，施工方便。挂篮由主桁架、悬臂系统（前上横梁、前、后吊装装置）、锚固系统、行走系统、张拉平台、底模架、内外侧模板等组成，如图 4-3 所示。

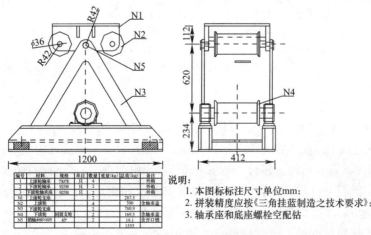

图 4-3　挂篮移机系统构件图

325

1. 主桁

主桁由二片桁架及连接系和门架组成。每片桁架由纵梁 2 根 36a 工字钢、立柱、拉杆（组合）连接成三角形，由连接系和门架将之联成整体，组成该挂篮主要受力结构。

2. 前中横梁

前横梁由 2 根 45a 工字钢组合焊接而成，连接于主桁前端的节点处，将两片主桁连成整体。

中横梁由 2 根 25a 工字钢组焊而成。

3. 前、后吊装装置

前、后钢吊杆均由 10 根 φ32 精轧螺纹钢筋销子连接而成，设置间距为 100mm 的调节孔，用 LO20 千斤顶及钢扁担和垫梁调节所需长度。

4. 底模

底模架由 16 根纵梁和前后横梁组成，前后横梁由 2[40 组焊而成。

5. 内外模板

箱梁外侧模板采用 5mm 钢板和钢框组焊而成。两外侧模各支承在前后横梁上，横梁通过吊杆悬吊在前上横梁和已浇筑好的箱梁翼板上。横梁用 2[30a 组焊而成。内模由内模桁架、竖带、纵带及竹胶板组成，内模桁架吊在两根内模行走梁上，行走梁吊在前上横梁和已浇梁段的顶板上，内模脱模后可沿行走梁前行。行走梁亦采用 2[30a 组焊而成。挂篮两室模板内外模板施工如图 4-4 所示。

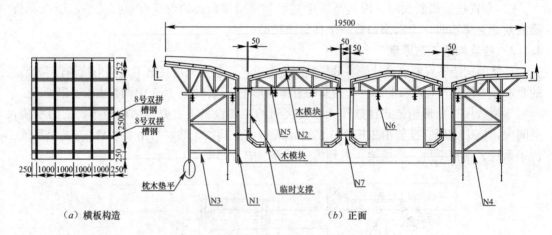

图 4-4　挂篮两室模板内外模板施工示意图

6. 行走及锚固系统

行走系统由前支轮、后支座（反压轮）、后锚、手动葫芦等组成。

挂篮设前支轮两个，前支轮支承在箱梁混凝土顶面，后支座以反压轮的形式倒压桁架纵梁，不需要加设平衡重。挂篮前移时，使用手动葫芦牵引前支座，带动整个挂篮向前移动。

挂篮在灌注混凝土时，后端利用 8 根 φ32 精轧螺纹粗钢筋锚固在已成梁段上。在锚固时，利用千斤顶将后支座钩板脱离轨道，然后锚固。

三角形桁式挂篮自重轻，该桥挂篮自重为 160kN，可适用最大梁段 1600kN。挂篮重与混凝土块重比值为 0.22。三角形挂篮结构简洁，受力明确。设计吊点均位于梁面以上空中，给施工人员提供的操作空间大，方便施工。

4.1.4 施工工艺原理

挂篮设前后支座各两个，可沿轨道滑行，使用手动葫芦牵引前支座，带动整个挂篮向前移动。底模和外侧模随承重架向前移动就位后，调整模板尺寸，绑扎底板、腹板钢筋并安装预应力管道。整体拉出内模就位，支立堵头模板，绑扎顶板钢筋及预应力管道，进行该梁段悬臂浇筑施工。当所浇梁段张拉锚固及孔道压浆后，挂篮再向前移动进行下一节段施工，依此循环推移，直至完成最后一节梁段施工。

4.1.5 挂篮施工工艺流程与操作要点

1. 工艺流程图

（1）箱梁钢筋绑扎工艺流程，如图 4-5。

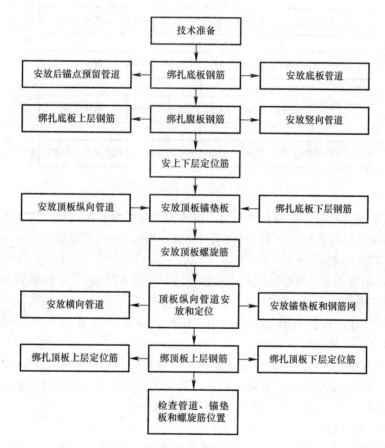

图 4-5 箱梁钢筋绑扎工艺流程图

（2）箱梁悬浇施工工艺流程，如图 4-6。

2. 工艺操作要点

（1）挂篮质量控制要求

挂篮出厂前，制造单位应提供详细自检资料、设计与试拼资料和"出厂三证"。质检人员、施工负责人和设计人员将进行严格验收，经确认无误后，方可运输进场。

底模架前后横梁上的吊耳等重要部位的焊接，逐一进行探伤或进行加载试验。

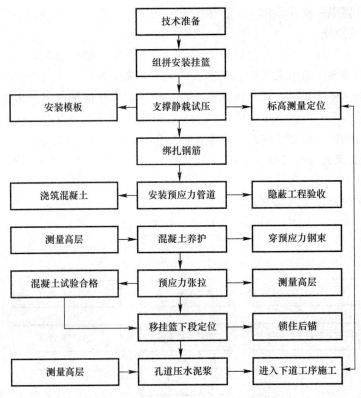

图 4-6　箱梁悬浇施工工艺流程图

由于挂篮组成构件较多。为方便安装，将各构件分类堆放在醒目位置，用不褪色标志标注。构件运输尽量避免构件产生不利变形和结构损伤，影响正常使用。

挂篮加工精度要求：

1) 销栓孔精度要求：所有销栓孔直径精度应达到±0.25mm；一组栓孔的画线与理论角度间的容许偏差为±30″。

当构件试拼时，装配钉孔应满足直径不小于原设计钉孔直径 0.5mm 的冲头部（100%）通过拼装连接处的各组钉孔。

2) 焊缝的质量要求：按《公路桥涵施工技术规范》JTG/T F50—2011 钢桥制造的有关要求执行。对接焊缝要达到一类焊缝要求，其余焊缝要达到二类焊缝要求。挂篮加工完成后，涂漆防护。

（2）技术参数与计算

挂篮主要部件验算：根据《公路桥涵施工技术规范》JTG/T F50—2011 关于挂篮设计的要求进行。

1) 本挂篮重量与梁段混凝土重量比值控制：0.22；允许最大变形（包括吊带变形的总和）：20mm。

2) 施工时、行走时的抗倾覆安全系数：2。

3) 自锚固系统的安全系数：2。

4) 斜拉水平限位系统的安全系数：2。

5) 上水平限位安全系数：2。

6）本挂篮设计的各项指标均满足规范的要求，而且要求科学合理。

（3）拼装程序

1）准备工作：待0号块在托架上浇筑施工完毕，张拉锚固其预应力束，并将临时锚固钢束也张拉锚固后，用1∶2水泥砂浆找平铺设支座位置。

2）拼装主桁：在找平砂浆顶上拼装前后支轮，安装挂篮的主梁，安装主梁后锚，安装主梁平联。

3）安装主桁前横梁及中横梁，安装主梁水平斜撑。

4）安装挂篮底篮。

（4）挂篮拼装

挂篮结构构件运达施工现场后，安排在已浇好的0号段顶面拼装，挂篮构件利用吊机至已浇段顶面，再进行组装。挂篮最大杆件重量约28.8kN。

墩顶0号节段施工完毕后，开始拼装已加工好的挂篮，拼装程序是：行走系统→锚固系统→主桁结构→底模板→内外模板。

1）主桁结构拼装

① 梁0号段顶板面支轮位置处进行砂浆找平，测量放样并用墨线弹出箱梁中线、支座中线和端头位置线。以经纬仪和垂线相互校核主桁拼装方位并控制挂篮行走时的轴线位置。

② 利用吊装设备起吊支轮、支座，对中安放，连接锚固梁。安装锚固筋，将锚梁与竖向预应力筋连接后，对每根锚筋张拉300kN。

③ 利用箱梁0号块顶面作工作平台，水平组拼主桁成三角形体。利用起吊安装主桁片就位，并采取临时固定措施，保证两主桁片稳定。

④ 安装主桁后结点处的分配梁（后）千斤顶、后锚杆等，将主桁后连接点连接并通过锚固筋与顶板预留孔锚固。

⑤ 在箱梁0号段顶面组拼成中横梁桁片的三个单元（中片及两侧片）。按先中片后两侧片的顺序将横梁桁片分段起吊安装就位。同样方式组拼前横梁桁片，整体起吊安装就位。

⑥ 按先下后上的顺序安装上、下平联杆件。

⑦ 安装吊带、分配梁、吊杆以及提升装置等，前后横梁桁片与吊带的销接处，按照施工图设置限位钢管。

⑧ 拆除后锚临时支承垫块。

2）底平台和模板结构的拼装

① 底平台的拼装：

a. 利用0号段浇筑时使用的I50大梁，将底篮前、后横梁吊放于大梁上，前、后横梁吊杆与主桁连接，用捯链将底篮前、后横梁与吊杆连接固定，再安装底篮纵梁、分配梁等，其后安装底平台两侧及前、后端工作平台。

b. 在箱梁0号段底板预留孔附近，用砂浆找平，安装卸载千斤顶、分配梁、底模等，将底篮后横梁锚固于0号梁段底板上。

② 外侧模拼装：

a. 利用外模前、后吊带，将外模滑梁吊起。

b. 在桥下将侧模骨架连接成一个整体，用吊机将骨架整体吊装，悬挂在外模滑梁上。

c. 将面板逐块安装在侧模骨架上，检查并调整侧模位置。

d. 安装侧向工作平台。

③ 内模拼装：

a. 在桥下将内模滑梁和横梁、斜撑连接成一个整体，用吊机起吊，通过内模前吊点和内模锚杆悬吊。

b. 在桥下将内模骨架拼装成一个整体，用吊机将其悬挂于内模滑梁上。

c. 将内模板顶板垫木和模板安装在滑梁骨架上，调整模板。

3）张拉工作平台拼装

在桥下将工作平台组拼成一个整体，用捯链悬挂于主桁系统上，以便随施工需要进行升降。

挂篮拼装、测试、静载试压调整完毕，检查合格后进行下道工序。

3. 悬臂施工

（1）悬臂施工的工艺流程：

挂篮移动就位→校正底模→侧模就位→安装腹板、底板钢筋→安装预应力筋及波纹管、灌浆孔（及塑料管内的内衬管）→安装腹板内侧模和顶板底模→安装腹板堵头板、端模板→安装顶板下层钢筋网→安装需进行张拉的顶板锚固束垫板、喇叭口、螺旋筋→安装横向预应力管道、垫板和螺旋筋→安装顶板上层钢筋网→预埋测量标志上桥面系预埋件→浇筑混凝土→管道清孔→养生→穿预应力钢筋、钢束张拉、管道压浆、拆除模板→移动挂篮，就位于下一段梁位置。

（2）悬臂浇筑工序

悬臂浇筑施工开始头几个节段，可能由于各工序衔接不理想，操作不够熟练，因而，一节箱梁的施工周期可能会长些。通过一段时间的实践，掌握了施工规律，各工序操作熟练程度有所提高后，施工周期可缩短到平均9d，甚至8d，周期内各工序所用时间见表4-1。

悬臂浇筑节段各工序施工时间 表4-1

序号	工序	时间（h）
1	准备工作	5
2	移挂篮	5
3	安装底模、外侧模	4
4	绑扎底板钢筋、安装管道	12~16
5	安装内模	3
6	绑扎顶板钢筋、安装顶板管道	8~12
7	浇筑混凝土准备	2
8	浇筑混凝土	20~22
9	混凝土养护、拆模、穿束	120~132

序号	工序	时间（h）
10	纵、横、竖向预应力束张拉	12
11	压浆	8
	总计	199～221

在每一梁段混凝土浇筑及预应力张拉完毕后，挂篮将移至下一梁段位置进行施工，直到悬臂浇筑梁段施工完毕。挂篮前移时工作步骤如下：

1）当前梁段预应力张拉、压浆完成后，进行脱模（脱开底模侧模和内模）。

2）用挂篮后结点千斤顶进行锚固转换，将上拔力由锚固小车转换给主桁后锚杆。

3）拆除底模后锚杆，此时底篮后横梁仅用吊带吊住。

4）拆除侧模后端的内吊杆，用后滑梁架后端吊住。此时内滑梁架的上端固定在桥面上。

4. 检查

用水平千斤顶顶推挂篮前移，将底模、侧模、主桁系统及内模滑梁一起向前移动，直至下一梁段位置。

1）每个T构从1号段开始，对称拼装好挂篮后，即进行1号段的悬臂浇筑施工。施工完1号段后，挂篮前移至2号梁段，其行走程序如下：

于移篮前放置50t千斤顶，并左右同时顶升→安装（或移动）前滚轮、后滚轮及压滚轮→撤除千斤顶→安装移篮手拉葫芦→解除后锚固定→移篮→锁住后锚→按移篮后放置50t千斤顶，并左右同时顶升→在支点位垫入30mm厚钢板，使支点与支座准确对口→撤除千斤顶→撤除手拉葫芦，如图4-7、图4-8所示。

2）挂篮行走时，内外模滑梁在顶板预留孔处及时安装滑梁吊点扣架，保证结构稳定。移动匀速、平移、同步，采取挂线吊垂球或经纬

图4-7　挂篮行走前图示位置图

仪定线的方法，随时掌握行走过程中挂篮中线与箱梁轴线的偏差。如有偏差，使用千斤顶逐渐纠正。为安全起见，挂篮尾部用钢丝绳与竖向蹬筋临时连接，随挂篮前移缓慢放松。

5. 卸挂篮

（1）施工完8号梁段后，在中跨就地拆除两个T构上的挂篮。挂篮底、侧模可利用吊杆落下，吊放到空地上，边跨保留合拢用的挂篮外侧模，后拆挂篮的其余部分，上部主桁架可暂不拆除，但要铺设临时滑道，向后退回到0号块处进行拆吊。拆吊作业顺序：拆除底模平台→侧模与支架→侧模滑梁→前后下横梁→前后吊杆→前上横梁→主桁连接杆件→加设缆风→拆除→桁架锚固螺栓→吊运主桁梁→运至堆放场→挂篮拆除。

（2）挂篮拆除按安装相反的顺序进行，其步骤如下：

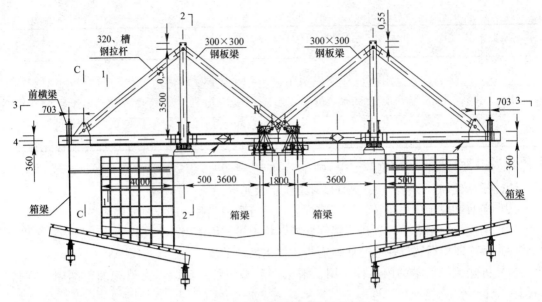

图 4-8　挂篮行走移动设备示意图

拆除顶模板及相应吊（滑）梁→对称拆除翼板模板及相应吊（滑）梁→拆除腹板模板→底平台模板→小横梁和纵梁→拆除前后横梁并解除相应吊杆→拆除上吊杆横梁→拆除主桁横向连接系→拆除主承重桁架上纵梁及前斜撑杆，并注意稳定竖杆；然后拆除后斜拉杆、辅助撑及中竖杆→拆除后行走反扣、前限位角钢及下纵梁→拆除纵移轨道。

（3）挂篮施工其他注意事项：

1）挂篮行走支座、支轮底面应用高强度等级砂浆抹平。接头应平顺，便于滑行。

2）混凝土浇筑时，应注意预留后锚吊杆（带）孔。

3）外侧模板对拉螺杆根据各施工节段情况可进行调整，保证模板的刚度。

4）后吊带在卸下锚固钢销后，可采用麻绳下放到桥下地面拆除。

5）标准块模板工程。

（4）模板结构考虑如下：

为控制两侧模板底脚间尺寸，其间应设立尺寸调节顶撑杆。

为增加腹板混凝土灌注时混凝土的稳定，底脚处必要时配有 20～30cm 平直段模板伸出，在 ϕ80cm 钢管 OVM－3 钢绞线于 0 号块临时锚固位置底板加厚，腹板下部倒角 50cm×25cm 改为 50cm×60cm 混凝土平台，以利预应力张拉。

根据梁体腹板厚度、锯齿块及梁体断面高度的变化，各块段或全部新制，或改制内模两侧活脚。

模板系统由侧模、内模、堵头模板及底模组成，为保证箱梁外观要求及控制挂篮重量要求，外模、底模采用定制钢模，内模、端模（堵头板）采用竹胶板、木模板。

1）内模

内模由模板、骨架、滑架组成。支承模板、骨架的滑梁前端悬吊于主桁，后端悬吊于前段已浇箱梁顶板。拆除的内模板落于滑梁上，挂篮行走时，滑梁同时随挂篮前移。内模板由竹胶板、型钢肋等组成，内模侧模板采用大块竹胶板以便腹板变截面施工，与外模对拉，内支撑固定。内支撑设调节螺栓支撑，在角隅处，型钢骨架设螺栓连接，用以调整内模宽度适应腹板厚度变化，内侧设有收分模板，以适应后面每一段箱梁高度变化。内模可根据需要，开设1～2个天窗，待浇筑箱梁顶板时再予以封闭。

2）外模

由模板、骨架及滑梁组成。外模模板由5mm钢板加型钢带组成，与内模板用对拉螺杆连接，外加支撑固定。支承模板及滑梁前端悬吊于主桁。内侧滑梁后端悬吊于已浇箱梁翼板，外侧滑梁后端悬吊于主桁，浇筑混凝土时均锚于前段已完箱梁翼板，拆模时放松锚固端，随平台下沉和前移。外模由大块钢模焊接而成，为保证板面的平整度，面板先在工作平台上用夹具夹紧，然后再焊接，并对焊缝打毛磨光。

3）底模

由底平台和底钢模板组成。底模纵梁为工30b，模梁为工10。前、后下横梁用2×45a、2×56a工字钢制作。底模为5mm钢板模板，宽度比箱梁底小4mm，两外缘固定5mm橡胶条。在浇筑混凝土时，外模与底模夹紧，以防漏浆。

4）堵头模板

因有钢筋和预应力管道伸出，其位置分块拼装，因此采用木模，随后和内外模板连接成整体。

5）模板制作时的允许偏差

① 长和宽（或宽）：0、一5mm；

② 肋、带间距：5mm；

③ 面板端偏斜：≤3mm；

④ 板面局部不平（用2m直尺检查）：外模2mm，内模3mm；

⑤ 板面和板侧挠度：外模2mm，内模2mm。

6）模板验收

模板安装完毕后，各部分尺寸的施工允许误差规定如下：

① 模板安装轴线偏差：

顶、底板轴线偏差：10mm；

腹板中心在平面上与设计位置偏差：10mm；

横隔墙位置偏差：10mm；

顶、底模边线偏差设计位置：10mm。

② 断面尺寸：

顶板宽：+5mm；

底板宽：+5mm；

顶、底、腹板及隔墙厚度：+5mm，0；

梁体高度：+5mm；

腹板垂直度：0.3％且不超过10mm；

封端模板倾斜度：0.3％且不超过10mm；

封端模板上孔道中心偏差：±2mm。

③ 高程：

底模高程：±5mm；

顶面高程：±10mm。

7）模板拆除

内、外模板拆除应在块段混凝土强度达到75％设计强度后方可进行，但封端模板需在混凝土强度达到15MPa时先行拆除，以便凿毛冲洗。

拆模时防止损坏块段混凝土，如有缺陷，应会同有关部门共同商讨妥善处理。

8）预埋件

① 通风孔；

② 防撞栏预埋件；

③ 桥面泄水管预埋件；

④ 挂篮施工预埋件及预留孔；

⑤ 箱梁高程控制测量点；

⑥ 预埋件安装要求：

a. 预埋件安装前应检查其结构尺寸，焊缝等连接是否满足设计要求。

b. 预埋件设置时应与周围钢筋和模板予以固定，以防混凝土浇筑时位置错动。

c. 安装偏差：偏离设计位置≤10mm，垂直度≤10mm。

4.1.6 挂篮质量控制措施

1. 挂篮质量的静载试验

（1）测试目的

目前，在《公路桥涵施工技术规范》JTG/T F50—2011中对悬臂浇筑的挂篮已提出了设计要求。但挂篮设计的荷载系数还不够明确，如超载系数、动力影响、偏载考虑等，以致在挂篮设计时各取所需；荷载组合以及在不同荷载组合下的安全系数亦不够明确；对挂篮的操作要求更不具体，这些问题都需要进一步规范。由此必须进行挂篮测试，以保证施工时的工程质量与绝对安全。

根据《公路桥涵施工技术规范》JTG/T F50—2011，挂篮加工试拼及加载试验中挂篮所使用的材料必须是可靠的，有疑问时应进行材料力学性能试验。挂篮试拼后，必须进行荷载试验。挂篮试验不仅为了确保挂篮安全使用的需要，而且通过模拟压重检验结构强度，消除拼装非弹性变形；验证挂篮各部分结构安全性能，并根据测得的数据推算挂篮在各悬臂浇筑段的竖向位移，为悬臂浇筑施工高程控制提供可靠依据。从而确保工程质量。

（2）测试内容

1）挂篮的组拼试验

为检验挂篮的各项使用性能，应编写试验大纲，对挂篮的安装、承重、移动、电测等项目进行试验，各主要受力构件在厂内进行单项试验，随后再进行组拼试验，为保证施工顺利，挂篮试拼在加工车间进行，试拼顺序为：主桁骨架→下横梁→上横梁→油压系统→底篮系统→角模内模、滑梁支架→中央内模及支架行走系统→两侧内模架→拉筋及内外对拉螺栓→端模。

为了验证设计的正确性和摸清挂篮的受力特点，通过试验测得在各级荷载下对前吊杆、底模后锚杆和斜拉杆等各种构件受力性能。

2）挂篮的移动试验

挂篮的移动是挂篮在使用过程中一个很重要的关键问题，挂篮的移动系统由聚四氟乙烯滑板及纵、横向限位装置等组成；检验能否达到预期设计的目的，需要进行挂篮移动试验。

3）挂篮整体加载试验

挂篮整体加载试验在现场进行。加载方法可以根据现场具体情况，采用编织袋装砂过磅分级加载，或采用水箱加载。最大加载值为实际结构最大节段重量的 1.2 倍。应采取分级加载和卸载，可分 4~5 级，荷载持续时间不小于 30min。此过程宜反复两次测定。

每级加载应测量变形和主要构件的应力。变形测量时，基准标高设在 0 号块的顶部。在前、后下横梁各设测点以测量出各级荷载下挂篮的下沉量，绘制成变形曲线，并推算挂篮在各个节段施工的竖向位移，为施工控制提供可靠的依据。对主要部件的应力测试可采用电阻应变测试方法进行实测监控。

（3）测试方法

挂篮安装好后，应进行加载试验。加载的荷载采用实际施工时 1 号梁段的荷载，并采用分级加载的方式进行加载试验。具体步骤为：

1）模拟箱梁底板荷载加载；

2）在上述基础上，模拟箱梁腹板荷载加载；

3）在上述基础上，模拟箱梁顶板荷载加载；

4）在上述基础上，模拟箱梁翼板荷载加载。

每次加载后，需测量的数据如下：

5）底篮前横梁跨中挠度；

6）底篮前横梁吊带处挠度；

7）主桁片前横梁吊带挠度。

（4）加载值及观测点的确定原则

为了保证挂篮承载能力满足使用要求，对挂篮预压采用在底模上按最重块段重量堆载进行 1.2 倍荷载预压。观测点在前后下横梁位置各设 3 点，沿 1 号块模板最外缘向内 3.0m，断面的底模边线上设置 4 点，共计 10 点。

（5）观测程序

空载底模标高报验→加载→满载时底模标高报验→满载时挂篮变形标高观测→稳定后底模标高报验→分级卸载时底模标高观测→卸载后底模标高报验。

（6）满载时挂篮稳定标准

满载时底模标高报验后每 4h 观测 1 次，标高观测值连续 2 次（8h）不超过 3mm，即可认为挂篮变形稳定。为了反映标准节施工过程中挂篮在各种工况下的准确性，对挂篮的刚度、变形情况用测量仪器检测。加载到位后，持荷 24h，在原标记位置测量变形，做好记录，与试压前的测量记录作比较，得出数据，为挂篮正式施工提供技术参数。试验过程每隔 2h 检查各支点、吊点、结构稳定情况，并做好记录。

（7）卸载

试压 24h 后，进行卸载，卸载方式按试压反程序进行。

（8）预压理论重量计算

理论重量按图纸给出的 1~8 号块段重控制，卸载时按各块段重从大到小的顺序分组卸载，如表 4-2 所示。

序号	各块段（m³）	块段重（kN）	块段长（m）	块段重量差（kN）
				悬浇梁从大到小的顺序分组卸载 表 4-2
1	571.8	1486.7	3.5	
				47.1
2	553.7	1439.6	3.5	
				81.4
3	522.4	1358.2	3.5	
				66.0
4	497.0	1292.2	3.5	
				29.4
5	485.7	1262.8	3.5	
				39.0
6	470.7	1223.8	3.5	
				115.2
7	515.0	1339.0	4.0	
				71.0
8	487.7	1268.0	4.0	

（9）预压实际重量

$$148.67 \times 120\% = 1784 \text{kN}$$

最终加载值为使用荷载的 120%，按照 50%、30%、20%、10% 逐级进行，每级加载完成并稳压 0.5h（最后一级为 1h）后检查各杆件的情况有无裂缝，同时记录受力与位移的关系，并根据试验测出的结果，绘制受力与位移的关系曲线，求出挂篮弹性和非弹性变形。为保证挂篮结构的可靠性，清除非弹性变形，测量弹性变形量，确保箱梁施工的安全和质量，在第一次使用之前必须对挂篮进行试压。

2. 钢筋的质量控制

（1）材料技术要求

钢筋在进场时，需具备出厂质量证明书。使用前，应按规定分批进行抽验，其各项性能指标应符合《钢筋混凝土用钢第 1 部分：热轧光圆钢筋》GB 1499.1—2008 的规定。

以另一种强度等级或直径的钢筋代替设计中所规定的钢筋时，应了解设计意图和代用材料性能，并须符合《公路钢筋混凝土及预应力混凝土桥涵设计规范》JTG D62—2004 的有关规定。主钢筋在代用时，应征得监理工程师或设计部门的同意。

（2）钢筋加工

1）钢筋在加工成型前，应将表面油渍、漆皮、鳞锈、泥土等清除干净。

2）钢筋在加工成型前，应平直、无局部弯折，成盘的钢筋和弯曲的钢筋均应作调直处理。采用冷拉方法调直钢筋时，HPB235 钢筋的冷拉率不宜大于 2%，HRB335 钢筋的冷拉率不宜大于 1%。

3）钢筋的弯制和末端的弯钩应符合设计要求。

4）钢筋加工后，应分类挂牌存放，且应架离地面，以防锈蚀。

5）钢筋加工的允许偏差：

受力钢筋顺长度方向加工后的全长：±5mm，—10mm。

弯起钢筋各部分尺寸：±20mm。

箍筋各部分尺寸：±5mm。

（3）钢筋安装要求

钢筋安装顺序：基本安装顺序为"梁体底板→腹板→顶板"，详见图 4-5。

钢筋安装方法：钢筋安装采用现场散扎的方法，较高节段梁体腹板钢筋绑扎时，应搭设简易工作平台。

336

钢筋安装要求：

1）腹板内竖向"U"形筋成型高度宁低勿高，可采取允许误差的下限。现场绑扎时更应如此，以免桥面建筑高度超限。

2）普通钢筋与预留孔道波纹管相碰时，可调整钢筋的位置。

3）钢筋的交叉点应用铁丝绑扎结实，必要时也可用点焊焊牢。

4）为保证保护层厚度，应在钢筋与模板间设置塑料垫块。垫块应与钢筋扎紧，并相互错开。

（4）钢筋安装位置允许偏差

两排以上受力钢筋的钢筋排距：±5mm；

同一排受力钢筋的钢筋间距：±10mm；

钢筋弯起点位置：±20mm；

箍筋、横向筋、拉筋间距：±20mm；

保护层厚度：±5mm。

（5）定位网施工与箱梁钢筋绑扎工艺流程图

定位网应在胎模上点焊成片，网格要准确，允许误差为−2mm，0mm。

定位网安装位置要准确，其上下左右安装偏差不大于6mm，顺管道方向偏差不大于10mm，定位网应与四周钢筋绑扎或点焊固定，以加强定位准确性。

3. 箱梁钢筋绑扎注意事项

（1）底板上、下层的定位筋下端必须与最下面的钢筋焊接牢固。

（2）钢筋与管道相碰时，只能移动，不得切断钢筋。

（3）若挂篮后锚点或后吊点部件位置影响下一步操作必须割断钢筋时，应待该工序完成后，将割断的钢筋连接好再补焊。

（4）纵向预应力管道随着箱梁施工进展将逐节加长，多数都有平弯和竖弯曲线，所以管道定位要准确牢固，接头处不得有毛刺、卷边、折角等现象。接口要封严，不得漏浆。浇筑混凝土时，管道可内衬塑料管芯（在波纹管内壁衬砌以防预应力管道被混凝土压瘪，混凝土浇筑完成后拔出），这对防止管道变形、漏浆有较好的效果。混凝土浇筑后及时通孔、清孔，发现阻塞及时处理。

（5）竖向预应力管道在上端要注意留通气孔，下端要封严。为防止漏浆，上端应封闭，防止水和杂物进入管道。压浆管采用 $\delta=0.5mm$、$d=20mm$ 的钢管。

4. 混凝土浇筑前检查要点

（1）检查钢筋、预应力管道、预埋件位置是否准确；

（2）检查已浇混凝土接面的凿毛润湿情况；

（3）浇筑时随时检查锚垫板的固定情况；

（4）检查压浆管是否通畅牢固；

（5）严密监视模板与挂篮变形情况，发现问题及时处理；

（6）准备混凝土养护设备。

5. 标准块混凝土工程

（1）标准块混凝土施工方法

挂篮悬浇施工要求"T"构两侧同时对称进行，一般要求两对称挂篮不相差一个节段，以使两悬臂受力均衡。两悬臂梁段混凝土控制在不相差 1/3 节段，以尽量减少不对称荷载。不平衡偏差不允许超过设计要求值。

对悬臂浇筑段前端底板和桥面标高，应根据挂篮前端的垂直变形及预拱度设置。在施工过程中应对实际高程进行监测，如与设计值有较大出入，应查明原因，及时调整。

（2）本桥悬臂浇筑箱梁段采用全断面一次灌注法

先底板，后肋板，最后灌注顶板。肋板（即腹板）可采用水平分层浇筑，每层灌注厚度宜为 30~40cm。因为顶板悬臂较长，为避免由于模板支架变形而产生混凝土裂缝，顶板可采取由外向内浇筑顺序。采用全断面一次灌注法还应注意两个问题：首先是底板混凝土重复振动问题，重复振动不能超过混凝土的初凝时间，要求在初凝时间以内保证每一节段混凝土灌注完毕；其二是浇筑肋板混凝土时混凝土经振动易沿下梗肋处冒出底板。因为掺用减水剂的混凝土具有触变性，经振动液化后很容易冒出底板，这说明下梗肋处已灌注密实，可以停止肋板或下梗肋的振动。当底板冒出少量混凝土时，亦不宜过早铲除，待肋板部位全部灌注完毕后再作处理，以防止灌注肋板混凝土时因混凝土尚未凝结而产生振动流失现象，以致下梗肋出现局部空洞。另外，可以在内模下梗肋与底板连接处增设一定宽度（约 25cm 左右）的水平模板，即可防止混凝土大量冒出。

（3）振动体系的选定

应考虑梁体截面尺寸、模板结构形式及混凝土配合比等。在灌注底、顶板混凝土时一般采用插入式振捣器，而灌注肋板时除采用插入式振捣器外，有时还利用侧模附着式振动器加以辅助（一般 1.2~1.4m² 布置一个）。当梁高较矮时，侧模振捣器可适当减少。

（4）梁段混凝土的拆模时间

应根据混凝土强度及施工安排确定。混凝土应尽量采用加强措施，使混凝土的强度及早达到预施应力的强度要求，缩短施工周期，加快施工进度。

6. 标准块混凝土施工顺序

（1）安装挂篮的底模及侧模；

（2）调整模板位置的标高后，绑扎底板及腹板钢筋；

（3）安装内模架；

（4）绑扎顶板和翼板钢筋，安装横、竖向预应力管道及预应力钢筋，安装纵向预应力管道，用扁波纹管设置吊带等预留孔；

（5）一对挂篮从前端对称浇筑底板、腹板及顶板混凝土；

（6）混凝土浇筑过程中由测量组观察挂篮的下挠情况，并做好记录；

（7）混凝土终凝后，张拉预应力前测量挂篮和施工块段各测点标高；

（8）混凝土达到张拉强度后张拉纵预应力束，然后再张拉横、竖三向预应力束；

（9）张拉后测量各块段箱梁测点标高；

（10）重复（1）~（9）的步骤，直至箱梁标准块段施工完成。

7. 标准块混凝土施工准备

箱梁混凝土为 C50 级的高强度混凝土，为了保证箱梁混凝土的质量，混凝土的试配必须满足以下要求：

（1）C50 高强度等级混凝土应具有良好的工作性能和可靠性。

（2）考虑到实际混凝土施工不利因素影响及混凝土保证率，要求混凝土室内实验 28d

的强度至少达到 1.15 倍的 C50 的标准强度。

（3）混凝土的早强性。混凝土 3～4d 的强度可达设计强度 90％以上，满足箱梁张拉预应力筋的要求。

（4）混凝土生产供应条件：

工地设置两个基本生产能力为 60m³/h 的拌合站，成品混凝土由 4 台 8m³ 的混凝土罐车运输，利用一台卧泵和一台汽车泵供料浇筑各段。

（5）保证外露结构混凝土表面美观的措施：

1）对整个箱梁混凝土结构采用同厂、同品种、同强度等级的水泥和相同的配合比，保证混凝土表面颜色一致。

2）采用性能良好的外掺剂（选用××省建筑科学研究院×××公司 JM—8（缓凝、泵送）混凝土高效增强剂），以及优化混凝土配合比等措施消除混凝土表面泛砂、气泡等现象，使混凝土表面光洁。

3）采用大面积钢板作面板，网形型钢加劲龙骨。模板接缝保持在 2mm 之内，并保持拼缝整齐划一。

4）箱梁混凝土浇筑前，用高压水冲洗模板的面板，将模板表面的灰尘和电焊残渣冲洗干净。箱梁混凝土浇筑完成后，及时进行养生，以防止混凝土表面出现裂纹。

8. 混凝土的施工、养护温控防裂措施

由于本桥箱梁混凝土的施工过程可能较长，要经过夏季和冬季的施工季节。如何采取措施避免冬夏季对箱梁混凝土的浇筑影响，如何保证箱梁混凝土的质量，防止不利气候影响造成箱梁混凝土的设计强度达不到要求及箱梁混凝土的外表面开裂等都是施工中应该考虑的问题。

（1）夏季混凝土浇筑与养护

在炎热季节浇筑混凝土应有全面的施工组织计划，准备工作充分，施工设备有足够的备件，保证浇筑连续进行。从拌合机到入模的传递时间及浇筑时间要尽量缩短，并尽快开始养护。混凝土的浇筑温度控制在 32℃ 以下，宜选在一天温度较低的时间内进行。

炎热季节施工混凝土，在进行湿润养护的同时，应尽量保持较低的混凝土温度。一般当单位水泥用量较多时，发热量很大，灌注时的混凝土温度上升很快，对长期强度的增长将造成不良的影响。另外，在混凝土构件截面上产生较大温差，混凝土内应力增加，很可能造成混凝土开裂。因此，要降低灌注时的混凝土温度，减小混凝土截面内温差。具体措施在下面质量保证措施内有详细说明。

（2）冬期混凝土施工

应制定在低温条件下保证工程质量的技术措施并应符合如下要求：

1）混凝土配制和搅拌

① 材料要求：

a. 拌合水使用除冻装置，对水管及水箱采取保温设施。

b. 水泥、砂、石料应除雪，确保骨料中不含雪块等。

② 配合比设计应考虑坍落度损失。

③ 可掺加减水剂以减少水泥用量和提高混凝土的早期强度。

④ 尽量缩短混凝土运输时间。经常测定混凝土的坍落度，以调整混凝土的配合比，

满足施工所必须的坍落度。

2）混凝土的运输及浇筑

① 运输时尽量缩短时间，采用混凝土运输搅拌车，运输中应慢速搅拌。

② 不能在运输过程中加水搅拌。

③ 冬期施工混凝土，应保证混凝土浇筑的连续进行。从拌合机到入仓的传递时间及浇筑时间要尽量缩短，并尽早开始养护。

3）混凝土的养护

为保证已浇好的混凝土在规定期龄内达到设计要求的强度，并防止产生收缩裂缝，必须对已浇筑的混凝土面进行养护：

① 覆盖浇水养护应在混凝土浇筑完毕后 12h（初凝后）进行；

② 用浸湿的粗麻布覆盖，经常洒水，保持潮湿状态最少 7d；

③ 当日平均气温低于 5℃时（0 号块施工），采取覆盖塑料薄膜保温，不能向混凝土表面浇水；

④ 洒水养护不得间断，不得形成干湿循环；

⑤ 混凝土的养护用水采用××塘河水。

（3）混凝土雨期施工

混凝土雨期施工是指在降雨量集中季节对混凝土的质量造成影响时进行的施工。雨期要按时收集天气预报资料，混凝土施工要尽可能避开大风大雨天气。雨期施工应制定防洪水、防风措施，施工场地做好排水措施。施工材料如钢材、水泥的码放应防雨漏及潮湿。建立安全用电措施，防漏电、触电。准备雨期施工的防洪材料、机具和必要的遮雨设施。

施工方法及技术措施：

雨期施工浇筑梁段混凝土时最好在上部进行遮盖，防止雨水对新浇混凝土的冲刷，从而影响混凝土的质量，同时遇特大雨时应暂停施工。

雨后模板及钢筋上的淤泥、杂物，在浇筑混凝土前应清除干净。

（4）混凝土的防裂缝措施

1）干缩裂缝：

干缩裂缝产生的主要原因是混凝土浇筑后养护不及时，表面水分散失过快，造成混凝土内外不均匀收缩，引起混凝土表面开裂。同时如果使用了含泥量大的粗砂配制的混凝土，也容易产生干缩裂缝。

2）温度裂缝：

温度裂缝是由于混凝土内部和表面温度相差较大而引起，深进和贯穿的温度裂缝多由于结构降温过快，内外温差较大，混凝土受到外界的约束而出现裂缝。

3）挂篮变形引起的开裂：

由于挂篮使用过程中，精轧螺纹钢筋的螺帽小范围的滑丝而导致吊杆下坠，致使已浇筑的混凝土在初凝后受力而破坏，从而在混凝土的内部产生较大的贯穿缝。防治措施就是在精轧螺纹钢筋的端头戴双螺帽。

混凝土的浇筑应按一定厚度、顺序和方向分层，应在下层混凝土初凝前浇筑完成上层混凝土，防止出现施工冷缝。

（5）梁段混凝土的浇筑施工注意事项

梁段混凝土的悬臂浇筑使用泵送，坍落度一般控制在 14～18cm，并应随温度变化及运输和浇筑速度作适当调整。箱梁段施工其主要注意事项如下：

1）混凝土的浇筑应按一定厚度、顺序和方向分层，应在下层混凝土初凝前浇筑完成上层混凝土。

2）箱梁各节段混凝土在浇筑前，必须严格检查挂篮中线、挂篮底模标高、纵、横、竖三向预应力束管道，钢筋、锚头、人行道及其他预埋件的位置，认真核对无误后方可灌注混凝土。其中线的标高要考虑箱梁预拱度的设计。箱梁其余截面尺寸的误差参考现行规范混凝土梁的浇筑尺寸允许误差。

3）箱梁各节段立模标高＝设计标高＋预拱度＋挂篮满载后自身变形，其中徐变对挠度的影响除作结构电算分析外，在实际施工中并不进行核算。此外，后浇筑的梁段应在已施工梁段有实测结果的基础上做适当的调整，以逐渐消除误差。

4）箱梁混凝土的灌注采取全断面一次灌注。箱梁梁段混凝土浇筑时，应做到对称均衡施工，两端箱梁混凝土方量相差不能超过设计允许的混凝土方量。为控制腹板混凝土厚度，在安装腹板模板时，腹板厚度较设计值小 5mm，浇筑中对拉螺杆伸长后即可达到设计厚度。

5）混凝土的灌注宜先从挂篮前端开始，以使挂篮的微小变形大部分实现，从而避免新、旧混凝土间产生裂缝。

6）各节段预应力束管道在灌注混凝土前，宜在波纹管内插硬塑管作衬填，以防管道被压瘪。管道的定位钢筋应用短钢筋做成井字形，并与箱梁钢筋网架焊接固定。定位钢筋网架间距按设计图要求布置，以防混凝土振捣过程中波纹管道上浮，引起预应力张拉时产生沿管道法向的分力。

7）冬期施工应备保温设施。挂篮可以配备能保证全天候作业的设备，以提高作业效率和保证质量。

8）箱梁混凝土浇筑完毕后，立即用通孔器检查管道，处理因万一漏浆等情况出现的堵管现象。

9. 箱梁施工质量控制要求

（1）箱梁各段混凝土浇筑质量控制

大桥箱梁各段混凝土浇筑质量控制见表 4-3

箱梁各段混凝土浇筑质量检查表 表 4-3

检查项目	质量标准		检查规定		备 注
	容许误差	质量要求	频 度	方 法	
混凝土抗压强度（MPa）	不小于设计值		3 组/每段	每组 3 块 28d 标准养护强度	外观满足有关规范要求；梁段接缝错台小于 3mm，无浮浆
每段长度（mm）	+5，-10		3 处/每段	用钢尺量	
箱梁顶面宽度（mm）	±30		5 处/每段	用钢尺量	
箱梁高度（mm）	+5，-10		5 处/每段	钢尺量腹板处	
腹板厚度（mm）	+10，0		5 处/每段	钢尺量上中下	

检查项目		质量标准		检查规定		备注
		容许误差	质量要求	频度	方法	
轴线偏位 （mm）		11		5处/每段	用全站仪测量	外观满足有关规范要求；梁段接缝错台小于3mm，无浮浆
相邻节段高差（mm）		10		5处/每段	用水准仪测量	
不平衡荷载系数		一端1.04 另端0.96	符合设计要求			
两合拢端	竖向高差	22		5处/断面	水准仪测量	
	中线偏差	11		5处/悬臂端	经纬仪测量	
合拢段	温度	15～25℃	符合要求	符合要求	48h连续观测	
	混凝土浇筑时间	<3h			计时	

（2）箱梁施工质量控制要求

箱梁施工质量控制检查见表4-4

箱梁施工质量控制检查表   表 4-4

检查项目		质量标准		检查规定		备注
		容许误差（mm）	质量要求	频度	方法	
模板安装	相邻两板表面高差	2	符合《公路桥涵施工技术规范》JTG/T F50—2011	5点/套	用钢尺量	
	表面平整度	5		6点/套	吊垂线	
	板面局部不平	1		2点/套	2m靠尺量	
	预埋件位置	3		逐个	用钢尺量	
钢筋安装	钢筋间距同排	±10	钢筋级别、直径、根数、间距均应符合设计要求	2断面/构件所有间距	用钢尺量	
	保护层	±5		周围查8处	用钢尺量	
	两层钢筋间距	±5		26处/每面	用钢尺量	
	箍筋、横向水平钢筋、螺旋间距	0，－20		5～10间距	用钢尺量	
预应力张拉	伸长值（%）	+6 －6	超出者查原因采取措施	每束	用钢尺量	张拉力必须满足设计要求
	每束断、滑丝数	1根	超出者原则上换束	每束	张拉记录	
	每个断面断、滑丝数	<1%总数	超出者原则上换束	每断面	张拉记录	
	回缩量	<6	超过查原因采取措施	每锚头	用钢尺或百分表	
单根预应力筋		断筋或滑移	不允许			
管道坐标	梁长方向（mm）	30		抽查30%，每根查10个点		
	梁高方向（mm）	10		抽查30%，每根查10个点		
管道坐标	同排（mm）	10		抽查30%，每根查10个点		
	上下层（mm）	10		抽查30%，每根查10个点		
管道压浆	≥设计强度			3组/每班	(7.07×7.07×7.07) cm³ 标准养护28d强度	

（3）混凝土浇筑前检查要点

1）检查钢筋、预应力管道、预埋件位置是否准确；

2）检查已浇混凝土接面的凿毛润湿情况；

3）浇筑是随时检查锚垫板的固定情况；

4）检查压浆管是否通畅牢固；

5）严密监视模板与挂篮变形情况，发现问题及时处理；

6）准备混凝土养护设备。

（4）混凝土浇筑质量控制

1）混凝土下落的自由倾落高度一般不允许超过2m，若超过1.5m应采取措施，如采用串筒、导管、溜槽等，浇筑腹板混凝土时可在模板侧面开窗口。

2）使用插入式振动器应快插慢拔，插点要均匀排列，逐点移动，按顺序进行，不得遗漏，做到均匀振实。移动间距不大于振动棒作用半径的1.5倍（一般为30～40cm）。振捣上一层时应插入下层混凝土面5cm，以消除两层间的接缝。

3）使用泵送混凝土时，在压送混凝土过程中，混凝土输送管上作用着相当大的力，所以不要将其放到模板、钢筋与套管之上，应使用垫木或木马等支撑牢固。

4）对于箱形截面梁，为了防止浇筑混凝土引起模板变形，灌注混凝土的高度要均匀。在混凝土浇筑过程中，应配备检查人员，经常监视模板与支架产生的有害变形，有必要事前采取处理措施。

5）在施工缝处继续浇筑混凝土前，混凝土施工缝表面应凿毛，消除水泥薄膜和松动石子，并用水冲洗干净。排除积水后，先浇一层水泥浆或与混凝土成分强度相同的水泥砂浆然后继续浇筑混凝土。

（5）炎热期混凝土浇筑与养护

炎热季节施工混凝土应注意下列事项：

1）防止骨料或水等受阳光直射或采取冷却材料的措施，降低混凝土灌注时的温度；

2）为了减小构件截面内外温差，可用草帘或苫布覆盖，避免阳光直射，同时隔断外界气温。

普通截面的预应力混凝土梁，如果使用早期水泥（40号）灌注温度30℃，即使不特殊冷却，温度最高上升30℃（部分为35℃）左右，虽然没必要特殊冷却，但在日温差较大的地方，白天浇筑的混凝土温度在夜间外部变冷时达最高值，有时也会产生较大温差。所以，希望整个模板都用苫布盖上，尤其要注意，在用钢模板时，更容易受到日照与降温影响。

3）对于暴露面较大的箱梁顶板，为防止刚灌完的混凝土水分蒸发干燥，可边用喷雾器补充水分，边同时进行施工，而且在硬化初期进行充分的湿润养护很重要。湿养护应不间断，不得形成干湿循环。

4）箱梁的竖腹板拆模后，宜立即用湿麻布把构件缠起来，麻布整个用塑料膜包紧，粗麻布应至少7d保持潮湿状态。

5）在混凝土浇筑过程中，应严格控制缓凝剂的掺量，并检查混凝土的凝固时间，以防因缓凝剂掺量不准造成危害。

（6）冬期施工混凝土及养护

混凝土冬期施工的关键问题是如何根据不同的地区、温差、部位，采取不同的加热保温等技术措施，确保混凝土在低于+5℃环境中的施工质量。加热保温的具体措施有暖棚蓄热法、热拌混凝土、蒸汽加热泵送混凝土等。冬期施工混凝土及养护应注意以下事项：

1）冬期混凝土拌制采用室内热拌法

即预先对混凝土的各种组成材料进行加热升温：砂石料入机温度不得低于5℃；水泥不加热，应储藏于室内，保持与室内同温；水加热至40～60℃，混凝土灌注时的温度，原则上希望在10℃以上。为保证其和易性和流动性，应稍加延长拌合时间，一般应较常温时延长50%。

2）冬期施工混凝土宜使用泵送混凝土

混凝土输送泵设在搅拌站厂房内，以保证输送泵在10～15℃的环境下正常工作。远距离输送混凝土须采用几个泵联机作业接力泵送。接力泵送混凝土连接处输送泵加设小暖棚进行保温，棚内可设蒸汽管供热。为保证混凝土输送畅通，要控制适当的温度。当要求混凝土入模温度在10℃时，出罐温度一般控制在13～18℃。

新旧混凝土接触面的温差过大，温度应力作用会造成新浇混凝土开裂，所以必须对旧混凝土采取预热升温措施。可采用远红外线加热器和蒸汽排管加热，确保接头处混凝土温度不低于5℃，加热深度不小于30cm，预热长度一般可控制在1m左右。

10. 预应力施工

混凝土达到规定的设计强度后，即进行预应力张拉，设计无特别要求外，其顺序一般是先横向再纵向、后竖向。纵向索对称中线张拉：先腹板后顶板、先下后上、先长索后短索。张拉后及时压浆，以免预应力筋松弛造成预应力损失。

（1）预应力一般要求

1）梁体段混凝土达到90%以上设计强度后方可施加预应力。

2）梁体如有影响承载力的缺陷，应事先修整，并达到规定强度后，方可施加预应力。梁体缺陷严重者，必须报指挥部研究具体修补方案。所有缺陷修补前均应有缺陷记录，征得监理工程师同意后方可处理。

3）操作人员进行技术交底，并发给简明操作单。

4）千斤顶和油压表必须按《公路桥涵施工技术规范》要求进行配套校验后，方能进行正式张拉作业。张拉千斤顶的校正系数不应大于1.05（用0.4级以上标准表校正），油压表精度不得低于1.0级。

5）预应力施工以应力控制为主，伸长量（值）作为校核。

6）正桥箱梁为三向预应力，各块段主边跨同时进行预应力筋张拉。

7）锚具按规定检验合格（工地仅检验其尺寸及硬度）。

8）清除锚板上的灰浆，以保证锚具与支承板密贴。

9）如果管道口歪斜或锚板不垂直于预应力筋，在张拉时必须配偏垫，以免产生应力集中或刻伤预应力筋。

（2）钢绞线

1）钢绞线下料与编束

按设计长度及穿束要求进行下料。下料时可用轻型变速砂轮机截断，严禁用电弧切割。钢绞线在切断前，应在切割点两侧3～5cm处用铁丝绑扎，以免散头，切断后的端头可用电焊焊牢。

用梳板将钢绞线理顺编成一束，或将每束钢绞线分别编成几个小分束，每隔1～1.5m用18～20号镀锌铁丝绑扎6～10圈，在钢绞线束（或小分束）两端各2m区段内要加密至

50cm。

2）穿束

在穿束前，宜用检孔器对孔道全程试通一遍。穿束前，宜在钢绞线端部设置牵引头，以免刺穿波纹管。可用卷扬机或穿束机进行穿束。穿束时，在孔道穿入端宜边穿边灌中性肥皂水，以减少摩阻力。

各梁段张拉断面，断、滑丝之和不超过断面钢丝总数的1%。纵向束张拉时，同时张拉的两束应严格按对称同步的规定分级加载，并注意千斤顶与锚垫板支承稳妥，倒顶及最终锚固时应注意夹片飞出伤人。

钢绞线束锚固后，应留存一定的外露量，多余部分只能采用砂轮切割机切割。

3）钢绞线束张拉

① 初始应力两端同时加载到张拉控制应力的10%，做伸长量测量标记（张拉控制应力 σ_k 为1395MPa）。

② 两端加载至张拉控制应力的20%，做伸长量测量标记（张拉控制应力为 σ_k 为1395MPa）。

③ 两端轮流逐级加载至张拉应力 $1.0\sigma_k$，即1395MPa，测量两端钢绞线伸长量。持荷5min，复测伸长量。

④ 先一侧锚固，另一侧补充应力至 σ_k 后再进行锚固。

4）质量标准

① 锚固后伸长量不超过计算值的±6%。

② 每束钢绞线断丝、滑丝不超过1根，每块段张拉断面断丝之和不超过该断面钢丝总数的1%。两端回缩量之和不得大于6mm。

（3）横向预应力

1）预应力张拉顺序：由墩顶对称往跨中进行。

2）钢绞线束张拉方法及程序：钢绞线束采用单顶张拉，先张拉扁锚中间束，再张拉两边束。

3）张拉程序：

① 初始应力加载至张拉控制应力的10%，做伸长量测量标记（张拉控制应力 σ_k 为1395MPa）。

② 加载至张拉控制应力的20% σ_k，测量伸长量。

③ 两端轮流逐级加载至张拉应力 $1.0\sigma_k$，即1395MPa，测量两端钢绞线伸长量。持荷5min，复测伸长量。

4）质量标准：

① 锚固后伸长量不超过计算值的±6%。

② 每束钢绞线断丝、滑丝不超过1根，每块段张拉断面断丝之和不超过该断面钢丝总数的1%。回缩量不得大于3mm。

（4）纵向预应力

1）预应力张拉顺序：由墩顶对称往跨中方向并对称梁体中心线两侧交替进行。

2）张拉程序：采用单束张拉，每根张拉力540kN。0→10%→20%→100%→持荷3min锚固。

3）质量标准：

① 锚固后伸长量满足要求。

② 回缩量不得大于 3mm。

③ 不允许断根。

（5）孔道压浆

1）水泥浆技术要求

① 孔道压浆应采用纯水泥浆，强度不低于 C40，其采用水泥品种、强度等级与梁体一致，要求水灰比不得大于 0.45，3h 后泌水率不大于 2%，稠度宜控制在 12～14s 间。

② 水泥浆中应掺入减水剂，以提高其流动度和减少泌水率，其掺量及减水剂品种由试验决定，但水泥中不得使用含有氯盐的外加剂。

③ 不得用过期或结块水泥，进入搅拌机的水泥应通过 2.5mm×2.5mm 的细筛。

④ 水泥浆自调制至压入孔道的延续时间，视气温情况而定，一般不宜超过 30～45min，水泥浆在使用前和压注过程中经常搅动。

2）压浆前的准备工作

① 切割锚具外的超长钢绞线。切割时，应采用砂轮切割机切割。切割后，钢绞线头应伸出锚具夹片外 3～4cm。切割钢绞线工作应在检查人员检查张拉记录并批准后方可进行。

② 以压力水冲洗管道，并以压缩空气清除管道内积水及污物。

③ 压浆前应将锚环与夹片间的空隙填实，防止孔道压浆时冒浆。

（6）压浆方法及要求

采用一次压浆工艺。灰浆泵最高输送压力，以保证压入的水泥浆饱满、密实为准，其值应为 0.6～0.7MPa，且另一端压出浓浆，持压 2min，水泥浆初凝后，方可拆卸压浆阀。

同一管道的压浆作业，如因故不能连续一次压满管道，其延续时间超过 40min 时，应用压力水把管道冲洗干净，以备重新压浆。

梁段张拉完毕后，在 7d 以内必须压浆，如本次不张拉的管道在其临近管道压浆时串浆，则应在压浆后，对本次不张拉的管道进行清孔，以防堵塞。

（7）封锚

压浆完毕后，即将横向预应力筋张拉槽以及竖筋张拉槽锚头处被临时割断的钢筋焊接复位，端混凝土经凿毛冲洗后，并用 C50 混凝土填封。

11. 箱梁施工过程观测

（1）挂篮行走系统就位的控制

在箱梁顶面两侧设平行对称辅助线，宽度为挂篮行走系统的中距，挂篮行走时，轨道中心压在辅助线上，挂篮前后横梁的中心点投影在桥轴线上。桥轴线和轨道中心线采用经纬仪控制。挂篮就位后要严格检查底横梁标高。混凝土浇筑过程中，要用水准仪反复测下横梁各吊点的变化，当超过 5mm 时，要及时调整。

（2）箱梁节段的控制

长度控制是在第一次浇筑好的箱梁端部基础上，上下游及轴线各设一个明显的控制点（即桩号），用经过鉴定的钢尺量测三个点位至相应墩位中心线上的点位距离，同时用全站仪复测校正来控制各梁段的长度，要求其误差不超过 5mm，若超过则需及时调整。

（3）具体箱梁立模标高的确定

大跨径箱梁悬臂浇筑施工中，挠度控制极为重要。而影响挠度的因素较多，主要有挂篮的变形、箱梁段自重、预施应力大小、施工荷载、结构体系转换、混凝土收缩与徐变、日照和温度变化等。挠度控制将影响到合拢精度及成功与否，故必须对挠度进度精确的计算和严格的控制。箱梁悬浇段的各节段立模标高可参考式（4-1）确定：

$$H_i = H_N + f_i + (-f_{i预}) + f_{篮} + f_x \qquad (4-1)$$

式中　H_i——待浇筑段箱梁底板前端点处挂篮底盘模板标高（张拉后）；

　　　H_N——该点设计标高；

　　　f_i——本施工段及以后浇筑的各段对该点挠度影响值，该值由设计提供，但须实测后进行修正，修正值约为设计值的 0.6～0.9；

　　　$f_{i预}$——本施工段顶板纵向预应力束张拉后对该点的影响值，由设计提供，但须实测后进行修正，修正值约为设计值的 0.8～1.0；

　　　$f_{篮}$——挂篮弹性变形对该施工段的影响值，在挂篮设计和加载试压后得出；

　　　f_x——由徐变、收缩、温度、结构体系转换、二期恒载、活载等影响产生的挠度计算值，其中徐变、收缩值可按一个月内完成的节段考虑，如一个月浇筑四节段，则其值分别按前四段的理论计算值的 0.25、0.1、0.07、0.05 计算，此值在昼夜平均气温为 15℃以下时接近实际，当气温在 20℃以上时明显偏小，须进行修正。

温度影响，主要是日照温差的影响，它影响立模的放样、复测精度等。因此，放样及复测等工作宜选定在早晨及夜间进行，否则应予以修正。如一次合拢时间相隔较长时，须考虑前期大悬臂箱梁在停放时间内的徐变和温度影响，以免后期强迫合拢而带来的巨大次内力影响。

二期恒载和活载的影响应与合拢后全部底板束张拉完成对高程的影响一并考虑，由设计单位提供计算数据。

高程控制以Ⅱ等水准高程控制测量标准为控制网，箱梁悬浇以Ⅲ等水准高程精度控制联测，选用高精度水准仪，其偶然误差不大于 1mm/km。

（4）实际施工箱梁线型控制

箱梁线型是箱梁施工控制的主要内容。由以上计算悬浇段立模公式可以看出箱梁分段悬浇时，其挠度包括：

1）各梁段自重引起的挠度；

2）挂篮前移及施工荷载变化引起的挠度；

3）温度变化引起的挠度；

4）各梁段预应力产生的挠度；

5）混凝土徐变引起的挠度。

这些因素均是理想状态下挠度计算的依据，先用已浇筑梁段实测标高数据进行"追踪法"计算下一梁段的施工标高，然后采用"倒折法"反算 0 号块处的标高来校正下一梁段的施工标高。为了达到施工控制目的，实际施工中可采用如下措施控制：

1）挂篮移至设计位置后，预抬立模标高；

2）绑扎钢筋完毕，预抬浇筑 1/4 方量混凝土标高（数值由挂篮静载试验给出）；

3）预抬浇筑 1/2 方量混凝土标高（数值由挂篮静载试验给出）；

4）预抬浇筑全部方量混凝土标高（数值由挂篮静载试验给出）；

5）预应力施工后标高观测。

（5）箱梁施工高程控制要点

1）悬臂浇筑前端和桥面的标高，应根据挂篮前端垂直变形及预拱度设置。施工过程中要对实际高程进行监测，如与设计有较大出入时，应及时会同有关部门查明原因进行调整。

2）梁段自重误差应在-3%～+3%范围之内。

3）混凝土浇筑完毕后应及时进行养护，待养护达到设计强度的 80%，并经孔道检查，修理管口弧度后，及时进行穿束、张拉压浆和封锚。

（6）箱梁悬浇高程控制流程

箱梁悬浇高程控制流程，如图 4-9。

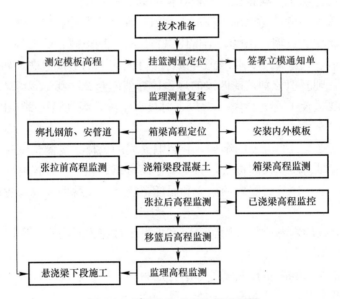

图 4-9　箱梁悬浇高程控制流程图

12. 箱梁悬臂施工放样及挠度观测作业指导

（1）主桥箱梁施工放样

1）0 号块施工放样

在承台及墩柱施工时，根据 0 号支架设计要求，在承台及墩柱位置预先埋设预埋件，墩身施工完毕，利用吊车辅助安装 0 号支架钢管。为确保钢管桩支架安装准确，钢管桩在测量人员的协助下精确定位。待钢管桩及各种联系施工完毕，即可在钢管桩上架设承重梁和分配梁，在上面再搭设碗扣钢管支架，铺设底板。待 0 号块底模板铺设后对标高进行精确调整，再对平面位置进行放样调整。

2）2～8 号块施工放样

待 0 号块施工完毕后，即进行挂篮拼装，同时测量队将平面及高程控制点引测到相近墩的帽梁上并加以保护。挂篮拼装完毕后进行静载试验，以测定结构的弹性及非弹性变形值，为后续施工的箱梁梁段立模提供可靠数据依据。

（2）挠度观测

1）观测方法

悬臂箱梁的挠度观测，采用水准测量的方法，周期性地对预埋在悬臂中每一块箱梁上的监测点进行监测。在不同施工状态下同一监测点标高的变化就代表了该块箱梁在这一施工过程中的挠度变形。

2）观测周期

挂篮悬臂浇筑法的每一箱梁段施工，可以为三个阶段，即挂篮前移阶段、浇筑混凝土阶段和张拉预应力阶段。以三个阶段作为挠度观测周期，即每施工一个梁段，应在挂篮移动，浇筑混凝土和张拉预应力后，对已施工的箱梁观测一次，其标高的变化就代表了该点所在的箱梁在不同施工阶段的挠度变形全过程。

3）观测精度

为了能监测箱梁较小的挠度变形，并使外业观测的工作量适中且易于达到设计的观测精度，拟在挠度变形观测中采用工程测量变形四等水准仪测量的精度等级要求和观测方法进行施测，能测量到变形量大于±2mm的挠度值。

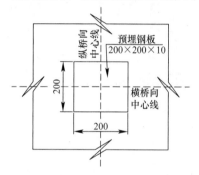

图 4-10　控制点水准点位置图

4）挠度观测点的设置

梁轴线控制点的设置：在各箱梁 0 号梁段施工时，把 200mm×200mm×10mm 钢板预埋在箱梁顶板中心，0 号梁段施工完后，把 0 号块中心（即桥墩中心轴线上）及水准引到钢板上，控制点水准点位置见图 4-10。

5）挠度观测时间

由于在挠度观测过程中温度影响值较大，为减少温度对观测结果的影响和施工对观测工作的干扰，挠度观测安排在清晨 6：00～8：00 时间段内观测，同时记录空气温度及箱内温度。

4.1.7　挂篮施工主要设备和劳动力控制措施

（1）主桥悬臂箱梁现浇拟投入的施工设备见表 4-5。

悬臂箱梁现浇拟投入的施工设备　　　　　　　　　　　　表 4-5

1	千斤顶	50	50t	2×4 个
2	千斤顶	L020		2×2 套
3	拌浆机	BE-10		2 台
4	压浆机	HP-013	1.3m³/h	2 台
5	手动葫芦		5t	14 个
6	混凝土输送车		8m³	4 辆
7	发电机	P125E	输出功率：200kVA	1 台
8	钢筋加工设备			2 套
9	木工多用机床	MB106	7.5kW	2 套
10	电焊机		功率：30～50kW	10 台
11	插入式振捣器			20 个

12	挂篮	三角形挂篮	4 套
13	混凝土输送泵	HBT60CT	排量 60m³/h 功率 141kW	1 台
14	汽车吊	QUY25	起重量：25t	1 辆
15	汽车吊	QY16	起重量：16t	2 辆

（2）主墩箱梁的劳动力安排见表 4-6。

投入劳动力安排　　　　　　　　　　表 4-6

项目 ＼ 人员	工长（技术员）	技工	辅助工
安装模板	1	4	10
各类吊车	1	3	6
钢筋制作安装	1	6	20
混凝土拌合站	2	4	8
混凝土运输		5	
混凝土浇筑	1	4	4
张拉	1	6	4
挂篮移动	1	6	6
试验	1	2	6
测量		2	2
质检		2	
合计	9	44	66

4.1.8　挂篮施工安全保证措施

1. 结构安全防护措施

（1）挂篮四周应封闭，底面、两侧及端部底面以上 1m 处采用白铁皮全封闭，其余用安全网封闭，封装的范围较梁板施工范围长度各增大 1m。防止施工时工具、杆件、设备掉下而引起航道事故及伤人。

（2）在施工完成的梁段两侧在桥面上采用安全网或临时拉杆进行封闭围护，预留洞口等尚未进行施工的预留部位，均要设置盖板、围栏等防护，防止高空坠落。

（3）施工期间，在挂篮底部轨道上若有船只通过，严禁气割、电焊等明火作业。在梁板底模及侧模板铺设后，才允许焊割，且集中在梁板的中间。

（4）挂篮移动，利用航行船只间隔时间移动。移动前清除挂篮底垃圾废模板及部分挂篮结构的零配件、工具等未固定的物品，禁止随挂篮的移动而高空坠落。移动时除相关指挥员、操作人员外，严禁站人或人员走动，确保船只安全。

（5）挂篮移动必须白天进行。遇大风、暴雨天气，不得移动挂篮。

（6）移动挂篮及防护设施的安装拆除时，应指派专人负责联系指挥，并派专人负责掌握航道船只的通行情况。

（7）所有临时结构设施方案（如墩旁托架、挂篮、落地支架等）必须经上级部门审批后实施。

（8）挂篮、墩旁托架、落地支架等主要结构必须经加载试验测试合格后方可使用，测试荷载为设计荷载的 1.2 倍以上。其加工制作所用材料及工艺必须严格把关，并设专人负责定期检查维护。挂篮前移应有防倾覆措施。

（9）该大桥挂篮悬浇施工专项方案必须经专家论证通过后方可实施。

2. 施工安全保证措施

（1）项目经理是安全第一责任人，专职安全员全面负责现场安检及指导协调。

（2）专人负责大型起重设备（如塔吊）的使用、养护维修工作。项目部主管设备人员同设备司机是第一责任人，前者定期对设备进行检查，后者随时掌握机械状况，发现问题及时维修保养，塔吊设专人指挥。

（3）分别与每个施工人员签订安全责任书，分阶段专题进行安全交底。

（4）加强施工现场的安全防护措施。

悬灌作业全部在高空进行，挂篮工作平台四周必须挂设不低于 1.5m 的安全网。挂篮前移前应检查滑道锚固效果，并用钢丝绳作预防性的捆绑后方可进行。高空作业人员必须佩戴安全帽、安全带等防护用品，否则不允许上桥。

（5）施工用电前，必需编制临时用电专项方案，必要时经专家进行论证。采用"三相五线"制，每个 T 墩上单独设漏电保护开关，非电工人员不准私自接线，电工要经常检查线路，防止漏电。

（6）预应力张拉班组人员应固定，在张拉过程中必须在千斤顶后面设置挡板。张拉作业时，千斤顶后方严禁站人。高强精轧螺纹钢筋张拉后未压浆前不得随意踢碰，防止崩断伤人。

4.1.9 节能与环境保护措施

（1）在电焊工作区设防辐射围挡，防止强电流产生的弧光辐射人（眼部）体。

（2）浇捣混凝土时，在晚上 10 点～次日 6 点钟前禁止施工，防噪声扰人。白天噪声不超过 85dB，晚上不超过 55dB。在此时段还可与工业用电高峰错开，减少电能消耗，节约资源。

（3）浇筑完成后，采用塑料薄膜覆盖的节能环保养护措施，不用人工湿水养护，可减少湿水后产生的水泥碱液对环境的污染。

4.2 挂篮抗倾覆稳定性计算

4.2.1 挂篮行走时的抗倾覆稳定性验算

挂篮行走过程中，前、后吊杆仅承受底模、前上（下）横梁、后横梁、外模及桥面三脚架等自重，内模待挂篮行走到位并锚固后再单独移位，因此内模重量不参与抗倾覆计算。

（1）挂篮移走到位后、锚固定位之前，稳定性最差，设计计算验算此种工况的抗倾覆稳定性系数：

$$K = M_稳 \div M_倾 \geqslant 2 \text{ 即可}$$

（4-2）

$$M_{倾} = [G_{前上} + G_{前下} + G_{吊杆} + (G_{底篮} + G_{外模})/2] \times d \qquad (4\text{-}3)$$

其中：前上横梁自重 $G_{前上} = 47.45\text{kN}$；

前下横梁自重 $G_{前下} = 19.394\text{kN}$；

$G_{吊杆} = 3\text{kN}$

底篮自重 $G_{底篮} = 114.266\text{kN}$（不含前后下横梁）；

$G_{外模} = (4 + 2.8) \times 6.15 \times 2 \times 1.5\text{kN/m}^2 = 125.46\text{kN}$

力臂 $d = 5.4\text{m}$；

$$\therefore M_{倾} = 1024.418\text{kN} \cdot \text{m}$$

稳定力矩 $M_{稳} = [G_{后横梁} + G_{后吊}] \times d + T_{锚} \times d_{锚}$； $\qquad (4\text{-}4)$

$G_{后横梁} = 23.303\text{kN}$； $G_{后吊} = 1.5\text{kN}$； $d = 5.4\text{m}$； $d_{锚} = 4\text{m}$

$$\therefore M_{稳} = 133.936 + 4 \times T_{锚}$$

保证 $M_{稳}/M_{倾} \geqslant 2$

则 $T_{锚} \geqslant 478.72\text{kN}$

（2）每片三角主桁后锚反压轮锚固反力 $T = 1/2 T_{锚} \geqslant 239.36\text{kN}$。

每个反压轮采用 2 根锚固竖筋，则每根竖筋提供的最大反力为 120kN 的锚固力即可。

4.2.2 挂篮悬浇时抗倾覆稳定性验算

由于 $T_{锚} = 518\text{kN}$，由 3 根 $\phi 32$ 的螺纹钢筋承受锚固反力，即单根 $\phi 32$ 的螺纹钢筋承受锚固反力为 173kN，满足抗倾覆稳定性要求。

（1）抗台风计算：

抗台风计算仅考虑挂篮前行到位，后锚已固定等待悬浇状态。

1）风载：$P_w = CK_h \times \beta \times qA$ $\qquad (4\text{-}5)$

式中体形系数根据 $1/h = 6.15 \div 3.2 = 1.92 < 5$，查表知 $C = 1.3$。

2）风高压力变化系数，查表知道 $K_h = 1.23$（按陆地 20m 高）

$\beta = 1$； $q = 800\text{N/m}^2$； $A = 6.15 \times 3.2 = 19.68\text{m}^2$

$\therefore P_w = 1.3 \times 1.23 \times 1 \times 800 \times 19.68 = 25175\text{N}$

3）风载作用力中心距三脚架前支点为 2.7m，同时，风载还给挂篮一个风载旋转力矩：

$$M_{风} = 25175 \times 2.7 = 67972.5\text{N} \cdot \text{m}$$

要使挂篮稳定，就是要使挂篮不滑移、不旋转。

挂篮及模板自重按 500kN 计算，要使其平移需克服的摩擦力：

$$f = 500 \times 0.12 = 60\text{kN}$$

$\therefore$ 抗滑移安全系数 $K = f \div P_w = 2.38 > 2$，安全。

（2）抗旋转由后锚竖筋与桥面锚固，要供挂篮产生旋转除非剪断后锚竖筋，而这是不可能的（抗旋转力矩＞旋转力矩）。

4.3 ××河大桥主桥连续箱梁挂篮施工方案

4.3.1 工程概况

××市区道路 2 号大桥主桥共三跨（40m＋70m＋40m）150m，采用挂篮悬臂浇筑。

主跨分为 19 段，边跨分为 11 段，最大悬臂长度 36m，悬浇块最大长度 4m，均采用 C50 混凝土，单节段混凝土最大重量为 11964.2kN。

××市区道路 2 号大桥连续梁浇筑采用全挂篮对称浇筑。施工顺序为由墩顶现浇段向两侧进行施工，两只节段尽可能保持同步对称施工，其余各段采用挂篮法逐段施工，最后在 9 号和 10 号处合拢，完成体系转换。本工程截面沿××段道路，采用道路南北两侧独立结构。为了保证施工工期，施工时东西两侧箱梁同时进行，在施工断面内有两套挂篮同步施工。整个工程需 8 套挂篮。

4.3.2 工程特点

工程周边环境：本工程系××市市政工程，整个挂篮施工过程均需在保证原有××江航道安全通行的前提下进行，故交通组织措施显得尤为重要，既要保证车辆及船只的安全通行，又要确保施工人员的安全，仅能利用已封闭的原有市政道路 5m 作为施工通道。由于受老桥（泄洪闸门）影响，箱梁挑臂必须分段次浇筑。以上提到的几点均增加了本工程的施工难度。

4.3.3 挂篮设计制作施工工艺原理

根据本工程连续梁设计分段长度、梁段重量、外形尺寸、断面形状等要求，同时考虑施工荷载和其长远期（50 年）使用性能，采用了三角形组合梁式挂篮，如图 4-11、图 4-12 所示。该挂篮结构构造合理，受力明确，自重轻，利用系数高，使用安全、可靠，施工方便，具有较好的技术经济效益。三角形组合梁式挂篮由模板系统、悬挂调整系统、三角形组合梁、滑行系统、平衡及锚固系统、工作台等组成。每个挂篮总重 246.1kN，有两片三角形组合梁。

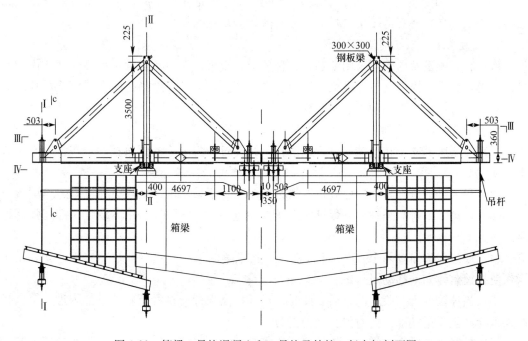

图 4-11　箱梁 0 号块混凝土和 1 号块及挂篮、行走架剖面图

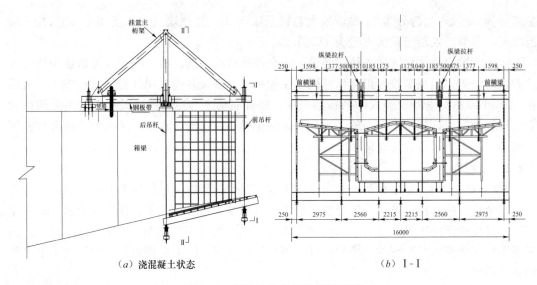

（a）浇混凝土状态 　　　　　　　　　　　（b）I-I

图 4-12　箱梁挂篮内外模板剖面图

4.3.4　工艺流程与系统施工操作要点

1. 悬臂箱梁挂篮法施工流程

从 1 号（1′号）开始，对称拼装好挂篮以后，即可进行悬臂浇筑施工。

箱梁混凝土浇筑的一般流程：挂篮前移就位（每前进 50cm 作一次观察）→进行底模及外模安装→绑扎底板钢筋→安装肋板封头模板→绑扎肋板钢筋→安装预应力管道→内模就位→绑扎顶板钢筋及承托钢筋→顶板纵、横、竖向预应力管道→检查钢筋及立模情况（复测标高）→浇筑混凝土（复测标高）→冲洗管道及混凝土养护→穿预应力束→预应力张拉（复测标高）→管道压浆、封头→挂篮落架（复测标高）。

2. 模板系统及悬挂调整系统

箱梁底、侧模及内模均采用新制竹胶合模板。模板、支架及节段自重等荷载均由前后吊带承受，底模支撑横梁与上横梁通过前后吊带连接，前吊带设销孔配合螺旋千斤顶调整底模标高，底模后吊带处用千斤顶卸载。

3. 挂篮移动行走系统

（1）纵梁底部支座和前端处设置钢滚轴。必要时，为施工方便布置，可在纵梁下设置千斤顶。

（2）最前排的两根高强螺栓处设置滑行系统（主要采用钢滚轴），并使其充分受力。

（3）松动第二排高强螺栓（以能滑动但不完全松动为标准），并将最后一排高强螺栓拿掉。

（4）通过对称布置两个 50kN 手动葫芦，将纵梁的钢扣与箱梁前端竖向筋连接，手工操作使挂篮整体向前移动滑行。

（5）当挂篮前行一段距离之后，此时，最前排高强螺栓将滑至斜撑端部附近，第二排高强螺栓滑至纵梁端部，此时停止向前滑行。

（6）拧紧第二排高强螺栓，松动最前排高强螺栓，将其向后移动，并再次拧紧使其充分均匀受力。

（7）将已滑至纵梁端部的第二排高强螺栓移后，再将最后一排高强螺栓布置到位并拧紧到一定程度固定，即以可滑动为标准，尽量使其仍能起部分后锚作用。

（8）重复上述过程工作，直至挂篮整体推进，移动至指定位置，进行固定。

在挂篮整体滑动行走的过程中，为确保施工安全，加设了缆风设备，以防止挂篮整体倾覆。待挂篮移动结束后，拆除缆风设备。

4. 挂篮锚固系统

挂篮就位后，通过 HRB400ϕ32 预埋高强螺栓，将纵梁尾部与箱梁进行锚固。每片纵梁用 3 根，整套挂篮用 6 根。为保证挂篮滑动移走时，后锚高强螺栓的安全性，必须确保高强螺栓预埋时垂直于箱梁顶面，且不得采用焊接方法固定高强螺栓，以防止焊接时产生局部高温导致高强螺栓内部组织结构破坏而断裂（不得采用交流电焊机）或降低其强度。可采取先将高强螺栓下端固定，再用"井"字形钢筋布置固定。箱梁挂篮模板构造剖面如图 4-13。

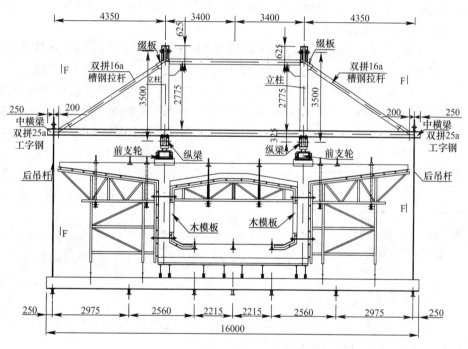

图 4-13　箱梁挂篮模板构造剖面图

5. 挂篮施工安全性验算

按最重节段即 5 号节段计算，箱梁体构造计算简图如图 4-14 所示。

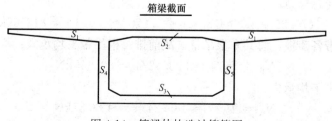

图 4-14　箱梁体构造计算简图

355

设计要求规定挂篮与梁段混凝土的质量比值宜控制在 0.3 左右。本工程实际情况是挂篮 246.1kN，梁段混凝土 2099.92kN，比值为 0.12，故符合要求。

挂篮结构受力分析如图 4-15。

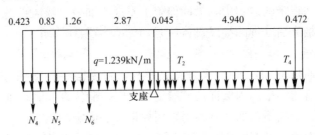

图 4-15　挂篮结构受力简图（单位：m）

图中 T_2、T_4 表示作用在两根纵梁上各项力的合力（简化力）；N_4、N_5、N_6 表示后端三排固定高强螺栓的拉力；两根纵梁的自重用均布荷载表示（q=1.239kN/m）。

$$T_2 = T_A + T_{后吊带} + G_{型钢}$$

$$T_2 = T_A + T_{后吊带} + G_{型钢} = 489.24 + 3.284 + 1.923 \times 10 = 511.754 \text{kN}$$

$$T_4 = T_B + T_{前吊带} + G_{型钢} = 323.42 + 4.926 + 1.923 \times 10 = 347.576 \text{kN}$$

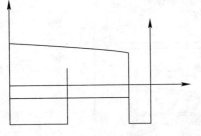

图 4-16　$G_{型钢}$ 表示两根上横梁的自重图

式中　T_A、T_B——分别表示挂篮后排和前排吊带承受的总合力（具体数据由下面计算所得）；

$T_{前吊带}$、$T_{后吊带}$——前后两排吊带的自重（已知）；

$G_{型钢}$——表示两根上横梁的自重（已知），如图 4-16 所示。

节段重心为：

$$X = [2 \times 4 \times 2.198 + 1/3 \times 4 \times 1/2 \times 4 \times (2.435 - 2.198)]/[4 \times 2.198 + 1/2 \times 4 \times (2.435 - 2.198)] = 1.966 \text{m}$$

$$T_A + T_B = T = 812.66 \qquad ①$$

$$T_A \times 1.966 = T_B \times (4 - 1.966 + 0.94) \qquad ②（依据节段处于平衡状得）$$

由①、②解得 $T_A = 489.24 \text{kN}$

$$T_B = 323.42 \text{kN}$$

（1）吊带安全性验算

经现场统计，箱梁模板、支架及施工人员总重为 43.5kN。

挂篮吊带承受总合力：

$$T = (70.25 + 4.35 + 3.326 + 1.670 \times 2) \times 10 = 812.66 \text{kN}$$

挂篮前后吊带各 4 根，总共 8 根吊带，故前排每根吊带平均承载：

$$N_B = T_B/4 = 323.42/4 = 80.855 \text{kN}$$

后排每根吊带平均承力：

$$N_A = T_A/4 = 489.24/4 = 122.31 \text{kN} \tag{4-6}$$

吊带有效面积 $A_n = 20 \times 140 - 20 \times 50 = 1800 \text{mm}^2$。

所以：
$$\sigma_{max} = N_A/A = 122.31 \times 10^3/1800 = 67.95 \text{MPa} < [\sigma] = 170 \text{MPa} \quad (4\text{-}7)$$
故吊带满足安全要求，安全系数 $n=[\sigma]/\sigma_{max}=170/67.95=2.50$。

　　＊吊带理论伸长量计算（最大值）：

　　面积 A 取有效面积 A_n，此时即按最不利截面计算。根据虎克定律：
$$\Delta_1 = N_1/E_A = 122.31 \times 10^3 \times 6000/(2.1 \times 10^5 \times 1800) = 1.94 \text{mm} \quad (4\text{-}8)$$
　　（2）吊带连接销钉（ϕ50）安全性验算

　　1）抗剪：$A_S = \pi \times d^2/4 = 1962.5 \text{mm}^2$ \hfill (4-9)
$$Q = 1/2 \times N = 1/2 \times 122.31 = 61.155 \text{kN}$$
$$\tau_{max} = Q/A_S = 31.16 \text{MPa} < [\tau] = 0.46 f_{ub} = 78.2 \text{MPa}$$
安全系数：$n=[\tau]/\tau_{max}=2.5$

　　2）抗挤压：挤压面积 $A_{bS} = 20 \times 50 = 1000 \text{mm}^2$
$$P_{bS} = N = 122.31 \text{kN}$$
$$\sigma_{bS} = P_{bS}/A_{bS} = 122.31 \text{MPa} < [\sigma_{bS}] = 1.26 f_u = 214.2 \text{MPa}$$
安全系数：$\quad n=[\sigma_{bS}]/\sigma_{bS}=1.75$

故销钉满足安全要求。

　　（3）高强螺栓（HRB400ϕ32）安全性验算

根据杠杆原理（力矩平衡），$M_{顺}=M_{逆}$：

$M = 1/2 \times 1.239 \times (5.4572 - 5.3832) + 511.754 \times 0.045 + 347.576 \times (0.045 + 4.94)$
$\quad = 1755.74 \text{kN} \cdot \text{m}$

$M_{逆} = N_4 \times 4.96 + N_5 \times 4.13 + N_6 \times 2.87 = M_{顺} = 1755.74 \text{kN} \cdot \text{m}$

根据虎克定律 $\Delta L = NL/EA$，故可通过几何关系确定 N_4、N_5、N_6 关系：

　　$N_4 : N_5 : N_6 = 4.96 : 4.13 : 2.87$，计算得 $N_4 = 174.58 \text{kN}$，$N_5 = 145.36 \text{kN}$，$N_6 = 101.02 \text{kN}$

螺栓截面积：
$$A = 1/4 \times \pi \times d^2 = 1/4 \times \pi \times 32^2 = 814.33 \text{mm}^2 \quad (4\text{-}10)$$
　　取最不利情况：

$\sigma_{max} = N_4/2A = 174.58 \times 10^3/(2 \times 814.33) = 107.2 \text{MPa}$

$\sigma_{max} < [\sigma] = 746 \text{MPa}$（根据实验室试验得：每根 HRB400$\phi$32 高强螺栓极限承载 600kN）

故高强螺栓满足安全要求，安全系数：$n=[\sigma]/\sigma_{max}=746/107.2=6.96$ \hfill (4-11)

　　＊起后端锚固作用的高强螺栓安全性讨论（考虑最不利情况即两根）：

$M_{逆} = N_4 \times 4.96 = M_{顺} = 1755.74 \text{kN} \cdot \text{m}$，得 $N_4 = 354.07 \text{kN}$。$\sigma_{max} = N_4/2A = 220.24 \text{MPa} < [\sigma] = 746 \text{MPa}$，安全系数 $n=[\sigma]/\sigma_{max}=3.39$，故满足安全要求。

$M_{逆} = N_5 \times 4.13 = M_{顺} = 1755.74 \text{kN} \cdot \text{m}$，得 $N_5 = 425.23 \text{kN}$。

$\sigma_{max} = N_5/2A = 264.50 \text{MPa} < [\sigma] = 746 \text{MPa}$，安全系数 $n=[\sigma]/\sigma_{max}=2.82$，故满足安全要求。

$M_{逆} = N_6 \times 2.87 = M_{顺} = 1755.74 \text{kN} \cdot \text{m}$，得 $N_6 = 611.91 \text{kN}$。

$\sigma_{max} = N6/2A = 380.62 \text{MPa} < [\sigma] = 746 \text{MPa}$，安全系数 $n=[\sigma]/\sigma_{max}=1.96$，故满足安全要求。

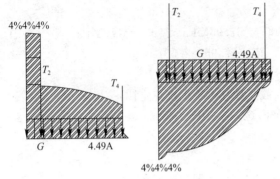

（4）纵梁型钢最危险截面安全性验算

纵梁 I56c 型钢（双槡）最危险截面安全性计算简图如图 4-17 所示。

由剪力图和弯矩图知，$Q_{max} = 436.426$kN，$M_{max} = 896.296$kN·m。

弯曲正应力：

$$\sigma_{max} = M_{max}/2W$$
$$= 896.296 \times 10^6/(2551.41 \times 10^3 \times 2)$$
$$= 175.65\text{MPa}$$
$$< [\sigma] = 220.8\text{MPa} \qquad (4\text{-}12)$$

图 4-17　纵梁 156c 型钢截面安全计算简图

式中，$[\sigma] = 0.92f_y = 0.92 \times 240 = 220.8$MPa。

安全系数 $n = [\sigma]/\sigma_{max} = 220.8/175.65 = 1.26$，故安全系数偏小，存在安全隐患。

弯曲剪应力：

$$\tau_{max} = Q_{max}S \times Z_{max}/IZd$$
$$= Q_{max}S \times Z_{max}/IZd = 436.426 \times 10^3/(2 \times 16.5 \times 466.6) = 28.34\text{MPa}$$
$$< [\tau] = 128.061\text{MPa} \qquad (4\text{-}13)$$

式中　$[\tau] = f_v = 0.58f = 0.58 \times 0.92f_y = 128.061$MPa。

安全系数：$n = [\tau]/\tau_{max} = 128.061/28.34 = 4.52$。

挠度：$f = 1.239 \times 5.4574/8EI + 255.877 \times 0.045^2(3 \times 5.457 - 0.045)/6EI + 173.788 \times 4.985^2(3 \times 5.457 - 4.985)/6EI = 1.39 \times 10^{-2}$m

工程中挠度与长度比值 $[f]/L = 1/1000 \sim 1/250$，现取一半，$1/625$：

$$[f] = L/625 = 5.457/625 = 8.731 \times 10^{-3}\text{m} < 1.39 \times 10^{-2}\text{m}$$

故不安全，为了控制挠度现加斜撑加固，设单根斜撑内力为 T。

由于挂篮结构后部固定螺栓较多，可将其近似看作固定支座，如图 4-18 所示。

图中 T_2、T_4 表示作用在两根纵梁上各项力的合力（简化力）；两根纵梁的自重用均布荷载表示（$q = 1.239$kN/m）；$0.84T$ 表示单根斜撑的竖向分力（在以下计算中还应乘以系数 4）。

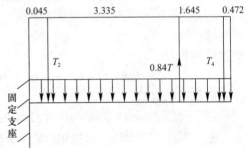

图 4-18　挂篮结构后部固定支座详图（单位：m）

挠度：

$$f = 1.239 \times 5.4574/8EI + 255.877 \times 0.045^2(3 \times 5.457 - 0.045)/6EI + 173.788$$
$$\times 4.985^2(3 \times 5.457 - 4.985)/6EI - 4 \times 0.84T \times 3.38^2/6EI(3 \times 5.457 - 3.38)$$
$$= 8.731 \times 10^{-3}\text{m}$$

$E = 210$GPa，$I = 71439.4$cm^4

$(2083.54 - 20.78T)/EI = 8.731 \times 10^{-3}$

解得单根型钢（斜撑）$T = 37.23$kN（必须保证的最小受力），拉应力：

$\sigma = T/A = 37.23 \times 10^3/39.5 \times 10^2 = 9.43MPa< [\sigma] = 170$MPa，安全系数 $n = [\sigma]/\sigma_{max} =$

170/9.43=18.03，满足安全要求。

此时，竖撑内力为 $2\times0.84T=2\times0.84\times37.23=62.55$kN，压应力：

$$\sigma_{max}=T/A=62.55\times10^3/70.5\times10^2=8.87MPa<[\sigma]=170MPa$$

安全系数：$n=[\sigma]/\sigma_{max}=170/8.87=19.17$，满足安全要求。

I56c 型钢（双榀）所受力：

$$M_{max}=896.296-2\times0.84T\times3.38=684.89\text{kN}\cdot\text{m}$$
$$N_{max}=2\times0.54T=40.21\text{kN}$$
$$Q_{max}=436.426-2\times0.84T=373.88\text{kN}$$

弯曲正应力：
$$\sigma_{max}=N_{max}/A+M_{max}/W$$
$$=40210/(157.85\times2\times10^3)+684.89\times10^6/(2\times2551.41\times10^3)$$
$$=134.23MPa<[\sigma]=220.8MPa \tag{4-14}$$

式中，$[\sigma]=0.92f_y=0.92\times240=220.8MPa$。

安全系数 $n=[\sigma]/\sigma_{max}=220.8/134.23=1.64$，故满足安全要求。

剪应力：$\tau_{max}=Q_{max}S\times Z_{max}/IZd=373.88\times10^3/(2\times16.5\times466.6)=24.28MPa<[\tau]$

安全系数：$12=[\tau]/\tau_{max}=128.06/24.28=5.27$

式中，$[\tau]=f_v=0.58f=0.58\times0.92f_y=128.06MPa$，$A$，$W$，$d$，$S\times Z_{max}/IZ$ 可由钢材规范查得。

所以 I56c 型钢满足安全要求。

（5）底模支撑纵梁（I26）安全性验算

底模支撑纵梁承受总压力 $T=(70.25+4.35)\times10=746$kN；

则每根纵梁承受压力为 $P=T/13=746/13=57.38$kN。

弯曲正应力：
$$\sigma_{max}=N_{max}/A+M_{max}/W$$
$$=67.91\times10^6/462.77\times10^3=146.75MPa<[\sigma]=220.8MPa$$

安全系数：$n=[\sigma]/\sigma_{max}=220.8/146.75=1.50$，故满足安全要求。

剪应力：

$$\tau_{max}=Q_{max}S\times Z_{max}/IZd=34.54\times10^3/10.2\times222.6=15.21MPa<[\tau]$$

安全系数 $n=[\tau]/\tau_{max}=128.06/15.21=8.4$，$A$，$W$，$d$，$I$，$S\times Z_{max}/IZ$ 均可通过钢材规范查得。

挠度：

$f=p\times b\times(3L_2-4b_2)/48EI=57.38\times1.966\times(3\times4.942-4\times1.9662)/(48\times210\times10^6\times6015.97\times10^{-8})=1.3mm<[f]=25mm$

所以 I26 型钢满足安全要求。

（6）斜撑处螺栓安全性验算

1）抗剪：

$$\tau_{max}=Q/A_S$$
$$=(0.54T/8)/(\pi\times d^2/4)\times3=(0.54\times37.23\times10^3/8)/(\pi\times30^2/4)\times3$$
$$=3.6MPa<[\tau]=0.46f_{ub}=78.2MPa \tag{4-15}$$

安全系数：$n = [\tau]/\tau_{max} = 78.2/3.6 = 21.7$，故螺栓满足抗剪安全要求。

2）抗拉：

$$\begin{aligned} \sigma_{max} &= N/A_S = (0.84T/8)/(\pi \times d^2/4) \\ &= (0.84 \times 37.23 \times 10^3/8)/(\pi \times 30^2/4) \\ &= 5.53\text{MPa} < [\sigma] = 0.46f_{ub} = 78.2\text{MPa} \end{aligned} \tag{4-16}$$

安全系数：$n = [\sigma]/\sigma_{max} = 78.2/5.53 = 14.14$，故螺栓满足抗拉安全要求。

注：前面带"＊"的为附加计算。

4.3.5 工程质量控制措施

1. 挂篮拼装

当墩顶现浇段0号、1号块在支架上施工结束，混凝土达到设计要求强度等级后即可拼装8套挂篮，施工顺序如下：

（1）在箱梁腹板顶面安装纵梁并与ϕ32预埋高强螺栓将其锁定。

（2）安装前后支座。

（3）吊装三角形桁架。桁架可以分片安装，先吊装一片并临时支撑后再吊装另一片，后安装两片之间的连接系统并进行固定。

（4）通过螺栓将三角形桁架与纵梁连接固定。

（5）吊装前，安上横梁。

（6）吊装前吊带、后吊带，前吊带也可与前上横梁一起吊装。

（7）吊装底模架及底模板。

（8）吊装内模架移动行走梁桁架滑动系统，并安装好前后吊带。

（9）安装外侧模板。

（10）调整立模标高。

2. 0号块支架施工

0号块的主要重量集中在中间墩身位置处，由于0号块长度为6m，混凝土用量为460.16m³，其重量为11964.16kN，箱体底部宽13m，箱体顶宽为23m，两翼悬臂部分各4m，箱梁的腹板垂直于底板。0号块的支架布置方法如下：

（1）箱梁支撑架以脚手钢管（ϕ48）为主要材料，从箱梁的断面上可计算出，箱梁的近似实心段（2.2m范围内）的单位重量较大，基本上由墩柱来承担。另外两边腹板单位重量为70.1kN/m²；箱梁顶板与底板单位重量为24.5kN/m²，左右两翼板的单位重量为10.4kN/m²。为此支架立杆布置形式为：肋板及墩顶纵向2.2m范围以内分布为@25cm，底板处分布为@60cm以内，翼板处分布为@80cm以内，支架的纵横向布置相同，并满足每根钢管垂直受力≤8kN，做到钢管轴向受力。

（2）ϕ48钢管脚手支架顶部布置方法和上盖梁施工时布置方法相同。

（3）箱梁投影在承台以外部分，利用承台上搁双榀56号槽钢外挑，近河道中心侧与钢管围护桩焊接，近岸边侧置于水中排架上，同时将槽钢与承台用螺栓锚固。

3. 墩顶处理

墩顶处理包括三个工作内容：一是布置临时锁定；二是支座安装；三是0号块底模处理。

（1）临时锁定的布置

1）本工程临时锁定结构采用 50cm×80cm（端面尺寸）钢筋混凝土柱，钢筋采用 φ20间距为 10cm，混凝土强度与墩身相同，施工与墩身同步实施。

2）二根临时锁定（单边，每个墩 4 根）布置在箱梁腹板下（单箱单室二条腹板）和承台上，靠近 0 号块 1 号块交接处，矩形截面的大边布置在顺桥向。

3）临时锁定的钢管比混凝土柱高 2m，其中 1m 预埋进承台，1m 伸进箱梁的腹板中。

4）为了便于体系转换，每根钢管柱中设一槽钢斜拉杆，在设置的工字钢横梁部位与钢管柱焊接。

（2）支座安装

1）当墩身混凝土达到设计强度的 70%时开始安装支座。

2）整个支座的安装都是在支座生产单位的指导协助下完成。

3）墩顶处理。墩顶布置好支座后尚有很大空隙，这些空隙的存在不利于 0 号块底模的铺设，也不利于 0 号底部的质量。为此，打算在墩顶四周边线上砌筑一道砖墙，砖墙高度 3cm，砖墙之间填充黄砂并进行洒水拍实，黄砂顶面做 3cm 砂浆面层，其上再铺一块装筛贴面板作为 0 号块的底模，待实现体系转换时，在拆除砖墙的同时，一并拔除黄砂垫层敲除砂浆面层和贴面板即可（在体系转换前，支座不能完全受力，要到体系转换后方能使支座完全受力）。

（3）挂篮标高控制

挂篮施工中标高资料收集尤为重要，根据设计要求分为四个阶段跟踪观测：钢筋施工结束、混凝土浇筑施工结束、张拉结束、挂篮移动就位。

1）混凝土浇筑前，再对挂篮的状况进行检查，并复测标高。对钢筋、预应力管道、锚具安装情况以及模板情况等在复核图纸的基础上，根据规范进行检查。

2）混凝土浇筑后，做标高观察，每浇筑一次箱梁块件，做 4 次标高观察。注意混凝土应从外到里进行浇筑，以避免箱梁根部新老混凝土之间产生裂缝。

3）箱梁混凝土强度达到设计要求后，进行预应力的张拉工作。预应力张拉前，先进行标高观察记录，然后进行预应力张拉。张拉根据设计要求的步骤及程序进行，张拉完成后，再测定箱梁混凝土的标高，做好记录，并与预应力张拉前的箱梁标高作比较，分析预应力张拉前后箱梁混凝土的反弹，如正常，进行管道压浆。压浆配合比强度和箱梁混凝土的强度一致。

4）压浆的纯浆强度达到要求后，进行挂篮的落架工作。落架时应对挂篮悬吊系统的各部分及油泵的工作状况进行检查，如设备状况良好，进行挂篮的落架工作。挂篮的拆除顺序与安装顺序相反，最后进行标高观测。

（4）预拱度控制

根据设计要求分为四部分：最终阶段累计挠度、基础沉降、箱梁自身挠度、挂篮支架及模板压缩变形。前三部分均由设计提供，但需根据现场施工条件及时做出调整，最后一部分由施工现场总结经验得出。依据预拱度可确定下一节段箱梁底模中心标高。

1）各梁段施工全过程进行挠度观察，观察各梁段高程变化，分析得出挂篮支架及模板压缩变形等。

2）在各梁段桥面腹板处设置测点。在箱梁长悬臂施工期间，每天早上、中午、傍晚观察一次，了解日照、温差对箱梁中线及标高的影响。

3）对每一梁段施工全过程的标高控制观测资料进行汇总后分析研究，确定调整箱梁施工标高的方案，定出下一梁段施工立模标高。

4. 合拢段施工及体系转换

先边跨合拢，再中跨合拢。边跨合拢混凝土浇筑安排在夜间，待张拉结束波纹内水泥浆强度达到设计要求后，再拆除边跨现浇段支架，其次拆除0号块、1号块下四根临时锁定（先拆除靠河中心两根，再拆除靠岸边两根），随后对称拆除边墩支座处底模，最后进行中跨合拢完成体系转换。

施工顺序：安装合拢段内刚性支撑→安装合拢段模板→加平衡压重→平衡梁后梁固定→浇筑混凝土→分级拆除配重→合拢段完成。

4.3.6 工程设备设施

8套悬浇施工挂篮和2台起吊吊车，可满足工程施工需要。

4.3.7 工程安全控制措施

1. 安全措施

预应力施工操作人员在用电及机械使用时除应遵守《施工现场临时用电安全技术规范》JGJ 46—2005及《建筑机械使用安全技术规程》JGJ 33—2012的有关安全规定外，尚应遵循以下安全措施：

（1）张拉预应力筋时，其周围及两端应有完善的防护措施，并设置明显的警示标志，非作业人员不得进入作业区域；

（2）用砂轮切割机切割预应力筋时，作业人员应佩戴防护眼镜；

（3）施工人员在张拉与测量时应在千斤顶两侧操作，严禁在千斤顶后操作与站立；

（4）配制封锚用防腐材料时应防止乙二胺等化学物质溅到皮肤，一旦乙二胺等溅到皮肤上，应立即用清水冲洗；

（5）无粘结预应力筋的预埋、穿筋、定位由专业铺束班组配合普通钢筋施工班组进行施工作业，根据工作量及工作面大小决定专业铺束班组人数。

2. 编写应急救援预案

在制定专项方案时，应同时编写如下应急救援预案：

（1）防高空坠落应急救援预案；

（2）防物体打击应急救援预案；

（3）防坍塌应急救援预案；

（4）防雷击与触电应急救援预案；

（5）防乙二胺等化学物质烧伤应急救援预案等；

（6）重视确定重大危险源并进行实战演练。

4.3.8 工程环保与节能控制措施

（1）在电焊工作区设防辐射围挡，防止强电流产生的弧光辐射人（眼部）体。

（2）浇捣混凝土时，在晚上10点~次日6点钟前禁止施工，防噪声扰人。白天噪声不超过85dB，晚上不超过55dB。在此时段还可与工业用电高峰错开，减少电能消耗，节约资源。

（3）浇筑完成后，采用塑料薄膜覆盖的节能环保养护措施，不用人工湿水养护，可减少湿水后产生的水泥碱液对环境的污染。

4.4 ××河大桥挂篮施工设计计算

4.4.1 设计计算的依据

1. 施工规范及参考资料

(1)《公路桥涵施工规范》；

(2)《公路桥涵设计通用规范》；

(3)《钢结构设计手册》；

(4)《桥梁施工工程师手册》；

(5)《路桥施工常用数据手册》。

2. 设计基本数据

施工荷载 $2.5kN/m^2$；

混凝土重度取 $26kN/m^3$；

模板自重按 $1.5kN/m^2$；

各种型钢查相关手册资料。

3. 荷载系数及荷载组合类型

(1)有关荷载系数

依据设计和施工规范，荷载系数取值如下：

灌注混凝土时的动力系数 1.3；

挂篮走行时候的冲击系数 1.3；

灌注混凝土和挂篮走行时的抗倾覆系数 2.0。

(2)作用于挂篮系统的荷载

箱梁荷载：灌注混凝土箱梁的最大重量 4199.83kN（单个节段），考虑灌注混凝土时的动力因素和安全性，控制设计最大荷载：

$$W = 1.2 \times 4199.83kN = 5039.8kN$$

挂篮自重：根据设计要求不超过 1000kN。

4. 挂篮设计计算时箱梁荷载的取值

在设计计算中，最大块重量 4199.83kN，长度 4m，是全桥挂篮悬臂施工荷载最大一个节段，准备采用 1 号节段进行内力计算，而其他节段则具体考虑其结构尺寸，在挂篮结构设计时兼顾其结构尺寸，保证挂篮的通用性。

4.4.2 底模平台设计计算

底模平台上支撑底模的纵向分配梁，设计底模平台分配梁如图 4-19 所示。荷载取值均按照 1 号块进行计算。

箱梁底模设计时各腹板处荷载由腹板下分配梁承受，底板处荷载由底板下分配梁承受，1 号块箱梁平均截面尺寸如图 4-20 所示，根据其分块进行荷载加载计算。

箱梁截面各面积为：

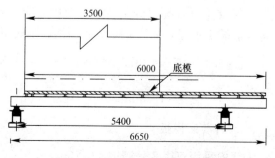

图 4-19 设计底模平台分配梁图

363

$S_1 = 1.6\text{m}^2$；$S_2 = 2.275\text{m}^2$；$S_3 = 2.9\text{m}^2$；$S_4 = 1.364\text{m}^2$；$S_5 = 1.501\text{m}^2$。

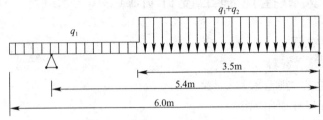

图 4-20　板下分配梁计算简图

1. 板下分配梁设计

确定的计算图式如图 4-18 所示。在确定时考虑到连接铰与分配梁连接情况在具体受力情况时接近简支梁，而且箱梁虽然底板有变化但非常小，因此选定如图 4-19 的水平均布荷载的受力形式。

荷载 q_1：为模板自重，取为 $1.5 \times 6 = 9.0\text{kN/m}$；

荷载 q_2：为灌注的混凝土自重，根据计算的箱梁截面，各腹板下分配梁承受 $S_5 \times 26\text{kN/m}^3 = 39.0\text{kN/m}$（$S_5$ 取平均值），乘以灌注时的动力系数，$q_2 = 39.0 \times 1.3 = 50.7\text{kN/m}$。

由 algor 软件计算（分配梁自重已考虑）：

$$M_{\max} = 170.22\text{kN} \cdot \text{m}; [\sigma]_{\max} = 245.8\text{MPa}; f_{\max} = 22.4\text{mm}$$

$$R_{\text{前}} = 87.16\text{kN}; R_{\text{后}} = 141.02\text{kN}$$

用 3 根 I32a 的工字钢作为分配梁，长度为 6m，弯曲容许应力 $[\sigma] = 145\text{MPa}$。

$[\sigma]_{\max} = \dfrac{245.8}{3} = 81.9\text{MPa} < [\sigma] = 145\text{MPa}$，所以满足强度要求。

$f_{\max} = \dfrac{22.40}{3} = 7.5\text{mm} < \dfrac{1}{400} = 13.5\text{mm}$，所以分配梁的刚度满足要求。

2. 在底板中部的分配梁设计

这部分的分配梁只承受底板的均布荷载及自重荷载，计算图式与腹板下分配梁一致。为保持分配一致，仍然采用 I32a 工字钢。

底板分配梁承受荷载 $q = S_3 \times 26\text{kN/m}^3 = 75.4\text{kN/m}$，分布在 4m 长的区域内，乘以 1.3 的动力系数，$q_2 = 98.02\text{kN/m}$。

由 algor 软件计算（分配梁自重已考虑）：

$$M_{\max} = 285.8\text{kN} \cdot \text{m}; [\sigma]_{\max} = 412.7\text{MPa}; f_{\max} = 37.5\text{mm}$$

$$R_{\text{前}} = 134.0\text{kN}; \quad R_{\text{后}} = 238.7\text{kN}$$

假设布置分配梁数量为 n，则弯曲应力条件为 $[\sigma]_{\max}/n \leqslant [\sigma] = 145\text{MPa}$，经计算 $n \geqslant 3$。综上所述，n 取 3 根 I32a 型钢，则底板中部分配梁间隔 1.27m。

$[\sigma]_{\max} = \dfrac{412.7}{3} = 137.6\text{MPa} < [\sigma] = 145\text{MPa}$，所以满足强度要求。

$$f_{\max} = \dfrac{37.5}{3} = 12.5\text{mm} < \dfrac{1}{400} = 13.5\text{mm}$$

3. 计算底模板

底模采用双拼 8 号槽钢 @0.75m，$q = \dfrac{445 \times 1.3}{2 \times 5.075} = 57.0\text{kN/m}$。

由 algor 软件计算（分配梁自重已考虑）：
$$M_{max} = 5.92\text{kN} \cdot \text{m}; [\sigma]_{max} = 117.9\text{MPa}; f_{max} = 1\text{mm}$$

计算可得：$f_{max} = 1\text{mm} \leqslant \dfrac{1}{400} = 3.2\text{mm}$，满足刚度要求。

4.4.3 前上、下横梁及后上、下横梁设计

1. 前上、下横梁设计

（1）前下横梁受力结构分析

前下横梁支撑底模平台及施工平台，其受力通过 6 根吊杆传到前上横梁，下横梁计算采用 2I32a。

根据上述分析，取前下横梁的计算图如图 4-21 图中 W_1 为底模平台上腹板每根分配梁（包括其上混凝土自重）作用在前下横梁上的集中力，W_2 为底模平台上底板中部分配梁（包括混凝土自重）作用横梁上集中力。

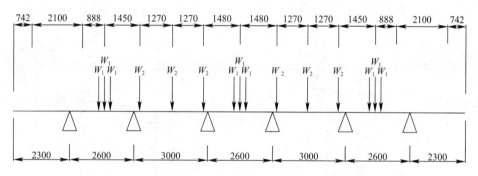

图 4-21 前下横梁计算简图

由 algor 软件计算（分配梁自重已考虑）：
$$M_{max} = -34.58\text{kN} \cdot \text{m}; [\sigma]_{max} = 24.96\text{MPa}; f_{max} = 1.1\text{mm}$$
$$R_1 = R_6 = 30.70\text{kN}; R_2 = R_5 = 130.67\text{kN}; R_3 = R_4 = 112.86\text{kN}$$
满足刚度要求（建议可选用 2I25 或采用双拼槽钢）。

（2）前上横梁受力结构分析，见图 4-22。

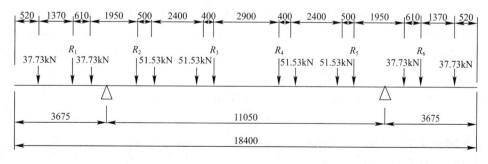

图 4-22 前上横梁受力结构图

前上横梁支撑在挂篮 2 根主梁上，间距 11.050m，上横梁计算时采用 4I36a 工字钢。根据截面计算顶板的混凝土重量：

$$R_{右侧} = R_{左侧} = \frac{1.6 \times 4 \times 26 \times 1.3 + 1.5 \times 23.27}{4} = 62.81\text{kN}$$

$$R_{中右侧} = R_{中左侧} = \frac{2.755 \times 4 \times 26 \times 1.3 + 1.5 \times 17.96}{4} = 99.85\text{kN} \quad (4\text{-}17)$$

由 algor 软件计算（分配梁自重已考虑）：

$$M_{max} = 813.7\text{kN} \cdot \text{m}; [\sigma]_{max} = 180.5\text{MPa}; f_{max} = 30.6\text{mm}$$

$$R_1 = 518.7\text{kN}; R_2 = 518.7\text{kN}$$

满足刚度要求。

2. 后上、下横梁设计

后上、下横梁的构造受力见图 4-23。

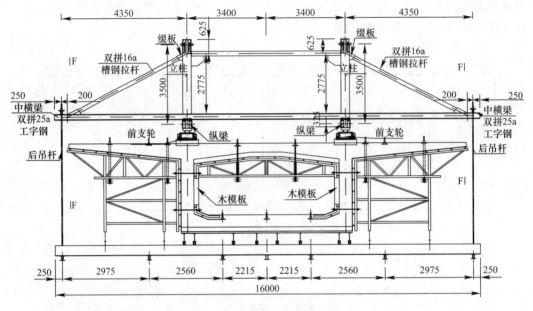

图 4-23 后上、下横梁的构造受力图

（1）后下横梁结构受力分析

后下横梁的吊杆布置与前下横梁相同，受力图式也相同（详见图 4-19），后下横梁不同之处在于多外侧 2 根吊杆（因为前横梁外侧吊杆不受箱梁宽度影响）。

后下横梁内力计算可参照前下横梁设计，后下横梁长度为 20.5m，材料依然采用 2 根 I32a 的工字钢为一组横梁，计算时不考虑外侧两吊杆受力，外侧吊杆只在移挂篮时检算。

由 algor 软件计算（分配梁自重已考虑）：

$$M_{max} = 58.8\text{kN} \cdot \text{m}; [\sigma]_{max} = 42.4\text{MPa}; f_{max} = 1.4\text{mm}$$

$$R_1 = R_6 = 45.6\text{kN}; R_2 = R_5 = 222.3\text{kN}; R_3 = R_4 = 191.8\text{kN}$$

满足刚度要求。

具体尺寸及数量如图 4-24 所示。

（2）后上横梁结构受力分析

后上横梁为桁架结构，主要起稳定主桁作用，受力比较小，结构在混凝土浇筑状态设计时不考虑其受力，本挂篮为三角挂篮结构，见图 4-25。

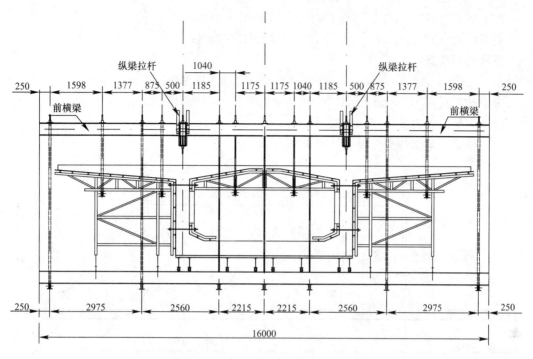

图 4-24　三角挂篮单室结构施工剖面图

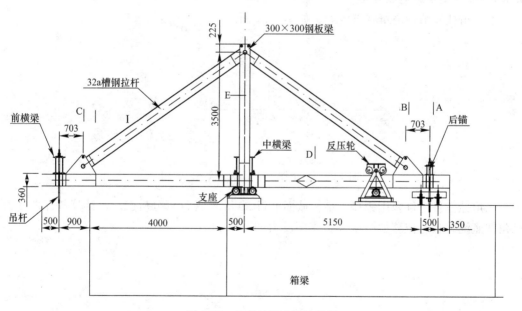

图 4-25　三角挂篮主梁结构图

验算时考虑在移挂篮时各挂篮结构自重：

底模纵向分配梁（I32a）：$G_1 = 15 \times 6.0 \times 52.7 = 47.43$kN；

底模自重：$G_2 = 150 \times 6.0 \times 11.5 = 103.5$kN；

前下横梁（2I32a）：$G_3 = 18.4 \times 2 \times 52.7 = 19.394$kN；

前上横梁（4I36a）：$G_4 = 18.4 \times 4 \times 59.0 = 43.424$kN；

后下横梁（2I32a）：$G_5 = 20.5 \times 2 \times 52.7 = 21.607$kN；

移挂篮时荷载：

$$G = G_1 + G_2 + G_3 + G_5 = 191.93\text{kN}$$

考虑冲击系数 1.3，则 $P = 1.3G = 1.3 \times 191.93 = 249.51$kN。

综上后吊点受力 $P_1 = P/4 = 62.4$kN。

后上横梁桁架结构受力模型如图 4-26。

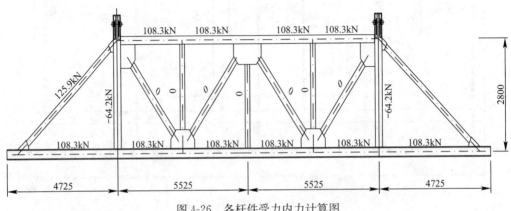

图 4-26　各杆件受力内力计算图

4.4.4　挂篮主梁结构设计

本三角挂篮结构浇筑状态内力，如图 4-27 所示。

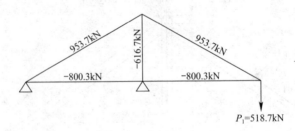

图 4-27　三角挂篮结构浇筑状态内力图

三角挂篮各杆件采用销接，结构截面通过 algor 软件计算分析选定，计算各杆件受力。三角挂篮浇筑状态位移如图 4-28，支座反力如图 4-29。

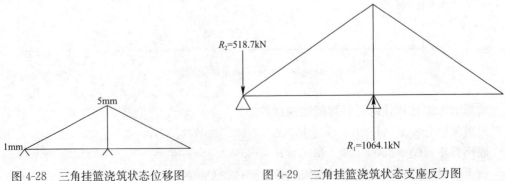

图 4-28　三角挂篮浇筑状态位移图　　　　图 4-29　三角挂篮浇筑状态支座反力图

4.5 ××河大桥挂篮制作技术说明与要求

4.5.1 挂篮制作工程概述

三角挂篮主要为钢桁结构，其主要杆件受力明确，且主要为轴向力，但在节点处受力情况较为复杂。为了保证挂篮加工精度，使挂篮实际使用状况与计算模型尽量吻合，确保挂篮质量，特制定此挂篮制造技术说明与要求。

4.5.2 挂篮制作依据

本工程挂篮制造技术说明与要求参考《铁路钢桥制造规范》TB 10212—2009 及××桥梁厂《南京二桥钢箱梁制造规则》。

4.5.3 挂篮构件制作述语定义

主要零部件：构成结构主体杆件，包括主桁纵梁、横梁、立柱、平联、底篮纵梁、横梁、分布梁、吊杆、前支轮、反压轮等。

次要零部件：主要零部件以外的其他零部件。

板单元：由板块及加劲肋组成，是构成钢板箱梁的基本部件，如上盖板单元、下盖板单元、腹板单元等。

板梁单元：由板单元及相关的加劲肋、附属构件等组成。板梁单元主体为双拼工字钢、双拼槽钢。

4.5.4 挂篮结构特点

三角形组合梁挂篮是在平行桁架式挂篮的基础上，将受弯桁架改为三角形组合梁结构。又由于斜拉杆的拉力作用，大大降低了主梁的弯矩，从而使主梁能采用单构件实体型钢，由于挂篮上部结构轻盈，除尾部锚固外，还需较大压重。其底模平台及侧模支架等的承重传力与平行桁架式挂篮基本相同。虽较平行桁架式挂篮轻，但仍需一定的压重和预压试验来确定三角挂篮的使用安全性。

4.5.5 挂篮制作工艺流程

1. 板单元制造

预处理→放样→焊缝探伤→修整→下料→坡口修整→调直→板单元组装→焊接→探伤→调直→划线→割吊杆孔→板单元报验→板梁单元制造。

梁之各板单元组装→固定→焊接→焊缝探伤→修整→梁单元报验→型钢梁单元制造。

梁之各单元组装（型钢、缀板、格板）→固定→焊接→焊缝探伤→型钢单元报验。

2. 挂篮拼装

主要零部件就位→几何定位→穿销或螺栓→次要零部件安装→报验。

4.5.6 挂篮零部件加工技术要点

1. 钢材除锈和矫正

预处理钢材进场后，其表面除锈并作矫正。

2. 放样

放样必须按照施工设计图规定制作，并做标记。有坡口的板材还应留出边缘加工余量，放样时保证轧制方向与部件轴线一致。

3. 下料

(1) 精密气割：

气割应优先用精密切割（如数控、门式、仿形、小车切割）。

(2) 手工切割：

手工切割仅适用于切割后，仍需边缘加工的零部件，以及各种型钢端头、材料复杂形状部位下料。

(3) 气割质量控制允许偏差符合表 4-7 的要求。

气割质量控制允许偏差 表 4-7

项　目	允许偏差（mm）
零件宽度、长度	有配合要求：±1.0，其他±2
切割面垂直度	0.05σ 且不大于 2.0
周部缺口深度	1.0

(4) 精密切割边缘质量控制允许偏差应满足表 4-8 的要求。

精密切割质量控制允许偏差 表 4-8

项目 / 等级	主要零部件	次要零部件	备注
表面粗糙度	Ra＝25	Ra＝50	
崩坑	1m 长度内，允许有 1 处 1mm		超限时修补
塌角	允许稍带圆弧并具有平滑状态		
熔渣	虽有块状熔渣，但散布且易于清除		

4. 零件的矫正与弯曲

(1) 零件矫正：宜以冷矫为主，矫后的材料表面不应有明显凹痕和其他机械损伤，零件矫正质量控制允许偏差见表 4-9。

零件矫正质量控制允许偏差 表 4-9

项　目		允许偏差（mm）
钢板平面度	每米	1.0
钢板直线度	L≤8m	3.0
	L＞8m	4.0
型钢直线度	每 1m	0.5
工字钢槽钢腹板平面角	连接部位	0.5
	其余	1.0
工字钢槽钢翼板垂直度	连接部位	0.5
	其余	1.0

(2) 零件冷弯件弯曲后，边缘不得产生裂纹，否则进行热弯。

5. 边缘加工与制孔

(1) 边缘加工

零部件的边缘加工（特别是有坡口的板材），应采用优质精密切割或刨床加工。对于非坡口边的零件边缘允许在下料时一次完成。

坡口加工以后，须用手砂轮剔除边缘毛刺，焊接坡口尺寸及偏差按表 4-10 执行。

（2）制孔

螺栓连接孔一律采用钻孔。孔壁光滑，无毛刺。

直径大于 ϕ50 的孔，优先采用机加工方法制孔，亦可采用切割方法。孔壁光滑，无毛刺。边缘加工与制孔质量控制见表 4-10。

边缘加工与制孔质量控制   表 4-10

接头类型	简 图	允许偏差（mm）
对接接头 1		$a\pm5°$
对接接头 3		$+2.5°$ a 0
角接接头		$b\pm1.0\mathrm{mm}$ $\Delta^{+5}_{-10}\mathrm{mm}$

注：α—角度；b—宽度；h—截面高度；Δ—偏差增量。

6. 允许误差

挂篮平面内各吊杆孔，孔中心距允许误差$\leqslant\pm2\mathrm{mm}$；各钢板通孔处和它们的同心度允许误差$\leqslant\pm\phi1\mathrm{mm}$。

7. 部件组装

（1）一般规定

1）组装前，零件、部件应检查合格，连接焊接边缝清除锈蚀、污垢。

2）主要部件，应在胎架上以纵、横基准线为基准进行组装。

3）引弧板材质与焊材的材质、坡口相同。

（2）钢板接料

钢板接料必须在零部件组装前完成，并符合下列规定：

盖板、腹板接料长度不宜小于 1m，宽度不得小于 200mm。横向接料焊缝轴线距孔中心不宜小于 100mm。

箱形钢板梁的盖板、腹板接料焊缝可为十字形或 T 字形，T 字形交叉点间距不得小于 200mm。腹板纵向接料缝，布置在部件受压区。部件组装时应将相邻焊接错开，错开的最小间距应符合图 4-30 的规定。

371

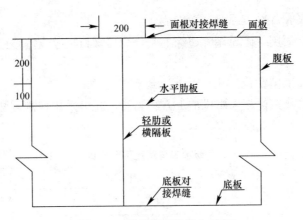

图 4-30　焊缝错开的最小距离

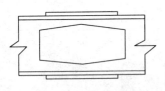

图 4-31　工字钢连接形式

（3）工字钢接长

工字钢接长按等强度考虑，先将两分离母材对接（焊高略小），再用拼接板在上下翼板、腹板两侧焊接。连接形式如图 4-31 所示。

（4）部件组装允许偏差

部件组装允许偏差应符合表 4-11 的规定。

部件组装质量控制允许偏差　　　　　　　　表 4-11

序号	简　图	项目	允许偏差（mm）
1		对接高低差 △	0.5
		对接间隙 b	1.0
2		组装间隙 △	0.5
3		箱形梁高度	+2.00
		箱形梁宽度	±2.0
		箱形梁横截面对角线差值 $\lvert L_1 - L_2 \rvert$	3.0
		箱形梁旁弯 F	5.0
4		双拼型钢梁高度 H	+1.5
		对角线差 $\lvert L_1 - L_2 \rvert$	2.0
		开口宽度 B	±1.0

8. 定位焊

（1）定位焊前，应按设计图纸检查焊件几何尺寸、坡口尺寸、根部间隙、焊接部位清理情况等。

（2）定位焊不得有裂纹、夹渣、焊留、焊偏、弧坑未填等缺陷。

（3）单面焊双面成型焊缝，可用码板定位。

（4）定位焊应距设计焊缝端部 30mm 以上，其长度为 50～100mm。

（5）定位焊缝长 50～100mm，间距 400～600mm；角焊缝定位的焊脚尺寸一般不得超过设计尺寸的一半。

9. 焊接及检验

（1）焊接要求

1）挂篮板材带坡口对接焊连接类型及要求质量控制允许偏差见表 4-12 所示。

挂篮板材带坡口对接焊连接类型及要求 表 4-12

焊接类型	简图	适用对象
1. X 形坡口双面焊接		各种板材的对接焊缝
2. Y 形坡口单面焊（带垫板）	60° Y 2 10 2	各种板材的对接焊缝
3. Y 形坡口单面焊（带垫板）		各纵梁上盖板与横梁上弦杆盖板的对接焊缝
4. 带钝边单边 V 形坡口焊		箱形钢板梁腹板与盖板的角接焊缝

2）部件焊缝质量控制允许偏差见表 4-13。

部件焊缝质量控制允许偏差 表 4-13

板材规格（mm）	角焊缝高度（mm）	适用范围
$\sigma \leqslant 10$	6	加劲肋
$\sigma = 12～16$	8	格板、加劲肋
$\sigma > 16$	10	承力板、加劲肋等

3）前、后横梁节点板与槽钢腹杆角焊缝高度按设计图要求执行。

4）桁架各杆与节点板角焊缝高度按设计图要求执行。

5）坡口焊接要求采用连续自动焊，拟采用 CO_2 气体保护焊；各短小的加劲肋、承力板件等允许用手工电弧焊。

（2）一般规定

1）上岗的焊工，应按焊接种类（CO_2 气体保护焊、手弧焊）和不同的焊接位置（平、立、仰）分别进行考试，并取得资格证书。

2）施焊的焊工必须按照经确定的焊接工艺执行。

（3）焊接材料的使用

1）焊接材料经检验合格后方可适用。

2）焊条、焊剂必须按照说明书规定烘干使用。焊剂中的脏物，焊丝上的油与锈必须清除干净，CO_2气体纯度应大于 99.5％。

3）使用 CO_2 气体保护焊时，要及时清除喷嘴上的飞溅物。干燥器始终处于良好的工作状态。

4）焊接环境宜在 5℃以上，湿度宜在 80％以下，方可正常施焊。

5）露天焊接时，应采取防风雨措施。

6）箱内焊接格板时，应设置通风设备。

4.5.7 零部件加工的质量控制措施

1. 焊接质量检验

（1）所有焊缝均应进行外观检查，焊缝不得有裂纹、床熔合、焊耀、未填满的弧坑等缺陷。焊角尺寸允差：$k=^+2-1$。

（2）焊缝超声波探伤内部质量分级按表 4-14 规定。

焊缝超声波探伤内部质量分级　　　　　　　　　　　　表 4-14

项目	质量等级	使用范围
对接焊缝	I	盖板、腹板横向和纵向主要受力焊缝
角焊缝	II	各种加劲肋板等主要角焊缝，腹板的坡口焊缝

（3）无损检测人员必须要持证上岗。

（4）焊缝超声波探伤部位和检验等级应符合表 4-15 的规定。

焊缝超声波探伤部位和检验等级　　　　　　　　　　　　表 4-15

焊接级别	探伤比例	外观检查	探伤部位
I 级	100％	全部	全长
II 级	100％	全部	腹板与盖板：焊缝两端各 1m；各加劲肋板：两端各 200mm；焊缝长＞1.2m 时，中部加探

（5）对接焊缝超声波探伤质量要求，参照《规则》第 9.4.3.4 条执行。

（6）熔透角焊缝超声波探伤质量要求，参照《规则》第 9.4.3.5 条执行。

注：《规则》为××桥梁厂《南京二桥钢箱梁制造规则》。

2. 验收

（1）钢板梁单元、型钢梁单元基本质量控制允许偏差应符合表 4-16 的规定。

钢板梁单元、型钢梁单元基本质量控制允许偏差　　　　　　　　　　　　表 4-16

项目	允许偏差（mm）	说明
梁高 H	±2	
长度 L	±10	
两腹板中心距 b	±2	测量两端
横断面对角线差	4	
腹板平面度	$H_1/250$ 且不大于 8	H_1 为盖板与加劲肋，或加劲肋与加劲肋之间的距离
旁弯	3+0.1L	L 为单元长度（m）

项目	允许偏差（mm）	说明
扭曲	每 1m 为 1，且小于 10	每段以两端格板外为准
拱度	±5	
螺栓孔同心度	$\phi1$	保证螺栓装拆自如

（2）挂篮构件成型后部件焊缝质量控制允许偏差应符合表 4-17 的规定。

部件焊缝质量控制允许偏差　　　　表 4-17

项目	允许偏差（mm）	说明
1. 纵梁横向中心距	±20	
2. 立柱横向中心距	±20	
3. 横梁中线纵向距离	±20	
4. 横梁及平联与纵梁高差	±20	
5. 节点间长度 J_1	±20	
6. 各梁（包括拉杆）旁弯	$S/5000$	S 为所检测段两端中心所连线与设计位置中心线的偏差
7. 吊杆孔中心距	±30	

（3）对结构形状不合格的部位，视其严重程度作出矫正或更换的处理。

（4）对结构焊缝不合格的部位，视其严重程度作出矫正或加固处理。

3. 涂装

挂篮各主、次要部件在组焊完成后即进行防锈涂装处理。

4.5.8　挂篮制作材料与施工设备

1. 挂篮制作材料

（1）牵索挂篮所用主要材料应满足表 4-18 的要求。

牵索挂篮所用主要材料质量要求　　　　表 4-18

材料名称	牌号	标准	备注
各种钢板	Q235—A	《碳素结构钢》GB/T 700—2006	钢板梁、节点板
工字钢、槽钢	Q235—A	《碳素结构钢》GB/T 700—2006	各类杆件
合金结构	40Cr（圆钢）	《合金结构钢》GB/T 3077—1999	销子、吊杆、滚轮轴
优质碳素钢	45 号（圆钢）	《优质碳素结构钢》GB/T 699—1999	吊杆螺母
钢管	热扎结构用无缝钢管	《结构用无缝钢管》GB/T 8162—2008	滚轮

（2）进场验收

三角挂篮所用材料必须具有出厂质量证明书及出厂合格"三证"。

2. 施工设备

采用常规桥梁悬浇施工设备。

4.5.9　安全措施

（1）施工操作人员在用电及机械使用时除应遵守《施工现场临时用电安全技术规范》

JGJ 46—2005 及《建筑机械使用安全技术规程》JGJ33—2001 的有关安全规定外，尚应遵循以下安全措施：

1）施工时，其周围及两端应有完善的防护措施，并设置明显的警示标志，非作业人员不得进入作业区域。

2）用砂轮切割机切割时，作业人员应佩戴防护眼镜。

（2）在制定专项方案时，应同时编写如下应急救援预案：

1）防高空坠落应急救援预案；

2）防物体打击应急救援预案；

3）防坍塌应急救援预案；

4）防雷击与触电应急救援预案等；

5）重视确定重大危险源并进行实战演练。

4.5.10 环保措施

在电焊工作区设防辐射围挡，防止强电流产生的弧光辐射人（眼部）体。

4.6 ××河大桥主桥悬浇挂篮静载试验技术方案

4.6.1 工程概况

本桥挂篮为双主桁三角形结构，底篮由分配梁与前后下横梁组成，底模为 $\delta = 6mm$ 钢板，预压采用砂袋，预压范围为 11.5m×4.2m。

挂篮拼装完毕后，必须进行静载试验，以测定挂篮的承载力及其弹性和非弹性变形，验证挂篮各部分结构的安全性，并为逐段立模标高提供其承载设计值与可靠的相关数据。

4.6.2 挂篮静载试验的目的

（1）检验挂篮的实际承载能力、横向稳定性及安全可靠性。

（2）对设计计算图及技术参数进行验证。

（3）对挂篮的加工、拼装质量进行检验。

4.6.3 测试内容

在设计荷载作用下，测试主桁架各杆件、前吊杆及后锚杆的安全性，测试主桁架前端挠度、后锚端及前吊点的竖向位移。

4.6.4 测试方法

1. 加载值及观测点的确定原则

为了保证挂篮承载能力满足使用要求，对挂篮预压采用在底模上，按最重块段重量堆载进行等载预压。观测点在前下横梁位置取 3 点，沿 1 号块模板最外缘向内 2.7m 断面的底模边线上设置 2 点，共计 5 点。

2. 观测程序

空载底模标高报验→加载→满载时底模标高报验→满载时挂篮变形标高观测→稳定后底模标高报验→分级卸载时底模标高观测→卸载后底模标高报验等。

3. 满载时挂篮稳定标准

（1）满载时底模标高报验后每 4h 观测 1 次，标高观测值连续 2 次（8h）不超过 3mm，即可认为挂篮变形稳定。

为了反映标准节段施工过程中，挂篮在各种工况下的准确性，并检测构件的强度、挂篮的刚度、变形情况等，采用测量仪器检测。加载到位后，持荷 24h，在原标记位置测量变形，做好记录，与试压前的测量记录作比较，得出数据，为挂篮正式施工提供技术参数。试验过程每隔 2h 检查各支点、吊点、结构稳定情况，并做好记录。

（2）卸载。试压 24h 后进行卸载，卸载方式按加压反程序进行。

4.6.5 预压理论重量计算

理论重量按图纸给出的 1～8 号块段的重量控制，卸载时按各块段重量，从大到小的顺序分组卸载如表 4-19。

箱梁预压分组卸载顺序 表 4-19

序号	各块段（m³）	块段重（kN）	块段长（m）	块段重量差（kN）	预压重量（kN）	卸载分级顺序
1	57.18	1486.7	3.5	47.1	900	900
2	55.37	1439.6	3.5		890	898
3	52.24	1358.2	3.5	81.4	746	890
4	49.70	1292.2	3.5	66	780	850
5	48.57	1262.8	3.5	29.4	762	780
6	47.07	1223.8	3.5	39	739	762
7	51.50	1339	4.0	115.2	898	746
8	48.77	1268	4.0	71	850	739

注：本桥按 1 号块最大重量 1487kN 作为挂篮预压控制重量。

挂篮预压控制重量计算，见图 4-32。

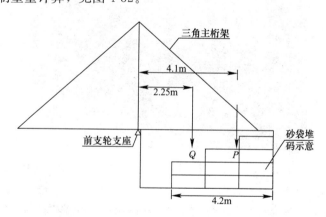

图 4-32 挂篮预压控制重量计算图

1 号块重量：1487kN，长度 3.5m。

为简化（较模拟堆码法偏于安全）计算，1 号块混凝土对挂篮前支轮的力臂为：

$$L = 0.5 + (3.5 \div 2) = 2.25m$$

1 号块混凝土对挂篮前支轮支点产生的力矩 $M = Q \times L$

考虑浇筑时的各种因素，取 1 号块自重的 1.2 倍系数：

$$Q = 1487 \times 1.2 = 1784.4kN; M = 1784.4 \times 2.25 = 4015kN \cdot m$$

预压砂袋平均重心至挂篮前支轮支点的距离为：4.1m。

预压砂袋对挂篮前支轮支点的等代力矩为 $M=P\times4.1$。

即 $M=P\times4.1=1784.4\times2.25=4015\text{kN}\cdot\text{m}$。

$$P = 979\text{kN};砂袋每包平均13kN;n = \frac{979}{13} = 75\,包$$

本桥预压按预先商讨仅对 6 号墩两个挂篮进行预压，并按以往施工实践（一般亦推荐此法）进行等载力矩计算。

4.7　××河大桥主桥箱梁 0 号块支撑架施工专项方案

4.7.1　工程概况

××河大桥主桥箱梁右幅 6、7 号墩 0 号块长度为 10.0m，箱梁中心线处高度 3.915m，底宽 11.5m，顶宽 19.5m，翼板悬臂长各 4.0m。0 号块墩顶支座四周用砂筒加固，以便桥梁混凝达设计强度后，支座受力时方便拆除该持力部分。采用钢管落地支架（支承于承台顶面），本桥 0 号块 C50 混凝土 235.8m³，重 6131kN。

本桥跨度设计为：42.5m＋70m＋42.5m 预应力钢筋混凝土连续箱梁结构，联长 155m。采用悬臂浇注法施工。半幅上部构造为变截面单箱双室，垂直腹板先现浇 0 号块，拼装挂篮施工 1～8 号块，0 号块长度为 10m 采用落地钢管支架现场浇捣施工。为便于卸载，支架采用碗扣式脚手架钢管与 $\phi0.8$m（壁厚 10mm）钢管桩，搭配贝雷桁架梁与型钢分配式梁组合而成，如图 4-33 所示。

图 4-33　6、7 号墩 0 号块采用贝雷架与钢混凝土柱落地支撑体系图

为满足设计要求，本桥 0 号块临时支撑方案构造，完全参照"×××大桥施工设计图"中 SV-3-7 纵断面施工图进行施工，如图 4-34 所示，因此不再另行绘制施工图。

为将来拆除方便，根据实际施工要求，$\phi80$ 钢管底脚法兰盘连结，改为钢管内预埋螺栓连接。同时为加强 0 号块的抗倾覆力矩，在永久支座的顺桥向前后增设砂筒。

4.7.2　编写依据

参考书内有关章节，此处从略。

4.7.3　工程工艺特点

因该河宽约 185m，河面有船只通行，它是××市城区内主要城市雨水、生活用水的出水排出口，且每天海潮潮汐不断，不宜设围堰堤坝施工。每年 7～11 月沿海台风，时有

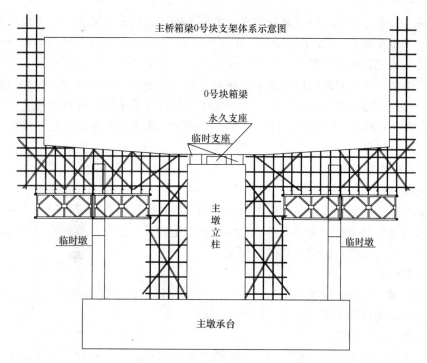

图 4-34　6、7 号墩 0 号块纵断面施工图

不断发生，也不宜采用其他支撑体系方案施工。因此，该大桥只有采用挂篮悬浇施工这一方案才适应该地区这一特殊环境的特点。

4.7.4　施工工艺操作要点

1. 施工方案

（1）临时支撑按设计图施工，永久支座旁增设砂筒。

（2）0 号块箱梁浇筑混凝土支撑架由上部碗扣脚手架与下部顺桥向设四组贝雷桁架梁组成①与④组为双排单层，②与③组为 3 排单层，长度为 21m。

（3）贝雷梁搁置于顺桥向穿过 φ80 钢管的工字钢上、①、④组贝雷架梁下的工字钢成悬臂状，②、③组下的工字钢下设 φ35 钢管支柱。

（4）为便于卸载与施工方便设置碗扣支架，贝雷架梁上设有 @90cm 分配梁，分配梁上有 20cm×20cm 方木与 I25 工字钢两种。

2. 支座安装

支座安装前，必须在 6 号、7 号墩身施工时在墩顶设置地脚螺栓预留孔，墩身混凝土浇筑完成后，精确放出支座中心线位置，以便精确安装支座，位置固定后从侧面向预留孔灌入 C40 细石混凝土，混凝土的配制严格按设计及施工技术规范要求进行。

3. 临时固结

本桥墩身支座不设临时固结，而在 φ80 钢管内设二根预应力钢束作为临时固结措施。为加强 0 号块的抗倾覆性能，在永久支座的顺桥向增设砂筒加固措施，每侧 6 个直径 φ35cm，顶心直径 φ34cm。

4. 施工支撑方式

0 号块纵向悬出部分采用落地式钢管支架施工。现浇支架长度 10m 小于承台 10.2m，因此支架基本是垂直受力，由两部分组成，上部为碗扣式脚手支架，下部横桥向设4组贝雷桁架梁（每组2条 $L=21m$，间距45cm与90cm）②、③两组贝雷梁由单根 $\phi35$ 钢管立柱支撑，贝雷桁架梁顶面设置20cm×20cm方木，与I25a工字钢（顺桥向）作为分配梁上托碗扣钢管支架，本支架之所以设置上部碗扣支架，一是为了卸架方便；二是根据成熟的施工实例，该设置既安全又经济，广为众多施工单位所接受采用。根据现场实际情况，按0号块1.2倍重量预压，以确定0号块施工的预拱度，具体预压方法另见0号块预压施工方案。

5. 0号块箱梁模板施工

（1）模板

根据成熟施工实例，本桥箱梁底模同样采用大块竹胶板组拼搁置在碗扣支撑架上，支撑架在贝雷桁架梁的分配梁上承受荷载。外侧模架用脚手架搭设，外侧模架作为翼缘板混凝土荷载的支架，支持在钢管支架的分配梁上。

（2）外侧模板

箱梁内腹板、顶板、底板均采用竹胶板。顶板模板用脚手架直接支撑在箱梁底缘上，在箱梁顶板部分将预应力束管道波纹管伸出模板。

（3）内模和过人洞模

采用2个相同内模构成0号梁段2个相同的内腔模板，内模选用竹胶板，木枋结合的模板，单件模板尽量减小，以便于施工操作，如图4-35所示。

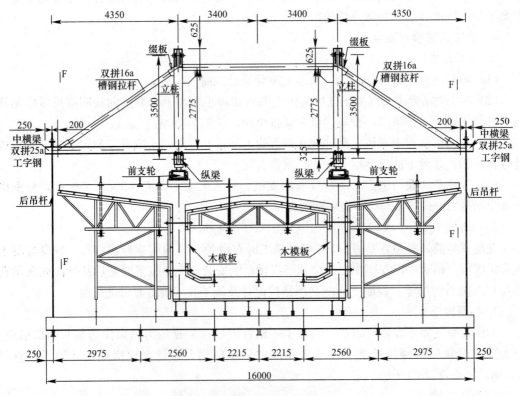

图4-35 挂篮底模结构图

（4）端模和堵头板

端模和堵头板是保证 0 号梁段端部和预应力孔道成型要求的关键部分。端模和堵头板采用木结构，用拉杆和支架系统来进行模板的固定，0 号梁顶纵向有 58 道预应力束穿过。为保证预应力管道定位准确，堵头板拟采用在地面加工成型整体吊装就位的方法进行施工。

（5）模板安装施工工艺

安装底板→（绑扎底板、腹板钢筋）→外侧板→翼缘模板→装内模和过人洞模→底板堵头板→安装顶板内模（绑扎顶板钢筋）→安装顶板施工缝端模（浇混凝土）。

6. 钢筋绑扎及预应力孔道安装

钢筋及预应力束管道：根据施工总体安排，0 号块一次浇筑。首先进行底板钢筋绑扎，其次进行腹板及中横梁下段钢筋绑扎，底板预应力管道铺设，再进行腹板及中横梁剩余部分钢筋绑扎，然后进行顶板底层钢筋的绑扎，安放纵向预应力管，绑扎顶板顶层钢筋及定位筋。

为确保预应力筋布置、穿管、张拉、灌浆等的施工质量，在浇筑顶板混凝土时，要特别注意，尽可能避免棒头直接碰撞定位筋和波纹管道，严防混凝土或砂浆溅向预应力筋波纹管道，同时要防止混凝土人工摊铺过程中碰撞顶板横向预应力管道造成移位、上浮。收面拉毛时，及时查看透气管及三向预应力筋管道有无堵塞现象。若有要及时用高压水枪冲洗干净，保证畅通。必须确保预应力管道设置准确，采用预埋塑料波纹管，并在波纹管内插入硬塑管作衬填。在梁体混凝土浇筑过程中（初凝之前）来回抽动硬塑管，可防止管道被压瘪，同时采用架立钢筋固定管道坐标位置。预应力张拉设备为××预应力设备厂家生产的 OVM-400、250 型液压千斤顶。

7. 0 号梁段混凝土浇筑施工

箱梁混凝土为 C50 混凝土，严格按照要求进行配合比设计。混凝土拌合要求采用 2 座 $60\text{m}^3/\text{h}$ 搅拌站进行生产，4 辆 8m^3 混凝土输送车进行输送，2 台输送泵输送到预定位置，现场准备 10 台插入式的振动棒。

混凝土浇筑一次完成，分层浇注，分层厚度不大于 30cm。混凝土采用插入式振捣器振捣，确保混凝土达到密实。其标准为混凝土表面基本平整，不再冒出气泡，混凝土不再下沉。现场混凝土浇筑按照设计要求平衡对称施工，不允许出现超过允许范围的偏差现象。

为了保证箱梁外表混凝土的美观，0 号梁段混凝土浇筑为一次性施工：先箱梁底板、中横梁、腹板至顶板、翼板混凝土。0 号梁段混凝土浇筑施工要按挂篮设计图预留各种管道和预埋各种预埋件。

4.7.5 支撑架的受力设计计算

1. 支架受力计算

（1）主要技术参数

混凝土每延米重量：$G_{混凝土} = 26\text{kN/m}^3$；

钢材弹性模量：$E = 2.1 \times 10^5 \text{MPa}$；

木材平均弹性模量：$E_木 = 1.2 \times 10^4 \text{MPa}$；

材料容许应力：$Q235$ 钢材 $[\sigma] = 140\text{MPa}$，$[\tau] = 85\text{MPa}$；$[\sigma_木] = 14\text{MPa}$，$[\tau_木] = 1.2\text{MPa}$。

支架受力后，弹性挠度≤结构跨度的 1/400。

主桁贝雷桁架由于连续梁支点负弯矩的影响，其挠度当比同跨简支梁小，并经预压支架后实测数据调整。

双排单层贝雷梁 $J=500994.4\text{cm}^4$；$W=7157.1\text{cm}^3$；

$$[\tau]=490.5\text{MPa}；[M]=1576.4\text{kN}\cdot\text{m}。$$

三排单层 $J=751491.6\text{cm}^4$；$W=10735.6\text{cm}^3$；

$$[\tau]=698.9\text{MPa}；[M]=2246.4\text{kN}\cdot\text{m}。$$

（2）桥墩中横梁处

1）顺桥向荷载

顺桥向横截面积为 45.6m^2，顺桥向的每延米混凝土重量 $G=45.6\times26=1185.6\text{kN/m}$，箱梁底面宽 11.5m，由此产生的荷载：

$$F_S=\frac{1185.6}{11.5}=103.1\text{kN/m}^2$$

2）临时荷载

施工人员、机具荷载：2.5kN/m^2。

模板、支撑、支架荷载：2.0kN/m^2。

混凝土振捣产生的荷载：2.0kN/m^2。

$$B=2.5+2.0+2.0=6.5\text{kN/m}^2$$

支架承受的总荷载 $F_{S总}=F_S+B=103.1+6.5=109.6\text{kN/m}^2$。

支架每根立杆当步距为 0.6m 时的设计允许荷载为 40kN。

现设定支架按 $0.6\text{m}\times0.6\text{m}$ 布置，则支架实际承受荷载为：

$P=109.6\times0.6\times0.6=39.45\text{kN}<[P]=40\text{kN}$，满足要求。

（3）桥墩箱梁变截面处

顺桥向截面积为 45.6m^2 与 18.8m^2，如图 4-36 所示。

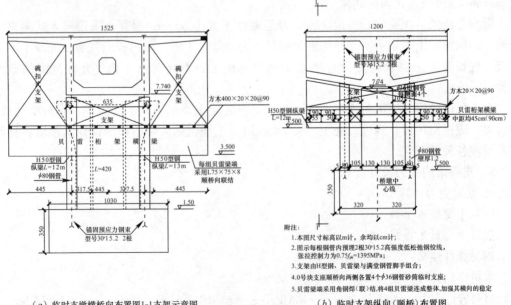

（a）临时支墩横桥向布置图1-1支架示意图　　　（b）临时支墩纵向（顺桥）布置图

图 4-36　0 号块桥墩箱梁变截面处结构施工图

1) 顺桥向每延米混凝土重量：

$$G = \frac{1}{2}(45.6 + 18.8) \times 26 = 837.2 \text{kN/m}$$

箱梁底面宽 11.5m，由此产生的荷载：

$$F_S = \frac{837.2}{11.5} = 72.8 \text{kN/m}^2$$

2) 临时荷载：

$$B = 2.5 + 2.0 + 2.0 = 6.5 \text{kN/m}^2$$

支架承受的总荷载 $F_{S总} = F_S + B = 72.8 + 6.5 = 79.3 \text{kN/m}^2$。

支架每根立杆当步距为 1.2m 时的设计允许荷载为 30kN。

现设定支架按顺桥 0.3m×横桥 0.9m 布置，则支架实际承受荷载为：

$$P = 79.3 \times 0.3 \times 0.9 = 21.4 \text{kN} < [P] = 30 \text{kN}, 满足要求。$$

（4）桥跨间

顺桥向截面积为 18.8m² 与 13.3m²。

1) 顺桥向的每延米混凝土重量 $G = \frac{1}{2}(18.8 + 13.3) \times 26 = 417.3 \text{kN/m}$。

箱梁底面宽 11.5m，由此产生的荷载 $F_S = \frac{417.3}{11.5} = 36.3 \text{kN/m}^2$。

2) 临时荷载：

$$B = 2.5 + 2.0 + 2.0 = 6.5 \text{kN/m}^2$$

支架承受的总荷载 $F_{S总} = F_S + B = 36.3 + 6.5 = 42.8 \text{kN/m}^2$。

支架每根立杆当步距为 1.2m 时的设计允许荷载为 30kN。

现设定支架按顺桥 0.6m×横桥 0.9m 布置，则支架实际承受荷载为：

$$P = 42.8 \times 0.6 \times 0.9 = 23.1 \text{kN} < 30 \text{kN}, 满足要求。$$

2. 主桁贝雷桁架计算

（1）贝雷桁架梁①②③④顺桥向受力如图 4-37 所示。

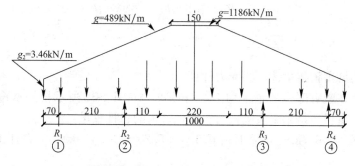

图 4-37 贝雷桁架梁①②③④顺桥向受力意示计算图

①、④贝雷梁由双排组成；②、③贝雷梁由三排组成。

因为 0 号块的顺桥向截面为二次抛物线状变化，为简化计算且偏于安全（按箱梁身全横断面计偏于安全），截面分割仍按上述支架的横断面进行受力分析，根据力的平衡原理，即可求得贝雷桁架梁的受力值：

$$R_2 = R_3 = 1482\text{kN}; R_1 = R_4 = 668\text{kN}$$

按受力较大的贝雷桁架梁②③验算贝雷桁架梁②③连续梁横桥向：

$g = \dfrac{R_2}{19.5} = \dfrac{1482}{19.5} = 76\text{kN/m}$，按受载宽度较大的 4.4m 计，临时荷载：$6.5 \times 4.4 = 28.6\text{kN/m}$；$g = 76 + 28.6 = 104.6\text{kN/m}$。

（2）贝雷桁架梁②③三排单层横桥向受力如图 4-38 所示。

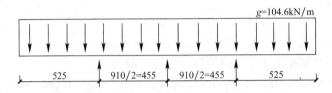

图 4-38　贝雷桁架梁②③三排单层横桥向受力意示计算图

对承台范围 9.1m 段两跨 4.55m 贝雷架验算，按下式简支梁计算：

$$M = \frac{1}{8} \times gl^2 = \frac{1}{8} \times 104.6 \times 4.55^2 = 270.7\text{kN} \cdot \text{m} < [M] = 2246.4\text{kN} \cdot \text{m},\text{满足要求}。$$

$$f = \frac{5ql^4}{384EJ} = \frac{5 \times 104.6 \times 4.55^4}{384 \times 2.1 \times 10^5 \times 751491.6} = 0.37\text{mm},\text{满足要求}。$$

$$\tau_{\max} = \frac{1}{2} \times g \times l + g \times 5.25 = \frac{1}{2} \times 104.6 \times 4.55 + 104.6 \times 5.25$$

$$= 787\text{MPa}, > [\tau] = 698.9\text{MPa}$$

相差较小，仅 88.2MPa，因此一般按常规，在悬臂端根部采取 [16 槽钢立柱加固即可。

（3）主桁贝雷桁架的非弹性挠度

贝雷桁架间的连接由于销与孔间存在设计间隙，受载后相对位移产生非弹性挠度。

英国 ACROW 公司，贝雷手册，1974 年版：

$$f_1 = \frac{dn^2}{8}(n\text{——}桁架节数, d\text{——}常数, d = 0.3556\text{cm}) \tag{4-18}$$

$$f_1 = \frac{0.3556 \times 2^2}{8} = 0.18\text{cm}$$

（4）横桥向贝雷桁架梁②、③受力计算

墩身横梁处在墩身部位的重量均由墩身承重，如图 4-39 所示桁架承重，悬臂端顺桥向每延米混凝土重量，是箱梁边腹板与箱梁悬臂板的合计重量：

$G = 3.72 \times 26 = 96.7\text{kN/m}$，临时荷载 $6.5 \times 5.25 = 34.125\text{kN/m}$，合计 130.83kN/m。

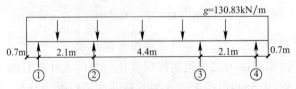

图 4-39　贝雷桁架梁顺桥向受力计算图

①、④桁架梁悬臂端承重（因顺桥向分配梁由方木、工字钢混合组成，为简化计算，

按简支梁计算）：

$$P_{①④} = 93.45\text{kN}$$

$$P_{②③} = 560.7\text{kN}$$

桁架梁外伸悬臂长 $l=5.25\text{m}$ 换算成均布线荷载：

$$g' = \frac{560.7}{5.25} = 106.8\text{kN/m}$$

②、③桁架承重最大。

以此验算桁架受力状况，如图 4-40。

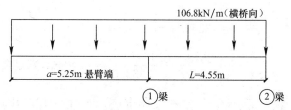

图 4-40　贝雷桁架梁横桥向受力计算图

按悬臂端的荷载进行挠度计算（偏大值）：

$$f_2 = \frac{g \times al^2}{24EJ} \times \left(4\,\frac{a^2}{l^2} + 3 \times \frac{a^3}{l^3} - 1\right)$$

$$= \frac{106.8 \times 5.25 \times 10^3 \times 4.55^3 \times 10^9}{24 \times 2.1 \times 10^5 \times 751491.6 \times 10^4} \times (4 \times \frac{5.25^2}{4.55^2} + 3 \times \frac{5.25^3}{4.55^3} - 1) \quad (4\text{-}19)$$

$$= 1.36 \times 8.93 = 12.0\text{mm}$$

总挠度 $f = f_1 + f_2 = 1.8 + 12.0 = 14.0\text{mm}$，满足要求。

$$M = \frac{1}{2} \times g \times l^2 = \frac{1}{2} \times 96.7 \times 5.25^2 = 1332.6\text{kN/m} < 1576.4\text{kN/m}$$

双排容许，三排更容许。

（5）贝雷桁架梁②、③上的分配梁

计算跨度 4.4m，箱梁悬臂板部分顺桥向 $q=96.7\text{kN/m}$，由此产生荷载：

$$F_S = \frac{96.7}{5.25} = 18.42\text{kN/m}^2$$

总荷载 $F_{S总} = 18.42 + 6.5 = 24.92\text{kN/m}^2$。

按顺桥向跨度贝雷桁架梁②、③间距 4.4m 验算，支架按 $0.6\text{m} \times 0.9\text{m}$ 布置，每根顺桥向的分配梁受力：

$$q = 0.9 \times F_{S总} = 0.9 \times 24.92 = 22.43\text{kN/m}$$

$$M = \frac{1}{8} \times q \times l^2 = \frac{1}{8} \times 22.43 \times 4.4^2 = 54.28\text{kN} \cdot \text{m}$$

$$W = M/[\sigma] = \frac{54.28 \times 10^6}{140} = 387714\text{mm}^3$$

选用普通Ⅰ25a，$W=401.36\text{cm}^3$；$J=5017\text{cm}^4$。

挠度 $f = \frac{5 \times q \times l^4}{384EJ} = \frac{5 \times 22.43 \times 4.4^4}{384 \times 2.1 \times 10^5 \times 5017} = 10\text{mm}$，满足要求。

实际使用Ⅰ25a 长度 $l=12\text{m}$，为三跨连续梁受负弯矩影响的实际挠度小于 10mm，并按支架预压实测值调整。

桁架梁①、②间的分配梁计算跨度 2.1m，支架按 0.6m×0.9m（横桥向 0.9m）$q=28.67×0.9=25.8$kN/m。

总荷载 $F_{S总}=22.17+6.5=28.67$kN/m^2。

$$M=\frac{1}{8}×q×l^2=\frac{1}{8}×25.8×2.1^2=14.2\text{kN·m}$$

$$W=M/[\sigma_{方木}]=\frac{14.2×10^6}{14}=1014.3\text{cm}^3,方木为 20×20\text{cm}。$$

$$W=\frac{bh^2}{6}=1333\text{cm}^3>1014.3\text{cm}^3$$

$$J=\frac{bh^3}{12}=\frac{20×20^3}{12}=13333.3\text{cm}^4$$

$$F=\frac{5ql^4}{384EJ}=\frac{5×25.8×2.1^4}{384×1.2×10^4×13333.3}=0.40\text{cm},满足要求。$$

$$[\tau]=\frac{1}{2}×\frac{ql}{A}=\frac{25.8×2.1}{2×20×20}=0.7\text{MPa}<[\tau_木]=1.2\text{MPa},满足要求。$$

贝雷桁架梁②、③受力最大验算箱梁横桥向总宽 19.5m：

$$R_2=R_3=1482\text{kN};贝雷梁线荷载 q_1=\frac{1482}{19.5}=76\text{kN/m}$$

贝雷梁②受载宽度按最大 4.4m 计，施工临时荷载为 6.5kN/m^2。

横桥向线荷载 6.5×4.4=28.6kN/m，总荷载 76+28.6=104.6kN/m。

贝雷梁②由三个支墩承担，每个支墩受力：

$$G=\frac{1}{3}×q×l=\frac{1}{3}×104.6×19.5=679.9\text{kN}$$

受力状态见图 4-41。

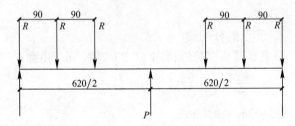

图 4-41　贝雷桁架梁每个支墩受力计算图

$$R=\frac{1}{3}G=\frac{1}{3}×679.9\text{kN}=227\text{kN}$$

$$P_左×620/2=R×(180+90)=227×270=61300\text{kN·m}$$

$$P_左=198\text{kN}$$

$$P=2×198\text{kN}=396\text{kN}$$

每个支墩由 1 根 $\phi35$ 钢管组成，钢管壁厚 8mm，其特性：

$A=86.2$cm^2；$J=12684.3$cm^4；$r=12.13$cm；$l_0=700$cm；两端铰接 $\mu=1.0$

$$\lambda=\frac{l_0}{r}=\frac{700}{12.13}=57.71 \tag{4-20}$$

查表压杆折减系数 $\varphi=0.842$；

$$\sigma = \frac{N}{\varphi A} = \frac{396}{0.842 \times 86.2} = 54.6\text{MPa} < [\sigma] = 140\text{MPa}，满足要求。$$

钢管弹性压缩计算 $f = \frac{N \times l_0}{A \times E} = \frac{396 \times 700}{86.2 \times 2.1 \times 10^5} = 1.5\text{mm}$。

3. 工字钢 I50b 牛腿计算

贝雷桁架梁①处悬臂 $l = 80\text{cm}$，共三个牛腿 I50a，$A = 119.25\text{cm}^2$。

$$R = \frac{1}{3} \times R_1 = \frac{1}{3} \times 668\text{kN} = 223\text{kN}$$

$$\tau = \frac{R}{A} = \frac{223}{119.25} = 18.7\text{MPa} < [\tau] = 85\text{MPa}，满足要求。$$

钢管支撑架的设计主要考虑以下两个因素：

（1）主墩临时支撑要抵抗最大倾覆弯矩 1800t·m（总承包公司提供）。

（2）箱梁浇筑时承担部分 0 号自重。

每根钢管预应压力：$1339.5 \times 140 \times 3 \times 2 = 1125\text{kN}$。

0 号块顺桥向设三根 $\phi800$ 钢管，间距 7.0m：

$$M = 3 \times 1125 \times 7 = 23629\text{kN·m} > 18000\text{kN·m}$$

$$K = \frac{23629}{18000} = 1.3（安全储备）$$

0 号块按最不利状况分析，即假设一侧三根钢管内预应力失效，最大倾覆力矩全部由另一侧三根钢管支撑受力，则：

$$N_{总} = \frac{18000}{7} + 3 \times 1125 = 5946\text{kN}$$

每根钢管 $N = \frac{1}{3} N_{总} = \frac{1}{3} \times 5946\text{kN} = 1982\text{kN}$

$\phi800$ 钢管长度 10.60m，壁厚 10mm：

$d = 800 - 20 = 780\text{mm}$

$I = 0.049(D^4 - d^4) = 0.049 \times (80^4 - 78^4) = 0.049 \times (40960000 - 37015056) = 193302\text{cm}^4$

$A = 0.785(D^2 - d^2) = 0.785 \times (80^2 - 78^2) = 248\text{cm}^2$

$$r = \sqrt{\frac{I}{A}} = \sqrt{\frac{193302}{248}} = \sqrt{779.44} = 27.92$$

两端 $\mu = 1$：

$$\lambda = \frac{l_0}{r} = \frac{1060}{27.92} = 37.97，查表 \varphi = 0.933。$$

4. 钢管稳定验算

$$\sigma = \frac{N}{\varphi A} = \frac{1983}{0.933 \times 248} = 85.7\text{MPa}$$

5. 钢管强度验算

$$\sigma = \frac{N}{A} = \frac{1983}{251.2} = 78.9\text{MPa}$$

由此本钢管支撑满足强度与稳定性的要求。

4.7.6 质量控制措施

1. 模板安装质量措施

（1）为减少高空作业，保证模板安装精度，底模、外侧板、内模、人洞模尽量在岸上拼装，拼装完成后用吊车吊装就位。所有模板在吊装过程中不允许与其他物体碰撞，以免模板变形或损伤。

（2）模板间的连接必须牢固可靠，螺栓必须拧紧拧满，模板安装完毕，在其表面涂抹脱模剂。涂抹要均匀，不得少涂、漏涂和不涂。

（3）为防止箱梁内模移位，箱梁的内外模板用 $\phi16$ 的钢筋拉杆固定，外侧模用型钢和碗扣式钢管支架支撑，碗扣式钢管因较密，须加设斜撑，本身构成不可变的体系，因此钢管的一端直接支承在支架的顺桥向分配梁上。

2. 预应力布筋与张拉控制措施

此处从略。

3. 0 号块箱梁浇筑施工质量控制措施

（1）振捣人员须经培训后上岗，要定人、定位、定责，分工明确，尤其是钢筋密布部位、端模、拐角及新旧混凝土连接部位指定专人进行捣固。每次浇筑前应根据责任表填写人员名单，并做好交底工作。

（2）以插入式振捣为主，对钢筋密集处用小型振动棒（$\phi30mm$ 棒）振捣，振捣分层厚度以 30cm 厚为宜。振捣上层混凝土要垂直插入到下一层混凝土 5～10cm 左右。振捣的间距不得超过 60cm，且振捣器与模板应保持 5～10cm 的距离。

（3）浇筑底板、腹板时，从顶板下料时应使用串筒下料，腹板与底板相交处的承托部分混凝土振捣时易引起腹板混凝土的流动，所以要特别注意该处混凝土的振捣。

（4）卧泵出口的混凝土不能直接倾倒在钢筋骨架上，用一块胶合板做下料板，减轻混凝土直接冲击钢筋和波纹管。

（5）振捣器振捣混凝土时应避免直接与波纹管接触，以防波纹管移位。

（6）混凝土养护强度达 2.5MPa 后，拆除端头模板，对梁端面进行凿毛处理，并在浇筑下一梁段混凝土之前，用高压水冲洗凿毛的混凝土面。

4.7.7 安全控制措施

此处从略。

4.7.8 材料与施工机械

（1）材料按规范规定要求选用，此处从略。

（2）机械按桥梁工程常规施工机械选用，此处从略。

4.7.9 节能与环境保护措施

此处从略。

第5章　单元式玻璃幕墙安装

5.1 单元式隐框玻璃幕墙安装

5.1.1 工程概况

工程名称：××大酒店；

工程地点：××市区东北侧；

建设单位：××建设集团有限公司；

监理单位：××工程监理有限公司；

建筑设计单位：××工程技术有限公司；

施工单位：××城建集团有限公司；

分包单位：××幕墙股份有限公司；

工程性质：酒店办公楼；

主体结构形式：钢筋混凝土框架—剪力墙结构形式；

建筑高度：197.9m，层数47层。

5.1.2 编制依据

(1)《建筑结构荷载规范》GB 5009—2013；

(2)《玻璃幕墙工程技术规范》JGJ 102—2003；

(3)《金属与石材幕墙工程技术规范》JGJ 133—2001；

(4)《建筑施工高处作业安全技术规程》JGJ 80；

(5)《施工现场临时施工用电安全技术规范》JGJ 46—2005；

(6)《高处作业吊篮》GB 19155—2003及地方有关规定；

(7)××大酒店幕墙工程施工图纸。

5.1.3 幕墙工程简介

该大酒店，立面主要为单元式隐框幕墙系统和框架幕墙系统、石材幕墙系统等。该工程造型简洁，挺拔独特，由主楼及裙楼组成。主楼采用单元式及框架幕墙系统。东、西面的弧形石材装饰条烘托出大厦的挺拔，直入云霄。裙楼采用大面积的石材幕墙赋予本建筑更多的质感，使整个建筑立面庄重而不呆板、简洁而不单一。

塔楼单元体幕墙系统共21672.7m²，其中玻璃单元体幕墙20782.7m²，石材及百叶单元体幕墙890m²。塔楼框架幕墙系统共7089m²，其中框架玻璃幕墙3708m²，框架石材幕墙3381m²。

施工要求：

(1) 质量目标：优良，争创优良样板工程。

(2) 安全目标：杜绝重大伤亡事故；杜绝重大机械事故及急性中毒事故；杜绝重大火灾事故及火灾伤亡事故。

(3) 工期目标：满足合同工期要求。

5.1.4 技术保证条件

1. 成立质量管理小组

项目经理任组长，质安员、各专业队班长为小组成员。小组的工作内容：

（1）明确各工序质量标准。

（2）制定各工序质量检查手段。

（3）施工过程中不定期巡查。

（4）针对出现的施工质量现象分析原因，研究解决办法，总结经验。

（5）填写施工日志。

（6）长期互相交流经验，定期召开质量会议。

（7）对班组交接工序进行检查，上道工序验收通过，方能进行下道工序施工。

（8）对隐蔽工程进行检查，对应项有隐蔽工程检查的，需经各方验收合格后方能进行下道工序施工，并做好隐蔽工程验收资料的整理。

（9）做好成品保护。

2. 设置质量控制点，明确难点解决措施

对技术要求高、施工难度大的某个工序或环节，设置技术监督的重点，对操作人员、材料、工具、施工工艺参数和方法均重点控制。针对质量通病或质量不稳定、易出现不合格的工序，事先提出控制措施。如收口节点、收口做法等，由技术管理人员轮流值班对工序进行全程监控。

3. 专项方案设计

（1）编制合理的适合本工程的单元体编号图。

（2）严格按照划定好的批次顺序进行提单。

（3）设计编制完整的单元体加工、组装、安装作业指导书。

（4）对生产加工进行监督抽查，落实是否按照设计意图进行生产加工。

（5）加强内部审核，采取合理程序控制施工过程出错率。

4. 生产加工

（1）生产部务必按照现场所划分的批次和数量加工单元体，确保现场施工正常进行。转角、异型、起步板块优先加工，设定优秀组装人员。

（2）生产部要清楚加工图的各个细节构造，并根据《单元幕墙加工、组装、安装指导书》中对下料、加工、组装等工序的要求，对加工质量严格进行控制，减少质量隐患。

（3）对车间工人针对各种板块及各种工艺进行详细的技术交底，使加工工人清楚单元体加工时应控制的要素，交底有记录。

（4）公司成立专项检查小组对单元体全部施工环节进行100％检查，做好产品技术资料，具有追溯性，不合格的严禁组装、出厂。

5. 现场施工

（1）编制合理施工策划，做到科学、合理，过程严格执行。

（2）建立完善的公司级、项目级、生产级管理体系，并保证该体系的正常运转。

（3）建立消防安全管理体系，以项目经理负责制为基础、以专职安全员现场具体负责为导向，建立项目管理人员和劳务分包队伍管理人员人人有责、齐抓共管的安全、消防管理体系。

5.1.5　施工计划

开工日期：以监理工程师签发开工令为准；

竣工日期：××年×月×日。

本工程单元体在加工基地加工，计划×月底陆续进场，框架部位龙骨本月中旬开始进场。框架部位面材计划×月中旬开始陆续进场。结合以往施工经验和本工程的特点，计划在该大酒店幕墙工程使用以下设备及机具，见表5-1。

主要施工机具　　　　　　　　　　　　　　表 5-1

序号	设备名称	型号规格	数量	额定功率	备注
1	叉车	6t	1台	—	
2	活动安装吊机	1t	4套		
3	电动葫芦	1t	4套	—	
4	板块运输架	1.5m×3.6m	30		
5	板块运输架	2.6m×3.6m	20		
6	对讲机		10对		按实际需要配对
7	三级电箱		12套		
8	手电钻	ϕ10	8把		

5.1.6　施工工艺

本工程幕墙高度为197.9m，标准楼层高度为3.6m，设备层高度为4m。塔楼6～47层单元体共3653件，其中石材单元体153件（1600分格74件、2000分格46件、800分格34件）、百页单元体259件、玻璃单元体3244件。单元体尺寸主要为2300mm×3600mm、2000mm×3600mm、1900mm×3600mm、1000mm×3600mm、950mm×3600mm、2300mm×4000mm、2000mm×4000mm、1900mm×4000mm、1000mm×4000mm、950mm×4000mm十种规格，最大单元体为2300mm×4000mm玻璃单元体，面积9.2m²；最重单元体为2000mm×4000mm石材单元体，重量约12kN。框架石材部位采用4cm厚花岗岩，龙骨为钢龙骨，安装方式为背栓挂接。常规分格为833mm×600mm，833mm×800mm。框架玻璃幕墙为隐框形式，玻璃配置为：10＋12A＋10，110＋12A＋10，12＋1.52PVB＋12，10＋12A＋10＋1052PVB＋10钢化玻璃，常规分格为宽1500mm，高度2400～3812mm不等。

5.1.7　工艺流程和操作要点

1. 施工总流程

单元式幕墙施工工艺总流程见图5-1。

2. 施工方法

（1）单元体部分

1）单元体进场后用叉车将板块卸至板块临时存放区。

2）用塔吊将板块整架吊至裙楼屋面临时停放区，然后用移动跑车将板块吊至相对应的安装层存放

3）单元板块搁置在小平板车上运输到相应的吊装部位，注意楼层内运输时不能磕碰单元板块。如楼层内凹凸不平，可采取措施将行走路线铺平。小平板车上铺设软垫，运输

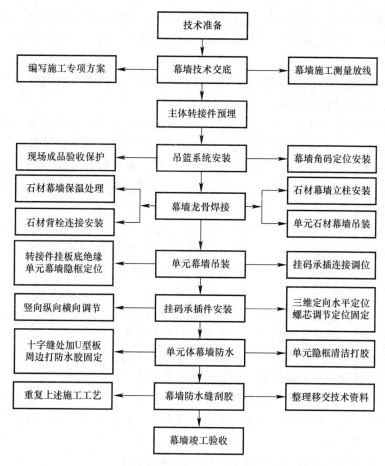

图 5-1　单元式幕墙施工工艺总流程图

过程中单元板块室外面朝上。单元式玻璃幕墙汽车、叉车运输如图 5-2 所示。

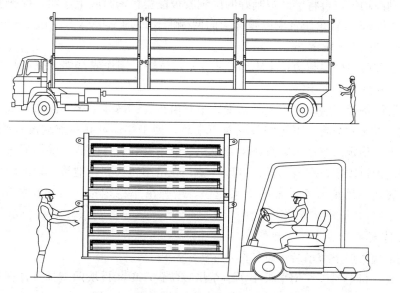

图 5-2　单元式玻璃幕墙汽车、叉车运输图

4）再一次对单元板块的编号、规格进行检查，单元板块是否有破损，单元板块的编号是否符合要求。核实无误后，通知移动跑车司机，将吊钩放下，挂在单元板块的专用吊具上。

5）在单元板块上系2根防撞缆绳，注意绳扣一定要系牢固。缆绳呈"X"形绑扎，单元板块上下各2点必须固定在防撞缆绳上。

6）再一次检查各个环节，确保无误后，通知卷扬机司机，开始吊装。起吊时，开始加速一定要缓慢，中间吊装要匀速进行，单元板块离地后，要马上抽掉起吊小平板车。

7）吊装指挥人员要专注整个吊装过程，不得有丝毫松懈，发现问题要及时叫停，并随时和起吊人员保持联系，确保起吊安全，单元体上升过程中缆风绳控制单元体摆动，避免与结构相碰撞。

8）在单元体出到楼层前先在吊装层的上一个楼层挂上一个吊钩，在吊钩上挂好手动葫芦，当单元体上升到楼层后，将手动葫芦的下端钢铰链扣在单元体挂钩上，启动手动葫芦将单元板块慢慢挂进转接件上。挂好后，取下手动葫芦，松开吊钩，进行下一块板块的吊装。

9）在安装楼层内设置4名施工人员，分成2组，对挂好的单元板块依据已放的控制线进行细微的调整，使单元体的左右、出入达到图纸要求。

10）利用水平仪（同一水平仪）依据复核过的标高标记（各楼层均有），通过旋转微调螺栓，对新装板块进行标高调整，使其达到图纸要求。

11）查看板块间的横竖接缝是否均匀一致，且是否符合安装验收标准要求，否则应查明原因，通过微小横向移动板块等手段进行细微调节，然后将单元体左右位置限位压块进行安装。

12）一块单元体调整到位后进行下一块单元体的安装。

13）单元体安装到一定数量且经检查符合图纸要求及施工规范规定后，即可进行硅酮胶皮的安装，硅酮胶板安装在相邻单元体的上横料间，首先将单元体上横料清理干净，然后将密封胶刮涂均匀，再将已经裁割好的硅酮胶板覆盖在密封胶上压实，硅酮胶板的宽度应不得小于100mm（转角位置应以胶缝中向两侧的长度均不得小于50mm）。单元式幕墙防水施工工艺如图5-3所示。

14）安装前应在楼层临边柱子牢固拉上φ8钢丝绳，用作安全绳，工人临边作业时必须将安全带挂在此钢丝绳上。

15）吊装设备使用活动吊车，活动安装吊车由车身、吊装系统和配重组成，采用方钢管焊接而成，焊接完毕后，下部安装尼龙万向轮，便于移动，并在前端设置固定支撑臂，在吊装时放下，稳定吊车，吊装系统由卷扬机、前吊臂和拉杆组成，前吊臂采用方钢焊接而成，并使用销钉固定在车身前部，可以转动，在吊车转移到其他施工段的时候能收起前吊臂，便于转运。吊车后部设置配重水泥块，增强吊车稳定性。活动安装吊车如图5-4所示。

3. 单元体安装

单元式幕墙楼层小型吊装示意如图5-5所示。

（1）准备　将单元板块用平板小车运至吊装位置，单元板块两侧挂点挂在吊车起吊扁担两侧；平板小车放在单元板块前后适当位置；

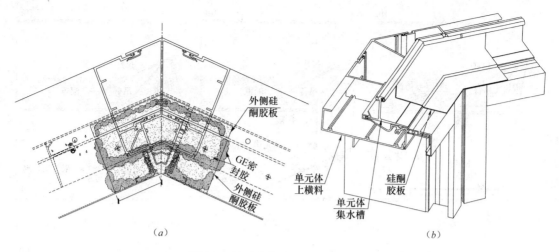

图 5-3　单元式幕墙防水施工工艺图

(a) 硅酮胶板安装图；(b) 硅酮胶板三维图

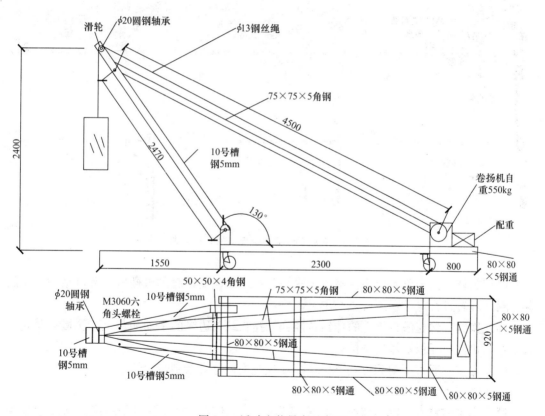

图 5-4　活动安装吊车示意图

（2）起吊　采用变速卷扬机缓慢起吊，单元板块前端离地时取走前端平板小车；后端平板小车随单元板块起吊缓慢前行；

（3）出楼　单元板块接近结构边缘时操作人员应用手扶或牵引绳防止单元板块突然离地晃动，平板小车应有限位装置避免随单元板块一起窜出楼外；

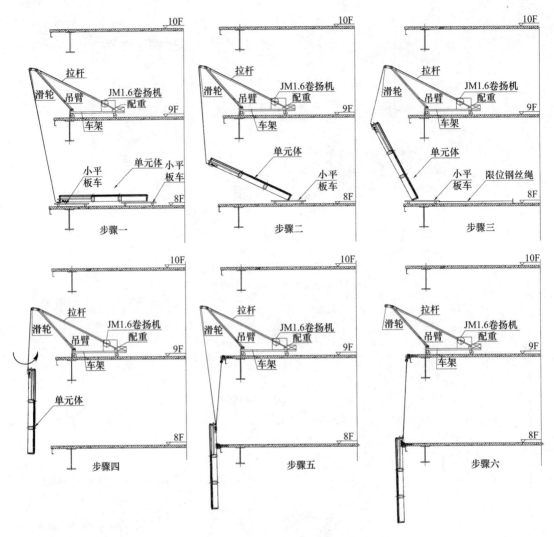

图 5-5 单元式幕墙楼层小型吊装示意图

（4）旋转　由于单元板块在室内运输时是室外面朝上，起吊出楼后是背对结构，需旋转一圈，旋转过程应注意不要碰伤单元板块；

（5）换钩　将起吊扁担上的挂钩转换到悬挂在结构边缘的手动葫芦上，缓慢拉紧葫芦放松卷扬机使单元板块靠近结构；

（6）安装　通过手动葫芦调节板块高度到适当位置安装到转接件上。

4. 框架部分

结合本工程特点，框架部位主要采用吊篮进行施工，顶部框架需使用总包脚手架施工。待外架拆除后根据需要在相关部位布置吊篮。

首先将框架材料用施工电梯运至各相应施工楼层，施工时将吊篮升至对应楼层，石材及框架龙骨重量较小，可直接从楼层转运进吊篮进行安装。板块较大玻璃因自重较大无法用吊篮安装，选择在待安装层的上一层布置一固定吊点，用手动葫芦吊转出楼层，施工人员站在吊篮上配合安装。

施工流程：测量放线→连接件→钢龙骨焊接→钢角码安装→铝合金挂件安装→监理验收→石材安装→打胶清洁。

5. 背栓石材施工方法

（1）施工准备：

施工人员熟悉图纸，熟悉施工工艺，对施工班组进行技术交底和操作培训。对石材板材需开箱预检数量、规格及外观质量，逐块检查，不符合质量标准的立即按不合格品处理，按图纸上的石材编号排列检查有无明显色差。

（2）安装注意事项：

1）背栓孔加工必须保证孔位与设计相符，孔距、孔深度、扩孔质量均符合设计要求。

2）背栓安装必须在操作台完成背栓安装，防止击穿孔位石材，控制套管。

3）扩大程度，检查抗震圈的安装质量，铝挂件与石材连接紧固，力矩检测符合要求。

4）板材安装控制其平整度、垂直度、分格尺寸、缝宽、高低差在允许误差范围内。

5）石材调整完后，上排挂钩处用自攻钉固定，其他位置可自由伸缩。

6）铝挂座安装时螺栓应紧贴上肢转折处，便于挂件自由拆除，与钢角码连接处加防腐垫片。

（3）测量放线：

测量放线工依据总包单位提供的基准点线和水准点。再用全站仪在底楼放出外控制线，用激光垂直仪，将控制点引至标准层顶层进行定位。

依据外控制线以及水平标高点，定出幕墙安装控制线。为保证不受其他因素影响，垂直钢线每3层一个固定支点，水平钢线每5m一个固定支点（填写测量放线记录表，报监理验收，验收后进入下道工序），将各洞口相对轴线标高尺寸全部量出来，如图5-6所示。

（4）镀锌矩形钢立柱安装：

1）立柱的安装，依据放线的位置进行。安装立柱施工一般是从底层开始，然后逐层向上推移进行。

2）为确保幕墙外面的平整。首先将角位垂直钢丝布置好。安装施工人员将钢丝作为定位基准，进行角位立柱的安装。

3）立柱在安装之前，首先对立柱进行直线度的检查，如图5-7所示。检查采用拉进法。若不符合要求，经矫正后再上墙进行安装，将误差控制在允许的范围内。

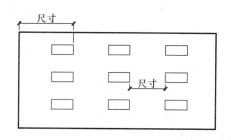

图5-6 单元式幕墙楼层测量示意图

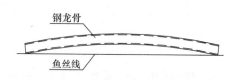

图5-7 立柱直线度检查示意图

4）先对照施工图检查主梁的加工孔位是否正确，然后用螺栓将立柱与连接件连接，调整立柱的垂直度与水平度，然后上紧螺母。立柱的前后位置依据连接件上长孔进行调节。上下依据方通长孔进行调节，如图5-8所示。

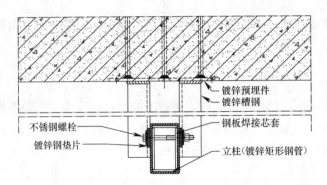

图 5-8　单元式幕墙安装示意图

5）立柱就位后，依据测量组所布置的钢丝线、综合施工图进行安装检查，各尺寸符合要求后，对钢龙骨进行直线检查，确保钢龙骨的轴线偏差，如图 5-9 所示。

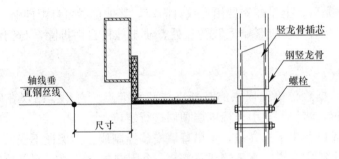

图 5-9　单元式幕墙安装示意图

6）待检查完毕、合格后，填写隐蔽工程验收单，报监理验收并附自检表。

7）整个墙面立柱的安装尺寸误差要在控制尺寸范围内消化，误差数不得向外延伸，各竖龙骨安装以靠近轴线的钢丝线为准进行分格检查。

8）钢龙骨的安装，竖向必须留伸缩缝，每个楼层间一处，竖向伸缩缝留 20mm 间隙，采用套筒连接，如图 5-8 所示。

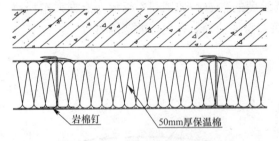

图 5-10　单元式石材幕墙保温示意图

（5）防水及保温棉安装：

1）竖向龙骨安装完毕后，在墙体上做防水处理，然后进行保温岩棉安装，将保温棉固定。

2）待安装保温岩棉后，用岩棉钉连接固定，如图 5-10 所示。

3）安装保温岩棉时，应拼缝密实，不留间隙，上下应错缝搭接。

（6）横梁转接件的安装：

1）横竖钢柱安装好以后，检查分格情况，符合规范要求后进行转接件的安装，转接件根据实际分格情况布置。

2）转接件的安装，依据水平横向线进行安装，将转接件全部拧到 5 分紧后，再依据横向鱼丝线进行调节直至符合要求，如图 5-11 所示。

图 5-11　单元式幕墙多功能转接件挂扣、调节安装示意图

（7）背栓面材安装：

1）在背栓面材安装之前，先将铝合金挂件安装在角钢转接件上。依据控制线进行前后、左右调节，如图 5-12 所示。

2）背栓孔加工必须保证孔位与设计相符，孔距、孔深度、扩孔质量均符合设计要求。

3）背栓安装必须在操作台完成背栓安装，防止击穿孔位石材，控制套管扩大程度，检查抗震圈的安装质量，铝合金挂件与石材连接紧固，力矩检测符合要求。

4）板材安装控制其平整度、垂直度、分格尺寸、缝宽、高低差在允许误差范围内。

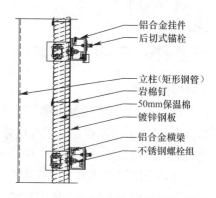

图 5-12　单元式幕墙多功能转接件
挂扣、调节安装示意图

5）石材安装：

先将板材背部钻孔，钻孔时避免石材损伤或有裂缝出现，锚栓与板材为立体嵌入式固定。然后将铝合金挂件通过后切螺栓固定在石材背面。

石材安装时，注意不得使挂件偏位，两挂件搭接长度不得小于 5cm，将定位螺钉拧紧，使用调节螺钉调节石材位置。调节时按图纸留出石材间缝隙，注意使石材横缝、竖缝顺直，用靠尺调节平整度，铅坠调节垂直度。对每个孔的深度及底部打孔的质量都要设专人检验。另外，背栓与石材是靠螺栓的张力起固定作用，因此螺栓必须拧紧，且用测力扳手进行校核。

（8）石材的打胶：

1）石材面板安装后，先清理板缝，特别要将板缝周围的干挂胶打磨干净，然后嵌入泡沫条。

2）泡沫条嵌好后，贴上防污染的美纹纸，避免密封胶渗入石材造成污染。贴美纹纸应保证缝宽一致。

3）美纹纸贴完后进行打胶，胶缝要求宽度均匀、横平竖直，缝表面光滑平整。打胶完成密封胶半干后撕下美纹纸。

4）采用"靠山法"进行打胶工艺。在被打胶的部位贴上保护纸。

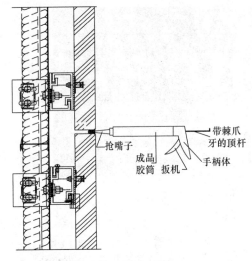

图 5-13 单元式幕墙石材打胶示意图

带棘爪牙的顶杆
抢嘴子
手柄体
成品胶筒 扳机

(9) 用两根角铝靠在打胶、刮胶部位，但要注意缝宽。用橡胶刮刀进行刮胶，刮刀根据大小、形状能任意切割，如图 5-13 所示。

6. 放线方案

该酒店实际的高度与现场场地情况是制约现场放线方法选择的两大因素，其施工难度之大和放线的准确性之高具体控制如下：

(1) 该工程高度为 197.9m，属于超高层建筑，因四个角位石材是双曲面，一般会选用全站仪，但是有两个制约。①全站仪普通光学棱镜只能看 150m，激光的也只能看 250m，再远就不准确。②该工程的双曲为顶部向内收，全站仪不能一次通视，必须在层间转点（每个角要转 3~4 次），在结构外做平台支架，就有可能造成误差。

(2) 本工程现场地面条件不允许使用全站仪，在①轴位置是裙楼顶，刚好是现场需要拟订 X、Y、Z 的原点位置，此位置不可转到两侧大面上，⑰轴位置现场刚好是在马路旁，此位置离结构太近，也不适合做原点，且此位置无法在地面上做出双曲交叉点。

这是全站仪对该类工程放线的弊端，需要在内、外两个弧线面上找到 4 个控制原点，在每个原点的垂直位置上还需要转点 3~4 次到顶层，这样就需要把 4 个原点进行高差与轴线的双向闭合，在现场 4 个点也不通视，很容易出现误差或者错误，且浪费时间和精力。下面是具体放线方法，需要的条件：①5# 角钢；②水准仪；③经纬仪；④钢线；⑤脚手架或吊篮。以四个角之一的 B×2 角位的 18 层为例，如图 5-14 所示。

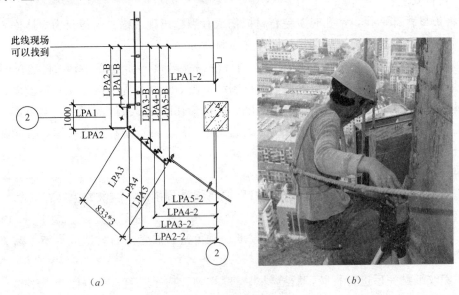

(a)   (b)

图 5-14 单元式幕墙

(a) 测量平面图；(b) 三维水平定向仪测定安装高度

（3）设计已给出此位置上五个立柱在空间上与轴线标高之间的关系，现场做出支架，将LPA2这个转折点上定出两条线，一条线为LPA1与LPA2，另外一条LPA5与LPA2，这两条线在LPA2点位置上会产生一个交汇点。这两个钢丝线只是确定水平方向钢立柱的中线上的点与面之间的交叉点，与标高无关系。

（4）设计在给出了五个立柱的标高后，现场首先确定一个理论的结构标高，在此理论标高上向上或者向下标出设计给出的立柱顶端标高。这个标高点就会与刚才确定的面上的交叉点形成两个点，也就确定出立柱的中线和立柱的端点。

由此就可以确定出每一个立柱的三围点的尺寸。其他三个角也同理。

本工程测量的方法还有一个最大的好处是因为本工程在1轴这边18层以上就没有剪力墙，18层以下是直结构，在17轴这边25层以上就没有剪力墙，也就是说放线窝工的情况也都是在低层数，高了以后就可以缓解。

7. 脚手架方案

该项目脚手架搭设分三个部分：

第一部分为：1轴18层以下因是直面，用吊篮施工，不考虑脚手架。18层到顶部40层此段因结构是向内收，结构面到石材面的距离为710mm。因此考虑为外双排脚手架随结构搭设且脚手架的受力点落在楼层面的结构上，具体见图5-15。

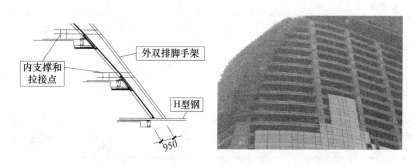

图 5-15　单元式幕墙曲面脚手架搭设示意图

1轴40层到顶层部位因有两个平台，因考虑在楼层面上搭设满堂脚手架，先施工平台铝板，后在随脚手架拆除时安装框架部分。

第二部分为：17轴此部分为下小中大上又小的弧型。因此脚手架考虑为两段。

第一段从底部搭起，下部从1层到23层为下小上大形状，可以下为三排上两排的普通外墙脚手架搭设方法。

第二段从24层到顶层，为下大上小的形状，就考虑按照1轴脚手架搭设方法。

第三部分为：46层以上的内弧正立面框架装饰帽。因此装饰帽超出结构6314mm。所以这个部位的脚手架要考虑45层单元板块后安装，且要在下方做剪刀撑。如图5-16所示。

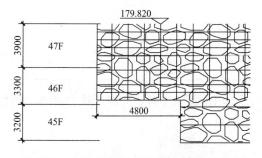

图 5-16　单元式幕墙曲面脚手架搭设示意图

5.1.8 吊篮机型选择与技术性能

1. 吊篮机型选择

根据楼层和工程特点，该工程吊篮主要用于单元体部分连接件的安装及框架幕墙 1 轴 18 层以下的幕墙安装，单元体部分每台吊篮上 2 个人就能完成连接件安装的各工序，在吊篮内放置半天的安装量（10 套连接件），每套连接件约 0.186kN，加上吊篮上 2 个人的重量约 1.6kN，另加锤子扳手小工具约 0.1kN，总荷载约 3.56kN，框架部分的施工吊篮上 2 个人就能完成龙骨及面板的安装，钢龙骨每根的重量为 0.97kN，每次吊篮上装 2 根龙骨，另加 2 个人及锤子、扳手等小工具，总重量在 3.60kN 左右，框架部分使用的吊篮高度在 72m 以内，安装单元体转接件的吊篮高度在 163m 以内，根据吊篮的安装高度、前梁伸出长度与允许载重量的关系，经过对当前建筑业内各种高处作业吊篮的性能对比，决定选用由建筑机械厂制造的小天鹅 ZLP630 高处作业吊篮。

2. 吊篮技术参数

该产品生产资质证书编号为：ZZ 2003—01—001，其主要技术参数见下表 5-2。

吊篮主要技术参数　　　　　　　　　　　　表 5-2

名　称				ZLP630 主要技术参数
				ZLP630
额定载荷				630kg
升降速度				9～11m/min
工作平台尺寸				（2m×3）×0.76m
钢丝绳				4×31SW＋NF－8.3 最小破断拉力 53kN
吊篮工作环境				温度：－20～＋40℃　相对湿度：≤90%（25℃）
提升机		型号		LTD63
		额定提升力		6174N
	电动机	型号		YEJ90L－4
		功率		1.5kW
		电压		AC380V
		制动力矩		15.2N·m
摆臂式防倾斜安全锁	安全锁种类			摆臂式防倾斜安全锁
	调节高度			1.15～1.75m
	前梁伸出长度			1.1～1.7m（1.7m 时必须相应减少载重量）
质量	工作平台（含提升机、安全锁、电气控制箱）			480kg（钢）
	悬挂机构			2×175kg
	配重			900kg
	整机（不含钢丝绳）			1790kg
吊篮正常工作环境				工作处阵风风力≤8.3m/s（相当于 5 级风力）

用吊篮施工时，操作工按 0.8kN/人计算，最不利情况下载重为 3 人×0.80kN/人＋材料重。

3. 吊篮计算

（1）抗倾覆安全系数

按照《高处作业吊篮》GB 19155—2003 规定，吊篮悬挂机构的抗倾覆力矩与倾覆力矩的比值不得小于 2，即：

$$K = M_{抗} / M_{倾} = \frac{G \times b}{F \times a} \geqslant 2 \qquad (5-1)$$

式中　K——抗倾覆安全系数；

　　　G——配重（9kN）、后支架（3.5kN）的重量总和；

　　　F——悬吊平台 4.8kN（包含提升机、电气控制系统、钢丝绳、风压值等重量总和）、额定载重量 6.3kN；

　　　a——承重钢丝绳中心到支点间的距离（1100～1700mm）；

　　　b——配重中心到支点间的距离（3500～4600mm）。

　　本工程选择吊篮（悬挂机构简图）的抗倾覆力矩与倾覆力矩的比值为：

$$K = \frac{(900 + 350) \times 3500}{(480 + 630) \times 1700} = 2.34 > 2$$

符合规范要求。

（2）钢丝绳破断拉力计算

依据《镀锌钢丝绳》GB 8902 的要求，钢丝绳安全系数按下式确定，但安全系数值不应小于 9，即：

$$n = \frac{S \times a}{F} > 9 \qquad (5-2)$$

式中　n——安全系数>9；

　　　S——单根承重钢丝绳额定破断拉力（kN）；

　　　a——载重的钢丝绳根数；

　　　F——包括吊篮平台、提升机构和电器系统等的自重及额定载荷。

查《一般用途钢丝绳》GB/T 20118—2006，$d = 8.4$mm 钢丝绳，$S = 64.7$kN，$a = 2$（吊篮共有 4 根钢丝绳，式中 2 根为安全用钢丝绳）。

$F = 1110$kg 换算后为 10.88kN。

代入公式：$n = 64.1 \times 2 / 10.88 = 11.79 > 9$，符合规范要求。

（3）吊篮安装高度、前梁伸出长度与允许载重量的关系详见表 5-3。

吊篮允许载重量的关系 表 5-3

吊篮型号	配重（kg）	安装高度（m）	前梁伸出长度（m）	前后支架间距（m）	允许载重量（kg）
ZLP630	900	100	1.3	4.6	630
			1.5	4.6	630
			1.7	4.4	480
		180	1.3	4.6	630
			1.5	4.6	600
			1.7	4.4	400

4. 吊篮安装

（1）安装前的准备工作。安装前，依据吊篮的型号清点各个零部件，检查各个零部件有无异常情况。

（2）悬挂机构的安装与调整，见图 5-17。

（3）吊篮安装顺序，如图 5-18 所示。

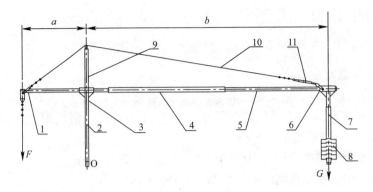

图 5-17　单元式幕墙吊篮悬挂机构示意图

1—前梁；2—前支架；3—插杆；4—中梁；5—后梁；6—小连接套

7—后支架；8—配重；9—上支柱；10—加强钢丝绳；11—索具螺旋扣

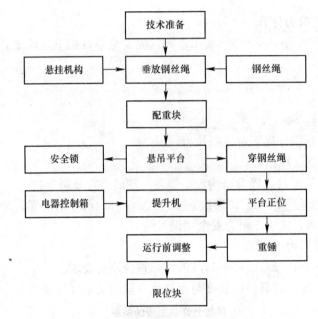

图 5-18　单元式幕墙吊篮悬挂机构安装顺序图

（4）把插杆插入三角形的前支架内，根据女儿墙的高度调整插杆的高度，并用螺栓固定，前支座安装完成。

（5）把配重支管插入后支架的底座，并用开口销固定，插杆插入后支架的管内，插杆的高度与前支架插杆等高。用螺栓固定，后座安装完成，如图 5-19 所示。

（6）把前梁插入前支座的插杆内，并调节前梁的长度，然后装上上支柱并用螺栓固定；把中梁和前梁用螺栓连接，并用螺栓固定；把后梁装入后支座并把小连接套安装在后支座的插杆上；再把后梁和中梁相连接并用螺栓固定。

（7）把加强钢丝绳的一端穿过前钢丝绳悬挂架上大连接套的滚轮后用钢丝绳夹固定，螺旋扣的开口端钩住后支座小连接套的销轴，钢丝绳的另一端穿过螺旋扣的封闭端后用钢丝绳夹固定，调节螺旋扣的螺杆，使加强钢丝绳绷紧。

（8）工作钢丝绳，安全钢丝绳分别安装在前梁的钢丝绳悬挂架上，并在安全钢丝绳子

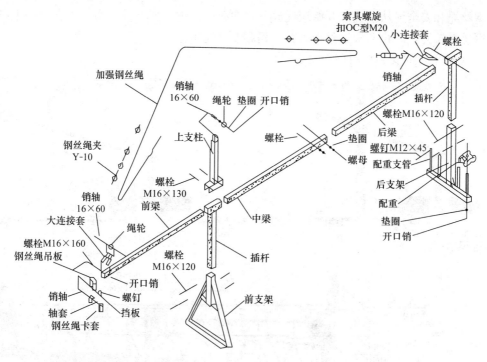

图 5-19　单元式幕墙吊篮悬挂机构安装图

适当处安装上限位挡块。

（9）检查上述部件安装是否正确，螺栓、钢丝绳夹是否牢固。确认无误后，把悬挂安放到工作位置，工作钢丝绳距作业面 60cm 左右，两套悬挂机构前梁内侧之间的距离和工作平台的长度相等，如图 5-20 所示。配重均匀放在后支座上，并上紧防盗螺栓。把

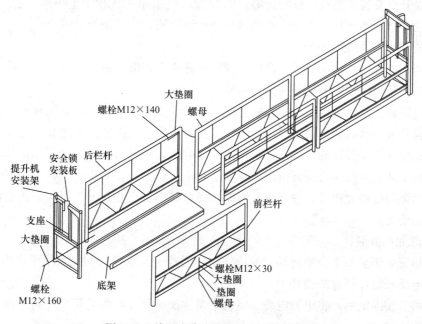

图 5-20　单元式幕墙吊篮悬挂安装顺序图

工作钢丝绳和安全绳从顶端部开始缓慢放下，在第二根钢丝放下前，由一人在地面上把第一根钢丝绳拉开，防止两根钢丝绳缠在一起影响穿绳工作。

5. 工作平台的安装与调整（图 5-21）

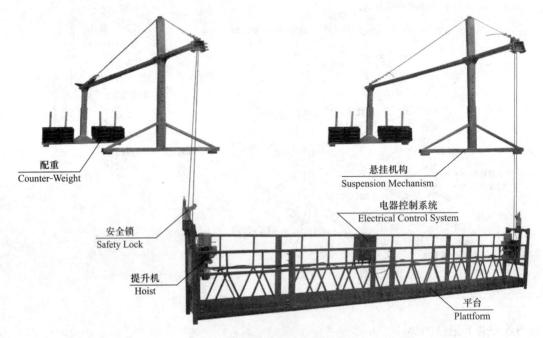

图 5-21　单元式幕墙吊篮悬挂安装工作平台示意图

（1）把底板垫高 200mm 以上平放，装上栏杆，低的栏杆放在工作面的一侧，用 M12×90mm 的螺栓固定。

（2）提升机安装架装在栏杆的两端，用 M12×160mm 的螺栓加上垫片固定。

（3）检查以上各部件是否安装正确，是否有错位的，螺栓是否紧固。

6. 安全锁及提升机的安装

安全锁和提升机分别安装于悬吊平台两端提升机安装架上的安全锁支架和提升机支承中，安全锁安装时使摆臂滚轮朝向平台内侧。

提升机安装于悬吊平台内，安装时将提升机搬运至悬吊平台内，使提升机背面的矩形凹框对准提升机支承，插入销轴并用锁销锁定后，在提升机箱体上端用 2 只连接螺栓将提升机固定在提升机安装架的横框上。也可以在通电后，在悬吊平台外将工作钢丝绳穿入提升机内，并点动上升按钮将提升机吊入悬吊平台内进行安装。采用后一种方法安装时，须将提升机出绳口处稳妥垫空，并在钢丝绳露出绳口时用手小心将绳引出，防止钢丝绳头部冲击地面而受损。

7. 电气箱的安装

电气箱安装于悬吊平台中间部位的后（高）栏片上，电箱门朝向悬吊平台内侧，用 2 个吊攀将电箱固定在栏片的栏杆上。

电气箱安装固定后，将电源电缆、电机电缆、操纵开关电缆的接插件插头插入电箱下端的相应插座中。

8. 通电、检查

（1）通电前检查及要求：

1）电源是 380V 三相接地电源，电源电缆接出处可靠固定。

2）顶面悬挂机构安放平稳，固定可靠，连接螺栓无松动，平衡配重块安装可靠。

3）钢丝绳连接处的绳扣装夹正确，螺母拧紧可靠。

4）悬垂钢丝绳应分开，无绞结、缠绕和折弯。

5）提升机、安全锁及悬吊平台安装正确、连接可靠，连接螺栓无松动或虚紧，连接处构件无变形或开裂现象。

6）电缆接插件接插正确无松动，保险锁扣可靠锁紧。

7）电缆施工立面上无明显突出物或其他障碍物。

（2）通电后检查及要求：

1）闭合电箱内开关，电气系统通电。

2）将转换开关置于左位置，分别点动电箱门及操纵开关的上升和下降按钮，左提升机电正反运转。

3）将转换开关置于右位置，分别点动电箱门及操纵开关的上升和下降按钮，右提升机电正反运转。

4）将转换开关置于中间位置，分别点动电箱门及操纵开关的上升和下降按钮，左、右提升机电机同时正反运转。

5）将转换开关置于中间位置，启动左右提升机电机后，按下电箱门上紧停按钮（红色），电机停止运转。旋动紧停按钮使其复位后，可继续启动。

6）将转换开关置于中间位置，启动左右提升机电机后，分别按下各行程开关触头，警铃报警，同时电机停止运转。放开触头后，可继续启动。

9. 穿工作钢丝绳

（1）把电器箱面板上的转换开关拨到待穿钢丝绳的提升机一侧，工作钢丝绳从安全锁的限位轮与挡环中穿过后插入提升机上端孔内，启动上行开关，提升机可自动完成工作钢丝绳的穿插绳进位（穿绳过程中要密切注意有无异常，若有异常，应停止穿绳）。工作钢丝绳到位后，将自动打开安全锁，然后安全钢丝绳从安全锁的上端孔插入（另一侧提升机操作过程相同）。

注意：必须先将工作钢丝绳和安全钢丝绳理清后才能分别插入提升机和安全锁内，以免钢丝绳缠在一起。

（2）两侧钢丝绳都穿好后，将工作平台升高至离地面 1m 处调平，在安全钢丝绳上距地面 15cm 处安装重锤。如不正确安装重锤可能会使安全钢丝绳不能正常工作。多余的钢丝绳要整理好后捆起，防止意外损坏或弯曲。

10. 穿安全钢丝

位于悬挂机构前梁端头外侧的 2 根钢丝绳是安全钢丝绳，穿入安全锁内。穿绳时，将钢丝绳穿入端插入安全锁上方的进绳口中，用手推进，自由通过安全锁后，从安全锁下方的出绳口将钢丝绳拉出，直至将钢丝绳拉紧。

11. 重锤的安装

重锤是固定在钢丝绳下端用来拉紧和稳定钢丝绳，防止悬吊平台在提升时将钢丝绳随同拉起而影响悬吊平台正常运行。安装时，将 2 个半片夹在钢丝绳下端离开地面约 5～6cm，然后用螺栓紧固于钢丝绳上。

12. 安全绳及绳卡的安装

安全绳在楼顶的攀挂点必须牢固，切不可将安全绳攀挂在悬挂机构上面，顶部挂完后安全绳放置于吊篮的中间，自锁器直接安装在安全绳上面。另外安全绳与女儿墙棱角接触部位必须加垫橡胶以防磨损。

13. 安装注意事项

（1）两套悬挂机构前梁内侧之间的距离要大于工作平台 30cm，以免影响安全锁的使用。

前梁伸出的长度应在 1.1～1.7m 之间，前后支架之间的距离（即 b）应放至最大，所有配重均匀放在两只后支座的配重支管上。

（2）全部螺栓、螺母（包括钢丝绳夹）必须拧紧。提升机安装销轴上锁销的弹簧必须锁定。

（3）提升机电缆插头和手握开关的插头要认清方向后，再插入电器控制箱底部相应的插座内，不要硬插，以免损坏。

（4）接入电器箱的电源必须要有零线，否则将造成漏电断路器和电磁制动器不动作。

14. 电动吊篮调试及验收

（1）安全锁试验

首先将悬吊平台两端调平，然后上升至悬吊平台底部离地 1m 处左右。对防倾式安全锁，关闭一端提升机，操纵另一端提升机下降，直至安全锁锁绳。

（2）空载试运行

启动电源，是将悬吊平台在距地面 2m 的行程中上下运行三次。运行时应符合下列要求：电路正常且灵敏可靠，提升机升降平稳，起动、制动正常，无异常声音，其他各部分均无异常。

（3）静载荷实验

通电将悬吊平台升至离地 0.8m 处停止，静止 10min 以上。吊篮各部件无永久破坏性变形即可。

（4）动载实验

试验人员戴好安全帽进入悬吊平台，将安全带系挂在独立保险绳上。试验时应使电动吊篮达到额定载荷，在悬吊平台内站 2 人，并加到额定载荷，将吊篮升高到 2m 处，两人同时操纵手动下降装置进行下降试验，下降应平稳可靠。

（5）验收、交接

安装完毕后，组织有关人员进行验收检查，检查合格并填写《电动吊篮安装验收表》，由相关人员签字后方可投入使用。

15. 电动吊篮的操作方法

接通电源，将转换开关拨至中位，按动上行按钮工作平台即向上运行，按动下行按钮工作平台即向下运行，放开上行或下行按钮，工作平台即运行停止。工作中，若工作平台出现倾斜，可将转换开关拨至较低一侧，可调升至水平，通常两侧高差应不超过 15cm。当工作平台的限位开关触及限位挡块后，工作平台停止运行，报警电铃鸣叫，按动上行或下行按钮，使触点脱离。当工作时发生断电，应关闭电源开关，若需将工作平台降回地面，可取出滑降手柄，旋入电机上方释放螺孔内，向上抬起手柄工作平台匀速下降，放松手柄，工作平台则停止下降。

5.1.9 劳动力计划

计划本分项工程施工高峰期投入劳动力 100 人，劳动力为公司长期的施工队伍。在需要抢工时，可从公司加工基地抽调安装人员投入本工程施工中。

工程的工程量大、质量要求高，为此将选择技术水平高、专业素质好、有类似工程施工经验的施工队伍，并配备充足的人力资源，见表 5-4。

施工人员配备表 表 5-4

工种级别	按工程施工阶段投入人力情况			
	前期人数	中期人数	后期人数	最多人数
施工队长	1	2	1	2
技术员	1	2	1	2
质量员	1	2	1	2
安全员	1	2	1	2
测量放线	5	6	3	6
材料员	1	2	1	2
安装技工	20	60	30	60
搬运工	5	10	15	15
打胶工	0	8	5	8
电工	1	2	1	2
焊工	5	10	4	10
叉车司机	0	2	1	2
库房管理员	1	2	1	2
本工程高峰期人数合计：116 人				
备注	1. 特殊工种持证上岗 2. 实际施工中各分部分项工程投入人数按具体情况安排			

5.1.10 施工安全措施

1. 安全生产管理组织体系

（1）安全管理目标：高标准，严要求，争创"省优工程、文明工地"；确保无重大伤亡事故；不发生火灾、中毒及重大机械损伤事故，确保安全生产。实现安全管理目标：火灾事故为"零"，死亡事故为"零"。

（2）安全管理方针：安全第一，预防为主；安全生产，警钟长鸣。

（3）安全管理指导思想：预防预控、常抓、抓细、狠抓、责任到人。

2. 安全管理体系

公司三级安全管理体系框架，如图 5-22 所示。

3. 安全生产保证措施

作为幕墙工程管理者不仅承担着控制施工生产进度、成本、质量的责任，而且同时承

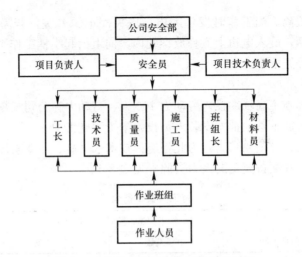

图 5-22 公司三级安全管理体系框架图

担着"进行安全管理、实现安全生产"的责任。在项目施工过程中必须始终坚持"安全第一，预防为主；安全生产，警钟长鸣"的安全管理方针，达到安全生产的目标，减少和消除生产过程中的事故，保证人员健康安全和财产免受损失。由于本工程交叉作业多，施工面积大，施工难度大，安全生产尤为重要，为了有条不紊地组织安全生产，必须组织所有施工人员学习和掌握安全操作规程和有关安全生产、文明施工条例，成立以项目经理为首的安全生产管理委员会，建立一套安全管理体系。

4. 交叉作业安全保证措施

大酒店项目工程整体存在主体结构与幕墙装饰交叉作业情况，为了确保作业人员的安全我们做好相应的安全防护措施：

该项目工程主楼分两个施工段，19层以下为第一施工段，20～32层为第二施工段，在第一施工段幕墙施工期间为规避交叉作业带来可预见及不可预见的危险因素，以及预防高空坠物给幕墙作业人员带来的伤害，在20层原有的双排架水平搭设6m的防护棚，防护棚为双层硬防护，防护板的接口应密实不得有缝隙，以防上端主体结构施工不慎造成的高空坠物伤人。

单元体转接件安装用吊篮完成，第一施工段的所有工序在作业面上方，应经常检查防护棚的防护板是否密实无空隙，作业面下方应拉设警戒线并派专人监护，监护人应疏导与看护，不准有任何人进入危险区域，当第一施工段大面完成后及时安排专业架子工搭设32楼的防护棚，搭设完毕并具备使用条件时，拆除20层的防护棚，拆除期间必须与幕墙作业人员错开施工，杜绝交叉作业，必须先搭设好32层防护棚再拆除20层防护棚。

5. 安全管理人员岗位职责

（1）项目经理安全生产职责

1）负责贯彻执行国家及上级有关安全生产的方针、政策、法律、法规；

2）配合总包开展安全工作，对总包方提出的安全隐患及时进行整改，并达到规定要求；

3）接受公司安全部安全监督检查，对公司安全部门提出的安全问题及时进行整改；

4）督促项目工程技术人员、工长及班组长在各项目的职责范围内做好安全工作，不

违章指挥;

5）组织制定或修订项目安全管理制度和安全技术规程，编制项目安全技术措施计划并组织实施。应在全面安全检查中，透过作业环境状态和隐患，对照安全生产方针、政策，检查对安全生产认识的差距;

6）组织项目工程业务承包，确定安全工作的管理体制，明确各业务承包人的安全责任和考核指标，支持、指导安全管理人员的工作;

7）健全和完善用工管理手续制度。认真做好专业队和上岗人员安全教育，保证他们的健康和安全;

8）组织落实施工组织设计中安全技术措施，组织并监督项目工程施工中安全技术交底制度和设备、设施验收制度的实施;

9）领导、组织施工现场定期的安全生产检查，发现施工生产中不安全问题组织制定措施，及时解决。对上级提出的生产与管理方面的问题要定时、定人、定措施予以解决;

10）不折不扣地提取和用好安全防护措施费，落实各项安全防护措施，实行工地健全达标;

11）每天亲临现场巡查工地，发现问题通过整改指令书向工长或班组长交待;

12）定期召开工地安全工作会，当进度与安全发生矛盾时，必须服从安全;

13）发生事故，要做好现场保护与抢救工作，及时上报，组织配合事故的调查，认真落实制定的防范措施，吸取事故教训。

（2）质量安全责任人安全生产职责

1）认真执行企业的领导和安全部门在安全生产方面的指示和规定，对项目部的员工在生产中的安全健康负全面责任;

2）在计划、布置、检查、总结和评比安全生产工作的同时计划、布置、检查、总结和评比安全生产工作;

3）经常检查施工现场的机械设备及其安全装置、半成品堆放以及生活设施等是否符合安全文明要求;

4）提出安全事故处理意见，并报主管部门。及时贯彻项目部工程安全技术措施计划项目，经上级批准后负责对措施项目的实施;

5）制定和修订项目的安全管理制度，经上级批准后执行;

6）经常对项目部员工进行安全生产思想和技术教育，对新进场的工人进行安全生产现场教育;对特种作业的工人，必须持有效操作证，方可上岗操作;

7）发生事故时，应及时向主管领导和安全部门报告，并协助安全部门进行事故的调查、登记和分析处理工作;

8）定期向安全第一责任人填报报告书;

9）配合工长开展好安全宣传教育活动，特别是要坚持每周一次的安全活动制度，组织班组认真学习安全技术操作规程;

10）参加项目组织的定期安全检查，做好检查记录，及时填写隐患整改通知书，并督促认真进行限期整改。

（3）安全员职责

1）进场安全教育，并进行"安全教育试卷"考核，留档;

2）编制职工花名册，及时进行动态管理；

3）编制现场安全管理制度并负责贯彻、执行；

4）每道工序施工前的安全交底，检查每个施工班组的班前活动记录，负责与总包的安全负责人有关安全方面的协调；

5）现场安全检查：安全帽、安全带的正确佩戴、施工安全用电、机械操作、电器设备的安全检查，消防设施、文明施工、高空作业的检查，填写每日安全检查记录；

6）参加每周质量、安全大检查并对安全做评定；

7）对违反安全操作规程的有处罚权；

8）相关安全资料的收集、整理；

9）定期组织安全培训。

（4）施工工长的安全生产职责

1）认真执行国家有关安全生产的方针、政策和企业的各项规章制度；

2）每天对各施工作业点进行安全检查，掌握安全生产情况，查出安全隐患及时提出整改意见和措施制止违章指挥和违章作业，遇有严重险情，有权暂停生产，并报告领导处理；

3）向班组下达施工任务前，认真向班组进行安全技术交底，并填写安全技术交底单，交接双方必须签名；

4）每天对安排施工任务的作业点进行检查，查出安全隐患及时进行整改并制止违章作业，遇有险情及时停止生产并向上级报告；

5）接受上级及安全监督员的监督检查，对上级及安全监督员提出的安全隐患及时安排整改，并监督整改的落实情况；

6）定期对工人进行安全技术教育，防患于未然；

7）领取和发放使用好班组的劳动保护用品、保健食品和清凉饮料等；

8）参加项目部组织的安全生产检查，对检查中发现的问题及时进行整改；

9）发生因工伤亡及未遂事故，要保护好现场，立即上报，并配合事故调查组的调查。

5.1.11 安全生产管理制度

1. 安全生产交底制度

（1）贯彻执行劳动保护、安全生产、消防工作的各类法规、条例、规定，遵守工地的安全生产制度和规定；

（2）施工负责人必须对职工进行安全生产教育，增强法制观念和提高职工的安全生产思想意识及自我保护能力，自觉遵守安全纪律、安全生产制度，服从安全生产管理；

（3）所有项目部的施工及管理人员必须严格遵守安全生产纪律，正确穿、戴和使用好劳动防护用品；

（4）认真贯彻执行工地分部分项、工种及施工技术交底要求。施工负责人必须检查具体施工人员的落实情况，并经常性督促、指导，确保施工安全；

（5）施工负责人应对所属施工及生活区域的施工安全质量、防火、治安、生活卫生各方面全面负责；

（6）按规定做好"三上岗""一讲评"活动，即做好上岗交底、上岗检查、上岗记录及以"安全周"评比活动，定期检查工地安全活动、安全防火、生活卫生，做好检查活动的有关记录；

（7）对施工区域、作业环境、操作设施设备、工具用具等必须认真检查。发现问题和隐患，立即停止施工并落实整改，确认安全后方准施工；

（8）机械设备、脚手架等设施，使用前需经有关单位按规定验收，并做好验收及交付使用的书面手续。租赁的大型机械设备现场组装后，经验收、负荷试验及有关单位颁发准用证方可使用，严禁在未经验收或验收不合格的情况下投入使用；

（9）未经交底人员一律不准上岗。

2. 安全检查制度

（1）积极配合总包以及其上级主管部门和各级政府、各行业主管部门的安全生产检查；

（2）坚决执行日常安全巡检，每周一早上午9点组织相关人员对整个项目进行安全大检查，对发现"人的不安全行为"及时制止并纠正，"物的不安全状态"立即整改完善，对制度必须严格贯彻实施；

（3）设立专职安全人员实施日常安全生产检查制度及班组自检制度。

3. 设备验收制度

各种机械设备从国家正规厂家采购，且机械性能良好，各种安全防护装置齐全、灵敏、可靠。机械设备和一般防护设施执行自检后报总包安全部门验收，合格后方可使用。

4. 伤亡报告制度

如发生因工伤亡事故，应立即以最快捷的方式通知总包的安全部门或项目领导，向其报告事故的详情。同时启动"安全应急救援预案"，积极组织抢救工作，采取相应的措施，保护好事故现场，如因抢救伤员移动现场设备、设施者要做好记录或拍照。积极配合上级部门、政府部门对事故调查和现场勘察。并做好事故的善后工作。

5. 安全工作奖罚制度

为了更好地教育和约束施工人员严格遵守施工现场安全管理规定，针对现场实际情况制定一系列的奖罚条例，对个别不遵守安全操作规程的将严格按相关规定处罚，对遵章守纪表现突出的员工给予表彰或物质奖励，每月的最后一天组织全体施工人员参加安全总结大会，会上对本月的违章人员通报批评，对表现突出的进行表彰并发放奖金。

6. 安全防范制度

（1）采取一切严密的、符合安全标准的预防措施，确保所有工作场所的安全。如：安全防护平台、安全防护栏杆、安全网、安全帽、安全带、安全绳、漏电保护器等。

（2）进入施工现场必须正确戴好安全帽，2m以上临边高空作业没有防护措施的必须及时挂好安全带。施工现场设置安全标语、警示牌等物品。

5.1.12 安全生产保障计划

1. 安全生产教育制度

安全教育、训练包括知识、技能、意识三个阶段的教育：

1）安全知识教育：使操作者了解、掌握生产操作过程中潜在的危险因素及防范措施；

2）安全技能训练：使操作者逐渐掌握安全生产技能，完善化、自动化的行为方式，减少操作中的失误现象；

3）安全意识教育：在于激励操作者自觉坚持实行安全技能。

2. 安全教育的内容

（1）新工人入场前应完成三级安全教育。对学徒工、实习生的入场三级安全教育，重点偏重一般安全知识、生产组织原则、生产环境、生产纪律等，强调操作的非独立性。对季节工、农民工的三级安全教育，以生产组织原则、环境、纪律、操作标准为主。两个月内安全技能不能达到熟练的，应及时解除劳动合同，终止参与一切施工活动；

（2）结合施工生产的变化，适时进行安全知识教育。一般每半月组织一次较合适；

（3）结合生产组织安全技能训练，干什么训练什么，反复训练、分步验收。以达到演练完善化的行为方式，划为一个训练阶段；

（4）安全意识教育的内容不易确定，随安全生产的形势变化，确定阶段教育内容。结合发生的事故，进行增强安全意识，坚定掌握安全知识与技能的信心，接受事故教训的教育；

（5）受季节自然变化影响时，针对由于这种变化而出现生产环境、作业条件的变化所进行的教育，其目的在于增强安全意识，控制人的行为，尽快适应变化，减少人为失误；

（6）采用新技术，使用新设备、新材料，推行新工艺之前，对有关人员进行安全知识、技能、意识的全面安全教育，激励操作者实行安全技能的自觉性。

3. 安全教育的原则

加强教育管理，增强安全教育效果：

（1）教育内容全面，重点突出，系统性强，抓住关键反复教育；

（2）反复实践，养成自觉采用安全操作方法的习惯；

（3）使每个受教育的人，了解自己的学习成果。鼓励受教育者树立坚持安全操作方法的信心，养成安全操作的良好习惯；

（4）告诉受教育者怎样做才能保证安全，而且是应做什么，不应该做什么；

（5）奖励促进，巩固学习成果；

（6）进行各种形式、不同内容的安全教育，把教育的时间、内容等清楚地记录在安全教育记录本或记录卡上。

4. 分部、分项的安全操作规程及防范措施

一如既往执行班前安全技术交底、每周一小结、每月一总结制度。每天班前会应根据当天的工作内容、作业环境、气候条件等实际情况，结合实际针对性地进行安全技术交底，安全员应分析各工作面的危险程度、轻重缓急、先后巡视检查，发现"物的不安全状态"或"人的不安全行为"都应在第一时间及时制止与消除隐患，对巡查出来的情况有书面记录并及时处理，把事故控制在萌芽状态，对作业人员未做好防坠措施、不正确使用个人防护用品、不遵守吊篮操作规程、不正确使用接火斗、不规范用电等违章情况，严格按相关奖罚条例进行处理，绝不姑息，对屡教不改者将对其清场处理。

5. 临边作业、洞口、操作平台安全保证措施

（1）根据现场实际情况，考虑临边防护栏的立杆不是预埋钢管，所以护栏不具备作为安全带的挂点，要求所有的作业层临边横向拉设 8mm 钢丝绳作为安全带挂点，两端绑点必须牢固可靠。

（2）班前会应特别强调临边作业的相关注意事项，在出护栏前必须先把安全带挂在安全钢丝绳上再翻越护栏，工作完毕应待人员进入护栏内方可解开安全带，安全员及所有管

理人员在日常检查巡视中发现有违章操作的及时制止并批评教育，同时按相关奖罚条例处罚。

（3）7~25层的奇数层为悬空层，在外结构梁以内搭设一条跑道并铺满竹笆，人员出临边作业设有安全可靠的路线，要求在两条轴线间的过梁两侧搭设扶手，人员进出临边作业必须走指定有扶手的过道，到临边2m内，先把安全带挂在安全钢丝绳上。

（4）25层以下项目主体施工楼面的预留洞口、临边也特别多，从而也给施工带来很大隐患，为了确保临边洞口的安全，按施工段对所有楼层的预留洞口、临边洞口进行全面检查，所有洞口、临边处必须有安全可靠的硬防护，并张贴相关的警示标语，原则上杜绝拆除预留洞口及临边防护，确属工作需要必须经过安全部门允许并有可靠的临时防护措施及相关警示标志，安全员的日常检查对洞口及临边必须每点到位一个不漏地检查，以防人为蓄意拆除或未及时回复的洞口及临边现象存在，发现隐患必须第一时间及时处理。

（5）框架部分的幕墙施工，为了满足幕墙面材的安装，脚手架与结构间的距离有相当部分都大于600mm，脚手架的内立杆与结构间大于400mm的作业面必须采取水平防护（在每层楼板与脚手架间采用水平兜网加以防护），以防人员不慎高处坠落或大件材料坠落伤人，施工时严禁擅自拆除水平兜网，确属工作需要的必须经过安全管理人员同意并有临时防护措施，施工完毕及时恢复原状。

6. 工具、材料的防坠措施

（1）要求所有现场使用工具（铁锤、扳手、角尺、卷尺、胶枪等）都必须有可靠的防坠措施，即在工具的一端绑好安全绳，在临边使用时把安全绳套在手上或绑在固定的物体上，以防失手高空坠物伤人。

（2）临边1m以外严禁堆放材料，安装单元体连接件时应用绳子一端绑好在铁件上，另外一端绑在固定牢固的物体上，待确认上好螺丝后方可解开绳子，以防失手高空坠物伤人。

（3）安装两端框架幕墙的龙骨及连接件应有二道防坠措施，首先吊勾必须有防脱勾装置，其次在龙骨的上方螺杆孔处绑一根防坠钢丝绳，把绳的另一端挂在牢固的物体上，待确定螺杆连接固定好以后方可解开防坠绳，以防出现意外坠物伤人。

（4）调整单元体的撬棍等工具也必须有可靠的防坠措施，在撬棍一端焊接一个适合大小的螺帽，在螺帽上绑好防坠绳，另一端绑在临边的安全绳或临边的护栏上，以防脱手坠落伤人，单元体连接滑块不得堆放在临边1m以外。

7. 单元体吊装安全保证措施

（1）吊装系统必须严格按设计的材料加工，特别是焊缝必须按设计厚度焊接，不得有夹渣漏焊等现象，连接的螺栓、钢丝绳等必须使用国标产品。

（2）吊机必须严格按计算书的配重配置，吊装系统整体应有防外滑装置，后座用钢丝绳拉至固定的结构上。

（3）每台吊装系统必须有专人监护，吊装前应对钢丝绳、连接螺栓、滑轮等进行全面检查，每班的第一块单元体在起吊悬空2m左右上下3次试运行，观察刹车是否灵敏，确认各零部件正常、刹车灵敏有效后方可进行吊装。并监督吊机运行过程中2m内不得有人作业。

（4）吊装前应检查，用对讲机对起吊点、就位点、吊机安装点是否三点同频道畅通，起吊过程中，任何一个点与对讲机出现电量不足的信号时，应立即停止吊装作业，待更换电池后方可继续吊装，严禁在无通信设施情况下进行吊装作业。

（5）吊机的控制开关应选用有三个按钮（上、下、急停），当万一上下按钮接触器不分离失控时应及时按下急停开关，关掉总电源，通知专业电工进行全面检查维修，确定修好后方可接通电源继续吊装。

（6）吊机应指定专人使用，严禁他人随意开启吊机，使用前应检查上下按钮是否方向正确，急停开关是否有效，在吊装过程中应精神集中、观看单元体在出楼层前是否会碰到上结构墙，确保单元体顺畅出楼。

（7）配合单元体出楼的小推车必须有防坠措施，在单元体起吊点结构边以内 1m 左右，离楼板面 1.5m 高左右横向拉设 8mm 的安全钢丝绳，临边 2m 以外的所有人都必须及时挂好安全带。

（8）必须确保吊装区域下方无人施工，拉好足够空间的警戒范围，并有专人监护，玻璃起吊悬空后直至就位入槽前下方严禁人员进入。

（9）做好各种工具及材料的防坠措施，套筒、撬棍、扳手等工具必须要用细绳做好防坠措施后方可拿到作业现场使用，各种细小材料必须放置于工具桶内，不得随意放置在楼层临边或吊篮内。

8. 吊篮使用安全保障措施

（1）经考察选用有多年经验的吊篮租赁公司（×××建筑机械有限公司），吊篮进场后搬运至安装点，由吊篮公司持有安装资格证书的专业人员进行安装调试，安装完毕经自检合格后报专业检测公司检测，待结果合格并出示检测合格书面报告后再投入使用。

（2）操作人员必须经过培训，持证上岗，严禁酒后、过度疲劳、情绪异常者操作吊篮，严禁在吊篮内打闹和向下抛洒杂物，不准将吊篮作为载物和乘人的垂直运输工具，不允许在吊篮上另设吊具。

（3）每天上班前必须确认悬挂机构及各连接点是否正常，安全锁、行程开关、急停开关等是否灵敏有效，钢丝绳是否磨损断股，确保各零部件都正常灵敏有效，方可安排施工人员上吊篮施工作业。

（4）施工人员安全带必须挂在独立的安全绳上，严禁把安全带挂在篮筐上，原则上杜绝在楼层的中部进出吊篮，若确属工作需要的应严格按以下步骤进出吊篮：

1）首先把吊篮开至与楼板平行，两端用绳子绑紧在建筑物上。

2）固定好吊篮后人员再出吊篮进入楼层，过程中不得解开安全带，待人员进入安全区域后拉入大绳上的自锁器解开安全带。

3）人员从楼层内再次出吊篮时必须先把安全带挂在安全绳上再进入吊篮。

4）进出吊篮过程中必须确保人员有安全防护措施，以防发生意外造成高空坠落事故。

（5）平台内施工人员最少两个，最多三个，严禁单人及三人以上操作。吊篮平台内施焊时，应对钢丝绳、电缆进行适当的防护，在正常工作中，严禁触动滑降装置或用安全锁刹车。

（6）操作人员在悬吊平台内使用其他电器设备时，低于 500W 的电器设备可以接在吊篮的备用电源端子上，但高于 500W 的电器设备严禁接在备用电源端子上，必须用独立电源供电，在高压线周围作业时，吊篮应与高压线有足够的安全距离，并应按当地电器规程实施，采取防范监护措施后，方可使用。

（7）吊篮的负载根据安装的高度不得超过 6.3kN，严禁集中堆载、偏载、超载，插、拔电源线的航空插头之前，必须先切断电源线的电源。钢丝绳不得弯曲，不得沾有油污、杂物，不得有焊渣和烧蚀现象，严禁将工作钢丝绳、安全钢丝绳作为电焊的低压通电回路。

（8）不允许在悬吊平台内使用梯子、凳子、垫脚物等进行作业，悬吊平台两侧倾斜超过 15cm 时应及时调平，否则将严重影响安全锁的使用，甚至损坏内部零件。悬吊平台栏杆四周严禁用布或其他不透风的材料围住，以免增加风阻系数及安全隐患。

（9）配重块必须均匀码放，以保证负载平衡，一旦发生故障，必须立即停止使用并通知检修人员；待检修合格后才可以继续使用。吊篮下方地面为行人禁入区域，需要做好隔离措施并设有明显的警告标志。作业结束后，吊篮应降至地面或最低处，用绳子绑扎牢固并切断电源，锁好电气控制箱。

（10）在吊篮内电焊作业时应对焊工特别交底，当焊接部位接近吊篮两端钢丝绳时对吊篮的主副绳应做绝缘保护，以防钢丝绳被电焊打伤，在吊篮内放置一个大于焊条长度的木箱，当焊钳没用时直接放在有绝缘措施的木箱内，当有打伤钢丝绳现象时，应第一时间停止使用吊篮，通知吊篮公司专业人员，在采取可靠的防范措施后更换钢丝绳。

5.1.13 成品及半成品保护措施

1. 成品保护概述

在幕墙生产制造过程中，幕墙成品保护工作显得十分重要，因为幕墙工程既是围护工程，又是装饰工程，在制作、运输、安装等各环节均需有周全的成品保护措施，以防止构件、工厂加工成品，幕墙成品受到损坏，否则将无法确保工程质量。

如何进行成品保护必将对整个工程的质量产生极其重要的影响，必须重视并妥善地进行，做好成品保护工作，才能保证工程优质高速地进行施工。这就要求我们成立成品保护专项管理机构，它是确保成品、半成品保护，得以顺利进行的关键。通过这个专门机构，对制作、运输堆放、施工安装及已完幕墙成品进行有效保护，确保整个工程的质量及工期。

成品保护管理组织机构必须根据工程实际情况制定具体成品、半成品保护措施及奖罚制度，落实责任单位或个人；然后定期检查，督促落实具体的保护措施，并根据检查结果，对贡献大的单位或个人给予奖励，对保护措施不得力的单位或个人采取相应的处罚手段。

2. 成品保护机构

公司将在幕墙工程制作安装过程中，成立成品保护小组，制订成品保护实施细则，负责成品和半成品的检查保护工作，成品保护小组机构框架，如图 5-23 所示。

3. 幕墙成品保护措施

工程施工过程中，制作、运输、施工安装及已完幕墙均需制定详细的成品、半成品保护措施，防止幕墙的损坏，造成无谓的损失，任何单位或个人忽视了此项工作均将对工程顺利开展带来不利影响，因此，必须制定成品保护措施。

4. 生产加工阶段成品保护措施

（1）成品在放置时，在构件下安置一定数量的垫木，禁止构件直接与地面接触，并采取一定的防止滑动和滚动措施，如放置止滑块等；构件与构件需要重叠放置的时候，在构

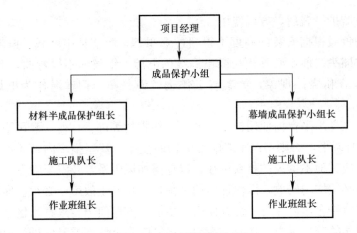

图 5-23　成品保护框架图

件间放置垫木或橡胶垫以防止构件间碰撞。

（2）型材周转车、工器具等，凡与型材接触部位均以胶垫防护，不允许型材与钢质构件或其他硬质物品直接接触。

（3）型材周转车的下部及侧面均垫软质物。

（4）构件放置好后，在其四周放置警示标志，防止工厂再进行其他吊装作业时碰伤本工程构件。

（5）成品必须堆放在车间中的指定位置。

（6）玻璃周转用玻璃架，玻璃架上设有橡胶垫等防护措施。

（7）单元体及玻璃加工平台需平整，并加垫毛毡等软质物。

5. 包装阶段成品保护措施

（1）金属材料包装

1）不同规格、尺寸、型号的型材不能包装在一起。

2）包装应严密、牢固，避免在周转运输中散包，型材在包装前应将其表面及腔内铝屑及毛刺刮净，防止划伤，产品在包装及搬运过程中避免装饰面的磕碰、划伤。

3）铝板及铝型材包装时要先贴一层保护胶带，然后外包牛皮纸；产品包装后，在外包装上用水笔注明产品的名称、代号、规格、数量、工程名称等。

4）包装人员在包装过程中发现型材变形、装饰面划伤等产品质量问题时，应立即通知检验人员，不合格品严禁包装。

5）包装完成后，如不能立即装车发送现场，要放在指定地点，摆放整齐。

6）对于组框后的窗尺寸较小者可用纺织带包裹，尺寸较大不便包裹者，可用厚胶条分隔，避免相互擦碰。

（2）玻璃包装

1）为了达到设计图要求的装饰功能，工程幕墙玻璃都经过特殊的表面处理，包装时应使用无腐蚀作用的包装材料，以防损害面板表面。

2）包装箱上应有醒目的"小心轻放""向上"等标志。

3）包装箱应有足够的牢固程度，应保证产品在运输过程中不会损坏。

4）装入箱内的玻璃应保证不会发生互相碰撞。

6. 运输过程中成品保护措施

（1）单元体的运输

1）对于单元体的运输，我们为本工程特别设计了专用转运架，每个转运架都是相对独立的，又都能相互重叠插接在一起，各个架子可随意组合。转运架铺有保护性毛毡，使板块与转运架柔性接触，以防板块破损。运输时，每个板块在各自的转运架上，之后按照顺序号装车叠起。转运架大小根据板块和车型设计。卸车时一般需借助塔吊或叉车完成。幕墙板块运输过程中，平放在运输架上，四周用压块压紧，避免产生滑移引起划伤。

2）为防止单元板块变形，在运输时板块必须平放，禁止立放。运输时两单元板块互相不接触，每单元板块独立放于一层，周转架下做专用滑轮，并可靠固定，以保证单元板块在途中不受破坏，如图 5-2 所示。

（2）玻璃板块的运输

1）玻璃板块装车时需立放，底部铺垫木条，不允许单元体之间留有大空隙，板块间需用木块隔离，不允许板与板、板与其他硬物直接接触，并估计运输中有无可能产生窜动使其与硬物挤压变形。

2）用专用车将玻璃运输到安装位进行安装，在运输过程中玻璃应用绳子扎牢，防止玻璃跌倒破损。运输过程中应避免发生碰撞，轻拿轻放，严防野蛮装卸。

3）应放在玻璃中储区内的专用玻璃存储架上保存，并安排专人管理。

（3）构件及型材的运输

1）构件与构件间必须放置一定的垫木、橡胶垫等缓冲物，防止运输过程中构件因碰撞而损坏。

2）在整个运输过程中为避免构件表面损伤，在构件绑扎或固定处用软性材料衬垫保护。

3）铝合金型材装车时应在车厢下垫减震木条，顺车厢长度方向紧密排放。型材摆放高度超出车厢板时，需捆扎牢固。型材不能与钢件等硬质材料混装，摆放需整齐、紧密不留空隙，防止在行驶中发生窜动以损伤产品。

4）散件按同类型集中堆放，并用钢框架、垫木和钢丝绳进行绑扎固定，杆件与绑扎用钢丝绳之间放置橡胶垫之类的缓冲物。

5）运输中应尽量保持车辆行驶平稳，路况不好注意慢行。

6）运输途中应经常检查货物情况。

7）公路运输时要遵守《货车满载加固及超限货物运输规则》中的规定。

7. 施工现场成品、半成品保护措施

（1）工地半成品的检查

1）产品到工地后，未卸货之前，对半成品进行外观检查，首先检查货物装运是否有撞击现象，撞击后是否有损坏，有必要时撕下保护膜进行检查。

2）检查半成品保护膜是否完善，无保护膜的是否有损伤，无损伤的，补贴好保护纸后再卸货。

（2）搬运

1）装在货架上的半成品，应尽量采用叉车、吊车卸货，避免多次搬运造成半成品的损坏。

2）半成品在工地卸货时，应轻拿轻放，堆放整齐。卸货后，应及时组织运输组人员将半成品运输到指定装卸位置。

3）半成品到工地后，应及时进行安装。来不及安装的物料摆放地点应避开道路繁忙地段或上部有物体坠落区域，应注意防雨、防潮，不得与酸、碱、盐类物质或液体接触。

4）玻璃用木箱包装，便于运输也不易被碰坏。

（3）堆放

1）构件进场应堆放整齐，防止变形和损坏，堆放时应放在稳定的枕木上，并根据构件的编号和安装顺序来分类。构件堆放场地应做好排水，防止积水对构件的腐蚀。

2）待安装的半成品应轻拿轻放，长的铝型材安装时，切忌尾部着地。

3）待安装的材料离结构边缘应大于1.5m。

4）五金件、密封膏应放在五金仓库内。

5）幕墙各种半成品的堆放应通风干燥、远离湿作业。

6）从木箱或钢架上搬出来的板块及其他构件，需用木方垫起100mm，并不得堆放挤压。

7）单元体到现场后直接用塔吊往裙房上转运，分散放在屋面上，单元体积架的上端用木板盖好，以防高空坠物砸坏板块。

8. 施工过程中的成品保护措施

（1）拼装作业时的成品保护措施

1）在拼装、安装作业时，应避免碰撞、重击。减少在构件上焊接过多的辅助设施，以免对母材造成影响。

2）拼装作业时，在地面铺设刚性平台，搭设刚性胎架进行拼装，拼装支撑点的设置，要进行计算，以免造成构件的永久变形。

（2）吊装过程的成品保护

1）用塔吊卸半成品时，要防止钢丝绳收紧将半成品两侧夹坏。

2）吊装或水平运输过程中对幕墙材料应轻起轻落，避免碰撞和与硬物摩擦；吊装前应细致检查包装的牢固性。

（3）幕墙安装时的成品保护

1）工程主体和幕墙同时施工，应严禁结构施工中水、砂浆、混凝土等物质的坠落，土建应严格做好楼层防护。同时严禁焊接火花的溅落和物体撞击及酸碱盐类溶液对幕墙的破坏。

2）严禁任意撕毁材料保护膜，或在材料饰面上刻划或用单元式杆件材料做辅助施工用品。

3）幕墙施工采取先下后上的顺序，为避免破坏已完工的幕墙，施工过程中必须做好保护，需总包分段搭设安全防护棚，防止坠落物损伤成品。施工过程中铁件焊接必须有接火容器，防止电焊火花飞溅损伤幕墙板块及其他材料。做防腐时避免油漆掉在各单件产品上。

4）所有玻璃、铝框用保护膜贴紧，直到竣工清洗前撕掉，以保证表面不被划伤或受到水泥等腐蚀。

（4）已装幕墙的保护

1）设置临时防护栏，防护栏必须自上而下用安全网封闭，如图5-24所示。

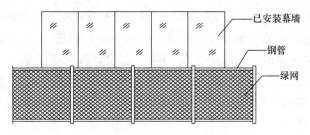

图 5-24　幕墙成品保护框架图

2）为了防止已装板片污染，在板块上方用彩条布或木板固定在板口上方，在已装板块上标明或做好记号。特别是底层或人可接近部位用立板围挡，未经交付不得剥离，发现有损坏应及时补上，避免耽误工期。

3）对已装好的单元板块若有装修单位进场应及时移交，对未移交的已装幕墙采取隔离措施不让人接近，加强巡逻，对开启窗应锁定，防止风吹、撞击，重视成品保护工作，加强对成品保护的检查。

4）在单元板块安装过程中，成立成品保护小组，制订成品保护实施细则，负责成品和半成品的检查保护工作。

5）根据工程实际情况制定成品保护管理组织机构，具体成品、半成品保护措施及奖罚制度，落实责任单位或个人；然后定期检查，督促落实具体的保护措施，并根据检查结果，对贡献大的单位或个人给予奖励，对保护措施不得力的单位或个人采取处罚措施。

5.2　用电安全措施

5.2.1　施工用电安全措施

施工临时用电制定如下安全措施：

（1）严格按照《施工现场临时用电安全技术规范》JGJ 46—2005 和《建筑施工安全检查标准》JGJ 59—2011 以及文明安全工地检查评分标准进行现场的临电管理和维护。

（2）执行市及项目部的有关安全用电管理规定，教育施工人员，提高安全用电意识，定期组织检查本单位配电线路及用电设备，保证各种电气设备安全可靠运行，并对检查中发现的问题和隐患定人、定措施、定时间进行解决和整改，做好检查记录。

（3）所有电器设备采用 TN—S 接法，做到三级配电、二级保护，现场施工用电严格按"一机、一闸、一漏、一箱"的原则配置。

（4）为了便于管理电箱设门锁，喷上电箱用途、编号、责任人。电缆线为三相五线制，并规定黄绿双色线为保护零线，不得作为相线使用。

（5）机械设备必须执行工作接地和重复接地的保护措施。单相 220V 电气设备应有单独的保护零线或地线。严禁在同一系统中接零、接地两种混用，不用保护接地做照明零线。定期对电器设备进行检修，定期对电器设备进行绝缘、接地电阻测试。

（6）施工现场所有电缆都必须绝缘架空走线，严禁电缆线随地拉设，电缆线经过结构边麟角处都应有软防护。

（7）电箱内所配置的电闸、漏电、熔丝荷载必须与设备额定电流相等。不使用偏大或偏小额定电流的电熔丝，严禁使用金属丝代替电熔丝。

（8）保护好露天电气设备，以防雨淋和潮湿，检查漏电保护装置的灵敏度，使用移动式和手持电动设备时，一要有漏电保护装置，二要使用绝缘护具，三要电线绝缘良好。

（9）在任何用电范围内，均需接受电工的管理、指导，不得违反。

（10）一切电线接头均要接触牢固，严禁随手接电，电线接头严禁裸露。

（11）电工必须持有效操作证上岗，非电气操作人员不准擅动电气设施，电工应加强巡视检查，发现违章接电或电缆线破皮等应及时制止或维修，检查机电设备各漏保系统是否灵敏有效。

（12）各级配电箱要做好防雨、防砸、防损坏，配电箱周围 2m 内不准堆放任何材料或杂物。高低压线下方不得设置架具材料及其他杂物。

5.2.2　现场消防安全措施

项目工程单元体部分采用全螺栓体系，该部分基本无焊接，从根本上大大减少了消防隐患，主要动火部位在两端的框架幕墙及裙楼的龙骨安装，尽管动火量较少，但还应引起高度的重视，把消防工作放在首位，结合地区秋冬季风力较大，又正处于风干物燥季节。在施工过程中认真贯彻实施"预防为主、防消结合"的方针，确保在项目部不出现消防、伤亡事故，根据当地气候情况，结合工程项目施工环境及作业部位制定出一系列消防保证措施。

建立以项目经理牵头，行政部及安全部主抓，其他部门配合的管理体系，结合工程施工特点，对每位员工进行消防保卫方面的教育培训，做到每个人在思想上的重视。

1）为了加强施工现场的防火工作，严格执行防火安全规定，消除安全隐患，预防火灾事故的发生，进入施工现场的单位要建立健全防火安全组织，责任到人，确定专（兼）职现场防火员。

2）焊工必须持有效证件上岗，上岗前项目部专职安全员应对其进行专业常识交底及现场施工环境与作业条件交底，让操作人员熟悉现场作业条件，使其能更好、有效地接好火花。

3）严格执行动火审批制度，动火前全面检查清理作业区域下方、周围是否有易燃易爆物，确认安全状态了再开始动火，每个动火点至少配置一个 4kg 的干粉灭火器与专职监护人，明火好扑暗火难防……动火结束后应在动火区域下方及周围全面检查，确认无火险后关掉焊机电源方可离开。

4）根据各种不同部位动火情况选择不同的接火斗，采取不同的防火措施，两端框架龙骨焊接的防火措施是重点，现场将根据钢龙骨的厚度及与结构间的距离，在接火斗前端开适当的避位，避位与龙骨间的空隙用防火棉塞满，尽可能的全部接好火花，焊接部位下方有不可移动的木板或其他可燃物时，利用现场施工用水把木板或可燃物表面浇湿，从而降低火险隐患。

5）看火监护人有监护预防火灾发生的责任，同时有权利督促焊接人员是否有效接好火花，当焊接火花不能有效接设时及时制止并要求焊工改善措施，如果焊工不执行可以关掉焊机电源责令其即刻整改，直至有效接好火花为止再送上电源，所有焊工必须配合与服从管理。

6）现场使用的乙炔、氧气、油漆、稀料等易燃易爆物必须分类单独存放，挂明显标记，严禁火种、油脂接近，配足有效适用的灭火器材。

7）临时用电引起的火灾也不容忽视，我们必须引起高度重视，重点部位（库房、宿舍、危险品堆放处）的照明电源线应特别重视，必须使用完好或全新的电源线，用胶管套好，接头必须用绝缘胶布包扎完好，严禁使用破皮老化的电源线，每周最少一次临电专项检查并做好书面记录，发现的隐患必须当天解决，严格用电制度，电工每天必须对现场所有机电设备全面检查，确保各漏保系统灵敏有效。现场根据施工进度及用电量配置足够的专职电工，配置合格的配电箱。

8）生活区的安全用电也是重点，该工程面积大、工期紧，为了保质保量完成，施工人员数量会突破100人，因此生活区的防火安全也是重点，加强工人教育、提高防火安全意识，宿舍严禁乱接乱拉、禁止使用500W以上的热得快、电饭锅、电炉等大功率电器，充电插座安排电工统一规范安装在安全位置。

9）加强工人防火安全教育，严禁现场流动吸烟，对个别施工人员违反安全防火相关规定的将处以重罚，下班关掉各种机电设备电源。

10）施工现场危险区还应有醒目的禁烟、禁火标志。

11）定期对全体施工人员进行消防知识培训，必须要求每个人懂得使用灭火器材及消防栓，发生火灾事故懂得自救及科学的抢险救灾，根据现场各施工段不定期举行消防演练活动。

5.3 危险源的识别及监控

根据幕墙施工的特点并结合该项目的作业条件等实际情况分析，项目工程主要危险源有：单元体吊装、吊篮作业、高空作业人员的安全及材料工具的防坠措施、动火作业，斜面幕墙龙骨及面板的安装，对重大危险源应进行全程监控，并有书面记录。

单元体吊装是重大危险源，安全员必须对吊装工作全程进行监控，对吊装过程中施工机械的检查、人员的操作等情况应如实进行书面记录，施工过程中暴露出来的不足或隐患应及时采取措施，并加以完善。

吊篮的日常检查，悬挂机构、提升机、安全锁、急停开关、行程开关的检查，及操作人员的使用是否严格按吊篮操作规程操作，都必须进行监控。

临边高空作业人员及工具的防坠措施，主要监控措施是除了班前会根据当天的作业环境及天气情况进行交底外，安全员应根据当天整体作业面的危险程度先后进行巡视检查，发现人的不安全行为或物的不安全状态都必须第一时间及时制止、及时消除隐患，对违章作业人员除了及时制止并纠正外，采取适当的罚款措施以便施工人员整体提高安全意识。

动火作业的监控措施主要是一个执行动火审批手续，让安全员能全面了解整个项目的动火位置及时间，从而对各工作面巡视检查动火区域周边或下方的易燃易爆物是否清理，接火措施是否到位，灭火器材是否有效，看火人是否到位，发现不足或隐患时必须及时停止动火，待措施到位或作业面满足要求时方可继续动火。

该项目地处繁华地段，预防高空坠物至关重要，紧邻学校、马路、居民区，特别是斜面部分的幕墙龙骨及面板的施工，对材料及工具的防坠措施必须一如既往严格按要求使用，常抓不懈，发动全体管理人员齐抓共管、全体施工人员互相监督相互提醒，促使全体施工人员时刻绷紧安全这根弦，做好高空作业防坠措施。

5.3.1 单元体吊机的安装

根据项目工程板块单体最重为 13kN，经过设计相关计算（另行单独编制专项方案），吊装所用的卷扬机选用×××机械制造有限公司生产的 JM—3 型，钢丝绳额定拉力 30kN 的建筑卷扬机，选用 6×19 直径 13mm 的钢丝绳，钢丝绳额定速度 10m/min，吊装系统由公司设计部门根据相关规范设计与计算其所用的钢材规格、材质等，现场严格按设计图纸下料加工，制作安装完成后必须根据单元体重量分三个等级（7kN、10kN、13kN）进行吊装试验，试吊过程要有总包监理见证，并且有书面试吊记录（后附），完成后会同总包、监理、业主相关人员进行验收，验收合格后方可开始吊装工作。

第一施工段吊机安装在酒店 18 层，吊机在安装就位时根据单元体的完成面定好吊机的进出位，确定位置后支起吊机底座四端的支点（严禁吊装过程中底座的轮子直接受力），然后根据设计要求加好配重块，配重架与卷扬机连接处必须及时插好防脱落插销，配重块应做好防擅自挪动措施，继而拉好吊机前端的防侧翻钢丝绳，最后拉好整个吊机系统的防外移钢丝绳。

5.3.2 雨期、台风及高温季节的施工保证措施

1. ××市气候特点

该市属于亚热带气候，温暖湿润、多风多雨是当地气候的显著特点，降雨量是中国最丰富的城市之一，同时是一个受台风影响频繁的城市。

本工程位于××市××区的中部。

2. 雨期、台风及夏季高温施工保证措施

根据本工程的开竣工日期和进度安排，该工程部分时间在雨期施工，为保证工程质量、配合业主总体进度时间完成任务，特制订本项雨期施工措施。具体措施如下：

（1）提前准备防雨用品，如苫布、彩条布等，对于需要防雨的中间过程部位在雨前应做好防淋准备。

（2）下雨天气，严禁室外进行焊接作业。

（3）下雨天气，不能进行室外受雨水影响部位的注胶作业。雨后打胶时一定要注意清理、擦干板缝，然后再进行注胶。

（4）对于一些吸水的材料，如防火岩棉、泡沫填充棒等，一定要室内存放。

（5）下雨天气，尽量避免玻璃板块室外搬运。同时避免幕墙的现场挂装工作。

（6）雨天室外不能操作，做室内工作：防火棉、托板安装。

（7）雨天施工，同样应注意室外安装设备的维护工作。应由项目经理委派专职机修人员随时掌握设备的正常运行状况，并填写设备运行记录。严格避免安全事故的发生。

（8）雨天施工，专职电工应做到每天施工前，对所有用电设备，特别是开关、电线、接头等，进行全面的检查，避免漏电事故发生。

（9）保护好露天电气设备，以防雨淋和潮湿，检查漏电保护装置的灵敏度，使用移动式和手持电动设备时，一要有漏电保护装置，二要使用绝缘护具，三要电线绝缘良好。

（10）当地面风力大于或等于 5 级时应停止吊装作业及吊篮作业，安排室内层间封修等安全系数高的工作，台风来临之前必须把吊篮降至最低处并用绳子绑牢，所有临边的材料必须统一收拾至室内安全地带，关好现场所有电箱门、关好已经安装上墙的开启扇，台风过后应对吊篮、电箱、焊机等机电设备全面检查，确认无隐患再安排个人开始作业。

（11）夏季高温阶段施工应根据当地气候特征、工作面特点合理调整施工人员作息时间，以防因高温而造成的安全事故，酷暑季节项目部应准备防暑降温药品，煲绿豆粥、降温防暑茶等，控制好施工人员的情绪及劳逸结合，杜绝因高温造成的安全事故。

5.4　安全应急救援预案

5.4.1　编制应急预案的依据与目的

《中华人民共和国安全生产法》明确规定：施工生产经营单位要制定并实施本单位的生产安全事故应急救援预案；建筑施工单位应当建立应急救援组织。当发生事故后，为及时组织抢救，防止事故扩大，减少人员伤亡和财产损失，建筑施工企业应按照《安全生产法》的要求编制应急救援预案。

5.4.2　应急救援预案的方针和原则

遵循安全第一的原则，优先保护人的生命安全。更好地适应法律和经济活动的要求，给企业员工的工作和施工区周边居民提供更好更安全的环境，保证各种应急资源处于良好的备战状态，指导应急行动按计划有序进行，防止因应急行动组织不力或现场救援工作的无序和混乱而延误事故的应急救援，有效地避免或降低人员伤亡和财产损失，从而实现应急行动的快速、有序、高效。充分体现应急救援的"应急精神"。坚持"安全第一、预防为主"，"保护人员安全优先、保护环境优先"的方针，贯彻"常备不懈、统一指挥、高效协调、持续改进"，"统一指挥、分级负责、冷静有序、团结协作，遵循快速有效处置、防止事故扩大"的原则，启动安全事故应急预案。

5.4.3　应急救援预案的策划

1. 工程概况

××项目工程建筑高度 197.9m，立面主要为单元式隐框幕墙系统和石材幕墙系统等。该工程造型简洁，挺拔独特，由主楼及裙楼组成，主楼采用单元式及框架幕墙系统。东、西面的弧形石材装饰条烘托出大厦的挺拔，直入云霄。裙楼采用的大面积石材幕墙赋予本建筑更多的质感，使整个建筑立面庄重而不呆板、简洁而不单一，塔楼单元体幕墙系统共 21672.7m²，其中玻璃单元体幕墙 20782.7m²，石材及百叶单元体幕墙 890m²。塔楼框架幕墙系统共 7089m²，其中框架玻璃幕墙 3708m²，框架石材幕墙 3381m²。

2. 应急预案工作流程图

根据本工程的特点及施工工艺的实际情况，全面认真地组织了对危险源和环境因素的识别和评价，特制定本项目发生紧急情况或事故的应急措施，开展应急知识教育和应急演练，提高现场操作人员应急能力，减少突发事故造成的损害和不良环境影响。应急响应和准备工作程序见图 5-25。

3. 重大事故（危险源）发展过程及分析

（1）操作人员未遵守安全操作规程、未正确使用个人安全防护用品或物体及其他意外因素，导致人员高处坠落。

（2）吊篮失控或主钢丝绳卡绳绞断，或者吊挂机构出现意外导致吊篮操作平台整体坠落。

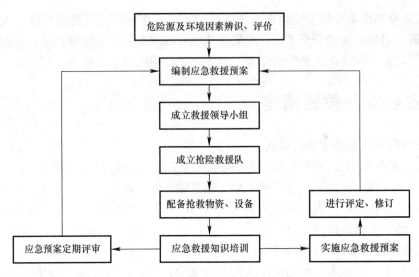

图 5-25　应急准备和响应工作程序图

（3）单元体吊装系统出现故障、控制开关失控、钢丝绳因意外崩断等造成单元体坠落。

（4）因电焊气割等接火措施不当或电气设备发生意外导致火灾。

（5）因个人操作原因或设备超负荷、线路老化等因素导致线路烧坏漏电，造成群体触电事故。

（6）自然灾害（如雷电、地震、强台风、强降雨等）造成人员的伤害或设备的严重损坏。

4. 突发事件风险分析和预防

为确保正常施工，预防突发事件以及某种意想不到的、不可抗拒的事件发生，事前有充足的技术措施准备、抢救物资的储备，最大程度地减少人员伤亡、国家财产和经济损失，必须进行风险分析和采取有效的预防措施。

（1）突发事件、紧急情况及风险分析

根据本工程特点，在辨识、分析评价施工中危险因素和风险的基础上确定本工程重大危险源有：高处坠落、吊篮倾翻或坠落、单元体坠落、火灾、触电等。在工地已采取设备管理、人员教育、安全管理各种措施的基础上，还需要制定相关的应急救援预案。

（2）突发事件及风险预防措施

从可预见或不可预见的风险情况分析，若不采取相应有效的预防措施，不仅给工程造成很大影响，对企业及国家造成财产损失，而且对施工人员的生命安全也造成巨大威胁。为了避免事故发生或把损失降到最低，制定出各种危险源相应的防范措施：

1）临边高空作业安全技术要求

每天上班前会根据当天的作业面情况针对性地进行交底，要求临边高空作业人员在临边 2m 内就必须挂好安全带，挂点应牢固可靠，条件允许的要求高挂底用，工作完毕后应待人员进入建筑物内安全地带时，方可解开安全带，作业面未具备安全带挂点的必须拉设钢丝绳作为安全带挂点，两端绑点应是可靠的建筑物或固定的物体上。在日常巡视中发现不正确使用个人防护用品的将严格按相关奖罚条例处理，绝不姑息。

2）吊篮使用安全技术要求

吊篮作业是高处作业中较危险的操作辅助机具，严禁用吊篮作为材料的运输工具，每台吊篮应指定经过培训并考试合格的专人操作，其他人不得随意开启吊篮；每天使用前应对吊篮悬挂机构、行程开关、急停开关、安全锁等进行全面检查，确定各零部件完好、灵敏有效方可上篮操作；吊篮在上升过程中应全面关注电缆线是否畅通，以防电源线挂住角码件或建筑物而拉断；吊篮内操作人员安全带必须挂在独立的安全绳上，严禁直接把安全带挂在吊篮平台上；原则上杜绝人员从建筑物中部进出吊篮，若确属工作需要应把吊篮平台开至楼层水平位置，尽量靠拢结构面两端用绳子绑扎牢固后人员再进入楼层，应待人员进入安全地带后方可解开安全带，人员在进出吊篮过程中应确保安全带始终是挂在独立的安全绳上，以防人员踩空造成高空坠落；在吊篮内施焊时对钢丝绳应有可靠的绝缘措施，以防不慎焊条打伤钢丝绳，在吊篮平台内放置一个木板加工的木箱，焊钳不用时放在指定的绝缘木箱内；使用中发现钢丝绳断股或磨损严重的应立即停止使用，待更换钢丝绳后再投入使用，严禁设备带病使用。

5. 单元体吊装安全技术要求

吊机应指定专人操作，每天起吊前对整个吊装系统前支撑点、配重块、后顶杆、防坠措施、钢丝绳磨损情况、控制按钮的急停开关等进行全面检查，确定都完好、灵敏有效后方可起吊；每班第一块单元体在起吊悬空后 3m 左右上下三次观察刹车是否灵敏有效；吊机操作人员在吊装全过程应集中精神，关注单元体在上升过程中是否畅通无阻，万一上下按钮失灵应第一时间按下急停开关，对板块进行有效加固后通知专业维修人员检查维修更换控制按钮，维修后调试正常方可继续起吊。吊装过程中必须保证三点（起吊点、就位点、吊机放置点）通信畅通，当任何一点与对讲机出现电量不足信号时应立即停止吊装，待更换电池后三点对上号再起吊；吊机放置点应安排专人监护，监护人在吊机运转过程中应全面关注吊机的钢丝绳、滑轮等是否正常，发现异常及时关掉电源通知专业人员维修处理。

6. 电焊、动火安全技术要求

焊工必须持有效证件上岗，动火前清理动火区域下方或周围的易燃易爆物，根据焊接物的特点使用合适的接火斗，配置专职看火监护人与有效灭火器，当焊工不能有效接好火花时，监护人应及时提醒焊工停止作业责令其改善措施，直至有效接好火花，若焊工不能改善措施监护人有权直接关掉电源停工整改；动火结束后监护人应对动火区域周围全面检查，确认无火险隐患后关掉电源再离开现场。

7. 用电安全技术要求

电工必须持证上岗，严禁无证人员擅自接电，要求现场所有施工用电都必须架空绝缘走线，老化破皮的电源线严禁在施工现场使用，电工应勤检查及时维修，发现破皮老化的电源线应及时维修或更换，确保各机电设备漏保系统灵敏有效，以防漏电引起的集体触电事故，库房、宿舍也是安全用电的重点部位，严禁宿舍乱拉乱接，禁止使用电炉、取暖器、电热毯等大于 500W 的大功率电器，即将进入冬季，宿舍安全用电必须加强管理与检查力度；库房的用电应使用塑料套管，统一布线，油漆、稀释剂料等应分开独立堆放，标示危险品堆放处，配足有效的灭火器材。

5.4.4　应急救援准备

事故应急救援工作实行施工第一责任人负责制和分级分部门负责制，由安全事故应急救援小组统一指挥抢险救灾工作。当重大安全事故发生后，各有关职能部门要在安全事故应急救援小组的统一领导下，按照《预案》要求，履行各自的职责，做到分工协作、密切配合，快速、高效、有序地开展应急救援工作。

1. 安全事故应急救援小组的组成

组　　长：_____，电话：1865920××××；

副组长：_____，电话：1885920××××；

下设：

通讯联络组 组长：_____，电话：1372349××××；

技术支持组 组长：_____，电话：189658×××××；

抢险抢修组 组长：_____，电话：1360305××××；

医疗救护组 组长：_____，电话：1379927××××；

后勤保障组 组长：_____，电话：1538827×××。

2. 应急救援小组的主要职责

（1）组长职责：

1）决定是否存在或可能存在重大紧急事故，要求应急服务机构提供帮助并实施场外应急计划，在不受事故影响的地方进行直接控制；

2）复查和评估事故（事件）可能发展的方向，确定其可能的发展过程；

3）指导设施的部分停工，并与领导小组成员的关键人员配合指挥现场人员撤离，并确保任何伤害者都能得到足够的重视；

4）与场外应急机构取得联系及对紧急情况的处理作出安排；

5）在场（设施）内实行交通管制，协助场外应急机构开展服务工作；

6）在紧急状态结束后，控制受影响地点的恢复，并组织人员参加事故的分析和处理。

（2）副组长（即现场管理者）职责：

1）评估事故的规模和发展态势，建立应急步骤，确保员工的安全，减少设施和财产损失；

2）情况危急时，在救援服务机构来之前直接参与救护活动；

3）安排寻找受伤者及安排非受伤人员撤离到集中地带；

4）设立与应急中心的通信联络，为应急服务机构提供建议和信息。

（3）通信联络组职责：

1）确保与最高管理者及外部联系畅通、内外信息反馈迅速；

2）保持通信设施和设备处于良好状态；

3）负责应急过程的记录与整理及对外联络。

（4）技术支持组职责：

1）提出抢险抢修及避免事故扩大的临时应急方案和措施；

2）指导抢险抢修组实施应急方案和措施；

3）修补实施中的应急方案和措施存在的缺陷；

4）绘制事故现场平面图，标明重点部位，向外部救援机构提供准确的抢险救援信息资料。

（5）保卫组职责：

1）保护受害人财产；

2）设置事故现场警戒线、岗，维持工地内抢险救护的正常运作；

3）保持抢险救援通道的通畅，引导抢险救援人员及车辆的进入；

4）抢救救援结束后，封闭事故现场直到收到明确解除指令。

（6）抢险抢修组职责：

1）实施抢险抢修的应急方案和措施，并不断加以改进；

2）寻找受害者并转移至安全地带；

3）在事故有可能扩大进行抢险抢修或救援时，高度注意避免意外伤害；

4）抢险抢修或救援结束后，直接报告最高管理者并对结果进行复查和评估。

（7）医疗救治组职责：

1）在外部救援机构未到达前，对受害者进行必要的抢救（如人工呼吸、包扎止血、防止受伤部位受感染等）；

2）使重度受害者优先得到外部救援机构的救护；

3）协助外部救援机构转送受害者至医疗机构，并指定人员护理受害者。

（8）后勤保障组职责：

1）保障系统内各组人员提供必要的防护、救护用品及生活物质的供给；

2）提供合格的抢险抢修或救援的物质及设备。

3．应急物资

应急物资的准备是应急救援工作的重要保障，项目部应根据潜在事故的性质和后果分析，配备应急救援中所需的消防手段、救援机械和设备、交通工具、医疗设备和药品、生活保障物资，应急物资有：

（1）氧气瓶、乙炔瓶、气割设备各1套。

（2）备用绝缘杆51根。

（3）急救药箱1个。

（4）对讲机6套。

4．教育训练

为了全面提高应急能力，项目部应定期对抢险人员进行必要的抢险知识教育培训与应急救援演练。制定出相应的规定，包括应急内容、计划、组织与准备、效果评估等。

5．互相协议

项目部应事先与地方医院、宾馆建立正式的互相协议，以便在事故发生后及时得到外部救援力量和资源的援助，相关单位联系方式见表5-5所示。

相关单位联系方式　　　　　　　　　　　　　　　　　　　表5-5

序　号	单　　位	联系人	电　话	备　注
1	××市中心医院		120	
2	××市公安部门		110	
3	××市消防部门		119	

6. 应急响应

施工过程中现场发生无法预料的需要紧急抢救处理的危险时，在事故发生后 24h 内应迅速逐级上报当地最高行政主管部门。次序为现场—办公室—抢险领导小组—上级主管部门。由项目部、质安部收集、记录、整理紧急情况信息并向小组及时传递，由小组长或副组长主持紧急情况处理会议，协调、派遣和统一指挥所有车辆、设备、人员、物资等实施紧急抢救和向上级汇报。事故处理根据事故大小情况来确定，如果事故特别小，根据上级指示精神可由施工单位自行直接进行处理。如果事故较大或施工单位处理不了则由施工单位向建设单位主管部门进行请示，请求启动建设单位的救援预案，建设单位的救援预案仍不能进行处理，则由建设单位的安全管理部门向安监局或政府部门请示启动上一级救援预案。

（1）项目部实行昼夜值班制度，值班人员时间及电话，见表 5-6。

值班人员联系方式 表 5-6

值班时间	值班姓名	电 话	备 注
7：30～20：30	×××	1380302×××	
7：30～20：30	×××	1885826×××	
20：30～7：30	×××	1397928×××	
20：30～7：30	×××	1586125×××	

（2）紧急情况发生后，现场要做好警戒和和疏散工作，保护现场、及时抢救伤员和财产，并由在现场的项目部最高级别负责人指挥，立即电话通报值班人员，主要说明紧急情况、性质、地点、发生时间、有无伤亡，是否需要派救护车、消防车或警力支援到现场实施抢救，如果需要可直接拨打 120、119、110 等求救电话。

（3）值班人员在接到紧急情况报告后必须在第一时间内，将情况报告到应急情况领导小组组长或副组长，小组组长组织讨论后在最短的时间内发出如何进行现场处置的指令，分派人员车辆等到现场进行抢救、警戒、疏散和保护现场等，由项目部、质安部在 30min 内以小组名义电话向上一级有关部门汇报。

（4）遇到紧急情况，全体职工应特事特办、急事急办、主动积极地投入到紧急情况的处理中去，各种设备、车辆、器材、物资等统一派遣，各类人员必须坚持无条件服从组长或副组长的命令和安排，不得拖延、推诿、阻碍紧急情况的处理。

7. 预案的启动和结束

当项目工程部发生不可预料的紧急情况或重大安全事故时，第一时间由项目经理宣布启动应急救援预案，充分辨识恢复过程中的危险，当安全隐患彻底清除、人员安全撤离现场后项目经理宣布结束应急预案。

8. 预案管理和评审改进

公司和项目部对应急预案半年评审一次，针对施工的变化及预案中暴露的缺陷，不断改进和更新、完善应急预案。

中粒式沥青混凝土＋25cm厚5％水泥稳定砂碎石＋填层不小于60cm厚塘渣；

（3）人行道结构总厚22cm：4cm花岗石人行道板铺装＋3cm1：2水泥砂浆卧底＋10cm厚C15混凝土＋5cm厚碎石垫层。

6.1.3 编制依据与原则

1. 本工程施工必须遵守下述规范：

《施工临时用电安全技术规范》JGJ 46—2005；

《公路工程施工安全技术规程》JTJ 076；

《建筑施工安全检查标准》JTJ 59—2011；

《建筑机械使用安全技术规程》JGJ 33—2001；

《××省建设工程现场安全标准化管理有关文件汇编》；

《××省建设工程安全技术管理手册》中有关安全生产规定。

2. 安全用电遵循的原则

"三相五线制"、"三级配电三级漏保"、"一机一闸一箱一保险一漏电保护"等原则。

3. 施工布置要点

根据本标段施工用电的实际位置及生产、生活的实际布置，我们做如下施工用电组织：

（1）××湖大桥以东（K0＋300～K0＋767）用电为第一路线（Z1），由K0＋300处变压器接出：现场设有木工加工棚，钢筋加工棚，混凝土搅拌机站。钻孔灌注桩桩机6台，泥浆泵6台等主要用电设备。

（2）生活区的用电考虑30kW，另外考虑现场照明10kW。

（3）××湖大桥以东（K0＋767～K1＋100）用电为第二路线（Z2）：由于路线长，为确保业主工期，必须保证多个施工段同时施工。需要配备电焊机2台，钢筋加工机具1套，电动振动棒使用功率为6kW。考虑到现场钻桩，钻孔灌注桩桩机2台，预计使用泥浆泵2个，需要功率24kW。静压桩机80kW，水泥搅拌桩机30kW，现场照明考虑20kW。Z1、Z2线路用电设备统计见表6-1，表6-2。

Z1 线路用电设备统计　　　　　　　　　　　　表6-1

序号	机械设备名称	规格型号	数量	额定功率	备注
1	钻孔灌注桩桩机	GPS-10	6	108	
2	电焊机	ax300	2	100	
3	钢筋切断机	GW-10A	1	30	
4	木工棚各种机械		3	30	
5	泥浆泵	3PN	6	22	
6	搅拌站			30	
7	生活区、照明用电			40	

Z2 线路用电设备统计　　　　　　　　　　　　表6-2

序号	机械设备名称	规格型号	数量	额定功率	备注
1	钻孔灌注桩桩机	GPS-10	2	36	
2	电焊机	ax300	2	100	
3	钢筋切断机	GW-10A	1	30	

序号	机械设备名称	规格型号	数量	额定功率	备注
4	搅拌桩机		1	30	
5	泥浆泵	3PN	2	24	
6	静压桩机		1	80	
7	照明用电			20	

4. 施工总用电量计算

（1）Z1 施工总用电量按下式计算：

$$P = 1.1 \times [K_1(\Sigma P_1/\cos\phi) + K_2\Sigma P_2] = 1.1 \times (0.6 \times 320/0.75 + 0.5 \times 40) = 273\text{kVA}$$

式中　P_1——各类机械最大额定功率；

$\quad\quad P_2$——照明用电额定功率；

K_1、K_2——同时工作系数，$K_1=0.6$，$K_2=0.5$；

$\quad\quad\cos\phi$——平均功率因数，取 0.75。

（2）Z2 施工总用电量按下式计算：

$$P = 1.1 \times [K_1(\Sigma P_1/\cos\phi) + K_2\Sigma P_2] = 1.1 \times (0.6 \times 320/0.75 + 0.5 \times 20) = 263\text{kVA}$$

式中　P_1——各类机械最大额定功率；

$\quad\quad P_2$——照明用电额定功率；

K_1、K_2——同时工作系数，$K_1=0.6$，$K_2=0.5$；

$\quad\quad\cos\phi$——平均功率因数，取 0.75。

（3）导线的允许电流选择计算：

室内外照明按动力用电量的 10%～15% 估算。因此从 K0＋300 处设 400kVA 变压器和××湖桥西 100m 左右处设 400kVA 变压器，特别设置专用配电箱和总配电箱各一只。

5. 铜芯电缆

为防止今后施工过程中用电设备的增加，同时考虑用电的实际距离，所以将考虑到实际用电最大功率大概达 350kW，采用（3×120＋1×25＋1×10）mm² 的铜芯电缆。

6. 变压器

业主指定电源有两处，一处位于 K0＋300 处有 400kVA 变压器一只；另外在××湖桥西 100m 左右处设 400kVA 变压器一只。考虑桩机用电较大，分别从两变压器接出进行分配。

7. 固定电箱

沿道路方向在红线南侧外 50cm 侧凌空架设（3×70＋1×25＋1×10）mm² 的铝芯电线，用木制电杆架设，范围分别接至××湖桥东西两侧各设置固定电箱 1 个。

8. 现场用电部位配电箱的布置

（1）有关施工现场的用电电箱设置，从 K0＋300 处开始，每隔 100m 左右设立一个固定配电箱，共配 10 个电箱，采用（5×10）mm² 的铝芯电线 40m 连接。

（2）加工生产设固定电箱一个，用（5×10）mm² 的铝芯电线 30m 接出。

（3）考虑沿线钻孔作业及泥浆泵用电的需要，在施工中增设临时活动配电箱 6 个，用（5×10）mm² 的铝芯电线 30m 连接。

（4）现场施工中的抽水泵、电动振动棒用电从配电箱中采用（5×10）mm² 铝芯电线接出，考虑用电的实际距离，需要用电缆 200m。

9. 具体临时用电组织见图 6-1。

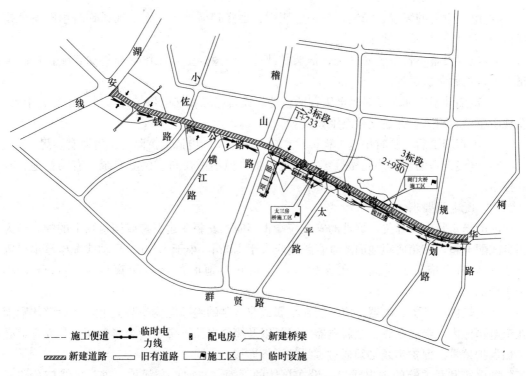

图 6-1 临时用电布置示意图

6.1.4 安全措施

1. 安全组织措施

施工现场成立以项目经理负责，由安全员、各施工安全负责人组成的消防安全工作小组，建立工作制度，定期组织进行消防安全检查，落实制度，消防隐患，尤其是重点部位，更应制度齐全，措施到位，有岗有人，确保消防工作落到实处。安全领导小组组成人员见表 6-3。

安全领导小组成员 　　　　　　　　　　　　　　　　　表 6-3

序号	职务	人数	姓名	职能
1	组长	1	×××	总体负责
2	副组长	1	×××	督促、检查
3	组员	3	×××、×××、×××	现场责任人

2. 保证施工用电安全的规定措施

项目部为了确保工地的用电安全及规范，制定以下各项制度和措施：

(1) 一般规定

1) 电工作业必须经专业安全技术培训，考试合格，非电工严禁进行电气作业。

2) 电工作业时，必须穿绝缘鞋、戴绝缘手套，酒后不准操作。

3) 所有绝缘、检测工具妥善保管，严禁他用，并定期检查、校验。保证正确可靠接地或接零。所有接地或接零处，保证可靠电气连接。保护零线 PE 采用绿/黄双色线，严格与相线、工作零线相区别，不得混用。

4) 电气设备的装置、安装、防护、使用、维修必须符合《施工现场临时用电安全技术规范》JGJ 46—2005 的要求。

5) 电气设备不带电金属外壳、框架、部件、管道、金属操作台和移动式碘钨灯的金属柱等，均做保护接零。

6) 定期和不定期对临时用电工程的接地、设备绝缘和漏电保护开关进行检测、维修、发现隐患及时消除，并建立检测维修记录。

7) 工程竣工后，临时用电工程拆除，应按顺序切断电源后拆除，不得留有隐患。

8) 电气设备的金属外壳做接零、接地保护，但不得在同一供电系统上有的接地、有的接零。

(2) 配电箱要求

配电箱及其内部开关、器件的安装应端正牢固。安装在建筑物或构筑物上的配电箱为固定式配电箱，其箱底距地面的垂直距离应大于 1.3m，小于 1.5m。移动式配电箱不得置于地面上随意拖拉，应固定在支架上，其箱底与地面的垂直距离应大于 0.6m，小于 1.5m。

配电箱内的开关、电器，应安装在金属或非木制的绝缘电器安装板上，然后整体紧固在配电箱体内，金属箱体、金属电器安装板以及箱内电器不带电的金属底座、外壳等，必须做保护接零。保护零线必须通过零线端子板连接。

配电箱和开关箱的进出线口，设在箱体的下面，并加护套保护。进、出线应分路成束，不得承受外力，并做好防水弯。导线束不得与箱体进、出线口直接接触。

配电箱内的开关及仪表等电器排列整齐，配线绝缘良好，绑扎成束。熔丝及保护装置按设备容量合理选择，三相设备的熔丝大小应一致。三个及其以上回路的配电箱应设总开关，分开关应标有回路名称。三相胶盖闸开关只能作为断路开关使用，不得装设熔丝，应另加熔断器。各开关、触点应动作灵活、接触良好。配电箱的操作盘面不得有带电体明露。箱内应整洁，不得放置工具等杂物，箱门应设有线路图。下班后必须拉闸断电，锁好箱门。

配电箱周围 2m 内不得堆放杂物。电工应经常巡视检查开关、熔断器的接点处是否过热。各接点是否牢固，配线绝缘有无破损，仪表指示是否正常等。发现隐患立即排除。配电箱应经常清扫除尘。

每台用电设备应有各自专用的开关箱，必须实行"一机一闸一漏一箱"制，严禁同一个开关电器直接控制 2 台及 2 台以上用电设备（含插座）。

三级漏电保护。分配电箱和开关箱中两级漏电保护器的额定漏电动作电流和额定漏电动作时间应合理配合，使之具有分级、分段保护的功能。

施工现场的漏电保护开关在分配电箱上安装的漏电保护开关的漏电动作电流应为 50mA，保护该线路；开关箱安装漏电保护开关的漏电动作电流应为 30mA 以下。

漏电保护开关不得随意拆卸和调换零部件，以免改变原有技术参数。并应经常检查试验，发现异常，必须立即查明原因，严禁带病使用。

配电箱的防雨，项目部应密切注意天气变化，必要时采取一定保护措施。

（3）施工照明

施工现场照明采用高光效、长寿命的照明光源。对于需要大面积的照明场所，应采用高压汞灯、高压钠灯或碘钨灯，灯头与易燃物的净距离不小于 0.3m。流动性碘钨灯采用金属支架安装时，支架应稳固，灯具与金属支架之间必须用不小于 0.2m 的绝缘材料隔离。

施工照明灯具露天装设时，应采用防水式灯具。工作棚、场地的照明灯具，可分路控制，每路照明支线上连接灯数不得超过 10 盏，若超过 10 盏，每个灯具上应装设熔断器。

室内照明灯具距地面不得低于 2.4m。每路照明支线上灯具和插座数不宜超过 25 个，额定电流不得大于 15A，并用熔断器保护。

一般施工场所宜选用额定电压为 220V 的照明灯具，不得使用带开关的灯头，应选用螺口灯头。相线接在与中心触头相连的一端，零线接在与螺纹口相连的一端。灯头的绝缘外壳不得有损伤和漏电，照明灯具的金属外壳必须做保护接零。单项回路的照明开关箱内必须装设漏电保护开关。

3. 施工现场临时照明

施工现场的临时照明，其照明路线不得挂在金属铁架、钢管架或桩机架上，严禁在地面上乱拉、乱拖。控制刀闸应配有熔断器和防雨措施。

施工现场的照明灯具采用分组控制或单灯控制。

用瓷夹固定，电线接头牢固，并用绝缘胶带包扎，保险丝要按用电负荷量装设。

6.1.5 施工中的技术控制措施

1. 架空线路

（1）施工现场运电杆时，由专人指挥。小车搬运，必须绑扎牢固，防止滚动。人抬时，前后要响应，协调一致，电杆不得离地过高，防止一侧受力扭伤。

（2）人工立电杆时，应有专人指挥。立杆前检查工具是否牢固可靠（如叉木无伤痕，链子合适，溜绳、横绳、逮子绳、钢丝绳无伤痕）。地锚钎子要牢固可靠，溜绳各方向吃力应均匀。操作时，互相配合，听从指挥，用力均衡；机械立杆，吊车臂下不准站人，上空（吊车起重臂杆回转半径内）所有带电线路必须停电。

（3）电杆就位移动时，坑内不得有人。电杆立起后，必须先架好叉木，才能撤去吊钩。电杆坑填实后才允许撤掉叉木、溜绳或横绳。

（4）电杆的梢径不小于 13cm，埋入地下深度为杆长的 1/10 再加上 0.6m。木制杆不得有开裂、腐朽，根部应刷沥青防腐。

登杆组装横担时，活络扳手开口要合适，不得用力过猛。登杆脚扣规格应与杆径相适应。使用脚踏板，钩子应向上。使用的机具、护具应完好无损。操作时系好安全带，并拴在安全可靠处，扣环扣牢，严禁将安全带拴在瓷瓶或横担上。

杆上作业时，禁止上下投掷料具。料具应放在工具袋内，上下传递料具的小绳应牢固可靠。递完料具后，要离开电杆 3m 以外。

（5）架空线路的干线架设采用铁横担、瓷瓶水平架设，档距不大于 35m，线间距离不小于 0.3m。

架空线路必须采用绝缘导线。导线不得有接头。架空线路距地面一般不低于 4m，横穿马路不小于 6m。

干线的架空零线应不小于相线截面的 1/2。导线截面积在 10mm² 以下时，零线和相线截面积相同。支线零线是指干线到闸箱的零线，应采用与相线相同的截面。

（6）杆上紧线应侧向操作，并将夹紧螺栓拧紧，紧有角度的导线时，操作人员应在外侧作业。紧线时装设的临时脚踏支架应牢固。如用竹梯，必须用绳将梯子与电杆绑扎牢固。调整拉线时，杆上不得有人。

（7）紧绳用的铁丝或钢丝绳，应能承受全部拉力，与电线连接必须牢固。紧线时导线下方不得有人。终端紧线时反方向应设置临时拉线。

（8）大雨、大雪及六级以上强风天，停止登杆作业。

2. 电缆电线

对于需要从地面过的电线，采用埋地敷设的方式，埋地线严禁沿地面明敷设，并应避免机械损伤和介质腐蚀。

（1）电缆的上下层各均匀铺设不小于 5cm 厚的细砂，上盖电缆盖板或红机砖作为电缆的保护层。

（2）地面上应有埋设电缆的标志，并应有专人负责管理。不得将物料堆放在电缆埋设的上方。

（3）有接头的电缆不准埋在地下，接头处应露出地面，并配有电缆接线盒（箱）。电缆接线盒（箱）做好防雨、防尘、防机械损伤的工作，并远离易燃、易爆、易腐蚀场所。

3. 接地与防雷

（1）接零

1）当施工现场与外电线路共用同一供电系统时，电气设备的接地、接零保护应与原系统保持一致。不得一部分设备做保护接零，另一部分做保护接地。

2）施工现场的临时用电电力系统严禁利用大地做相线或零线。

3）接地装置的设置应考虑土壤干燥或冻结等季节变化的影响。

4）保护零线必须采用绝缘导线。配电装置和电动机械连接的线应为不小于 2.5mm² 绝缘多股铜线。手持式电动工具 PE 线截面积不小于 1.5mm² 的绝缘多股铜线。

5）下列电气设备不带电的外露可导电部分应做保护接零：

① 电机、变压器、电器、照明器具、手持式电动工具的金属外壳；

② 电气设备传动装置的金属部件；

③ 配电柜与控制柜的金属框架；

④ 电力线路的金属保护管、敷线的钢索。

（2）接地

1）每一接地装置的接线应采用 2 根及以上导体，在不同点与接地体做电气连接。不得采用铝导体做接地体或地下接地线。垂直接地体宜采用角钢、钢管或光面圆钢，不得采用螺纹钢。接地可利用自然接地体，但应保证其电气连接和热稳定。

2）严禁将单独敷设的工作零线再做重复接地。

（3）防雷

1）根据《建筑施工临时用电安全技术规范》JGJ 46—2005 要求，项目部在现场加工场地工棚附近设置避雷针。

2）在施工过程中，密切收听天气预报，密切注意天气情况，一旦有雷暴天气出现，及时撤离现场到安全地带。

3）在土壤电阻率低于 $200\Omega \cdot m$ 区域的电杆可不另设防雷接地装置，但在配电室的架空出线处应将绝缘子铁脚与配电室的接地装置相连。

4）机械设备或设施的防雷下线可利用设备或设施的金属结构体，但应保证电气连接。

4. 其他用电过程中安全措施

1）凡是触及或接近带电体的地方，均应采用绝缘、屏护以及保护安全距离等措施。

2）电力线路和设备的选型必须按国家标准限定安全载流量。

3）所有电气设备的金属外壳必须具备良好的接地或接零保护。

4）所有临时电源和移动电具必须设置有效的漏电保护开关。

5）在十分潮湿的场所或金属构架等导体性能良好的作业场所，宜使用安全电压。

6）有醒目的电气安全标志。

7）无有效安全技术措施的电气设备，不准使用。

8）严格按安全用电操作规程操作，用电前必须规范化、标准化。

9）在同一供电系统中，不得将一部分电气设备接地，而将另一部分电气设备接零，电气设备的接地点应以单独的接地与接地干线连接，严禁在一个接地线中串接几个接地点。

10）在低压线路中严禁利用大地作零线供电，不得借用机械本身钢结构做工作零线，保护零线上不得加装熔断器或断路设备。

11）电气装置遇到跳闸时，不得强行合闸，应查明原因，排除故障后再行合闸。线路故障的检修应挂牌告示并由专职电工负责，非专业人员不得擅自开箱合闸。

12）施工现场严禁使用电炉和土制电加热器具。

13）施工现场的各种电器设备的检查维修要做停电处理，如必须带电作业时，要上报有关部门，在制定了有关措施并派专人监护后方能进行。

14）现场的配电间必须备有灭火器材和高压安全用具，非电工人员严禁进入。

15）移动式电气设备要用橡胶电缆供电，并注意经常理顺，跨越道路时，做穿管保护。

16）各种电器设备应配有专用开关，室外使用的开关、插座外装防水箱并加锁，在操作处加设绝缘垫层。

6.1.6 触电事故应急预案

1. 目的

为确保触电事故发生后能迅速有效地开展抢救工作，最大限度地降低员工及有关生命安全风险，特制定触电事故应急处理和救援预案。

2. 组织机构

（1）公司成立安全事故应急领导小组，项目部相应成立安全事故应急工作小组，并根据人员进出随时调整。在日常施工中，各应急工作小组应广泛开展相关的知识培训，发生事故后，应及时汇报公司领导小组并及时组织有效、有序的救援工作。

项目部成立应急救援指挥小组，负责指挥及协调工作。

组　长：_____；

副组长：_____；

成　员：_____、_____、_____、_____、_____。

（2）各组成员职责

由_____负责现场，任务是掌握了解事故情况，组织现场抢救。

由_____负责联络，任务是根据指挥小组命令，及时布置现场抢救，保持与当地电力、建设行政主管部门及劳动部门等单位的沟通。

由_____负责维持现场秩序，做好当事人、周围人员的问讯记录。

由_____负责妥善处理好善后工作，负责保持与当地相关部门的沟通联系。

3. 伤害事故的应急抢救方法

在生产过程中，如果遇有触电伤害事故时，必须迅速采取急救措施，否则就会使事故扩大、造成严重后果。

（1）现场人员应当机立断地脱离电源，尽可能地立即切断电源（关闭电路），亦可用现场得到的绝缘材料等器材使触电人员脱离带电体。

（2）将伤员立即脱离危险地方，组织人员进行抢救。

（3）若发现触电者呼吸或心跳均停止，则将伤员仰卧在平地上或平板上立即进行人工呼吸或同时进行体外心脏按压。

1）口对口人工呼吸法。方法是把触电者放置仰卧状态，救护者一手将伤员下颌向上、向后托起，使伤员头尽量向后仰，以保持呼吸畅通。另一手将伤员鼻孔捏紧，此时救护者先深吸口气，对准伤员口部用力吹气。吹完气后嘴离开，捏鼻手放松，如此反复实施。

如吹气时伤员胸臂上举，吹气停止后伤员鼻口有气流呼出，表示有效。每分钟吹气16次/左右，直至伤员自主呼吸为止。

2）心脏按压术。方法是将触电者仰卧于平地上，救护人将双手重叠，将掌根放在伤员胸骨下 1/3 部位，两臂伸直，肘关节不得弯曲，凭借救护者体重将力传至臂掌，并有节奏性冲击按压，使胸骨下陷 3～4cm。每次按压后随即放松，往复循环，直至伤员自主呼吸为止。

（4）立即送往就近医院。

（5）立即向集团或所属公司应急救援领导小组汇报事故发生情况并寻求支持。

（6）维护现场秩序，严密保护事故现场。

4. 应急物资

常备药品：消毒用品、急救物品（绷带、无菌敷料）及各种常用小夹板、担架、止血袋、氧气袋。

5. 医院及相关通信地址

××市中心医院：120。

公司安全领导小组成员通讯录，见表6-4。

安全领导小组成员通讯录 表6-4

序号	职务	姓名	职能	联系方式
1	公司质安副总	×××	安全生产总负责	1568586××××
2	项目负责人	×××	督促、检查	1378543××××
3	安全员	×××	现场执行督促查人	1375458××××

序号	职务	姓名	职能	联系方式
4	技术负责人	×××	安全技术总负责	1850575××××
5	施工员	×××	现场指挥人	1860584××××
6	施工1组组长	×××	施工现场责任人	1365578××××
7	施工2组组长	×××	施工现场责任人	1586372××××

第 7 章　突发性事件的
应急预案与危险源

7.1 市政工程突发性事件的应急预案规定

7.1.1 工程概况

项目工程为"××市××区公用事业工程建设指挥部"《××市市政工程一号桥工程》项目，工程内容包括跨××河的大桥及其引桥部分，其长度范围：本工程起点桩号 K0＋120～终点桩号 K0＋575，全长 455m，其中主桥 150m，引桥 305m；另外在主桥与引桥交界处设置四座楼梯供行人上下大桥。该工程建设单位为"××市工程建设指挥部"，由××市城建设计院设计，××建通工程有限公司监理，××市政建设集团有限公司总承包，××市政工程有限公司分包承建。工程造价 3800 万元。

7.1.2 编制依据

按照《中华人民共和国安全生产法》和《建设工程安全生产管理条例》等法律法规的要求，贯彻"安全第一，预防为主"的方针。安全与生产相矛盾的时候，生产服从安全。为应对突发性特大安全事故发生时，能有序组织并开展事故救援工作，最大限度控制事故造成的人员伤亡和财产损失，维护正常的社会秩序和工作秩序。增强忧患意识，居安思危，减少施工事故的发生，提高自防、自救与环保意识。结合我单位的实际施工情况，特制定《建设工程施工职业健康安全事故应急救援预案》。

7.1.3 职业健康安全与环保管理的应急准备组织结构和要求

鉴于当前国内建筑业职业健康安全与环境保护工作的严峻形势，为切实做好当前职业健康安全与环保工作，增强公司抵御自然灾害、环境保护和突发性事故、事件的能力，真正做到万一有事故发生时，工作责任制的落实、应急措施规范全面有效、人员抢险救灾协调得力、灾情及时上报，以达到最大限度地降低事故发生的频率，减轻事故的伤害、损失和影响的目的，充分保障建筑作业人员生命和财产的安全，经公司研究决定，特制定《建设工程施工职业健康安全事故应急救援预案》。自公布之日起执行。一旦突发事故发生立即启动《应急救援预案》。并在 24h 内，向上级有关主管部门书面报告。

1. 组织机构

为确保在上一级领导下，顺利高效地完成事故抢险、人员抢救任务，特成立公司应急救援、抢险领导小组，见表 7-1。

应急救援抢险领导小组（职业健康安全）   表 7-1

名　称	职　务	姓　名	办公室电话	手　机
应急抢险领导小组	组　长	×××		138×××××××
	副组长	×××		133×××××××
	副组长	×××		133×××××××
	副组长	×××		130×××××××
	组　员	×××		135×××××××
	组　员	×××		136×××××××
	组　员	×××		136×××××××
公司值班电话			05××—828×××××	

2. 应急救援抢险领导小组主要工作职责

（1）落实上级下达的抢险救灾任务，支援其他单位的抢险救灾工作；

（2）结合各地区地质、地形和水文气象条件，制定有效的应急抗灾措施，在灾害性天气来临前，及时向各项目部通报信息，布置、检查、落实各项目部的预防措施，确保各项目应急救灾措施落实到位；

（3）灾害及事故发生时，保护好事故现场，及时向上级有关部门汇报相关情况，并按照当地政府的统一部署，抓好抢险救灾和事故原因的调查取证工作，力争最大限度减少灾害所造成的损失，确保公司正常的生产和生活秩序。

（4）事故调查结果出来以后，责成项目部对事故进行原因分析，做到"事故处理四不放过"，制定相应的纠正措施，认真填写事故报表，事故调查等有关处理报告，并上报有关部门。

3. 工作程序

公司应急领导小组接到项目工程部发生事故的报告后，迅速由组长××同志根据具体情况下达实施预案指令，全面负责抢险工作；副组长××、××同志分别负责联系和调集抢险预备队伍和物资；××同志负责抢险现场指挥；其他小组成员在第一时间赶往现场，了解和掌握险情，并组织参与现场救援抢险工作。

4. 抢险预备队伍和物资

公司为基本单位，准备以下抢险预备队伍和物资随时待命，供公司应急救援抢险领导小组调拨指挥，抢险人员和物资见表7-2。

××公司抢险人员和物资

表7-2

预备队伍	抢险人员	运输车辆	脚手片（块）	钢管（吨）	扣件（只）	负责人	联系电话
3	30	3	100	2	200	×××	0571—828767××

5. 应急预案演练

公司每年组织一次全面性应急预案演练，并进行备案。

6. 施工安全总结大会

公司每年组织一次施工安全工作总结大会，对有功员工进行奖励。

7. 具体要求

（1）各救援抢险预备队伍，要把应急救援抢险救灾当作一项重要的政治任务，做到领导重视，组织落实，人员、物资到位；

（2）执行救援抢险任务时，确保救援抢险人员和物资在规定时间内，齐集完毕，迅速投入到抢险救灾中；

（3）在救援抢险过程中，各抢险救灾队伍要统一调度、服从指挥，注意保护好现场、注意自身安全。

7.1.4 环境污染应急组织结构与要求

为了确保在公司范围内，发生重大环境污染以后，能迅速、有序、高效地开展重大环境污染源的治理及善后工作，同时采取切实有效的预案措施，及时控制污染源，及时制止重大环境污染源的继续发生，最大限度地降低对环境的污染，特制定××市政工程有限公司"环境污染应急救援预案"。一旦突发事故发生，立即启动"应急救援预案"。并在24h内，向上级有关主管部门书面报告。

公司组成环境污染应急救援抢救领导小组，负责公司范围内环境污染方面的应急救援抢救指挥工作。公司应急救援抢险领导小组（环境污染）见表7-3。

应急救援抢险领导小组（环境污染）　　　　　　　表7-3

名称	职务	姓名	办公室电话	手机
应急抢险 领导小组	组长	×××		138××××××××
	副组长	×××		133××××××××
	副组长	×××		133××××××××
	副组长	×××		130××××××××
	组员	×××		137××××××××
	组员	×××		135××××××××
	组员	×××		136××××××××
公司值班电话		05××－828767××		

7.1.5　应急救援抢险领导小组主要工作职责

（1）结合项目部具体实际，制定有效的应急救援预案措施，检查、落实各项目部环境污染预防措施；在灾害天气来临前，及时向各项部通报信息，确保各项环境污染应急救援措施落实到位。

（2）公司安全科负责收集、整理和编制各种危险源名录，并组织员工学习和掌握，以便员工识别。

（3）重大环境污染事故发生时，及时向上级有关部门汇报相关情况，做到下情上达，并按照当地政府的统一部署，抓好抢险救灾工作，积极配合政府有关部门开展环境治理和事故调查处理工作，力争最大限度降低对环境的污染程度，确保项目部正常生产和生活秩序。

（4）重大环境污染事故调查处理结果出来以后，责成项目部对事故进行原因分析，制定相应的纠正措施。认真填写事故报表、事故调查等有关处理报告，并上报有关部门。

7.1.6　工作程序

公司应急救援领导小组接到项目工程部突发事故的报告后，迅速由小组组长××同志根据具体情况，下达实施预案指令，全面负责救援抢险工作，副组长××、××同志分别负责联系和调集抢险预备队伍和物资，××同志负责抢险现场救援指挥，其他小组成员均须第一时间赶往现场，了解和掌握险情，并组织参与现场救援抢险工作。

7.1.7　具体要求

（1）各应急救援队伍，要把环境污染应急救援当作一项重要的（政治）工作任务，做到领导重视，组织落实，人员物资到位。

（2）执行救援抢险任务时，确保抢险救援人员和物资在规定时间内调集，迅速投入环境污染抢险救灾之中。

（3）抢险救援过程中，各抢险救灾队伍要听从调度，统一指挥，服从领导，注意保护好事发现场、注意自身安全。

（4）公司每年组织一次全面性应急预案演练，并进行备案。

(5) 公司每年组织一次施工安全工作总结大会，对有功员工进行奖励。

7.2 职业健康安全管理应急救援预案

　　为确保项目部在触电发生以后，能迅速有效地开展工作，最大限度地降低员工及相关方生命安全风险，一旦突发事故发生立即启动《应急救援预案》。并在 24h 内，向上级有关主管部门书面报告，并及时组织抢救，防止事故扩大。

　　特制定项目工程部《触电应急救援预案》。

7.2.1 触电应急救援预案

　　1. 组织机构

　　组　　长：_____；

　　副组长：_____；

　　成　　员：_____、_____、_____、_____、_____。

　　2. 具体工作如下：

　　(1) _____负责现场，其任务是了解掌握事故情况，组织现场抢救统一指挥，并启动触电应急救援预案。

　　(2) _____负责联络，任务是根据指挥部命令，及时布置现场抢救，保持与当地电力部门、建设主管和行政部门、劳动部门等单位的沟通，并及时通知公司应急领导小组和当事人的亲人。

　　(3) _____负责维持现场秩序、保护事故现场、做好当事人周围人员的问讯记录，并保持与当地公安部门的沟通。

　　(4) _____负责妥善处理好善后工作，负责保持和当地相关部门的沟通联系。

　　3. 事故处理程序

　　触电事故发生后，事故发现第一人应立即大声呼救，报告责任人（项目经理或管理人员）。

项目管理人员获得信息并确认触电事故发生以后，应：

　　(1) 立即采用绝缘材料等器材使触电人员脱离带电体。

　　(2) 立即组织项目职工自我救护队伍进行人工施救；并立即向当地急救中心（120）、电力部门电话报告。本项目工程部配备应急急救药箱一只。药箱存放项目部医务室。

　　(3) 立即向公司应急抢险领导小组汇报事故发生情况并寻求支援。

　　(4) 严密保护事故现场。

　　4. 事故现场保护

　　项目部指挥部接到电话报告后，应立即指令全体成员在第一时间赶赴现场，了解和掌握事故情况，开展抢救和维护现场秩序，保护事故现场。

　　5. 事故善后处理

　　当事人被送入医院接受抢救以后，指挥部即指令善后人员到达事故现场。

　　(1) 做好与当事人家属的接洽善后处理工作。

　　(2) 按职能归口做好与当地有关部门的沟通、汇报工作。

7.2.2 高处坠落应急救援预案

为确保项目部高处坠落事故发生以后，能迅速有效地开展抢救工作，最大限度地降低员工和相关方生命安全风险，特制定高处坠落应急预案。一旦突发事故发生立即启动《应急救援预案》。并在24h内，向上级有关主管部门书面报告。

1. 组织机构

项目部成立高处坠落应急与响应指挥部，负责指挥及协调工作。

组　　长：＿＿＿＿＿＿；

副组长：＿＿＿＿＿＿；

成　　员：＿＿＿＿＿、＿＿＿＿＿、＿＿＿＿＿、＿＿＿＿＿、＿＿＿＿＿。

2. 具体工作

（1）＿＿＿＿＿负责现场，其任务是了解掌握事故情况，组织现场抢救、协调、统一指挥。

（2）＿＿＿＿＿负责联络，任务是根据指挥部命令，及时布置现场抢救，保持与当地电力部门、建设主管和行政部门、劳动部门等单位的沟通，并及时通知公司应急领导小组和当事人的亲属。

（3）＿＿＿＿＿负责维持现场秩序、保护事故现场、做好当事人周围人员的问讯记录，并保持与当地公安部门的沟通。

（4）＿＿＿＿＿负责妥善处理好善后工作，负责保持和当地相关部门的沟通联系。

3. 事故处理程序

高处坠落事故发生后，事故发现第一人应立即大声呼救，报告负责人（项目经理或管理人员）。

项目管理人员获得求救信息并确认高处坠落事故发生以后，应：

（1）立即组织项目职工自我救护队伍进行施救；本项目部配备应急急救药箱一只。药箱存放项目部医务室。

（2）立即向公司应急抢险领导小组汇报事故发生情况，并寻求支援；

（3）立即向当地医疗卫生（120）、公安部门（110）电话报告；

（4）严格保护事故现场。

4. 项目工程指挥部接到电话报告后，应立即在第一时间内赶赴现场，了解和掌握事故情况，开展抢救和维护现场秩序，保护事故现场不被破坏。当事人被送入医院接受抢救以后，指挥部即指令善后处理人员到达事故现场；

（1）做好与当事人家属的接洽善后处理工作。

（2）按职能归口做好与当地有关部门的沟通、汇报工作。

7.2.3 火灾事故应急救援预案

火灾事故一旦发生时，为确保项目部上下能全力处置火灾事故，及时、迅速、高效地控制火灾事故的进展，最大限度地减少火灾事故损失和影响，保护国家、企业及项目部人身财产的安全。特制定项目部《火灾事故应急预案》。一旦突发事故发生立即启动《应急救援预案》。并在24h内，向上级有关主管部门书面报告。

1. 组织机构

项目部成立火灾事故应急响应救援指挥小组，负责事故现场的指挥及协调工作。

组　长：＿＿＿＿＿；

副组长：＿＿＿＿＿；

成　员：＿＿＿＿＿、＿＿＿＿＿、＿＿＿＿＿、＿＿＿＿＿。

2. 火灾事故应急准备和响应步骤

（1）立即报警。当接到基地或施工现场火灾发生信息后，指挥小组立即拨打"119、120、110"等报警电话，报告消防部门。并及时通知公司应急领导小组，以便及时扑救火灾，防止灾害扩大。

（2）组织扑救火灾。当基地或施工现场发生火灾后，除及时报警以外，指挥小组要立即组织义务消防队员和员工进行扑救，扑救火灾时按照"先控制、后灭火，救人重于救火；先重点、后一般"的灭火战术原则。并派人及时切断电源，接通消防水泵电源，组织抢救伤亡人员，隔离火灾危险源和重点物资，充分利用基地或施工现场中的消防设施器材进行灭火。

（3）协助消防队灭火。在自救的基础上，当专业消防队到达火灾现场后，火灾事故应急响应指挥小组简要地向消防队负责人说明火灾情况，并全力支持消防队员灭火，要听从专业消防队的指挥，齐心协力，共同灭火。

（4）现场保护。当火灾发生时和扑救完毕后，指挥小组要派人保护好现场，维护好现场秩序，等待对事故原因及责任人的调查。同时应立即采取善后工作，及时清理，将火灾造成的垃圾分类处理并采取其他有效措施，从而将火灾事故对环境造成的污染降低到最低限度。

（5）火灾事故调查处理。按照公司事故（事件）报告分析处理程序规定，项目部火灾事故应急准备和响应指挥小组在调查和审查事故情况报告出来以后，应做出有关处理决定，重新落实防范和纠正措施。并报公司应急抢险领导小组和上级主管部门。

3. 灭火演练

各工程项目部每季度应组织一次灭火演练，使员工熟悉使用各种消防器材与设备。

7.2.4　坍塌、倒塌事故应急救援预案

（1）公司成立以项目经理为首的应急救援抢险领导小组负责其应急救援抢险工作。

组　长：＿＿＿＿＿；

副组长：＿＿＿＿＿；

成　员：＿＿＿＿＿、＿＿＿＿＿、＿＿＿＿＿、＿＿＿＿＿。

（2）施工现场一旦突发外架、井架、塔吊及临时建、构筑物等倒塌事故。将会造成人员伤亡和直接经济损失。为了争取在第一时间抢救伤员，最大限度地降低员工及相关方生命安全的风险和经济损失，特制定项目工程部《倒塌、坍塌应急救援预案》。一旦突发事故发生立即启动《应急救援预案》。并在 24h 内，向上级有关主管部门书面报告。

1）不论任何人，一旦发现有外架、井架、塔吊及临时建、构筑物等施工设备倒塌的可能性，应立即呼叫，并通知现场安全员或领导，组织在场全体人员进行隐蔽。现场领导、专职安全员，应立即启动《应急救援预案》。

2）现场人员应迅速通知项目经理、安全员或施工员，并在 24h 内，打电话及时向公司应急救援抢险领导小组领导，报告事故的发生情况。请求公司应急救援抢险领导小组的支援。同时启动公司应急救援预案。

3）根据现场情况，若有人员受伤，应立即拨打120急救电话，向当地急救中心求救。且务必讲清事发地点、受伤人数和人员受伤情况，并派人到主要路口引导急救车辆，尽快赶到事故现场。同时，现场急救人员在急救车到来以前，应对受伤人员进行急救。项目部配备应急救助药箱一只。药箱存放在项目部医务室。

4）在没有人员受伤的情况下，现场负责人应根据实际情况研究补救措施，在确保人员生命安全的前提下，组织恢复正常施工秩序。

5）现场安全应对脚手架、井架、塔吊等施工设备倒塌事故进行原因分析，制定相应的纠正措施，认真填写伤亡事故报表、事故调查等有关处理报告，并上报公司应急抢险领导小组。

6）对事故的处理做到"四不放过"。

（3）各相关方联系电话如下：

医院：120；公安：110。

7.2.5 防汛抗台应急救援预案

为确保在暴雨（雪）、台风破坏或坍塌事故发生以后，项目部能迅速、高效、有序地开展落实抢救措施，最大限度地避免或降低企业、员工和相关方的生命安全风险和经济损失，特制定项目部《防汛抗台防坍塌应急准备与响应预案》。一旦突发事故发生立即启动《应急救援预案》。并在24h内，向上级有关主管部门书面报告。

1. 组织机构

本项目部成立防汛抗台应急响应指挥小组，负责统一指挥及协调工作。

2. 具体分工如下：

组　　长：＿＿＿＿＿；

副组长：＿＿＿＿＿；

成　　员：＿＿＿＿、＿＿＿＿、＿＿＿＿、＿＿＿＿、＿＿＿＿。

（1）＿＿＿＿任务是了解险情，组织现场救援抢险及对外联络；

（2）＿＿＿＿任务是根据命令，及时调动抢险人员、器材机械上一线进行抢险救援。

（3）＿＿＿＿任务是负责保持项目部与公司及上级行业主管部门的联系，做到上情下达、下情上达，并负责生活保障。

3. 主要职责

（1）迅速开展防汛抗台（雪）、坍塌抢救任务，及时通报风（雪）灾信息，布置预防措施，根据灾情调运抢险物资和人员参与救灾；

（2）对项目范围内发生的在建工程、临时设施、塔吊、井字架、脚手架倒塌、洪水进行监控，一旦事故发生，立即实施抢险；

（3）按照上级有关部门下达的指令，支援受灾地区和单位投入抢险救灾。

4. 指挥处理程序

到达现场以后，指挥小组根据灾情及时向上级有关部门报告，并根据情况调集抢险队员和物资、器械赶赴现场，后勤保障及联络要按指挥小组指令，及时进入岗位开展工作。

（1）台风到来之前，防汛抗台小组对施工现场进行一次彻底的安全大检查，重点检查临时设施和围墙；

（2）检查外脚手架特别是搭接处有无松动；

（3）基坑支护的加固措施是否符合施工方案的要求；

（4）现场排水系统是否通畅；

（5）施工现场的材料避免紧靠围墙堆放；

（6）施工现场用电、机具设备的使用是否符合施工现场安全技术的要求；

（7）台风到来时，现场施工人员一律停止施工；

（8）台风过后，清点整理现场，并向有关人员上报损失记录。

（9）恢复施工前对现场用电、机具设备、脚手架重新检查验收，完好无损时方可开工。

7.2.6　正在重要结构部位混凝土施工的应急救援预案

为确保在突发事件影响到混凝土正常浇捣（恶劣天气/突发事件造成停电）时，能迅速有效地采取措施，最大限度减少突发事件对混凝土浇捣的影响，保证工程施工质量，特制定本《应急准备和响应预案》。一旦突发事故发生立即启动《应急救援预案》。并在 24h 内，向上级有关主管部门书面报告。

1. 组织机构

组　　长：＿＿＿＿＿；

副组长：＿＿＿＿＿；

成　　员：＿＿＿＿＿、＿＿＿＿＿、＿＿＿＿＿、＿＿＿＿＿、＿＿＿＿＿。

2. 具体分工如下

（1）＿＿＿＿＿负责联络，任务是根据指挥部命令，及时布置现场抢救与救援，保持与当地电力部门的沟通，了解突发事件的持续时间及影响程度。

（2）＿＿＿＿＿负责现场，其任务是了解、掌握突发事件情况，制定处理方案，组织指挥方案的实施。

（3）＿＿＿＿＿（项目经理）的任务是组织实施方案所需的人力和物力与资金的到位。

3. 在受剪力较大不宜留施工缝的地方时的处理措施

在雨、雪、台风天气条件下的处理措施：

（1）浇混凝土前，应注意收集天气情况信息，尽量避开在下雨、下雪或台风天气浇混凝土；

（2）在浇混凝土过程中突然遇到上述恶劣天气，首先应将刚浇好的混凝土用塑料布覆盖（下雪时还应做好防冻工作），防止雨水冲刷刚浇好的混凝土；

（3）及时派人将盖塑料布时在混凝土表面上留下的脚印抹平；

（4）将临时施工缝留成凸凹形状；

（5）重新浇捣混凝土时，将施工缝清理干净，在建设、设计单位同意的条件下，增加一条遇水膨胀止水条。

4. 突然停电条件下的处理措施

（1）首先应用人工将刚浇好的混凝土振捣密实，将混凝土表面抹平，保证已浇好的混凝土的质量；

（2）临时施工缝留成凸凹形状；

（3）重新浇捣混凝土时，将施工缝清理干净，在建设、设计单位同意的条件下，增加一条遇水膨胀止水条；

（4）及时起用备好的发电机组，将混凝土浇捣到规范允许留施工缝的最近的部位；

（5）派专人负责做好混凝土的临时收头工作。

5. 商品混凝土供应不上条件下的处理措施

（1）及时与商品混凝土供应单位联系（必要时派人到商品混凝土供应单位现场蹲点），要求加强供应；

（2）调整混凝土的浇捣路线，降低浇捣速度；

（3）利用现场搅拌机，临时拌制混凝土，防止出现冷接头。

6. 有防水要求时的处理措施

在雨、雪、台风天气条件下的处理措施：

（1）浇混凝土前，应注意收集天气情况信息，尽量避开在下雨、下雪或台风天气浇混凝土；

（2）在浇捣混凝土过程中突然遇到上述恶劣天气时，首先应将刚浇好的混凝土用塑料布覆盖（下雪时还应做好防冻工作），防止雨水冲刷刚浇好的混凝土；

（3）及时派人将盖塑料布时在混凝土表面上留下的脚印抹平；

（4）将临时施工缝留成凸凹形状；

（5）在可能的情况下，在规范允许的地方留下施工缝。如无法做到，应及时与建设、设计、监理单位联系，在混凝土施工缝处加抗剪钢筋；

（6）派专人负责做好混凝土的临时收头工作。

7. 施工缝重新施工时的处理措施

重新浇捣混凝土时，应将施工缝处松动的石子、浮浆等清理干净，用水将垃圾冲掉并套浆，施工缝隙接头处应仔细振捣。

7.2.7 环境污染的应急救援预案

为了确保重大环境污染发生以后，项目部能迅速、高效有序地开展重大环境污染源的治理及善后工作，采取切实有效的措施及时控制污染源，及时制止重大环境污染源的继续发生，最大限度降低对环境的污染，特制定本项目部《环境污染应急预案》。一旦突发事故发生立即启动《应急救援预案》，并在 24h 内，向上级有关主管部门书面报告。

1. 组织机构

项目部组成环境污染应急响应指挥部，负责应急抢救指挥。

组　　长：＿＿＿＿＿＿；

副组长：＿＿＿＿＿＿；

成　　员：＿＿＿＿＿、＿＿＿＿＿、＿＿＿＿＿、＿＿＿＿＿、＿＿＿＿＿。

2. 具体分工

（1）＿＿＿＿＿＿任务是了解险情，组织现场救援抢险及对外联络；

（2）＿＿＿＿＿＿任务是根据命令，及时调动抢险救援人员、器材机械上一线抢险。

（3）＿＿＿＿＿＿任务是负责保持项目部与公司及上级行业主管部门的联系，做到上情下达、下情上达，并负责生活保障。

3. 事件处理程度

（1）施工现场和基地发生一般的环境（如噪声超标）污染，项目部污染应急响应指挥部组织相关人员及时处理、中止施工，并制定相应的处理方案及采用有效措施，确保能达标时方可继续施工。

（2）当施工现场及基地发生较为重大的环境污染，项目部及时组织人员进行抢救，同时采取有效措施，切断污染源及时制止污染的后续发生，并及时上报公司。

（3）对很严重的环境污染发生（如火灾发生，大量有害有毒化学品泄露）后，要首先保护好现场，组织项目部人员进行自救并立即向公司上报事件的初步原因、范围、估计后果。如有人员在该严重的环境污染中受到人身伤害，则应立即向当地医疗卫生部门（120）电话求救。同时通知环保部门进行环境污染的检测。当公司接到通知以后，指挥人员赶赴现场，按各自职能组织抢救，成立抢险组。

（4）当火灾发生后遵循《消防应急预案》有关规定，采取切实有效措施，以最快速度切断火源，断绝着火点，控制火势及至熄灭火灾。并做好现场的有效隔离措施，及火灾后的善后自理工作。及时有组织地分类清理、清运、最大限度地减少环境污染；当发生大量有害有毒化学品泄漏后，应及时采取隔离措施，采取适当防护措施后及时清理外运，或采取隔离措施后及时委托环保部门处理、检测，以求将对环境的污染降低到最低限度。

（5）公司安全科负责收集、整理和编制各种危险源名录，并组织员工学习和掌握，以便员工识别。

7.2.8 溺水应急救援预案

项目部工程是在湖中施工，一旦发现溺水事故，将会导致施工现场人员的生命健康受到威胁和直接的经济损失。为确保项目部溺水事故发生以后，能迅速有效地开展抢救工作，最大限度地降低员工及相关方生命与安全风险，特制定项目工程部《溺水应急救援预案》。一旦突发事故发生后，立即启动《应急救援预案》。并在 24h 内，向上级有关主管部门书面报告。

1. 组织机构

项目工程部，组成溺水应急响应指挥部，负责应急抢救指挥。

组　长：_____；

副组长：_____；

成　员：_____、_____、_____、_____、_____。

2. 具体工作

（1）_____负责现场，其任务是了解掌握事故情况，组织现场抢救与救援指挥。进行人工呼吸指导。

（2）_____负责联络，任务是根据指挥部命令，及时布置现场抢救，应立即报警（119、120、110），并立即向公司应急抢险领导小组上级汇报事故初步原因、范围及后果，组织项目部事故应急小组进行抢救，组织营救受伤人员，保持与当地部门、建设主管和行政主管部门、劳动主管部门等单位的沟通，并及时通知公司应急领导小组和当事人的亲属。

（3）_____负责维持现场秩序、保护事故现场、做好当事人周围人员的问讯记录，并保持与当地公安部门的沟通。

（4）_____负责妥善处理好善后工作，负责保持和当地相关部门的沟通联系。

3. 事故处理程序

当溺水事故发生后，发现事故第一人应立即大声呼救，并及时报告责任人（项目经理或基地负责人），立即组织人员抢救。必要时进行人工呼救。

项目部管理人员获得求救信息，并确认溺水事故发生以后，应：

（1）立即组织水性好的人员进行抢救，通知现场医务人员进行现场施救，并报120电话求援。讲清溺水人症状、持续时间、人数、地点，并到主要路口引导急救车到达现场；

（2）立即向公司应急抢险领导小组上报事故的初步原因、范围、估计后果；

（3）组织项目职工自我救护队对溺水病人进行急救；

（4）保护事故现场，及时把溺水人员送往医院治疗；

（5）病人病情稳定以后，对溺水事件进行调查并记录。

4. 现场抢救

项目部指挥部接到电话报告后，指挥部即指令全体成员在第一时间赶赴现场，了解和掌握事故情况，开展抢救和维护现场秩序，保护事故现场，获取溺水的详细原因。

（1）口对口人工呼吸法。方法是把溺水者放置仰卧状态，救护者一手将伤员下颌向上、向后托起，使伤员头尽量向后仰，以保持呼吸畅通。另一手将伤员鼻孔捏紧，此时救护者先深吸口气，对准溺水者口部用力吹气。吹完气后嘴离开，捏鼻，手放松，如此反复实施。

如吹气时溺水者胸臂上举，吹气停止后伤员鼻口有气流呼出或有水流出，表示方法有效。每分钟吹气16次左右，直至伤员自主呼吸为止。

（2）心脏按压术。方法是将溺水者仰卧于平地上，救护人将双手重叠，将掌根放在伤员胸骨下1/3部位，两臂伸直，肘关节不得弯曲，凭借救护者体重将力传至臂掌，并有节奏性冲击按压，使胸骨下陷3～4cm。每次按压后随即放松，往复循环，直至伤员自主呼吸吐出水时为止。

5. 事故善后处理

当事人被送入医院接受抢救后，指挥部即指令善后人员做好与当事人家属的接洽善后处理工作，并做好与有关部门的沟通、汇报工作。

6. 事故原因分析与纠正措施

现场安全员应对溺水事故进行原因分析，制定相应的纠正措施，避免发生类似的安全事故。认真填写事故调查报告和有关处理报告，并上报公司及有关上级机关。

7.2.9　中毒应急救援预案

工程项目部一旦发现食物中毒、涂料、油漆中毒事故，将会导致施工现场人员的生命健康受到威胁和直接的经济损失。为确保项目部中毒事故发生以后，能迅速有效地开展抢救工作，最大限度地降低员工及相关方生命安全风险，特制定项目部《中毒应急救援预案》。一旦突发事故发生立即启动《应急救援预案》。并在24h内，向上级有关主管部门书面报告。

1. 组织机构

项目部组成中毒应急响应指挥部，负责应急抢救指挥。

组　　长：_____；

副组长：_____；

成　　员：_____、_____、_____、_____、_____。

2. 具体工作如下

（1）_____负责现场，其任务是了解掌握事故情况，组织现场抢救与救援指挥。

（2）_____负责联络，任务是根据指挥部命令，及时布置现场抢救，应立即报警（119、120、110），并立即向公司应急抢险领导小组和上级汇报事故初步原因、范围及后果，组织项目事故应急小组进行抢救，组织营救受害人员。保持与当地电力部门、建设主管和行政主管部门、劳动主管部门等单位的沟通，并及时通知公司应急领导小组和当事人的亲人。

（3）_____负责维持现场秩序、保护事故现场、做好当事人周围人员的问讯记录，并保持与当地公安部门的沟通。

（4）_____负责妥善处理好善后工作，负责保持和当地相关部门的沟通联系。

3. 事故处理程序

当中毒发生后，事故发现第一人应立即大声呼救，并及时报告责任人（项目经理或基地负责人）。

项目部管理人员获得求救信息并确认中毒事故发生以后，应：

（1）立即向当地卫生防疫部门（或120）电话求援。讲清中毒人症状、持续时间、人数、地点，并到主要路口引导急救车到达现场；

（2）立即向公司应急抢险领导小组上报事故的初步原因、范围、估计后果；

（3）组织项目职工自我救护队对中毒病人进行急救；

（4）保护事故现场，封存食堂剩余食物，如有呕吐物，应利用干净塑料袋等容器封存，供卫生防疫部门化验；

（5）病人病情稳定以后，对中毒事件进行调查并记录。

4. 事故现场处理

项目工程指挥部接到电话报告后，指挥部即指令全体成员在第一时间赶赴现场，了解和掌握疫情，开展抢救和维护现场秩序，封存事故现场，获取中毒的化验样品，供卫生防疫部门检验。

5. 事故善后处理

当事人被送入医院接受抢救后，指挥部即指令善后人员做好与当事人家属的接洽善后处理工作，并做好与有关部门的沟通、汇报工作。

6. 事故原因分析及纠正措施

现场安全员应对中毒事故进行原因分析，制定相应的纠正措施，认真填写事故调查报告和有关处理报告，并上报公司及有关上级机关。

7.2.10 危险化学品应急救援预案

为了确保公司使用、存放的危险化学品在发生事故后能及时迅速地开展抢救和救援，最大限度地降低或避免企业、员工及相关方财产损失和人员的安全风险，根据《危险化学品安全管理条例》要求，公司特制定《危险化学品事故应急处理预案》。一旦突发事故发生立即启动《应急救援预案》。并在24h内，向上级有关主管部门书面报告。

1. 项目部组成应急处理指挥组织

组　长：_____；

副组长：_____；

成　员：_____、_____、_____、_____、_____。

2. 指挥小组成员职责：

（1）_____（项目经理）任务是了解危险化学品的性质、数量、抢救设施等情况，组织现场抢救指挥，组织撤离或采取其他措施，保护危险区域内的相关人员，迅速控制危险源。切断危险源：

（2）_____任务是根据指挥组指令，及时与政府有关部门、消防、医疗机构、环境保护部门联系、沟通和汇报；

（3）_____任务是维护现场秩序，保护事故现场，做好对当事人及周围人员的询问记录，并与辖区内公安部门联系；

（4）_____任务是处理好善后工作。

3. 应急处理程序

（1）当事故一旦发生以后，事故发现人应大声呼救，火速报告项目经理、专职安全员或施工员；

（2）项目经理在获得求救信息并确认事故后，应立即报警（119、120、110），并立即向公司应急抢险领导小组上级汇报事故初步原因、范围及后果，组织项目事故应急小组进行抢救。组织营救受害人员，组织撤离或采取其他有效措施保护危险区域内相关人员；

（3）指挥组接到突发事故消息后，立即通知全体成员在第一时间赶到现场，了解事故发展情况，开展抢救工作，迅速控制危险源。并通知危险化学品管理机构对危害进行检测，测定危害程度；

（4）当地政府事故处理部门赶到现场后，现场指挥组简要汇报事故情况，一切人员听从政府事故处理部门（小组）指挥，防止事故进一步扩大直至抢救结束，针对事故危害性，迅速采取封闭、隔离、洗消等措施；

（5）扑救结束后，要保护好现场，按公司事故调查处理要求，填写事故报告，协助政府有关部门调查取证，并做出相应处理决定和防范措施，吸取教训。

7.3 危险源清单

危险源清单见表7-4。

危险源清单表 表7-4

第一层	第二层	作业活动	危险源	可能导致的事故
路基	软基处理	浆喷桩	机械未保养	机械事故
			场地水电缆漏电	触电人员伤亡
			场地积水	桩机倾翻
			施工人员未配备劳动防护用品	矽肺、尘肺
		爬塔架修理机械	不带安全带	人员伤亡
		吊装桩机	场地不平整	装机倾翻、人员伤亡
			高压线	触电、人员伤亡
		移桩机	场地不平整	机械倾翻、人员伤亡
		制浆	电线	触电、人员伤亡
		搬运水泥	跳板	人员摔伤

第一层	第二层	作业活动	危险源	可能导致的事故
路基	软基处理	搅拌	贮浆缸	工人摔伤、人员伤亡
		喷浆	爆管	灼伤眼睛
	路基填方	取土	土方坍塌	人员伤害、设备损坏
			取土坑未防护、无警示牌	人员伤亡
			机械倾覆	人员伤害、设备损坏
		整平	违规操作	撞人（倒车时）、机械损坏
		碾压	压路机违章操作	人员伤害、设备损坏
			未进行岗前安全培训造成侧翻	人员伤害、机械损坏
			带病（人、机械）作业	人员伤害、机械损坏
	防护工程	刷坡	挖掘机倾覆	机械损坏
			边坡坍塌	机械损坏、人员伤害
		砌筑	人员操作不当	人员伤害
			支架搭建不牢固垮塌	人员伤害
			落石	人员伤害
			支架防滑板防护用品未按要求配备	人员伤害
			支架防护栏不牢	人员坠落
		勾缝	支架搭建不牢固垮塌	人员伤害
			支架防滑板防护用品未按要求配备	人员伤害
			支架防护栏不牢	人员坠落
桥梁	现浇梁板	支架模板搭设拆装	支架未按技术规范要求搭建不牢固	人员伤亡
			模板坠落	人员伤亡
			人员未按要求配备防护用品	人员坠落
			安全设施不到位	（人员、工具）高空坠落
		钢筋制作	电焊机设备故障	人员伤害
			配线电路老化、破皮未包扎	触电、火灾
			保护接地、保护接零混乱或共存	触电
			无漏电保护器	触电
			无电弧防护用品	眼睛皮肤灼伤
			电焊机开机产生的烟气	呼吸道疾病
			在易燃易爆物品周围电焊	火灾
		浇筑混凝土	配线电路老化、破皮未包扎	人员触电
			保护接地、保护接零混乱或共存	触电
			无漏电保护器	触电
	悬浇及现浇梁板	浇筑混凝土	混凝土斗坠落	人员伤亡
			混凝土漏卸桥下	人员伤害
			安全设施不到位	人员坠落
		人行梯	安全设施不到位	人员落水
		高空落物	无防护网	人员伤亡
		吊运模板及钢筋骨架	吊运节系点不牢固，无专人指挥	
		挂篮行走	无防落、防护措施	人员伤亡、部件落水
		箱内作业	无照明设施、未戴安全帽	人员伤亡
		张拉压浆	未按张拉程序操作、张拉顶站人	人员伤亡

第一层	第二层	作业活动	危险源	可能导致的事故
桥梁	悬浇及现浇梁板	施工过人洞	钢筋头处理不得当，梯子不安全	人员伤亡
		支架搭设	没有防护网	人员伤亡、车辆损坏
		高空作业	没有安全带	人员伤亡
		吊车泵车作业	超远、超重、附近有高压线	人员伤亡、车辆损坏
		拆除模板	安全设施不到位	人员坠落
	大梁预制、安装	模板搭设拆装	模板坠落	人员伤害
		钢筋制作	配线电路老化、破皮未包扎	人员触电
			无漏电保护器	触电
			保护接地、保护接零混乱或共存	触电
			无电弧防护用品	眼睛皮肤灼伤
			电焊机开机产生的烟气	呼吸道疾病
			在易燃易爆物品周围电焊	火灾
		浇筑混凝土	混凝土斗坠落	人员伤亡
			混凝土漏斗卸料时坠落石子	人员伤害
		拆除模板	钢丝绳老化吊装物体坠落	人员伤亡
		张拉钢筋	钢筋张拉不当夹头脱落、钢丝拉断	人员伤害
			张拉机具未定期校核，张拉台座两端无安全防护设施和警告标志	机械伤害
			预应力施工未按操作规程、工艺作业	机械伤害
		移梁	操作不当造成倾覆	人员伤害、设备损坏
		运输	运输过程中支撑不当发生侧翻	人员伤害、设备损坏
			跑车机械故障	机械伤害
		吊装	人员安全防护用品配备不齐	高空坠落
			管理不严物体掉落	物体打击
			轮胎吊车支撑不当发生倾覆	人员伤害
			履带吊使用不当发生倾覆	人员伤害
			超出吊装设备所能承受的荷载能力（超负荷吊装）	人员伤亡、恶性机械事故
			钢丝绳、钓钩、卡子等吊装辅助设施使用不当	坠落、物体打击
			龙门吊、架桥机、双导梁、挂篮未按规定程序架设、拆除	坠落、倒塌、物体打击
	大梁预制、安装	吊装	在高压线下方或上方作业无保护措施或安全距离不够	触电
			配线电路老化、破皮未包扎	人员触电
			无漏电保护器	触电
			保护接地、保护接零混乱或共存	触电
	桥面（系桥面铺装、防护栏浇筑）	钢筋制作	无电弧防护用品	眼睛皮肤灼伤
			电焊机开机产生的烟气	呼吸道疾病
			钢筋切割	砂钻片破碎飞出伤人
			在易燃易爆物品周围电焊	火灾

第一层	第二层	作业活动	危险源	可能导致的事故
桥梁	桥面（系桥面铺装、防护栏浇筑）	浇筑混凝土	安全设施不到位	人员坠落、物体打击
	桩（钻孔桩）	围堰（有水时）	无水上交通标志	人员落水
			堰体	钻机损坏、人员伤亡
			堰体支护不到位	人员伤亡、坍塌
		钻孔	孔口未设警示标志及罩盖致使人掉入泥浆池成孔中	人员伤亡
			配线电路老化、破皮未包扎	人员触电
			钻机不平稳，移位过程中，钻架倾覆	人员伤亡
			灌车现场施工便道不良好钻杆、导管钢筋笼在起吊过程中	车辆损坏、人员伤亡人员伤亡
			无漏电保护器	触电
			雷雨天施工漏电及电击	人员伤亡
			保护接地、保护接零混乱或共存	触电
			人员维修钻孔机械上部设备时	坠落
		泥浆池	无防护网、无警示牌	人员伤亡
		下钢筋笼	吊车支撑不当造成设备倾覆	设备损坏、人员伤害
			钢筋笼连接固定不当导致坠落	人员伤害
		浇筑混凝土	导管固定不当导管脱落	人员伤害
			夜间施工照明不足发生安全事故	机械伤害、坠落等
			混凝土在运输过程中发生事故	人员伤害
		承台、系梁	开挖支护不到位	坍塌、人员伤亡
			钢筋、模板吊放过程不到位	人员伤亡
			高空落物	人员伤亡
			混凝土泵车泵管爆裂	料物伤人
	墩身、盖梁施工	支架模板搭设拆装	脚手架搭设不当倒塌	人员伤害
			模板吊装时固定不当坠落	人员伤亡、物体打击
			人员未按要求配备防护用品	高空坠落
			安全设施不到位	高空坠落、物体打击
		钢筋制作	电焊机设备故障	人员伤害
			配线电路老化、破皮未包扎	人员触电
			保护接地、保护接零混乱或共存	触电
			无漏电保护器	触电
			无电弧防护用品	眼睛皮肤灼伤
			电焊机开机产生的烟气	呼吸道疾病
			在易燃易爆物品周围电焊	火灾
		浇筑混凝土	配线电路老化、破皮未包扎	人员触电
			保护接地、保护接零混乱或共存	触电
			无漏电保护器	触电
			混凝土斗坠落	人员伤亡

第一层	第二层	作业活动	危险源	可能导致的事故
桥梁	墩身、盖梁施工	浇筑混凝土	钢筋笼、模板吊放过程不到位	人员伤亡
			混凝土浇筑过程中料斗料物飞出	人员伤害
			高处施工梯子架设不稳	人员伤亡
			混凝土漏卸桥下	人员伤害
			无安全防护措施	高空坠落
小型构造物		挖基	坑壁未按设计防护造成坍塌	人员伤害
			调运土石方发生坠落	砸伤
		钢筋制作	配线电路老化、破皮未包扎	人员触电
			无漏电保护器	触电
			保护接地、保护接零混乱或共存	触电
			无电弧防护用品	眼睛皮肤灼伤
			电焊机开机产生的烟气	呼吸道疾病
		模板拆装	模板吊装时固定不当坠落	人员伤亡
		浇筑混凝土	混凝土在运输过程中发生事故	人员伤害
基础设施	选址	拌合场	选址地理位置较低遭洪水	洪水
			未远离易燃、易爆危险品存放地	爆炸、火灾
		办公生活区	未考虑地理水文等情况（洪水、山体滑坡）	房屋损坏、设备损失、人员伤害
		库房	未考虑水、低洼地	洪水
		便道、便桥	根据实际情况确定好建设标准防止坍塌	人员伤害、机械损坏
	日常活动	机械修理	吊装修理设备的配件操作不当造成坠落	机械伤害
			油料、油漆、香蕉水,稀释剂等易燃易爆品存放使用不当	火灾
			配线电路老化、破皮未包扎	人员触电
			无漏电保护器	触电
			保护接地、保护接零混乱或共存	触电
			无电弧防护用品	眼睛皮肤灼伤
			电焊机开机产生的烟气	呼吸道疾病
			轮式机车在维修时固定不当导致移动	人员伤害
			充气机压力表失灵	人员伤害
			车床、刨床、铣床等因违章操作	人员伤害
	日常活动	机械修理	氧气、乙炔未按标准要放置	爆炸、火灾
		库房（料库、油库）	配线电路老化、破皮未包扎	人员触电
			无漏电保护器	触电
			保护接地、保护接零混乱或共存	触电
			未配备灭火器材和警示标志	火灾、爆炸
			存放器材老化,摆放不当引起倒塌	人员伤害

第一层	第二层	作业活动	危险源	可能导致的事故
基础设施	日常活动	便桥	承载能力不够导致设备车辆压垮坠落	人员伤害、机械损坏
			标准过低没有考虑洪水被冲毁	人员伤害
		试验活动	配线电路老化、破皮未包扎	人员触电
			无漏电保护器	触电
			保护接地、保护接零混乱或共存	触电
			大型设备安装、拆运不当	人员伤害
			化学试剂的管理（氯制品、酸碱液体飞溅）	人员伤害
			拉力、压力试验中崩飞的废渣	人员伤害
			在高空试验、测量时未采取安全防范措施	高空坠落
			在交通繁忙路线未注意车辆	人员伤害
		办公生活区	电线敷设不规范	火灾、触电
			违规超荷使用电器	火灾
			食用腐败变质食品	食物中毒
			使用燃煤取暖	煤气中毒
			饮用不洁净水	中毒

编制：   审批：

第 8 章　职业病危害防治

8.1 职业病防治名录

建筑业企业在房屋建筑、装饰（油漆涂料）工程、市政（地下井巷与隧道）工程及各种土木建筑工程施工过程中，除有各种危险源外，还产生有危害人身健康与生命的各种噪声、毒气、烟雾、紫外线、光辐射和粉尘等，造成危害人体健康的各种各类职业病。

根据国家《劳动法》第六章第五十二条"用人单位必须建立、健全劳动安全卫生制度，严格执行国家劳动安全卫生规程和标准，对劳动者进行劳动安全卫生教育，防止劳动过程中的事故，减少职业危害"。因此，施工前应组织工人学习、掌握、识别和防止各种职业病的发生，减少对劳动者身体侵害与威胁，防治结合，并做到群防群治的有力措施。

8.1.1 职业病危害因素与职业病

1. 职业病危害因素

在生产劳动过程、作业环境中存在的危害劳动者的因素，称为职业性危害因素。

由职业性危害因素所引起的疾病称为职业病，由国家主管部门公布的职业病目录所列的职业病称法定职业病。职业病危害因素按其来源可概括为三类：

（1）与生产过程有关的职业性危害因素；与生产过程有关的原材料、工业毒物、粉尘、噪声、振动、高温、辐射、传染性因素等。

（2）与劳动过程有关的职业性危害因素；劳动制度与劳动组织不合理均可造成对劳动者健康的损害。

（3）与作业环境有关的职业性危害因素；指不良气象条件、厂房狭小、车间位置不合理、照明不良等。

生产过程中的职业性危害因素、按其性质可分为：1）化学因素；工业毒物、生产粉尘；2）物理因素；如高温、低温、辐射、噪声、振动；3）生物因素：炭疽杆菌、霉菌、布氏杆菌、病毒、真菌等。

还有与劳动过程有关的劳动生理、劳动心理方面的因素，以及与环境有关的环境因素。

2. 职业病

（1）生产性粉尘与尘肺

在生产中，与生产过程有关的粉尘叫作生产性粉尘。生产性粉尘对人体有多方面的不良影响，尤其是含有游离二氧化硅的粉尘，能引起严重的职业病——矽肺。

生产性粉尘来源于固体物资的机械加工、粉碎，金属的研磨、切削，矿石或岩石的钻孔、爆破、破碎等；物资加热时产生的蒸气、有机物质的不完全燃烧所产生的烟。此外，粉末状物资在混合、过筛、包装、搬运等操作时，产生二次扬尘等。

根据生产性粉尘性质可分为三类：无机性粉尘，如硅石、石棉、铁、锡、铝、水泥、金刚砂等；有机性粉尘，棉、麻、面粉、木材、骨质、炸药、人造纤维等；混合性粉尘，较常见。

（2）粉尘引起的职业危害

粉尘引起的职业危害有全身中毒性、局部刺激性、变态反应性、致癌性、尘肺。其中以尘肺的危害最为严重。尘肺是目前我国工业生产中最严重的职业危害之一。2002年卫生部、劳动和社会保障部公布的职业病目录中列出的法定尘肺有十三种，即矽肺、煤工尘肺、石墨尘肺、碳黑尘肺、石棉尘肺、滑石尘肺、水泥尘肺、云母尘肺、陶工尘肺、铝尘肺、电焊工尘肺、铸工尘肺、其他尘肺。

8.1.2 工业毒物与职业中毒

1. 生产性毒物

生产过程中生产和使用的有毒物质称为生产性毒物。生产性毒物可存在于原料、辅助材料、气体、蒸汽、雾、烟和气溶胶中，可引起职业中毒。可分为急性中毒、慢性中毒和亚急性中毒三种。生产性毒物还引起其他危害，如致突变、致癌、致畸，及对生殖功能的影响等。

2. 常见的职业中毒

常见的职业中毒有铅中毒、汞中毒、苯中毒等。还有刺激性气体中毒，如氯气、光气、氨气等。窒息性气体中毒，如一氧化碳中毒，接触一氧化碳的机会有：煤气制造，用煤、焦炭等制取煤气的过程中，其一氧化碳含量至少在30%以上。制造合成氨、甲醇、光气、羰基金属、采矿时爆破烟雾、炼铁、炼钢、炼焦等作业场所均可产生大量一氧化碳。二氧化碳中毒和硫化氢中毒，接触硫化氢机会有：含硫化物的生产、人造纤维、玻璃纸制造、石油开采、炼制、含硫矿石冶炼，含硫的有机物发酵腐烂即可产生硫化氢，如制糖、造纸业的原料浸渍；清理（化）粪池、垃圾、阴沟时，可发生严重硫化氢中毒。接触高浓度的硫化氢可立即昏迷、死亡，称为"闪电型"死亡。

3. 职业中毒目录

卫生部、劳动和社会保障部公布的职业病目录中，职业中毒有56种，具体名单如下：

（1）铅及化合物中毒（不包括四乙基铅）；

（2）汞及化合物中毒；

（3）锰及化合物中毒；

（4）镉及化合物中毒；

（5）铍病；

（6）铊及化合物中毒；

（7）钡及化合物中毒；

（8）钒及化合物中毒；

（9）磷及化合物中毒；

（10）砷及化合物中毒；

（11）铀中毒；

（12）砷化氢中毒；

（13）氯气中毒；

（14）二氧化硫中毒；

（15）光气中毒；

（16）氨气中毒；

（17）偏二甲基肼中毒；

（18）氮氧化合物中毒；

（19）一氧化碳中毒；

（20）二硫化碳中毒；

（21）硫化氢中毒；

（22）磷化氢、磷化锌、磷化铝中毒；

（23）工业性氟病；

（24）氰及腈类化合物中毒；

（25）四己烷中毒；基铅中毒；

（26）有机锡中毒；

（27）羰基镍中毒；

（28）苯中毒；

（29）甲苯中毒；

（30）二甲苯中毒；

（31）正乙烷中毒；

（32）汽油中毒；

（33）一甲胺中毒；

（34）有机氟聚合物单体及其热裂解物中毒；

（35）二氯乙烷中毒；

（36）四氯化碳中毒；

（37）氯乙烯中毒；

（38）三氯乙烯中毒；

（39）氯丙烯中毒；

（40）氯丁二烯中毒；

（41）苯的氨基及硝基化合物（不包括三硝基甲苯）中毒；

（42）三硝基甲苯中毒；

（43）甲醇中毒；

（44）酚中毒；

（45）五氯酚（钠）中毒；

（46）甲醛中毒；

（47）硫酸二甲酯中毒；

（48）丙烯酰胺中毒；

（49）二甲基甲酰胺中毒；

（50）有机磷农药中毒；

（51）氨基甲酸酯类农药中毒；

（52）杀虫脒中毒；

（53）溴甲烷中毒；

（54）拟除虫菊酯农药中毒；

（55）根据《职业中毒性肝病诊断标准及处理原则》可诊断的职业中肝病；

（56）根据《职业性急性化学物中毒诊断标准（总则）》可诊断的其他职业性急性中毒。

8.1.3 物理性职业危害因素及所致职业病

作业场所存在的物理性职业危害因素，有噪声、振动、辐射、异常气象条件（气温、气流、气压）等。

1. 噪声及噪声聋

（1）由于机器转动、气体排放、工件撞击与摩擦等所产生的噪声，称为生产性噪声或工业噪声。分为三类：空气动力噪声、机械性噪声、电磁性噪声。能产生噪声的主要工种有使用各种风动工具的工人、纺织工、发动机试验人员、拖拉机手、飞机驾驶员和炮兵等。

（2）生产性噪声对人体的危害首先是对听觉器官的损害，我国已将噪声列为职业病。噪声还可以对神经系统、心血管系统及全身其他器官功能产生不同程度的危害。

2. 振动及振动病

生产设备、工具生产的振动称为生产性振动。生产振动的机械有锻造机、冲压机、压缩机、振动筛、送风机、振动传送带、打夯机等。手臂振动所造成的危害较为严重，主要有锤打工具，如凿岩机、空气锤等；手持传动工具，如电钻、风钻等；固定轮转工具如砂轮机等。振动病分为全身振动和局部振动两种。在生产中手臂振动所造成的危害较为明显和严重，国家已将手臂振动的局体振动典型表现为发作性手指发白（白指病）。局部振动病为法定职业病。

3. 电磁辐射及所致的职业病

（1）非电离辐射

1）射频辐射。如高频感应加热、金属的热处理、金属熔炼、热轧等，高频设备的辐射源；微波作业，由于电气密闭结构不严微波能量外泄和辐射向空间辐射的微波能量。对健康的影响可出现以中枢神经系统和植物神经系统功能紊乱，心血管系统的变化。

2）红外线。炼钢工、铸造工、轧钢工、锻钢工、焊接工等可受到红外线辐射。红外线引起的职业性白内障已列入职业病名单。

3）紫外线。常见的辐射源有冶炼炉、电焊等。作业场所比较多见的是紫外线对眼睛的损伤，即所引起职业病——电光性眼炎。

4）激光。用于焊接、打孔、切割、热处理等。激光对健康的影响是对眼部影响和对皮肤造成损伤。

（2）电离辐射

a、β等带电粒子，γ光子、中子等非带电粒子的辐射。放射性核素和射线装置广泛应用，接触电离辐射的人员也日益增多。如辐射育种，射线照射杀菌、保鲜，管道焊缝、铸件砂眼的探伤等。电离辐射引起的职业病包括：全身性放射击性疾病，如急慢性放射病；局部放射性疾病，如急、慢性放射性皮炎、放射性白内障；放射性所致远期损伤，如放射性所致白血病。列为国家法定职业病的有急性、慢性外照射放射病，放射性皮肤疾病和内照放射病、放射性肿瘤、放射性骨损伤、放射性甲状腺疾病、放射性性腺疾病、放射复合伤和其他放射性损伤共11种。

8.1.4 异常气候条件及有关的职业病

1. 高温作业

生产场所的热源来自如各种熔炉、锅炉、化学反应，以及机械摩擦和转动的产热以及人体散热。空气湿度的影响主要来自各种敞开液面的水分蒸发或蒸气放散，如造纸、印染、缫丝、电镀、潮湿的矿井、隧道以及潜涵等相对湿度大于80％的高气温作业环境。风速、气压和辐射热都会对生产作业场所的环境产生影响。

（1）高温强热辐射作业：工作地点气温30℃以上或工作地点气温高于夏季室外气温2℃以上，并有较强的辐射热作业。如冶金工业的炼钢、炼铁车间，机械制造工业的铸造、锻造，建材工业的陶瓷、玻璃、搪瓷、砖瓦等窑炉车间，火力电厂的锅炉车间等。

（2）高温高湿作业：如印染、缫丝、造纸等工业中，液体加热或蒸煮，车间气温可达35℃以上，相对湿度达90％以上。煤矿深井井下气温可达30℃，相对湿度95％以上。

2. 其他异常气象条件作业

如冬天在寒冷地区或极地从事野外作业、冷库或地窖工作的低温作业；潜水作业和潜涵作业，属高气压作业；高空、高原低气压环境中进行运输、勘探、筑路、采矿等作业，属低气作业。异常气象条件引起的职业病列入国家职业病目录的有以下三种：中暑；减压病，急性减压病主要发生在潜水作业场所；高原病，是发生在高原低氧环境下的一种特发性疾病。

3. 职业性致癌因素和职业病

（1）职业致癌物的分类

与职业病有关的能引起肿瘤的因素称为职业性致癌因素。由职业性致癌因素所致的癌症，称为职业癌。引起职业癌的物质称为职业性致癌物。

职业性致癌物可分为三类：

1）确认致癌物，如炼焦油、芳香胺、石棉、铬、芥子气、氯甲甲醚、氯乙烯、放射性物质等。

2）可疑致癌物，如镉、铜、铁、亚硝胺等，但尚未经流行病学调查证实。

3）潜在致癌物，这类物资在动物实验中已获阳性结果，有致癌性，如钴、锌、铅等。

（2）职业癌

我国已将石棉、联苯胺、苯、氯甲甲醚、砷、氯乙烯、焦炉逸散物、铬酸盐8种职业致癌物所致的癌症，列入职业病名单。

（3）职业性传染病

我国将炭疽、森林脑炎、布氏杆菌病，列为法定职业病传染病。

（4）其他列入职业病目录职业性疾病

职业性皮肤病（接触性皮炎、光敏性皮炎、电光性皮炎、黑变病、痤疮、溃疡、化学性皮肤灼伤、其他职业性皮肤病）、化学性眼部灼伤、铬鼻病、牙酸蚀症、金属烟尘热、职业性哮喘、职业性变态反应性肺泡炎、棉尘病、煤矿井下工人滑囊炎等均列入职业病目录。

列入职业病目录的共有10大类，115种职业病。

8.1.5 与职业有关的疾病

与职业有关的疾病主要是指在职业人群中，由多种因素引起的疾病。

（1）它的发生与职业因素有关，但又不是唯一的发病因素，非职业因素也可引起发病。是在职业病目录之外的一些与职业因素有关的疾病。例如搬运工、铸造工、长途汽车司机、炉前工、电焊工等因不良工作姿势所致的腰背痛。长期固定姿势、长期低头、长期伏案工作所致的颈肩痛。长期吸入刺激性气体、粉尘而引起的慢性支气管炎。

（2）视屏显示终端（VDT）的职业危害问题：由于微机的大量使用，视屏显示终端（VDT）操作人员的职业危害问题是关注的重点。长时间操作 VDT，可出现"VDT 综合症"。主要表现为神经衰弱综合症、肩颈腕综合症和眼睛视力方面的改变。

8.1.6　女工的职业问题

妇女由于生理特点，在职业性危害因素的影响下，生殖器官和生殖功能易受到影响，且可以通过妊娠、哺乳而影响胎儿、婴儿的健康和发育成长，关系到未来人口素质，女工的职业卫生问题，有其特殊意义。在一般体力劳动过程中，突出的有强制体位（长立、长坐）和重体力劳动的负重作业两方面问题。我国目前规定，成年妇女禁忌参加连续负重、每次负重重量超过 20kg 及间断负重每次重量超过 25kg 的作业。许多毒物、物理性因素以及劳动生理因素可对女工健康造成危害，常见的有铅、汞、锰、镉、苯、甲苯、二甲苯、二硫化碳、氯丁二烯、苯乙烯、己内酰胺、汽油、氯仿、二甲基甲酰胺、三硝基甲苯、强烈噪声、全身振动、电离辐射、低温、重体力劳动等，可引起月经变化或具有生殖毒性。

※8.2　职业病危害的防治措施

8.2.1　目的

根据《中华人民共和国职业病防治法》，为了预防、控制和消除职业病危害，防治职业病，保护劳动者健康及其相关权益，促进企业的经济发展，实现公司所确定的职业健康安全目标，特制定本措施。

职业病：是指企业的劳动者在职业活动中，因接触粉尘、放射性物质和其他有毒、有害物质等因素而引起的疾病。

职业病危害：是指对从事职业活动的劳动者可能导致职业病的各种危害，职业病危害因素包括：职业活动中存在的各种有害化学、物理、生物因素以及在劳动过程中产生的其他职业危害因素。

8.2.2　适用范围

建筑业企业所属各单位和个人在从事接触粉尘、电（气）焊、氧焊、建筑防水、防腐保温、油漆和涂料作业等有毒有害作业时均应执行本办法。

8.2.3　防治方针

职业病的防治工作要坚持预防为主、防治结合的方针。各单位应当为劳动者创造符合国家职业卫生标准和卫生要求的工作环境和条件，并采取措施保障劳动者获得职业卫生保护。

8.2.4　职业病危害种类

根据企业经营和现场的具体情况确定本单位的职业危害为六大类：

（1）生产性粉尘的危害：在建筑行业施工中，材料的搬运使用、石材的加工。建筑物的拆除，均可产生大量的矿物性粉尘，长期吸入这样的粉尘可发生矽肺病。

（2）缺氧和一氧化碳的危害：在建筑物地下室施工时由于作业空间相对密闭，狭窄。通风不畅、特别是在这种作业环境内使用内燃机和燃料，耗氧量大，又因缺氧导致燃烧不充分，产生大量一氧化碳，从而造成施工人员缺氧窒息和一氧化碳中毒。

（3）有机溶剂的危害：建筑施工过程常接触到多种有机溶剂，如防水施工中常常接触到苯、甲苯、二甲苯、苯乙烯，喷漆作业常常接触到苯、苯系物外还可接触到醋酸乙酯、氨类、甲苯二氰酸等，这些有机溶剂的沸点低、极易挥发，在使用过程中挥发到空气中的浓度可以达到很高，极易发生急性中毒和中毒死亡事故。

（4）焊接作业产生的金属烟雾危害：在焊接作业时可产生多种有害烟雾物质，如电、气焊时使用锰焊条，除可以产生锰尘外，还可以产生锰烟、氟化物，臭氧及一氧化碳，长期吸入可导致电气工人尘矽肺及慢性中毒。

（5）生产性噪声和局部震动危害：建筑行业施工中使用的机械、工具，如钻孔机、电锯、振动器及一些动力机械可以产生较强的噪声和局部的振动，长期接触噪声可损害职工听力，严重时可造成噪声性耳聋，长期接触震动能损害手的功能，严重时可导致局部震动病。

（6）高温作业危害：长期的高温作业可引起人体水电解质紊乱，损害中枢神经系统，可造成人体虚脱，昏迷甚至休克，易造成意外事故。

8.2.5　防护措施

1. 作业场所防护措施

（1）根据本单位的具体情况识别、确定本单位的职业病危害种类，制定相应的防治措施。

（2）在确定的职业危害作业场所的醒目位置，设置职业病危害告知警示标志。

（3）施工现场在进行石材切割加工、建筑物拆除等有大量粉尘作业时，应配备行之有效的降尘设施和设备，对施工地点和施工机械进行降尘。

（4）在地下室等封闭的作业场所进行防水作业时，要采取强制性通风措施，配备行之有效的通风设备进行通风，并派专人进行巡视。

（5）对从事高危职业危害作业的人员，工作时间应严格加以控制，并实施有针对性的急救措施。

2. 个人防护措施

（1）加强对施工作业人员的职业病危害教育，提高对职业病危害的认识，了解其危害，掌握职业病防治的方法。

（2）接触粉尘作业的施工作业人员，在施工中应尽量降低粉尘的浓度，在施工中采取不断喷水的措施降低扬尘。并正确佩戴防尘口罩。

（3）从事防水作业，喷漆作业的施工人员应严格按照操作规程进行施工，施工前要检查作业场所的通风是否畅通，通风设施是否运转正常，作业人员在施工作业中要正确佩戴防毒口罩。

（4）电、气焊作业操作人员在施工中应注意施工作业环境的通风和设置局部排烟设备，使作业场所空气中的有害物质浓度控制在国家标准之下，在难以改善通风条件的作业环境中操作时，必需佩带有效的防毒面具和防毒口罩。

（5）进行噪声较大的施工作业时，施工人员要正确戴防护耳罩，并减少噪声作业时间。

（6）长期从事高温作业的施工人员应减少工作时间，注意休息，保证充足的饮用水，并佩带好防护用品。

（7）从事职业危害作业的职工应按照职业病防治法的规定定期进行身体健康检查，单位应将检查结果告知本人，并将体检报告存入档案。

8.2.6 安全检查措施

（1）企业对生产中的安全工作，除进行经常的检查外，每年还应该定期地进行 2～4 次群众性检查，这种检查包括普遍检查、专业检查和季节性检查，这几种检查可以结合进行。

（2）开展安全生产检查，必须有明确的目的、要求和具体计划，并且必须建立由企业领导负责，有关人员参加的安全生产检查组织，以加强领导，做好这项工作。

（3）安全生产检查应始终贯彻领导与群众相结合的原则，依靠群众，边检查，边改进，并且及时总结和推广先进经验，有些限于物质技术条件当时不能解决的问题，也应该定出计划，按期解决，必须做到条条有着落，件件有交待。

8.2.7 安全培训计划

为贯彻企业的"质量、环境、职业安全健康"的方针，实现"质量、环境、职业安全健康"目标，就必须不断提高全体员工的"质量、环境、职业安全健康"意识和专业技术素质。只有这样才能使企业在激烈的市场竞争中生存、发展。

企业员工培训工作的重点是：对在施工过程中与"质量、环境、职业安全健康"有影响的员工进行培训、新规范及规程培训、继续教育培训、特种作业培训和特殊工种培训等。

1. 培训任务

（1）相关员工培训

企业计划对所有新进入施工现场的员工进行职业安全健康培训；对原有部分员工进行整合型管理体系的补充培训。

（2）新法规、规程、规范和标准培训

为进一步贯彻执行建筑工程质量新的规程、规范及各项管理规定，以便使各项目工程的施工按新规程、规范和标准及各项管理规定进行。拟定对在岗的部分专业人员进行以新规程、规范和标准为内容的培训。

（3）继续教育培训

根据企业发展的需要，对专业技术人员进行知识更新培训。

（4）特种作业人员培训

根据人力资源社会保障部门对辖区下发文件中"在特殊岗位作业人员必须持证上岗，并定期进行复检"的要求，组织在特种作业岗位工作已到复检期的员工到辖区劳动部门指定的培训点进行复检培训。复检培训时间根据辖区劳动部门培训点开课时间而定。

2. 实施措施

（1）充分发挥各业务系统主管部门科室及项目部的作用：员工培训工作是一项综合性工作，它涉及各业务系统、各项目部。充分发挥各业务系统主管部门科室及项目部的作用就可以保证员工培训工作按计划实施，可以对员工培训工作进行综合管理，可以使员工培训工作与公司生产实际需要更紧密地结合。

（2）建立培训、考核与使用、待遇相结合的制度：凡上级行政机关要求持证上岗岗位，未经培训、取证不准上岗；对企业提供培训机会未按要求接受培训的员工按企业有关培训管理规定进行处罚。逐步形成人才考核、培养、使用相结合的管理模式。

（3）不断完善和修订员工培训管理规定，加强对员工培训工作进行监控，保证各项目培训工作按《员工培训工作程序》中的规定进行。

3. 几点要求

（1）各职能部室、项目部的主管领导要重视员工培训工作，指定专人负责此项工作的日常管理。并根据企业的员工培训计划制定出实施计划，对所在单位的员工培训工作开展情况进行监控。

（2）外送员工参加培训，经所在单位主管领导签署意见后，报公司劳动人事部审批后组织实施。培训班结束后，由所属单位劳动人事部门持毕（结）业证书、评价材料等到企业劳动人事部备案。

8.2.8 安全生产资金保障制度

为进一步加强企业安全管理，确保企业对安全技术措施经费使用及时、到位，依据企业《财务管理制度》和《资金运用制度》的规定对安全技术措施经费的提取及使用做如下规定：

（1）安全技术措施经费按不低于建筑施工单位产值 6‰ 的比例提取。企业安全费用由企业自行提取，专户储存，安全技术措施费，专项用于安全生产。

其中：安全教育专项培训的保障资金为 30%；安全生产技术措施的保障资金为 40%。

（2）企业对施工经营项目需具备安全生产条件所必需的资金投入，由施工经营项目的决策机构或主要负责人确保资金及时到位，正确使用，并对由于安全生产所必需的资金投入不足导致的后果承担责任。

（3）安全教育专项培训的保障资金用于购置或编印安全技术、劳动保护、安全知识的参考书刊物、宣传画、标语、幻灯片及教育光盘等，建立与贯彻有关安全生产规程制度的措施。

（4）安全劳动防护用品的保障资金主要用于购买、管理劳动保护用品，物品采购时要严格按照公司制定的采购程序进行，劳保产品必须严格控制使用年限和使用范围，对安全性能不能满足工作需要的及时向主管部门提出报废或降级处理。对违反采购原则的行为，除奖罚条例外，必须退货，造成损失和影响的由行为人和批准人承担责任。

（5）加强对施工现场上使用的安全防护用具及机械设备的监督管理，要对安全劳保用品、机械设备、施工机具及配件进行定期的维护和保养或对其定期不定期地检查和抽查，发现不合格的用具或技术指标、安全性能不能满足施工安全需要的设备等应立即停止使用。

8.3 重大危险源控制措施

8.3.1 重大危险源控制措施

根据国家《安全法》、《建筑法》和《建设工程安全生产管理条例》、《建筑施工安全技术统一规范》GB 50870—2013 及《危险性较大的分部分项工程安全管理办法》（建质[2009]第 87 号）文件等规范其施工安全管理行为。保障国家、集体施工人员生命财产的安全和工程质量与安全生产及文明施工管理水平。结合建筑业企业特点，以及对施工现场危害因素识别，对以下危险性较大的分部分项工程制定措施：1）高度超过 20m 的落地大型脚手架和支模架，附着式整体提升脚手架，悬挑脚手架，吊篮架；6.5m 高的满堂红脚手架；2）深度超过 1.5m 的沟槽和深度超过 5m 的基坑土方开挖施工作业（含人工挖扩孔桩作业）；3）塔式起重机，外用电梯安装、顶升、拆除作业；4）起重吊装作业；5）安装工程中的消防安装；6）地下暗挖作业；7）盾构作业；8）爆破、拆除作业。

8.3.2　高大脚手架和梁板模板支模架控制措施

下列为高大脚手架和梁板模板支模架、深基坑土方开挖、塔式起重机等容易发生重大事故的部位、环节控制措施。编写专项施工方案，并请专家进行论证后方可实施。

高大脚手架和梁板模板支模架是指：搭设高度在 20m 以上的各种脚手架，梁板模板支模架；搭设高度小于 20m 的悬挑脚手架；高度在 6.5m 以上、均布荷载大于 3kN/m² 的满堂红脚手架支模架；附着式整体提升脚手架。

（1）因地基沉降引起的脚手架、支模架局部变形。在双排架横向截面上架设八字戗和剪刀撑，隔一排立杆架设一组，直至到变形区内外排。八字戗和剪刀撑底必须设在坚实、可靠的地基上且加垫块和扫地杆。立杆、大小横杆间距与步距根据受力荷载要求搭设布置。

（2）脚手架赖以生根的悬挑钢梁挠度变形超过规定值。应对悬挑钢梁后锚固点进行加固，钢梁上面用钢支撑加 U 型托拧紧后顶住屋顶。预埋钢筋环与钢梁之间有空隙，须用楔形尖块打紧。吊挂钢梁外端的钢丝绳逐根检查，全部紧固，保证均匀受力。

（3）脚手架卸载、拉结体系局部产生破坏。要立即按原方案制定的卸荷、拉结方法将其恢复，并对已经产生变形的部位及杆件进行处理。如处理脚手架向外张的变形，先按每个开间设一个 5t 捯链，与结构绷紧，松开刚性拉结点，各点同时向内收紧捯链至变形被纠正，做好刚性拉结，并将各卸荷点钢丝绳收紧，使其受力均匀，最后放开捯链。

（4）附着升降脚手架出现意外情况，工地应先采取如下应急措施：

1）沿升降式脚手架范围设隔离区。

2）在结构外墙柱、窗口等处用插口架搭设方法迅速加固升降脚手架。

3）立即通知附着升降脚手架出租单位技术负责人到现场，提出解决方案。

8.3.3　深基础土方开挖工程控制措施

深基础土方开挖工程是指挖掘深度超过 1.5m 的沟槽和深度超过 5m（含）的土方工程，以及人工挖扩孔桩工程。

（1）悬臂式支护结构过大，内倾变位。可采用坡顶卸载，桩后适当挖土或人工降水、坑内桩前堆筑砂石袋或增设撑、锚结构等方法处理。为了减少桩后的地面荷载，基坑周边应严禁搭设施工临时用房，不得堆放建筑材料和弃土，不得停放大型施工机具和车辆。施工机具不得反向挖土，不得向基坑周边倾倒生活及生产用水。坑周边地面须进行防水处理。

（2）有内撑或锚杆支护的桩墙发生较大的内凸变位。要在坡顶或桩墙后卸载，坑内停止挖土作业，适当增加内撑或锚杆，桩前堆筑砂石袋，严防锚杆失效或拔出。

（3）基坑发生整体或局部土体滑塌失稳。应在有可能条件下降低土中水位和进行坡顶卸载，加强未滑塌区段的监测和保护，严防事故继续扩大。

（4）未设止水幕墙或止水墙漏水、流泥水土，坑内降水开挖造成基坑周边地面或路面下陷和周边建筑物倾斜、地下管线断裂等。应立即停止坑内降水和施工开挖，迅速用堵漏材料处理止水墙的渗漏，坑外新设置若干回灌井，高水位回灌，抢救断裂或渗漏管线，或重新设置止水墙，对已倾斜建筑物进行纠倾扶正和加固，防止其继续恶化。同时要加强对坑周边地面和建筑物的观测，以便继续采取有针对性的处理。坑外也可设回灌井、观察井，保护相邻建筑物。

（5）桩间距过大，发生流砂、流泥水土，坑周地面开裂塌陷，立即停止挖土，采取补桩、桩间加挡土板，利用桩后土体已形成的拱状断面，用水泥砂浆抹面（或挂铁丝网），有条件时可配合桩顶卸载、降水等措施。

（6）设计安全储备不足，桩入土深度不够，发生桩墙内倾或踢脚失稳。应停止基坑开挖，在已开挖而尚未发生踢脚失稳段，在坑底桩前堆筑砂石袋或土料反压，同时对桩顶适当卸载，再根据失稳原因进行被动区土体加固（采用注浆、粉喷桩等），也可在原挡土桩内侧补打短桩。

（7）基坑内外水位差较大，桩墙未进入不透水层或嵌固深度不足，坑内降水引起土体失稳，应停止基坑开挖、降水，必要时进行灌水反压或堆料反压。管涌、流砂停止后，应通过桩后压浆、补桩、堵漏、被动区土体加固等措施进行加固处理。

（8）基坑开挖后超固结土层反弹，或地下水浮力作用使基础底板上凸、开裂，甚至使整个箱基础上浮，工程桩随底板上拔而断裂以及柱子标高发生错位。在基坑内或周边进行深层降水时，由于土体失水固结，桩周产生负摩擦下拉力，迫使桩下沉，同时降低底板下的水浮力，并将抽出的地下水回灌箱基内，对箱基底反压使其回落，首层地面以上主体结构要继续施工加载，待建筑物全部稳定后再从箱基内抽水，处理开裂的底板后方可停止基坑降水。

（9）在有较高地下水的场地，采用喷锚、土钉墙等护坡加固措施不力，基坑开挖后加固边坡大量滑塌破坏。停止基坑开挖，有条件时应进行坑外降水。无条件坑外降水时，应重新设计、施工支护结构（包括止水墙），然后方可进行基坑开挖施工。

（10）因基坑土方超挖引起基坑结构破坏。应暂时停止施工，回填土或在桩前堆载，保持支护结构稳定，再根据实际情况，采取有效措施处理。

（11）人工挖孔桩，护壁养护时间不够（未按规定时间拆模），或未按规定做支护，造成坍塌事故。由于坍塌时护壁可相互支撑，孔下人员有生还希望，应紧急向孔下送氧。将钢套筒下到孔内，人员下去掏挖，大块的混凝土护壁用吊车吊上来，如塌孔较浅，可用挖掘机将塌孔四周挖开，为人工挖掘提供作业面。

8.3.4 塔式起重机控制措施

塔式起重机是指：在施工现场使用的，符合国家标准的自购或者租用的塔式起重机。

1. 塔吊出轨与基础下沉、倾斜

（1）应立即停止作业，并将回转机械锁住，限制其转动；

（2）根据情况设置地锚，控制塔吊的倾斜；

（3）用两个100t千斤顶在行走部分将塔吊顶起（两个千斤顶要同步），如是出轨，则接一根临时钢轨将千斤顶落下，使出轨部分行走机构落在临时道上开至安全地带。如果是一则基础下沉，将下沉部位基础填实，调整至符合规定的轨道高度落下千斤顶。

2. 塔吊平衡臂、起重臂折臂

（1）塔吊不能做任何动作；

（2）按照抢险方案，根据情况采用焊接等手段，将塔吊结构加固，或用连接方法将塔吊结构与其他物体连接，防止塔吊倾翻和在拆除过程中发生意外；

（3）用2～3台适量吨位起重机，一台锁起重臂，一台锁平衡臂。其中一台在拆臂时起平衡力矩作用，防止因力的突然变化而造成倾翻；

（4）按抢险方案规定的顺序，将起重臂或平衡臂连接件中变形的连接件取下，用气焊割开，用起重机将臂杆取下；

（5）按正常的拆塔程序将塔吊拆除，遇变形结构用气焊割开。

3. 塔吊倾翻

（1）采取焊接、连接方法，在不破坏失稳受力情况下增加平衡力矩，控制险情发展；

（2）选用适当吨位起重机按照抢险方案将塔吊拆除，变形部件用气焊割开或调整。

4. 锚固系统险情

（1）将塔式平衡臂对应到建筑物，转臂过程要平稳并锁住；

（2）将塔吊锚固系统加固；

（3）如需更换锚固系统部件，先将塔机降至规定高度后，再行更换部件。

5. 塔身结构变形

（1）将塔式平衡臂对应到变形部位，转臂过程要平稳并锁住；

（2）根据情况采用焊接等手段，将塔吊结构变形或断裂、开焊部位加固，落塔更换损坏结构。

8.3.5 装饰工程消防安全控制措施

装饰工程是指建设工程装饰装修阶段的施工生产过程。

1. 易燃易爆物品的消防安全控制措施

装修期间施工单位应根据工程的具体情况制定消防保卫方案，建立健全各项消防安全制度和安全施工的各种操作规程。（1）装修期间施工单位不得在工程场所内存放油漆、稀释剂等易燃易爆材料物品。（2）施工单位不得在工程场所内设置调料间，进行油漆的调配。（3）装修期间工程场所内严禁吸烟，使用各种明火作业应得到消防保卫部门的批准，并配备充足的消防器材。

2. 临时线路的消防安全控制措施

由于在装修期间需用大量的线路照明，在工程场所内架设了大量的低压线路，所以低压线路的铺设要严格按照操作规程施工，由持证电工安装临时用电线路和临时用电灯泡，其他任何施工人员不得随意在线路上私拉乱接照明灯泡，临时用电的闸箱非正式电工不得随意拆改箱内线路。临时线路的架设高度应符合要求。装修期间各工种的机械设备的线路不得有破损，线路的接头应符合要求，不得使用损坏的插头。施工期间电工操作人员要每天对线路和闸箱进行巡视、检查。

3. 氧气瓶、乙炔瓶消防安全控制措施

装修期间工程场所内不准任何单位在工程场所内存放氧气瓶、乙炔瓶，施工作业时要与明火保持 10m 的距离；氧气瓶与乙炔瓶的距离应保持在 5m 以上。

8.4 安全生产教育和培训制度

8.4.1 安全教育内容

1. 安全技能教育

(1) 该岗位使用的设备、安全防护装置的构造、性能、作用、实际操作技能；

(2) 处理意外事故能力和紧急自救、互救技能；

(3) 使用劳动防护用品、用具的技能。

2. 安全知识教育

(1) 企业一般生产技术知识；

(2) 一般安全技术知识和专业安全知识。

3. 安全法规教育

(1) 国家和行业安全生产法律、法规和规定；

(2) 企业安全生产规章制度。

4. 安全思想教育

包括思想和纪律教育。

8.4.2 安全教育的方法

1. 新职工三级安全教育

新员工（包括临时工、学徒工、实习生、代培工作人员和外地施工队人员）都必须进行企业（公司）、工地（项目工程现场）和班组的三级安全生产教育。经考试合格后，才准许进入生产岗位。

2. 特殊工种教育

《特种作业人员安全技术考核管理规则》规定：电工作业、起重机械作业、金属焊接（气割）作业、建筑登高架设作业等特种作业，这些工种必须进行专门培训，考试合格，持证上岗。

3. 经常性安全教育

经常性安全教育采用多种多样形式进行。如：安全日、安全周、百日无事故活动、安全生产学习班、看录像、图片展等形式，力求生动活泼。

4. 转岗及复工安全教育和职业健康教育

5. 工人应知应会考核

8.4.3 安全教育的实施

(1) 施工现场的安全教育（三级安全教育、经常性安全教育、转岗及复工安全教育应知应会教育、职业健康教育）由项目生产副经理、安全员、劳资部门共同负责组织实施。

(2) 外出施工队工人的安全教育培训使用公司统一教材。

(3) 项目经理、技术负责人、安全员、外出施工队长的安全培训，由公司安全监管部负责组织。

(4) 未经安全教育或考试不合格的职工，任何单位不得安排从事该岗位工作。

(5) 教育培训时间：

1）三级安全教育的时间不少于24课时。

2）特殊工种教育时间，根据国家有关规定采用脱产或半脱产的方式进行。

3）经常性安全教育时间，根据施工现场的实际情况，采用多种形式进行。如：黑板报、安全技术交底、安全会议、安全月、节假日特殊时间。

4）转岗及复工安全教育时间不少于4课时。

5）专业性安全教育，分公司级领导的培训时间每年不少于8课时。

6）职业健康教育时间不少于8课时。

第 9 章 附 录

※9.1 施工现场安全生产、文明施工各级领导工作责任制度

根据国家《安全生产法》和《建设工程安全生产管理条例》、《建筑施工安全技术统一规范》GB 50870—2013 及住房和城乡建设部关于印发《危险性较大的分部分项工程安全管理办法》的通知（建质［2009］87 号文件）及地方等法律、法规的规定，特制定以下各个岗位工作责任制度。

9.1.1 党组织对安全施工现场的工作职责

（1）应以国家《安全生产法》和《建设工程安全生产管理条例》及《建筑施工安全技术统一规范》等法律、法规为根本。

（2）保证和监督政府及有关部门关于劳动保护和安全生产方针、政策和法律、法令的贯彻实施。

（3）支持行政领导抓好劳动保护和安全生产，并积极提出意见和建议。

（4）做好劳动保护和安全生产过程中的思想政治工作。

（5）深入实行，调查研究，注意劳动保护和安全生产方面的情况，协同行政部门总结推广好的做法和经验。

（6）协助行政部门建立健全安全生产保障体系，制定安全生产管理目标、方针、政策，并检查落实执行情况。

（7）对负有安全生产监督管理职责的部门及其工作人员履行安全生产监督管理职责实施监督。

9.1.2 企业经理和主管生产的副职领导的安全生产职责

（1）认真贯彻执行国家和政府部门制定的劳动保护和安全生产政策、法律、法规、法令和各种规章制度。对企业的安全生产工作全面负责。

（2）按《中华人民共和国安全生产法》和《建设工程安全生产管理条例》、《建筑施工安全技术统一规范》的规定，制定企业安全生产工作规章（划）和安全生产责任制。拟定安全生产的奖罚办法，建立和不断完善安全生产管理制度。

（3）定期分析安全生产情况，及时研究解决安全生产问题，并定期向企业职工代表会议报告安全生产情况与措施。

完善"安全第一，预防为主"的安全生产管理方针。

（4）审批劳动保护技术措施、专项资金等计划，并组织监督其实施。依法履行安全生产监督管理职责。

（5）定期组织安全生产检查，积极开展安全生产竞赛活动。

（6）对职工进行安全生产、文明施工，遵章守纪及劳动保护法制教育，领导和督促各级职能部门及广大职工做好本职范围内的安全工作。

（7）主持现场重大伤亡事故的调查处理，拟定并落实整改措施。

（8）建立健全安全生产领导小组常设机构，定期召开安全生产会议。处理公司安全生产、文明施工、环境保护等日常事务工作。坚持"管生产必须管安全"的原则，正确处理安全与生产之间的关系。

（9）制定事故应急救援预案，建立应急救援领导小组。

（10）建立健全安全生产保障体系，制定安全生产管理目标。

（11）制定创建"安全，文明"达标工地，争创省级标准化工地和国家"安全、质量示范工程"、"AAA 级安全文明诚信工地"和"科技创新示范工程"的决策和（领导）指导。

（12）监督和检查安全措施专项费用的使用与管理情况，对应急预案的制定与演练情况提出指导性意见。

9.1.3 工会对安全生产的职责

（1）监督和保证各级部门按国家《安全法》、《建设工程安全生产管理条例》、《建筑施工安全技术统一规范》的精神，健全安全生产管理体制。

（2）支持有关部门组织，做好职工安全教育培训，切实搞好劳动保护工作。

（3）协助和监督企业行政部门贯彻执行各项劳动保护政策、法令、法律、法规、规定，以及企业的安全、卫生等规章制度。对职工进行遵章守纪和劳动保护科学技术知识的教育。

（4）经常检查劳动保护设施状况，发现问题立即报告，并督促有关部门及时解决，使其保持完好状态。

（5）参加职工伤亡事故和职业危害的调查处理，总结经验教训，采取防范措施。有权要求追究有关人员的责任。

（6）监督企业制定工伤事故应急救援预案，减轻（少）事故伤亡发生。享有建议权和提出合理化建议的义务。

（7）对负有安全生产监督管理职责的部门及其工作人员履行安全生产监督管理职责，实施监督与检查验证。

（8）制定创建"安全，文明"达标工地，争创省级标准化工地和国家"安全、质量示范工程"、"AAA 级安全文明诚信工地"和"科技创新示范工程"的决策和（领导）指导。

（9）工会有依法组织员工参加本单位安全生产工作的民主管理和民主监督，维护职工在安全生产方面的合法权益。

9.1.4 教育、人事、卫生部门的安全生产职责

1. 教育、人事部门的安全生产职责

（1）按住房和城乡建设部《建筑业企业职工安全培训教育暂行规定》和《建筑施工安全技术统一规范》等安全法规、法令、法律、规定及国家、企业安全操作规程。拟定安全教育计划，并纳入全员培训规划，并负责实施。配合有关部门对各级领导干部和安全技术人员进行安全生产知识讲座和业务培训。

（2）组织好职工的安全技术培训，及配合劳动部门抓好特殊工种工人的技术培训、考核、审证、发证工作。

（3）推行"先教育，后上岗，不经教育，不上岗"的岗前教育培训制度。确保从业人

员具备必要的安全生产知识，掌握本岗位的安全操作技能。

2. 卫生部门的安全生产职责

（1）按国家《职工健康安全管理体系要求》GB/T 28001—2011 标准定期对职工进行健康检查。

（2）制定现场环境卫生标准，督促基层实现现场文明清洁，卫生。

（3）监测有毒有害作业场所的毒害程度，提出合理的处理意见。

（4）提出职业病预防和改善卫生条件的措施。

（5）抓好食堂卫生，做好防暑降温和防冻、防寒等工作。

（6）制定事故应急救援救助方法，编写事故应急救援预案的有关条款、方法等。

（7）按预案要求经常组织和指导员工进行各种预案演练，并做好预案演练记录。

9.1.5 总工程师的安全生产职责

（1）对本单位劳动保护和安全生产的技术工作总负责（包括施工安全技术决策、技术指挥、技术鉴定、技术考核、技术培训）。企业总工程师为企业技术负责的第一责任人。

（2）在组织编制及审核施工项目管理实施规划或施工组织设计，专项施工方案，应按《建筑施工安全技术统一规范》规定进行编、审。如采用新技术、新工艺、新材料、新设备时，负责制定相应的安全技术操作规章制度。

（3）负责提出改善企业劳动条件的项目和措施。

（4）组织业务部门编制及审核企业劳动保护和安全生产技术措施计划。重大施工组织设计和专项施工方案由技术部门组织编制，企业技术负责人批准，必要时组织专家评审论证。

（5）编制审核企业的安全操作技术规程，及时解决生产中的安全技术问题。批准由项目技术负责人编制的一般施工组织设计和专项施工方案。由项目技术负责人进行技术交底。

（6）审定对员工的安全技术教育计划和教材。

（7）收集和整理、归档国家对建设工程制定的各种施工安全技术和安全生产方面的新的法律、法令、法规、规范、规程、标准、规定及其方针政策。

（8）参加重大伤亡事故的调查分析，提出技术鉴定意见和技术改进措施。

9.1.6 项目经理的安全生产职责

（1）认真执行国家、政府部门和企业的安全生产规章制度，对项目部的安全生产负总责；是项目工程部安全生产的第一责任人。要严格执行"安全第一，预防为主"的安全生产方针、政策。

（2）坚持"管生产必须管安全"的原则。以身作则，不违章指挥，积极支持安全（员）工程师、专职安全人员的工作。

（3）针对生产任务的特点，严格按国家《安全生产法》、《建设工程安全生产管理条例》及有关法律、法规，制定各项规章制度的实施，执行技术负责人审批的各种安全技术措施。

（4）定期对职工，尤其是特殊工种员工，要按《建筑施工安全技术统一规范》规定，进行安全技术、安全质量、环保体系程序文件精神和安全纪律教育。

（5）每月组织安全生产定期或不定期检查，对发生重大安全事故和危险肇事事故苗子要及时上报。认真分析原因，提出和落实改进措施，并进行验证。

（6）按国家《职业健康安全管理体系要求》GB/T 28001—2011 要求，改善劳动条件，且注意劳逸结合，保护员工的身体健康。

（7）制定事故应急救援预案措施，搞好应急救援"三落实"。

（8）建立安全生产管理体系，确定安全生产目标的管理。

（9）对员工进行岗前安全知识、环保要求、安全技术操作规程等安全教育培训。并在工地设立职工（农民工）学校。

（10）严格按照《职业健康安全管理体系要求》GB/T 28001—2011）要求，为员工努力创造安全生活、工作生产环境。防止各类不安全因素发生。

（11）对工地所发生的安全事故（不得隐瞒不报、谎报或者拖延不报，不得故意破坏事故现场、毁灭证据，一经发现或举报，将送交政法机关处理。）迅速（24h 内上报有关单位）采取有效措施，立即抢救。防止事故扩大，减少人员伤亡和财产损失。

9.1.7　施工人员的安全生产职责

（1）认真执行国家、行业主管部门和企业及项目部各项安全生产规章制度。落实上级制定的安全生产技术措施，加强施工现场的安全、质量管理，搞好"安全生产，文明施工"。

（2）按照国家《建筑施工安全技术统一规范》、住房和城乡建设部《建筑业企业职工安全培训教育暂行规定》要求，组织工人学习安全技术操作规程和规章制度，坚持交任务的同时教安全要领。检查和督促班组安全作业，做到"安全生产，人人有责"。

（3）开工前组织并做好安全质量技术交底，严格按操作规范进行施工，真正做到"安全为了生产，生产必安全"。贯彻以"预防为主"的方针。

（4）"管生产必须管安全"。正确处理生产和安全的关系。不违章指挥、组织施工人员和班组开展安全竞赛活动，认真消除事故隐患。对坚持违章作业的班组必须强制停产整顿，坚持"生产服从安全"的安全生产意识理念。

（5）对生产施工现场搭设的脚手架、井字架和安装的电器（气）机械设备等安全防护装置，经组织验收合格后，方能使用。

（6）发生工伤事故，按照应急救援预案，应立即组织抢救，迅速上报并保护好现场，及时参加调查处理。

9.1.8　安全生产部门的职责

（1）认真学习和掌握《安全生产法》、《建设工程安全生产管理条例》、《建筑施工安全技术统一规范》等法律法规、规范的精神。贯彻执行国家、政府部门关于安全生产和劳动保护的法律、法规和企业的安全生产规章制度，做好安全管理和监督检查工作。本部门的工作人员是公司安全法规和规章制度的执行者和监督者。

（2）经常深入基层和现场，掌握安全生产情况。指导基层单位的安全技术工作，调查研究不安全因素，严格依照住房和城市建设部《建筑施工安全检查标准》的要求，并提出改进措施。

（3）组织安全生产检查，宣传公司领导对搞好安全生产的指导思想和各种规章制度。及时向领导和上级有关部门汇报安全情况。

（4）参加审查施工项目管理实施大纲、规划或施工组织设计和编制安全技术措施计划，并主持召开工程项目开工前的安全技术交底与培训。且对贯彻执行情况进行督促与检查验（收）证。

（5）进行工伤事故统计分析，建立事故报告制度。参加工伤事故的调查和处理，并提出整改措施。

（6）制止违章指挥和违章作业，遇到严重险情，有权暂停生产，并报告领导处理。不得视而不见、玩忽职守，一经发现严惩不贷。

（7）安全生产监督检查人员应当忠于职守、坚持原则、秉公执法。对违反安全技术、劳动法规的行为，经说明劝阻无效时，有权越级上报并有权责令暂停施工。

（8）搞好各阶段施工前的安全技术交底，建立健全安全生产方面的管理台账。定期、不定期地对各项目部的安全生产进行检查（验收），发现问题，及时纠正。

（9）审查分包单位签订的工程分包合同，必须有确保"安全生产，文明施工"和符合环境保护要求的专项内容，并负责督促分包方的全面实施，并落实到实处。

9.1.9 技术、质量部门的安全生产职责

1. 技术部门的安全生产职责

（1）严格按照国家有关安全技术方面的法律、法规、规定、规程、条例、标准和规定编制设计、施工工艺等技术文件。提出相应的技术措施，编制企业适用的安全技术（操作）规程。

（2）编制施工项目管理实施规划或施工组织设计和专项施工方案时，必须编制具体的安全技术措施和应急救援预案，预防和防止各类不安全因素的发生。并由总工程师（技术负责人）审批。

（3）按照《建筑施工安全技术统一规范》对安全设施进行技术鉴定，负责安全技术科研项目及合理化建议，项目的研究审核和技术核定。

（4）对企业基本建设和技术改造项目，落实劳动保护和安全设施与技术措施。

2. 质量部门的安全生产职责

（1）依据国家《建筑法》、《建筑工程质量管理条例》和×省×建建［2003］35号文《关于加强工程建设安全质量技术责任制的暂行规定》等法律、法规、规范标准的规定，制定各种操作规程、质量措施，并进行验证。

每月对项目工程进行1～2次质量安全大检查，如发现安全质量隐患及时制止，立即予以纠正。并下达整改通知，及时验证。

（2）执行施工项目管理规划或施工组织设计或施工组织专项方案中所规定的安全质量技术措施，合理组织。贯彻安全生产规章制度，加强施工现场平面管理，建立健全文明施工、安全生产的良好秩序和环境保护工作。

（3）审查分包单位签订的工程分包合同，是否有确保该工程质量、安全质量的技术措施等专项内容，并负责验证、督促分包单位严格执行。

3. 技术文件的归档工作

工程竣工后，经验收合格，负责向分包方索要该工程有关质量安全等技术文件的归档工作。

9.1.10 材料、机械设备部门的安全生产职责

1. 材料部门的安全生产职责

（1）保障供应施工中使用的安全技术措施所需的符合国家质量要求的全部合格物资

产品。

（2）加强仓库管理人员的安全与消防知识相关方面的教育，严格执行国家有关危险品的运输、储存、发放等方面的有关要求规定，分类存放并贴有产品标示。且建立危险品余料回收制度。

（3）在发放施工现场使用的钢管、脚手架、脚手板、各种架墩、吊钩、钢丝绳、安全网、安全带、安全帽等安全设施和配件时，要严格按照国家有关规范、规程、法律、标准、规定认真检查；如发现有不合格品，立即登记，造册上报，及时报废更新。并建立上述产品的报废制度。

2. 机械设备部门的安全生产职责

（1）严格按建设部《建筑机械使用安全技术规程》JGJ 33—2012、《建筑施工安全技术统一规范》及相关法律、法规、规程、规定要求，制定企业所有机械设备的安全操作（要领）规程和安全使用管理制度、设备更新报废制度、保养制度。

（2）按照国家《特种设备安全监察条例》规定对施工起重机械确立检验合格证制度。

（3）对一切机电设备包括压力容器，电、氧、气焊设备，车辆必须配足、备齐各种安全防护所用的保险（限位）装置和安全设施，并经常检查、检修，执行维修、保养制度，确保设备安全正常运转（行）。

（4）参加调查处理与机械设备有关的安全事故，并做出专业技术鉴定。

3. 机械设备的维护保养

材料、机械设备部门应当储存配备必要的应急救援器材、设备，并进行经常性维护、保养，确保正常运转（行）。

建立健全特种设备、仪器年度检测、检验和检修保养，登记与备案制度。

9.1.11 劳资、财务部门的安全生产职责

1. 劳动工资部门的安全生产职责

（1）会同相关部门按照《建筑施工安全技术统一规范》规定做好新进工人、调换岗位工人、特殊工种工人的培训、考核、发证工作。

（2）督促生产部门注意劳逸结合，严格控制加班加点，合理安排女工和未成年人的工作。特别是孕妇、哺乳期、经期妇女的工作。

（3）做好工伤事故善后工作，对因公致残和患职业病职工的工作安排。

（4）做好转换工种岗位人员的岗前培训与学习，使他们适应新的岗位工作。

2. 财务部门的安全生产职责

（1）按国家《建设工程安全生产管理条例》第一章第二十二条规定，安全作业环境及安全施工措施所需经费，应按财务制度设立专账专户。做到专款专用，不得挪作他用。

（2）按照规定提供劳动保护经费，做到专款专用，并监督专项资金的使用情况。

（3）对企业审定的劳动保护安全技术措施计划所需经费，要列入年度工作计划按需支付。

（4）按会计制度对劳动保护经费专用资金，应建立月报、季报和年度报告制度，以便使行政领导随时掌握专项资金的使用情况，为行政领导经营决策提供参考依据。

9.1.12 班组长的安全生产职责

（1）组织班组学习和模范遵守公司和项目部依据国家有关《安全生产》、《建筑施工安

全技术统一规范》等法律、法规等规定制定的各种安全生产规章制度和操作规程。并熟练掌握操作本岗位工种的技能专业水平，进行安全作业。

（2）安排生产任务时，认真进行安全（质量）技术交底。认真学习和严格执行本工种的安全技术操作规程。有权拒绝违章指挥，不得违章操作。真正做到"不伤害自己，不伤害别人，不被别人所伤害"。努力提高员工自我保护能力的水平。

（3）上工前对所使用的机具、设备、防护用具及作业环境进行安全检查，发现问题立即采取整改措施，及时消除事故隐患。

（4）组织班组开展安全竞赛活动，开好班前"安全生产、文明施工、保护环境"的工作会议，并进行班前安全质量、环保、文明施工等技术交底，并有三方或双方签字记录。要根据作业环境和员工思想、体质要求、技术等方面状况，合理安排、分配生产工作任务。

（5）发生工伤事故，应立即抢救，及时报告并保护好事故现场。

（6）组织员工学习工伤事故应急救援预案知识要领和各种危险源的识别，并定期组织演练，努力减少事故的各种损失与重大事故的发生。

9.1.13 生产工人的安全生产职责

（1）企业员工有依法获得安全生产保障的权利，并应当依法履行安全生产方面的义务。

（2）自觉遵守本单位的劳动纪律和安全生产规章制度，不违章作业，有权拒绝违章指挥。

（3）正确使用劳动防护用品和"三宝"及安全防护装置，注意爱护，保养好用具和设备及设施。

（4）参加安全竞赛活动，提出改进安全管理，消除事故隐患的建议。

（5）认真学习并熟练掌握本工种安全操作规程和专业技术知识。

（6）学习和掌握事故应急救援预案知识要领，防范与避免和减少事故的发生，增强自我保护观念。

（7）认真学习《建筑施工安全技术统一规范》，熟练掌握《安全生产》技术知识要领，领会"安全生产，人人有责"的精神，做到以"预防为主"的安全生产方针。遵守文明施工的职业道德观。

（8）互相爱护，互相帮助，做到"不伤害自己，不伤害别人，也不被别所伤害"的自我保护能力。

（9）发生工伤事故，及时按应急救援预案进行抢救，并立即向上级有关部门汇报和报告。

9.2 建设工程安全施工组织设计编写提纲要求与说明

根据国家《安全生产法》、《建设工程安全生产管理条例》、《建筑施工安全技术统一规范》GB 50870—2013、国家住房和城乡建设部关于印发《危险性较大的分部分项工程安全管理办法》的通知（建质〔2009〕87号文件）以及地方政府等制定的有关法律、法规的规定精神，特拟定以下安全施工组织设计编写提纲与要求规定。

9.2.1 工程概况

简要说明：（1）工程性质和作业；（2）建筑和结构特征；（3）建造地点特征。

9.2.2 环境、职业健康安全管理目标

项目部根据内、外部合同要求，确定本工程的安全、文明目标。

9.2.3 安全生产管理制度及安全生产责任制度

1. 安全生产管理制度

项目部的各种规章制度。

2. 安全生产责任制

项目部管理人员及岗位的安全生产责任制。

9.2.4 安全生产施工部署（主要写各专项方案概况部分）

（1）施工临时用电（由项目部组织编制）。

（2）脚手架搭拆（由项目部技术人员编制或专业公司编制）。

（3）模板支撑（由项目部组织编制）。

（4）井架搭拆（由项目部技术人员或专业公司编制）。

（5）塔吊安拆（公司设备由公司设备科编制，外租设备由租赁公司编制、审核，工程部或公司备案）。

（6）施工电梯安拆（公司设备由公司设备科编制，外租设备由租赁公司编制、审核，工程部或公司备案）。

（7）悬挑式卸料钢平台（可按公司《项目管理标准手册》实施，否则应编制专项方案，经公司审批后实施）。

（8）临时设施工程（由专业公司编制、审批，工程部或公司备案）。

（9）其他工程专项方案（如吊篮、钢结构吊装等应由分包（具备相应资质）单位编制专项施工方案，审批后报工程部或公司备案）。

9.2.5 文明施工措施内容

（1）文明标化管理；

（2）施工现场封闭管理；

（3）施工现场标志牌设置；

（4）施工现场场容场貌管理；

（5）施工现场临时设施管理；

（6）施工现场"三证"管理；

（7）落手清管理；

（8）文明施工综合管理。

9.2.6 环境、职业健康安全保障措施内容

（1）噪声污染控制；

（2）污水污染控制；

（3）大气污染控制；

（4）职业病预防；

（5）"三宝、四口"与临边防护；

（6）其他保障措施。

9.2.7　防火技术措施内容

（1）组织管理；

（2）火源管理；

（3）电气防火管理；

（4）易燃易爆物品防火管理；

（5）临时设施及宿舍防火管理等。

9.2.8　季节性安全施工措施

（1）冬期施工措施（主要写抗寒防冻的保健措施、技术措施）；

（2）夏季施工措施（主要内容为"防暑降温、防台抗汛"的措施）。

9.2.9　突发性事件的应急救援措施（根据公司 QEO 三合一体系要求编写）

主要有：

（1）高空坠落应急预案；

（2）触电应急预案；

（3）基坑塌方应急预案；

（4）模板整体倒塌应急预案；

（5）大型机械设备倒塌应急预案；

（6）火灾应急预案；

（7）食物中毒应急预案；

（8）有毒气体中毒应急预案；

（9）中暑应急预案；

（10）脚手架整体倒塌应急预案等。

附件应包括：

（1）施工现场总平面布置图；

（2）消防平面布置图；

（3）机械设备一览表；

（4）安全生产领导小组；

（5）文明施工领导小组；

（6）防火、防汛、抗台领导小组；

（7）应急救援领导小组；

（8）工程安全技术措施费计划表等。

9.2.10　安全生产技术保证措施（主要为各分项的安全技术措施，根据工程实际选择）

（1）挖土工程（机械挖土、人工清底）；

（2）井点降水；

（3）回填土工程；

（4）混凝土工程；

（5）砌筑工程；

（6）水磨石工程；

（7）刷（喷）浆工程；

（8）地下室防水工程；

（9）外墙装饰抹灰工程；

（10）室内装饰抹灰工程；

（11）涂料防水屋面工程；

（12）瓦屋面施工工程；

（13）桩机机械的安全操作；

（14）挖掘机的安全操作；

（15）推土机的安全操作；

（16）混凝土搅拌机的操作；

（17）牵引式混凝土输送泵的使用；

（18）灰浆搅拌机的操作；

（19）模板安装与拆除工程；

（20）木工机械的使用；

（21）空压机的操作；

（22）钢筋工程；

（23）钢筋机械操作；

（24）电焊工程；

（25）气焊（割）工程；

（26）扣件式双排钢管脚手架搭设工程；

（27）扣件式钢管脚手架拆除工程；

（28）室内满堂脚手架搭设工程；

（29）电梯井道内架子、安全网搭设工程；

（30）附着式升降脚手架工程；

（31）汽车起重机械的操作；

（32）外用电梯装拆工程；

（33）塔式起重机的操作；

（34）卷扬机的操作；

（35）井架搭设工程；

（36）大型高处作业吊篮工程；

（37）场内机动车辆的安全操作；

（38）施工升降机（外用电梯）的安全操作；

（39）电梯井道清除垃圾工程；

（40）金属加工、机修工程；

（41）电工工程；

（42）构件吊装工程；

（43）管道工程；

（44）冷却塔工程；

（45）通风工程；

（46）锅炉安装工程；

（47）电梯安装工程；

（48）门窗安装工程；

（49）玻璃、幕墙工程；

（50）油漆工程。

主要参考文献

［1］《钢结构设计手册》编辑委员著. 钢结构设计手册. 北京：中国建筑工业出版社，2004.

［2］交通部第一公路工程公司. 公路施工手册—桥涵. 北京：人民交通出版社，2000.

［3］杨文渊，徐犇主编. 桥梁施工工程师手册（第二版）. 北京：人民交通出版社，2006.

［4］杨文渊编. 路桥施工常用数据手册. 北京：人民交通出版社，1998.

［5］龚晓南. 地基处理手册（第三版）. 北京：中国建筑工业出版社，2008.

［6］杜荣军. 扣件式钢管模板高支架设计和使用安全. 施工技术，2002（3）.

［7］江正荣，等编著. 施工简易计算手册（第二版）. 北京：机械工业出版社，2008.

［8］周水兴，何兆益，邹毅松，等著. 路桥施工计算手册. 北京：人民交通出版社，2010.